中国地质调查局
"青藏高原前寒武纪地质和古生代构造-古地理综合研究项目"(1212010610102)
2014年湖北省学术著作出版专项资金资助项目

青藏高原及邻区前寒武纪地质

Precambrian Geology of the Qinghai-Tibet Plateau and Its Adjacent Areas

何世平　李荣社　王超　刘良　时超　等编著

中国地质大学出版社
ZHONGGUO DIZHI DAXUE CHUBANSHE

内容提要

本书是中国地质调查局组织实施的“青藏高原基础地质调查成果集成和综合研究”地质大调查项目系列成果之一。作者通过对1999—2008年中国地质调查局开展1:25万区域地质调查资料和科研成果的综合集成，历时5年完成青藏高原前寒武纪地质综合研究专题。本书突出反映了青藏高原及邻区前寒武纪组成结构、岩浆活动、变质作用，探讨了前寒武纪构造-热事件及块体归属。本书可供地学领域科研、教学、地质调查及超大陆复原相关工作者参考和借鉴。

图书在版编目(CIP)数据

青藏高原及邻区前寒武纪地质/何世平等编著. —武汉:中国地质大学出版社,2014.11

ISBN 978-7-5625-3557-7

Ⅰ.①青…
Ⅱ.①何…
Ⅲ.①青藏高原-前寒武纪地质-综合研究
Ⅳ.①P534.1

中国版本图书馆CIP数据核字(2014)第266087号

青藏高原及邻区前寒武纪地质	何世平　李荣社　王超　刘良　时超　**等编著**
责任编辑:李　晶　　选题策划:刘桂涛	责任校对:张咏梅
出版发行:中国地质大学出版社(武汉市洪山区鲁磨路388号)	邮政编码:430074
电　话:(027)67883511　　传　真:67883580	E-mail:cbb@cug.edu.cn
经　销:全国新华书店	http://www.cugp.cug.edu.cn
开本:880毫米×1230毫米 1/16	字数:610千字　印张:18.5　插页:1
版次:2014年11月第1版	印次:2014年11月第1次印刷
印刷:武汉市籍缘印刷厂	印数:1—1000册
ISBN 978-7-5625-3557-7	定价:228.00元

青藏高原及邻区前寒武纪地质

计划项目负责人：潘桂棠　王立全　李荣社

工作项目负责人：李荣社　计文化　何世平

专 题 负 责 人：何世平　王　超　杨永成

主　　　　　编：何世平　李荣社　王　超
刘　良　时　超

编　写　人　员：何世平　李荣社　王　超
刘　良　时　超　于浦生
辜平阳　杨永成　张维吉

编　写　单　位：中国地质调查局西安地质调查中心

单 位 负 责 人：李文渊

协　作　单　位：西北大学

序

青藏高原是地球上最年轻、最高的高原，它影响着全球气候变化，蕴藏着丰富的矿产资源，记录着地球演化历史中最壮观的地质事件，是研究地球形成与演化的“金钥匙”，长期以来一直是地学界高度关注的焦点地区。因此，加强青藏高原地质工作，对于缓解国家资源危机，贯彻西部大开发战略，繁荣边疆民族经济，保护生态环境和发展地质科学均具有重要的战略意义。

1999 年国家启动了“新一轮国土资源大调查”专项，按照温家宝总理“新一轮国土资源大调查要围绕填补和更新一批基础地质图件”的指示精神，中国地质调查局组织开展了青藏高原空白区 1∶25 万区域地质调查攻坚战，调集 25 个来自全国各省（自治区）地质调查院、研究所、大专院校等单位精干的区域地质调查队伍，每年近千人奋战在世界屋脊，徒步踏遍雪域高原，开创了人类地质工作历史的伟大壮举。

青藏高原平均海拔 4500m 以上，自然地理条件非常恶劣，含氧量仅为内地的 50%，最低温度可达－37℃～－44℃。地质工作者本着神圣的使命感和强烈的事业心，继承和发扬“特别能吃苦、特别能战斗、特别能忍耐、特别能奉献”的青藏精神，脚踏世界屋脊，挑战生命极限，攀登地质科学高峰。在杳无人烟的可可西里，在悬崖万丈的雅鲁藏布江大峡谷，在生命禁区阿里和西昆仑，开展了拉网式的地质调查。他们迎着刺骨的寒风和纷飞的雪花，克服高山反应带来的呼吸困难、剧烈头痛、失眠乏力等难以想象的困难，甚至冒着肺气肿、脑水肿等致命高原疾病的危险，用身躯、用生命丈量着一条条地质路线，谱写了一曲曲可歌可泣的时代英雄乐章，用鲜血和汗水换来了丰硕的成果。

从 2006 年开始，中国地质调查局组织实施了“青藏高原基础地质调查成果集成和综合研究”工作。以青藏高原空白区 1∶25 万区域地质调查成果为基础，以提高资源勘查评价、生态环境保护和社会发展保障能力，提升青藏高原地质科学研究水平为目标，充分运用现代地学理论和技术方法，系统总结和集成青藏高原基础地质调查研究成果，为国家和区域经济可持续发展提供决策依据。

在青藏高原空白区 1∶25 万区域地质调查和国内外有关青藏高原最新研究成果基础上，通过集成和综合研究，编制了地质、资源、地球物理、地球化学系列图件，为青藏高原区域资源勘查、国土规划、环境保护、重大工程规划与建设、地质科学研究等提供了基础图件，包括青藏高原及邻区 1∶150 万地质图及说明书；青藏高原及邻区 1∶150 万大地构造图及说明书；青藏高原及邻区 1∶150 万变质地质图及说明书；青藏高原及邻区 1∶150 万前寒武纪地质图及说明书；青藏高原及邻区 1∶150 万构造-岩浆岩图及说明书；青藏高原及邻区 1∶150 万新生代地质图及说明书；青藏高原及邻区 1∶150 万新构造与地质灾害图及说明书；青藏高原地区 1∶150 万成矿地质背景图及说明书；青藏高原地区 1∶150 万旅游资源图及说明书；青藏高原及邻区1:300万第四纪地质与地貌图及说明书；青藏高原及邻区1:300万古生代构造-岩相古地理图及说明书；青藏高原及邻区1:300万中生代构造-岩相古地理图及说明书；青藏高原及邻区1:300万新生代构造-岩相古地理图及说明书；青藏高原及邻区1:300万地球化学系列图及说明书；青藏高原及邻区1:300万重力系列图及说明书；青藏高原及邻区1:300万航磁系列图及说明书。

上述地、物、化、矿等系列图件及其说明书，均已由国土资源部中国地质调查局组织的院士专家委员会进行了评审验收，并给予很高的评价。2010年8月26日，在全国国土资源系统援藏工作会上，中国地质调查局向西藏自治区和青海省人民政府赠送了“青藏高原及邻区地质类、构造-岩相古地理类、资源类和区域物化探类系列图件与说明书”整套研究成果。

（1）基于177幅1:25万区域调查成果资料，厘定了区域地层及构造-地层系统，划分出9个地层及构造-地层大区、36个地层及构造-地层区、63个地层及构造-地层分区，建立了青藏高原及邻区岩石地层划分与对比序列。首次以岩石地层作为编图单位，编制青藏高原及邻区1:150万地质图，建立了地质图数据库，全面反映了青藏高原区域地质调查的最新成果。

（2）按照大地构造相划分方案（3个大相、14个基本相和36个亚相）对地质体进行大地构造环境解析，以36个大地构造亚相作为基本编图单元，编制青藏高原及邻区1:150万大地构造图。厘定了青藏高原区域存在20条蛇绿混杂岩带，重新构建了青藏高原大地构造格架，划分出9个一级、37个二级和81个三级构造单元，提出“一个大洋、两个大陆边缘、三大多岛弧盆系”高原特提斯形成演化模式的原创性认识，建立了大陆边缘造山带“多岛弧盆系构造”新模式。

（3）依据青藏高原构造-岩浆演化特征及时空格架，按照洋壳型、俯冲型、碰撞型、后碰撞型及陆内伸展型构造-岩浆岩相组合，编制了青藏高原及邻区1:150万构造-岩浆岩图，提出了“陆缘侧向增生、陆壳垂向增长”的大陆边缘岛弧造山模式和“新生与再循环”两类地壳、“挤压缩短及地幔物质注入”增厚两种机制的高原地壳形成模式。

（4）依据青藏高原区域构造及变质特征的时空格架，按照变质（地）区、变质（地）带、变质亚带和甚低—低—高绿片岩相、低—高角闪岩相、蓝片岩相、高—超高压榴辉岩相、麻粒岩相等进行变质环境解析，编制了青藏高原及邻区1:150万变质地质图，厘定出16条高压—超高压变质带。

（5）依据青藏高原及邻区前寒武纪陆块或卷入造山带中地块的性质、组成及热事件序列，结合变质期次、变质相带及标志性矿物等变质特征，编制了青藏高原及邻区1:150万前寒武纪地质图。探讨了主要块体之间的亲缘关系和构造归属，在昌都地块宁多岩群中获得3981±9Ma冥古宙地壳物质信息。

（6）立足1:25万区域地质调查成果新资料，以板块构造学说为理论指导，以大陆边缘多岛弧盆系造山模式为主线，以大地构造相及其相关沉积岩相、混杂岩相、岩浆岩相与变质岩相的时空结构分析为基本方法，开创性地开展了青藏高原显生宙17个重要地质断代构造-岩相古地理专题研究与编图，揭示了青藏高原特提斯的形成演化过程。

（7）全面集成和综合研究了1:25万区域地质调查获得的新生代地质与第四纪环境演变成果资料，编制了青藏高原及邻区1:150万新生代地质图、新构造与地质灾害图和

1:300 万第四纪地质与地貌图，提出了新生代构造演化的四阶段动力学模型，揭示青藏高原构造隆升-地貌水系演化-气候与环境演变的耦合关系，为区域可持续发展提供了地质背景资料。

(8) 系统收集和整理青藏高原区域地质调查与矿产勘查获得的5000余矿床(点)资料，编制了青藏高原地区1:150万金属及非金属矿产图、成矿地质背景图；划分出3个成矿域、10个成矿省和33个成矿带，并对成矿带的地质背景和矿床类型进行了总结，为区域矿产资源勘查评价提供了重要资料。

(9) 系统收集和整理青藏高原地区各类景观点1600余处，其中新增1:25万区域地质调查发现的各类旅游资源(主体为地质旅游资源)景点700余处；编制了青藏高原地区1:150万旅游资源图，划分出26处地质遗迹集中区，为青藏高原区域旅游资源开发提供了丰富的基础资料。

(10) 在全面收集1:20万、1:50万、1:100万区域重力调查成果资料的基础上，按照1:150万比例尺的数据精度编图、1:300万比例尺成图的要求，编制青藏高原及邻区重力异常系列图件，实现了青藏高原区域重力成果资料的综合整装。

(11) 在全面综合1:20万、1:50万、1:100万区域航磁调查成果资料的基础上，按照1:150万比例尺的数据精度编图、1:300万比例尺成图的要求，编制了青藏高原及邻区航磁ΔT等值线平面系列图件，实现了青藏高原区域航磁成果资料的综合整装。

(12) 在全面收集1:20万、1:50万区域化探调查成果资料的基础上，按照1:150万比例尺的数据精度编图、1:300万比例尺成图的要求，编制青藏高原及邻区单元素、组合元素和综合异常系列图件，实现了青藏高原区域地球化学成果资料的综合整装。

自然科学研究的重大突破和发现，都凝聚着先辈们艰苦卓绝的成就；地球科学的发展与观念的更新，凝结了特定时代背景的地质调查研究实践与水平。青藏高原地质调查成果的集成和综合研究，必将为深化青藏高原区域地质构造形成演化规律、成矿地质背景、资源开发、环境保护、灾害防治与国民经济发展规划，提供重要的科学依据。

该计划项目是在以中国地质调查局王学龙副局长为联系人、庄育勋主任为责任人、翟刚毅处长为项目办公室主任和潘桂棠、王立全、李荣社为项目负责人的组织及领导下，在计划项目院士顾问委员会刘宝珺院士、李廷栋院士、肖序常院士、许志琴院士、郑绵平院士、殷鸿福院士、任纪舜院士、赵文津院士、陈毓川院士、张国伟院士、多吉院士、金振民院士的精心指导下，在计划项目负责单位成都地质调查中心(成都地质矿产研究所)的直接领导下，由工作项目承担单位西安地质调查中心(西安地质矿产研究所)、中国地质大学(北京)、中国地质大学(武汉)、中国地质科学院地质力学研究所的密切合作完成。

向长期奋斗在青藏高原从事地质调查与研究的地质学家们致以崇高的敬意！

刘寶珺

2010年9月18日

前　言

被誉为“世界屋脊”和“地球第三极”的青藏高原是地球上海拔最高、面积最大、年代最新的高原，气势磅礴、景象万千，影响着全球气候变化，也是亚洲许多大河的发源地。青藏高原夹持于塔里木、华北、扬子和印度四大陆块之间，具有独特且复杂的物质组成和地质成因，蕴藏着丰富的矿产资源，记录了地球演化历史中最壮观的地质事件，是研究印度-欧亚大陆碰撞作用壳幔响应、变形过程及资源环境效应得天独厚的窗口，备受全球地学界关注。

1999年启动的新一轮国土资源大调查，将青藏高原地质研究作为一项重点工作，并于2008年全面完成了青藏高原1:25万空白区区域地质调查，共计177幅，总面积约152万km^2。为了进一步加强和深化区域地质调查成果的综合集成，从2006年起国土资源部中国地质调查局组织实施“青藏高原基础地质调查成果集成和综合研究”计划项目。“青藏高原前寒武纪地质和古生代构造-古地理综合研究”（项目编号：1212010610102；工作起止年限：2006年1月—2010年12月）为该计划项目下设工作项目，由西安地质调查中心承担，项目负责人为李荣社、计文化、何世平。

“青藏高原前寒武纪地质和古生代构造-古地理综合研究”工作项目包括“青藏高原前寒武纪地质综合研究”和“青藏高原古生代构造-古地理综合研究”两个专题。“青藏高原前寒武纪地质综合研究”专题的具体任务是“依托青藏高原1:25万区域地质调查和区域物化遥调查的基础资料和成果，借鉴国内外最新研究理论和成果，开展青藏高原前寒武纪地质综合研究；通过青藏高原三大构造区前寒武纪地质及周边陆块组成、结构和性质对比研究，结合变质、变形及岩石地球化学、同位素地球化学资料综合分析，建立青藏高原地区前寒武纪构造-地层-热事件序列及地层和年代格架，揭示青藏高原前寒武纪地质演化特点。编制青藏高原前寒武纪地质图，建立青藏高原前寒武纪地质图空间数据库。”

本书是该工作项目“青藏高原前寒武纪地质综合研究”专题成果，属于“青藏高原基础地质调查成果集成和综合研究”计划项目系列成果之一，历时5年完成。在“青藏高原前寒武纪地质综合研究”专题实施的5年中，我们得到了来自多方面的指导和帮助。项目组是在以中国地质调查局王学龙副局长为联系人、庄育勋主任为责任人、翟刚毅处长为计划项目办公室主任的领导、组织和精心指导下完成的；中国地质调查局基础部于庆文副处长、毛晓长等对本项工作给予了大力支持和帮助；项目实施过程中自始至终得到了西安地质调查中心（西安地质矿产研究所）领导、总工办、基础地质处、财务处等各部门的关心和支持，特别是李向所长、樊钧副所长、李文渊所长、杜玉良书记和徐学义总工程师等都对项目工作给予了大力的支持和关怀；研究内容和重大问题得到陆松年研究员、王根厚教授和张宏飞教授的悉心指导；夏林圻研究员、夏祖春研究员、张二朋研究员、冯益民研究员、王永和教授级高级工程师、校培喜教授级高级工程师、王洪亮研究员、陈隽璐研究员、李向民研究员、马中平博士始终关心指导项目工作，为项目顺利实施和圆满完成提出了很好的建议和指导性意见。计划项目组织实施单位成都地质矿产研究所领导和计划项目负责人潘桂棠研究员、王立全研究员自始至终指导项目的研究实施过程，对项目工作给予了大力支持。与计划项目其他研究团队的讨论、资料共享、及时沟通与交流，对本项工作的促进和启发很大。西北大学大陆动力学国家重点实验室柳小明教授、袁洪林教授、弓虎军博士和第五春荣博士，以及西安地质调查中心李平、武鹏、唐卓、朱涛等人在样品分析测试过程中给予了大力协助。在此谨向上述单位、领导、专家和同事表示衷心感谢！

由于研究区范围大、工作量繁重、时间紧迫，本次综合研究工作中肯定存在一些缺点和错漏，本书中可能对部分区调及科研工作中的一些重要发现和成果没能充分反映，在此表示抱歉，敬请同行们谅解，同时希望热心于从事青藏高原区域地质调查、研究的各位同仁提出宝贵意见、不吝指正，以便在后续的工作中修改、完善。

目　　录

第一章 绪 言

一、以往研究程度

青藏高原地质研究程度相对滞后，而前寒武纪地质研究显得尤为薄弱，特别是国土资源大调查以前，该区前寒武纪研究程度相对全国其他各地工作程度偏低。

青藏高原前寒武纪地质研究，总体和其他地质工作统一部署、同步进行，前寒武纪专题研究项目安排较少，研究程度显得比较落后。研究区以往地质工作大体分为以下3个阶段。

1. 20世纪80年代初以前

该阶段主要是国外地质、地理学家和部分国内地质学家对西藏地区进行路线地质考察，最早可追溯到1936年。涉及前寒武纪的地质工作和地区均十分有限，主要侧重于喜马拉雅和雅鲁藏布江下游地区地质构造、地层、变质作用、变质岩、混合岩及岩浆岩，出版了一些专著和论文(Heim，1936；Gansser，1964；李璞，1955；应思淮，1973；穆恩之等，1973；刘秉光等，1979；郑锡澜等，1979；张旗等，1981)。这些资料可作为开展青藏高原前寒武纪综合研究的参考。

2. 20世纪80年代初—1999年

西藏地质局开展了西藏地区日喀则幅、亚东幅、阿里幅1∶100万区域地质调查，中国科学院组织了西藏科学考察(刘国惠，1983；中国科学院西藏科学考察队，1984)和中法联合考察(李光岑等，1984)。这段时期的地质工作不同程度涉及青藏高原前寒武纪地质，包括喜马拉雅地区前寒武纪变质岩地质构造(茅燕石等，1984，1985a，1985b；卫管一等，1989；Pêcher，1989)，南迦巴瓦地区前寒武纪地质研究及高压麻粒岩的发现(王天武，1985；王天武等，1996；章振根，1987；章振根等，1992；钟大赉等，1995；刘焰等，1998；丁林等，1999)，东昆仑中段万宝沟群的建立及昆仑山蛇绿岩研究(朱志直等，1985；高延林等，1988；解玉月，1998)，聂拉木岩群的变质岩系、主变质时代(卫管一等，1985；许荣华等，1986)，藏南变质岩特征、拆离系和变质核杂岩(张旗等，1986；陈智梁等，1996；高洪学等，1996；王根厚等，1996，1997)。该阶段一个显著的特征是开始从区域上和整体上对前寒武纪地质进行研究(郭铁鹰等，1991；姜春发等，1992；刘国惠等，1990；陆松年等，1985；董申保等，1986；孙鸿烈，1994)，出版了《西藏自治区区域地质志》和《西藏自治区岩石地层》(西藏自治区地质矿产局，1993；夏代祥等，1997)。

20世纪80年代—90年代初，围绕青藏高原地壳结构和深部特征进行了大量地学断面和深部地球物理勘探(秦建业等，1985；滕吉文，1985；周兵等，1991)，包括中法合作完成的藏南佩古错-普莫雍错、藏北色林错-雅安多人工地震测深剖面及洛扎-那曲大地电磁测深剖面；从80年代后期开始，中国地质科学院完成沱沱河-格尔木、阿里地区的地震探测剖面，原地质矿产部组织实施亚东-格尔木(崔军文等，1992)、格尔木-额济纳旗等地学断面计划等；1980—1985年，中法合作开展的"喜马拉雅地质构造与地壳上地幔的形成演化"和"喀喇昆仑地质"合作研究，中英青藏高原综合地质考察队对拉萨至格尔木地区开展了综合地质考察；1992年，中美开始"国际喜马拉雅和青藏高原深地震反射剖面及合作研究"(INDEPTH)。这些工作涉及少量青藏高原前寒武纪块体的空间关系。

1996—2000年，国土资源部组织实施了"九五"资源与环境科技攻关项目"中国北方元古宙沉积-构造环境及对大型、超大型矿床的制约"；2001—2002年，国土资源部组织实施了"秦岭中—新元古代造山带与Rodinia大陆再造"项目；"863"攻关项目、国家重大基金项目、面上自由基金项目，等等。

3. 国土资源大调查以来

1999—2005年，在国内外地学界给予高度关注的同时，中国地质调查局组织实施了我国新一轮国土资源大调查，国家投资数亿元在青藏高原空白区部署了约177幅1:25万区域地质调查(以下简称“区调”)；同时，在区域化探、遥感、重力、航磁等方面，也投入了数亿元进行基础地质调查和矿产勘查评价。与此同时，中国地质调查局还设立了“西北地区重要成矿带基础地质综合研究”“青藏高原北部空白区地质调查与研究”“青藏高原南部空白区地质调查与研究”和“川渝滇黔地质调查与研究”4个区域性计划项目牵头的综合研究。2004年中国地质调查局和成都地质矿产研究所出版了《1:150万青藏高原及邻区地质图》和配套的说明书(潘桂棠等，2004)。这些调查工作和综合研究成果为开展青藏高原前寒武纪地质综合研究奠定了坚实的基础。

该阶段还涌现出大批科研文献和专著，研究区域主要涉及藏东、冈底斯—喜马拉雅、昆仑造山带、祁连—柴北缘，部分涉及阿尔金和羌塘。这些科研文献和专著为青藏高原前寒武纪地质综合研究的开展提供了宝贵资料。

二、研究目的和意义

开展青藏高原前寒武纪地质综合研究的目的是以基础地质调查服务于国民经济建设和社会发展为宗旨，集中反映青藏高原前寒武纪区域地质调查研究的最新成果，充分体现中国地质调查局1:25万地质大调查区调成果的集成，及时展现青藏高原基底的研究程度和地质科研技术的总体水平，全面总结该地区前寒武纪地质特征、时空分布规律及其与邻区关系研究的最新进展，对前寒武纪重大地质事件和关键基础地质问题开展攻关研究。因此，青藏高原前寒武纪地质综合研究，对完善我国大陆造山带基底地质研究，深化高原隆升前的基础地质科学研究，全面概括高原基底组成结构，探讨青藏高原构造归属，提高资源勘查评价和地质灾害防治能力，总结创建具有中国特色的地质科学理论，促进地质科学技术的国际交流，服务于国民经济建设和社会发展，具有重要的现实意义和科学意义。

三、工作范围

工作范围包括中国西藏自治区和青海省的全部、四川省西部、云南西北部、新疆维吾尔自治区南部，以及甘肃、宁夏的一部分地区，涉及印度、不丹、尼泊尔、缅甸、巴基斯坦、阿富汗、塔吉克斯坦、吉尔吉斯斯坦等邻国的部分地区，总面积约280万km^2，平均海拔4000～5000m。地理坐标为：东经72°—106°，北纬25°—40°。本次综合研究以国内部分为主，并尽可能兼顾邻国和邻区。

四、指导思想

以不断发展的板块构造理论、大陆动力学探索和超大陆旋回等学术思想为指导，将青藏高原置于全球构造格局中，对前寒武纪地质进行全面系统的综合研究与总结，突出近20年以来地质调查和科学研究的新成果和新认识，尤其是1999年以来完成的1:25万区域地质调查成果，集中反映青藏高原及邻区基底地质构造特征，重视结合本区实际的地球科学创新体系的建立，综合运用变质岩石学、同位素地质年代学、同位素地球化学、构造地质学等多学科研究手段，形成具有重要社会影响的综合整装成果，充分展示我国区域地质调查及地质科研的新水平，为国际地学界全面、客观、详细地了解青藏高原前寒武纪基底结构特征提供了翔实的基础地质资料。

五、技术路线

以前期4个综合研究成果为“向导”，以青藏高原地区1∶25万区调为主的基础地质调查成果为“基础”，以青藏高原前寒武纪变质地质体（变质地层和古侵入体）为主要研究对象，青藏高原南部适当上延至下古生界，并注重青藏高原腹地断续出露角闪岩相变质、时代（AnT、AnC、AnS或AnO等）地质体的再研究。从已有资料的汇总综合及筛选入手，以物质建造和变质变形构造恢复为先导，坚持物质组成与变质两者并重的原则。采用变质岩石学、岩相学、构造解析、地球化学及同位素年代学等多学科相互结合的研究方法，以及分区带、分阶段和筛分对比等研究手段，以基底结构-岩浆作用—变质作用为主线，划分构造-地层区，建立青藏高原前寒武纪构造-热事件序列；通过青藏高原内部前寒武纪块体与邻区乃至全球的综合对比研究，探讨相互间的亲缘关系。

六、研究内容

项目组自2006年接受“青藏高原前寒武纪地质和古生代构造-古地理综合研究”项目任务后，在系统收集相关资料的基础上，编写了工作项目总体设计书，11月在成都被中国地质调查局组织的有关专家评为优秀级，明确了青藏高原前寒武纪地质综合研究的主要工作内容为①青藏高原前寒武纪物质组成和块体的时空展布；②青藏高原前寒武纪构造-地层-热事件序列；③青藏高原前寒武纪地质构造格架及其与邻区对比；④编制青藏高原1∶150万前寒武纪地质图及说明书，建立相应的空间数据库。

七、地层单位划分和代号

参照《中国地层指南及中国地层指南说明书》（2001），地层单位类型划分为正式岩石地层、非正式岩石地层单位及特殊地质体。各地层单位（群、岩群、杂岩等）的代号原则上按照国家标准GB958－89（1997）的相关规定表示。

1. 正式岩石地层单位

（1）群的代号：在相应地质年代代号之后，加群名首位汉字的汉语拼音首位字母的大写斜体。如：长城系甜水海群，其代号为“Ch*T*”。

（2）如果同时代（纪或代）且群名首位汉语拼音字母相同，原则上在后命名或层位偏上的地层单位加上群名称第二个汉字的汉语拼音首位字母小写斜体。如：南华—震旦系白依沟群，其代号为“NhZ*By*”（与南华—震旦系白杨沟群“NhZ*B*”首位字母重复）。

（3）组的代号：在地质年代代号之后，加组名首位汉字的汉语拼音首位字母的小写斜体。如：蓟县系花儿地组，其代号为“Jx*h*”。

（4）如果同时代组名首位汉语拼音字母相同，原则上在后命名或层位偏上的地层单位加上第二个汉字的汉语拼音首位字母小写斜体。如：青白口系王全口组，其代号为“Qb*wq*”（与青白口系五个山组“Qb*w*”重复）。

2. 非正式岩石地层单位

（1）岩群代号：同群的代号，但在代号右下角加一个缩写点“.”，以此与群区分。如：长城系赛图拉岩群，其代号为“ChS.”。

（2）岩组代号：岩组属岩群的再分，相当于组一级非正式单位，故其代号同组，但代号右下角加一个缩写点“.”，以此与组区分。如：中—新元古界吉塘岩群的新元古界酉西岩组，其代号为“Pt_3*y*.”（不再加岩群代号）。

(3) 如同时代代号有重复，与群、组代号处理原则相同，但代号右下角仍应加“.”。

(4) 未建组的特殊岩层单位代号：在地质时代代号后加地理名称汉字的汉语拼音首位字母大写斜体，右上角加上主体岩石代号。如：震旦系柳什塔格玄武岩，其代号为“ZL^{b}”。

(5) 按照岩性命名的特殊岩层单位代号：在地质时代代号右上角加上主体岩石代号。如：长城系浅粒岩组，其代号为“Ch^{lti}”。

3. 其他地层单位

(1) 跨系地层单位的代号：采用两个时代代号连续表示。如：南华系、震旦系并层或未分，其代号统一用“NhZ”表示；新元古界和寒武系并层或未分，其代号统一用“$Pt_3\in$”表示。

(2) 跨界地层单位的代号：“界”的代号统一用“-”连接。如：中、新元古界并层或未分均用“$Pt_{2\text{-}3}$”表示。

(3) 多个地层单位(组或岩组)并层(群或岩群)的代号：依据工作程度，可表示到组或岩组的岩石地层单位，以组或岩组的代号，其所属群或岩群的代号不再表示；如果局部地区可表示到组或岩组的岩石地层单位，以组或岩组的代号和其所属群或岩群的代号分别表示，如吉塘岩群“$Pt_{2\text{-}3}Jt.$”包括恩达岩组“$Pt_2e.$”和西西岩组“$Pt_3y.$”，在北羌塘地区吉塘岩群局部可细分出恩达岩组和西西岩组，因此，以吉塘岩群的代号“$Pt_{2\text{-}3}Jt.$”和恩达岩组的代号“$Pt_2e.$”、西西岩组的代号“$Pt_3y.$”分别表示。

(4) 对于境外资料不详的岩石地层单位的代号：只表示到地层时代代号。如：“Pt”或“$Pt_{2\text{-}3}$”。

(5) 对于地质时代尚未准确限定有可能属于前寒武纪的(变质)地层，采用已确定地质时代的上限代号，前面加上“An”。如：前奥陶纪松多岩群，其代号表示为“AnOS.”。

八、主要实物工作量

“青藏高原前寒武纪地质综合研究”专题工作开展以来，收集了大量区调和科研资料，在编图和综合研究过程中，填制了大量前寒武纪地质体属性卡片，还进行了有关规范、细则的讨论和制定；在中国地质调查局基础部和项目办公室的统筹安排和直接领导下，分东、中、西3条线完成了对青藏高原各主要构造单元的联合考察；围绕青藏高原前寒武纪地质-构造格架开展了重要剖面和关键地段的野外工作，采集、测试了系列样品。

完成的主要实物工作量详见表1-1。

表1-1 青藏高原前寒武纪地质综合研究实物工作量完成情况表

工作内容	序号	工作项目	单位	设计总工作量	累计完成工作量	累计完成率(%)
资料收集	1	1:25万区调成果资料	套	177	177	100
	2	1:20万区调成果资料	套	130	198	152
	3	1:5万区调成果资料	套	30	80	267
	4	近年出版的学术论文、专著	篇		1100	
	5	青藏高原北部综合研究成果	套	1	1	100
	6	青藏高原南部综合研究成果	套	1	1	100
	7	川渝滇黔地区综合研究成果	套	1	1	100
	8	西北地区基础地质调查及数据更新综合研究成果	套	1	1	100
	9	甘肃、青海、新疆新编1:50万地质图	套		3	
	10	青藏高原及邻区1:150万地质图及说明书	套		1	

续表 1-1

工作内容	序号	工作项目	单位	设计总工作量	累计完成工作量	累计完成率(%)
野外地质	11	野外地质调查研究路线	km	1000	1200	120
	12	实测剖面(比例尺 1∶2000)	km	30	34	113
	13	实测剖面(比例尺 1∶5000)	km	24	26	108
	14	详细研究路线	km		6	
样品测试	15	常量元素、稀土元素、微量元素	套	120	136	113
	16	Cu、Au、Ag、As、Fe 等简项化学分析	件		18	
	17	LA-ICP-MS 法锆石 U-Pb 同位素测年	件	32	67	209
	18	Pb-Sr-Nd 同位素示踪		60	77	128
	19	电子探针	件	40	52	130
	20	岩石薄片	片	225	247	110
	21	定向薄片	片		10	
	22	光片	片		20	
属性卡片	23	前寒武纪地层卡片	份	80	119	146
	24	前寒武纪岩浆岩卡片	套		1	
	25	前寒武纪同位素年代学卡片	套		1	
细则图件	26	1∶150 万前寒武纪地质图编图细则	份	1	1	100
	27	1∶150 万前寒武纪地质图及说明书	套	1	1	100
	28	前寒武纪变质地质图	张	1	1	100

九、取得的主要进展

(1) 依据基底结构、构造-热事件，以及冰碛层、火山岩夹层及含矿建造等标志性地层，将研究区构造-地层区划分为：亲欧亚古大陆、亲冈瓦纳古大陆和原特提斯洋残迹区 3 个一级构造-地层大区，塔里木陆块(南部)、华北陆块(西南部)、秦-祁-昆地块群、扬子陆块(西部)、羌塘-三江地块群、冈底斯地块群、喜马拉雅地块群和印度陆块(北部)共 8 个二级构造-地层区，32 个三级构造-地层小区。

(2) 全区共采用 79 个群(岩群)岩石地层单位、64 个组(岩组)岩石地层单位、9 个时代地层单位和 7 个岩性地层单位，共计 159 个地层单位。对一些关键地层进行了重新厘定。

a. 在新疆叶城县阿卡孜乡西北获得赫罗斯坦岩群斜长角闪片麻岩的 LA-ICP-MS 锆石成岩年龄为 2257±6Ma，变质年龄为 1832±14Ma，将赫罗斯坦岩群的形成时代划为古元古代。

b. LA-ICP-MS 锆石微区原位定年显示，新疆和田县—布亚煤矿之间埃连卡特岩群绿泥方解石英片岩中碎屑锆石最新蚀源区年龄为 780Ma，数据构成峰值，暂将埃连卡特岩群时代置于古元古代，不排除其形成于蓟县—南华纪的可能。

c. 利用 LA-ICP-MS 分析，新疆和田县—布亚煤矿玉龙喀什河一带塞拉加兹塔格岩群中变凝灰岩岩浆成因锆石的 U-Pb 年龄为 787±1Ma，暂将塞拉加兹塔格岩群时代置于长城纪，不排除其形成于南华纪的可能。

d. 获得新疆叶城县库地北库浪那古岩群变(枕状)玄武岩锆石 LA-ICP-MS 年龄为 2025±13Ma，将库浪那古岩群时代暂定为古元古代。

e. 通过区域对比，将 1:25 万于田县幅在于田县阿羌—塔木其以南吐木亚、流水等地新建立的卡羌岩群(ChK.)，即青藏高原北部地质图(1:100 万)所定西昆仑的小庙岩组(Chx.)划归赛图拉岩群(ChS.)。

f. 根据区域对比，将 1:25 万恰哈幅所定赛图拉岩群上部的蓟县系，1:25 万于田幅、伯力克幅所定阿拉玛斯岩群(JxA.)，以及 1:25 万于田幅所定流水岩组(Jxl.)归并为桑株塔格岩群(JxSz.)。

g. 将 1:25 万伯力克幅区调建立的“双雁山片岩”(Pt_1s)改称双雁山岩群($Pt_1S.$)。

h. 于甘肃省肃北县党河一带获得北大河岩群片麻状斜长角闪岩(原岩为辉长岩)LA-ICP-MS 锆石 U-Pb 年龄为 724.4±3.7Ma，将北大河岩群的时代暂置于古元古代，不排除其形成于中元古代晚期至新元古代早期的可能。

i. 于青海省湟源县南日月乡一带获得化隆岩群条带状二云斜长片麻岩(副变质岩)LA-ICP-MS 锆石 U-Pb 最新的蚀源区年龄为 891±7Ma，条带状黑云斜长角闪岩(原岩为中性火山岩)的形成年龄为 884±9Ma。结合新近大量在该岩群中获得的新元古代锆石同位素年龄，将化隆岩群时代置于青白口纪。

j. 通过野外调研和同位素测年，将新疆塔什库尔干县苏巴措—塔合曼—麻扎一线以西原定“布伦阔勒岩群”的浅变质岩系解体划归显生宙，并将达布达尔一带原划归志留纪温泉沟组的部分火山-沉积岩系划归布伦阔勒岩群。于新疆塔什库尔干县达布达尔东南获得布伦阔勒岩群中片理化变流纹岩 LA-ICP-MS 法锆石 U-Pb 年龄为 2481±14Ma，故将其划为古元古代。

k. 利用 LA-ICP-MS 锆石微区原位定年，于西藏八宿县浪拉山获得吉塘群酉西岩组石英绿泥片岩(原岩为中性火山岩)的原岩形成年龄为 965±55Ma；同时，于西藏察雅县酉西村获得吉塘岩群酉西岩组绿片岩(原岩为中基性火山岩)的原岩形成年龄为 1048.2±3.3Ma。据此将该岩群的时代划归中—新元古代。

l. 于青海省玉树县西北隆宝镇一带宁多岩群石榴子石二云石英片岩(原岩为碎屑沉积岩)中，获得大量 $^{207}Pb/^{206}Pb$ 年龄大于 3100Ma 的古老碎屑锆石；其中，最古老的碎屑锆石 $^{207}Pb/^{206}Pb$ 年龄为 3981±9Ma，这是迄今在羌塘地区获得的最古老的年龄记录，也是我国境内发现的年龄大于 3.9Ga 的第三颗锆石，为寻找冥古宙地壳物质提供了新的线索；$^{207}Pb/^{206}Pb$ 年龄为 3505～2854Ma 的锆石具有负的 Hf(t)值和 4316～3784Ma 的两阶段 Hf 模式年龄，表明宁多岩群物源区残留有少量古老(冥古宙)的地壳物质。

于玉树县小苏莽一带获得宁多岩群黑云斜长片麻岩(副变质岩)的锆石 LA-ICP-MS 最新蚀源区年龄为 1044±30Ma，侵入该群片麻状黑云花岗岩锆石 LA-ICP-MS 年龄为 990.5±3.7Ma。将宁多岩群的形成时代暂归为中—新元古代。

m. 于西藏那曲县北扎仁镇北西获得该群片麻状斜长角闪岩(原岩为辉绿岩或粗玄岩)LA-ICP-MS 锆石 U-Pb 年龄为 863±10Ma。将该岩群时代暂归为中—新元古代。

n. 于西藏八宿县巴兼村南获得该群大理岩中所夹变玄武岩 LA-ICP-MS 锆石 U-Pb 不一致线上交点年龄为 566±27Ma，相当于晚震旦世。由于测试数据有限，暂把嘉玉桥岩群的时代置于前石炭纪。

o. 于八宿县同卡乡北获得卡穷群条带状斜长角闪岩 LA-ICP-MS 锆石 U-Pb 不一致线上交点年龄为 1082±18Ma，故暂将其时代置于中—新元古代。

p. 将原松多岩群岔萨岗岩组升级重新厘定为岔萨岗岩群。在西藏工布江达县南岔萨岗岩群变基性火山岩中获得锆石 LA-ICP-MS 上交点年龄为 2450±10Ma。将岔萨岗岩群时代划归古元古代。

q. 于冈底斯北缘西藏尼玛县控错南帮勒村一带，从原划归前震旦纪的念青唐古拉岩群中解体出一套寒武纪(536.4±3.6Ma)浅变质火山岩系，与西藏申扎县扎扛乡一带新发现的寒武纪(500.8±2.1Ma)火山岩(计文化等，2009)总体可以对比，属于以变流纹(斑)岩为主、变玄武岩为辅的拉斑系列双峰式火山岩，形成于陆缘裂谷，为冈底斯北缘存在寒武纪裂解作用提供了佐证。

(3) 在喜马拉雅地块群和冈底斯地块群获得一批泛非期花岗岩年龄数据，为青藏高原南部岩浆作用研究和构造-热事件序列的建立提供了有力支撑。普兰县它亚藏布片麻状含石榴子石二云花岗岩、聂拉木县曲乡眼球状黑云母花岗片麻岩、亚东县下亚东含石榴子石花岗片麻岩、米林县丹娘片麻状闪长岩、定日县长所眼球状黑云母花岗片麻岩和八宿县同卡乡北片麻状二长花岗岩成岩年龄分别为537±3Ma、454±6Ma、499±4Ma、516±2Ma、515±3Ma 和 549±18Ma。岩石地球化学分析表明，青藏高原南部泛非期花岗岩以过铝质钙碱性系列 S 型花岗岩为主，源自增厚下地壳部分熔融，形成于同碰撞-后碰撞构造环境，为泛非期造山作用的地质记录。

(4) 将研究区前寒武纪岩浆事件归纳为 8 期：①古太古代—古元古代早期岩浆事件；②古元古代中期基性岩浆侵入和喷发事件；③古元古代晚期—中元古代早期中酸性岩浆侵入事件；④中元古代中期中酸性岩浆侵入和中基性岩浆喷发事件；⑤中元古代晚期岩浆喷发和中酸性岩浆侵入事件；⑥新元古代早期中酸性岩浆侵入事件；⑦新元古代中期基性岩浆侵入-岩浆喷发事件；⑧新元古代晚期—早古生代早期中酸性岩浆侵入-双峰式火山喷发事件。

其中，较为强烈、分布较广的为①古元古代晚期—中元古代早期中酸性岩浆侵入事件[表现为区域性大规模中酸性岩浆侵入和扬子陆块(西部)少量岩浆喷发，相当于中条-吕梁运动，可能与 Columbia 大陆会聚事件有关]；②新元古代早期中酸性岩浆侵入事件(表现为 1000～800Ma 大规模中酸性岩浆侵入，应为晋宁运动的地质记录，相当于 Rodinia 超大陆会聚的 Greenville 运动)；③新元古代中期基性岩浆侵入-岩浆喷发事件(表现为 900～700Ma 双峰式岩浆、中基性岩浆喷发和镁铁质—超镁铁质侵入，相当于 Rodinia 超大陆裂解事件)；④亲冈瓦纳古大陆的新元古代晚期—早古生代早期中酸性岩浆侵入-双峰式火山喷发事件(主要分布于冈底斯地块群及其以南的亲冈瓦纳古大陆，表现为 600～500Ma 大规模中酸性岩浆侵入，是冈瓦纳大陆汇聚期间泛非事件的地质记录，而冈底斯地块群北缘的双峰式岩浆喷发活动可能与东冈瓦纳大陆北缘有限规模的裂谷作用有关)。

(5) 对研究区目前发现的麻粒岩、榴辉岩进行了归纳总结，认为作为高压—超高压变质的麻粒岩相、榴辉岩相变质岩在空间上主要构成喜马拉雅、铁克里克-阿尔金-柴北缘(东昆仑)-北祁连和扬子西缘 3 个带。

(6) 将研究区划分为：华北型基底变质区、扬子型基底变质区、塔里木型基底变质区、羌南-保山变质区、泛非型基底变质区共 5 个一级变质单元(变质区)，进一步划分为 17 个二级变质单元(变质带)。

(7) 研究区前寒武纪(包括早古生代)变质事件大体可分为：前中条-吕梁期(>1900Ma)、中条-吕梁期(1800Ma)、晋宁期(1000～800Ma)、泛非期(600～500Ma)和泛华夏期(520～400Ma)共五期。其中，晋宁期变质事件波及范围最广，泛非期变质事件的影响范围主要为亲冈瓦纳古大陆，泛华夏期变质事件的影响范围主要为亲欧亚古大陆的塔里木陆块(南部)、秦-祁-昆地块群，扬子陆块(西部)北缘及羌塘-三江地块群北缘也有少量显示。

(8) 建立了青藏高原及邻区构造-热事件序列，共 4 期，11 次。即①五台期(Ⅰ)，包括 2600～2400Ma 中酸性岩浆侵入(Ⅰ$_1$)、2500～2000Ma 双峰式火山喷发(Ⅰ$_2$)和 2400～1900Ma 基性岩浆侵入(Ⅰ$_3$)三次构造-热事件；②中条-吕梁期(Ⅱ)，包括 2100～1700Ma 中酸性岩浆侵入(Ⅱ$_1$)、古(—中)元古代碱性岩浆喷发(Ⅱ$_2$)、1600～1300Ma 中酸性岩浆侵入(Ⅱ$_3$)和 1400～1000Ma 岩浆喷发(Ⅱ$_4$)四次构造-热事件；③晋宁期(Ⅲ)，包括 1100～800Ma 中酸性岩浆侵入(Ⅲ$_1$)、900～700Ma 基性岩浆侵入和岩浆喷发(Ⅲ$_2$)两次构造-热事件；④泛非期(Ⅳ)，包括 600～500Ma 中酸性岩浆侵入(Ⅳ$_1$)和 560～500Ma 双峰式火山喷发(Ⅳ$_2$)两次构造-热事件。

其中，最为强烈、具有普遍意义的是分别代表 Rodinia 超大陆会聚和裂解的晋宁期 1100～800Ma 中酸性岩浆侵入(Ⅲ$_1$)和 900～700Ma 基性岩浆侵入-岩浆喷发(Ⅲ$_2$)构造-热事件；其次为发生于高喜马拉雅和冈底斯地区代表 Gondwana 大陆会聚的泛非期 600～500Ma 中酸性岩浆侵入(Ⅳ$_1$)构造-热事件。

(9) 依据基底物质组成、接触关系、固结时代和变质变形程度等，青藏高原及邻区可划分为华北型、扬子型、塔里木型和印度型(东冈瓦纳型)4 种基底类型。华北型基底(早前寒武系结晶基底+长城纪以来沉积盖层)和扬子型基底(早前寒武系—中元古界结晶基底+新元古界沉积盖层)为双重基底，基底分别固结于中条-吕梁运动和晋宁运动；塔里木型基底(新太古界—古元古界结晶基底+中元古界变质基底＋新元古界沉积盖层）和印度型（东冈瓦纳型）基底（早前寒武系结晶基底＋中、新元古界—寒武系褶皱变质基底＋奥陶纪以来的沉积盖层）为三重基底。塔里木型基底为兼顾华北型和扬子型双重特征的基底；印度型早期固结于古元古代末，最终固结于泛非运动。

依据物质组成、基底结构、岩浆作用、变质作用及构造-热事件等综合分析，初步认识如下。

a. 阿拉善地块和贺兰地块属于华北陆块。

b. 喀喇昆仑地块与帕米尔陆块可能具有亲缘关系。

c. 塔里木陆块蓟县纪以前与华北陆块具有亲缘性，新元古代与扬子陆块具有亲缘关系；可能在蓟县纪末塔里木陆块远离华北陆块或发生裂解，新元古代与扬子陆块具有亲缘关系或发生拼贴。

d. 秦-祁-昆地块群可能是从扬子陆块和塔里木陆块边缘裂解出来的若干地块的集合体。全吉地块可能与扬子陆块具有亲缘性；北-中祁连地块蓟县纪以前具有华北型的基底特征，中元古代之后具有扬子型基底的特征，可能在蓟县纪末北-中祁连地块远离华北陆块或发生裂解，新元古代与扬子陆块具有亲缘关系或发生拼贴；推断东昆仑地块和西昆仑地块与塔里木陆块具有亲缘关系。

e. 玉树-昌都地块可能与扬子陆块具有亲缘关系。

f. 荣玛地块群可能与印度陆块具有亲缘关系。

g. 冈底斯地块群与印度陆块具有亲缘关系。

h. 康马-隆子地块和高喜马拉雅地块群均与印度陆块具有亲缘关系，总体相当于印度陆块中新元古代北部大陆边缘沉积区，泛非运动最终固结。

十、参加人员及分工

“青藏高原前寒武纪地质综合研究”历时 5 年（2006—2010 年），在完成“青藏高原及邻区前寒武纪地质图（1∶1 500 000）”及说明书的基础上，为全面反映青藏高原及邻区前寒武纪地质综合研究成果和进展，编写完成了本书。

参加研究的人员有何世平、李荣社、王超、刘良、于浦生、杨永成、张维吉、辜平阳、时超、褚少雄、杨文强、曹玉亭、朱晓辉、康磊。本书是在集体讨论的基础上，分别执笔编写的。其中，第一章由何世平、李荣社编写；第二章由何世平、李荣社编写；第三章由何世平、刘良、于浦生、王超、张维吉编写；第四章由何世平、王超、刘良、于浦生、辜平阳、时超编写；第五章由何世平、杨永成、辜平阳、时超编写；第六章由何世平、王超、刘良、辜平阳编写；第七章由何世平、李荣社编写；第八章由何世平、刘良编写。全书由何世平、李荣社统编定稿；参考文献由各章编写人提供，由时超汇总整理。地球化学数据的分析整理由王超、辜平阳、时超完成，前寒武纪岩石地层时空结构由于浦生、何世平完成。

第二章　青藏高原前寒武纪构造-地层区划

第一节　青藏高原前寒武纪构造-地层区划分原则

一、基底结构相似性原则

"基底"系指未固结或基本未变质地层之下，经过褶皱、变质作用的结晶变质岩系。因而，基底的物质组成、变质变形程度、上下接触关系及最终固结时代等反映基底结构的要素，既是前寒武纪地质研究的主要内容，也是探讨青藏高原前寒武纪块体归属的重要依据，这些要素也成为划分青藏高原前寒武纪不同构造-地层分区的基础。

就现今青藏高原的基底结构的类型而言，主要可分为：双重结构（结晶基底＋褶皱基底）和三重结构（早期结晶基底＋晚期结晶基底＋褶皱基底）；从最终固结时代来看，可分为中条-吕梁期基底和晋宁期基底；并且，青藏高原不同地区前寒武纪变质岩系组合类型、厚度、地层缺失及其接触关系不尽相同，反映其形成构造环境和地质演化历史的差异性。

基底结构的相似性是划分青藏高原前寒武纪构造-地层分区的主要标志之一。

二、盖层发育相似性原则

"盖层"是指角度不整合于基底之上，未变质或浅变质的稳定沉积地层。下部盖层的形成时代代表新的构造演化阶段的起始时限，并对其下基底的固结时代具有一定的约束。因此，盖层形成的起始时代、岩石组合类型及其分布范围，是对前寒武纪构造-地层分区进行划分的重要依据。

然而，由于后期构造运动的破坏改造，尤其在造山带内部，直接与基底接触的盖层及不整合接触关系出露有限，往往是较新的盖层与基底接触，接触关系多表现为断层接触。但盖层发育类型、起始时限及识别残留的基底与盖层不整合接触关系，仍然是划分前寒武纪不同构造-地层分区的要素。

盖层发育的相似性是划分青藏高原前寒武纪构造-地层分区的重要辅助标志。

三、构造-热事件相似性原则

前寒武纪岩层多经历了复杂的变质变形，保存了大量地质构造演化记录信息。分属不同构造-地层分区的前寒武纪地质体，所经历的构造-热事件性质和时限存在差异；反之，被后期构造肢解原本属于同一构造-地层分区的前寒武纪地质体，在统一的动力学背景下，经历了大致相同的地质构造演化历史，具有相似的构造-热事件性质和时限。对前寒武纪地质体经历沉积事件、构造变质事件和岩浆事件及其时限的判别，也是划分前寒武纪不同构造-地层分区要素的重要依据。

构造-热事件的相似性是划分青藏高原前寒武纪构造-地层分区的主要标志之一。

四、构造-地层区划分的其他标志

青藏高原前寒武纪构造-地层分区的划分，除了遵循上述3条主要原则外，还有一些其他标志，主要包括冰碛层、火山岩夹层及含矿建造等标志性地层的发育特征。

1. 冰碛层

冰碛层是区域性寒冷气候下发育的特殊地层，可作为划分地层和进行地层对比的依据。然而，分属不同构造-地层区的前寒武纪块体，冰碛层发育的时代、冰碛岩中冰期与间冰期的发育特征及冰碛岩的物质组成均表现出一定的差异性。如扬子地区的冰碛层发育于南华纪，包括较早的长安冰期和较晚的南沱冰期两个冰期，且分布范围较广，冰碛岩的胶结物以泥砂质为主；而华北地区的冰碛层发育于震旦纪，目前只发现罗圈冰期一个冰期，且分布范围局限，冰碛岩的胶结物以碳酸盐岩为主。因此，冰碛层的发育特征可作为划分青藏高原前寒武纪构造-地层区的辅助标志之一。

2. 火山岩夹层

前寒武系中的火山岩夹层从一个侧面反映古构造环境和动力学背景。前寒武纪火山岩均发生了不同程度的变质变形，尽管遭受后期构造作用改造，保留不全，但在一定程度上仍可进行块体间的相互对比。根据(变质)火山岩夹层的有无、时代、火山岩石组合及地球化学特征等，可作为划分青藏高原前寒武纪构造-地层区的辅助标志之一。

3. 含矿建造

作为特殊岩石组合的含矿建造，是地质演化和特定环境的指示，在一定程度上仍可进行块体间的相互对比。某些含矿建造具有区域性分布，如含铁石英岩建造、含铜多金属火山岩建造等，可作为划分青藏高原前寒武纪构造-地层区的辅助标志之一。

第二节　青藏高原前寒武纪构造-地层划分方案

一、构造-地层区命名原则

根据青藏高原前寒武纪地质特征，结合前人研究成果，将研究区前寒武纪构造-地层区按3个级别划分。一级构造-地层分区为“古大陆”和“古大洋”，二级构造-地层分区为“陆块”和“地块群”，三级构造-地层分区为“地块”。

1. 古大陆和古大洋

青藏高原前寒武纪块体主要分布于高原南北周缘，高原腹地出露极为有限。北缘集中于秦-祁-昆、扬子西部及其以北的地区，按照其亲缘关系，命名为“亲欧亚古大陆”；南缘集中于喜马拉雅和冈底斯一带，按照其亲缘关系，命名为“亲冈瓦纳古大陆”；两个古大陆之间的地带相当于原始大洋，命名为“原特提斯洋残迹区”。

2. 陆块和地块群

古大陆内，基底结构和盖层具有相似性，并经历了相似的构造-热事件，范围相对较大的前寒武纪块体称为陆块。命名时冠以区域性地名，如果研究区只涉及该陆块的一部分，其后用括号标注所处部位，例如塔里木陆块(南部)、华北陆块(西南部)等。若干基底结构和盖层大体相似,并经历了大体相似的构造-热事件,范围相对较小的前寒武纪块体组合称为地块群。命名时冠以区域性名称,例如秦-祁-昆地块群、羌塘-三江地块群等。

3. 地块

具有一定综合结构形态、陆块内部或相对独立、范围较小的前寒武纪块体称为地块。命名时冠以特征地名,例如阿拉善地块、全吉地块等。

二、构造-地层区划分方案

依据前寒武系的物质组成、地层结构、构造-热事件等特征,将青藏高原及邻区前寒武纪构造-地层区划分为:亲欧亚古大陆、亲冈瓦纳古大陆和原特提斯洋残迹区 3 个一级构造-地层大区,塔里木陆块(南部)、华北陆块(西南部)、秦-祁-昆地块群、扬子陆块(西部)、羌塘-三江地块群、冈底斯地块群、喜马拉雅地块群和印度陆块(北部)共 8 个二级构造-地层区,32 个三级构造-地层小区。青藏高原及邻区前寒武纪构造-地层区划方案详见表 2-1 和图 2-1。

表 2-1　青藏高原及邻区前寒武纪构造-地层区划表

一级构造-地层大区		二级构造-地层区		三级构造-地层小区	
代号	名称	代号	名称	代号	名称
Ⅰ	亲欧亚古大陆	$Ⅰ_1$	塔里木陆块(南部)	$Ⅰ_{1-1}$	铁克里克地块
				$Ⅰ_{1-2}$	阿尔金地块
				$Ⅰ_{1-3}$	敦煌地块
		$Ⅰ_2$	华北陆块(西南部)	$Ⅰ_{2-1}$	阿拉善地块
				$Ⅰ_{2-2}$	贺兰地块
		$Ⅰ_3$	秦-祁-昆地块群	$Ⅰ_{3-1}$	西昆仑地块
				$Ⅰ_{3-2}$	东昆仑地块
				$Ⅰ_{3-3}$	全吉地块
				$Ⅰ_{3-4}$	北-中祁连地块
				$Ⅰ_{3-5}$	南祁连地块
				$Ⅰ_{3-6}$	北秦岭地块(西部)
				$Ⅰ_{3-7}$	白依沟地块
		$Ⅰ_4$	扬子陆块(西部)	$Ⅰ_{4-1}$	碧口地块(西部)
				$Ⅰ_{4-2}$	龙门地块
				$Ⅰ_{4-3}$	康滇地块
				$Ⅰ_{4-4}$	丽江地块
		$Ⅰ_5$	羌塘-三江地块群	$Ⅰ_{5-1}$	喀喇昆仑地块
				$Ⅰ_{5-2}$	他念他翁地块
				$Ⅰ_{5-3}$	玉树-昌都地块
				$Ⅰ_{5-4}$	中甸地块
				$Ⅰ_{5-5}$	保山地块

续表 2-1

一级构造-地层大区		二级构造-地层区		三级构造-地层小区	
代号	名称	代号	名称	代号	名称
Ⅱ	原特提斯洋残迹区			$Ⅱ_{1-1}$	荣玛地块
Ⅲ	亲冈瓦纳古大陆	$Ⅲ_1$	冈底斯地块群	$Ⅲ_{1-1}$	申扎-察隅地块
				$Ⅲ_{1-2}$	聂荣地块
				$Ⅲ_{1-3}$	嘉玉桥地块
				$Ⅲ_{1-4}$	拉萨地块
				$Ⅲ_{1-5}$	林芝地块
				$Ⅲ_{1-6}$	滕冲地块
		$Ⅲ_2$	喜马拉雅地块群	$Ⅲ_{2-1}$	拉达克地块
				$Ⅲ_{2-2}$	康马-隆子地块
				$Ⅲ_{2-3}$	高喜马拉雅地块
				$Ⅲ_{2-4}$	低喜马拉雅地块
		$Ⅲ_3$	印度陆块(北部)		

注:表中构造-地层区代号同图 2-1。

三、青藏高原前寒武纪基底分布规律

青藏高原受外围塔里木陆块、华北陆块、扬子陆块和印度陆块四大块体围限的客观事实,决定了前寒武纪地质体主要沿高原周缘造山带和地块分布的特点。从时间、空间和产出形式来看,研究区内前寒武纪地质体具有如下分布特征。

1. 前寒武纪基底空间分布规律

在空间上,前寒武纪地层主要分布于高原周缘,即康西瓦-木孜塔格-玛沁-勉县-略阳断裂以北、印度河-雅鲁藏布江断裂以南及扬子陆块西缘。研究区北部和西北部出露于铁克里克、阿尔金及卡拉塔什塔格等地的前寒武系是与塔里木陆块基底相似的新太古界到震旦系;研究区东北部出露于贺兰山、龙首山等地的前寒武系是与华北陆块基底相似的中太古界到震旦系;研究区西北部出露于塔什库尔干—甜水海一带的前寒武系是与帕米尔陆块基底相似的古元古界到青白口系;研究区东部出露于川西、滇东的前寒武系是与扬子陆块基底相似的古元古界到震旦系;研究区南部出露于冈底斯—喜马拉雅一带的前寒武系是与印度陆块基底相似的古元古界到震旦—寒武系;出露于秦-祁-昆造山系的前寒武系是其相邻陆块的裂离体。然而,广阔的高原腹地前寒武系仅零星出露,断续分布于西金乌兰湖—治多—玉树—巴塘和依布茶卡—聂荣—他念他翁山一带。

2. 前寒武纪基底时间分布规律

在时间上,早前寒武系(Ar—Pt_1)出露较少,晚前寒武系(Pt_2—Pt_3)出露相对较多。早前寒武系(Ar—Pt_1)主要产出于研究区北部,即兴都库什断裂和康西瓦-木孜塔格-玛沁-勉县-略阳断裂以北,包括铁克里克、阿尔金、敦煌、秦-祁-昆、喀喇昆仑山、柴达木北缘、龙首山及贺兰山等地。该断裂以南的地区,早前寒武系零星出露,包括扬子西缘、喜马拉雅西构造结的南迦帕尔巴特-哈拉木什及拉萨地块。晚前寒武系(Pt_2—Pt_3)除了与早前寒武系相伴产出外,还零星出露于高原腹地的羌塘地区,较为集中的分布区有喜马拉雅、扬子西部、秦-祁-昆、铁克里克及阿尔金等。

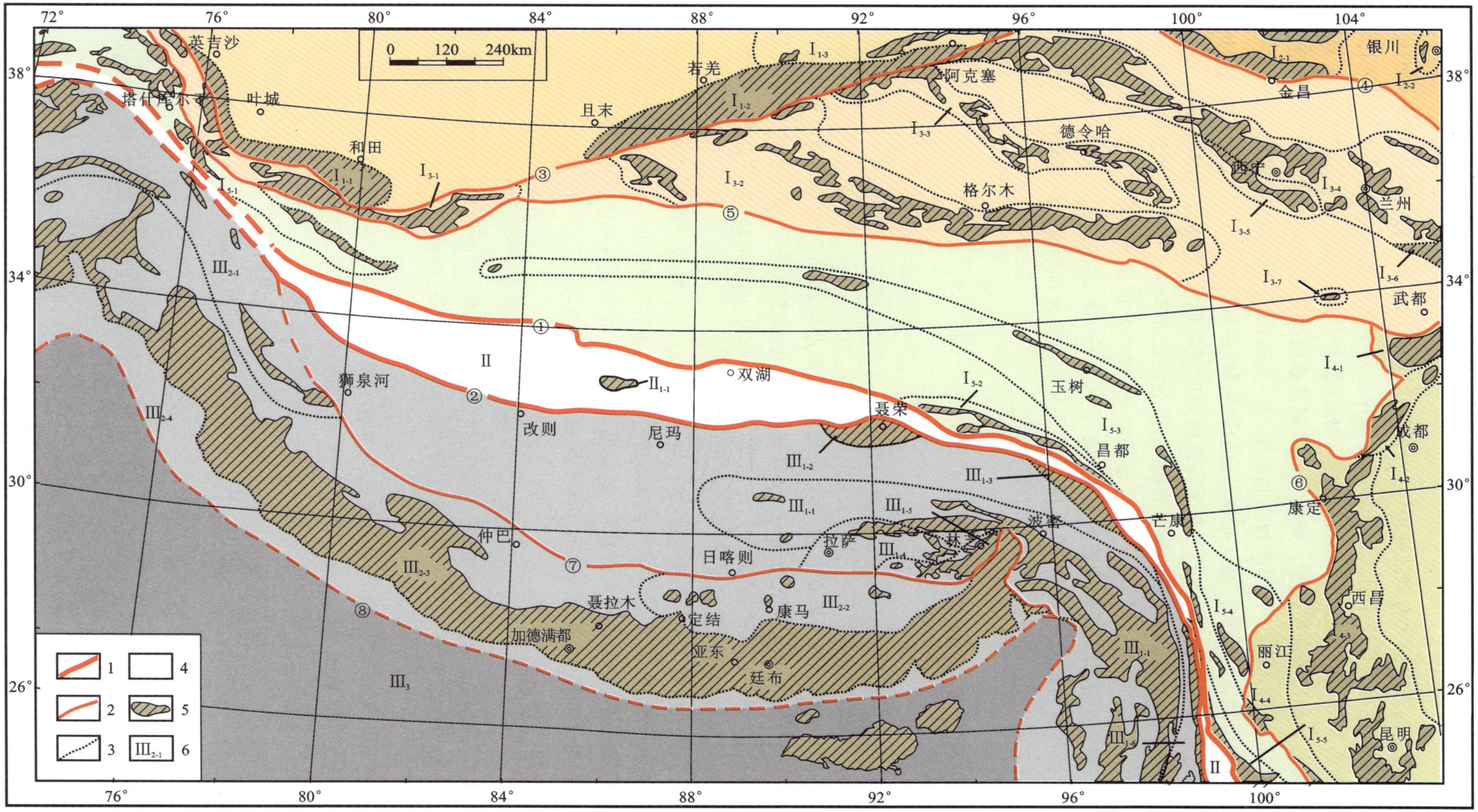

图 2-1 青藏高原及邻区前寒武纪构造-地层区划（图中构造-地层区划代号同表2-1）

1.一级构造-地层区界线；2.二级构造-地层区界线；3.三级构造-地层区界线；4.古大洋区；5.前寒武系出露区；6.构造-地层区编号

①龙木错-双湖断裂；②班公湖-怒江断裂；③塔里木南缘-阿尔金南缘断裂；④金昌-中卫断裂；⑤康西瓦-木孜塔格-玛沁-勉县-略阳断裂；⑥理县-康定-丽江断裂；⑦狮泉河-日喀则断裂；⑧主边界断裂

3. 前寒武纪基底产出形式

前寒武纪变质地层的产出形式有剥蚀残留体、残留断块、构造窗及飞来峰4种。剥蚀残留体是指遭受后期构造作用改造后没有明显位错且大面积出露的准原位前寒武纪地层，经隆升及长期风化剥蚀后的残留部分，仍保留有与显生宙地层的沉积接触关系。残留断块是指呈断块状零星产出的非原位前寒武纪地层，其周缘均与新地层为断层接触。研究区内呈剥蚀残留体产出的前寒武系主要分布于高原周缘，即康西瓦-木孜塔格-玛沁-勉县-略阳断裂以北的秦-祁-昆造山系、铁克里克、阿尔金、阿拉善、柴达木等，喀喇昆仑—甜水海地区，班公湖-怒江断裂以南的冈底斯-喜马拉雅地区，以及扬子西缘的川西-滇东地区。呈残留断块产出的前寒武系主要分布于高原腹地的羌塘地区，大体分为南、北两个带，北带为沿西金乌兰湖—治多—玉树—巴塘分布的宁多岩群，南带为沿依布茶卡—聂荣—他念他翁山分布的戈木日岩群、聂荣岩群、卡穷岩群和吉塘岩群。呈构造窗和飞来峰产出的前寒武系主要有两个地区。一为喜马拉雅地区，由拉轨岗日岩群组成的构造窗主要分布于北喜马拉雅地区的拉轨岗日—康马—隆子一带，主要由肉切村群(有的为新元古界—寒武系)组成的飞来峰主要分布于南侧高喜马拉雅地区；二为扬子西缘，构造窗和飞来峰分布于丹巴—木里—吉呻一带。

四、青藏高原前寒武纪基底概况

1. 亲欧亚古大陆基底概况

该基底包括塔里木南部的铁克里克地块、阿尔金地块、敦煌地块，华北西南部的阿拉善地块、贺兰地块，秦-祁-昆造山系的西昆仑地块、东昆仑地块、全吉地块、北-中祁连地块、南祁连地块、北秦岭地块(西部)、白依沟地块，扬子西部的碧口地块(西部)、龙门地块、康滇地块、丽江地块，以及羌塘-三江地区的喀喇昆仑地块、他念他翁地块、玉树-昌都地块、中甸地块、保山地块。

具有华北型、扬子型、塔里木型3种基底类型。华北型基底(早前寒武系结晶基底＋长城纪以来沉积盖层)和扬子型基底(早前寒武系—中元古界结晶基底＋新元古界沉积盖层)为双重基底，基底分别固结于中条-吕梁运动和晋宁运动；塔里木型基底(新太古界—古元古界结晶基底＋中元古界变质基底＋新元古界沉积盖层)为三重基底，兼顾华北型和扬子型双重特征的基底。

2. 亲冈瓦纳古大陆基底概况

该基底包括冈底斯地区的申扎-察隅地块、聂荣地块、嘉玉桥地块、拉萨地块、林芝地块、滕冲地块，喜马拉雅地区的拉达克地块、康马-隆子地块、高喜马拉雅地块、低喜马拉雅地块，以及印度北部的西隆地区。

仅有印度型(东冈瓦纳型)基底(早前寒武系结晶基底＋中新元古界—寒武系褶皱变质基底＋奥陶纪以来的沉积盖层)为三重基底，早期固结于古元古代末，最终固结于泛非运动。

第三节　小　结

(1) 青藏高原前寒武纪构造-地层区划分的主要依据为：基底结构、盖层、构造-热事件，以及冰碛层、火山岩夹层及含矿建造等标志性地层。

(2) 研究区前寒武纪构造-地层区按3个级别划分。一级构造-地层分区为“古大陆”和“古大洋”，二级构造-地层分区为“陆块”和“地块群”，三级构造-地层分区为“地块”。

(3) 将研究区构造-地层区划分为：亲欧亚古大陆、亲冈瓦纳古大陆和原特提斯洋残迹区3个一级构造-地层大区，塔里木陆块(南部)、华北陆块(西南部)、秦-祁-昆地块群、扬子陆块(西部)、羌塘-三江地块群、冈底斯地块群、喜马拉雅地块群和印度陆块(北部)共 8 个二级构造-地层区，32 个三级构造-地层小区。

(4) 在空间上，前寒武纪地层主要分布于康西瓦-木孜塔格-玛沁-勉县-略阳断裂以北、印度河-雅鲁藏布江断裂以南及扬子陆块西缘，高原腹地前寒武系仅零星出露；在时间上，早前寒武系($Ar—Pt_1$)出露较少，主要产出于研究区北部；晚前寒武系($Pt_2—Pt_3$)出露相对较多，集中的分布区有喜马拉雅、扬子西部、秦-祁-昆、铁克里克及阿尔金等，除了与早前寒武系相伴产出外，还零星出露于高原腹地的羌塘地区。前寒武纪变质地层的产出形式主要有剥蚀残留体、残留断块、构造窗及飞来峰 4 种。

第三章　前寒武纪区域地层系统

第一节　亲欧亚古大陆区(Ⅰ)

一、塔里木陆块(南部)($Ⅰ_1$)

塔里木陆块(南部)包括铁克里克地块、阿尔金地块和敦煌地块 3 个三级构造-地层单位,前寒武纪地层系统划分和对比见表 3-1。

表 3-1　塔里木陆块(南部)前寒武纪地层系统

地质年代			铁克里克地块 ($Ⅰ_{1-1}$)	阿尔金地块 ($Ⅰ_{1-2}$)		敦煌地块 ($Ⅰ_{1-3}$)
Pt_3	Z	Z_2	克孜苏胡木组 (Z_2kz)			
			库尔卡克组 (Z_2k)			
		Z_1				
	Nh	Nh_2	恰克马克力克组 (Nh_2q)			
		Nh_1				
	Qb		苏库罗克组 (Qbsk)	索尔库里群 (QbS)	小泉达坂组 (Qbx)	
					平洼沟组 (Qbp)	
					冰沟南组 (Qbb)	
					乱石山组 (Qbl)	
Pt_2	Jx		苏玛兰组 (Jxs)	塔昔达坂群 (JxT)	金雁山组 (Jxj)	
			博查特塔格组 (Jxbc)		木孜萨依组 (Jxm)	
	Ch		塞拉加兹塔格岩群 (ChSl.)	巴什库尔干岩群 (ChB.)	贝克滩岩组 (Chb.)	
					红柳泉岩组 (Chh.)	
					扎斯勘赛河岩组 (Chz.)	
Pt_1			埃连卡特岩群 ($Pt_1A.$)	阿尔金岩群 ($Ar_3Pt_1A.$)	米兰岩群 ($Ar_3Pt_1M.$)	敦煌岩群 ($Ar_3Pt_1D.$)
			赫罗斯坦岩群 ($Pt_1H.$)			
Ar	Ar_3					
	Ar_2					

不整合　断层接触　整合　未接触　缺失

1. 铁克里克地块($Ⅰ_{1-1}$)

(1) 赫罗斯坦岩群($Pt_1H.$)

该岩群系指前人划分“赫罗斯坦杂岩”中解体出来的一套中—深变质表壳岩系,零星出露于叶城县南部的奥吐腊格也尔、喀拉瓦什克尔和英吉沙县南部的也系尔达坂等地。主要岩性为黑云二(钾)长片麻岩、黑云斜长片麻岩、角闪二长片麻岩、斜长角闪片麻岩，局部混合岩化。变质程度为高角闪岩相，原岩为一套碎屑岩-火山岩建造。该岩群多呈规模不等的包体形式出露于古老侵入体中，与周围地层体多呈断层接触，区域上未见与其上的埃连卡特岩群（Pt_1*A.*）接触，在恰尔隆北部被蓟县系博查特塔格组不整合覆盖，被阿卡孜岩体、探勒克岩体、布维吐卫岩体等侵入。

侵入该岩群的阿卡孜岩体锆石 U-Pb 同位素年龄为 2261±95/75Ma(Xu Ronghua et al,1996)，张传林等(2003)获得阿卡孜岩体锆石 SHRIMP 同位素年龄为 2426±46Ma。本项目(Wang et al,2014)在新疆叶城县阿卡孜乡西北(附表,附图)获得赫罗斯坦岩群斜长角闪片麻岩(07HL-51)的 LA-ICP-MS 锆石成岩年龄为 2257±6Ma，变质年龄为 1832±14Ma(图 3-1)。

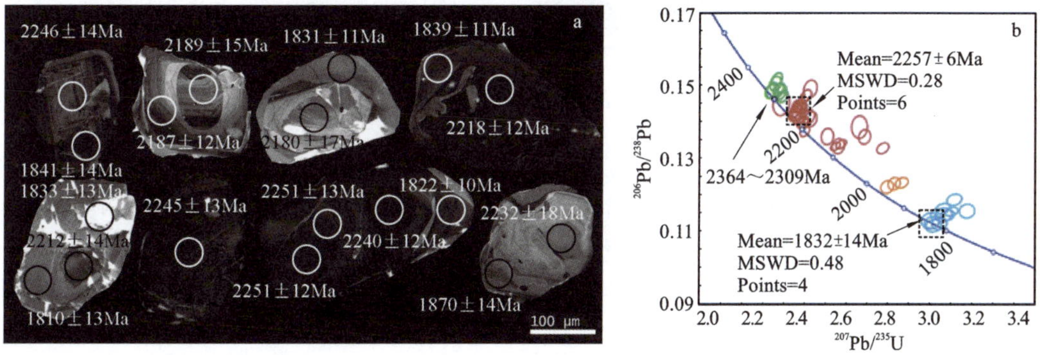

图 3-1　赫罗斯坦岩群角闪斜长片麻岩(07HL-51)锆石的 CL 图像(a)及 U-Pb 年龄谐和图(b)

综合上述同位素年龄，且蓟县系博查特塔格组不整合覆盖在赫罗斯坦岩群之上，将赫罗斯坦岩群的时代划为古元古代。

(2) 埃连卡特岩群（Pt_1*A.*）

该岩群由"埃连卡特群"(新疆维吾尔自治区地质矿产局,1993)演变而来。出露于铁克里克玉龙喀什河、拉木龙河和博斯腾塔河及克里阳河中游一带，向东延至和田南部。主要岩性为黑云石英片岩、白云石英片岩夹石榴斜长二云石英片岩，少量的浅粒岩、大理岩。变质程度为高绿片岩相-低角闪岩相，原岩为一套泥质杂砂岩-火山碎屑岩建造。该岩群与周围地层多呈断层接触，局部被长城系塞拉加兹塔格岩群和上泥盆统奇自拉夫组不整合覆盖。

张传林等(2003)于皮山县布琼村南获得角闪岩相变质火山岩的角闪石^{40}Ar-^{39}Ar 坪年龄为 1050.85±0.93Ma，于皮山县艾德瓦搞获得流纹岩黑云母^{40}Ar-^{39}Ar 坪年龄变质年龄为 1021±1.08Ma。张传林等(2007)利用碎屑锆石 LA-ICP-MS 定年结果认为卡拉喀什群(相当于埃连卡特岩群)的沉积时间在中元古代中晚期，在 0.8Ga、0.9 ～1.0 Ga 发生了两期重要的变质作用。然而，分析其数据和锆石 CL 图像，明显可见其测试的年龄值主要集中于 2.3～2.45Ga 和 0.8～1.0Ga 两个区间，为埃连卡特岩群的两个主要物源区年龄，该岩群的形成时代应不大于 0.8Ga。本项目 LA-ICP-MS 锆石微区原位定年结果(王超等,2009)显示，新疆和田县-布亚煤矿(附表,附图)埃连卡特岩群绿泥方解石英片岩中碎屑锆石的$^{206}Pb/^{238}U$ 年龄值主体集中于 736～810Ma，780Ma 年龄数据构成峰值(图 3-2)。这些峰值年龄具有较好的谐和性，可以作为相应地层沉积时代的下限。

由于测年数据有限，又无其他间接的时代依据，暂将埃连卡特岩群时代置于古元古代，不排除其形成于蓟县—南华纪的可能。

(3) 塞拉加兹塔格岩群（Ch*Sl.*）

该岩群由原地质矿产部新疆十三大队张良臣(1958)创名的"塞拉加兹塔格岩系""塞拉加兹塔格群"演化而来。主要分布于墨玉县卡拉喀什河、和田的玉龙喀什河—米提河、叶城县哈拉斯坦河以东玉珊塔格勒一带、阿克齐吾斯塘上游地区，以及康矮孜达里亚沟以北地区，总体呈断块状出露。岩性主要有浅变质的细碧岩、石英斑岩、石英角斑岩、霏细岩、霏细斑岩、正长斑岩、玄武岩、酸性和基性凝灰岩，此外还有变砂岩、千枚岩及灰岩。变质程度为低绿片岩相，原岩为一套酸性火山岩、中基性火山岩、中基性凝灰岩和含凝

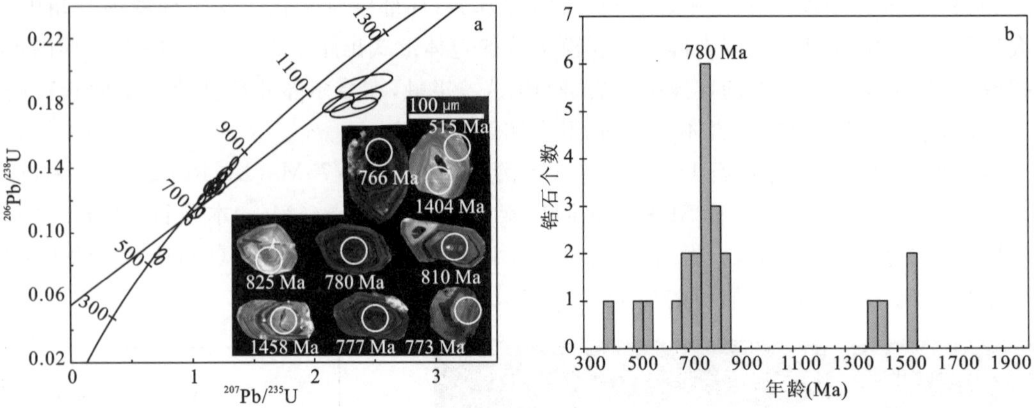

图 3-2　埃连卡特岩群绿泥方解石英片岩(07HT-41)锆石 U-Pb 谐和图及 CL 图像(a)和锆石年龄频率分布直方图(b)

灰质碎屑岩建造。该岩群与周围地层多呈断层接触关系，与蓟县系博查特塔格组平行不整合接触。

汪玉珍(1985)在阿其克河中游获得钾质角斑岩 Rb-Sr 同位素年龄为 1764Ma。据 1∶25 万麻扎幅、神仙湾幅区域地质调查(以下简称"区调")报告，蓟县系博查特塔格组平行不整合于塞拉加兹塔格岩群之上，该群比埃连卡特岩群变质浅，但比蓟县系博查特塔格组变质深，与地层清理所划该群原岩建造、改造，变质相均相似，相当于酸性火山岩和中基性凝灰岩、含凝灰质碎屑岩层，故将其划归为长城纪。

本项目利用 LA-ICP-MS 分析表明，新疆和田县—布亚煤矿玉龙喀什河一带(附表，附图)塞拉加兹塔格岩群中变凝灰岩岩浆成因锆石的 U-Pb 年龄为 787±1Ma，部分捕获锆石的年龄为 1986Ma 左右(图 3-3)，显示其形成时代应为新元古代早期(王超等，2009)。

综上所述，暂将塞拉加兹塔格岩群时代置于长城纪，不排除其形成于南华纪的可能。

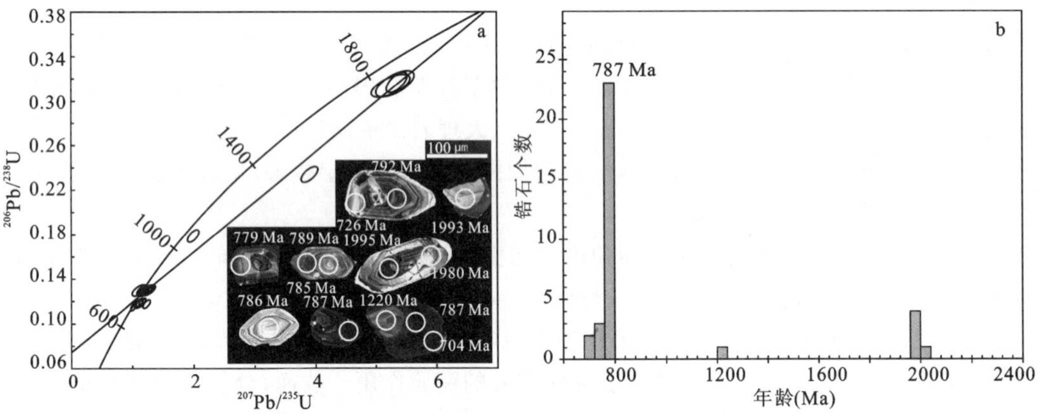

图 3-3　塞拉加兹塔格岩群中的变凝灰岩(07HT-42)锆石 U-Pb 谐和图及 CL 图像(a)和锆石年龄频率分布直方图(b)

(4) 博查特塔格组(J*xbc*)

该组被原地质矿产部新疆十三大队吴文奎等(1957)称为"博查特塔格岩系"，马世鹏等(1977—1981)重新划分。该组出露于库勒—苏库里克—索克曼—塘里切克东一带，叶城县吾鲁乌斯塘河、皮山县康矮孜达里亚沟、博斯腾塔河及拉木龙河以北等地也有出露。主要岩性为白云岩、白云质灰岩、泥质灰岩、砂砾岩、砂岩、页岩、泥板岩，局部见有玄武岩、安山岩及安山质角砾岩、沉凝灰岩夹层，富含叠层石。变质程度为葡萄石-绿纤石相，原岩主要为白云岩、白云质藻纹灰岩、泥质灰岩、砂岩、页岩、泥板岩。该组不整合于长城系或古元古界之上，整合伏于苏玛兰组之下。

在坎地里克采得叠层石 *Scopulimorpha* cf.，?*Conophyton* cf.，?*Paniscollenia* cf.。前人曾在新藏公路 101～103km 处采得叠层石?*Acacellia* cf.，*Collenia* cf.，*Parmites* cf.，*Collenia* cf.，*Jurdsania* cf.。在阿卡孜采得叠层石 *Jurusania bozhaietagensis*，*Parmites* cf.，*Siluphyton kunlunshanense*，*Tungussia*?cf.，*Minjaria* cf.。在棋盘乡阿其克能依其沟采得微古植物化石主要有 *Trachysphaeridium* cf.

laminarites 及 *Pseudozanosphaera* sp. 等。根据岩石组合特征及所含叠层石及微古植物组合，大致可以与阿尔金地区的塔昔达坂群下部的木孜萨依组(Jxm)和东昆仑地区的狼牙山组(Jxl)对比。本组所产叠层石以 *Jurusania-linella-Tungussia* 组合为特征，与新疆第二叠层石组合(即若羌组合)相当(新疆维吾尔自治区地质矿产局，1993)；同时与青海境内东昆仑叠层石组合Ⅰ和组合Ⅱ可以对比。

在1∶25万叶城县幅区调中博查特塔格组与上覆苏玛兰组呈整合过渡关系，不整合于长城系塞拉加兹塔格岩群之上，与新疆地层清理层型剖面在岩性组合、沉积环境方面均有可对比性，故将博查特塔格组划为蓟县纪。

(5) 苏玛兰组(Jxs)

该组被原地质矿产部新疆十三大队(1957)称为"中奥陶统苏玛兰岩系"，马世鹏等(1981)命名。主要出露于新疆叶城一带，零星分布于苏里克—坎埃孜北。岩石组合总体为一套杂色碳酸盐岩与细碎屑岩。下部紫红色叠层石灰岩、砂屑灰岩、粉砂质泥岩不等厚互层；中部褐红色泥质粉砂岩与粉砂质泥岩互层；上部杂色砾屑(竹叶状)灰岩或叠层石灰岩与泥质粉砂岩或钙质、粉砂质硅质岩不等厚互层。变质程度为低绿片岩相。该岩群与下伏蓟县系博查特塔格组呈整合过渡或局部相变，顶部与上覆青白口系苏库罗克组呈不整合接触。

前人在苏库罗克村西北塔斯洪河坪耐等地，相当于该组上部层位采得叠层石化石 *Baicalia* sp.，*Linella* sp.，*Gymnosolen* sp. 等及核形石 *Osagia* sp.，另外在叶城县探勒克剖面上采有叠层石? *Jurusania* sp.，*Boxonia* sp. 等。属于 *Baicalia-Gymnosolen-Boxoniq* 组合，相当于新疆第三叠层石组合(阿尔金地区的金雁山组合)。与青海东昆仑地区的叠层石组合Ⅲ和组合Ⅳ可以对比，相当于蓟县纪中、晚期至青白口纪。*Baicalia* 是我国华北第Ⅳ组合中的重要分子，常出现在1300～900Ma地层中。在俄罗斯、澳大利亚、美国及西南非洲等地的相当层位中均有产出记录。据梁玉左研究，*Baicalia* 属的产出层位应不老于1300Ma(新疆维吾尔自治区地质矿产局，1993)。

据叠层石及岩性组合特征，苏玛兰组与阿尔金地区塔昔达坂群上部金雁山组及青海东昆仑地区的狼牙山组中上部可以对比。

综合认为苏玛兰组时代应为蓟县纪晚期。

(6) 苏库罗克组(Qbsk)

该组由张良臣等(1958)称"苏库洛克岩系"，新疆区域地层表编表组(1977)改称"苏库洛克群"，仅分布于叶城县南的苏库里克至吉格代勒克一带，呈近东西向不规则状断续展布。岩性为一套以碎屑岩为主的杂色岩系，下部是以紫红色为主的泥质粉砂岩与(竹叶状)灰岩不等厚互层；中部是以灰黑色、浅灰色为主的薄层状粉砂岩夹砂岩；上部为灰色硅质岩、粉砂质泥岩、杂砂岩。区域上自西而东砂岩、粉砂岩逐渐减少，硅质岩、灰岩和白云岩增多。该组与下伏苏玛兰组不整合接触，接触界面为铁质风化壳，与上覆恰克马克力克组不整合接触。

本组下部产叠层石 *Acaciella* cf. *australia*，*Parmites* sp. 等。据鉴定者意见，*Acaciella* cf. *australia* 产于澳大利亚新元古界苦泉沟组，年龄大于7.4亿年，可能小于9亿年，时代为新元古代。

另外，前人曾在莎车县苏库罗克村北该组中采得叠层石 *Inzeria ardania*，此种在我国的辽南群、苏皖北部的淮南群中均有分布，时代属青白口纪。

其上覆地层上南华统恰克马克力克组发育冰碛层，与我国南沱冰期大致相当。

综上所述，将苏库罗克组时代置于青白口纪。

(7) 恰克马克力克组(Nh_2q)

该组由马世鹏、汪玉珍(1979)命名为"恰克马克力克组"，马世鹏等(1989)将其升为"恰克马克群"(细分为波龙组、克里西组、雨塘组)。主要分布于新疆叶城县南新藏公路附近阿其克拜勒都一带及其以东地区，沿塔里木盆地南缘呈断续不规则带状展布。下部主要为砂岩、复成分砾岩；中部为冰碛层，主要为含砾钙质粉砂岩或含砾粉砂质灰岩；上部主要为长石砂岩，石英砂岩夹一层冰碛成因的含砾石英粗砂岩。该组主要为一套滨—浅海陆源碎屑岩和冰碛岩，与下伏青白口系苏库罗克组和上覆上震旦统库尔卡克组均呈不整合接触。

该组曾在恰克马克力克沟一带获得微古植物化石 *Taeniatum crasum*(厚带藻)和 *Trachysphaeridium sp.*(粗面球形藻)(彭昌文等,1981),均为南华纪分子。

晚南华世是一次全球性的冰期,冰川活动范围大,冰碛物分布广泛。该组发育的冰碛沉积,在新疆相当于贝义西和阿勒通沟-特瑞爱肯冰期,在我国南方,该冰期称南沱冰期。这些地方的沉积环境虽有差异,但大多数都具有性质类似的冰碛层,它们应属同一冰期的产物,层位和时代大致都可以对比。根据冰碛沉积的对比,将恰克马克力克组归于晚南华世。

(8) 库尔卡克组(Z_2k)

该组是由原地质矿产部新疆十三大队(1957)所划分的"奇兹那夫岩系"中分出,马世鹏等(1980)命名,方锡廉(1980)正式发表于《新疆地质》。主要分布于塔里木盆地南缘新藏公路两侧附近,呈不规则状出露于叶城县柯克亚乡一带。下部以黑色、灰红色页岩为主,与砂岩不等厚互层,夹含砾石英杂砂岩,并发育石膏薄膜,底部有少量砾岩、玫瑰色白云岩;上部以灰色海绿石英砂岩、岩屑砂岩为主,夹少量粉砂质泥岩;顶部为一层含硅质白云岩,并有石膏沉积。该组主要为碎屑岩,区域上岩性变化不大,但厚度由东向西逐渐减薄。其下与恰克马克力克组不整合接触,上被克孜苏胡木组平行不整合覆盖,向西至图甫鲁克沟泥盆系奇自拉夫组直接超覆于本组之上。

前人曾在克孜苏胡木沟采获丰富的微古植物,主要分子有 *Pseudozonosphaera asperella*, *Micrhystridium* sp., *Trachysphaeridium rugosum*, *T. cultum*, *Leiopsophosphaera jugate*, *Hubeisphaera* cf. *radiata*, *Pseudodiacrodium verticale*, *Fuchunshania rerojujata*, *Macroptycha uniplicata* 等。1∶25 万叶城县幅区调在克里西以东采获光面球藻 *Leiosphaeridia* sp.。上述微古植物均为震旦纪常见分子,其中 *Micrhystridium* 为峡东地区灯影组的标准分子;前人在本组顶部曾获海绿石 K-Ar 年龄为 596.9Ma。因此,将库尔卡克组时代置于晚震旦世。

(9) 克孜苏胡木组(Z_2kz)

该组最早由原地质矿产部新疆十三大队(1957)划分为"奇兹那夫岩系",经马世鹏等(1979)将其划分开,方锡廉(1980)正式发表于《新疆地质》。主要分布在叶城县以南新藏公路以西克孜苏胡木沟一带,向西到哈拉斯坦河一带。上部主要以白云岩为主,偶夹海绿石石英砂岩薄层,底部有含磷砂岩及白云岩;下部为钙质砂岩、粉砂岩及页岩夹少量石英砂岩和白云岩薄层。该组与下伏库尔卡克组平行不整合接触,被奇自拉夫组(D_3q)不整合覆盖,厚度变化较大,有的地方顶部或全部被剥蚀,在新疆公路地区厚度最大(353.4～371m),向西至图甫鲁克沟一带缺失。

产微古植物化石 *Micrhystridium poratum*, *Pseudodiacrodium tenerum*, *Pseudofavososphaera* sp., *Trachysphaeridium rugosum* 等。上述化石均系晚震旦世的常见分子,在鄂西、川西、峡东等地均出现于上震旦统灯影组中。据此将克孜苏胡木组的形成时代置于晚震旦世末期。

2. 阿尔金地块($I_{1\text{-}2}$)

(1) 米兰岩群($Ar_3Pt_1M.$)

该岩群是由"米兰群"(新疆维吾尔自治区地质矿产局,1993)改称而来(程裕淇等,1994),出露于阿尔金地块北部库姆塔格沙漠南缘克孜勒塔格一带,主要由黑云角闪斜长片麻岩、斜长角闪岩、角闪岩、大理岩、二辉斜长麻粒岩及各类条带状混合片麻岩等组成。为高角闪岩相-麻粒岩相变质的成层无序深变质表壳岩,被大量 TTG 岩系侵入,其原岩主要为一套沉积碎屑岩夹少量基性火山岩建造。大致经历了3期变质作用:①古元古代末期区域变质,低绿片岩相变质;②晋宁期,高角闪岩-低角闪岩相变质;③印支期动力热流变质。该岩群与下古生界为断层接触,在英格布拉克一带见青白口系索尔库里群的乱石山组角度不整合超覆其上。

在阿克塔什塔格附近米兰岩群的斜长角闪岩中获得锆石 U-Pb 年龄平均值为 2589.37Ma①。米兰岩群麻粒岩中辉石、斜长石、全岩 Sm-Nd 等时线年龄为 1703.85±105Ma(车自成等,1995),基性变质岩

① 青海省区调队. 1∶20 万俄博梁幅区域地质调查报告,1986.

Sm-Nd 等时线年龄为 2792±208Ma，各类片麻岩和变质基性岩 Sm-Nd 等时线年龄为 2787±151Ma（车自成等，1996）。自 2001 年在阿克塔什塔格南花岗质片麻岩中获得 3605±43Ma 年龄信息（李惠民等，2001）以来，2003 年又在阿克塔什塔格一带的 TTG 岩系中获得了大量 2700～2600Ma 的锆石同位素年龄（陆松年等，2003）。侵入米兰岩群的基性岩脉（斜长角闪岩）中获得的单颗粒锆石 U-Pb 不一致线上交点年龄为 2351±21Ma（陆松年等，2000）。1∶25 万石棉矿幅区调在“包裹”米兰岩群的英云闪长质片麻岩中获得了岩浆锆石 SHRIMP 年龄值为 2567±32Ma；在克孜勒塔格西黑云斜长片麻岩中获得 2705±23Ma、2592±15Ma、2020±53Ma 三组 SHRIMP 法锆石 $^{207}Pb/^{206}Pb$ 加权平均年龄值；在阿尔金喀腊大湾沟中游获得米兰岩群片麻状石英正长岩（古侵入体）锆石 SHRIMP 年龄为 1873±10Ma；在喀腊大湾下游片麻状石英二长闪长岩中获得锆石 SHRIMP 法 $^{207}Pb/^{206}Pb$ 加权平均值为 2051.9±9.9Ma；片麻状闪长岩 SHRIMP 法锆石 $^{207}Pb/^{206}Pb$ 加权平均值为 2135±110Ma；拉配泉以北的阿拉塔格泉、阿克塔什塔格米兰岩群碳酸岩（岩浆岩）锆石 SHRIMP 年龄为 1931±18Ma；米兰岩群中的二长花岗质混合脉体锆石 SHRIMP 年龄有 3 组 Pb-Pb 表面年龄：2835±79～2490±71Ma、2214±70～2107±26Ma、2070±61～1901±58Ma，主年龄为 2013±20Ma。

综合上述，米兰岩群及变质深成岩中获得的大量新太古代—古元古代同位素年龄信息，将米兰岩群的形成时代暂置于新太古代—古元古代。

(2) 阿尔金岩群（$Ar_3Pt_1A.$）

1∶25 万苏吾什杰幅区调中该岩群系指前人所划“阿尔金群”（新疆维吾尔自治区地质矿产局，1993）中解体出来的一套变质表壳岩系，出露于阿尔金地块中西部，呈大小不等的构造岩块产出，总体上为成层的大有序、小无序的地层。下部为含榴斜长二云石英片岩、钠长二云石英片岩、含榴矽线黑云斜长变粒岩，少量含榴矽线黑云斜长片麻岩、黑云角闪二长片麻岩夹黑云石英片岩、（条带状）大理岩、长石石英岩（斜长角闪岩）；中部为石英岩夹含榴二云石英片岩、石榴子石白云母斜长片麻岩、含榴钠长绿泥片岩；上部为含榴斜长白云片岩、含榴白云母片岩夹含榴斜长二云母石英片岩、大理岩，含榴斜长角闪岩，局部夹含榴白云母斜长片麻岩、角闪黑云母斜长变粒岩，石榴黑云阳起片岩。变质程度为高绿片岩相-低角闪岩相，原岩主要为杂砂岩、泥质岩夹碳酸盐岩及中酸—中基性火山岩建造。该岩群与周缘长城系巴什库尔干岩群、蓟县系塔昔达坂群和青白口系索尔库里群均为断层接触。

前人曾在帕夏拉依档一带盖力克正片麻岩（变侵入体）中获得 2679±142Ma 的锆石 U-Pb 等时线年龄（崔军文等，1999）。张建新（1999）在测定吐拉一带的孔兹岩系（富铝片麻岩）锆石 U-Pb 年龄时获得 2571±340Ma 和 1027±10Ma 的上交点年龄，反映了古老锆石的存在，可能代表其原岩沉积岩源区不同时代岩石的年龄。胡霭琴（2001）报道阿尔金山岩群锆石 U-Pb 上交点年龄为 1820±277Ma。柏道远等（2004）获得阿尔金岩群斜长角闪岩的角闪石 ^{40}Ar-^{39}Ar 等时线年龄为 1861.95±37.42Ma，^{40}Ar-^{39}Ar 高坪年龄为 1525.52±10.54Ma，低坪年龄为 871.19Ma。1∶25 万且末县一级电站幅区调于江尕勒萨依阿尔金岩群变质侵入体二云母二长片麻岩中获得锆石 U-Pb 上交点年龄为 1311±66Ma。王超等（2006）于阿尔金南缘江尕勒萨依获得阿尔金岩群黑云母花岗片麻岩（榴辉岩的围岩）锆石 LA-ICP-MS 年龄为 923±13Ma。

综上所述，并考虑到阿尔金岩群与长城系在物质组成变质变形等方面的系统差别，暂将其时代定在新太古代—古元古代，但层位略高于米兰岩群。

(3) 巴什库尔干岩群（Ch*B.*）

该岩群是由“巴什库尔干群”（张道乐等，1985）演变而来。主要出露于阿尔金山南北两侧和西端，阿尔金山北坡阿拉库力萨依—塔木其、尧勒萨依、塔昔达坂以北的阿斯腾塔格等地，由规模不等的岩片组成。该岩群为一套陆缘碎屑岩-碳酸盐岩夹火山岩经区域变质达绿片岩相的变质岩系；其中，东部和西部可进一步划分为：扎斯勘赛河、红柳泉、贝克滩 3 个岩组。

扎斯勘赛河岩组（Ch*z.*）：主要为砂岩、粉砂岩、凝灰岩等，少量碎屑灰岩，夹中基性火山岩、火山角砾岩，含微古植物化石。

红柳泉岩组（Ch*h.*）：主要为含堇青石、二云母、绿泥石、石榴子石的石英片岩及石英岩，次为二云母片岩、炭质片岩。

贝克滩岩组(Ch*b*.):主要为硅质岩、粉砂岩、灰岩,夹粗砂岩及少量片理化细砂岩。

该岩群变质程度为绿片岩相,与新太古代—古元古代阿尔金岩群和蓟县系金雁山组呈断层接触,塔昔达坂群不整合覆于其上(蔡土赐,1999),总体上表现为断裂带所围限的不同规模的岩片。

前人在贝克滩的巴什库尔干岩群扎斯勘赛河岩组中采得微古植物化石:*Trachysphaeridium* sp.(粗面球形藻),在贝克滩岩组中获得叠层石:*Kussiella*?cf.。但二者都不具确切可靠的年代意义。该岩群建造类型及变质程度、变形样式与新太古代—古元古代阿尔金岩群和蓟县系塔昔达坂群明显不同,与前者未见直接接触,与后者为韧性滑脱剪切带接触,它们明显为不同构造层的产物。区域上塔昔达坂群不整合覆于巴什库尔干岩群之上(蔡土赐,1999)。

截至目前,巴什库尔干岩群尚无确切的时代依据,本项目尊重前人意见仍然将其置于中元古代长城纪。

(4) 塔昔达坂群(Jx*T*)

该群最早为梁文郁等(1947)所划“南山系”的一部分,由李锡铭等(1958)命名为“塔昔达坂岩系”演变而来。主要分布于青海、新疆交界的阿尔金山地区安南坝、塔昔达坂南坡及若羌一带。该群自下而上可进一步分为:木孜萨依组(Jx*m*)和金雁山组(Jx*j*)。

木孜萨依组(Jx*m*):主要为灰白色中厚—块状石英岩,顶部为浅灰中厚—薄层状变细粒长石英砂岩夹千枚状含钙二云石英片岩,灰—深灰色千枚状二云石英片岩、千枚岩夹灰色石英岩。

金雁山组(Jx*j*):为一套碳酸盐岩,主要岩石类型为含藻屑白云岩、灰岩和大理岩等。变质程度为绿片岩相,原岩为一套滨海相碎屑岩-碳酸盐岩沉积。该岩群下与巴什库尔干岩群呈滑脱断层接触,与上覆索尔库里群为断层接触。

金雁山组叠层石发育,其组合有 *Anabaria juvensis*,*Conophgton gwargancum*,1:20 万巴什布拉克幅区调中该组产 *Conophgton cylindricum*,*Comicodomenia cglindrica*。上述叠层石组合面貌大致相当于我国蓟县地区的第三(四?)组合,确认其形成时代为蓟县纪。

(5) 索尔库里群(Qb*S*)

该群由李天德、缪长泉等(1991)将原“塔昔达坂群”上部单独分出而建立。主要出露于阿尔金地区的乌尊硝尔盆地北缘、库木塔什、清水泉—吐斯也尔布拉克及安南坝—因格布拉克,总体呈断块状出露。该群自下而上划分为乱石山组(Qb*l*)、冰沟南组(Qb*b*)、平洼沟组(Qb*p*)和小泉达坂组(Qb*x*)。该群于安南坝地区仅出露乱石山组(Qb*l*)、冰沟南组(Qb*b*),这两个组取代 1:25 万石棉矿幅区调原安南坝群。

乱石山组(Qb*l*):为深灰色厚层状中、粗粒长石砂岩、粗粒岩屑长石砂岩、大理岩夹含炭石英片岩;乌尊硝尔盆地北缘为千枚岩和砂岩,底部有紫红色砾岩,产叠层石 *Inzeria xinjiangensis*,*I. straticolumnaria*,*Linella luanshishanensis* 等。

冰沟南组(Qb*b*):为钙质泥岩、钙质粉砂岩、千枚岩、灰岩、砂质灰岩夹凝灰岩、玄武岩;吐斯也尔布拉克一带几乎全为大理岩,若羌平洼沟南为灰岩和大理岩;产叠层石 *Boxonia bingounanensis*。

平洼沟组(Qb*p*):主要为结晶灰岩、大理岩、白云岩夹少量千枚岩,基本层序由下向上厚度变薄;产叠层石 *Boxonia*? sp.,*Conophyton* sp. indet。

小泉达坂组(Qb*x*):为浅海相碎屑岩夹碳酸盐岩,主要岩性有变质钙质不等粒砂岩、石英岩、二云石英片岩、大理岩及少量硅质岩、变质中基性火山岩、火山碎屑岩;产叠层石 *Minjaria uralica*,*Anabaria* sp. 等。

索尔库里群变质程度为低绿片岩相,原岩为一套滨—浅海相碎屑岩-碳酸盐岩夹火山岩、火山碎屑岩。该群各组之间均为连续沉积,不整合覆于金雁山组之上,其上被奥陶系额兰塔格组不整合覆盖(新疆维吾尔自治区地质矿产局,1997)。产叠层石:*Tungussia suoerkuliensis*(索尔库里通古斯叠层石),*Nucleella* sp.(核叠层石未定种),*Inzeria* sp.(印卓尔叠层石未定种),*Stratifera* sp.(层形叠层石未定种)和 *Acaciella echinata*(多刺阿卡萨叠层石)。其中,索尔库里通古斯叠层石是青白口系索尔库里群常见分子。此外还产有叠层石 *Linella* sp.,*Boxonia* sp.,*Minjaria*,*Conophyton*,*Anabaria* 等,该组合与甘肃北山地区大豁落山群(*QbD*)叠层石组合Ⅴ下部 *Linella*-*Boxonia* 亚组合相似。据此,将索尔库里群时代暂定为青白口纪。

3. 敦煌地块(Ⅰ$_{1-3}$)

该地块在研究区仅出露有敦煌岩群(Ar_3Pt_1*D*.)。

该岩群曾被称"敦煌系"(孙健初,1938)、敦煌群(夏公君,1954)、"敦煌杂岩"(修泽雷等,1964)。研究区只涉及敦煌岩群分布区的西南部,曾被称为敦煌系、敦煌杂岩、敦煌群,出露于敦煌地块库姆塔格沙漠一带,呈大小不等的构造岩块产出。主要岩性为斜长片麻岩、斜长角闪岩、石英片岩、大理岩、石榴蓝晶石英片岩、石榴斜长片麻岩、长石石英片岩,在红口子一带尚有含铁石英岩。变质程度为低角闪岩相,原岩为一套碎屑岩-泥质岩-碳酸盐岩建造。该岩群周缘被第四系覆盖。

1∶5万红柳峡幅、土达坂幅①在敦煌南部红柳峡一带敦煌岩群斜长角闪岩中获得 Sm-Nd 等时线年龄值分别为 2935.59±23.83Ma 和 3487.97±20.21Ma,侵入敦煌岩群中的红柳峡黑云二长花岗岩体锆石 U-Pb 年龄为 1450Ma,于红柳峡向东掉石沟获得敦煌岩群斜长角闪岩 Sm-Nd 等时线年龄值 2946.95±11.70Ma(李志琛,1994)。梅华林等(1998)获得石包城北水峡口侵入敦煌岩群中英云闪长质片麻岩的锆石 TIMS 上交点年龄为 2670±12Ma。于海峰(1999)在大泉获得敦煌岩群中条带状伟晶岩体的单颗粒锆石 U-Pb 上交点年龄为 913±20Ma。

综上所述,暂将其时代置于新太古代—古元古代。

二、华北陆块(西南部)(Ⅰ$_2$)

华北陆块(西南部)包括阿拉善地块和贺兰地块 2 个三级构造-地层单位,前寒武纪地层系统划分和对比见表 3-2。

表 3-2 华北陆块(西南部)前寒武纪地层系统

地质年代			阿拉善地块(Ⅰ$_{2-1}$)		贺兰地块(Ⅰ$_{2-2}$)
Pt_3	Z	Z_2	韩母山群 (NhZ*H*)	草大坂组 (Z*c*)	正目观组 (Z*z*)
		Z_1			
	Nh	Nh_2		烧火筒沟组 (Nh*s*)	
		Nh_1			
	Qb				王全口组 (Qb*wq*)
Pt_2	Jx		墩子沟群 (Jx*D*)		黄旗口组 (Jx*hq*)
	Ch				
Pt_1			龙首山岩群 (Ar_3Pt_1*L*.)		
Ar	Ar_3				
			乌拉山岩群 (Ar_{2-3}*W*.)		乌拉山岩群 (Ar_{2-3}*W*.)
	Ar_2				
	Ar_1				

注:图例同表 3-1。

1. 阿拉善地块(Ⅰ$_{2-1}$)

(1) 乌拉山岩群(Ar_{2-3}*W*.)

该岩群由内蒙古地层表编写组(1980)命名,为阿拉善地块(Ⅰ$_{2-1}$)和贺兰地块(Ⅰ$_{2-2}$)的变质地层单位。主体分布在乌拉山、大青山及桌子山等地区,研究区内出露于阿拉善右旗东侧—甘肃省民勤县红沙岗地区,贺兰山南部也有零星出露,总体呈断块状产出。该岩群的进一步划分存在较大分歧,属层大有序、小无序变质地层单位,其主要岩性有含榴二辉麻粒岩、二辉斜长麻粒岩、石榴黑云片麻岩、角闪斜长

① 甘肃省地质矿产局酒泉地质调查队.1∶5万红柳峡幅、土达坂幅区域地质调查报告,1991.

片麻岩、长英质片麻岩、斜长角闪岩、变粒岩和辉石、橄榄石大理岩等，夹磁铁石英岩。变质程度主体达高角闪岩相，部分达麻粒岩相，局部显示区域混合岩化作用。下部原岩为基性—中基性火山岩、碎屑岩夹硅铁质岩，上部原岩为(含炭质)泥砂质岩-碳酸盐岩。该岩群上部在区域上被古元古代美岱召岩群(二道洼群)不整合覆盖(杨振升等，2006)，下部部分岩性与集宁群相当；研究区范围内，仅在桌子山一带被王全口组(Qb*wq*)不整合覆盖，其余地段均与显生宇呈断层接触。

邻区以及侵入本岩群的花岗质岩石和石英闪长岩的同位素年龄数据：①乌拉特前旗小佘太淖尔兔沟侵入乌拉山岩群中石英闪长岩的角闪石 K-Ar 年龄为 2461Ma；②同一地点侵入乌拉山岩群中石英闪长岩的锆石 U-Pb 一致线年龄为 2470±10Ma；③乌拉特前旗小佘太三道水，侵入于乌拉山岩群的斜长花岗岩中锆石的 U-Pb 一致线年龄为 2470±22/23Ma；④乌拉特前旗小佘太阿古鲁沟侵入于乌拉山岩群的黑云母花岗岩中锆石 U-Pb 年龄为 2372±14Ma 和 2367±29Ma；乌拉特中旗图，可能相当于乌拉山岩群的黑云斜长片麻岩锆石 U-Pb 一致线年龄为 2521±3Ma。杨振升(2000)获得侵入到乌拉山岩群孔兹岩系的透辉石斜长角闪岩全岩 Sm-Nd 等时年龄为 2800Ma，徐仲元(2002)获得辉石斜长角闪岩 Sm-Nd 等时年龄为 2822±2Ma，内蒙古自治区地质矿产局(1996)获得 Sm-Nd 等时线年龄为 2910Ma、3000Ma。据此，将其时代暂置于中—新太古代。

(2) 龙首山岩群($Ar_3Pt_1L.$)

该岩群是由甘肃省地质局第一区测队(1967)命名的“龙首山群”演变而来。主要分布于高台县合黎山、山丹到金昌龙首山一带，呈断块状产出。该岩群主要为一套条带状、眼球状混合岩夹斜长角闪岩、花岗质片麻岩、黑云斜长片麻岩等，少量大理岩、石英岩、片岩、变粒岩类包体(透镜体)，属层状无序变质地层。变质程度为绿片岩相。原岩主要为泥质、砂质碎屑沉积岩，其次为碳酸盐岩、基性火山岩及少量英安岩，形成于浅海环境。该岩群与上覆蓟县系墩子沟群呈不整合接触。

《甘肃省区域地质志》(1989)中获得龙首山岩群变质沉积岩白云母 K-Ar 法年龄分别为 1319Ma、1690Ma、1697Ma 和 1711Ma，黑云母 K-Ar 法年龄为 1600Ma，角闪黑云斜长片麻岩全岩 Rb-Sr 等时线年龄为 1949Ma，侵入于龙首山岩群的斜长花岗岩 Rb-Sr 等时线年龄为 2147Ma。杨振德等(1988)获得侵入于龙首山岩群的伟晶花岗岩白云母 K-Ar 法年龄为 1740Ma，片麻状花岗岩白云母 K-Ar 法年龄为 1786Ma。白瑾等(1993)获得侵入于龙首山岩群斜长花岗伟晶岩全岩 Rb-Sr 等时线年龄为 2331Ma。汤中立等(1995)获得侵入龙首山群片麻岩中红色花岗岩全岩 Sm-Nd 等时线年龄为 1768～1734Ma。甘肃省岩石地层(1997)获得龙首山群混合岩全岩 Rb-Sr 等时线年龄为 2065Ma。李文渊等(2004)获得龙首山岩群藏布台蛇纹石化单辉橄榄岩 Sm-Nd 等时线年龄为 1511±168Ma；辉长岩 Sm-Nd 等时线年龄为 1440±220Ma。

修群业等(2002)于金昌西北墩子沟剖面中三道弯附近获得龙首山群白家嘴组花岗质片麻岩单颗粒锆石 U-Pb 法上交点年龄为 1914±9Ma(成岩)，下交点年龄为 577±174Ma。修群业等(2004)于金昌双井北获得侵入龙首山群的奥长花岗岩单颗粒锆石 U-Pb 法上交点年龄为 2015±16Ma，下交点年龄为 452±16Ma。陆松年(2002)于金昌墩子沟获得龙首山岩群斜长角闪岩单颗粒锆石 U-Pb 法年龄为 2034±16Ma。李献华等(2004)于金川超镁铁岩体获得含硫化物橄长岩(浸染状矿石)锆石 SHRIMP U-Pb 年龄为 827±8Ma(成岩)。董国安等(2007a)在龙首山岩群最上部层位 3 件变质沉积岩样中获得碎屑锆石 SHRIMP U-Pb 年龄分别为 2702～1794Ma、2095～1724Ma 及 1986～1766Ma，其中，最年轻的碎屑锆石年龄是 1724±19Ma，显示该变质沉积岩固结成岩的年龄应小于 1724±19Ma。杨胜洪等(2007)获得金川铜镍硫化物矿床浸染状矿石两组 Re-Os 等时线年龄分别为 1126±96Ma 和 840±79Ma。

综上所述，暂将龙首山岩群的时代置于新太古代—古元古代，但不排除其形成于长城纪—蓟县纪的可能。

(3) 墩子沟群(Jx*D*)

该群是甘肃省地质局区测一队(1967)命名“墩子沟组”的改称(甘肃省区域地层表编写组，1980)。主要分布于山丹—金昌龙首山一带，多呈断块状产出。根据岩性可划分为 3 组：下组以砾岩为主，具底砾岩性质；中组是以灰岩为主的浅海碳酸盐岩沉积；上组是一套细粒的陆源碎屑岩。该群为一套基本没有变质的、以浅海碳酸盐岩为主的地层，不整合于龙首山岩群深变质岩系之上。

墩子沟群中所产的叠层石组合特征与蓟县标准剖面所划分的Ⅳ组合(曹瑞骥和梁玉左，1979)对应，认为其时代应为蓟县纪；1∶5万河西堡幅区调中把这套地层称为墩子沟群前山组，根据所采的 Conophyton 等叠层石也将其归入蓟县系。墩子沟群不整合于龙首山岩群之上，在河西堡幅相邻的 1∶5 万红洼井幅和旋毛头幅区调中相当该组的地层中获得 Rb-Sr 等时线年龄为 1261±21Ma ，所以该群的时代定为蓟县纪。

(4) 韩母山群(NhZ*H*)

该群是甘肃省地质局区测一队(1968)命名"韩母山组"的改称(甘肃省区域地层表编写组，1980)。呈北西向带状分布于甘肃永昌县韩母山、草大坂至墩子沟地区。韩母山群分为下部烧火筒沟组(Nh*s*)和上部草大坂组(Z*c*)。烧火筒沟组(Nh*s*)上部为泥质灰岩、灰岩与千枚岩互层，下部为千枚岩夹泥质灰岩、变石英砂岩、变砂质磷质岩；底部为含砾千枚岩、含角砾状灰岩。草大坂组(Z*c*)为灰岩夹泥质条带、似竹叶状灰岩及假鲕状灰岩。该群下部为冰成岩类，上部以滨海—浅海相碳酸盐岩为主，具轻微变质的地层序列。该群下部与蓟县系墩子沟群呈不整合接触，上部未见顶。烧火筒沟组与上覆草大坂组呈整合接触，局部呈平行不整合接触(甘肃省地质矿产局，1997)。

校培喜等(2010)①在金川以西黑沟一带韩母山群草大坂组底部发现小型古杯和海百合茎化石，认为草大坂组的时代应归属早寒武世；而原发现产于该组中的微古植物化石以及 593Ma 的 Rb-Sr 等时线年龄属于烧火筒沟组，将烧火筒沟组的时代置于震旦纪。

由于新发现化石的地段产状较陡，且无层型剖面，本项目仍沿用传统的划分方案，将该群时代暂置于南华—震旦纪，烧火筒沟组的时代为南华纪，草大坂组的时代为震旦纪。

2. 贺兰地块($\mathrm{I}_{2\text{-}2}$)

(1) 乌拉山岩群($Ar_{2\text{-}3}$*W*.)

乌拉山岩群为阿拉善地块($\mathrm{I}_{2\text{-}1}$)和贺兰地块($\mathrm{I}_{2\text{-}2}$)的组成部分，在贺兰地块($\mathrm{I}_{2\text{-}2}$)仅零星出露于贺兰山南部。详见阿拉善地块该岩群相关描述。

(2) 黄旗口组(Jx*hq*)

该组相当于早期的"西勒图石英岩系"(关士聪、车树政，1953—1955)、"贺兰山系"(《中国区域地层表》草案，1956)，宁夏区测队(1975)命名为"黄旗口群"，由郑昭昌(1977)改称组。研究区内仅分布于宁夏贺兰山的桌子山地区。主要为浅海相碎屑岩建造。下部为石英岩、石英砂岩夹少量粉砂质板岩，向上过渡为细粒石英砂岩、粉砂质板岩夹石英岩、石英砂岩；上部以厚层块状含少量硅质条带的硅质白云岩为主，夹硅质板岩、石英岩、石英砂岩。上部硅质白云岩含叠层石 *Baicalia* cf.，黑色板岩含微古植物 *Trachysphaeridium cultum*，*Taeniatum crassum*，*Trematosphaeridium* sp.，*Leipsophosphaera* sp. 等。该组不整合覆于中元古代黑云斜长花岗岩上，与上覆王全口组(Qb*wq*)呈平行不整合接触。

据其下黑云母斜长花岗岩中获 1539～1425Ma 的 U-Pb 法年龄值，其上王全口组(Qb*wq*)中含青白口纪叠层石。该组海绿石砂岩中海绿石常规 K-Ar 法年龄值为 1291Ma。故将其地质时代置于蓟县纪。

(3) 王全口组(Qb*wq*)

该组相当于早期的"西勒图石英岩系"(关士聪、车树政，1953—1955)、"贺兰山系"(《中国区域地层表》草案，1956)，宁夏区测队(1975)命名为"王全口群"，由郑昭昌(1977)改称组。仅分布于宁夏贺兰山的桌子山地区。下部为砾岩、石英砂岩及海绿石英砂岩，中、上部为浅灰—肉红色含燧石条带白云岩，产丰富的叠层石和微古植物。该组下与黄旗口组(Jx*hq*)呈平行不整合接触，其上被正目观组(Z*z*)不整合覆盖。

华洪等(2001)在王全口组中、下部的碳酸盐岩中新建立了两个叠层石组合，即下部以 *Colonnella*

① 校培喜，曹宣铎，胡云绪，等.走廊—阿拉善地区南华纪—早古生代构造-岩相古地理研究与编图(报告)，2010.

sp.，*Gaoyuzhuangia* sp.，*Conophyton garganicum*，*C.* cf. *cylindricum* 等锥叠层石和块茎状柱叠层石为代表的闵家沟组合，其属种和总体面貌与长城系高于庄叠层石组合较为相似；中部以 *Lochmecolumella* 和 *Pseudogymnosolen* 等微小类型叠层石为代表的冰沟叠层石组合，其特征与蓟县系雾迷山叠层石组合完全一致。同时通过对王全口组叠层石分子的全面分析，判定其叠层石属种的地史分布为长城纪—青白口纪。

该组与下伏黄旗口组（J*xhq*）呈平行不整合，其上被正目观组（Z*z*）不整合覆盖；白云岩所产叠层石的地史分布介于长城纪—青白口纪之间，本项目暂将其地质时代归属青白口纪。

（4）正目观组（Z*z*）

该组由郑昭昌（1975）命名，仅分布在贺兰山中段的井底泉（三关口北）—正目观—苏峪口一线。本组分上、下两段，下段为冰碛岩段，主要为砾岩，砾石成分主要为硅质条带白云岩及白云岩，偶见石英砂岩和板岩；上段为板岩段，贺兰山中段是一套粉砂质板岩，含微古植物。正目观组下段与上段之间为连续沉积，与下伏王全口组为平行不整合或不整合接触，顶部板岩段与上覆下寒武统苏峪口组含磷底砾岩呈假整合接触，与上覆辛集组为平行不整合接触。

在上段板岩中产微古植物化石 *Symplassosphaeridium* sp.，*Gloeocapsomorpha* sp.，*Polyedrosphaeridium* sp.，*Synsphaeridium* sp.，*Laminarites* sp.，*Taeniatum crassum*，*Asperatopsophosphaera* sp.，*Pseudozonosphaera verrucosa*，*Trachysphaeridium hyalinum*，*Leiopsophosphaera minor*；在胶结物中含 *Trachysphaeridium cultum*，*Leiopsophosphaera* sp.，?*L. Minor*。其时代暂划归震旦纪。

三、秦-祁-昆地块群（I_3）

秦-祁-昆地块群包括西昆仑地块（分南和北两个带）、东昆仑地块（分南和北两个带）、全吉地块、北-中祁连地块、南祁连地块、北秦岭地块（西部）和白依沟地块 9 个三级构造-地层单位，前寒武纪地层系统划分和对比见表 3-3。

1. 西昆仑地块（I_{3-1}）（北带）

（1）库浪那古岩群（$Pt_1Kl.$）

该岩群是由原地质矿产部新疆十三大队七中队（1957）命名的“库浪那古群”演变而来。本项目通过区域对比，将 1∶25 万于田县幅区调中于普鲁以南的其曼于特蛇绿混杂岩带北侧和吐木亚一带从前人划分的长城系中解体出来米兰岩群（$Pt_1M.$），即青藏高原北部地质图（1∶100 万）所定西昆仑的白沙河岩组（$Ar_3Pt_1b.$）划归库浪那古岩群（$Pt_1Kl.$）。

该岩群主要出露于恰尔隆、布仑木沙北、库地北、克里雅河上游、苦阿等地区。主要岩性为云母石英片岩、黑云斜长片麻岩、石英岩、浅粒岩、黑云斜长变粒岩、斜长角闪岩、斜长角闪片岩、斜长角闪片麻岩等，少量黑云透辉斜长片麻岩、黑云阳起斜长片麻岩。变质程度为高绿片岩相-高角闪岩相，原岩为一套泥质杂砂岩-基性火山岩建造。该岩群与周缘地层多为断裂接触或被岩体侵入，未见直接正常接触。

侵入库浪那古岩群的大同西岩体锆石 U-Pb 同位素年龄为 480.43±5Ma、新藏公路 128km 岩体锆石 U-Pb 同位素年龄为 495Ma、角闪石 K-Ar 年龄为 527.6Ma。本项目于新疆叶城县库地北（附表，附图）该岩群变（枕状）玄武岩中获得锆石 LA-ICP-MS 年龄为 2025±13Ma（图 3-4）。据此将库浪那古岩群时代暂定为古元古代。

（2）赛图拉岩群（ChS.）

该岩群是由毛国洪等（1960）命名的“赛图拉群”演变而来。本项目通过区域对比，将 1∶25 万于田县幅区调在于田县阿羌—塔木其以南吐木亚、流水等地新建立的卡羌岩群（Ch*K.*），即青藏高原北部地质图（1∶100 万）所定西昆仑的小庙岩组（Ch*x.*）划归赛图拉岩群（ChS.）。

表 3-3　秦祁昆地块群前寒武纪地层系统

地质年代			西昆仑地块（$I_{3\text{-}1}$）北带	西昆仑地块（$I_{3\text{-}1}$）南带	东昆仑地块（$I_{3\text{-}2}$）北带	东昆仑地块（$I_{3\text{-}2}$）南带	全吉地块（$I_{3\text{-}3}$）	北-中祁连地块（$I_{3\text{-}4}$）	南祁连地块（$I_{3\text{-}5}$）	北秦岭地块（$I_{3\text{-}6}$）	白依沟地块（$I_{3\text{-}7}$）
Pz_1	O			库拉甫河岩群（€OK.）	祁漫塔格群（OSQ）	纳赤台群（OSN）	欧龙布鲁克组（$€_{2\text{-}3}o$）	葫芦河群（ZOH）			
	€		阿拉叫依岩群（Z€A.）				皱节山组（$Z€_1z$）；全吉群（$Nh€Q$）			丹凤群（Pt_3OD）	太阳顶组（€t）
Pt_3	Z	Z_2		柳什塔格玄武岩（ZL^b）				白杨沟群（NhZB）			白依沟群（NhZBy）
		Z_1					红铁沟组（Zh）				
	Nh	Nh_2					黑土坡组（Nhht）、红藻山组（Nhh）				
		Nh_1					石英梁组（Nhs）、枯柏木组（Nhk）、麻黄沟组（Nhm）				
	Qb		丝路岩组（Qbs.）		丘吉东沟组（Qbq）；万宝沟岩群（$Pt_{2\text{-}3}W.$）			龚岔群（QbG）、窑洞沟组（Qby）、哈什哈尔组（Qbh）、五个山组（Qbw）、其它达坂组（Qbq）	化隆岩群（QbH.）		
Pt_2	Jx		桑株塔格岩群（JxSz.）		狼牙山组（JxI）		沙柳河岩群（$Pt_2S.$）；乌龙滩岩群（$Pt_2wl.$）	托来南山群（Pt_2T）：花儿地组（Jxh）；花石山群（JxH）：北门峡组（Jxb）、克素尔组（Jxk）；高家湾组（Jxg）；皋兰群（Pt_2G）；海原群（Pt_2H）			
	Ch		赛图拉岩群（ChS.）		金水口岩群（$Ar_3Pt_2J.$）；小庙岩组（Chx.）；小庙岩组（Chx.）		斜长角闪岩组（$Pt_2Sam.$）	南白水河组（Chn）；朱龙关群（ChZ）：桦树沟组（Chh）、熬油沟组（Cha）；湟中群（ChHz）：青石坡组（Chq）、磨石沟组（Chm）；兴隆山群（ChX）			
Pt_1			库浪那古岩群（$Pt_1Kl.$）	双雁山岩群（$Pt_1S.$）	白沙河岩组（$Ar_3Pt_1b.$）；白沙河岩组（$Ar_3Pt_1b.$）	苦海岩群（$Pt_1K.$）	达肯大坂岩群（$Pt_1D.$）	北大河岩群（$Pt_1B.$）、托来岩群（$Pt_1T.$）、湟源岩群（$Pt_1H.$）、马衔山岩群（$Ar_3Pt_1M.$）		秦岭岩群（$Pt_1Q.$）	
Ar	Ar_3				太古宙表壳岩（Arms）						
	Ar_2										
	Ar_1										

注：图例同表3-1。

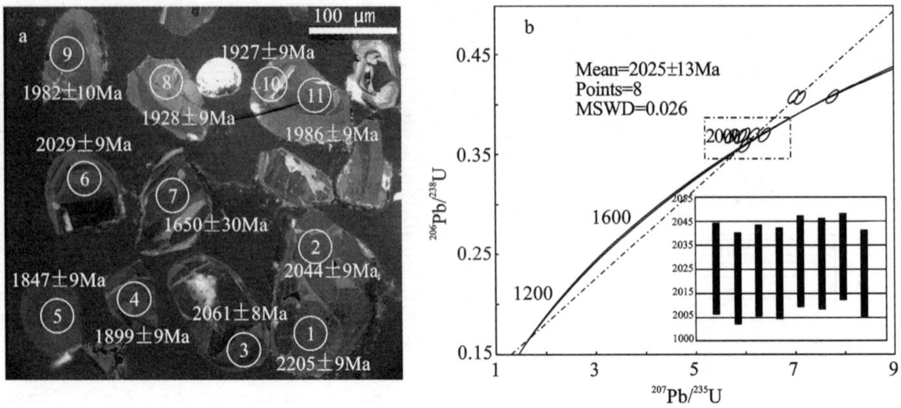

图 3-4　库地变（枕状）玄武岩（07KD-64）锆石阴极发光图像（a）和 U-Pb 年龄谐和图（b）

赛图拉岩群沿西昆仑断续分布于赛图拉、和平桥道班、库地、康矮孜达里亚沟、于田及苦阿一带，构成山脉主脊。主要岩性为二云斜长片麻岩、黑云斜长石英片岩、黑云石英片岩、黑云斜长变粒岩、斜长浅粒岩、石英岩夹斜长角闪岩等。变质程度总体为高绿片岩相-低绿片岩相，局部可达高角闪岩相，原岩为一套泥质-长英质碎屑岩夹碳酸盐岩和中基性火山岩。其下未见底，上与桑株塔格岩群（Jx*Sz*.）为断层接触。

在坎地里克东南侵入赛图拉岩群花岗岩的 Rb-Sr 年龄为 1576Ma（汪玉珍，1983）；赛图拉岩群被库地片麻状花岗岩侵入，该岩体锆石 SHRIMP 年龄为 815±57Ma（张传林，2003）。鉴于该岩群比区域上蓟县系桑株塔格岩群的变质程度深，本项目将赛图拉岩群暂划为长城纪。

（3）桑株塔格岩群（Jx*Sz*.）

该岩群是由新疆地质局和田大队（1960）命名的"桑株塔格群"演变而来，与"木孜塔格群"同物异名。本项目根据区域对比，将 1∶25 万恰哈幅区调中所定赛图拉岩群上部的蓟县系、1∶25 万于田县幅、伯力克幅区调中所定阿拉玛斯岩群（Jx*A*.），以及 1∶25 万于田县幅区调中所定流水岩组（Jx*l*.）归并为桑株塔格岩群（Jx*Sz*.）。

该岩群主要出露于恰尔隆南、库斯拉甫西、克森达坂、克音勒克达坂、慕士塔格及其以东等地。主要为二云石英片岩、二云长石石英片岩、二云斜长石英片岩、白云母透闪石石英方解石片岩、黑云母变粒岩、石英岩、大理岩及变砂岩、板岩。在西昆仑北带东部该岩群夹有一套斜长角闪岩和斜长角闪片麻岩（原岩为基性火山岩）。该岩群被花岗岩侵入，著名的新疆和田玉就产于花岗岩和大理岩的外接触带。变质程度总体为高绿片岩相，原岩为一套稳定环境的碎屑岩夹碳酸盐岩。其上被侏罗纪地层不整合覆盖，下与花岗岩为侵入接触，与赛图拉岩群为断层接触。

前人曾在库斯拉甫西侧叶尔羌河边黑色板岩中的礁状叠层石灰岩透镜体夹层中采获 *Jacutophyton*（雅库叠层石），区域上该套地层中亦有 *Jacutophyton*，*Conophyton*，*Baicalia*，*Paraconophyton* 等叠层石。在 1∶25 万克克吐鲁克幅、塔什库尔干塔吉克自治县幅区调中侵入桑株塔格岩群的阿孜别里地岩体获得 1301±15Ma 的上交点年龄。1∶25 万伯力克幅区调中阿拉玛斯岩群（本项目划归桑株塔格岩群）变质基性火山岩 Sm-Nd 同位素等时线年龄值为 1013±206Ma。综上所述，将桑株塔格岩群时代置于蓟县纪。

（4）丝路岩组（Qb*s*.）

该岩组系由新疆地质矿产局第一区调大队缪长泉（1987）命名的"丝路群"（包括原博查特塔格组、苏玛兰组、苏库罗克组）演化而来，1∶25 万于田县幅区调从前人划分的长城系中划分出一套低绿片岩相变质岩系，认为与区域上丝路群岩石组合特征相似，称其为丝路岩组。

丝路岩组仅出露于于田县普鲁一带。主要为一套紫红色藻纹、藻席细晶灰岩、白云岩、结晶灰岩、大理岩夹石英片岩，局部夹绿泥石英片岩等。变质程度达低绿片岩相，原岩为一套碳酸盐岩夹碎屑岩。呈岩块状混杂于于田县普鲁—阿羌石炭—二叠纪火山岩裂谷建造之中，与周缘地层为断层接触。

根据其所含古生物群（藻纹、藻席）特征、岩石组合和变质程度，与区域上的丝路群岩石组合相似，故暂将其时代置于青白口纪。

(5) 阿拉叫依岩群(Z∈*A*.)

该岩群在新疆地质矿产局第十地质队编绘的“1:50 万(和田)地区地质图”上已划出,1:25 万于田县幅区调中根据其地层特征和变质变形特点命名为阿拉叫依岩群。主要分布于于田县普鲁乡南一带。为一套中浅变质的陆源碎屑复理石建造,该岩群分为上、下两个岩组。下岩组:岩性主要为角闪斜长变粒岩、黑云石英片岩、黑云母长石石英片岩、含砾白云质石英片岩、复成分砾岩夹绢云石英片岩、斜长角闪岩等。上岩组:主要为变石英杂砂岩、绢云石英千枚岩、黑云母白云石变粒岩、含粉砂质绢云母板岩、白云质灰岩、微晶灰岩、结晶灰岩等。总体为低绿片岩相变质,部分达高绿片岩相变质;反映沉积过程具备陆源碎屑岩向碳酸盐岩过渡的沉积演化特征。该岩群和两侧地层均为断层接触。

该岩群没有直接的时代依据。根据 1:25 万于田县幅区调中普鲁东奎代买处侵入阿拉叫依岩群的奥陶纪花岗岩(锆石 U-Pb 年龄值为 437.4Ma),其下部复成分砾岩具冰碛砾石特征,可与塔里木周缘普遍发育的震旦纪冰碛砾岩对比。综合考虑,将该岩群时代暂归于震旦纪—寒武纪。

2. 西昆仑地块($\mathrm{I}_{3\text{-}1}$)(南带)

(1) 双雁山岩群($Pt_1S.$)

本项目将 1:25 万伯力克幅区调建立的“双雁山片岩”($Pt_1s.$)改称双雁山岩群($Pt_1S.$)。

双雁山岩群分布于西昆仑南坡再依勒克河和苏巴什一带,为一套高绿片岩相-角闪岩相变质火山岩-变质碎屑岩组合,岩石内部变质变形强烈。主要岩性为片岩、浅粒岩、石英岩、片麻岩夹大理岩及斜长角闪岩等。变质程度为高绿片岩相-角闪岩相。该岩群与蓟县系桑株塔格岩群为断层接触关系。

该群无确切时代依据,依据变质程度高于在同一地层分区的长城系赛图拉岩群及蓟县系桑株塔格岩群,与库浪那古岩群具有可比性。另外,在 1:25 万伯力克幅区调中的苏巴什一带,前寒武纪片麻状花岗岩体侵入其中。故暂将其时代划归为古元古代。

(2) 柳什塔格玄武岩(ZL^b)

柳什塔格玄武岩(ZL^b)是 1:25 万伯力克幅区调在新疆于田县苏巴什西建立的非正式岩石地层单位(Zl)。

柳什塔格玄武岩主要出露于西昆仑南带北缘,沿于田县南的柳什塔格和喀什塔什山一带分布。岩石组合以玄武岩为主,夹少量安山岩,上部为少量的硅质板岩、凝灰岩、灰岩、石英砂岩及含粉砂绿泥板岩、砾岩等,变质程度为低绿片岩相。原岩主体为一套碱性系列基性火山岩,上部层位为深水沉积岩。其下与阿拉玛斯岩群及与上的库拉甫河岩群(∈*OK*.)均为断层接触。

该玄武岩中采获 563±48Ma 的 Rb-Sr 等时线年龄(李博秦等,2007),侵入其中的花岗岩年龄为 460.8±5.2Ma(许荣华等,2000)。故暂将该玄武岩时代定为震旦纪。

3. 东昆仑地块($\mathrm{I}_{3\text{-}2}$)(北带)

(1) 太古宙表壳岩(Ar*ms*)

太古宙表壳岩(Ar*ms*)系张雪亭等(2005)①新建的非正式地层单位。

该表壳岩仅分布于青海省格尔木市东南的白日其利附近,以大小不等的包体赋存于闪长岩体中。主要岩性为细粒麻粒岩、斜长变粒岩、黑云斜长变粒岩、浅粒岩。变质程度达麻粒岩相,后又经多期变形变质改造。原岩为一套基性火山岩与含钙质碎屑岩组合。与外围岩体为侵入接触关系。

青海省地质矿产勘查院(1998)在格尔木南 1:5万尕牙合幅区调获得麻粒岩全岩 Sm-Nd 等时线年龄为 3280±13Ma。暂将其时代置于太古代。总之,该变质岩系的性质和时代值得进一步研究。

(2) 金水口岩群($Ar_3Pt_2J.$)

该岩群最早由青海省地质局区测队(1968)命名为“金水口组”,王云山和陈基娘(1987)改称“金水口

① 张雪亭,王秉璋,俞建,等.青海省地质图(1:100 万)及说明书(草案),2005.

群”，程裕淇(1994)将“金水口群”改称“金水口岩群”。

金水口岩群呈残块状断续产出于东昆仑北带和祁漫塔格山。该岩群可进一步划分为：白沙河岩组($Ar_3Pt_1b.$)和小庙岩组($Chx.$)。

阿卡托山一带的金水口岩群($Ar_3Pt_2J.$)：下部主要由变粒岩、片麻岩、混合岩、混合片麻岩、混合花岗岩、白云石大理岩、大理岩、橄榄大理岩及角闪岩等中高级变质岩系组成，强烈混合岩化，固态流变构造作用导致地层层序杂乱、岩性横向变化较大；上部以石英质变质岩系为主，横向变化较为稳定，岩性变化不大。缺乏确切时代依据。

白沙河岩组($Ar_3Pt_1b.$)：主体呈北西—近东西向展布的残块状断续出露于东昆仑北带，东昆仑山南带仅有少量分布。岩石组合以黑云斜长片麻岩、黑云二长片麻岩为主，并有矽线黑云斜长片麻岩、矽线堇青黑云二长片麻岩、黑云角闪斜长片麻岩、斜长角闪岩、堇青石英片岩、透闪石大理岩及部分变粒岩。变质程度为低角闪岩-高角闪岩相，原岩为泥砂质碎屑岩＋中基性火山岩＋富镁碳酸盐岩建造。该岩组多被侵入体蚕食成分散的岩片或孤岛状，与相邻地层皆为断层接触。

白沙河岩组有大量的同位素年龄资料。其中，1∶20万塔鹤托坂日幅区调中混合片麻岩的锆石U-Pb年龄为1850Ma，1∶25万冬给措纳湖幅区调中片麻岩TIMS锆石U-Pb上交点年龄为1920Ma，1∶25万库郎米其提幅区调中锆石U-Pb年龄为2469Ma；1∶25万兴海幅区调中侵入白沙河岩组的格啊呵眼球状二长花岗岩(片麻岩体)锆石U-Pb上交点年龄为788±32Ma，香日德东南片麻状花岗岩锆石SHRIMP年龄约为904Ma(陈能松等，2006a)；白沙河岩组的陆源碎屑来自一个具有2.1～1.9Ga岩浆变质热事件的陆源区，该岩组的形成年龄可进一步约束在1.6～1.0Ga间(陈能松等，2006b)。跃进山含石榴红柱黑云斜长片麻岩碎屑锆石SHRIMP U-Pb测年拟合的不一致线上、下交点年龄分别为1575±29Ma(表壳岩源岩年龄信息)和454±78Ma(变质年龄信息)，LA-ICP-MS U-Pb测年出现1486Ma和1270Ma两个年龄值高频区(陆松年等，2009b)。

根据前人取得的同位素资料，白沙河岩组时代的主体应属于古元古代。依据其变形变质程度，结合区域对比推断其下部可能包括有新太古代的地层。故暂将其时代划归新太古代—古元古代，但不排除其部分属于中—新元古代的可能。

小庙岩组($Chx.$)：主体呈北西—近东西向展布的残块状断续出露于东昆仑北带，在东昆仑山南带也有少量分布。主要岩性为长英片麻岩、钙硅片麻岩、石榴斜长角闪岩、条带状大理岩和云母大理岩，少量的石榴斜长云母片岩和不纯石英岩。变质程度总体为高绿片岩相-低角闪岩相，原岩为杂砂岩、泥质岩及泥砂质灰岩，昆中地区夹少量偏基性火山凝灰岩，总体具有准盖层沉积特征。该岩组位于白沙河岩组之上，平行不整合于狼牙山组(Jxl)之下。该岩组多被侵入体蚕食成分散的岩片或孤岛状。

1∶25万阿拉克湖幅区调中小庙岩组哈图沟绢英岩锆石Pb-Pb年龄为975±45Ma；1∶25万阿拉克湖幅区调中片麻岩和变粒岩SHRIMP变质锆石或继承锆石重结晶环带形成的年龄为1097±30Ma、969±32Ma。1∶25万冬给措纳湖幅区调中侵入小庙岩组二云母斜长片麻岩锆石Pb-Pb年龄分别为913 Ma、971 Ma和1011Ma。

结合区域资料，含蓟县纪叠层石的狼牙山组覆于小庙岩组之上，因此将其时代划归长城纪。

(3) *万宝沟岩群*($Pt_{2\text{-}3}W.$)

该岩群是由青海省地质矿产局一区调队及地质矿产部高原地质大队一分队(1980)命名的“万宝沟群”演化而来。断续出露于水泥厂北侧及沟里等地。该岩群可进一步划分为下部温泉沟岩组和上部青办食宿站岩组。温泉沟岩组主要为变玄武岩夹硅质岩、变玄武质凝灰岩、变砂岩、板岩和结晶灰岩。青办食宿站岩组主要为细晶、硅质纹层状、亮晶团粒、硅质条带状、含藻灰岩、白云岩等一大套碳酸盐岩系。该岩群总体为一套中、浅变质的基性火山岩－碎屑岩和碳酸盐岩组合，与周缘地层为断层接触。

万宝沟岩群温泉沟岩组变基性玄武岩锆石U-Pb SHRIMP年龄为1348±30Ma(魏启荣等，2007)，格尔木市温泉沟南小南川万宝沟岩群温泉沟岩组火山岩Sm-Nd全岩等时线年龄为1441±230Ma(阿成业，2003)，1∶5万海德郭勒幅区调中海德郭勒地区万宝沟岩群温泉沟岩组变玄武岩Sm-Nd全岩等时线年龄为884.1±37.6Ma，1∶5万万宝沟幅区调中Sm-Nd全岩等时线年龄为670±15Ma；1∶5万万宝沟幅区调在万宝沟岩群青办食宿站岩组碳酸盐岩中采得叠层石 *Conophyton* cf.（锥叠层石），*Minjaria* cf.（敏雅尔叠层石），*Kussiella* cf.（库什叠层石），*Jurusania* cf.（约鲁沙叠层石），*Gymnosolen* cf.（裸枝叠层石）等。因此，万宝沟岩群主体时代应置于中、新元古代，但作为构造地层体其中可能混杂有古生代地层块体。

(4) 狼牙山组（Jx*l*）

青海省地质矿产研究所、青海省第一地质队（1975）创名"狼牙山组"，庄庆兴等（1978）将"狼牙山组"改称"狼牙山群"；庄庆兴等（1986）将原冰沟群平行不整合面以上的第三岩组重新命名为丘吉东沟组，以下的第一、第二岩组称"冰沟群"；《青海省岩石地层》（孙崇仁，1997）将"狼牙山群"降为组，故将冰沟群第一、第二岩组归并于狼牙山组中，并将狼牙山组与丘吉东沟组合并称冰沟群。

狼牙山组主要出露于祁漫塔格山、布尔汗布达山。岩性组合为白云岩、白云质灰岩、硅质条带白云岩、硅质条带灰岩及大理岩，夹砂岩、板岩、红柱石角岩及硅质岩，产叠层石。变质程度达高绿片岩相-低角闪岩相，原岩为一套镁质碳酸盐岩、碳酸盐岩夹细碎屑岩。与下伏小庙岩组和上覆青白口系丘吉东沟组均为平行不整合接触。

前人采获微古植物和叠层石化石，微古植物有 *Trematos phaeridium minutum*，*T*. sp. *Quadratimorpha* sp.，*Lophosphaeridium* sp.，*Laminarites* sp.，*Ligunm* sp.，*Taemiatuma* sp. 等；叠层石 *Anabaria* cf.，*divergens*，*Boxoniadentata*，*Chihsienella* cf.，*Nodosaria*，*Conicodomenia* cf.，*Jurusania* cf.，*Tungussia* cf. 等均属蓟县纪的常见分子。该组与下伏长城系小庙岩组和上覆青白口系丘吉东沟组均为平行不整合接触。故将狼牙山组的时代置于蓟县纪。

(5) 丘吉东沟组（Qb*q*）

丘吉东沟组最先由庄庆兴等（1986）建群，指原冰沟组第三岩组，《青海省岩石地层》（1997）将"丘吉东沟群"降群为组。

丘吉东沟组主要出露于祁漫塔格山、布尔汗布达山，为一套浅变质的碎屑岩夹硅质岩、镁质碳酸盐岩、玄武岩，主要岩性有变长石石英砂岩、变凝灰质砂岩、石英粉砂岩、石英岩夹凝灰岩、玄武岩。平行不整合于狼牙山组之上，上与祁漫塔格群（OSQ）断层接触。

前人在正层型剖面中所获叠层石 *Spicaphyton qiuidoongguense* 及微古植物 *Trematosphaeridium* sp.，*Laminarites*，*Lignum* sp.，?*Oscillatoriopsis* sp.，*Lignun* sp. 等，该叠层石相当于青海柴南缘叠层石组合Ⅴ，即 *Spicaphyton-Conophyton* 组合，出现在丘吉东沟组上部的硅质白云岩中，是本区分布层位最高的叠层石组合，与中祁连地区的龚岔群可以对比。前人获 Rb-Sr 同位素等时线年龄 676±65Ma。因此，狼牙山组应属于青白口纪。

4. 东昆仑地块（I_{3-2}）（南带）

(1) 金水口岩群（Ar_3Pt_2*J*.）

该岩群呈残块状断续产出于东昆仑南带。详见东昆仑地块（I_{3-2}）（南带）有关白沙河岩组（Ar_3Pt_1*b*.）和小庙岩组（Ch*x*.）的叙述。

(2) 苦海岩群（Pt_1*K*.）

该岩群是由北京地质学院昆仑山区测队（1961）命名的"苦海群"演化而来，青海省地质矿产局（1997）认为苦海群与金水口（岩）群基本一致而将其归入金水口（岩）群，1∶25 万冬给措纳湖幅区调称其为"苦海杂岩"。

苦海岩群呈断块状分布于东昆仑南坡木孜鲁克-曼山里克河、哈拉郭勒河、桑根乌拉、草木策拿地和查温塔安等地。主要岩性为眼球状绿泥绢云斜长片麻岩、二长片麻岩、二云斜长片麻岩、绢云石英片岩、黑云方解石英片岩、白云石大理岩、变粒岩等。变质程度为高绿片岩相-角闪岩相，原岩为一套泥砂质碎屑岩-镁质碳酸盐岩-中基性火山岩建造。该岩群各岩片之间，各岩片与围岩之间均为断裂接触。

1∶25万且末县一级电站幅区调中在阿克苏河上游苦海岩群片麻岩锆石U-Pb上交点年龄为2119±50Ma；1∶25万兴海幅区调中沙乃亥原岩为中基性火山岩的角闪斜长片麻岩锆石U-Pb上交点年龄为2330±50Ma；1∶5万南木塘幅区调中侵入(?)于苦海片麻杂岩的变质基性岩墙的Sm-Nd年龄为2213±17.48Ma。暂将其时代划归古元古代。

(3) 万宝沟岩群($Pt_{2-3}W.$)

该岩群断续出露于红水河、万宝沟、忠阳山、雪水河西侧等地。详见东昆仑地块(I_{3-2})(南带)有关万宝沟岩群的叙述。

5. 全吉地块(I_{3-3})

(1) 达肯大坂岩群($Pt_1D.$)

该岩群曾被称为"达肯大坂系"(青海石油普查大队，1956)、"达肯大坂群"(原地质矿产部石油地质综合研究队西北区队，1965)，《青海省岩石地层》(1997)和《西北区区域地层》(1998)将其修订为古元古代达肯大坂(岩)群。

达肯大坂岩群出露于柴达木盆地北缘，西自阿尔金山南坡的阿卡腾能山、青新界山、俄博梁北山以及折向东南的赛什腾山、达肯大坂、绿梁山、锡铁山、全吉山及欧龙布鲁克，向东延至布赫特山一带，该岩群多被早古生代侵入岩破坏，局部呈包裹体状零星分布。岩性主要为片麻岩、片岩、大理岩、角闪岩及混合岩，少量基性麻粒岩。变质程度为角闪岩相，局部为麻粒岩相；原岩主要为泥质粉砂岩、泥岩夹石英砂岩，其次为中基性至基性火山岩和碳酸盐岩。其上与沙柳河岩群($Pt_2S.$)呈断层接触，与全吉群($Nh\in_1Q$)为不整合接触。

德令哈市东侧的布赫特山达肯大坂岩群Sm-Nd等时线年龄为1791±37Ma(张建新等，2001)。德令哈水库德令哈杂岩(达肯大坂岩群)斜长角闪岩锆石U-Pb年龄为2412±14Ma，德令哈二长花岗片麻岩锆石U-Pb年龄为2366±10Ma(陆松年等，2002)。达肯大坂岩群浅色脉体锆石TIMS U-Pb年龄为1939±21Ma，莫河片麻岩获得单颗粒锆石U-Pb年龄为2348Ma(郝国杰等，2004)。锡铁山达肯大坂岩群内夹有榴辉岩透镜体的花岗质片麻岩(古侵入体)锆石U-Pb TIMS法上交点年龄为952±13Ma(张建新等，2003)。王惠初等(2006)在马海大坂一带的石榴黑云石英片岩中获得了源区锆石年龄914±41～627±42Ma、古老残核锆石年龄2782±23～2226±15Ma，后期变质锆石年龄为439.2±6.3～418.2±6.3Ma。张建新等(2007)获得达肯大坂群含石榴子石矽线石黑云片麻岩(副片麻岩)碎屑锆石SHRIMP U-Pb年龄为890±14Ma、441±15Ma和437±14Ma。因此，达肯大坂岩群的形成时代应维持前人认识，仍置于古元古代，但不排除其上延至新元古代的可能。

(2) 沙柳河岩群($Pt_2S.$)

该套变质岩系原属"达肯大坂群"的一部分，青海省地质矿产局地质八队在1∶5万乌龙滩幅和巴硬格莉山幅区调中称为"沙柳河群"，1∶5万鱼卡沟幅和西泉幅区调系统地剔除了其中的深成侵入体将变质表壳岩系称"鱼卡河岩群"。依据国际地层委员会关于地层命名优先原则，采用"沙柳河岩群"。

沙柳河岩群总体呈近北西西-南东东向分布于柴北缘高压构造带中，多为大小不一的捕掳体状产于新元古代二长花岗质-花岗闪长质片麻岩中，较大的块体分布在野马滩—沙柳河—阿尔茨托山及鱼卡河—绿梁山等地。1∶25万都兰县幅区调中包括斜长角闪岩岩组($Pt_2Sam.$)和乌龙滩岩组($Pt_2wl.$)两套不同的岩石组合。斜长角闪岩岩组($Pt_2Sam.$)主要为斜长角闪片岩、片麻状斜长角闪岩、石榴子石黝帘角闪岩、石榴斜长角闪岩。乌龙滩岩组($Pt_2wl.$)主要为石英岩-大理岩-蓝晶石石榴白云(石英)片岩和浅粒岩等。变质程度总体为角闪岩相。原岩均为富铝泥砂质岩石夹黏土岩及碳酸盐岩和石英砂岩，为一套成熟度较高的陆源碎屑岩-碳酸盐岩，斜长角闪岩的原岩可能是基性火山岩。该岩群与花岗片麻岩除局部保留较为完好的侵入接触关系外，多为平行片麻理构造接触，与达肯大阪岩群和滩间山岩群均呈断层接触。

侵入沙柳河岩群的变质深成侵入体(沙柳河片麻岩)锆石U-Pb年龄在1000～950Ma之间，侵入沙柳河岩群乌龙滩岩组的三岔口花岗闪长岩体上交点年龄为1300Ma左右(辛后田等，2004)。1∶5万鱼卡沟幅、西泉幅区调中在沙柳河岩群(鱼卡河岩群)的石榴白云母石英片岩(石英岩)中获得锆石 U-Pb 上交点年龄为 1420±389Ma。1∶25 万都兰县幅区调中侵入沙柳河岩群的花岗闪长质片麻岩岩浆成因锆石 TIMS U-Pb 年龄为 942Ma。综上所述,本项研究暂将该岩群置于中元古代。

(3) 全吉群($Nh\in_1 Q$)

该群最早为青海省地质局石油普查大队(1956)创建的“全吉系”,王云山(1980)正式发表,青海省石油普查大队(1964)在《柴达木地质志》又改称“全吉群”。

全吉群主要分布于柴达木北缘的欧龙布鲁克山、石灰沟、全吉山和大头羊沟一带。自下而上包括麻黄沟组(Nhm)、枯柏木组(Nhk)、石英梁组(Nhs)、红藻山组(Nhh)、黑土坡组($Nhht$)、红铁沟组(Zh)和皱节山组($Z\in_1 z$)。总体为一套未变质的砂砾岩、石英岩、砂页岩、白云岩夹冰碛层的地层。其下部与达肯大坂岩群呈不整合接触,上部与欧龙布鲁克组($\in_{1-2}o$)为整合或平行不整合接触,各组之间为整合或平行不整合接触。

麻黄沟组(Nhm):指不整合于达肯大坂岩群中高级变质岩系之上,平行不整合或整合于枯柏木组石英砂岩之下的一套由紫灰色砂岩、砂砾岩、含砾砂岩、长石石英砂岩组合而成的地层序列。底、顶分别以不整合和平行不整合或石英砂岩的始现为界。含微古植物化石。

枯柏木组(Nhk):指平行不整合或整合于麻黄沟组之上、平行不整合于石英梁组之下的一套以紫灰色、浅肉红色石英砂岩为主的地层序列。下部为砾岩、含砾砂岩;上部为中—细粒石英砂岩,底以平行不整合面或以石英砂岩始现为界,顶以平行不整合面为界。

石英梁组(Nhs):指平行不整合或整合于枯柏木组之上、平行不整合于红藻山组之下的一套以页岩、石英岩、玄武岩为主的地层序列。底部为紫红色含铁质凝灰质粉砂岩、细砂岩,具底砾岩;下部为灰白色巨厚层状石英砂岩;中部为灰绿色玄武岩、灰色或灰黑色含粉砂质黏土岩、薄层页岩、灰色海绿石石英粉砂岩等;上部为灰白色厚层状砂岩、灰色和灰绿色含粉砂黏土页岩、含砾石英岩状砂岩等。含较丰富的微古植物化石。

红藻山组(Nhh):指整合于石英梁组之上、整合于或平行不整合于黑土坡组之下的一套以灰—灰白色白云岩为主的地层序列。富含微古植物、叠层石、似红藻等化石。下部多含砂泥质、凝灰质,中部多含硅质条带或燧石团块,上部则为较纯的白云岩。底以碳酸盐岩的始现为界,顶以板岩的始现或平行不整合面为界。

黑土坡组($Nhht$):下部为黄绿色中薄层状泥晶白云岩与灰色薄层状粘板岩互层,中部为灰黑色含炭质板岩、黏板岩夹细砂岩,上部为黄绿色、浅灰色泥质粉砂岩。富含微古植物、牙虫及蠕虫化石碎片。

红铁沟组(Zh):下部为黄绿色、灰绿色冰碛砾岩,上部为紫红色冰碛砾岩、含砾粉砂岩夹纹泥层。

皱节山组($Z\in_1 z$):底部为浅玫瑰色—灰白色含砾白云岩,向上渐变为砂质白云岩;下部为含铁质粉砂岩;中部为薄板状粉砂岩、细砂岩;上部为灰色薄层状细砂质粉砂岩;顶部为浅灰绿色薄板状粉砂岩。含微古植物、牙虫、蠕虫及大量皱节虫遗迹化石。

依据该群含微古植物、叠层石及似红藻化石,红铁沟组冰碛砾岩可与华北陆块南缘的罗圈冰期对比,以及玄武岩颗粒锆石 U-Pb 年龄为 738±28Ma(Lu Songnian,2001;陆松年,2002),石英梁组玄武安山岩锆石 U-Pb 年龄为 800Ma(李怀坤,2003);将该群麻黄沟组、枯柏木组、石英梁组、红藻山组、黑土坡组时代划归为南华纪;红铁沟组时代划归于震旦纪。全吉群上部的皱节山组发现牙虫 *Scolecodonts*(王云山等,1980)、蠕虫及大量皱节虫遗迹化石,有可能是震旦纪生物大爆炸的产物,相当于埃迪卡拉动物群,将其暂置于震旦纪—早寒武世。全吉群的时代暂定为南华纪—早寒武世。

6. 北-中祁连地块($Ⅰ_{3-4}$)

(1) 马衔山岩群($Ar_3Pt_1M.$)

该岩群是由甘肃省地质局区测队(1959)命名的“马衔山群”演化而来。

马衔山岩群零星出露于永靖县刘家峡水库、马衔山、武山县北部和通渭县西南部。主要岩性由角闪中长片麻岩、眼球状黑云二长混合岩夹白云岩、黑云中长片麻岩、角闪斜长片岩、石榴白云石英片岩组成。变质程度以低角闪岩相为主，局部发生混合岩化作用。原岩主要为砂质、泥质碎屑岩，其次为碳酸盐岩和少量基性火山岩。该岩群呈构造岩块零星产出，被古元古代和中新元古代花岗岩体侵入，与紧邻时代地层兴隆山群(Ch*X*)及皋兰群(Pt_2G)均未见直接接触。

在甘肃永靖县拉马川马衔山岩群中的条带状斜长角闪岩中获锆石 U-Pb 年龄 2632±100Ma，侵入马衔山岩群中的辉绿岩墙捕获锆石的^{207}Pb/^{206}Pb 表面年龄为 2573±6～2325±3Ma(徐学义等，2006①)。在榆中县马衔山南坡侵入马衔山岩群中的片麻状二长花岗岩锆石 LA-ICP-MS 年龄为 1192±38Ma(王洪亮等，2007)，侵入马衔山岩群花岗片麻岩锆石 SHRIMP U-Pb 年龄为 918±14Ma(董国安等，2007b)，侵入马衔山岩群中的花岗片麻岩锆石 TIMS 年龄为 930±7Ma(Wan Yusheng，et al，2000)和 940±3Ma(万渝生等，2003)。因此，暂将其时代划归新太古代—古元古代。

(2) 北大河岩群($Pt_1B.$)

该岩群是由甘肃省区域地层表编写组(1980)命名"北大河群"演变而来。

北大河岩群主要出露于甘肃当金山、野马山、野马南山、镜铁山及祁连山主峰一带。以黑云石英片岩、二云石英片岩、绿泥石英片岩为主，夹斜长角闪岩、角闪石片岩、绿帘黝帘阳起片岩、透闪透辉石岩、浅粒岩、大理岩等。属低角闪岩相—高绿片岩相。该岩群下部原岩组合为泥质粉砂岩夹中基性—基性火山岩；上部原岩组合为泥质岩、泥质粉砂岩、碳酸盐岩夹中基性—基性火山岩。其与上覆朱龙关群(Ch*Z*)呈整合或断层接触关系，被托来南山群的花儿地组(Jx*h*)不整合覆盖。

1∶5万旱峡幅区调中西豹子沟一带侵入于北大河岩群花岗岩脉中获得 2500Ma 的锆石 U-Pb 不一致曲线上交点年龄。北大河中游格尔莫沟—狼尾山一带基性火山岩的全岩 Rb-Sr 等时线年龄值为 1336Ma 及 1166Ma(汤光中，1979)。1∶25 万昌马酒泉幅在北大河岩群片麻岩中获得锆石 U-Pb 年龄为 751±14Ma(下交点)，同时含有 2190±266Ma 的古老年龄信息，认为北大河古岩体形成于古元古代，其主变质时期为新元古代。通过对北大河岩群白云母石英片岩碎屑锆石 SHRIMP U-Pb 同位素年代学研究表明，其沉积岩的沉积作用发生于 1400Ma(最小的碎屑锆石年龄)至 863Ma(变质年龄)之间(李怀坤等，2007)。此外，北大河岩群被锆石 SHRIMP U-Pb 年龄为 757±8Ma 的黑云母花岗(片麻)岩侵入(陆松年等，2009a)。本项目(何世平等，2010)于甘肃省肃北县党河一带(附表，附图)获得北大河岩群片麻状斜长角闪岩(原岩为辉长岩)LA-ICP-MS 锆石 U-Pb 年龄为 724.4±3.7Ma(图 3-5)。综上所述，北大河岩群的时代暂置于古元古代，不排除其形成于中元古代晚期至新元古代早期的可能。

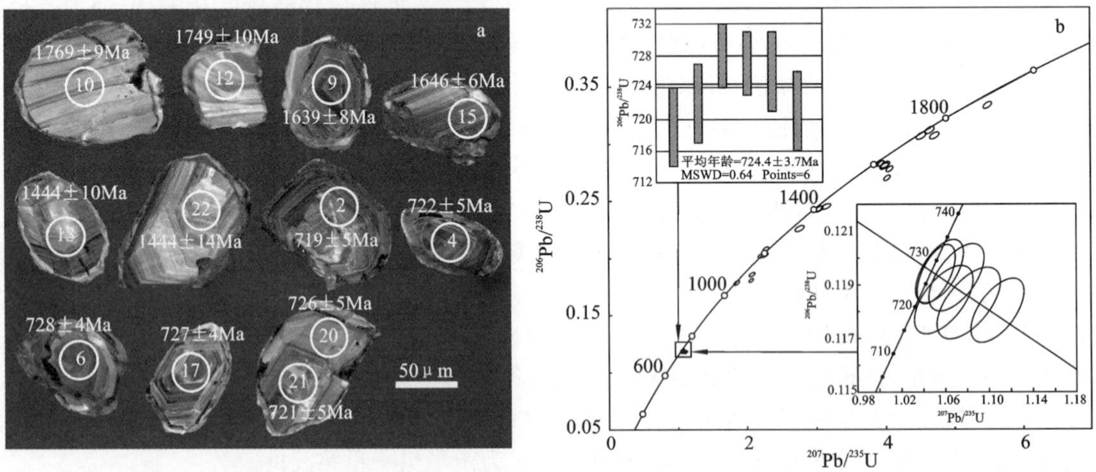

图 3-5　北大河岩群片麻状斜长角闪岩(07BD-1)锆石 CL 图像(a)和锆石 U-Pb 谐和图(b)

(3) 托来岩群($Pt_1T.$)

该岩群是由中国地质科学院地质所(1962)命名的"托来群"演变而来，又称"托赖(岩)群"，与"野马

① 徐学义，何世平，王洪亮，等. 西北地区重要成矿带基础地质综合研究报告，2006.

南山(岩)群”同物异名。

托来岩群主要出露于托来山、门源县大通山的那子沟峡—克克赛、门源县南石头沟口—德庆营等地。下部为矽线黑云斜长片麻岩、石榴子石奥长片麻岩、钾长角闪片麻岩、斜长角闪岩、二云片岩及透辉石大理岩,上部为白云石英片岩、黑云石英片岩及砂质灰岩、大理岩。变质程度为角闪岩相,原岩以黏土质和杂砂质岩为主,其次为钙质沉积岩和中基性火山岩。与围岩多为断层接触。

萨拉以西片麻岩中有1440Ma的锆石U-Pb年龄,上门应槽沟脑黑云角闪片岩获得2002Ma的Sm-Nd等时线年龄,查库尔达斜长角闪片岩中获得2288Ma的Sm-Nd等时线年龄值,阳山铁迈变质岩中获得Sm-Nd年龄为2066Ma、1945Ma、1956Ma。

综上所述,将其时代划归古元古代。

(4) 湟源岩群($Pt_1H.$)

最早由青海省地质局综合地质大队区测队(1964)命名为“湟源群”(自下而上划分为刘家台组、东岔沟组、磨石沟组和青石坡组),青海省地质矿产局(1991)将其下部的刘家台组、东岔沟组称“湟源群”,而上部的磨石沟组和青石坡组另命名为“湟中群”。该岩群由“湟源群”演变而来。

湟源岩群主要出露于青海大通山、达坂山东段、日月山、湟源及乐都北山地区。该群自下而上分为:刘家台岩组($Pt_1l.$)和东岔沟岩组($Pt_1d.$)。刘家台岩组($Pt_1l.$)上部为厚层大理岩夹斜长角闪岩及黑云斜长片麻岩;下部为云母石英片岩、黑云斜长片麻岩、斜长角闪岩、角闪斜长片麻岩,夹数层透镜状大理岩及少量石榴云母石英片岩、石英角闪石片岩、透闪石英片岩和绿泥石英片岩。东岔沟岩组($Pt_1d.$)上部为云母石英片岩、云母片岩,偶夹绿泥石英片岩和角闪石片岩;下部为石榴云母石英片岩、二云石英片岩、夹绿泥石英片岩、角闪石片岩、大理岩和石英岩。变质程度总体为低角闪岩相至高绿片岩相,原岩以浅海相泥砂质沉积岩为主,夹有碳酸盐岩和玄武岩、安山玄武岩。其上被湟中群磨石沟组(Ch*m*)不整合覆盖。

在侵入湟源群的响河尔岩体中获得了2469Ma的U-Pb锆石年龄,湟源县宝库乡侵入湟源群的张家寺花岗岩的锆石U-Pb年龄为874Ma(王云山等,1987)。民和县史纳村一带湟源岩群获得1900Ma的Sm-Nd全岩等时线年龄(白云来等,1998)。平安县北红崖子沟湟源群角闪变粒岩和湟源县东侵位于湟源群中的响河尔花岗岩锆石TIMS年龄分别为910±6.7Ma和917±12Ma(郭进京等,2000)。大通山湟源群上部东岔沟组石榴白云母片岩碎屑锆石SHRIMP U-Pb年龄介于3002~882Ma之间,湟源县城南侵入湟源群的花岗片麻岩(原岩为花岗岩)锆石SHRIMP U-Pb年龄为930±8Ma,青海湖东北尕海地区侵入湟源群的糜棱岩化花岗片麻岩锆石SHRIMP U-Pb年龄为790±12Ma(董国安等,2007b)。湟源岩群糜棱岩化云母石英片岩碎屑锆石LA-ICP-MS U-Pb同位素年代学研究表明,其最年轻碎屑锆石年龄为1456 Ma(陆松年等,2009b)。

综上所述,暂将湟源群时代划归为古元古代,但不排除其属于中新元古代的可能。

(5) 朱龙关群(Ch*Z*)

该群被原地质矿产部祁连山队六分队(1956)称“桦树沟系”,甘肃省区测二队(1974)改称朱龙关群,《甘肃省区域地层表》编写组(1980)改称“镜铁山群”;甘肃省地层清理组(1993)仍沿用朱龙关群,包括下部熬油沟组和上部桦树沟组。

朱龙关群主要分布于肃北县南、野马南山及托来山等地。包括下部熬油沟组(Ch*a*)和上部桦树沟组(Ch*h*)。

熬油沟组(Ch*a*):为一套变基性火山岩、变火山碎屑岩夹凝灰质板岩及碳酸盐岩等,其下部局部为浅变质细碎屑岩。

桦树沟组(Ch*h*):以千枚岩与灰—灰黄色变质粉—细砂岩复理石互层为主,上部夹碳酸盐岩、变质石英砂岩、火山碎屑岩及铁矿层序列,含叠层石和微古植物化石。

该群变质程度为绿片岩相。下部原岩为火山碎屑岩、中基性火山岩夹碳酸盐岩,上部原岩为砂泥质碎屑岩夹铁矿层。其下与北大河岩群、托赖岩群呈整合接触,上与托来南山群南白水河组(Ch*n*)为不整合接触,熬油沟一带桦树沟组与下伏熬油沟组为整合接触。

在北大河托勒峡谷枕状细碧岩 Sm-Nd 等时线年龄为 1770±30Ma(徐晓春,1996),熬油沟蛇纹岩的辉绿岩墙锆石 U-Pb 年龄分别为 1840±2Ma、1783±2Ma 和 1784±2Ma(左国朝等,1998),在肃北县大泉一带熬油沟组玄武岩中测得 Sm-Nd 全岩等时线同位素年龄值为 1529Ma。桦树沟组上部结晶灰岩中含叠层石 *Baicalia* cf.,*Conophyton* cf. 等,为祁连山西段长城纪中晚期常见分子;粉砂岩及粉砂质板岩中含微古植物化石 *Asperatopsophosphaera umishanensis*,*Polyporataobsoleteta*,*Dictyosphaera macroreticulata* 等分子。

根据熬油沟组测得的同位素年龄值及桦树沟组中所含叠层石及微古植物,该群地质时代属长城纪。

(6) 湟中群(Ch*Hz*)

该岩群最早由青海省地质局综合地质大队区测队(1964)命名为“湟源群”(自下而上划分为刘家台组、东岔沟组、磨石沟组和青石坡组),青海省地质矿产局(1991)将其上部的磨石沟组和青石坡组另命名为湟中群。

湟中群出露于大通山、达坂山和日月山南。自下而上划分为磨石沟组(Ch*m*)和青石坡组(Ch*q*)。

磨石沟组(Ch*m*)岩性以厚—块层状石英岩、石英砂岩、杂砂质石英砂岩为主,夹中细粒石英砂岩、变泥质粉砂岩、石英粉砂岩、板岩及云母石英片岩、绿泥片岩。含少量微古植物化石,石英岩构成多个大型石英岩矿床。

青石坡组(Ch*q*)岩性以薄层粉砂质板岩、薄—厚层石英粉砂岩为主,夹中细粒石英砂岩及钙质板岩。岩石中含黄铁矿晶体或结核,含磷较富,形成多个工业矿床。富含微古植物化石。

该群变质程度为低绿片岩相。其下以大量石英质碎屑岩不整合覆于湟源群东岔沟组(Pt_1d)之上,与上覆花石山群(Jx*H*)呈平行不整合接触关系;磨石沟组(Ch*m*)和青石坡组(Ch*q*)为整合接触。

该群含有较为丰富的微古植物化石,与天津蓟县层型剖面相同的特点。其中,*Leiominuscula incrassata*,*Leiosphaeridiaaperta* 等是串岭沟组代表分子;异形类的 *Valvimorpha* sp.,梭形类的 *Schizofusa* sp. 是串岭沟组的典型属;*Trachysphaeridium*,*Trematosphaeridium*,*Pterospermopsimorpha*,*Leiosphaeridia* 等,不仅是串岭沟组常见属,而且也是大红峪组的代表属。磨石沟组斜长角闪片岩获得 Rb-Sr 法等时线年龄为 1755.5±309Ma,青石坡组板岩获得 Rb-Sr 等时线年龄为 899.24±26.063Ma,平安县古城乡红土嘴取得 Rb-Sr 同位素等时线年龄值为 796.3Ma。因此,磨石沟组和青石坡组的时代均为长城纪。

(7) 兴隆山群(Ch*X*)

该群由屈占儒(1962)所建。主要分布在甘肃省榆中县兴隆山一带,在马衔山和刘家峡水库零星出露。下部为变玄武岩夹安山凝灰岩及少量安山岩、变凝灰质砂岩,中部为绿泥千枚岩夹少量变玄武岩及变粒岩,上部为变安山岩与变流纹英安凝灰岩互层。该群普遍碳酸盐化,变火山-碎屑岩中发育密集的方解石细脉。变质程度为低绿片岩相,原岩为一套基性、中基性火山岩、火山碎屑岩。与马衔山岩群($Ar_3Pt_1M.$)呈断层接触;与上覆高家湾组(Jx*g*)多为断层接触,局部呈不整合接触。

《西北地区区域地层表·甘肃省分册》(1980)将兴隆山群时代划归长城纪。《甘肃省岩石地层》(1997)将其时代归属长城纪。冯益民等(2002)报道了兴隆山岩群火山岩 Sm-Nd 年龄为 1469~1172Ma,将其所属时代定为中元古代。在杨家寺兴隆山群枕状玄武岩中获 Rb-Sr 全岩等时年龄为 756±12Ma(张维吉等,1992)。该群上组基性熔岩 LA-ICP-MS 锆石 U-Pb 年龄为 713±53Ma,结合区域地质特征,推断兴隆山群形成年龄极有可能为新元古代(徐学义等,2008)。

普遍认为,该群与北祁连西段的朱龙关群类似,其上、下组可分别与朱龙关群桦树沟组和熬油沟组对比。本项研究将其划归长城纪,但不排除其属于新元古代的可能。

(8) 皋兰群(Pt_2G)

甘肃区测一队(1965)创名为皋兰群,庄育勋(1983)、甘肃省地质矿产局(1989)和甘肃区调队(1994)改称为“皋兰岩群”。《甘肃省岩石地层》(1997)将其归于兴隆山群,1∶25 万兰州市幅区调又恢复皋兰岩群。

皋兰群主要出露于甘肃省皋兰县一带。下部为黑云石英片岩、石榴十字黑云石英片岩、石榴子石黑云母片岩夹黑云母片岩及黑云角闪片岩，中部为黑云石英片岩、黑云角闪片岩、绢云石英片岩、黑云方解石英岩、石榴黑云石英片岩、斜长角闪片岩及石英岩，上部为含砾岩屑砂岩、粗—中粒岩屑砂岩及细砂岩、千枚岩。含较丰富的微古植物化石。该群变质程度总体为绿片岩相，原岩主要为杂砂岩、石英砂岩、钙质砂岩、泥质岩、碳酸盐岩、砾岩及火山岩。其下与马衔山岩群（$Ar_3Pt_1M.$）未见接触，其上与紧邻时代地层亦未见接触。

皋兰群目前在1:5万水川幅、1:5万青城幅区调中获得的Sm-Nd等时线年龄分别为806±60Ma和886.9±24Ma。全岩Rb-Sr同位素等时线年龄为461.2Ma、574.3Ma(庄育勋，1983)，1:5万水川幅区调中为651Ma。1:25万兰州幅区调获得Sm-Nd同位素模式年龄集中在15～14亿年；采获较丰富的微古植物化石，以球形藻占优势，其生成时代相当于长城纪—蓟县纪。在区域上可与邻区兴隆山岩群对比。皋兰岩群地质时代应为中元古代（长城纪—蓟县纪）。

（9）海原群（Pt_2H）

该群由宁夏地质局区测队（1964）建立，出露于六盘山西北。自下而上可分为南华山组（Pt_2nh）、园河组（Pt_2y）、西华山组（Pt_2x）。

南华山组（Pt_2nh）：下部为灰绿色绿泥绿帘阳起石片岩夹少量大理岩、石英岩透镜体，上部为二云母石英（钠长）片岩夹绿泥白云母钠长石英片岩和少量白云质大理岩等，含植物化石。

园河组（Pt_2y）：主要由大理岩组成，下部为厚层大理岩、白云质大理岩夹白云母石英片岩，含微石植物化石。

西华山组（Pt_2x）：以白云母石英片岩、钠长石英片岩为主，夹灰白色薄层白云母大理岩、灰绿色绿泥钠长片岩、绿泥阳起钠长片岩等。其上与紧邻时代地层亦未见接触；园河组与下伏南华山组和上覆西华山组均呈韧性断层接触，志留系旱峡组呈不整合覆于西华山组之上。

海原群富含微古植物化石，其中 *Trematosphaeridium holtedahlii*，*T. minutum*，*Polyporata obsaeata* 等普遍发育于蓟县系层型剖面及河北宽城等地的长城系—青白口系中，而 *Polyporata microporosa*，*Taeniatum crassum* 在上述地区则仅见于长城系、蓟县系中。绿片岩和绿帘角闪岩的Sm-Nd模式年龄大体集中在两个年龄段：1700Ma左右和1400Ma。综上所述，区域上该群可与皋兰群（Pt_2G）对比，本项研究将海原群的时代置于中元古代。

（10）托来南山群（Pt_2T）

该群由甘肃省地质局区测二队（1974）命名，分布于祁连山的托来南山、疏勒南山和野马南山，自下而上包括南白水河组（Ch*n*）、花儿地组（Jx*h*）。

南白水河组（Ch*n*）：岩性由紫色、紫红色粗砂岩，中细粒砂岩夹紫红色、灰色、灰绿色粉砂质板岩，泥质板岩及灰岩组成。含丰富的微古植物化石。

花儿地组（Jx*h*）：以灰岩、白云岩为主，局部夹板岩，含丰富的叠层石。

该群变质程度总体为一套低绿片岩相，下部以碎屑岩占优势，上部以碳酸盐岩为主，组成巨厚滨海相砂泥岩-碳酸盐岩系。其与下伏北大河群、熬油沟组、桦树沟组等整合接触，与上覆龚岔群（Qb*G*）呈断层接触，南白水河组与花儿地组之间为整合接触。

南白水河组板岩及砂岩中产丰富的微古植物化石，其中 *Asperatopsophaeridium umishanensis* 在辽东汎河流域高于庄组大量出现，层位归属长城纪晚期。根据微古植物化石组合及其与邻区对比，南白水河组地质年代应为长城纪晚期。花儿地组灰岩产叠层石以分叉为主，微古植物组合可与曹瑞骥、梁玉左（1979）蓟县剖面叠层石Ⅲ、Ⅳ组合对比，并且大部分分子在蓟县剖面的蓟县纪地层中产出，因此将其时代划归蓟县纪较为适宜。

依据托来南山群含叠层石及微古植物化石，以及1600～1400Ma的同位素地质年龄，将其地质时代划归中元古代（长城纪—蓟县纪）。

（11）花石山群（Jx*H*）

该群由西北地质局青海省综合地质大队区测队（1964）命名，分布于大通山、日月山和达坂山，从下到上包括克素尔组（Jx*k*）、北门峡组（Jx*b*）两个组。

克素尔组(J*xk*)：主要由镁质碳酸盐岩夹板岩、石英岩、硅质岩和灰岩组成，底部为砾岩及含铁碎屑岩。含较为丰富的藻类和叠层石。

北门峡组(J*xb*)：上部为块层白云岩、硅质白云岩及厚—巨厚层硅质条带白云岩，顶部见有角砾状白云岩层；下部为白云岩夹板岩、灰岩等。

该群变质程度为低绿片岩相。原岩以碳酸盐岩为主，少量石英砂岩或长石石英砂岩、泥质岩。平行不整合于湟中群青石坡组(Ch*q*)之上，与上覆龚岔群(Qb*G*)呈不整合接触。

1∶20万大通县幅区调在克素尔组中采得藻类化石 *Cryptozoon* sp.，以及1∶5万大通县等幅区调中采得 *Conophyton lituum* cf.，*Tielingella* cf.，*Tungussia* cf.，*Minjaria* cf.等。这些分子在五台山标准剖面的雾迷山组都有发现，且 *Conophyton lituum*，*Tielingella* cf.为其代表类型，*Conophyton* 形在杨庄组也曾出现。另外获得的 *Chihsienella* cf.，*Baicalia* cf. *baicalica*，*Anabaria* cf. *chihsienensis*，*Tielingella* cf.等还是五台山标准剖面铁岭组的代表类型。故将其地质时代划归蓟县纪。

(12) 高家湾组(J*xg*)

该组曾被称为"高家湾碳酸盐岩建造"(甘肃省区测队，1959)、"高家湾硅质灰岩组"(屈占儒，1962)、"兴隆山群碳酸盐岩组"(甘肃区调队，1965)、"花石山群"(江明富等，1989)，甘肃省地质矿产局(1997)在《甘肃省岩石地层》中恢复高家湾组。

高家湾组仅分布于榆中县境内的兴隆山和马衔山的高家湾、上庄乡马莲滩—小坪、小康营乡水泥厂一带。以中薄—中厚层灰岩、硅质岩、白云岩为主，夹少量钙质千枚岩和板岩，含少量叠层石和微古植物。变质程度为低绿片岩相。原岩为含白云质灰岩、含硅质灰岩夹薄层细砂岩。与下伏兴隆山群(Ch*X*)多为断层接触，局部为不整合接触；其上与紧邻时代未见接触。

高家湾组含少量叠层石和微古植物(甘肃省地质矿产局，1997)，与曹瑞骥、梁玉左等(1979)蓟县剖面所划的Ⅲ、Ⅳ组合相当，时代为蓟县纪。

(13) 龚岔群(Qb*G*)

该群由钱家琪、叶永正(1981)命名，原属"托来南山群"上部层位，分布于野马山、托来南山、托来山和大通山西北，自下而上划分为其它达坂组(Qb*q*)、五个山组(Qb*w*)、哈什哈尔组(Qb*h*)和窑洞沟组(Qb*y*)。龚岔群(Qb*G*)：主要岩性有隐晶质灰岩、角砾状灰岩、叶状灰岩、玫瑰色泥质灰岩，夹深灰色板岩。

其它达坂组(Qb*q*)：下部以变含砾中—细粒长石石英砂岩为主；上部以石英细砂岩为主，夹黑、灰绿色板岩。

五个山组(Qb*w*)：为厚层微晶灰岩、含碳结晶灰岩夹硬绿泥粉砂质板岩。

哈什哈尔组(Qb*h*)：为砂质板岩、钙质板岩与粉砂岩，夹砂质灰岩、石英细砂岩及砾岩透镜体。

窑洞沟组(Qb*y*)：为一套碳酸盐岩。

龚岔群(Qb*G*)主要为一套低绿片岩相变质的陆源碎屑岩与碳酸盐岩组合。其下与花石山群(Jx*H*)呈不整合接触，与托来南山群(Pt_2T)及高家湾组(J*xg*)未见接触或呈断层接触；其上与白杨沟群(NhZ*B*)呈不整合接触。

龚岔群含丰富的叠层石和微古植物化石，尤以五个山组最为丰富。其中 *Gymnosolen*，*Linella*，*Tungussia* 等是我国青白口纪地层的叠层石分子，组合面貌与天津蓟县剖面中的第Ⅴ组合相似。龚岔群微古植物以 *Trachysphaeridium* 属大量繁盛为特征，*T. chihsienense*，*Trematosphaeridium holtedahlii* 是该群的代表分子，也是蓟县剖面青白口系的特征分子。因此，将该套地层划为青白口系较为适宜。

(14) 白杨沟群(NhZ*B*)

该群曾被原地质矿产部祁连山地质队(1956)划归"桦树沟系"，由甘肃省区测二队(1977)创名为白杨沟群。

该群分布于甘肃省肃南县祁青乡白杨沟口、互助县龙口门和达坂山东侧等处。下组为灰紫色冰碛砾岩与杂色角砾岩夹灰岩；上组为浅黄、紫灰色泥质灰岩与钙砂质板岩互层夹细砂岩与薄层铁矿。多以断层与其上地层接触，局部与中寒武统黑茨沟组平行不整合接触；其下与龚岔群(Qb*G*)为不整合接触。

该群可与湖北峡东层型剖面对比，下组相当于南沱组，上组相当于陡山沱组、灯影组。下组产 *Trachysphaeridium*，*Trematosphaeridium*，*Protosphaeridium* 等球形类微古植物与层型剖面南沱组相近。1∶5万大通县幅区调中白杨沟群（Nh*ZB*）含碳泥质、硅质板岩 Rb-Sr 全岩等时线年龄值为 606.97±57Ma。因此，将这套地层时代划归南华纪—震旦纪。

（15）葫芦河群（Z*OH*）

该群是由张庆昌、苗禧（1963）命名的“葫芦河组”演化而来。主要分布于通渭黑石头—秦安杨家寺—莲花乡一线，呈树枝状沿其间的河谷两侧出露。主要岩性有变玄武质沉凝灰岩、变凝灰质长石杂砂岩、千枚岩、板岩、变粉砂岩。葫芦河群主要为一套葡萄石-绿纤石相变质的陆内裂陷复理石建造，砂岩、板岩、千枚岩构成鲍马序列。其下与秦岭岩群为断层接触，与紧邻时代地层未见接触。

葫芦河群中产微古化石：*Lophosphearidiun* sp.，?*Asperatopsophosphaera* sp.，*Leiomaromassuliana* sp.，?*Micrhystridium* sp.，*Nerifura* sp.，*Taeniatum* sp.，*Polyporata* sp.（宋志高，1991），其地史分布为晚前寒武纪—早古生代，大部分为晚前寒武纪—寒武纪种属。依据微古化石，将该群时代暂定为震旦纪—奥陶纪。

7. 南祁连地块（$I_{3\text{-}5}$）

化隆岩群（Qb*H*.）

该岩群是由青海省地质局东部队（1962）命名的“化隆群”演化而来，与“尕让群”为同物异名。

化隆岩群出露于青海刚察县、贵德县北、化隆、循化等县，沿日月山—拉脊山南坡呈北西西向分布。下组以混合片麻岩、混合岩为主，夹少量片麻岩和片岩类；中组以片麻岩类和变粒岩类为主，夹少量斜长角闪岩；上组由斜长角闪岩、绿帘斜长角闪岩、黑云斜长角闪岩、角闪斜长片麻岩、角闪斜长变粒岩、黑云变粒岩及透闪辉石岩等组成。该岩群变质程度总体为低角闪岩相。原岩以泥砂质沉积岩为主，夹有碳酸盐岩（包括镁质碳酸盐岩），并有火山岩夹层出现（以玄武岩为主，有安山玄武岩、安山岩和英安岩，以及碱玄岩等）。与北邻湟源岩群（Pt_1*H*.）及湟中群青石坡组（Ch*q*）为断层接触，其下未见底，其上未见与紧邻时代地层直接接触。

化隆岩群的地质时代分歧较大。前人在化隆岩群变质岩系中获取一系列同位素年龄数值，Rb-Sr 年龄值多集中于 14 亿年左右，1∶25 万门源幅区调中片麻岩的变花岗岩脉中获得 U-Pb 同位素上交点年龄为 2331±215Ma，将其时代划为新太古代—古元古代。

然而，1∶25 万临夏市幅区调中混合花岗片麻岩的锆石 U-Pb 同位素$^{206}Pb/^{238}U$ 表面年龄值为 754.7±1.8Ma、736.7±1.5Ma。侵入化隆岩群片麻岩的钾质花岗岩锆石 TIMS 法 U-Pb 年龄为 750±30Ma（万渝生等，2003）。化隆县—循化县省级公路旁黑云母斜长片麻岩（副片麻岩）碎屑锆石 LA-ICP-MS $^{207}Pb/^{206}Pb$ 年龄主要集中于 900～ 880Ma 之间，加权平均年龄为 891±9Ma，侵入化隆岩群的弱片麻状花岗岩脉锆石 LA-ICP-MS 上交点年龄为 875±8Ma，限定化隆群的形成时代应在 891～875Ma 之间（徐旺春等，2007）。化隆县合群峡化隆岩群白云母石英岩碎屑锆石 SHRIMP 和 LA-ICP-MS U-Pb 测年结果显示，重复性较好的最年轻碎屑锆石出现在 1400～1250Ma 之间。本项目（何世平等，2011a）于青海省湟源县南日月乡一带（附表，附图）获得化隆岩群条带状二云斜长片麻岩（副变质岩）LA-ICP-MS 锆石 U-Pb 最新的蚀源区年龄为 891±7Ma（图 3-6、图 3-7），条带状黑云斜长角闪岩（原岩为中性火山岩）的形成年龄为 884±9Ma（图 3-8）。综上所述，将其时代置于青白口纪。

8. 北秦岭地块（西部）（$I_{3\text{-}6}$）

（1）秦岭岩群（Pt_1*Q*.）

该岩群曾称“秦岭系”（赵亚曾、黄汲清，1931）或“秦岭群”，程裕淇等（1990）将“秦岭群”改称为“秦岭

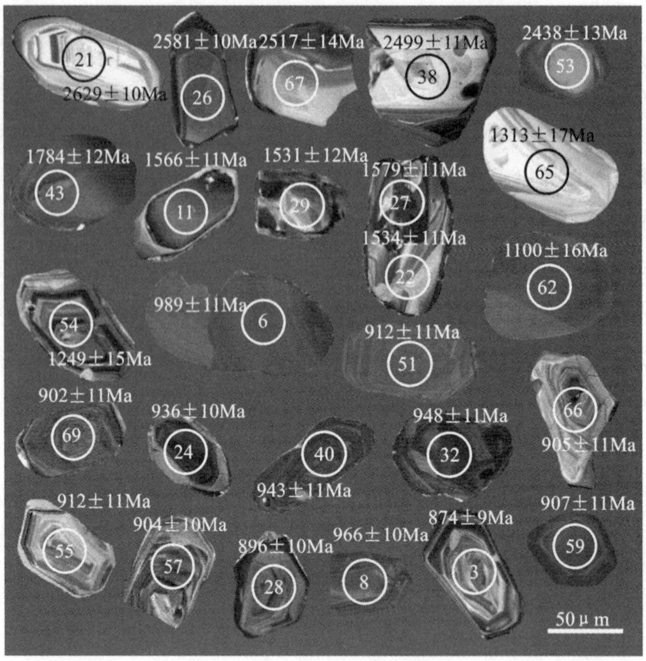

图 3-6　化隆岩群二云斜长片麻岩(07HY-1)锆石 CL 图像

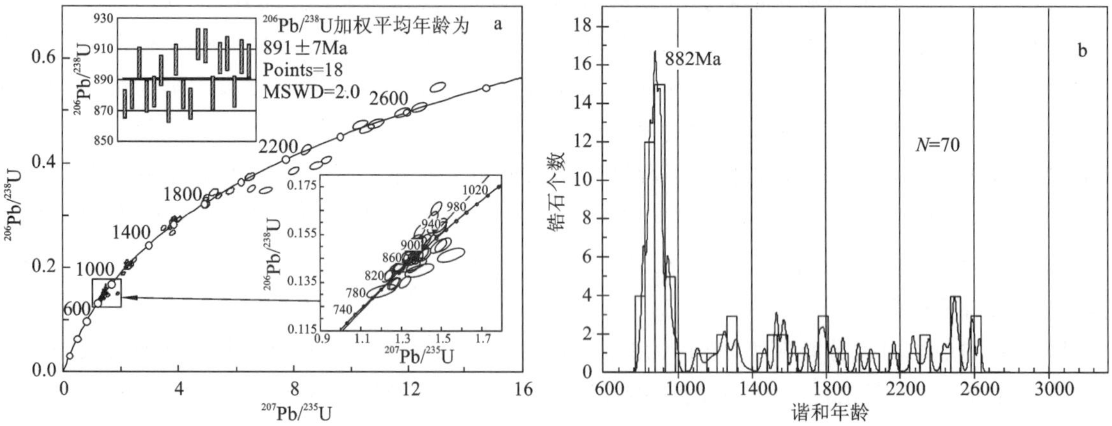

图 3-7　化隆岩群条带状二云斜长片麻岩(07HY-1)碎屑锆石 U-Pb 谐和图(a)及谐和年龄柱状分布图(b)

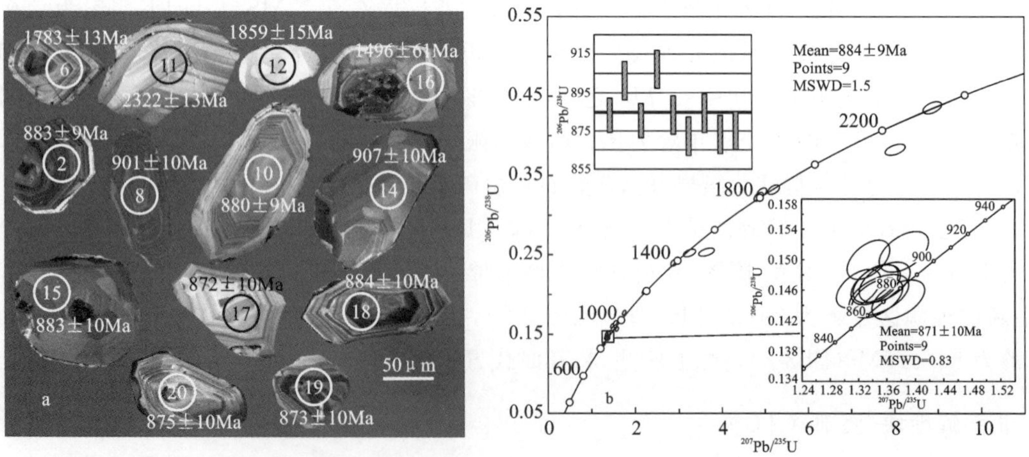

图 3-8　化隆岩群黑云斜长角闪岩(07HY-2)锆石 CL 图像(a)和锆石 U-Pb 谐和图(b)

岩群”。

研究区范围内秦岭岩群断续出露于武山—甘谷一带，属于区域上秦岭岩群分布的最西段。该岩群在区域上自下而上划分为郭庄(岩)组($Pt_1g.$)、雁岭沟(岩)组($Pt_1y.$)和上店坊(岩)组($Pt_1s.$)。郭庄(岩)组：以混合岩化黑云片麻岩，条带状、眼球状混合岩，混合片麻岩为主，夹浅粒岩、变粒岩、斜长角闪岩、大理岩；雁岭沟(岩)组：以石墨大理岩、白云质大理岩为主，夹少量薄层石英岩、石榴黑云斜长片麻岩及斜长角闪石；上店坊(岩)组：以矽线黑云石英片岩、二云斜长石英片岩、云母石英片岩为主，夹斜长角闪岩、斜长变粒岩、角闪片岩、大理岩等。该岩群变质程度为低角闪岩相-高角闪岩相。原岩主要为陆源碎屑岩-碳酸盐岩，夹少量中基性火山岩。秦岭岩群与相邻地层单位之间均呈断层接触。

研究者已在东秦岭地区秦岭岩群中获得大量同位素年龄资料，其时代介于2298～1867Ma之间，表明秦岭岩群的时代主体应为古元古代。但不排除含有太古宇的残块，曾发现有大于2500Ma的年龄数据。研究区东部山根寨乡后坪一带秦岭岩群矽线黑云斜长片麻岩碎屑锆石SHRIMP和LA-ICP-MS U-Pb测年主要集中于1.9～1.5Ga，出现少量1.4～1.2Ga的锆石年龄，样品极可能形成于中元古代末期(陆松年等，2006)。

本项研究仍将秦岭岩群的主体时代归于古元古代。

(2) 丹凤群(Pt_3OD)

该群由肖思云、张维吉、宋子季等(1985)创名。研究区内丹凤群出露于武山—甘谷一带，属于区域上丹凤群分布的最西段。主要由变玄武岩、玄武安山岩组成，夹凝灰岩、中—酸性火山岩及少量硅质岩和大理岩。变质程度为低—高绿片岩相。原岩主要为变玄武岩、中基性熔岩、英安岩、凝灰岩、凝灰质粉砂岩夹粉砂岩，局部夹少量薄层含碳硅质岩。与下伏秦岭岩群为断层接触，区域上与上覆刘岭群均为断层接触。

区域上对丹凤群时代存在不同的认识。火山岩有两组年龄：一组为1000～800Ma(以Sm-Nd为主)，另一组为540～400Ma(Sm-Nd、U-Pb及Rb-Sr法)。在古生物化石方面，于天水地区丹凤群(李子园群)火山岩中产孢粉及小球藻，时代为早古生代(甘肃省区调队，1987)；在大草坝丹凤群(李子园群)中酸性火山岩夹层结晶灰岩中采得牙形石 *Teridontus* sp.(李永军，1990)，时代为晚寒武世—奥陶纪。据以上资料，对丹凤群的时代划分就产生了新元古代和早古生代两种意见。近来，于西秦岭北缘天水地区关子镇蛇绿岩(丹凤群的组成部分)获得辉长岩LA-ICP-MS锆石U-Pb年龄为471±1.4Ma(杨钊等，2006)、499.7±1.8Ma(裴先治等，2007)。

综上所述，本项研究将丹凤群的时代暂置于新元古代—奥陶纪。

9. 白依沟地块($Ⅰ_{3-7}$)

白依沟群($NhZBy$)

该群由四川省地质局原202队(1971)命名，是从“白龙江群”中解体出来的浅变质地层。仅出露在若尔盖县北部的占洼乡白依沟。自下而上包括赛伊阔组($NhZs$)、相龙卡组($NhZx$)。该群由变质砾岩、含砾粗砂岩、杂砂岩、粉砂岩和粉砂质板岩组成，包括下粗上细两个沉积韵律的一套浅变质岩系。与下伏地层未见接触，与上覆寒武纪太阳顶组为平行不整合接触。

赛伊阔组下部凝灰质板岩中获得Rb-Sr全岩等时年龄737.6±22.4Ma，U-Pb年龄640±40Ma。在相龙卡组上部有K-Ar年龄619±46Ma。本项目将其时代置于南华纪—震旦纪。

四、扬子陆块(西部)($Ⅰ_4$)

扬子陆块(西部)包括碧口地块(西部)、龙门地块、康滇地块和丽江地块4个三级构造-地层单位，前寒武纪地层系统划分和对比见表3-4。

表 3-4　扬子陆块(西部)前寒武纪地层系统

地质年代			碧口地块(西部)(I_{4-1})	龙门地块(I_{4-2})	康滇地块(I_{4-3})	丽江地块(I_{4-4})
Pz_1	∈		临江组(Z∈$_1l$)			
Pt_3	Z	Z_2	临江组(Z∈$_1l$)；水晶组(Z_2sh)	灯影组(Z_2d)	水晶组(Z_2sh)；灯影组(Z_2d)	灯影组(Z_2d)
		Z_1	临江组(Z∈$_1l$)；蜈蚣口组(Z_1w)	陡山沱组(Z_1d)	蜈蚣口组(Z_1w)；观音崖组(Z_1g)；纳章组(Z_1n)；陡山沱组(Z_1d)	
	Nh	Nh_2	关家沟组(Nhg)；木座组(Nhm)	南沱组(Nh_2n)	木座组(Nhm)；盐井群(NhY)；列古六组(Nh_2l)；开建桥组($Nh_{1-2}k$)；南沱组(Nh_2n)；牛头山组(Nhnt)	
		Nh_1	关家沟组(Nhg)；木座组(Nhm)	莲沱组(Nh_1l)	木座组(Nhm)；盐井群(NhY)；开建桥组($Nh_{1-2}k$)；苏雄组(Nh_1s)；澄江组(Nh_1c)；陆良组(Nhll)	
	Qb		秧田坝组(Qbyt)			
Pt_2	Jx		碧口群($Pt_{2-3}B$)	通木梁群(Pt_2Tm)；黄水河群($Pt_{2-3}Hs$)	盐边群(Pt_2Y)；下村岩群($Pt_{1-2}Xc.$)；登相营群(Pt_2Dx)；峨边群(Pt_2E)；黄水河群($Pt_{2-3}Hs$)；会理群(Pt_2H)；昆阳群(Pt_2K)	大理岩群($Pt_2D.$)
	Ch		碧口群($Pt_{2-3}B$)	通木梁群(Pt_2Tm)；黄水河群($Pt_{2-3}Hs$)	盐边群(Pt_2Y)；下村岩群($Pt_{1-2}Xc.$)；登相营群(Pt_2Dx)；峨边群(Pt_2E)；黄水河群($Pt_{2-3}Hs$)；会理群(Pt_2H)；昆阳群(Pt_2K)	大理岩群($Pt_2D.$)
Pt_1				康定岩群($Pt_1Kd.$)	康定岩群($Pt_1Kd.$)；苴林岩群($Pt_1J.$)；下村岩群($Pt_{1-2}Xc.$)；河口岩群($Pt_1Hk.$)	点苍山岩群($Pt_1Dc.$)；哀牢山岩群($Pt_1Al.$)
Ar	Ar_3					
	Ar_2					

注：图例同表3-1。

1. 碧口地块(西部)(I_{4-1})

(1) 碧口群($Pt_{2-3}B$)

该岩群最早被命名为“碧口系”(叶连俊,关士聪等,1944);中国科学院兰州地质研究所将其上部划分出震旦系、寒武系(?),下部称“碧口群”;与“豆坝群”“曾家河组”“东房沟组”“白杨沟组”等为同物异名。

在区域上碧口群主要分布于甘、陕、川交界处的甘肃文县、碧口地区,陕西勉县、略阳、宁强阳平关之间及四川西北平武—青川地区(摩天岭)宝成铁路沿线、乐素河一带。研究区范围内该群仅分布于文县—平武一带。以浅变质基性和酸性火山岩及同源火山碎屑岩为主,夹正常沉积的泥钙质岩,产含铜硫铁矿及金矿。在区域上,碧口群与下伏鱼洞子岩群($Ar_3Y.$)、大安岩群、陈家坝岩群皆呈断裂接触;上与秧田坝组($Qbyt$)、南华系—震旦系呈断裂接触,与泥盆系、石炭系也呈断裂接触。

宁强红土石集块熔岩 Rb-Sr 等时线年龄 744±85Ma(肖思云,1988);变玄武岩 Rb-Sr 等时线年龄为 970～933Ma(甘肃省区调队,1989)。闫全人等(2003)用 SHRIMP 锆石 U-Pb 测年方法测得铜钱坝石咀子变酸性火山岩$^{206}Pb/^{238}U$ 年龄为 790±15Ma,托河镇南变基性火山岩为 840±10Ma,青川县西毛香坝变中酸性火山岩为 776±13Ma。侵入碧口群的白雀寺辉石闪长岩锆石 U-Pb 年龄为 816±36Ma、乐素河花岗岩 U-Pb 年龄为 835±33Ma。侵入碧口群铁镁质岩墙群锆石 SHRIMP 年龄为 689Ma(Yan et al,2004),董家河侵入碧口群的辉长岩锆石 LA-ICP-MS 年龄为 839.2±8.2Ma(赖绍聪等,2007)。因此,将碧口群的形成时代暂置于中—新元古代,不排除其主体形成于新元古代早期的可能。

(2) 秧田坝组($Qbyt$)

该组由甘肃省地质局综合地质大队西秦岭地质队(1964)命名,秦克令等(1991)将其从“碧口群”中分出。

秧田坝组分布于文县—康县的两河口-岸门口断裂以南,铜钱坝-郑家营韧性剪切带以西地区。为一套变质碎屑岩夹少量变质火山岩建造。按其岩石组合特征的差别,将该组划分为上、下两个段。秧田坝组下段,主要岩性为变凝灰质砂岩、凝灰质千枚岩夹变(长石)岩屑砂岩、变杂砂岩、粉砂质板岩、变中基性火山岩(熔岩-凝灰岩)和少量变中酸性火山岩、变凝灰质砂砾岩。秧田坝组上段,中上部以变岩屑石英砂岩、变长石石英砂岩、变岩屑杂砂岩为主,与变粉—细砂岩、粉砂质板岩、(千枚状)板岩组成不同比例的连续互层,间夹透镜状、似层状变(含砾)粗砂岩,变(砂)砾岩等;下部以变凝灰质砂岩为主,夹互变岩屑杂砂岩、变长石英砂岩、变凝灰质砂砾岩、凝灰质板岩、粉砂质板岩及少量变中酸性火山碎屑岩。

该组变质程度为低绿片岩相。其下与碧口群为断层接触,上与关家沟组为断层或角度不整合。

1∶25 万略阳县幅区调在洛塘附近该组板岩中采集到以表面粗糙类型占绝对优势的微古植物化石,其中有粗面球形藻、糙面球形藻、瘤面球形藻、蜂窠状球形藻及穴面球形藻等,可与华北蓟县层型剖面青白口系、鄂西地区神农架上亚群、东秦岭地区的洛峪群等对比。考虑到地层中微古植物组合为新元古代,以及形成构造环境稍晚于碧口地区裂谷火山作用,因此将秧田坝组的形成时代暂置于青白口纪。

(3) 关家沟组(Nhg)

该组是甘肃天水地质队(1961)命名“关家沟阶”的改称(甘肃区测队与西北地质研究所,1974)。

关家沟组分布于两河口—金家河、文县关家沟一带,为一套浅变质的冰成岩类,按岩性分为三部分。上部及下部均为灰、灰绿色变质冰碛砾岩,冰碛砂砾质板岩,局部有凝灰质杂砂岩夹少量变中基性熔岩;中部为深灰、灰黑色变质粉砂岩与板岩。该组不整合覆于碧口群之上,局部地段与上覆临江组($Z\in_1 l$)呈整合接触。

关家沟组含微古植物较丰富,其中以球藻亚群中的 3 个属:*Trachysphaeridium*(粗面球形藻),*Asperatopsophosphaera*(糙面球形藻),*Pseudozonosphaera*(拟环球形藻)占优势。这些分子在川西麦地坪的开建桥组和列古六组,峡东的南沱组和莲沱组,湘黔桂地区的长安组、富禄组和南沱组,新疆库鲁克塔格地区的贝义西组和特瑞爱肯组等南华纪地层中都是常见分子,具有南华纪微古植物组合特征。据微古植物组合和上覆整合临江组($Z\in_1 l$)顶部含早寒武世小壳生物化石,以及岩组具冰川作用的成岩特点,而将其时代置于南华纪。

(4) 临江组($Z\in_1 l$)

该组由张研(1961)命名,分布于文县临江镇南—略阳县城一带。主要岩性为灰色白云质灰岩、砂质灰岩、白云岩与黑色硅质岩,次为灰色粉砂质板岩与泥质粉砂岩等,中下部夹有泥质粉砂岩,近顶部在硅质岩、饼状灰岩中产软舌螺、海锦骨针、小腕足类及三叶虫化石碎片,且共生有含磷结核、铀与重晶石矿层。其边界主要为断裂或韧性剪切带,与下伏关家沟组为整合关系。

茶店、何家岩、金家河等地在该组含磷锰矿层位中采得小壳化石:*Cirotheca* sp.,*Hyolithellus* sp.,*Arehaeooides granultaus*,属我国南方下寒武统梅树村组常见分子。其次,该组中含丰富的微古植物化石,中下部为晚震旦纪的分子,上部则为早寒武世分子。此外,该组近顶部硅质岩与灰岩中产海绵骨针、软舌螺、小腕足类及三叶虫碎片,为我国下寒武统底部的组合代表。全岩 Rb-Sr 等时线年龄为 561Ma(甘肃省地质矿产局,1997)。故其地质年代应为震旦纪—早寒武世。

(5) 木座组(Nh*m*)

该组为前人所划分的"碧口"系(叶连俊,关士聪,1944)的一部分,由四川省地质局第二区测队(1977)划出并命名。

在区域上木座组分布于平武县北、丹巴和中甸等地,在碧口地块(西部)分布于平武县北。该组由厚层块状含砾变砂岩、变砂岩(或变质砾岩)组成。沿走向变化大,可相变为含砾千枚岩夹含砾长石杂砂岩及白云岩透镜体;部分地区火山碎屑物质增多,相变为凝灰砾岩、含砾砂岩、绢云绿泥片岩及夹灰岩扁豆体的绿泥绢云千枚状层凝灰岩。产微古植物化石。该组与三峡南沱组冰碛层时代及层位相当,一些研究者认为本组为冰海碎屑岩建造(殷继成等,1993),砾岩性质是否具冰碛砾岩的特征有待进一步研究。其下与碧口群为平行不整合接触,与上覆蜈蚣口组为整合接触。

木座组时代划为南华纪,与南沱组时代及层位相当。

(6) 蜈蚣口组($Z_1 w$)

该组为前人所划分的"碧口系"(叶连俊,关士聪,1944)的一部分,由四川省地质局第二区测队(1977)划出并命名。

在区域上蜈蚣口组分布于平武县北、丹巴和中甸等地,在碧口地块(西部)分布于平武县北。该组为千枚岩、石英岩、砂岩、凝灰质砂岩、石英片岩、粉砂岩、凝灰质含砾砂岩夹少量白云岩、白云质灰岩、泥质白云岩。与下伏木座组为平行不整合接触,与上覆水晶组为整合接触。

从层序及原岩组合看,蜈蚣口组大致与三峡地区的陡山沱组、峨眉地区的观音崖组时代及层位相当。其时代为早震旦世。

(7) 水晶组($Z_2 sh$)

该组为前人所划分的"碧口系"(叶连俊,关士聪,1944)的一部分,由四川省地质局第二区测队(1977)划出并命名。

在区域上水晶组分布于平武县北、丹巴和中甸等地,在碧口地块(西部)分布于平武县北。该组岩性有白云岩、白云质大理岩、灰岩、结晶灰岩、假鲕粒结晶灰岩、含藻白云岩,夹少量千枚岩、钙质千枚岩。为滨海咸化泻湖—浅海碳酸盐岩及镁质碳酸盐岩夹泥质碎屑岩建造。整合覆于蜈蚣口组之上,与上覆下寒武统邱家河组为平行不整合接触。

本组层位及时代与四川盆地周边的灯影组相当。依据该组所采的藻类化石,大河边产 *Pseudoacus* sp.,康定海船石梁子产 *Acus concentricas* 及 *Praesolenopora flabella*,时代属晚震旦世。

2. 龙门地块($Ⅰ_{4\text{-}2}$)

(1) 康定岩群($Pt_1 Kd.$)

该岩群曾称"康定片麻岩"(张兆瑾,1940)、"康定杂岩"(张兆瑾等,1941)、"康定群"(《1∶100 万重庆幅地质图说明书》,1965)。

区域上康定岩群出露于川西、滇北,北起四川的都江堰西北、康定、泸定,向南经石棉、冕宁、西昌、米易、盐边、攀枝花，龙门地块的康定岩群主要出露于都江堰西北。该岩群为一套变质超基性—中酸性火山岩、火山碎屑岩和变质沉积岩组合，顶和底均被晋宁期—澄江期花岗岩侵吞，自下而上划分为咱里岩组（Pt_1 *zl.*）和冷竹关岩组（Pt_1 *lz.*）两个岩石地层单位。

咱里岩组（Pt_1 *zl.*）：岩性为中—细粒斜长角闪岩、黑云斜长角闪岩夹黑云阳起斜长变粒岩、角闪斜长变粒岩及变玄武岩、变杏仁状-枕状玄武岩、黑云角闪斜长片岩和硅质岩。

冷竹关岩组（Pt_1 *lz.*）：岩性为中细粒黑云斜长变粒岩、黑云角闪变粒岩及黑云二长变粒岩夹二长浅粒岩、斜长角闪岩及少量变英安岩。

该岩群变质程度以角闪岩相为主，部分达麻粒岩相。下部原岩主要是基性火山岩夹中基性凝灰岩和基性—超基性岩，上部原岩为中酸性凝灰岩-火山碎屑岩和泥砂质沉积碎屑岩。以断层与周边地层接触，被晋宁期—澄江期中酸性岩体侵吞。

泸定城北康定岩群斜长角闪岩锆石 U-Pb 年龄为 2451Ma（袁海华，1986），在同一地区的康定岩群咱里岩组斜长角闪岩残留体锆石 U-Pb 年龄为 2046Ma（李复汉，1988），侵位于康定岩群的超基性岩 ^{40}Ar-^{39}Ar 年龄为 1650Ma（邢无京，1989）。1∶25 万宝兴幅区调在康定野坝咱里岩组变玄武岩 Sm-Nd 等时线年龄为 1521～1225Ma，天全白沙河咱里（岩）组变辉长岩 Sm-Nd 等时线年龄为 1151～857Ma。近来，对侵入康定岩群中的中酸性侵入体、变辉长岩及麻粒岩获得大量精细同位素年龄数据（锆石 SHRIMP U-Pb），主要集中于 857～764Ma 之间（沈渭洲等，2000；Zhou et al，2002；李献华等，2002a，2002b；陈岳龙等，2004；赵俊香等，2006；耿元生等，2007）。

综上所述，本项研究暂将康定岩群生成时代置于古元古代。

（2）通木梁群（Pt_2 *Tm*）

该群原为叶连俊、关世聪（1944）所命名的“碧口系”的下部，四川省地质局二区测队（1971）将后龙门地区原“碧口群”的下部称“通木梁组”，《四川省区域地层表》编写组（1978）改称通木梁群。

该群仅分布于后龙门地区青溪—南坝。上部为中酸性火山岩，中部为中基性火山岩，下部为碎屑岩。其下未见底；其上与莲沱组呈不整合接触，与陡山沱组呈断层接触。

时代可能属中元古代蓟县纪—青白口纪。

（3）黄水河群（$Pt_{2\text{-}3}$ *Hs*）

该群由四川省地质局二区测队（1976）命名，为谭锡畴、李春昱（1931）所命名“白水河系”的一部分，与“铜厂河群”“白水河群”“白鱼落群”和“大宝山系”等为同物异名。

区域上黄水河群主要分布在四川茂县、都江堰西北、宝兴、芦山、大邑、汶川、彭县一带，龙门地块的黄水河群主要出露于都江堰—汶川—茂县之间的地区。自下而上分为关防山组（$Pt_{2\text{-}3}$ *gf*）、黄铜尖子组（$Pt_{2\text{-}3}$ *ht*）、干河坝组（$Pt_{2\text{-}3}$ *gh*）。

关防山组（$Pt_{2\text{-}3}$ *gf*）：主要为绢云石英片岩、含绿泥石英片岩夹块状石英岩，变英安岩及绢云片岩，夹中酸性火山岩及少量石墨片岩、大理岩。

黄铜尖子组（$Pt_{2\text{-}3}$ *ht*）：岩性为钠长绿泥片岩、绿泥石英片岩夹变英安岩、绢云石英片岩、绿帘角闪岩、斜长角闪岩及少量碳酸盐岩。

干河坝组（$Pt_{2\text{-}3}$ *gh*）：岩性由南向北火山碎屑岩数量减少，凝灰岩及变质沉积岩增多。

黄水河群 3 个组自下而上从以浅变质火山岩为主逐渐过渡到以正常沉积岩为主，中下部的火山岩属细碧角斑岩，还见有放射虫硅质岩及硅质大理岩。其上为南华系、澄江组不整合覆盖或断层所切割，与下伏康定岩群接触关系不明，该群各组之间为整合或断层接触。

黄水河群大理岩方铅矿 U-Pb 年龄为 1440～1045Ma，侵入于黄水河群的闪长岩 U-Pb 年龄为 1043Ma（张洪刚等，1983①）。变火山岩锆石 SHRIMP U-Pb 年龄为 876±17Ma（Yan et al，2004）。此外，在芦山县白水河一带的黄水河群关防山组上部大理岩中产微古植物 *Asperatopsophosphaera*，*Lignum*，*Leiopsophosphaera*，*Trematosphaeridium*，常见于华北地区蓟县系至青白口系。综上所述，黄水

① 张洪刚，李承炎，等。四川的前震旦纪地层总结研究报告，1983.

河群形成时代应置于中—新元古代。

(4) 莲沱组(Nh_1l)

刘鸿允、沙庆安(1963)将李四光、赵亚曾(1924)命名的“南沱粗砂岩”改称“莲沱群”，赵自强等(湖北省地质局三峡地层研究组，1978)易名为“莲沱组”，沿用至今。

区域上莲沱组广泛分布于扬子西缘，在龙门地块出露于都江堰北、汶川及青溪南。该组为一套含火山物质成分的沉积岩系，下部为岩屑晶屑凝灰岩，上部为粉砂岩夹粉砂质板岩。与上覆南沱组(Nh_2n)为整合接触。

康普斯顿(W Compston)用离子探针方法测得该组中上部层凝灰岩锆石年龄为748±12Ma(赵自强等，1985)。另据邻区该组下伏地层为铁船山组(青白口纪)和上覆地层为南沱组，将其时代置于早南华世。

(5) 南沱组(Nh_2n)

该组最早被威理士(1907)命名为“南沱冰碛岩”；李四光、赵亚曾(1924)建立“南沱组”，包括下部“南沱粗砂岩”和上部“南沱冰碛层”；刘鸿允、沙庆安(1963)将“南沱组”一名限用于“南沱冰碛层”范畴，沿用至今。

区域上南沱组广泛分布于扬子西缘，在龙门地块出露于都江堰北、汶川及青溪南。南沱组有代表性的地层剖面位于宁强左家湾—曲尺沟和勉县青羊驿红岩沟。该组以砾岩、(含砾)长石石英杂砂岩为主，夹少量粉—细砂岩、砂质板岩，具冰碛砾岩特征。上与陡山沱组(Z_1d)呈整合接触，下与莲沱组(Nh_1l)为整合接触，局部上、下均为断层接触。

南沱组缺少时代依据，据其整合于有时代依据的下震旦统陡山沱组之下和覆于莲沱组之上，将其置于晚南华世。

(6) 陡山沱组(Z_1d)

该组最早被李四光、赵亚曾(1924)命名为“陡山沱统”，全国地层委员会(1962)编制的《中国的前寒武系》一书称为“陡山沱层”，刘鸿允、沙庆安(1963)改称“陡山沱组”，沿用至今。

区域上陡山沱组广泛分布于扬子西缘，在龙门地块出露于汶川、茂县及青溪南。该组为一套冰川消融后引发广泛海侵初期的含泥、砂质成分的碳酸盐岩。主要为泥质白云岩，底部常有含锰白云质灰岩，下部白云岩含较多硅磷质结核和团块，上部白云岩夹燧石层并含燧石团块，顶部有一层黑色炭质页岩。富含生物化石，有微古植物、宏观藻类和后生动物。与上覆灯影组(Z_2d)及下伏南沱组(Nh_2n)呈整合接触。

陡山沱组的全岩 Rb-Sr 等时线年龄为 691±29Ma。该组生物化石丰富，以刺球藻群中一些属、种的出现为特征，如 *Micrhystridium*，*Comasphaeridium*，*Tianzhushania* 等；宏观藻类有 *Enteromorphites*，*Doushantuophyton* 等；蠕形动物为 *Sabellidites*；海绵骨针有 *Eospicula yichangensis*，*Hazelia liantuoensis* 等。故将其时代归于早震旦世。

(7) 灯影组(Z_2d)

该组最早被李四光、赵亚曾(1924)命名为“灯影灰岩”，全国地层委员会(1962)编制的《中国的前寒武系》一书建“灯影组”(包括下部“陡山沱层”和上部“灯影层”，二者分别相当于李四光等命名的“陡山沱统”和“灯影灰岩”)。刘鸿允、沙庆安(1963)将“灯影组”一名限用于李四光等命名的“灯影灰岩”范畴，沿用至今。

区域上灯影组广泛分布于扬子西缘，在龙门地块出露于汶川、茂县及青溪南。该组是一套以灰及灰白色为主的碳酸盐岩地层，基本上由白云岩组成。在滇东及陕南，中上部夹砂岩及页岩。产蠕形动物及宏观藻类，富含生物化石。与下伏陡山沱组(Z_1d)呈整合接触。

陕西省地质矿产局地质四队和西安地质矿产研究所(1979，1990)在灯影组中采集到丰富的叠层岩石，其中加尔加椎叠层石为我国燕辽地区震旦纪叠层石第二组合的代表分子。西安地质矿产研究所在红岩沟东山梁的灯影组白云岩中采获的粗面球型藻是鄂西地区震旦系古植物占优势的分子。蠕形动物有 *Micronemaites*，*Sinotubulites*，*Sabellidites* 等，此外尚有海绵骨针及海鳃类动物 *Paracharnia*。综上所述，结合灯影组整合覆于陡山沱组之上和区域上(扬子北缘)该组顶部硅磷质白云岩产小壳化石(《陕西省岩石地层》，1998)，将灯影组的形成时代置于晚震旦世。

3. 康滇地块（I_{4-3}）

（1）康定岩群（Pt_1*Kd.*）

区域上康定岩群出露于川西、滇北，北起四川的都江堰西北、康定、泸定，向南经石棉、冕宁、西昌、米易、盐边、攀枝花。康滇地块的康定岩群主要出露于宝兴、天全、康定、泸定，向南经石棉、冕宁、西昌、米易、盐边、攀枝花。其特征详见龙门地块（I_{4-2}）有关康定岩群的叙述。

（2）苴林岩群（Pt_1*J.*）

该岩群最早被云南省地质局第三地质大队命名为“元谋群”，《云南省区域地质志》(1990)因该群与元谋第四系更新统“元谋组”重复，故改称为“苴林群”。

苴林岩群出露于滇中北部元谋、姜驿一带及华坪之西。自下而上划分为普登（岩）组、路古模（岩）组、凤凰山（岩）组、海资哨（岩）组、阿拉益（岩）组。

普登（岩）组：以云母斜长片麻岩、花岗片麻岩、混合岩化云英片岩、云英片岩、角闪片岩为主，夹变粒岩及少量大理岩等。

路古模（岩）组：由石英岩夹石英片岩、云英片岩等组成，又习称为“石英岩段”。

凤凰山（岩）组：以大理岩为主，夹云英片岩、千枚岩，下部夹少量变质砂岩。

海资哨（岩）组：主要为石英片岩、云英片岩、绿泥片岩、黑云石英片岩、千枚岩，夹少量云英岩。

阿拉益（岩）组：为石英钠长浅粒岩、钠长片岩夹斜长角闪片岩、大理岩及少量黑云斜长片岩、炭质片岩等。

该岩群变质程度总体为高绿片岩相。原岩为砂泥质岩、石英砂岩夹中基性火山岩、泥岩及泥质碳酸盐岩。与围岩多呈断层接触。

苴林岩群锆石 U-Pb 年龄为 2478Ma（吕世琨等，2001）；变质岩角闪石^{40}Ar-^{39}Ar 坪年龄为 781.4±6.6Ma，白云母^{40}Ar-^{39}Ar 坪年龄为 651.7±3.4Ma（朱炳泉等，2001）。本项研究暂将其时代置于古元古代。

（3）河口岩群（Pt_1*Hk.*）

该岩群最早被四川力马河地质队（1957）命名为“河口层”，四川省一区测队、四川省 103、104 地质队等（1960）重新厘定为“昆阳群河口组”“河口组”等，张洪刚（1964）、云南省一区测队（1966）、《西南地区区域地层表·四川省分册》（1978）等改称为“会理群河口组”，李复汉等（1980）从其岩类组合为细碧角斑岩-沉积碎屑岩、碳酸盐岩等特点和赋存大型铜矿、铁矿床，提议将其改称“河口群”，《四川岩石地层》又改称为“河口（岩）群”。

河口岩群分布于会理县河口和云南永仁东地区。由下而上分为大营山（岩）组（Pt_1*dy.*）、落凼（岩）组（Pt_1*ld.*）、长冲（岩）组（Pt_1*c.*）。

大营山（岩）组（Pt_1*dy.*）：上部以变钾角斑岩（石英钠长岩）为主夹白云石英片岩，下部为变砂岩及白云石英片岩。

落凼（岩）组（Pt_1*ld.*）：以白云石英片岩、石英钠长岩为主，夹石榴黑云片岩、变砂岩及大理岩透镜体，是重要的含铜层位。

长冲（岩）组（Pt_1*c.*）：由气孔状石英钠长岩、白云钠长片岩、榴云片岩及石榴角闪片岩，夹炭质板岩及含铜大理岩透镜体组成。

该岩群与上覆会理群因民组为整合接触，下未见底，各岩组之间均为整合接触。该岩群变质程度总体为高绿片岩相。原岩为一套火山-碎屑岩。

会理拉拉厂侵入落凼（岩）组中的辉绿岩脉全岩 K-Ar 年龄值为 1488Ma，侵入到会理黎溪、拉拉厂河口（岩）群中的辉长岩体年龄值为 1004Ma、1145Ma、1620Ma。

该岩群时代依据不足，本项目研究暂将其置于古元古代。

（4）下村岩群（Pt_{1-2}*Xc.*）

该岩群由姚祖德，倪秉方（1990）命名。分布于会理县下村、顺河、岔河、米易—德昌、木里县—锦屏及丹巴县等。自下而上为五马箐（岩）组、汞山（岩）组、吴家沟（岩）组、小荒田（岩）组及核桃湾（岩）组。

五马箐（岩）组：主要由含黑云母、石榴子石、红柱石、矽线石等特征矿物的云母片岩、石英片岩及变粒岩组成。

汞山(岩)组:以十字石二云片岩为主,夹石榴子石十字石二云片岩及石英岩透镜体。

吴家沟(岩)组:以钠长石英岩、云母钠长片岩、石英片岩不等厚互层为主,有较多辉绿岩脉侵入。

小荒田(岩)组:以绢云(二云)片岩、云母石英片岩为主,夹黑云石英岩、石英岩透镜体。

核桃湾(岩)组:以阳起片岩、二云片岩为主,夹基性火山角砾岩及角砾凝灰岩。

观音崖组不整合于该岩群五马箐(岩)组之上,各组之间为整合或断层接触。变质程度达高绿片岩相-低角闪岩相。

沿用《四川岩石地层》的划分方案,时代为古—中元古代。

(5) 盐边群(Pt_2Y)

常隆庆(1936)所命名的"盐边系"仅为现称盐边群的上部。四川省地质局 204 队(1960)将其扩大,包括下部的变质火山岩并划归"昆阳群",四川省地质局区测队(1972)称之为"会理群盐边组",四川省地质局 106 队(1974)正式称为"盐边群"。

盐边群仅分布于盐边县龙胜乡至桔子坪一带。下部为巨厚的海相枕状玄武岩系,上部为板岩、粉砂岩、砂砾岩组成的复理石沉积和少量塌积岩。该群由下而上可进一步划分为荒田组、渔门组、小坪组和乍古组。

荒田组:下部为变枕状玄武岩、玄武质火山角砾岩,夹少量绢云板岩、绿片岩;中部为硅质板岩、板岩、千枚岩及硅质岩,偶夹变质玄武岩;上部为变质玄武岩(粗玄岩或细玄岩)、变玄武质角砾岩夹少量硅质板岩。顶部为变质安山岩、变安山凝灰角砾岩等。

渔门组:下部为炭质板岩、绢云板岩、硅质板岩夹结晶灰岩透镜体及变质泥灰岩、砂质灰岩,中上部为凝灰质板岩、砂质板岩、板岩等构成互层。

小坪组:由绢云板岩、砂质板岩、炭质绢云板岩夹变质砂岩及炭质板岩组成,底部为厚层状变质凝灰质细砾岩及变质砂岩。

乍古组:主要为绢云板岩,底部由变质凝灰质砾岩或砂砾岩透镜体组成;下部常夹炭质板岩和变质细砂、粉砂岩;上部夹呈互层产出的白云质灰岩与白云质板岩,局部白云质灰岩呈角砾状。

该群与上覆列古六组为不整合接触,下未见底,各组之间均为整合接触。变质程度为绿片岩相。

四川盐边县荒田盐边群玄武岩锆石 SHRIMP U-Pb 年龄为 782±53Ma(杜利林等,2005);四川盐边高家村角闪辉长岩锆石 U-Pb TIMS 年龄为 840±5Ma、842±5Ma,角闪石 Ar-Ar 年龄为 790±1Ma(朱维光等,2004);四川盐边冷水箐侵位于盐边群上部岩系中的冷水箐辉长岩锆石 U-Pb TIMS 年龄为 936±7Ma(沈渭洲等,2003)。

根据李复汉等(1988)及《四川岩石地层》对该群的进一步修定,结合上述同位素年代资料,该群时代应为中元古代。

(6) 会理群(Pt_2H)

该群由谢振西(1964)命名,与昆阳群的层位大体相当。

会理群分布于会理、会东和东川一带,为一套浅变质的细碎屑岩、变碳酸盐岩夹少量变质火山岩。该群由下而上分为因民组、落雪组、黑山组、青龙山组、淌塘组、力马河组、凤山营组及天宝山组。

因民组(Pt_2ym):下部为砾岩夹白云质粉砂岩及板岩;中部为铁质板岩及泥砂质白云岩夹板岩、赤铁矿层,含黄铜矿、斑铜矿;上部为砂质白云岩夹板岩。产微古植物化石。

落雪组(Pt_2lx):为厚层至块状含藻白云岩,夹硅质白云岩和泥质白云岩,下部有硅质团块,底部粉砂泥质白云岩夹钙泥质板岩薄层,下部及底部为铜、铁矿床的主要赋存层位。

黑山组(Pt_2hs):以一套炭质绢云板岩、粉砂质板岩为主,下部夹碳酸盐岩,中上部常夹变石英砂岩或粉砂岩层,普遍含星散状黄铁矿为特色。含疑源类化石的地层。

青龙山组(Pt_2ql):以中—厚层、块状白云岩和灰岩为主,间夹炭质板岩或泥质灰岩,含丰富的叠层石和疑源类化石。

淌塘组(Pt_2t):为一套绢云千枚岩、含炭绢云千枚岩、绿泥绢云千枚岩。

力马河组(Pt_2lm):为石英岩、变石英砂岩夹绢云千枚岩、片岩。

凤山营组(Pt_2fs)：为薄—中厚层状泥、砂质白云岩及灰岩，底部见少许钙质碎屑岩。

天宝山组(Pt_2tb)：以千枚岩和英安质凝灰熔岩、凝灰岩为主，夹变质砂岩、片岩。

该群与上覆陡山沱组(Z_1d)或灯影组(Z_2d)呈不整合接触；底与河口岩群为整合或断层接触。各组之间为整合或断层接触。

本群天宝山组英安岩全岩 Rb-Sr 年龄为 906.7Ma(中国科学院地质所，1981)，石英斑岩锆石 U-Pb 年龄为 1466Ma(中国科学院地质所，1985)；凤营山组结晶灰岩全岩 Rb-Sr 年龄为 1540Ma(成都地质矿产研究所，1980)。牟传龙等(2003)采用 TIMS 锆石 U-Pb 法获得洪川桥附近变质斑状英安岩年龄为 958±16Ma，孔明寨附近斑状英安岩年龄为 961±27Ma。川西会理一带会理群天宝山组酸性火山岩锆石 SHRIMP U-Pb 年龄为 1028±9Ma(耿元生等，2007)。

综上所述，该群时代应属中元古代。

(7) 登相营群(Pt_2Dx)

该群由四川省地质局西昌队(1958)命名，与"喜德群"为同物异名，分布于喜德、冕宁两县交界处。岩性为千枚岩、板岩、变砂岩、大理岩夹中酸性火山岩。该群由下而上分为松林坪组、深沟组、则姑组、朝王坪组、大热渣组、九盘营组。

松林坪组(Pt_2sl)：岩性以条纹状绢云(黑云)千枚岩为主，夹变质粉砂岩—砾岩及大理岩。

深沟组(Pt_2sg)：下段为石英岩、变石英砂岩及少量石英绢云千枚岩组成韵律层，上段为条纹状石英绢云千枚岩夹少量变石英砂岩。

则姑组(Pt_2zg)：下段为厚层状变火山砾岩、流纹岩、凝灰质砂岩夹变凝灰岩及千枚岩，上段为变流纹岩、凝灰岩及杏仁状英安岩。

朝王坪组(Pt_2cw)：为变杂砂岩夹细砾岩、粉砂质千枚岩和条纹条带状粉砂岩。

大热渣组(Pt_2dr)：为厚层至块状白云岩和灰色薄至中厚层状白云质灰岩。含叠层石 *Conophyton*，*Baicalia* 等。

九盘营组(Pt_2jp)：由上而下分为千枚岩段、变砂岩段、千枚岩段。

该群上为苏维组或观音崖组不整合超覆，下未见底；各组之间为整合接触。从本群岩石组合特征、叠层石组合面貌分析，可与会理群、云南昆阳群对比，时代归属中元古代。

(8) 峨边群(Pt_2E)

该群曾被称为"峨边变质岩系"(曾繁礽，何春荪，1949)、"峨边系"(大渡河地质队，1957)，成昆沿线编图组(1964)改称"峨边群"。

峨边群仅分布于四川省峨边县金口河及其以东。以变质沉积碎屑岩为主，夹少量碳酸盐岩及酸—基性火山岩、火山碎屑岩。该群由下而上包括桃子坝组、枷担桥组、烂包坪组、茨竹坪组。

桃子坝组(Pt_2t)：为板岩夹白云岩与安山玄武质火山熔岩和火山碎屑岩组成两个沉积岩—火山岩旋回。

枷担桥组(Pt_2j)：岩性为硅化白云岩、板岩夹灰岩。

烂包坪组(Pt_2lb)：下部为流纹质、安山质、玄武质岩屑、晶屑凝灰岩、砂砾质凝灰岩、凝灰质砾岩及变玄武岩，上部为变杏仁状、致密状、斑状玄武岩和玄武质凝灰岩。

茨竹坪组(Pt_2c)：岩性以中层-块状变石英砂岩、粉砂岩及板岩不等厚互层为主，夹变质砾岩、炭质板岩，含微古植物化石 *Acperatopsophosphaera*，*Trachysphaeridium*，*Polynucella*。

该群不整合于苏维组之下，未见底；各组之间为整合接触。变质程度为低绿片岩相。沿用《四川岩石地层》的资料，该群时代置于中元古代。

(9) 昆阳群(Pt_2K)

该群曾被称为"昆阳层"(朱庭祜，1926)、"昆阳系"(许杰，邓玉书等，1944)，全国地层委员会(1962)改称"昆阳群"。

昆阳群主要出露于云南省武定、禄丰、安宁、易门、晋宁、玉溪等地区，为一套浅变质的陆源碎屑岩、碳酸盐岩及少量火山岩。自下而上分 2 个亚群 9 个组，即下亚群黄草岭组、黑山头组、大龙口组、美党组，上亚群为因民组、落雪组、鹅头厂组、绿汁江组及大营盘组。

黄草岭组：下部以千枚岩、板岩为主的地层。

黑山头组：下部寸竹段为绢云板岩、石英粉砂岩、石英砂岩；上部富良棚段为石英粉砂岩、黑色绢云板岩、石英岩、粉砂岩、泥灰岩、安山质凝灰岩。

大龙口组：为一套碳酸盐岩，可分上、下两段。

美党组：为一套碎屑岩夹碳酸盐岩。

因民组：在南部，中下部夹多层含长石不等粒石英砂岩或隐晶质灰岩；向北至罗茨一带，中上部有玄武岩、安山玄武岩。东川地区则有含铜磁铁矿、赤铁矿扁豆体夹层，底部有沉积角砾岩、砾岩。

落雪组：为含铜白云岩。

鹅头厂组：为一套碎屑岩局部夹碳酸盐岩，中下部尚有火山岩夹层，含砂砾、岩屑的沉凝灰岩。

绿汁江组：为一套白云岩。

大营盘组：为绢云板岩、炭硅质板岩及铁质板岩、角砾岩。

昆阳群逆冲在中生界之上，又被中生界角度不整合覆盖；各组之间为整合或断层接触。

昆阳群落雪组白云岩的叠层石包括 *Stratifera undata*，*S. biwabikensis*，*Cryptozoon haplum*，*C. giganteum*，*C. haplum*，*C. giganteum*，*Kussiella kussiensis*，*Gruneria sinensis*，*Nucleella*，*Linocollenia xiaox inchangensis*，*Gaoyuzhuangia depressa* 等（杜远生等，1999）。昆阳群火山岩锆石 U-Pb 年龄为 1685 Ma 和 1676 Ma，峨山县富良棚乡玄武质凝灰岩全岩 Rb-Sr 等时线年龄为 1605 ±27Ma，侵入昆阳群的花岗岩锆石 U-Pb 上交点年龄为 773 ±14Ma，侵入昆阳群的二云母花岗岩锆石 U-Pb 上交点年龄为 682±23Ma（朱炳泉等，2001）。昆阳群富良棚段火山凝灰岩中获得 1032±9Ma 的锆石 SHRIMP U-Pb 年龄（张传恒等，2007）。云南东川地区昆阳群黑山组凝灰岩锆石 SHRIMP U-Pb 年龄为 1503±17Ma（孙志明等，2009）。

综上所述，将昆阳群的时代划归中元古代。

（10）黄水河群（$Pt_{2\text{-}3}Hs$）

区域上黄水河群主要分布在四川茂县、都江堰西北、宝兴、芦山、大邑、汶川、彭县一带，康滇地块的黄水河群主要出露于宝兴、芦山、大邑、汶川、彭县一带。该群的特征详见龙门地块黄水河群的叙述。

（11）盐井群（NhY）

该群由四川省地质局二区测队（1976）命名，仅分布于宝兴县北盐井、天全县东。自下而上分为石门坎组（Nh*s*）、蜂蛹寨组（Nh*f*）、黄店子组（Nh*h*）。

石门坎组（Nh*s*）：岩性以流纹岩质火山碎屑岩为主，底部夹少量玄武岩，中下部为变流纹岩、流纹斑岩夹英安岩或粗面岩，顶部为变凝灰岩、流纹质火山角砾岩夹绢云千枚岩。

蜂蛹寨组（Nh*f*）：下部以钠长白云母片岩为主夹白云母石英钠长片岩、片理化长石石英砂岩，中部为炭质白云母微晶片岩夹中薄层变细粒长石石英砂岩，上部为薄层白云母石英片岩、白云母微晶片岩及钙质白云母钠长片岩，顶部夹流纹质晶屑凝灰岩。

黄店子组（Nh*h*）：下部为片理化粗面岩、石英粗面岩、斑状粗面岩，上部为凝灰质含角砾粗面岩、片理化含角砾凝灰熔岩、凝灰质千枚岩夹斑状粗面岩、含斑粗面岩。

该群变质程度为低绿片岩相。总体可划分为两个火山旋回，其间被蜂蛹寨组正常沉积所间隔。该群下被断失或超覆于康定岩群之上，不整合伏于观音崖组之下，各组之间为整合接触；与周边地层多为断层接触或被岩体侵入。

盐井群在区域对比及时代划分上前人意见分歧较大。1∶25 万宝兴县幅区调中粗面岩中钾长石 $^{40}Ar\text{-}^{39}Ar$ 坪年龄值为 tp_2＝578.5±19.5Ma（辜学达等，1996），年龄谱最后一个阶段的视年龄值为 633.1±14.5Ma。盐井群的岩石组合特征与苏雄组及开建桥组较为相似并可对比，本项目将该群时代暂划归南华纪。

（12）观音崖组（Z_1g）

该组由张云湘等（1958）命名。在区域上分布于扬子西缘，在康滇地块主要分布于四川省会理县、盐边县。属于南沱冰期之后早期广泛海侵形成的沉积物，主要为砂岩、页岩，夹灰岩、白云岩。底部常有含砾石英砂岩或细砾岩，下部为石英砂岩、泥质细砂岩及砂质页岩，夹砂质页岩，中部为灰岩及白云质灰岩，上部为砂质页岩及细砂岩，夹中至厚层致密灰岩。产微古植物 *Leiopsophosphaera pelucida*，*L. Densa*，*Pseudozonosphaera asperella*，*Trachysphaeridium rude*，*T. Cultum*，*T. Simplex*，*T. Laminaritum*，*T. Hyalinum*，*T. Planum*，*Lignum punctulosum*，*Polyporata obsoleta*，*P. Microporosa* 等。其与下伏澄江组、列古六组及晋宁期石英闪长岩、花岗岩呈整合接触或超覆于开建桥组、苏雄组，与上覆灯影组呈整合接触。

依据区域对比，该组的时代和层位与陡山沱组相当，其时代置于早震旦世。

(13) 苏雄组(Nh_1s)

该组由四川省地质局第一区测队(1965)命名，主要分布于四川大相岭、小相岭及甘洛、峨边等地，宝兴以南及二郎山一带亦有零星出露。该组由陆相基性—酸性火山岩及火山碎屑岩组成。下部主要为灰绿色凝灰岩，夹少量玄武岩及英安岩；中部以中酸性至酸性熔岩为主；上部主要为凝灰质砂岩、层凝灰岩和玄武岩，含微古植物化石。与下伏峨边群或花岗岩不整合接触，与上覆开建桥组整合接触。

甘洛县苏雄组顶部玄武岩 K-Ar 年龄为 726Ma，中部英安斑岩 Rb-Sr 年龄为 822Ma 和 812Ma(杨暹和，1987)；苏雄组底部碱性玄武岩全岩 Rb-Sr 等时线年龄为 885Ma(吕世琨等，2001)；苏雄组流纹岩锆石 SHRIMP U-Pb 年龄为 803±12Ma(李献华等，2001)。

综上所述，苏雄组时代应为早南华世。

(14) 澄江组(Nh_1c)

该组曾被命名为“澄江长石质粗砂岩”(谢家荣，1941)、“澄江砂岩系”(P Misch，1942)，划属中震旦世；全国地层委员会(1962)将“澄江砂岩”与其上覆冰碛层统称为“澄江组”。刘鸿允、刘钰(1963)将“澄江组”一名限用于冰碛岩层之下的“澄江砂岩”部分，沿用至今。

澄江组分布于云南昆明、澄江、玉溪、东川，以及四川省会理、盐边县阿米罗—龙塘一带。该组岩性以厚层—块状中、粗粒长石石英砂岩、石英砂岩为主，夹含砾砂岩、砾岩、细砂岩及砂质页岩，偶夹酸性火山岩。与下伏前南华系为不整合接触，与上覆观音崖组呈整合接触，与上覆南沱组为不整合。

在昆明野猪阱该组岩层中发现有 4 个属、3 个种微古植物化石，这些化石多出现在晚元古代地层中。在武定猫街该组下部所夹火山岩全岩 Rb-Sr 等时线年龄为 885Ma。禄丰罗茨侵入于澄江组的岩浆岩全岩 Rb-Sr 等时线年龄值为 705±125Ma。

综上所述，结合澄江组上、下接触关系，其地质时代应为早南华世。

(15) 陆良组($Nhll$)

该组由刘鸿允等(1983)命名，仅分布于云南省陆良县。该组为一套海陆交互相碎屑岩、火山碎屑岩，硅质岩中含有少量微古植物化石。与邻近地区澄江组为同期异相的产物。其下与中元古界昆阳群呈不整合接触，其上为牛头山组整合覆盖。

沿用《云南省区域地质志》(1990)的划分方案，将其时代定为南华纪。

(16) 开建桥组($Nh_{1\text{-}2}k$)

该组由四川省地质局第一区测队(1960)命名。该组主要分布于四川大相岭、小相岭及甘洛、峨边等地，宝兴以南及二郎山一带亦有零星出露。该组下部为砂质凝灰岩，夹流纹质玻屑凝灰岩、砂砾岩等；上部为含砾砂质凝灰岩、凝灰角砾岩、流纹质玻屑凝灰岩及凝灰质长石岩屑砂岩，夹凝灰质粉砂岩，含微古植物化石。与下伏苏雄组整合接触，或与前震旦系整合接触，与上覆列古六组为整合接触。

开建桥组玄武岩 K-Ar 年龄为 759Ma，英安岩 Rb-Sr 等时线年龄为 812Ma、822Ma(吕世琨等，2001)。将该组时代划为南华纪，层位在苏雄组之上、列古六组之下。

(17) 列古六组(Nh_2l)

该组由四川省地质局第一区测队(1960)命名，分布于四川甘洛凉红、大相岭、小相岭、螺髻山等地，在汉源、峨边、洪雅等地亦有出露。该组以凝灰质岩石为主，下部为砾岩或含砾凝灰岩，上部为条带砂质凝灰岩、凝灰质砂岩、粉砂岩、泥岩、沉凝灰岩及凝灰质页岩。产微古植物 *Trematosphaeridium minu-*

tum，*Laminarites antiquissimus* 等。列古六组为大陆裂谷型沉积建造，是开建桥组地堑之后发育的上叠盆地内的产物(吴根耀，1991)。与下伏开建桥组及与上覆观音崖组呈整合接触。

其层位高于开建桥组，低于观音崖组，普遍将之与滇东的南沱组对比，但未见明显冰川堆积特征。将其时代划归晚南华世。

(18) 牛头山组(Nh*nt*)

该组由刘鸿允等(1963)命名，仅分布于云南省陆良县牛头山一带。该组代表南沱组之下、澄江组之上的一套细碎屑岩。整合于澄江组或陆良组之上，其上为南沱组冰碛岩整合所覆。

沿用《云南省区域地质志》(1990)的划分方案，将其划为南华纪。

(19) 南沱组(Nh_2n)

区域上广泛分布于扬子西缘，在康滇地块出露于大、小相岭及会理。该组特征详见龙门地块南沱组(Nh_2n)的相关叙述。

(20) 陡山沱组(Z_1d)

区域上广泛分布于扬子西缘，在康滇地块出露于大、小相岭及会理。该组特征详见龙门地块陡山沱组(Z_1d)的相关叙述。

(21) 纳章组(Z_1n)

该组由刘鸿允等(1973)命名，与陡山沱组为同期异相，仅分布于云南省马龙县纳章一带。该组由细、中粗粒石英砂岩、不等粒含长石石英砂岩、白云岩、灰岩夹粉砂岩、粉砂质页岩组成，微石植物化石丰富，可与三峡地区陡山沱组相对比。与下伏南沱组一般为整合接触，但在西部可见该组直接超覆于苴林群($Pt_1J.$)之上。

沿用《云南省区域地质志》(1990)的划分方案，将其时代定为早震旦世，时代和层位相当于陡山沱组。

(22) 灯影组(Z_2d)

区域上广泛分布于扬子西缘，在康滇地块出露于大、小相岭、会理及晋宁一带。该组特征详见龙门地块灯影组(Z_2d)的相关叙述。

(23) 木座组(Nh*m*)

在区域上分布于平武县北、丹巴和中甸等地，康滇地块分布于四川丹巴县。该组特征详见碧口地块(西部)木座组(Nh*m*)的叙述。

(24) 蜈蚣口组(Z_1w)

在区域上分布于平武县北、丹巴和中甸等地，康滇地块分布于四川丹巴县。该组特征详见碧口地块(西部)蜈蚣口组(Z_1w)的叙述。

(25) 水晶组(Z_2sh)

在区域上分布于平武县北、丹巴和中甸等地，康滇地块分布于四川丹巴县。该组特征详见碧口地块(西部)水晶组(Z_2sh)的叙述。

4. 丽江地块($Ⅰ_{4\text{-}4}$)

(1) 点苍山岩群($Pt_1Dc.$)

该岩群源于布朗(J C Brown，1916)的“点苍山变质岩系”，1∶5万大理、下关凤仪等幅区调将该变质岩系解体为“沟头箐(岩)群”和“苍山(岩)群”，1∶50 万数字地质图编图组(1998)按命名优先原则将“沟头箐(岩)群”改称“点苍山(岩)群”，又称“苍山群”。

点苍山岩群出露于大理市点苍山，总体沿北北西-南南东向延伸。岩性主要为各类片麻岩、片岩、变粒岩及大理岩、角闪岩等。《云南省区域地质志》(1990)将其划分为下部河底(岩)组、上部双鸯峰(岩)组。

河底(岩)组($Pt_1hd.$)：由黑云(角闪)斜长变粒岩与眼球状二长混合岩、花岗质片麻岩等夹大理岩、石墨片岩、角闪片岩、斜长角闪岩组成。

双鸯峰(岩)组($Pt_1sy.$)：以各类变粒岩为主，夹较多的大理岩、阳起片岩、绿泥绢云石英片岩等。

该岩群变质程度达高角闪岩相，原岩为一套碎屑岩-碳酸盐岩-基性火山岩组合。不同岩性组合常呈断块出露，顶部与大理岩群呈韧性断层接触。

点苍山岩群的时代归属历来众说纷纭。点苍山岩群斜长角闪岩 Rb-Sr 等时线年龄为 876.96±11Ma(翟明国等，1993)。漾濞县城北点苍山岩群斜长角闪岩 Sm-Nd 等时线年龄为 2408±67.8Ma(沙绍礼等，1999)。点苍山岩群混合岩锆石^{206}Pb-^{238}U 年龄为 1754Ma、^{207}Pb-^{235}U 年龄为 1866Ma、^{207}Pb-^{206}Pb 年龄为 1992Ma(陈福坤等，1991)。云南省地质局区调队先后将其归于前奥陶纪、古生代及元古宙；《云南省区域地质志》则划归古元古代；翟明国等(1993)认为属中元古代。

本项研究暂将其置于古元古代。

(2) 哀牢山岩群($Pt_1Al.$)

该群由云南省地质局区测队(1965)命名，程裕淇等(1990)将其改称为“哀牢山岩群”，仅分布于云南省哀牢山一带，自下而上分为小羊街(岩)组、阿龙(岩)组、凤港(岩)组和乌都坑(岩)组。

乌都坑(岩)组：为奥长白云片岩、石墨片岩与石英片岩、黑云质眼球状混合岩夹石榴黑云斜长变粒岩、角闪斜长片麻岩。

凤港(岩)组：为大理岩夹斜长角闪岩、矽线黑云二长片麻岩、黑云斜长片麻岩、变粒岩。

阿龙(岩)组：上亚组为大理岩夹薄层斜长角闪岩、透辉角闪斜长变粒岩，下亚组为石榴角闪斜长片麻岩、斜长角闪岩、矽线黑云(或二云)二长片麻岩、黑云斜长片麻岩夹黑云钾长透辉岩、钾长方柱透辉岩等。

小羊街(岩)组：为红柱中长二云片岩、石榴红柱二云片岩、黑云变粒岩、黑云斜长片麻岩、二云石英片岩夹薄层斜长角闪岩，下部为均质混合岩、黑云斜长片麻岩夹角闪(透辉)变粒岩、黑云片岩。

该岩群变质程度为高绿片岩相-低角闪岩相。原岩为夹中基性—基性火山岩的类复理石型火山沉积岩建造。与相邻的下古生界及中生界均呈断层接触关系。

该群斜长角闪岩 Sm-Nd 等时线年龄为 1367.1±46.1Ma，全岩 Rb-Sr 等时线年龄为 1070±13.6Ma(翟明国，1990)。变钠质火山岩 Pb-Pb 等时线年龄为 1596±85Ma，变钠质火山岩 Sm-Nd 等时线年龄为 1330±80Ma(常向阳，1998)。哀牢山岩群小羊街组斜长角闪岩 Sm-Nd 等时线年龄为 814±20Ma(朱炳泉等，2001)。混合岩锆石 U-Pb 年龄为 1736.9Ma 和 1018±12.7Ma(熊家镛)。点苍山岩群 Sm-Nd 等时线年龄为 2408±67.8Ma(沙绍礼等，1999)。

综上所述，暂将其置于古元古代。

(3) 大理岩群($Pt_2D.$)

1:20 万大理幅区调提出“点苍山岩群”(苍山群)共分 6 段，它们在变质程度上存在差异，一般上部 3 段变质程度较深，下部 3 段变质较浅。成都地质矿产研究所在编制“1:150 万青藏高原及邻区地质图”过程中(2008)将点苍山岩群下 3 段称为“大理岩群”。本项目通过对 1:20 万大理幅、兰平幅、巍山幅区调中变质岩部分的对比研究，认为成都地质矿产研究所划分出的“大理岩群”，实际上是从点苍山岩群(苍山群)和哀牢山岩群(哀牢山岩群)中解体出来的部分变质程度较浅地层(片岩类)，即点苍山岩群(苍山群)的下部层位(一、二、三岩性段)和哀牢山岩群中的第三岩性段(片岩类)。本项研究认为它们应同为“大理岩群”。

该岩群仅分布于云南省点苍山及哀牢山一带。岩性主要为大理岩、绿泥片岩、绿帘黝帘阳起石片岩。呈构造岩片产出。其与点苍山岩群和哀牢山岩群均为断层接触。

依据区域对比，将该岩群的时代暂置于中元古代。

(4) 灯影组(Z_2d)

区域上广泛分布于扬子西缘，在丽江地块仅出露于丽江东北。该组特征详见龙门地块灯影组(Z_2d)的相关叙述。

五、羌塘-三江地块群(Ⅰ$_5$)

羌塘-三江地块群包括喀喇昆仑地块、他念他翁地块、玉树-昌都地块、中甸地块和保山地块 5 个三级构造-地层单位，前寒武纪地层系统划分和对比见表 3-5。

表 3-5　羌塘-三江地块群和古大洋区前寒武纪地层系统

地质年代			亲欧亚古大陆(Ⅰ)										原特提斯洋残迹区(Ⅱ)
			羌塘-三江地块群($Ⅰ_5$)										
			喀喇昆仑地块($Ⅰ_{5-1}$)			他念他翁地块($Ⅰ_{5-2}$)		玉树-昌都地块($Ⅰ_{5-3}$)	中甸地块($Ⅰ_{5-4}$)		保山地块($Ⅰ_{5-5}$)		荣玛地块($Ⅱ_{1-1}$)
Pt_3	Z	Z_2			中新元古界(Pt_{2-3})			德钦岩群($Pt_3D.$)	巨甸岩群($Pt_3J.$)	水晶组(Z_2sh)	习谦岩群($Pt_3X.$)	勐统群(Pt_3M)	
		Z_1								蜈蚣口组(Z_1w)			
	Nh	Nh_2								木座组(Nhm)			
		Nh_1				吉塘岩群($Pt_{2-3}Jt.$)	酉西岩组($Pt_3y.$)						
	Qb		肖尔克谷地岩组(Qbx.)					宁多岩群($Pt_{2-3}Nd.$)	石鼓岩群($Pt_{2-3}S.$)	下喀莎组(Qbxk)			戈木日岩群($Pt_{2-3}G.$)
Pt_2	Jx				中元古界(Pt_2)		恩达岩组($Pt_2e.$)				崇山岩群($Pt_{1-2}C.$)		
	Ch		甜水海群(ChT)	浅粒岩组(Ch^{q})									
Pt_1			布伦阔勒岩群($Pt_1Bl.$)		古元古界(Pt_1)			雪龙山岩群($Pt_1Xl.$)					
Ar	Ar_3												
	Ar_2												

注：图例同表3-1。

1. 喀喇昆仑地块($Ⅰ_{5-1}$)

(1) *布伦阔勒岩群*($Pt_1Bl.$)

该岩群是由新疆区调队(1976)命名的“布伦阔勒群”演化而来。本项目通过野外调研和同位素测年(Yang et al,2010),将苏巴措—塔合曼—麻扎一线以西原定“布伦阔勒岩群”的浅变质岩系解体划归显生宙,并将达布达尔一带原划志留系温泉沟组的部分火山-沉积岩系划归布伦阔勒岩群(图 3-9)。

重新厘定的布伦阔勒岩群沿布伦口—苏巴措—塔合曼—塔什库尔干县城—麻扎以西分布。为一套富含石榴子石、矽线石等特征变质矿物的变质岩系,主要岩石类型有角闪斜长片麻岩、石榴斜长角闪片麻岩、黑云斜长片麻岩、石榴黑云斜长片麻岩、矽线石榴黑云斜长片麻岩、大理岩,夹黑云石英片岩、变酸性火山岩和少量变杏仁状安山玄武岩。有较多的花岗伟晶岩脉、花岗闪长岩脉、石英岩脉呈顺层或斜切贯入其中。发育含铁建造,岩性有层状-条带状磁铁矿、磁铁石英岩、黑云斜长片麻岩等,为区内重要的含铁层位。按照该岩群岩性组合可分为含铁岩段、(含石榴子石)斜长角闪片麻岩段、矽线石榴片麻岩-石英岩段、大理岩段 4 套变质建造组合。变质程度达高绿片岩低-低角闪岩相。原岩主体为含泥质碎屑岩、杂砂岩夹碳酸盐岩、酸性火山岩及中基性火山岩。以脆-韧性断层与志留系温泉沟组接触。

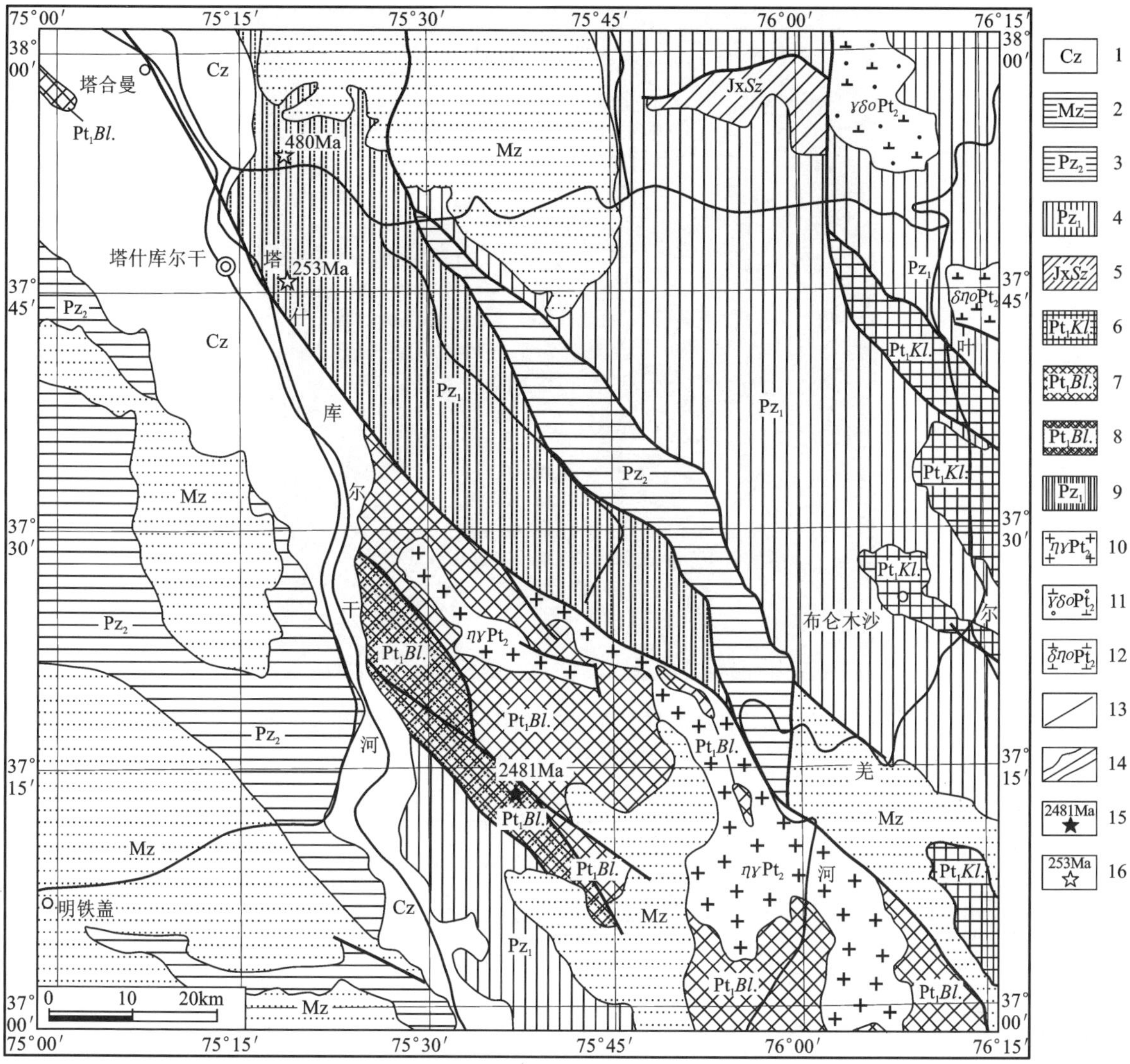

图 3-9　新疆塔什库尔干县一带重新厘定的布伦阔勒岩群分布图

1. 新生界；2. 中生界；3. 上古生界；4. 下古生界；5. 蓟县系桑珠塔格群；6. 古元古界库郎拉古岩群；7. 古元古界布伦阔勒岩群；
8. 本项研究将原划归志留纪温泉沟组划归至古元古界布伦阔勒岩群的部分；
9. 本项研究从原划归古元古界布伦阔勒岩群解体出划归下古生界的部分；10. 中元古界二长花岗岩；11. 中元古界英云闪长岩；
12. 中元古界石英二长闪长岩；13. 断层；14. 公路/河流；15. 岩浆锆石 LA-ICP-MS U-Pb 成岩年龄及采样点；
16. 碎屑锆石 LA-ICP-MS U-Pb 最新蚀源区年龄及采样点

前苏联在西南帕米尔与本群相当的变质岩中采用 U-Pb 和 Rb-Sr 等时线法测得年龄为 2700～2130Ma。侵入本岩群片麻状英云闪长岩和花岗闪长岩的 LA-ICP-MS 锆石 U-Pb 年龄分别为 855±14Ma、836±12Ma(边小卫，2013)。

本项目(Ji et al，2011)在新疆塔什库尔干县达布达尔东南(附表，附图)获得布伦阔勒岩群中片理化变流纹岩 LA-ICP-MS 法锆石 U-Pb 年龄为 2481±14Ma(图 3-10、图 3-11)。故将其划为古元古代。

(2) 古元古界(Pt_1)

古元古界仅分布于吉尔吉斯斯坦境内阿克拜塔尔山口南部。由于资料缺乏，其特征不明，可能相当于布伦阔勒岩群($Pt_1Bl.$)。

(3) 甜水海群(Ch*T*)

该群由新疆地质矿产局第一区调大队四分队张志德等(1984)命名，出露于甜水海、阿克赛钦湖及其喀拉喀什河上游，在红其拉甫北有零星分布。上部主要为中层变钙质砂岩和含碳千枚岩夹硅质灰岩；中部为变长石砂岩，局部夹钙质粉砂岩或不均匀互层；下部为薄—中层状砂岩、粉砂岩及凝灰砂岩夹少量

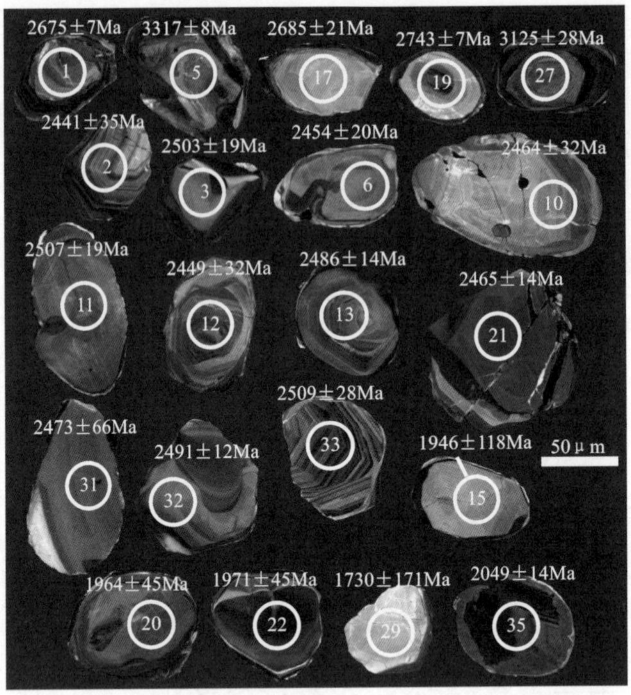

图 3-10 布伦阔勒岩群变流纹岩(THD/01-1)锆石阴极发光图

(圆圈数字为测点位置)

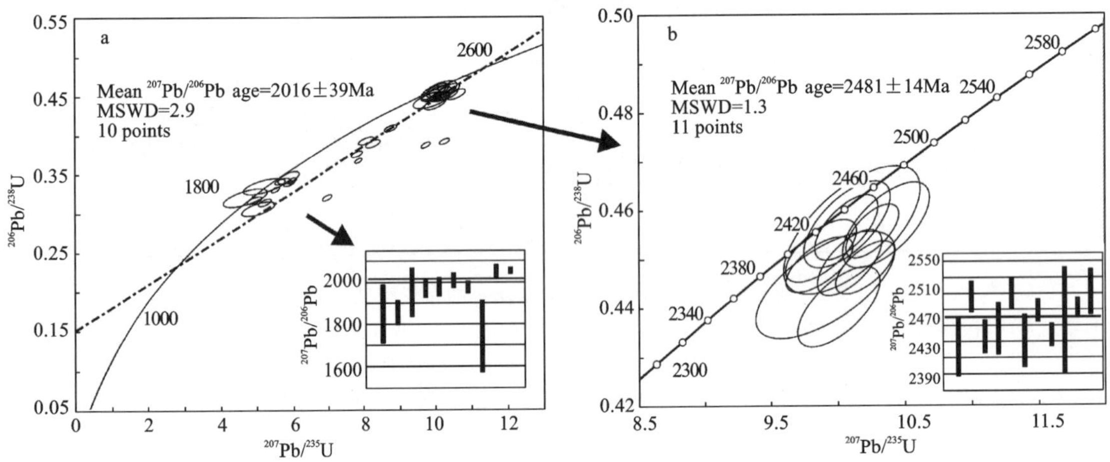

图 3-11 布伦阔勒岩群变流纹岩(THD/01-1)锆石 U-Pb 谐和图

石英岩。该群上部产叠层石 *Litia* cf.,*Stratifera* cf.,*Xiajingella* cf. 等;在甜水海采石场,本层上部还见 *Baicalia* cf. 等。变质程度达低绿片岩相。原岩主要为一套细碎屑岩夹含碳泥质岩,夹少量碳酸盐岩、火山碎屑岩。与肖尔克谷地岩组(Qb*x*.)断裂之间,与布伦阔勒岩群(Pt_1*Bl*.)未见直接接触;与三叠系巴颜喀拉山群呈断层接触;与奥陶系冬瓜山群或志留系温泉沟群呈断层接触。

碳酸盐岩中采到 *Xiayingella*,*Stratifera*,*Litia* 叠层石(新疆地质矿产局第一区调大队李长河等,1982,1983),可与蓟县地区的长城系、小秦岭地区的高山河群以及阿尔金地区的巴什考贡群中所含叠层石对比。本项目沿用李长河等和 1∶25 万麻扎、神仙湾幅等区调的划分方案,将该群时代划归长城纪。

(4) 中元古界(Pt_2)

中元古界分布于吉尔吉斯斯坦境内亚兹古列姆山和阿克拜塔尔山口西北。由于资料缺乏,其特征不明。

（5）中新元古界（Pt_{2-3}）

中新元古界分布于吉尔吉斯斯坦境内，我国新疆塔什库尔干县塔合曼的西北。由于资料缺乏，其特征不明。

（6）肖尔克谷地岩组（Qb*x*.）

该岩组由陕西省地质调查院1∶25万岔路口幅区调命名，是从原划甜水海群中解体出的含大量叠层石的碳酸盐岩地层。

该岩组主要分布于肖尔克谷地及南屏雪山北一带，呈近东西向岩片展布。下部主要为石英泥质白云岩夹泥质石英粉砂岩、含藻纹层细晶砂质灰岩等，以大量白云岩为主要特征；上部主要为含藻纹层砂泥质灰岩夹砂质灰岩、硅质板岩等，以大量含藻纹层砂泥质灰岩为主要特征。变质程度达低绿片岩相。主要为一套碳酸盐岩夹少量细碎屑岩沉积岩石。与下伏甜水海群（Ch*T*）呈韧性断层接触，与上覆奥陶系冬瓜群呈断层接触。

该岩组白云岩中采集到了大量的叠层石化石 *Tekesia* sp. 特克斯叠层石（未定种），*Tungussia* sp. 通达斯叠层石（未定种），时代为青白口纪。综合分析，将肖尔克谷地岩组形成时代划为青白口纪。

（7）浅粒岩组（Ch^{lti}）

该岩组是陕西省地质调查院1∶25万伯力克幅区调新发现建立的非正式岩石地层单位，其含义是指苏巴什南一带呈断块出露于二叠系火山碎屑建造背斜核部的以浅粒岩为主，夹堇青石二云石英片岩和石榴子石角闪斜长变粒岩等岩石组合。该套地层与甜水海群岩石组合相似。

浅粒岩组仅分布于苏巴什以南阿克苏河，出露范围极为局限。主要为一套浅粒岩，夹石榴子石角闪斜长变粒岩、堇青石二云石英片岩、石英岩。变质程度达高绿片岩相，内部变质变形较强。呈断块状出露，夹于二叠系黄羊岭岩群火山碎屑复理石建造之间，二者呈断裂接触。

1∶25万伯力克幅认为其岩石组合及变质程度相当于区域上甜水海群（Ch*T*），故将其时代暂置于长城纪。

2. 他念他翁地块（I_{5-2}）

吉塘岩群（Pt_{2-3}*Jt*.）

曾被命名为“吉塘变质岩”（李璞，1959）、“北澜沧江变质岩”（周云生等，1981；雍永源等，1989），1∶100万怒江、澜沧江、金沙江地质图及说明书按地层规范称为“吉塘群”；杨暹和等（1986）、艾长兴等（1986）仍称吉塘群，前者将下部称为恩达组，上部称为酉西组。与“类乌齐群”为同物异名。

该岩群断续出露于依布茶卡东、当木江—仓来拉以及他念他翁山一带。自下而上可划分为恩达岩组（Pt_2*e*.）、酉西岩组（Pt_3*y*.）。

恩达岩组（Pt_2*e*.）：主要由黑云（角闪）斜长片麻岩、黑云变粒岩夹黑云石英片岩、斜长角闪岩组成，局部夹大理岩，后期普遍受混合岩化。

酉西岩组（Pt_3*y*.）：岩性主要为白云石英片岩、钠长片岩、二云石英片岩，局部夹大理岩透镜体及绿片岩。

吉塘岩群酉西岩组变质程度为高绿片岩相，原岩为一套砂岩夹中基性火山岩；恩达岩组变质程度达高角闪岩相，原岩以石英含量高和大理岩夹层的沉积岩为主。该岩群与周边地层多呈断层接触，或被中生界、上古生界不整合覆盖。

恩达岩组片麻岩Rb-Sr同位素年龄为757.1±268.4Ma（雍永源，1987），在1∶25万杂多县幅区调中侵入于吉塘岩群酉西岩组中的变质侵入体中获得1245±24Ma的锆石U-Pb上交点年龄。

本项目（何世平等，2012b）于西藏八宿县浪拉山（附表，附图）获得吉塘岩群酉西岩组石英绿泥片岩（原岩为中性火山岩）原岩形成年龄为965±55Ma（图3-12），西藏察雅县酉西村吉塘岩群酉西岩组绿片岩（原岩为中基性火山岩）的原岩形成年龄为1048.2±3.3Ma（图3-13）。此外，本项目（时超，2011）于西藏丁青县干岩乡(附表,附图)获得吉塘岩群酉西岩组变玄武岩原岩形成年龄为 1046±10Ma (图 3-14)。

据此将该岩群的时代划归中—新元古代。

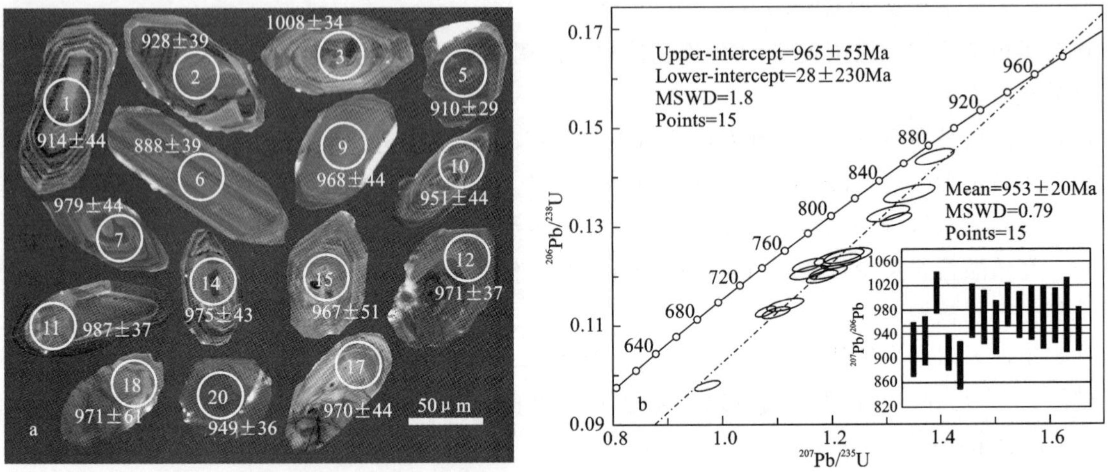

图 3-12　吉塘岩群酉西岩组石英绿片岩(07JT-1)锆石 CL 图像(a)和锆石 U-Pb 谐和图(b)

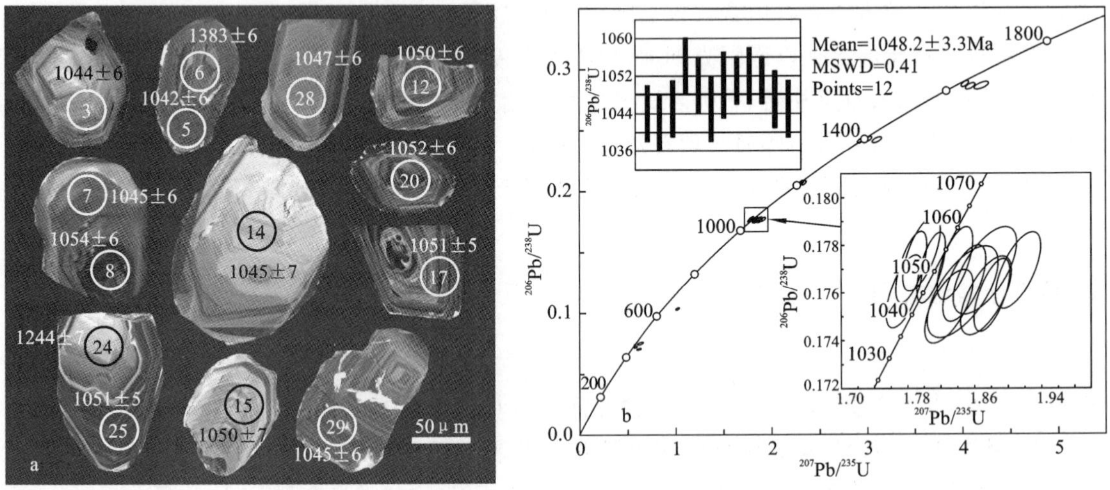

图 3-13　吉塘岩群酉西岩组绿片岩(07JT-2)锆石 CL 图像(a)和锆石 U-Pb 谐和图(b)

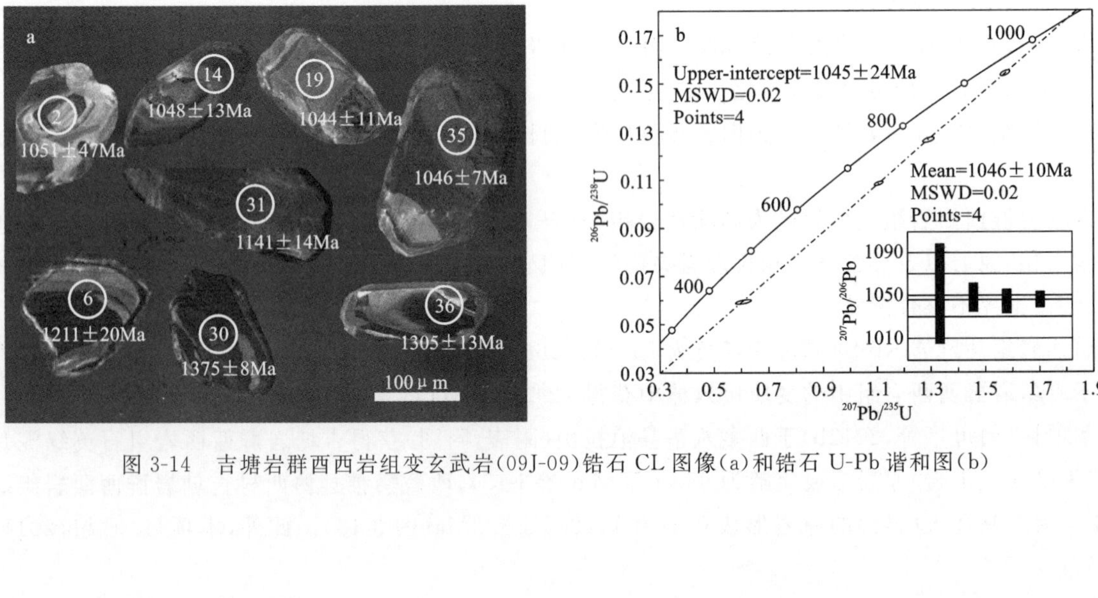

图 3-14　吉塘岩群酉西岩组变玄武岩(09J-09)锆石 CL 图像(a)和锆石 U-Pb 谐和图(b)

3. 玉树-昌都地块($Ⅰ_{5-3}$)

(1) 雪龙山岩群($Pt_1Xl.$)

该岩群由云南省地质勘查开发局第三地质大队(1996)创名,仅分布于云南省维西县一带。自下而上可划分为工江岩组($Pt_1gj.$)、中梁子岩组($Pt_1z.$)和阿普马岩组($Pt_1a.$)。该岩群以黑云斜长变粒岩、黑云斜长片麻岩、石英片岩为主,含少量角闪质岩、大理岩。

工江岩组($Pt_1gj.$):以(角闪)黑云斜长变粒岩、(含十字蓝晶)二云石英片岩为主,少量石英岩、角闪透辉大理岩、斜长角闪片岩。岩石具混合岩化现象。

中梁子岩组($Pt_1z.$):以石榴二云石英片岩、(石榴)黑云斜长变粒岩、含榴黑云斜长片麻岩为主,少量黑云石英片岩、斜长角闪片岩。岩石明显具混合岩化现象。

阿普马岩组($Pt_1a.$):为黑云斜长变粒岩、(黑云)斜长角闪岩、二云(石英)片岩及少量(含角闪)黑云斜长片麻岩、大理岩,岩石普遍混合岩化。

该岩群未与相当时代的地层接触,各岩组相互间为断层接触。

该岩群在南部获 Rb-Sr 等时年龄为 604.4Ma,1∶5万河西幅区调中与该岩群相伴产出的大宝山片麻岩的角闪片岩捕虏体中获 738.8Ma 的 Sm-Nd 等时年龄。考虑到雪龙山岩群的原岩建造及变形变质特征与滇东的中元古界昆阳群差异较大,而与古元古界苍山岩群、哀牢山岩群较为接近,故将前述新元古代年龄视为该岩群的变形变质年龄,原岩的形成年龄推断为古元古代。

(2) 宁多岩群($Pt_{2-3}Nd.$)

该岩群由姚忠富(1990)命名。《西南区区域地层》(1999)认为"雄松群"与"宁多岩群"属同物异名。本项目沿用上述认识,将西藏芒康县—四川巴塘县原定的"雄松群"归为宁多岩群。

该岩群断续分布于拜惹布错西、明镜湖北、阿尕日旧南、查九涌、玉树多彩乡、洼陇达—帮洞尕卡、小苏莽及芒康县罗麦—戈波。以黑云斜长片麻岩、(二云)石英片岩、石英岩、浅粒岩为主,夹斜长角闪片岩、角闪石片岩、大理岩及透辉石岩。变质程度为低角闪岩相。原岩为一套成熟度较高的沉积碎屑岩-中基性火山岩-碳酸盐岩建造。该岩群被侏罗纪花岗岩吞噬,与周缘地层为断层接触,未与相当时代地层直接接触。

1∶25 万治多县幅区调中该岩群黑云斜长片麻岩中获得单颗粒锆石 U-Pb 年龄为 709±66Ma。西藏区调队在 1∶20 万邓柯幅区调中获得了 U-Pb 法年龄为 1680±390Ma、1870±280Ma、1780±150Ma。

本项目(何世平等,2011b)于青海省玉树县西北约 45km 的隆宝镇一带(附表,附图)宁多岩群石榴子石二云石英片岩(原岩为碎屑沉积岩)中获得$^{207}Pb/^{206}Pb$ 年龄为 3981±9Ma 的古老碎屑锆石(图 3-15),这是迄今在羌塘地区获得的最古老年龄记录,也是我国境内发现的年龄大于 3.9 Ga 的第三颗锆石,为寻找冥古宙地壳物质提供了新的线索。此外,还包含 4 颗$^{207}Pb/^{206}Pb$ 年龄为 3505±18~3127±10Ma 的古老碎屑锆石,3505~2854Ma 的锆石具有负的 Hf(t)值和 4316~3784Ma 的两阶段 Hf 模式年龄(图 3-16),表明宁多岩群物源区残留有少量古老(冥古代)的地壳物质。于玉树县小苏莽一带(何世平等,2013a)获得宁多岩群黑云斜长片麻岩(副变质岩)的锆石 LA-ICP-MS 最新蚀源区年龄为 1044±30Ma(图 3-17、图 3-18),侵入该群片麻状黑云花岗岩锆石 LA-ICP-MS 年龄为 990.5±3.7Ma(图 3-19)。综上所述,将宁多岩群的形成时代暂归为中—新元古代。

(3) 德钦岩群($Pt_3D.$)

该岩群为 1∶25 万中甸县幅、贡山县幅区调命名,仅分布于云南省德钦,向北北西沿入西藏芒康县境内。岩石组合以二云石英片岩、变砂砾岩为主,夹绿片岩及大理岩化灰岩。该地层向北延至具明显的三分性,下部为绿片岩、硅泥质岩,中部为粉砂质泥岩、砂砾岩,上部为泥质粉砂岩夹灰岩。该岩群与相邻地层均呈断层接触。

该岩群未获充分的时代依据,其时代存在明显分歧。1∶20 万中甸幅区调在梓里、康普获䗴 *Yabeina* sp. 及菊石 *Pleuronodoceras* ? sp.,将其划属上二叠统。1∶20 万贡山幅区调在该地层与花开左组(J_2h)呈断层接触的构造带中获晚石炭世的䗴 *Pseudoschwagerina* sp.,将其划为时代不明的变质岩系。1∶20

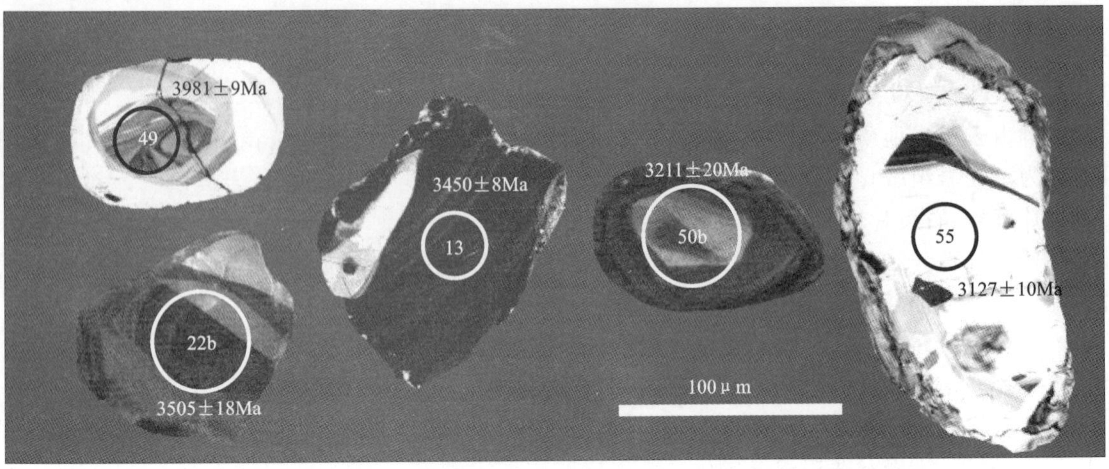

图 3-15　玉树县隆宝镇一带宁多岩群石榴子石二云石英片岩(07ND-1)中古老碎屑锆石 CL 图像

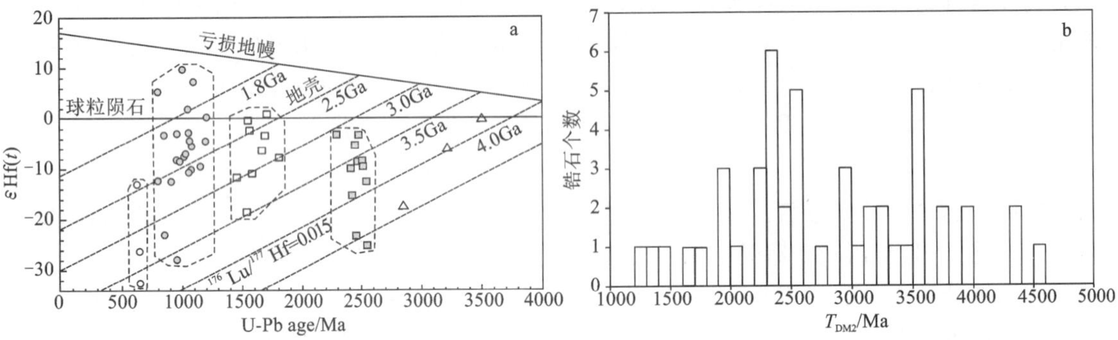

图 3-16　玉树县隆宝镇一带宁多岩群石榴二云石英片岩(07ND-1)碎屑锆石 Hf 同位素特征(a)
和 Hf 两阶段模式年龄频率分布直方图(b)

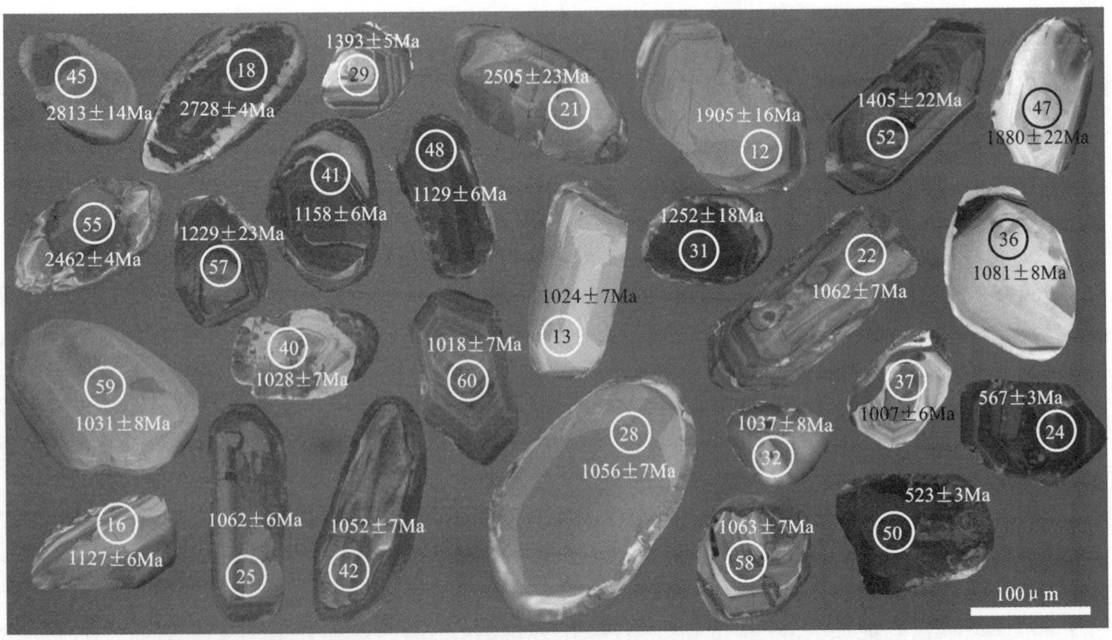

图 3-17　玉树县小苏莽一带宁多岩群黑云斜长片麻岩(09N-3)中碎屑锆石 CL 图像

万德钦幅区调在德钦具腊果西路线剖面第 9 层(相当于 AnD_3)中获植物碎片 *Ligum* sp. 及孢粉 *Pseudozonsphaera asperella* Sin et Liu，将其划为前泥盆系(AnD)。1∶20 万古学幅区调获早二叠世—三叠纪

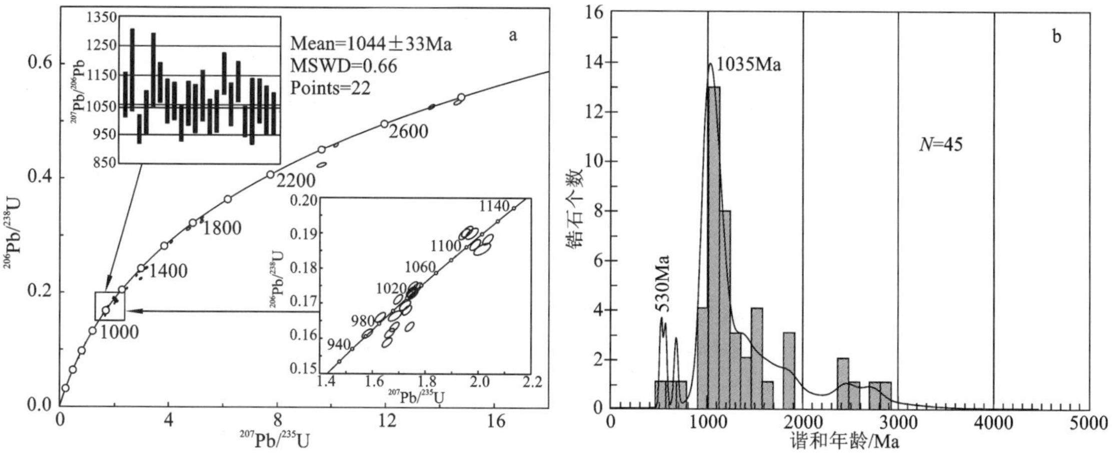

图 3-18　玉树县小苏莽一带宁多岩群黑云斜长片麻岩(09N-3)碎屑锆石 U-Pb 谐和图(a)和锆石年龄频率分布图(b)

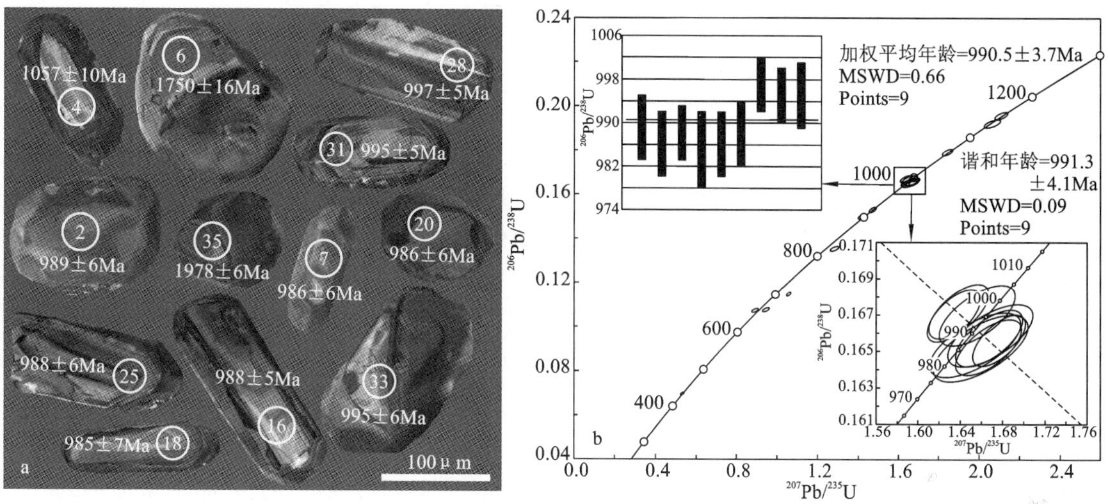

图 3-19　玉树县小苏莽侵入宁多岩群片麻状黑云母花岗岩(09N-1)锆石 CL 图像(a)和锆石 U-Pb 谐和图(b)

的牙形刺 *Neogondolella* sp. 及早二叠世的䗴 *Pseudofusulina* sp.，将其划分为上二叠统。

本项目沿用成都地质矿产研究所 1∶100 万编图的意见，暂将其时代置于新元古代($Pt_3D.$)。

4. 中甸地块(Ⅰ$_{5-4}$)

(1) *石鼓岩群*($Pt_{2-3}S.$)

该岩群曾被米士(Misch，1947)命名为“石鼓片岩”，云南区测队(1965)改称“石鼓群”，1∶25 万中甸县幅、贡山县幅区调称为“石鼓岩群”。

石鼓岩群仅分布于云南省丽江市塔城—石鼓一带。自下而上可分为羊坡岩组和露西岩组。

羊坡岩组：为黑云斜长片麻岩、斜长二云石英片岩、斜长黑云石英片岩及少量黑云(斜长)变粒岩、角闪质岩石。

露西岩组：为二云石英片岩、二云长石石英岩及少量黑云变粒岩、绿片岩。

石鼓岩群中至今未发现大理岩，与崇山岩群、雪龙山岩群构成明显差别。与高黎贡山岩群相比，石鼓岩群中的石英质岩石较多。与巨甸岩群呈断层接触。

在黎明乡羊坡岩组的斜长角闪岩中获 Sm-Nd 模式年龄 1369.8～1343.8Ma(翟明国，1990)。石鼓岩群变质岩 Rb-Sr 等时线 996.1 ±33.2Ma(翟明国等，1993)。

该岩群尚无精准的高质量同位素年代数据，本项研究暂将其划为中—新元古代。

(2) 巨甸岩群($Pt_3J.$)

该岩群由云南区调队1:50万数字地质图编图组(1998)命名。巨甸岩群仅分布于云南省丽江市拖顶—巨甸一带,空间上与石鼓岩群相伴产出。在1:25万中甸县幅、贡山县幅区调中自下而上可划分为陇巴岩组($Pt_3l.$)和塔城岩组($Pt_3t.$)2个岩组、4个岩段。

陇巴岩组($Pt_3l.$):一岩段为(含钠长)二云千枚岩、含黑云绢云千枚岩及少量钠长阳起片岩、钠长透闪片岩、含榴钠长二云石英千枚岩。二岩段为绢云(石英)千枚岩、变石英粉砂岩及少量含硅泥质板岩,岩石普遍含炭质。

塔城岩组($Pt_3t.$):一岩段为(含绿泥)绢云石英千枚岩、钠长(绿泥)绢云千枚岩及少量变绢云长石石英砂岩、绢云千枚岩。二岩段为绢云(石英)千枚岩及少量变基性熔岩,底部出现较多的长石二云石英千枚岩。

该岩群与石鼓岩群呈断层接触;其内部除塔城岩组内的2个岩段呈整合接触外,其余地层单位间均为断层接触。

巨甸岩群未获确切的时代依据。《云南省岩石地层》(1996)在综合前人意见的基础上,将其时代暂定为震旦纪。考虑到巨甸岩群的岩性组合、变质变形特征与云南的震旦系(云南省地质矿产勘查开发局,1996)难以对比,故暂将其时代推断为新元古代。

(3) 下喀莎组($Qbxk$)

该组曾在1:20万贡岭幅区调中被划归"陡山沱组"、在1:5万白燕牛场幅区调中被划归"木座组";胡金城等(1994)在木里水洛下喀莎一带发现原定"木座组"实际上包括岩性、岩石组合、岩相等截然不同两套地层,上部的变质砾岩及含砾粗碎屑岩才是真正的木座组,将下部的变质火山岩、火山碎屑-陆源碎屑岩系建名为"下喀莎组"。

该组仅分布于四川木里县水洛下喀莎一带。下部为千枚岩夹炭质板岩、变长英粉砂岩、凝灰岩、钠长石英片岩,中部为钠长(石英)浅粒岩、钠长片岩、钠长石英与石英片岩、云母片岩、千枚岩不等互层,上部为绿帘阳起片岩、绿泥钠长片岩、钠长片岩、钠长次闪片岩偶夹斜长石英浅粒岩透镜体。该组原岩总体为一套变质火山岩、火山碎屑-陆源碎屑岩系地层。整合于木座组变质砾岩之下。

该组绿泥绢云石英片岩获得单颗锆石U-Pb年龄为855±8Ma、1083±2Ma(胡金城等,1994),其时限范围应属青白口纪。

(4) 木座组(Nhm)

在区域上分布于平武县北、丹巴和中甸等地,中甸地块分布于四川木里县水洛下喀莎及云南省吉呻一带。该组特征详见碧口地块(西部)木座组(Nhm)的叙述。

(5) 蜈蚣口组(Z_1w)

在区域上分布于平武县北、丹巴和中甸等地,中甸地块分布于四川木里县水洛下喀莎及云南省吉呻一带。该组特征详见碧口地块(西部)蜈蚣口组(Z_1w)的叙述。

(6) 水晶组(Z_2sh)

在区域上分布于平武县北、丹巴和中甸等地,中甸地块分布于四川木里县水洛下喀莎及云南省吉呻一带。该组特征详见碧口地块(西部)水晶组(Z_2sh)的叙述。

5. 保山地块($\mathrm{I}_{5\text{-}5}$)

(1) 崇山岩群($Pt_{1\text{-}2}C.$)

该岩群是由云南省地质矿产勘查开发局区调队变质岩组(1965)创名的"崇山群"演变而来。沿碧罗雪山—崇山呈狭长带状。下部以石榴矽线黑云斜长片麻岩、含榴矽线黑云片岩、石英岩为主,夹黑云二长变粒岩、黑云斜长变粒岩及少量斜长角闪岩、大理岩;上部主要由具一定混合岩化的黑云石英片岩、斜长变粒岩及角闪变粒岩、大理岩、角闪片岩组成,夹黑云角闪片岩、黑云磁铁矽线片岩、磁铁石英岩。该岩群以含大理岩而区别于高黎贡山岩群。变质程度一般达高绿片岩相。原岩为碎屑岩-中基性火山岩-

碳酸盐岩建造,其中下部基性火山岩较多,向上减少。其与古生界为断层接触,与习谦岩群也为断裂接触。

1∶25 万贡山县幅、中甸县幅中该岩群仅在南邻碧江县子椤甲的黑云斜长变粒岩中获锆石 U-Pb 谐和年龄 922Ma。考虑到该岩群与高黎贡山岩群的原岩建造、变形变质特征基本一致,将岩群内所获年龄(922Ma)视为变质变形年龄,原岩形成时代暂置于古—中元古代。

(2) 习谦岩群($Pt_3X.$)

该岩群仅分布于云南省昌宁县东,主要为一套微晶片岩、变砂岩及板岩,含较为丰富孢粉。其周边与古生界和崇山岩群均呈断层接触。

该岩群孢粉比较丰富,组合面貌与滇东晋宁王家湾地区震旦系—寒武系大致可以对比,时代暂置于新元古代,不排除上延至早古生代的可能性。

(3) 勐统群(Pt_3M)

该群由云南区测队变质岩组(1965)命名,仅分布于云南省昌宁县及其西侧。主要为长英质变粒岩,夹二云片岩或黑云绢云微晶片岩、硅质岩,局部夹砂质板岩,产疑源类;上部为泥质条带灰岩,夹绢云微晶片岩。该群被上古生界以来的地层覆盖,与上古生界呈断层接触。

鉴于该群所获疑源类显示较公养河群更为原始的特点,暂将其时代置于新元古代。

第二节 原特提斯洋残迹区(Ⅱ)

该区前寒武纪仅有荣玛地块 1 个次级构造-地层单位,只有戈木日岩群($Pt_{2-3}G.$),见表 2-6。

戈木日岩群($Pt_{2-3}G.$)

该岩群是由 1∶100 万改则县幅区调命名的“戈木日群”演变而来,《西藏自治区区域地质志》(1993)将其划为“阿木岗群”,《西藏自治区岩石地层》(1997)认为“戈木日群”“阿木岗群”主体可与吉塘群对比,采用“吉塘群”名称。本项目认为这套变质岩系距离典型“吉塘岩群”分布区遥远,且产于特殊构造部位,时代争议较大,仍沿用“戈木日岩群”。

戈木日岩群仅分布于西藏改则县荣玛乡一带。该群为一套深变质岩,有石英岩、片岩、片麻岩、变粒岩等。与周缘古生代地层呈断层接触。

该套地层,前人根据不同证据将其置于不同时代,有前寒武纪、前奥陶纪、古生代、晚古生代、泥盆纪。获 Rb-Sr 年龄 757.1±268.4Ma,Sm-Nd 年龄 2802±45Ma,《西藏自治区岩石地层》综合前人资料认为主体年龄值应为元古宙,暂归于前震旦纪。戈木日岩群绢云石英糜棱片岩(原岩为沉积岩)获得 1016～929Ma 和 548～509Ma 的锆石 U-Pb 热事件年龄(王国芝等,2001)。

该岩群尚无确切的时代依据,本项研究将其暂划归中—新元古代。

第三节 亲冈瓦纳古大陆区

一、冈底斯地块群(Ⅲ₁)

冈底斯地块群包括申扎-察隅地块、聂荣地块、嘉玉桥地块、拉萨地块、林芝地块和腾冲地块 6 个三级构造-地层单位,前寒武纪地层系统划分和对比见表 3-6。

表 3-6 冈底斯地块群前寒武纪地层系统

<table>
<tr><th colspan="3">地质年代</th><th colspan="2">申扎-察隅地块(Ⅲ$_{1-1}$)</th><th>聂荣地块(Ⅲ$_{1-2}$)</th><th>嘉玉桥地块(Ⅲ$_{1-3}$)</th><th colspan="2">拉萨地块(Ⅲ$_{1-4}$)</th><th colspan="2">林芝地块(Ⅲ$_{1-5}$)</th><th>腾冲地块(Ⅲ$_{1-6}$)</th></tr>
<tr><td>Pz_1</td><td colspan="2">∈</td><td rowspan="3">新元古界—寒武系(Pt_3∈)</td><td></td><td rowspan="2">嘉玉桥岩群(AnCJ.)</td><td rowspan="2">嘉玉桥岩群(AnCJ.)</td><td rowspan="2">松多岩群(AnOSd.)</td><td>雷龙库岩组(AnOl.)</td><td colspan="2"></td><td></td></tr>
<tr><td rowspan="5">Pt_3</td><td rowspan="2">Z</td><td>Z_2</td><td rowspan="4">新元古界(Pt_3)</td><td>马布库岩组(AnOm.)</td><td rowspan="7">林芝岩群($Pt_{2-3}Lz.$)</td><td rowspan="2">真巴岩组(Zz.)</td><td rowspan="5">梅家山岩群($Pt_3Mj.$)</td></tr>
<tr><td>Z_1</td><td></td><td></td><td rowspan="6" colspan="2"></td></tr>
<tr><td rowspan="2">Nh</td><td>Nh_2</td><td rowspan="5">念青唐古拉岩群($Pt_{2-3}Nq.$)</td><td rowspan="5">聂荣岩群($Pt_{2-3}Nr.$)</td><td rowspan="5">卡穷岩群($Pt_{2-3}K.$)</td><td rowspan="2"></td></tr>
<tr><td>Nh_1</td></tr>
<tr><td colspan="2">Qb</td><td rowspan="3">中—新元古界(Pt_{2-3})</td><td>贡嘎岩组(QbNhg.)</td></tr>
<tr><td rowspan="2">Pt_2</td><td colspan="2">Jx</td><td></td><td rowspan="2"></td></tr>
<tr><td colspan="2">Ch</td><td>八拉岩组(ChJxb.)</td></tr>
<tr><td colspan="3">Pt_1</td><td colspan="2" rowspan="2"></td><td rowspan="2"></td><td rowspan="2"></td><td colspan="2">岔萨岗岩群($Pt_1C.$)</td><td colspan="2" rowspan="2"></td><td>高黎贡山岩群($Pt_1G.$)</td></tr>
<tr><td>Ar</td><td colspan="2">Ar_3</td><td colspan="2"></td><td></td></tr>
</table>

注：图例同表3-1。

1. 申扎-察隅地块(Ⅲ$_{1-1}$)

(1) 念青唐古拉岩群($Pt_{2-3}Nq.$)

该岩群由李璞等(1955)所称“念青唐古拉片麻岩系”演变而来，1∶100 万拉萨幅区调改称“念青唐古拉群”，《西藏自治区区域地质志》(1993)仍沿用“念青唐古拉群”；依据 1∶25 万区调资料和近期科研成果，本项目剔除了大量变质侵入体和显生宙地层，将剩余的变质表壳岩称为“念青唐古拉岩群”。

该岩群出露于西藏自治区那曲县纳木错西、嘉黎县、波密县、墨脱县和察隅县，以及云南省贡山县、盈江县西部。该岩群下段：岩性以含长石英片岩、斜长角闪岩、条带状角闪斜长变粒岩、石榴子石白云母片岩、石榴子石角闪斜长片麻岩等为主。上段：以阳起石绿帘绿泥片岩、大理岩、结晶灰岩、变长石石英砂岩、石榴子石石英片岩、岩屑长石石英砂岩、绿泥绢云母千枚岩、千枚状粉砂质泥岩为主，局部夹长石石英岩、变石英砂岩和变含砾石英砂岩。该岩群变质程度总体为高绿片岩相，局部达角闪岩相。与周边地层呈断层接触，被后期岩体侵入，上、下岩段为整合接触。

羊八井冷青拉附近念青唐古拉岩群片麻岩残余锆石 U-Pb 年龄为 1250Ma(许荣华，1981)；仁错约玛南东念青唐古拉群下段斜长角闪岩获得角闪石 Ar-Ar 年龄为 845±1Ma，1∶25 万申扎县幅区调中侵入该套地层的变质深成侵入体中测获锆石 U-Pb 上交点年龄为 1283±206Ma；侵入念青唐古拉岩群的斜长角闪岩锆石 SHRIMP U-Pb 年龄为 781Ma，1∶25 万当雄幅区调中花岗质糜棱岩锆石 SHRIMP U-Pb 年龄为 748Ma；念青唐古拉岩群斜长角闪岩(拉斑玄武岩)锆石 SHRIMP U-Pb 年龄为 782±11Ma，奥长花岗岩锆石 SHRIMP U-Pb 年龄为 787±9Ma，侵入到表壳岩和辉长岩中的花岗岩锆石 SHRIMP

U-Pb 年龄为 748±8Ma(胡道功,2005)。

综上所述,该岩群的时代暂置于中—新元古代。

(2) 中—新元古界($Pt_{2\text{-}3}$)

中—新元古界分布于缅甸境内的掸高山、枯门岭,沿枯门岭向北西延伸进入印度的东北角。该套变质地层在缅甸称为德姆拉岩群($Pt_{2\text{-}3}D.$)。由于资料缺乏,其特征不明,可能相当于我国境内的念青唐古拉岩群($Pt_{2\text{-}3}Nq.$)。

(3) 新元古界(Pt_3)

新元古界零星分布于缅甸境内的萨万北部、莫冈西部,以及宁格劳嘎东北。由于资料缺乏,其特征不明。

(4) 新元古界—寒武系($Pt_3\in$)

新元古界—寒武系分布于缅甸境内的崩多崩山、枯门岭—千巴、密支那西南以及帕特凯山,沿帕特凯山向西南延入印度境内。由于资料缺乏,其特征不明,可能相当于我国境内喜马拉雅地区的肉切村群(Pt_3R)。

2. 聂荣地块($Ⅲ_{1\text{-}2}$)

(1) 聂荣岩群($Pt_{2\text{-}3}Nr.$)

该岩群曾被称为"阿木岗群"(《西藏自治区区域地质志》,1993)、"吉塘群"(《石油地层清理》,1997)及"嘉玉桥群"等。1∶25 万安多县幅区调经系统调查研究,认为该套变质岩系有别于"阿木岗群""吉塘群"和"嘉玉桥群",将其命名为"聂荣岩群"。

聂荣岩群主要分布于西藏安多县—聂荣县的错那错、拉赛、拉陇多、扎仁、扎玛区一带。下部主要由黑云斜长角闪岩、辉石斜长角闪岩、黑云斜长片麻岩和含石榴黑云二长变粒岩组成,上部主要由(含)矽线二云斜长片麻岩、长石透辉石英岩、石榴黑云二长浅粒岩、黑云斜长变粒岩和大理岩组成。该岩群被片麻状二长花岗岩和英云闪长质片麻岩侵入。变质程度达高角闪岩相。与嘉玉桥岩群呈断层接触,被上古生界以来的地层覆盖,并被花岗岩体侵入。

1∶25 万安多县幅区调中该岩群斜长角闪岩 Sm-Nd 等时线年龄为 601Ma(线性较差,可参考);聂荣岩群英云闪长质片麻岩两个锆石 SHRIMP U-Pb 年龄分别为 491±1.15Ma、492±111Ma,片麻状二长花岗岩两组锆石 SHRIMP U-Pb 年龄分别为 814±18Ma、515±14Ma。安多县附近片麻岩的锆石 U-Pb 年龄值为 519±12Ma(许荣华,1983),530Ma、2000Ma(常承法,1986—1988)。辜平阳等(2012)于西藏那曲县北扎仁镇北西(附表,附图)获得该群片麻状斜长角闪岩(原岩为辉绿岩或粗玄岩)LA-ICP-MS 锆石 U-Pb 年龄为 863±10Ma(图 3-20、图 3-21)。

综上所述,将该岩群时代暂归为中—新元古代。

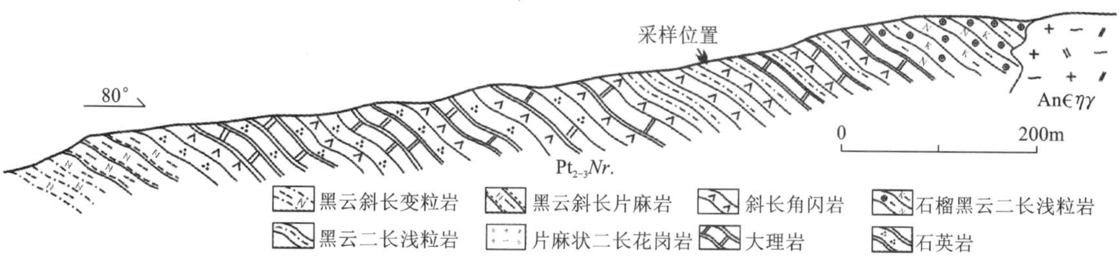

图 3-20 西藏那曲县北扎仁镇一带聂荣岩群实测剖面图

(2) 嘉玉桥岩群(AnC*J.*)

该岩群最早被李璞等(1959)命名为"嘉玉桥系",富公勤等(1982)改称为"嘉玉桥群"。

在区域上该岩群断续出露于安多县尼玛区、聂荣县,以及丁青—八宿一带。在聂荣地块分布于安多县尼玛区、聂荣县一带。下部为绿帘阳起长石石英岩、白云石英片岩、石英岩、二云片岩及变粒岩,上部

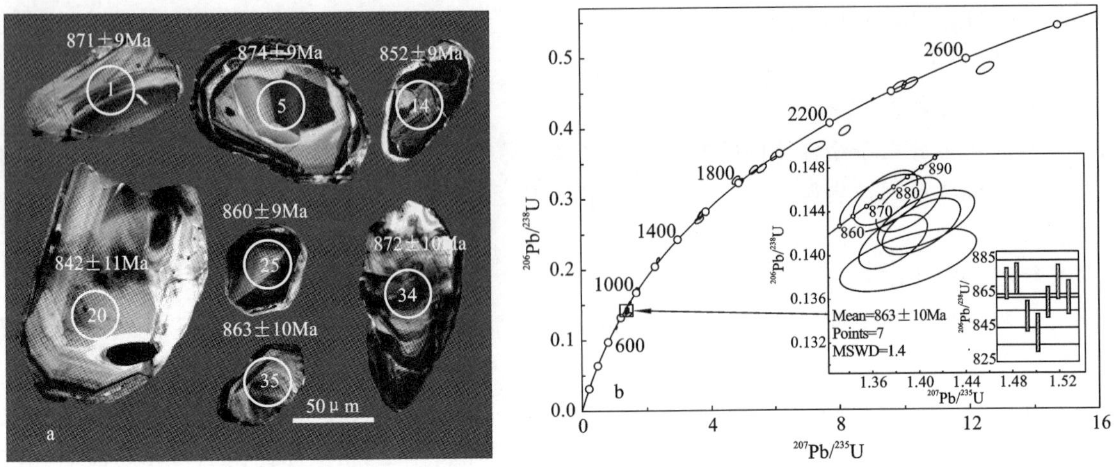

图 3-21　聂荣岩群片麻状斜长角闪岩(07NR-2)锆石 CL 图像(a)和锆石 U-Pb 谐和图(b)

为白云石英片岩、变粒岩夹微晶大理岩和细粒斜长角闪岩。经历了较强的褶皱和变形，变质程度为绿片岩相。下部原岩为石英砂岩、杂砂岩、泥质岩石、灰岩及少量中酸性火山岩，上部原岩为石英砂岩、杂砂岩、泥质岩石、中酸性火山岩夹基性火山岩等。该岩群之上被晚侏罗世—早白垩世的郭曲群不整合超覆，与聂荣岩群呈断层接触。

据 1∶20 万丁青幅、洛隆幅区调资料：苏如卡岩组(CP*s*.)含砾板岩中发现有细晶灰岩、片岩等嘉玉桥岩群的砾石，嘉玉桥岩群获全岩 Rb-Sr 等时线年龄 248±8Ma、317±41Ma。本项目(何世平等，2012a)于西藏八宿县巴兼村南(附表，附图)获得该群大理岩中所夹变玄武岩 LA-ICP-MS 锆石 U-Pb 不一致线上交点年龄为 566±27Ma(图 3-22)，相当于晚震旦世。

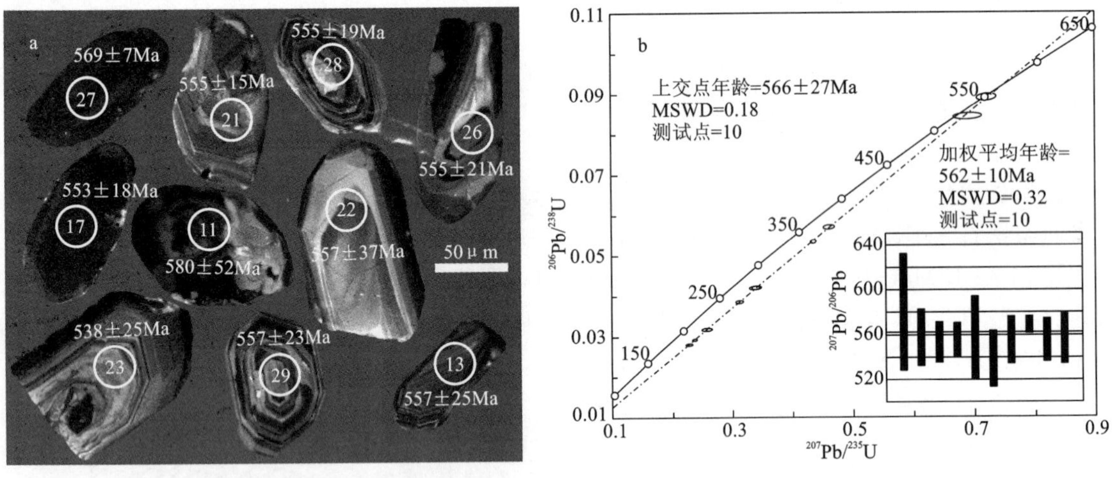

图 3-22　嘉玉桥岩群含石榴子石绿片岩(09JY-6)锆石 CL 图像(a)和锆石 U-Pb 谐和图(b)

此外，本项目在西藏自治区尼玛县控错南帮勒村从“念青唐古拉岩群”中解体出一套浅变质双峰式火山岩夹碎屑岩，其中流纹岩 LA-ICP-MS 锆石 U-Pb 年龄为 536.4±3.6Ma(详见第四章)。该套火山-碎屑岩系可能相当于“嘉玉桥岩群”，为泛非运动期间冈底斯地块群北缘局部发育的裂谷火山沉积作用记录。

综上所述，本项研究暂把嘉玉桥岩群的时代置于前石炭纪，可能属于晚震旦世—寒武纪。

3. 嘉玉桥地块(Ⅲ$_{1\text{-}3}$)

(1) 卡穷岩群($Pt_{2\text{-}3}$*K*.)

该岩群为四川省地质矿产勘查开发局区调队(1994)新建创名于西藏八宿县同卡镇卡穷，仅分布于西藏八宿县才麻玛果牛场—目特、曲扎湖西巴子柯—孟格等地。主要为一套黑云斜长片麻岩、斜长角闪岩、变粒岩，含矽线石石榴子石蓝晶石黑云片岩，含蓝晶石石榴子石矽线石黑云二长片麻岩、斜长角闪岩、榴辉岩及大理岩、麻粒岩等。该岩群被片麻状二长花岗岩和英云闪长质片麻岩侵入。变质程度总体为低角闪岩相，局部达高角岩相。与嘉玉桥岩群呈断层接触，被上中生界以来的地层覆盖，并被花岗岩体侵入。

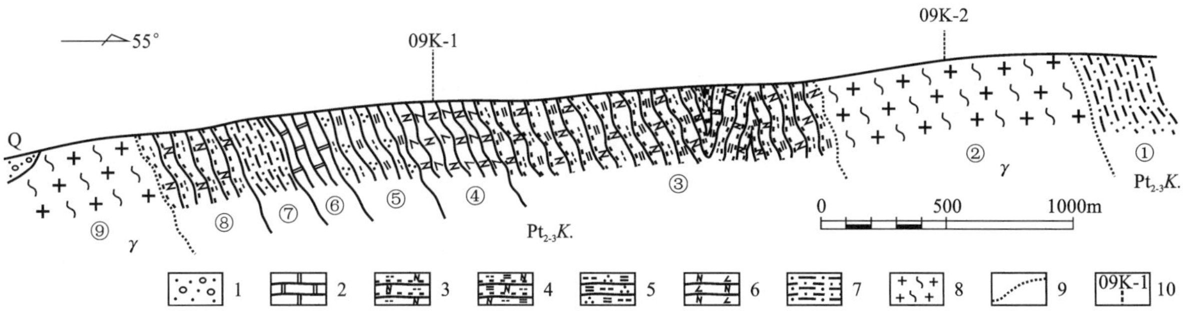

图 3-23　西藏八宿县同卡乡北卡穷岩群路线剖面图

1.第四系；2.大理岩；3.黑云斜长片麻岩；4.二云斜长片麻岩；5.二云石英片岩；6.斜长角闪岩；7.变粒岩；8.片麻状二长花岗岩；9.渐变过渡接触界线；10.采样位置及编号

1∶20 万八宿县幅区调中卡穷混合岩化黑云斜长片麻岩及混合岩化黑云斜长变粒岩获锆石 U-Pb 同位素上交点年龄为 1334Ma；1∶25 万八宿县幅区调中卡穷花岗片麻岩获锆石 SHRIMP U-Pb 年龄为 507±10Ma。本项目(何世平等，2012c)于八宿县同卡乡北(附表，附图)获得该群条带状斜长角闪岩(正变质岩)(图 3-23)LA-ICP-MS 锆石 U-Pb 不一致线上交点年龄为 1082±18Ma(图 3-24)，侵入其中的条带状花岗岩不一致线上交点年龄为 549±18Ma(详见第四章)。故暂将其时代置于中—新元古代。

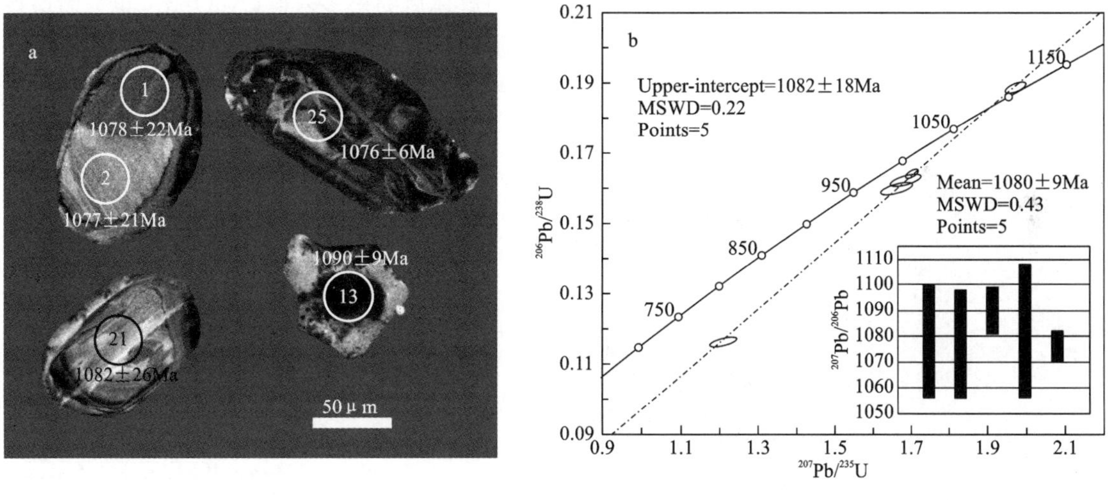

图 3-24　卡穷岩群条带状斜长角闪岩(09K-1)锆石 CL 图像(a)和锆石 U-Pb 年龄谐和图(b)

(2) 嘉玉桥岩群(AnC*J*.)

在区域上断续出露于安多县尼玛区、聂荣县，以及丁青—八宿一带。在嘉玉桥地块中分布于丁青—八宿一带。该岩群特征详见聂荣地块嘉玉桥岩群(AnC*J*.)的相关叙述。

4. 拉萨地块(Ⅲ$_{1\text{-}4}$)

(1) 岔萨岗岩群(Pt_1C.)

该岩群为本项目将原松多岩群(AnOS*d*.)岔萨岗岩组(AnO*c*.)升级重新厘定而来。仅出露于门巴区、工布江达县和林芝县西北(图 3-25)。主要岩性以黑云母片岩、二云片岩、绿泥-绿帘云母片岩、绿泥-绿帘角闪片岩为主，夹石英片岩、变酸性火山岩、变中基性火山岩、绢云千枚岩、薄层大理岩及少量浅粒岩和斜长片麻岩。变质程度总体为高绿片岩相，局部达角闪岩相。原岩为碎屑岩、中—基性火山岩、酸

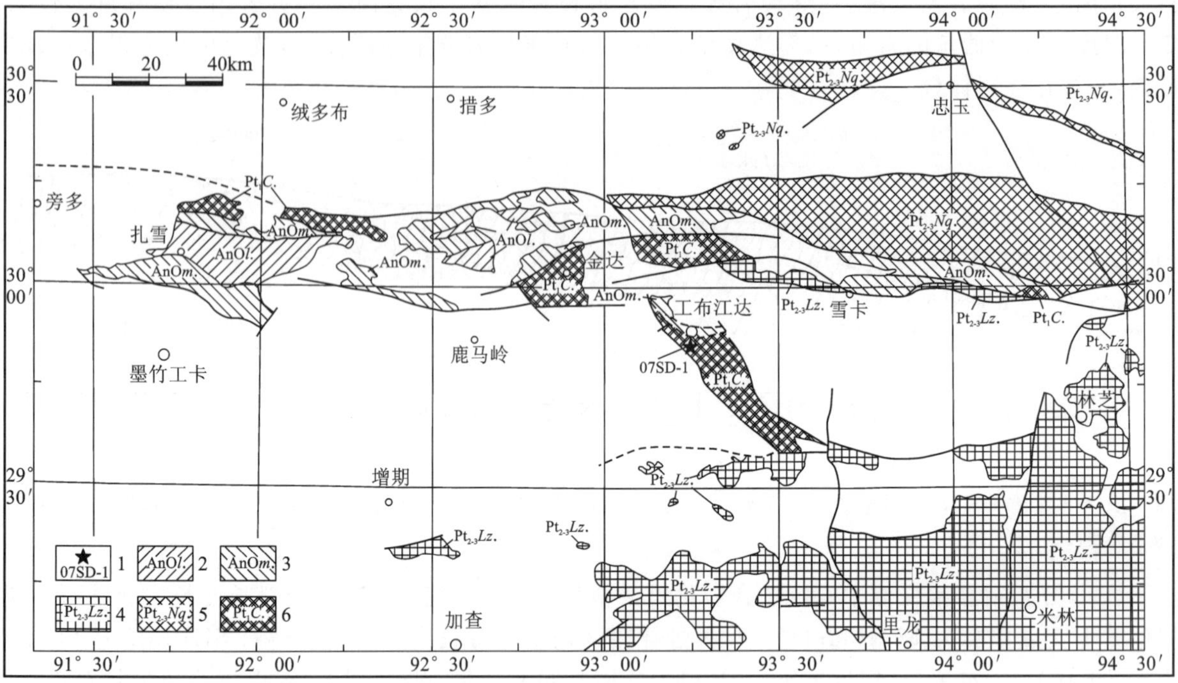

图 3-25　西藏工布江达县一带岔萨岗岩群分布略图

1.采样位置及编号；2.前奥陶系松多岩群雷龙库岩组；3.前奥陶系松多岩群马布库岩组；
4.中新元古界林芝岩群；5.中新元古界念青唐古拉岩群；6.古元古代岔萨岗岩群

性火山岩建造。周缘均以断层与上覆显生宙地层接触，与解体后的松多岩群（AnO*Sd.*）也为断层接触。

本项目（何世平等，2013b）在西藏工布江达县南（附表，附图）岔萨岗岩群（$Pt_1C.$）变基性火山岩中获得较好的 LA-ICP-MS 锆石 U-Pb 不一致线，上交点年龄为 2450±10Ma（图 3-26）。将岔萨岗岩群时代划归古元古代。

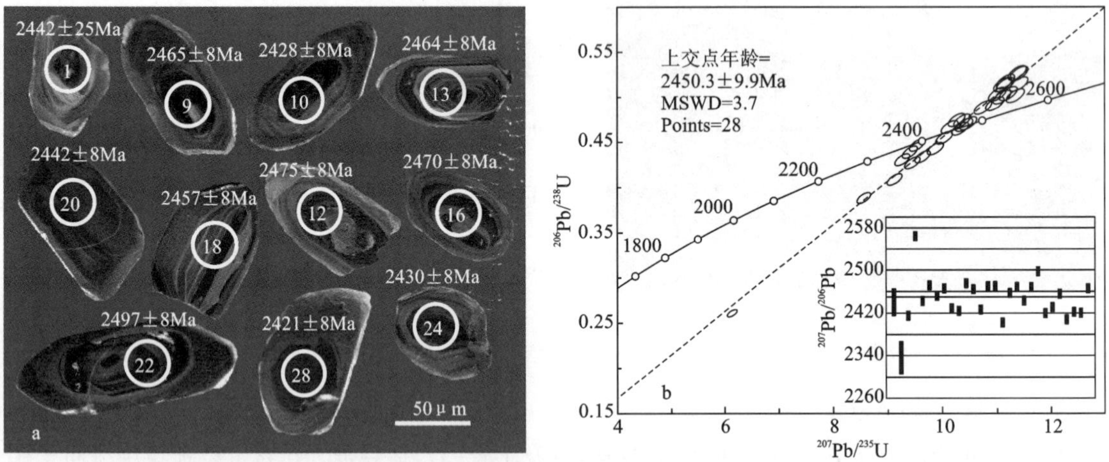

图 3-26　岔萨岗岩群变基性火山岩（07SD-1）锆石 CL 图像（a）和锆石 U-Pb 年龄谐和图（b）

（2）*松多岩群*（AnO*Sd.*）

该岩群曾在 1∶100 万拉萨幅区调中被划归“上二叠统”、“石炭纪旁多群（C*Pn*）”（《西藏自治区区域地质志》，1993）、“诺错组（C_1nc）和来姑组（C_2P_1l）”（《西藏自治区岩石地层》，1997；青藏高原研究中心，2001）。1∶20 万下巴淌幅区调划为“前奥陶纪松多岩群”。1∶25 万门巴区幅区调将“松多岩群”自下而上划为“岔萨岗岩组（AnO*c.*）”“马布库岩组（AnO*m.*）”和“雷龙库岩组（AnO*l.*）”。本项目将岔萨岗岩组解体出来，升级为岔萨岗岩群（$Pt_1C.$）后，现定义的松多岩群自下而上只包括马布库岩组（AnO*m.*）、雷龙库岩组（AnO*l.*）。

松多岩群仅出露于门巴区、工布江达县和林芝县西北。

马布库岩组(AnO*m*.)：岩性以石英岩、石英云母片岩为主，夹有多层斜长片麻岩。

雷龙库岩组(AnO*l*.)：岩性以中厚层状石英岩夹石英片岩、黑云-二云片岩为主。

该岩群变质程度为低绿片岩相—高绿片岩相。原岩为碎屑岩、泥质岩。周缘均以断层与上覆显生宙地层接触，与岔萨岗岩群也为断层接触。马布库岩组和雷龙库岩组也为断层接触。

1∶20 万下巴淌(沃卡)幅区调中该岩群石英片岩中测得 Rb-Sr 同位素年龄为 507.7Ma(变质年龄)，绿色片岩中还测得 Sm-Nd 同位素年龄为 1516Ma。

该岩群缺少确切的同位素年代学数据，在区域上可与喜马拉雅地层区的肉切村组对比，本项研究沿用 1∶25 万门巴区幅区调的划分方案，将时代暂置于前奥陶纪，可能属于前寒武纪。

5. 林芝地块($Ⅲ_{1\text{-}5}$)

林芝岩群($Pt_{2\text{-}3}Lz.$)

该岩群曾被称为“前寒武纪波密片麻岩”(李璞，1953)、1∶100 万拉萨幅区调中的“时代不明的混合岩(H)”、“时代不明的波密-察隅杂岩带”(《西藏自治区区域地质志》，1993)、“波密杂岩”(尹集祥，1984)、“1∶20 万波密幅、通麦幅区调的前震旦系冈底斯岩群”及“念青唐古拉岩群”(《西藏自治区岩石地层》，1997；潘桂棠和罗建宁，青藏高原研究中心，2002)。1∶25 万林芝县幅区调(2003)新建为“林芝岩群”。

林芝岩群仅出露于西藏林芝、米林和朗县一带。自下而上可划分为八拉岩组(ChJx*b*.)、贡嘎岩组(QbNh*g*.)、真巴岩组(Z*z*.)。

八拉岩组(ChJx*b*.)：岩性为变超基性—基性岩岩组。主要岩石有角闪透辉石岩、黑云角闪片岩、斜长角闪片岩、角闪斜长片麻岩、斜长角闪变粒岩、角闪斜长变粒岩和少量黑云变粒岩、石榴绿泥石斜黝帘石斜长片麻岩、大理岩，含榴斜黝帘角闪黑云石英片岩，含磁铁石英岩；超基性麻粒岩有紫苏角闪透辉麻粒岩、紫苏角闪麻粒岩；基性—中基性麻粒岩有紫苏透辉角闪斜长麻粒岩、紫苏角闪斜长麻粒岩，含黑云紫苏角闪斜长麻粒岩。

贡嘎岩组(QbNh*g*.)：主要岩石有黑云角闪斜长片麻岩、黑云斜长角闪片麻岩、黑云斜长片麻岩、花岗质片麻岩、石榴黑云二长片麻岩、石英岩，夹蓝晶矽线黑云石英片岩、透闪透辉大理岩。

真巴岩组(Z*z*.)：主要岩石为含蓝晶矽线石榴二云片岩，含矽线石榴二云石英片岩，含十字矽线石榴二云石英片岩、二云石英片岩、黑云石英片岩，含蓝晶矽线黑云石英片岩，夹黑云斜长片麻岩、角闪黑云片岩、石榴斜长变粒岩、大理岩。

该岩群可划分为低角闪岩、高角闪岩和麻粒岩 3 个变质相。林芝岩群变质相总体以低角闪岩相为主，麻粒岩沿雅鲁藏布江两岸零星分布，少量高角闪岩相分布于林芝以北真巴一带。林芝岩群八拉岩组、贡嘎岩组原岩为一套富钠质基性—中酸性火山岩及少量碎屑岩、碳酸盐岩建造；真巴岩组原岩为一套碎屑岩夹碳酸盐岩建造。贡嘎岩组以韧性断层与八拉岩组接触，真巴岩组以韧性断层与贡嘎岩组接触；与念青唐古拉岩群和岔萨岗岩群以及松多岩群均呈断层接触。

林芝县普拉镇八拉-金星斜长角闪岩获角闪石 ^{40}Ar-^{39}Ar 坪年龄 946.29±0.81Ma(尹光候，2006)。以往 1∶20 万巴淌幅、通麦幅、波密幅、松冷幅、竹瓦根幅区调多采用 Sm-Nd 法及少数 Rb-Sr 法对林芝岩群或波密岩群定年，其年龄范围介于 2296±63～1453±14Ma 之间，年龄值普遍较老，往往将林芝岩群划归古元古代。

总之，林芝岩群缺少可靠的同位素年代学数据，在区域上可与念青唐古拉岩群对比，本项目暂将其时代置于中—新元古代。

6. 腾冲地块($Ⅲ_{1\text{-}6}$)

(1) *高黎贡山岩群*($Pt_1G.$)

该岩群由云南区测队(1965)命名为“高黎贡山变质岩系”，云南省 1∶50 万数字地质图编图组(1998)

改称为“高黎贡山(岩)群”。

该岩群沿高黎贡山呈近南北向分布,向西沿入缅甸(称 Mogok 片麻岩系)。主要由黑云斜长片麻岩、黑云斜长变粒岩、(黑云)角闪斜长变粒岩、(黑云)斜长角闪岩及少量黑云角闪片岩、斜长透辉岩、黑云角闪斜长片麻岩、黑云(石英)片岩组成,岩石普遍具混合岩化。石英质岩石较少,未见碳酸盐岩是该岩群的主要特征。变质程度总体为角闪岩相。原岩为含中基性火山岩的陆缘碎屑岩。与古生代地层为断层接触,与梅家山岩群呈断层接触。

1∶20 万松冷幅区调中该岩群在北部察隅藏色钢桥片麻岩中获 Sm-Nd 模式年龄为 2264.06～2145.96Ma,1∶20 万竹瓦根幅区调中在罗马北东的黑色同牛场斜长角闪岩获 Sm-Nd 模式年龄 2218.3Ma。侵入高黎贡山岩群花岗片麻岩全岩 Rb-Sr 等时线年龄为 806Ma(朱炳泉等,2001)。在区域上,高黎贡山岩群西延入缅甸称 Mogok 片麻岩系,且 Mogok 片麻岩系被 Chaung Magyi 群(新元古代—寒武纪)不整合覆盖。

目前,高黎贡山岩群尚无确切的同位素年代学数据,本项研究沿用 1∶25 万中甸县幅、贡山县幅区调的划分方案,将该岩群时代暂置于古元古代。

(2) 梅家山岩群($Pt_3Mj.$)

该岩群由云南省地质矿产勘查开发局 1∶50 万数字地质图编图组(1998)命名。沿云南境内高黎贡山分布,向西沿入缅甸。该岩群包括二道河岩组、宝华山岩组、九渡河岩组、单龙河岩组 4 个次级地层单位。主要组成岩石为粉砂质绢云板岩、钙质绢云板岩,含砂质钙质板岩、变细粒石英砂岩、变含砾石英杂砂岩、石英砂岩、粉砂质板岩及糜棱岩化流纹岩;砂质钙质板岩中含微古植物化石,砾岩中的砾石特征显示与冰川环境有关的沉积。该岩群与高黎贡山岩群呈断层接触,与上古生界呈断层接触;各岩组间均为断层接触。

该岩群砂质钙质板岩中含微古植物(疑源类),计有 *Satka* sp.,? *Leiosphaeridia asperata*,*Laminarite santiquissimus*,*Retinarites irregularis*,*Prototrachitesporus*,*Lophosphaeridium* sp.,*Leiosphaeridia* sp.,*Filisphaeridium* sp.,?*Baltisphaeridum* sp.,*Teophipolia* sp.等。沿用《川渝滇黔地区基础地质综合研究》(成都地质矿产研究所,2006)的划分方案,该岩群时代暂置于新元古代。

二、喜马拉雅地块群(III_2)

喜马拉雅地块群包括拉达克地块、康马-隆子地块、高喜马拉雅地块和低喜马拉雅地块 4 个三级构造-地层单位,前寒武纪地层系统划分和对比见表 3-7。

1. 拉达克地块($\mathrm{III}_{2\text{-}1}$)

(1) 太古宇—古元古界(ArPt$_1$)

太古宇—古元古界分布于塔吉克斯坦和阿富汗交界的卡尔·马克思峰。由于资料缺乏,其特征不明。

(2) 古元古界(Pt_1)

古元古界分布于塔吉克斯坦的贡特河,以及中—巴交界的乔戈里峰西北;国境内主要出露于塔吐鲁沟南音苏盖提一带,1∶25 万塔吐鲁沟、斯卡杜幅区调将其划为“未分前寒武系”。该套地层境外部分由于资料缺乏,其特征不明。

国内部分冰雪覆盖大,通行困难,资料欠缺。从零星露头观察岩性为灰色块状石榴黑云斜长变粒岩。变质程度为高绿片岩-低角闪岩相。原岩为泥质碎屑岩,与两侧晚古生代地层加温达坂群呈断层接触,沿 NW 向延伸出国界。

(3) 中元古界(Pt_2)

中元古界分布于印度拉达克山西南。由于资料缺乏,其特征不明。

表 3-7　喜马拉雅地块群和印度陆块(北部)(Ⅲ$_3$)前寒武纪地层系统

地质年代			拉达克地块(Ⅲ$_{2-1}$)			康马-隆子地块(Ⅲ$_{2-2}$)	高喜马拉雅地块(Ⅲ$_{2-3}$)					低喜马拉雅地块(Ⅲ$_{2-4}$)	印度陆块(北部)(Ⅲ$_3$)	
Pz	∈													
Pt_3	Z	Z_2	拉轨岗日岩群($Pt_{2-3}L.$)	新元古界—寒武系(Pt_3∈)		拉轨岗日岩群($Pt_{2-3}L.$)	肉切村群(Pt_3∈R)			新元古界—寒武系(Pt_3∈)		肉切村群(Pt_3∈R)		元古宇(Pt)
		Z_1		Baltit群(Pt_3B)	新元古界(Pt_3)						新元古界(Pt_3)			
	Nh	Nh_2					聂拉木岩群($Pt_{2-3}Nl.$)	江东岩组($Nhj.$)	南迦巴瓦岩群($Pt_{2-3}Nj.$)	中—新元古界(Pt_{2-3})				
		Nh_1						曲乡岩组($QbNh_1q.$)						
	Qb													
Pt_2	Jx			中元古界(Pt_2)				友谊桥岩组($Pt_2y.$) / 亚东岩组($Pt_2yd.$)						
	Ch									中元古界(Pt_2)			中元古界(Pt_2)	
Pt_1				古元古界(Pt_1)						中元古界(Pt_1)				
Ar	Ar_3			太古宇—古元古界($ArPt_1$)										
	Ar_2									中太古界(Ar_2)				
	Ar_1													

注：图例同表3-1。

(4) 拉轨岗日岩群($Pt_{2-3}L.$)

区域上断续分布于西藏狮泉河西南的扎西岗—曲松，拉轨岗日—康马-隆子县也拉香波倾日一带。在拉达克地块出露于西藏狮泉河西南的扎西岗—曲松一带，经区域对比将该地区一套被中酸性岩体侵入的变质岩系划为拉轨岗日岩群($Pt_{2-3}L.$)。其特征详见康马-隆子地块(Ⅲ$_{2-2}$)该岩群的叙述。

(5) Baltit 群(Pt_3B)

该岩群分布于巴基斯坦、巴控克什米尔地区的达且特—勒搁博希山一带。由于资料缺乏，其特征不明。

(6) 新元古界(Pt_3)

新元古界仅分布于印度喀喇昆仑山口西南。由于资料缺乏，其特征不明。

(7) 新元古界—寒武系(Pt_3∈)

新元古界—寒武系分布于印度拉达克山西南的莫拉利错一带。由于资料缺乏，其特征不明，可能相当于我国喜马拉雅地区的肉切村群(Pt_3∈R)。

2. 康马-隆子地块（$Ⅲ_{2-2}$）

拉轨岗日岩群（$Pt_{2-3}L.$）

该岩群是由西藏区调队（1994）命名的“拉轨岗日群”演变而来，与“少岗群”“破林浦群”为同物异名。

区域上拉轨岗日岩群断续分布于西藏狮泉河西南的扎西岗—曲松，拉轨岗日－康马-隆子县也拉香波倾日一带。在康马-隆子地块出露于西藏定日县拉轨岗日—康马县-隆子县也拉香波倾日一带。主要岩石类型有十字石蓝晶石云母石英片岩、蓝晶石云母石英片岩、石榴黑云变粒岩、石榴十字云母石英片岩、十字石云母石英片岩、石榴子石英岩、石榴云母片岩、角闪岩、斜长角闪岩、云母大理岩、石榴炭质片岩，以及眼球状和条痕状混合岩、黑云母混合片麻岩。与周边古生界、中生界为断层接触（呈穹隆状构造窗环形断裂），并被后期岩体侵入。

侵入拉轨岗日岩群花岗质片麻岩（古侵入体）SHRIMP 年龄为 1812±7Ma（廖群安等，2007）；1∶25 万斯诺乌山幅、狮泉河幅区调中侵入该套地层的变质深成侵入体锆石 U-Pb 上交点年龄为 1283±206Ma；侵入拉轨岗日岩群的康马花岗质片麻岩锆石 U-Pb 上交点年龄为 562±4Ma（Scharer U et al，1986）；片麻状花岗岩锆石 U-Pb 年龄为 558Ma（许荣华等，1996）；片麻状黑云二长花岗岩锆石 U-Pb 年龄为 461.2±1.6Ma，眼球状片麻状花岗岩锆石 U-Pb 年龄为 478.1±1.6Ma，片麻状二云母二长花岗岩锆石 U-Pb 上交点年龄为 485±59Ma，片麻状细粒黑云二长花岗岩脉锆石 U-Pb 上交点年龄为 486Ma，侵入拉轨岗日岩群的哈金桑惹岩体锆石 U-Pb 年龄为 490Ma，波东拉岩体锆石 U-Pb 年龄为 500Ma 左右（刘文灿等，2004）；康马含褐帘石黑云二长片麻岩 SHRIMP 锆石 U-Pb 年龄为两组：528～504Ma（平均 515.4±9.3Ma）、869～835Ma（平均 849±27Ma）（许志琴等，2005）。本项目获得定日县长所乡侵入拉轨岗日岩群中眼球状黑云母花岗片麻岩锆石 LA-ICP-MS U-Pb 年龄为 515±3Ma（详见第四章）。

根据岩石组合、变质变形特征以及其上覆奥陶系的发现，拉轨岗日岩群可与聂拉木岩群进行对比，总体上相当于聂拉木岩群的中、上部。结合上述同位素年代学资料，将拉轨岗日岩群的时代划为中—新元古代；鉴于拉轨岗日岩群正片麻岩（古侵入体）SHRIMP 年龄为 1812±7Ma，地层年龄应老于此年龄，因而不排除拉轨岗日岩群时代下延至古元古代的可能。

3. 高喜马拉雅地块（$Ⅲ_{2-3}$）

（1）中太古界（Ar_2）

中太古界分布于巴基斯坦、巴控克什米尔地区的南伽峰，格拉姆南、北也有零星分布，该地层组成喜马拉雅西部构造结南伽峰的主体。由于资料缺乏，其特征不明。

（2）古元古界（Pt_1）

古元古界主要分布于印度境内的达沃拉达尔山。由于资料缺乏，其特征不明。

（3）中元古界（Pt_2）

中元古界主要分布于巴基斯坦境内的格拉姆—阿伯塔巴德、加甘—德拉斯，以及印-巴交界的本杰—昌巴—门迪—西拉姆北。由于资料缺乏，其特征不明。

（4）亚东岩组（$Pt_2yd.$）

1∶25 万亚东县幅区调从原“聂拉木群”中分解出的一套中、深变质岩系，在空间位置上处于“聂拉木岩群”之下，组成结晶基底中背形构造的核部，被命名为“亚东岩群”。本项目认为新建立的“亚东岩群”相当于“聂拉木岩群”的“友谊桥岩组（$Pt_2y.$）”，将其更名为“亚东岩组（$Pt_2yd.$）”。

该岩组仅分布于西藏亚东县和札达县西的什布奇，相当于聂拉木岩群的友谊桥岩组（$Pt_2y.$）。该岩组下部主要为条带状角闪黑云斜长片麻岩，含矽线石榴黑云斜长片麻岩，夹细粒石英岩及黑云母片岩；中部为眼球状、条带状含石榴黑云斜长混合岩；上部为黑云斜长片麻岩，含石榴黑云斜长片麻岩、黑云二长片麻岩、黑云斜长变粒岩、长石石英岩，局部夹云母石英片岩、黑云阳起石片岩等。亚东岩组中可见到大小不一的暗色“包体”，岩石类型主要有辉石岩、角闪石岩和高压麻粒岩等，主要分布在亚东岩组的中、下部各类片麻岩、混合岩中。该岩组变质程度总体为高角闪岩相,局部达麻粒岩相。亚东岩组未见与相当时代的地层直接接触,被中酸性岩体侵入。

本项目于亚东县下亚东亚东岩组石榴黑云斜长片麻岩获得3组碎屑锆石LA-ICP-MS U-Pb年龄分别为:1560Ma、720Ma、570Ma,侵入亚东岩组的片麻状含石榴子石黑云花岗岩年龄为499.2±3.9Ma(详见第四章)。

总之,亚东岩组目前还未得到可靠的年龄数据。由于本岩组是从原聂拉木群中解体出来的,相当于聂拉木岩群下部的友谊桥岩组。因此,将其时代暂置于中元古代。

(5) 聂拉木岩群($Pt_{2-3}Nl.$)

西藏区调队(1983)在1:100万日喀则幅和噶大克幅区调中对应将思淮(1974)和张旗(1981)命名的"珠穆朗玛群"改称为"聂拉木群"。该岩群广布于高喜马拉雅地区,在印度称之为歪克瑞塔岩系(Vaikrita Series),尼泊尔称为杜普片麻岩(Dhumpu Gneiss)等,不丹境内称为廷布岩系(Thimpu Series)。在国内文献中同物异名有:赛拉群(Sêrla Gr.)、纳木那尼群(Naimonanyi Gr.)、希夏邦马群(Xixabangma Gr.)。

该岩群广布于高喜马拉雅地区及印度、尼泊尔、不丹等国。在我国境内自下而上分为友谊桥岩组($Pt_2y.$)、曲乡岩组($QbNh_1q.$)、江东岩组($Nhj.$)。

友谊桥岩组($Pt_2y.$):主体为黑云斜长变粒岩和二云片岩、二云石英片岩等片岩类,以多见蓝晶石、十字石等特征变质矿物为特征。

曲乡岩组($QbNh_1q.$):下部主要为石榴子石二云母片岩、(含)石榴子石黑云母片岩、二云母石英片岩、黑云石英片岩、石英片岩、二云母片岩、糜棱岩化含石榴黑云母片岩夹少量中层状石英岩、黑云母斜长片麻岩,局部有少量浅灰色电气石花岗伟晶岩脉侵入;中部为黑云母斜长片麻岩、黑云母斜长变粒岩,含矽线石黑云母斜长片麻岩,含石榴子石黑云母斜长变粒岩夹二云母片岩、黑云母石英片岩、中层状石英岩等;上部为含矽线石黑云母斜长片麻岩夹黑云母斜长变粒岩。

江东岩组($Nhj.$):下部为花岗质糜棱岩、眼球状花岗质糜棱岩、黑云母斜长变粒岩、黑云母斜长片麻岩夹中层状大理岩;中部为黑云母斜长片麻岩、黑云母斜长变粒岩与眼球状花岗质糜棱岩,局部夹少量磁铁矿透镜体和含磁铁矿斜长角闪岩透镜体;上部主要为黑云母斜长变粒岩、花岗质糜棱岩夹大理岩。本岩组部分地段有后期花岗岩体及电气石花岗伟晶岩脉侵入。

该岩群变质程度包括低绿片岩相、高绿片岩相和角闪石相。下部原岩为黏土岩-杂砂岩、粉砂岩-砂质黏土岩的交互沉积;中上部原岩为粉砂-砂质黏土岩、杂砂岩、长石砂岩等交互沉积,上部夹碳酸盐岩。其与肉切村群($Pt_3\in R$)呈韧性断裂,未见底。

聂拉木岩群中黑云斜长片麻岩测得锆石U-Pb等时线年龄值为1250Ma(许荣华等,1986);石英岩锆石U-Pb年龄为1921±212Ma(刘国惠等,1990);混合岩锆石U-Pb年龄为1225Ma(李光岑等,1985);1:25万聂拉木县幅区调中片岩、石英片岩变粒岩Rb-Sr全岩等时线年龄为845±76Ma,片岩、片麻岩Rb-Sr全岩等时线年龄为792±65Ma;混合岩锆石U-Pb年龄为658Ma(卫管一,1989);1:25万日新幅、札达县幅、姜叶马幅区调中黑云斜长变粒岩中获得3组SHRIMP锆石U-Pb年龄分别为:2450Ma、1807Ma,加权平均950Ma。侵入聂拉木岩群中的片麻状黑云母钾长花岗岩SHRIMP锆石U-Pb年龄为502±9Ma,片麻状花岗闪长岩年龄为513±10Ma(刘文灿等,2004);糜棱岩化花岗质片麻岩SHRIMP锆石U-Pb上交点年龄为1863.8±7.5Ma(戚学祥等,2006);花岗质片麻岩体SHRIMP锆石U-Pb年龄为1811.7±2.9Ma(廖群安等,2007);矽线石榴黑云斜长片麻岩SHRIMP锆石U-Pb年龄为512±10Ma,矽线石榴二云二长片麻岩SHRIMP锆石U-Pb年龄为501±12Ma和460±11Ma(许志琴等,2005)。

本项目获得普兰县南侵入聂拉木岩群含石榴子石二云花岗岩LA-ICP-MS锆石U-Pb年龄为537.1±2.7Ma,聂拉木岩群黑云斜长石英片岩碎屑锆石峰期年龄为1050Ma;聂拉木南曲乡侵入聂拉木岩群花岗岩体LA-ICP-MS锆石U-Pb年龄为454.2±5.6Ma(详见第四章),聂拉木岩群含石榴子石二长石英片岩的碎屑锆石峰期年龄是940Ma、720Ma。

综上所述,聂拉木岩群同位素年龄多集中于1921~720Ma之间,并被537~460Ma(泛非期)花岗岩侵入。其形成时代划归中—新元古代。

(6) 南迦巴瓦岩群($Pt_{2-3}Nj.$)

该岩群是由郑锡澜和常承法(1979)建立的“南迦巴瓦群”演变而来,尹集祥等(1984)将其时代划归前震旦纪并改群为岩群,《西藏自治区岩石地层》(1997)将其厘定“前震旦系聂拉木群”。潘桂棠、罗建宁(2001)及“青藏高原研究中心”(2002)将其厘定为“前震旦系南迦巴瓦岩群”。1∶25万墨脱县幅区调将其划分为:直白岩组、多雄拉混合岩和派乡岩组三个非正式的岩性段。

该岩群出露于雅鲁藏布江大拐弯腹地的南迦巴瓦、派乡、多雄拉、直白等地。自下而上划分为直白岩组($Pt_{2-3}z.$)、多雄拉岩组($Pt_{2-3}d.$)和派乡岩组($Pt_{2-3}p.$),三者之间全为构造界面分割。

直白岩组($Pt_{2-3}z.$):主要为一套富铝片麻岩、混合片麻岩、花岗质片麻岩及大理岩,夹石榴单斜辉石岩、石榴角闪岩、蓝晶二长片麻岩等高压麻粒岩夹层或扁豆体,岩石具高温型流变特征。

多雄拉岩组($Pt_{2-3}d.$):由条带状混合片麻岩和眼球状混合岩、肠状混合岩等组成。岩石发育塑性流动褶皱及鞘褶皱。

派乡岩组($Pt_{2-3}p.$):岩性主要由黑云变粒岩、片麻岩及多层大理岩组成,发育一系列尖棱状的相似褶皱,劈理化较普遍。

该岩群外围被带状展布的雅鲁藏布蛇绿混杂岩带紧紧环绕,二者之间为走滑断层和韧性剪切带;与肉切村群($Pt_3\in R$)为断层接触。3个岩组之间均为断层接触。

南迦巴瓦岩群Rb-Sr等时线同位素年龄为749.38±37.22Ma(章振根,1987)。1∶20万波密幅区调中兴拉斜长石角闪岩获得Rb-Sr等时线年龄值1064±82Ma,多雄拉片麻岩获得Rb-Sr等时线年龄值961±139Ma。1∶25万墨脱县幅区调中直白高压麻粒岩片麻岩岩组花岗质片麻岩中获得锆石U-Pb年龄为1312±16Ma,角闪石$^{40}Ar/^{39}Ar$坪年龄为575.20±5.24Ma(孙志明等,2004)。侵入南迦巴瓦岩群片麻状花岗岩体锆石U-Pb年龄为553~522Ma(孙志明等,2004),侵入南迦巴瓦岩群花岗质片麻岩锆石U-Pb年龄为553~525Ma(郑来林等,2004)。南迦巴瓦岩群多雄拉混合岩深色体LA-ICP-MS锆石U-Pb年龄为1759±10Ma,浅色体的形成年龄为1594±13Ma(代表发生混合岩化的年龄),多雄拉花岗片麻岩的形成年龄为1583±6Ma(郭亮等,2008)。

本项目于丹娘乡获得南迦巴瓦岩群黑云斜长片麻岩LA-ICP-MS碎屑锆石U-Pb峰期年龄为970Ma、610Ma,侵入南迦巴瓦岩群的眼球状闪长花岗岩年龄为515.5±2.3Ma(详见第四章)。

综上所述,该岩群的时代暂置于中—新元古代。

(7) 中—新元古界(Pt_{2-3})

中—新元古界广泛分布于印度—尼泊尔—不丹的高喜马拉雅地区,印度称之为歪克瑞塔岩系(Vaikrita Series),尼泊尔称为杜普片麻岩(Dhumpu Gneiss)等,不丹境内称为廷布岩系(Thimpu Series)。由于资料缺乏,其特征不明,可能相当于我国境内的聂拉木岩群($Pt_{2-3}Nl.$)和南迦巴瓦岩群($Pt_{2-3}Nj.$)。

(8) 新元古界(Pt_3)

新元古界分布于印度—尼泊尔的古毛恩西瓦利克山。由于资料缺乏,其特征不明,可能与我国境内的肉切村群($Pt_3\in R$)相当。

(9) 肉切村群($Pt_3\in R$)

该群由穆恩之等(1973)创名,“上岩组”为黄灰色结晶灰岩(黄带层)、“下岩组”为灰黑色条带状透辉石石英片岩夹细粒二云母片岩及大理岩等。西藏区调队(1983)将原“肉切村群”上部结晶灰岩(黄带层)划归奥陶系甲村群底部,将肉切村群限于“下岩组”。1∶25万聂木拉县幅区调重新厘定了该岩群的顶、底界线及其涵义,将该群命名为“肉切村岩群”。

在区域上该群分布于高喜马拉雅、低喜马拉雅,高喜马拉雅地块断续分布于西藏吉隆县南、聂拉木—定结、错那—米林南及察隅等地。该群下部为眼球状花岗质糜棱岩,中上部由黑云母斜长变粒岩、透辉石大理岩、花岗质糜棱岩、黑云斜长变粒岩质糜棱岩等组成。变质程度总体为低绿片岩相,局部达高绿片岩相和角闪石相。原岩为粘泥-砂质黏土岩、杂砂岩、硅质岩与碳酸盐岩的交互沉积。与下伏聂拉木岩群呈断层接触,顶部与上覆奥陶系甲村群多为断层接触,局部为不整合接触。

亚东肉切村群变质岩锆石 U-Pb 同位素年龄为 686Ma(刘国惠,1985);1∶25 万扎日区幅区调中隆子县绕让肉切村岩群角闪片岩^{40}Ar-^{39}Ar 等时线年龄为 921.17±1.3Ma;肉切村岩群黑云母斜长变粒岩全岩 Rb-Sr 等时线年龄为 796±103Ma(邹光富,2006)。在亚东乡"黄带层"中采得早奥陶世的腕足类化石,可能代表了早奥陶世最早沉积,表明其下的肉切村群包含有寒武纪沉积。通过与克什米尔地区和斯匹提地区韦克赖塔群之上的帕拉希岩系亥曼塔亚群的对比认为,帕拉希岩系、亥曼塔亚群及分布于不丹—雅鲁藏布江大拐弯的米里群($Pt_3∈M$)从岩性及空间上大致与肉切村岩群相当。

因而,将肉切村群的时代划归新元古代—寒武纪。

(10) 新元古界—寒武系($Pt_3∈$)

在区域上广泛分布于巴基斯坦、印度、克什米尔地区、尼泊尔、不丹境内的高喜马拉雅地块,以及克什米尔地区的拉达克地块、缅甸境内的申扎-察隅地块。该岩系在克什米尔地区和斯匹提地区称为帕拉希岩系、亥曼塔亚群及不丹—雅鲁藏布江大拐弯一带称为米里群($Pt_3∈M$)。在高喜马拉雅地块该岩系主要与中—新元古界(Pt_{2-3})相伴产出。由于资料缺乏,其特征不明,可能与我国境内的肉切村群($Pt_3∈R$)相当。

(11) 新元古界—下古生界(Pt_3Pz_1)

新元古界—下古生界零星分布于高喜马拉雅。由于资料缺乏,其特征不明,可能与我国境内的肉切村群($Pt_3∈R$)相当。

(12) 时代不明大理岩(mb)

该岩石分布于不丹境内高喜马拉雅地区。呈细条状分布于中新元古界(Pt_{2-3})内部。由于资料缺乏,其特征不明。

4. 低喜马拉雅地块($Ⅲ_{2-4}$)

肉切村群($Pt_3∈R$)

在区域上分布于高喜马拉雅、低喜马拉雅。低喜马拉雅地块断续分布于西藏吉隆县南、聂拉木—定结、错那—米林南及察隅等地,在不丹—雅鲁藏布江大拐弯一带称为米里群($Pt_3∈M$)。该群特征详见高喜马拉雅地块肉切村群($Pt_3∈R$)的叙述。

三、印度陆块(北部)($Ⅲ_3$)

(1) 元古宇(PT)

元古宇分布于印度东北的戈瓦尔巴拉—西隆,以及米吉尔丘陵。由于资料缺乏,其特征不明。

(2)中元古界(Pt_2)

中元古界分布于印度东北的西隆—瑙贡。由于资料缺乏,其特征不明。

第四节 小 结

(1) 在新疆叶城县阿卡孜乡西北获得赫罗斯坦岩群斜长角闪片麻岩的 LA-ICP-MS 锆石成岩年龄为 2257±6Ma,变质年龄为 1832±14Ma,将赫罗斯坦岩群的形成时代划为古元古代。

(2) LA-ICP-MS 锆石微区原位定年显示,新疆和田县—布亚煤矿之间埃连卡特岩群绿泥方解石英片岩中碎屑锆石的$^{206}Pb/^{238}U$ 年龄值主体集中于 810～736Ma,780 Ma 年龄数据构成峰值,可以作为相应地层沉积时代的下限。由于测年数据有限,又无其他间接的时代依据,暂将埃连卡特岩群时代置于古元古代,不排除其形成于蓟县纪—南华纪的可能。

(3) 利用 LA-ICP-MS 分析,新疆和田县—布亚煤矿玉龙喀什河一带塞拉加兹塔格岩群中变凝灰岩岩浆成因锆石的 U-Pb 年龄为 787±1Ma，显示其形成时代应为新元古代早期。由于分析数据有限，暂将塞拉加兹塔格岩群时代置于长城纪，不排除其形成于南华纪的可能。

(4) 于新疆叶城县库地北库浪那古岩群变(枕状)玄武岩中，获得锆石 LA-ICP-MS 年龄为 2025±13Ma，将库浪那古岩群时代暂定为古元古代。

(5) 通过区域对比，将 1∶25 万于田县幅在于田县阿羌—塔木其以南吐木亚、流水等地新建立的卡羌岩群(Ch*K*.)，即青藏高原北部地质图(1∶100 万)所定西昆仑的小庙岩组(Ch*x*.)划归赛图拉岩群(ChS.)。

(6) 根据区域对比，将 1∶25 万恰哈幅区调所定赛图拉岩群上部的蓟县系，1∶25 万于田幅、伯力克幅区调所定阿拉玛斯岩群(Jx*A*.)，以及 1∶25 万于田幅区调所定流水岩组(Jx*l*.)归并为桑株塔格岩群(Jx*Sz*.)。

(7) 将 1∶25 万伯力克幅区调建立的"双雁山片岩"($Pt_1s.$)改称双雁山岩群($Pt_1S.$)。

(8) 于甘肃省肃北县党河一带获得北大河岩群片麻状斜长角闪岩(原岩为辉长岩)LA-ICP-MS 锆石 U-Pb 年龄为 724.4±3.7Ma。将北大河岩群的时代暂置于古元古代，不排除其形成于中元古代晚期至新元古代早期的可能。

(9) 本项目于青海省湟源县南日月乡一带获得化隆岩群条带状二云斜长片麻岩(副变质岩)LA-ICP-MS 锆石 U-Pb 最新的蚀源区年龄为 891±7Ma，条带状黑云斜长角闪岩(原岩为中性火山岩)的形成年龄为 884±9Ma。结合新近大量在该岩群中获得的新元古代锆石同位素年龄，将化隆岩群时代置于青白口纪。

(10) 通过野外调研和同位素测年，将新疆塔什库尔干县苏巴措—塔合曼—麻扎一线以西原定"布伦阔勒岩群"的浅变质岩系解体划归显生宙，并将达布达尔一带原划志留纪温泉沟组的部分火山-沉积岩系划归布伦阔勒岩群。于新疆塔什库尔干县达布达尔东南获得布伦阔勒岩群中片理化变流纹岩 LA-ICP-MS 法锆石 U-Pb 年龄为 2481±14Ma，故将其划为古元古代。

(11) 利用 LA-ICP-MS 锆石微区原位定年，于西藏八宿县浪拉山获得吉塘群酉西组石英绿泥片岩(原岩为中性火山岩)原岩形成年龄为 965±55Ma；同时，于西藏察雅县酉西村获得吉塘岩群酉西岩组绿片岩(原岩为中基性火山岩)的原岩形成年龄为 1048.2±3.3Ma。据此将该岩群的时代划归中—新元古代。

(12) 利用 LA-ICP-MS(激光剥蚀电感耦合等离子质谱)和 MC-ICP-MS(多接收等离子体质谱)锆石微区原位 U-Pb 测年技术，于青海省玉树县西北隆宝镇一带宁多岩群石榴子石二云石英片岩(原岩为碎屑沉积岩)中，获得大量 $^{207}Pb/^{206}Pb$ 年龄大于 3100Ma 的古老碎屑锆石；其中，最古老的碎屑锆石 $^{207}Pb/^{206}Pb$ 年龄为 3981±9Ma，这是迄今在羌塘地区获得的最古老年龄记录，也是我国境内发现的年龄大于 3.9 Ga 的第三颗锆石，为寻找冥古宙地壳物质提供了新的线索；$^{207}Pb/^{206}Pb$ 年龄为 3505～2854Ma 的锆石具有负的 Hf(t)值和 4316～3784 Ma 的两阶段 Hf 模式年龄，表明宁多岩群物源区残留有少量古老(冥古宙)的地壳物质。

于玉树县小苏莽一带获得宁多岩群黑云斜长片麻岩(副变质岩)的锆石 LA-ICP-MS 最新蚀源区年龄为 1044±30Ma，侵入该群片麻状黑云花岗岩锆石 LA-ICP-MS 年龄为 990.5±3.7Ma。将宁多岩群的形成时代暂归为中—新元古代。

(13) 于西藏那曲县北扎仁镇北西获得该群片麻状斜长角闪岩(原岩为辉绿岩或粗玄岩)LA-ICP-MS 锆石 U-Pb 年龄为 863±10Ma。将该岩群时代暂归为中—新元古代。

(14) 于西藏八宿县巴兼村南获得该群大理岩中所夹变玄武岩 LA-ICP-MS 锆石 U-Pb 不一致线上交点年龄为 566±27Ma，相当于晚震旦世。由于测试数据有限，暂把嘉玉桥岩群的时代置于前石炭纪。

(15) 于八宿县同卡乡北获得卡穷群条带状斜长角闪岩 LA-ICP-MS 锆石 U-Pb 不一致线上交点年龄为 1082±18Ma，故暂将其时代置于中—新元古代。

(16) 将原松多岩群岔萨岗岩组升级重新厘定为岔萨岗岩群。在西藏工布江达县南岔萨岗岩群变基性火山岩中获得锆石 LA-ICP-MS 上交点年龄为 2450±10Ma。将岔萨岗岩群时代划归古元古代。

第四章　前寒武纪岩浆岩及岩浆事件

第一节　侵入岩

青藏高原前寒武纪侵入岩主要沿高原周缘零星分布，其中以古元古代和新元古代侵入体为主体（图4-1）。古元古代侵入岩以中酸性混合岩为主，主要分布于青藏高原北部的铁克里克、北阿尔金、东昆仑和青藏高原南缘的高喜马拉雅等地区。新元古代侵入体分布较广，在高原周缘均有分布，其中以扬子陆块西缘最具代表性，且以基性岩脉（墙）和中酸性岩体为主。

一、亲欧亚古大陆区

侵入岩主要在塔里木陆块（南部）、秦-祁-昆地块群和扬子陆块（西部）出露，羌塘-三江地块群出露相对较少。

（一）塔里木陆块（南部）

1. 新太古代侵入体

新太古代侵入体主要分布于阿尔金地块北部，是该区结晶基底的重要组成部分。依据岩石矿物组合、区域分布和接触关系可划分出两个片麻岩单位，即英云闪长质片麻岩和二长花岗质片麻岩。

英云闪长质片麻岩主要由角闪斜长片麻岩、黑云角闪斜长片麻岩、含紫苏角闪斜长片麻岩等组成，具有柱粒状变晶结构、鳞片变晶结构，似片麻状—片麻状构造、块状构造，遭受了多期的叠加变质变形及不同程度的混合岩化作用，局部长英质条带比较发育。在1∶25万石棉矿幅区调中地球化学特点总体属钙碱性岩石系列，A/CNK为0.68～0.98，为次铝钙碱性岩石，稀土元素配分曲线和原始地幔标准化图与太古宙TTG岩系及埃达克岩相似。车自成等（1996）在TTG质片麻岩的基性岩中获得有全岩Sm-Nd等时线年龄为2792±208Ma、2787±151Ma。陆松年等（2003）获得阿克塔什塔格英云闪长质片麻岩锆石TIMS法U-Pb同位素上交点年龄2604±102Ma和下交点年龄1580±35Ma。1∶25万石棉矿幅区调对英云闪长质片麻岩进行了SHRIMP法U-Pb同位素测年，其中处于核部的$^{207}Pb/^{206}Pb$表面年龄加权平均值为2767±49Ma，可能代表了继承锆石的年龄；处于边部或无核锆石的$^{207}Pb/^{206}Pb$表面年龄加权平均值为2567±32Ma，指示了英云闪长质片麻岩的成岩年龄。

二长花岗质片麻岩主要由二长片麻岩、黑云二长片麻岩、含黑云二长片麻岩组成，岩石受到多期次的变质变形改造，普遍发育片麻状构造，混合岩化作用较强，与米兰岩群的原始接触关系已被改造，而使二者接触带片麻理产状相同，在宏观上呈现渐变过渡关系，有时可见眼球状构造。发育均匀的透入性片麻理，可见不同尺度的褶皱及暗色片麻岩、斜长角闪岩透镜体。岩体中发育大量的辉绿岩脉，多以北西向为主，部分呈近东西向。岩石总体属次铝钙碱性岩石。新太古代二长花岗质片麻岩的稀土元素特征与英云闪长质片麻岩基本相似。与原始地幔相比，明显富集大离子亲石元素K、Rb、Ba和放射性元素Th，而放射性元素U及Nb、Ti等高场强元素相对亏损，显示了岛弧花岗岩的地球化学特点，继承了TTG岩石的某些地球化学特征。在1∶25万石棉矿幅区调中其形成可能是在地壳加厚的背景下由深部地壳（TTG质成分）部分熔融形成的，或为早期TTG结晶分异作用的产物。陆松年等（2003）曾在拉配

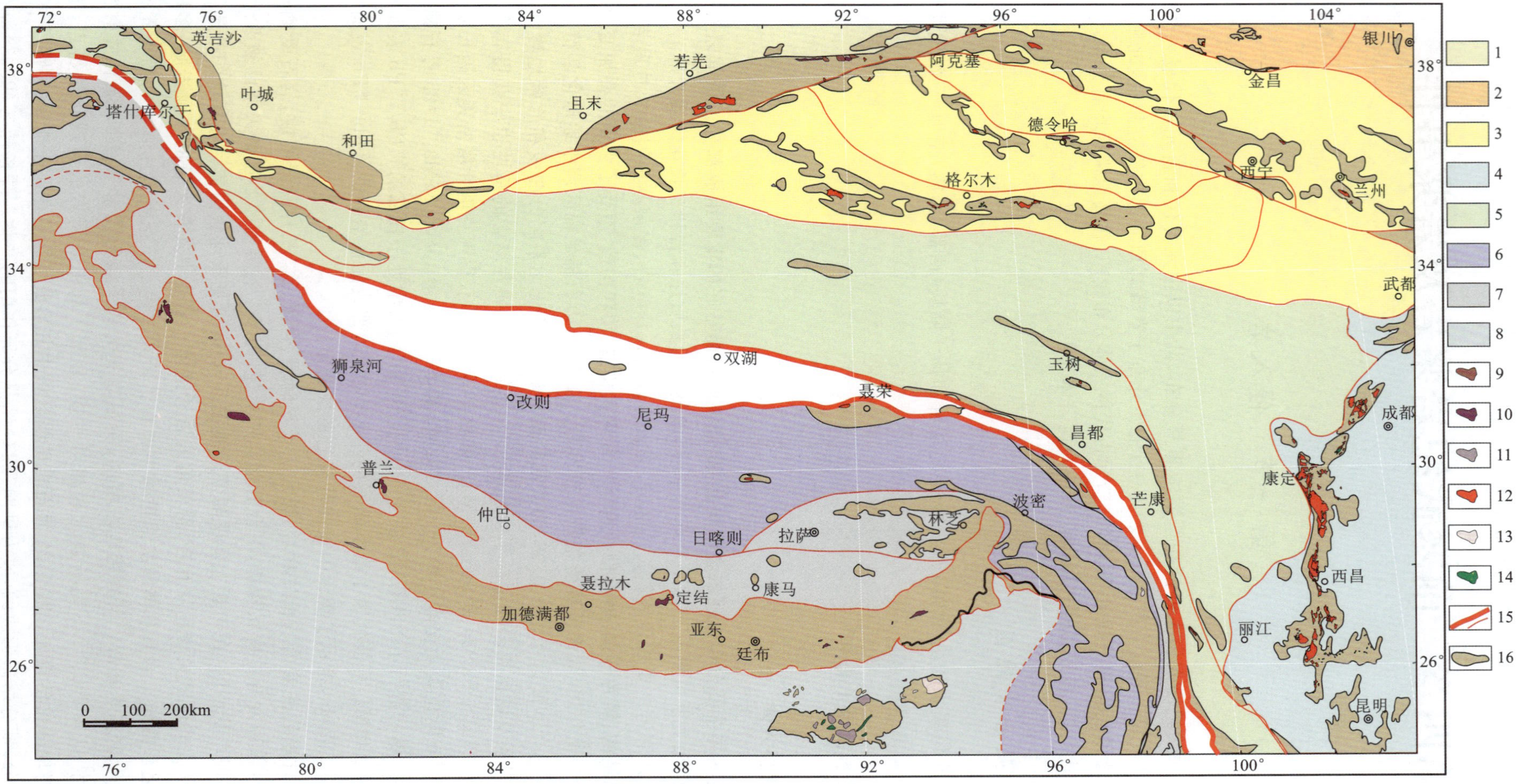

图 4-1 青藏高原前寒武纪侵入体分布图

构造地层分区：1.塔里木陆块；2.华北地块；3.秦祁昆地块群；4.扬子陆块；5.羌塘-三江地块群；6.冈底斯地块群；7.喜马拉雅地块群；8.印度陆块；中酸性侵入体：9.太古代；10.古元古代；11.中元古代；12.新元古代；13.时代未分；基性侵入体：14.新元古代；15.构造-地层分区界限；16.前寒武纪地层

泉北阿克塔什塔格南二长花岗质片麻岩中进行过锆石 TIMS 法同位素测年研究，获得不一致线上交点 3096±37Ma 和下交点 1670±37Ma 的年龄值，所测定的样品点均靠近下交点，反映了二长花岗片麻岩原岩的侵入年龄及其遭受后期热-构造热事件的叠加时代。

2. 古元古代侵入体

区内古元古代侵入体分布于铁克里克地块和阿尔金地块。

(1) 铁克里克地块古元古代侵入体

铁克里克一带主要有探勒克片麻状细粒英云闪长岩体、阿卡孜二长花岗岩体和布维吐卫片麻状细中粒黑云二长花岗岩体。阿卡孜岩体呈近东西向不规则透镜状岩株产出，岩石定向构造明显，岩体内局部可见较小的斜长角闪岩捕虏体产出。岩体中部以细粒正长花岗岩为主，边部以细粒二长花岗岩为主。岩石富钾，里特曼指数为 2.14～3.25，属钙碱性岩系，铝指数在 0.97～1.05 之间，为铝饱和型花岗岩。稀土配分曲线为右缓倾的轻稀土富集型，具微弱—强烈 Eu 负异常。在 1∶25 万叶城县幅区调中石英的 $\delta^{18}O$ 11.8%，属高 $\delta^{18}O$ 花岗岩，说明其属 S 型花岗岩，其形成环境为板内同碰撞期—造山晚期。岩体锆石 U-Pb 谐和曲线上交点年龄为 2261±95/75Ma(许荣华等，1996)，侵入其中的浅色角闪正长花岗岩脉钾长石 Rb-Sr 模式年龄为 1508Ma(汪玉珍，1987)，全岩等时线年龄为 1408Ma。张传林(2003)获得二长花岗岩体锆石 SHRIMP 年龄为 2426±46Ma。

(2) 阿尔金地块古元古代侵入体

阿尔金古元古代侵入岩分布在北阿尔金库木英纳依克、拉配泉北阿克塔格泉—阿克塔什塔格一带、喀腊大湾、因格布拉克，克孜勒塔格北西也有少量分布。岩体以带状、长条状为主，局部呈不规则状，岩体长轴方向与新太古代 TTG 岩系展布方向基本一致，多呈北西或近东西向展布。岩石类型主要有片麻状闪长岩(闪长质片麻岩)、片麻状石英二长闪长岩(石英二长闪长质片麻岩)、片麻状角闪石英正长岩等。

在 1∶25 万石棉矿幅区调中片麻状闪长岩中大离子亲石元素 Ba、K、Sr 等和轻稀土 La、Ce 等明显富集，而高场强元素 Nb、Hf、Zr、Ti 等元素明显亏损，显示出岛弧岩浆岩的地球化学特点。在片麻状闪长岩中进行了锆石 SHRIMP 法 U-Pb 同位素测年，获得的 $^{207}Pb/^{206}Pb$ 表面年龄加权平均值为 2135±110Ma。

在 1∶25 万石棉矿幅区调中片麻状石英二长闪长岩主要表现为大离子亲石元素 Ba、K、Sr 等和轻稀土 La、Ce 等明显富集，而高场强元素 Nb、Zr、Ti 等元素明显亏损，Nb、Zr 等高强场元素的亏损暗示岩浆形成于岛弧构造背景。锆石 SHRIMP 法 U-Pb 同位素测年获得喀腊大湾下游片麻状石英二长闪长岩的 12 个点 $^{207}Pb/^{206}Pb$ 表面年龄加权平均值为 2051.9±9.9Ma，代表了片麻状石英二长闪长岩的成岩年龄。另外，在克孜勒・乌斯一带的片麻状石英二长闪长岩中获得了 2140.5±9.5Ma 和 1906±78Ma 两组锆石 SHRIMP 法 U-Pb 同位素年龄值，获得的这 9 个点 $^{207}Pb/^{206}Pb$ 表面年龄加权平均值为 2140.5±9.5Ma，代表了岩体形成年龄；锆石的暗色新生边部位的 3 个点 $^{207}Pb/^{206}Pb$ 表面年龄加权平均值为 1906±78Ma，可能代表变质年龄。

石英正长岩在常量元素地球化学特点上，具有高 K_2O+Na_2O 含量，具有高的稀土元素总量及高的大离子亲石元素含量，显示出后造山花岗岩的特点；在稀土图谱特点上类似于 TTG，但是呈现出更为强烈的轻重稀土分异程度及高的稀土元素总量，揭示出岩浆可能来源于深部 TTG 的分熔作用。1∶25 万石棉矿幅区调在喀腊大湾下游片麻状石英正长岩中进行了锆石 SHRIMP 法 U-Pb 同位素测年，但测试结果普通铅含量较高，误差较大，剔除这 3 个点后的 13 个测点的 $^{207}Pb/^{206}Pb$ 表面年龄加权平均值为 1873.4±9.6Ma，代表了岩体形成年龄。

3. 中元古代侵入体

该类岩石主要为蓟县纪侵入体，分布于阿尔金地块西南部。有淡水泉一带片麻状斑状粗—中粒黑云二长—钾长花岗岩。淡水泉一带片麻状黑云二长-钾长花岗岩岩体具有 S 型花岗岩特征，演化晚期具有A型花岗岩的某些特征，形成于后碰撞环境下的构造转换期，源岩多来自于上地壳硅铝层变质泥岩的部分熔融。在1:25万瓦石峡幅区调中该岩体侵入蓟县纪塔昔达坂群中，单颗粒锆石熔融U-Pb法上交点年龄为1312±2Ma，下交点年龄为435±1Ma，推测其形成于中元古代。

4. 新元古代侵入体

该期岩体分布较为广泛。主要出露于铁克里克地块的玉龙喀什河、皮夏河口和阿尔金地块。

(1) 铁克里克地块新元古代侵入体

铁克里克地块中该期侵入岩主要由英云闪长质片麻岩体组成。皮夏河口片麻岩及玉龙喀什河片麻岩呈岩脉、小岩株状零星出露于皮夏河口及河口以北的玉龙喀什河东岸一带，岩性为英云闪长岩，岩体变形较强，以发育片麻理为特征，呈灰白色、灰色，显微鳞片—粒状变晶结构，片麻状构造。属钙碱性岩或钙碱性与碱性岩过渡系列岩，均为I型花岗岩类，为新元古代聚合型(俯冲-碰撞型)花岗岩类。

(2) 阿尔金地块新元古代侵入体

在阿尔金山地区该期侵入岩主要分布于阿尔金山北坡巴斯陶和南阿尔金地块的硝鲁克·布拉克—克恰普、江尕勒萨依和索尔库里等地。

巴斯陶等片麻状二长花岗岩见于阿尔金断裂北侧的加里东期结合带中，共见有3个岩体。岩石化学成分ACNK为1.09，CIPW标准矿物计算刚玉分子含量为1.2%，显示该期侵入岩的过铝性质；岩石中可见石榴子石、钛铁矿，均反映其岩浆主要来源于壳源。在成因类型上相当巴尔巴林(1999)的MPG型花岗岩。1:25万石棉矿幅区调在野马滩北呈透镜体状的片麻状二长花岗岩中进行了锆石SHRIMP法年龄测定，获得5个点的$^{206}Pb/^{238}U$表面年龄加权平均值为831±82Ma，属新元古代早期。

江尕勒萨依地区片麻状花岗岩的地球化学特征显示其具有地壳重熔型、同碰撞花岗岩的特点，锆石U-Pb定年得到$^{206}Pb/^{238}U$加权平均年龄值为923±13Ma(王超等，2006)。索尔库里斑状花岗岩锆石U-Pb谐和年龄为922±6Ma(Gehrels et al，2003)。另在巴什瓦克石棉矿石榴子石花岗片麻岩呈灰—灰白色，具条带状、块状、片麻状构造，糜棱结构、碎斑变晶结构、粒状变晶结构。为次铝质—偏铝质岩石，岩石属钙性—钙碱性系列，其原岩属I型花岗岩，该套岩石的原岩可能为中、上地壳重熔的产物(刘良等，2003)。张安达等(2004)通过对该石榴子石花岗质片麻岩中锆石的CL图像、包裹体矿物组合和高精度SHRIMP微区原位U-Pb定年研究，获得其变质年龄为487±10Ma，同时限定了其原岩岩浆结晶年龄介于885±21～809±19Ma之间。

硝鲁克·布拉克片麻岩套分布于硝鲁克·布拉克—克恰普一带，由约马克其片麻岩、硝鲁克·布拉克片麻岩、翁古鲁西山片麻岩3个片麻岩单元组成，呈岩基状或小岩株状产出。盖里克岩体的岩石类型主要为灰白色眼球状花岗闪长质片麻岩，岩石具鳞片粒状变晶结构、变余中细粒花岗结构，片麻状构造。亚干布阳岩体的岩石类型为灰白—灰色黑云二长片麻岩，岩石具鳞片变晶结构、片麻状构造，岩浆岩的结构构造已完全被改造，原岩可能是英云闪长岩或花岗闪长岩。喀拉乔喀岩体的岩性为浅肉红色眼球状花岗质片麻岩，岩石具鳞片粒状变晶结构、变余中细粒花岗结构，片麻状—眼球状构造，原岩为二长花岗岩。从上述岩相学、岩石地球化学资料可以看出，亚干布阳片麻岩具有低钾高钠等类似于TTG岩套的地球化学特点。在1:25万瓦石峡幅区调报告中的Nb-Y判别图上，所有样品落入同碰撞花岗岩区，可能与早前寒武纪时的陆核聚集相关联，酸性侵入岩的广泛发育与当时较高的地热梯度有关。

本项目对淡水泉含石榴子石花岗质片麻岩、亚干布阳黑云斜长片麻岩和英格利萨依黑云母花岗岩分别进行了定年分析，结果如下。

淡水泉(附表，附图)含榴花岗质片麻岩的CL图像显示具有核-边结构(图4-2)，核部均具有岩浆环带特征，边部则为较暗的均一的面状特点。核部测点的$^{206}Pb/^{238}U$年龄在谐和图上集中于890±5.6Ma，边部测点年龄集中于507±3.5Ma，结合CL图像特征可推断890±5.6Ma为该花岗质片麻岩的原岩形成年龄，时代为新元古代早期，而后期经历了507±3.5Ma变质作用的改造。

亚干布阳黑云斜长片麻岩的锆石形态总体呈短柱状，个别为浑圆状，锆石阴极发光图像显示由于边部较窄而具有不太明显的核-边结构，核部锆石大部分具岩浆震荡环带，为残留原岩岩浆锆石，在年龄谐

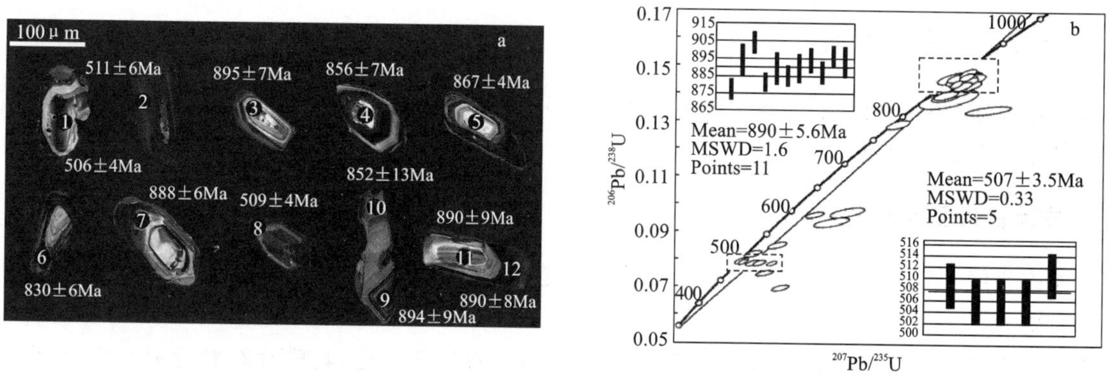

图 4-2　淡水泉含榴花岗质片麻岩(06A-16)的锆石 CL 图像(a)和 U-Pb 谐和图(b)

和图(图 4-3)上,核部测点的年龄介于 1900～800Ma 之间,可确定其形成年龄应小于 800Ma,估计应在新元古代早期;边部锆石可能为后期变质作用改造形成,由于太窄未得到精确年龄。因此,可确定硝鲁克·布拉克片麻岩套中翁古鲁西山片麻岩和亚干布阳岩体的形成年龄应为新元古代。

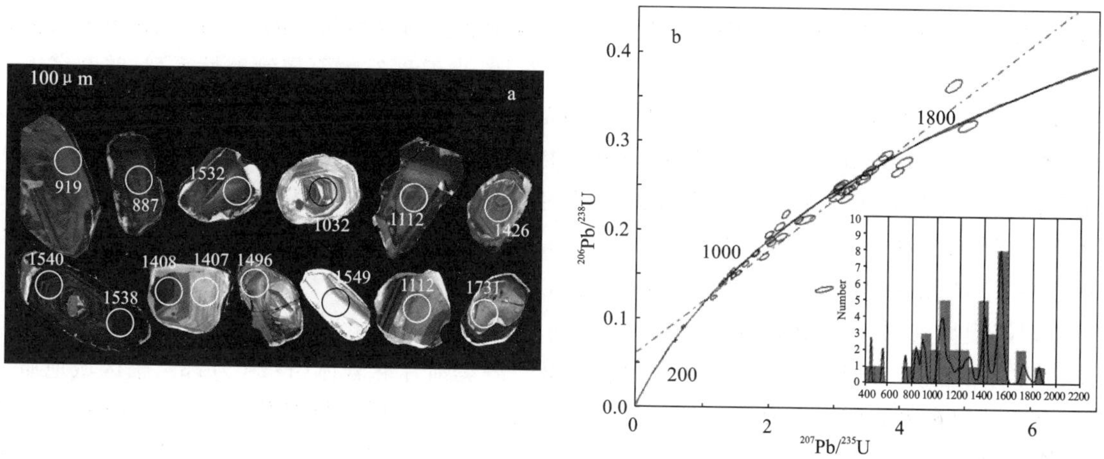

图 4-3　亚干布阳黑云斜长片麻岩(08A-1)锆石 CL 图像(a)和锆石 U-Pb 谐和图(b)

英格利萨依(附表,附图)黑云母花岗岩锆石具有核-边结构,核部锆石有的具岩浆环带特征,而有的则为均匀面状特征(图 4-4a);边部则为较暗的均匀扇状锆石。核部测点的年龄为 900Ma,应为岩浆作用年龄(图 4-4b)。其中 1 个测点的年龄为 2660Ma,反映了新太古代的年龄信息。而边部锆石的年龄则较为年轻,在 700Ma 附近,可能为该花岗岩岩体的形成年龄。

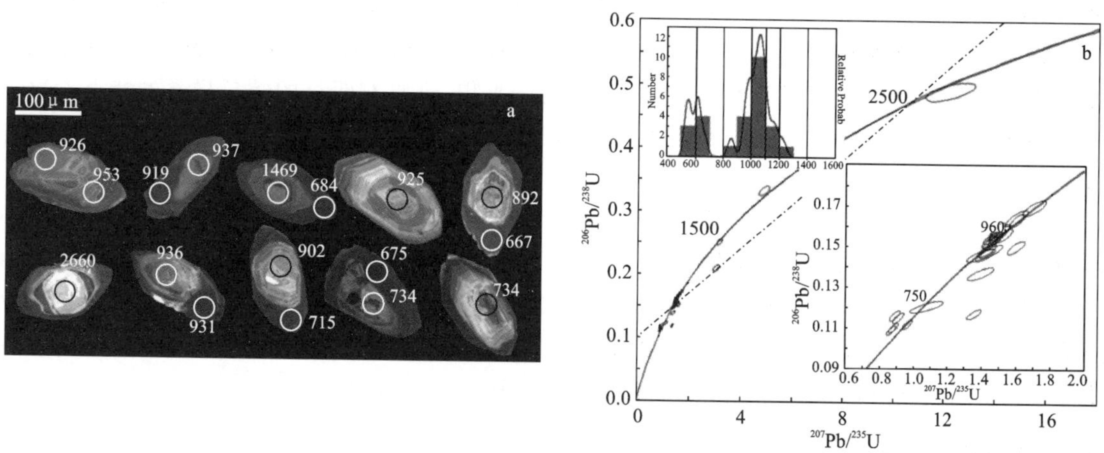

图 4-4　英格利萨依地区黑云母花岗岩(08A-25)锆石 CL 图像(a)和锆石 U-Pb 谐和图(b)

（二）秦-祁-昆地块群

侵入体在秦-祁-昆地块群内各次级单元内均有分布。其中主要以中—新元古代岩体为主，古元古代少量分布于东昆仑地块。

1. 古元古代侵入体

古元古代侵入岩分布于祁漫塔格中浅变质岩隆起带阿牙克尔希布阳和全吉地块呼德生片麻岩及莫河片麻岩中。

祁漫塔格中浅变质岩隆起带阿牙克尔希布阳一带，岩石呈灰白色，具鳞片粒状变晶结构、变余中粗粒花岗结构，片麻状—眼球状构造。岩石类型为钾长石化花岗质片麻岩。岩石为过铝质岩石，岩石化学成分及特征参数与S型花岗岩相似。1∶25万苏吾什杰幅区调的西古尔嘎与长城系结晶基底角闪岩相变质岩残存有侵入接触关系，推测其形成时代为古元古代。

莫河片麻岩岩体侵入古元古代达肯大坂岩群之中，其南东端被呼德生片麻岩侵入。岩性为灰白色条带条纹状、片麻状黑云角闪斜长片麻岩，岩石中条带条纹状构造极为发育，条带一般宽0.2～3cm，条纹一般不超过0.1cm；条带、条纹呈定向排列。岩体中见有古元古代斜长角闪岩、片岩、片麻岩及大理岩的包体。原岩为英云闪长岩。里特曼指数σ=1.14～3.19，小于3.3，岩石属钙碱性系列；碱度率A.R=2.03～3.03，$Al_2O_3>CaO+K_2O+Na_2O$，铝过饱和指数ASI=1.09～1.28，碱度指数KN/A=0.53～0.72；反映岩石属过铝质花岗岩，具S型花岗岩的特点。岩体中稀土含量中等，平均187.42×10^{-6}；稀土配分曲线呈略右倾斜型，轻稀土强烈富集，重稀土亏损，Eu异常不明显，显示同熔型花岗岩的特征。微量元素中富集K、Rb、Ba等元素，贫Y、Yb，也显示出岩体的物质来源于硅铝质地壳或地壳物质有较大贡献。在R_1-R_2图解中均落在同碰撞花岗岩区内，可能为碰撞型花岗岩。结合达肯大坂岩群中基性火山岩的裂解型特点，莫河片麻岩体的侵位与古元古代的汇聚事件有关，随着初始陆壳的增厚，隆起部分地壳物质重熔上侵，形成了古元古代中酸性侵入体——莫河片麻岩体（1∶25万都兰幅区域地质调查报告）。全吉地块东部的乌兰一带发育的莫河片麻状花岗闪长岩侵入体时代为2470±19Ma（李晓彦等，2007），片麻状二长花岗岩和斜长角闪岩的锆石TIMS法U-Pb年龄为2366±10Ma和2412±14Ma（陆松年等，2002，2006）。另外，王勤燕等（2008）获得德令哈地区花岗伟晶岩的结晶年龄为2427±44/38Ma。

呼德生片麻岩是全吉地块中出露面积最多的一期变质深成岩体。主要呈条带状、不规则状分布于都兰湖南—呼德生—仁青伦布一带。片麻岩岩石类型简单，均为灰色、灰红色二云二长片麻岩，原岩总体为似斑状、细粒黑云母二长花岗岩。该花岗片麻岩体具有较高的SiO_2（含量为71.52%～74.59%）、较低的Al_2O_3（含量为13.14%～14.45%）和相对高的K_2O+Na_2O，具有偏碱性花岗岩的特点。K/Na值为1.12～2.62，碱指数KN/A=0.57～0.80，铝过饱和指数ASI=1.18～1.39，表明该片麻岩体为过铝质岩石系列。配分曲线为轻稀土缓右倾、重稀土近于平坦，且具有明显的铕负异常的特点。1∶25万都兰县幅区调中利用TIMS方法，呼德生片麻岩（变质眼球状二长花岗岩）的侵入结晶年龄应为2202±26Ma。

另外，该地区还存在约为1.9 Ga强烈的变质-深熔作用。王勤燕等（2008）在达肯大坂岩群的花岗质浅色体中获得锆石的U-Pb变质年龄为1924±14/15Ma，在误差范围内与乌兰一带的深熔作用年龄1939±21Ma（郝国杰等，2004）一致。德令哈基性岩墙年龄为1852±15Ma（陆松年等，2006），鹰峰环斑花岗岩年龄为1776±33Ma（肖庆辉等，2003）、1763±53Ma（陆松年等，2006），这些年龄数据指示了早中元古代（< 1.8Ga）裂解相关的大陆再造岩浆-热事件记录。

2. 中元古代侵入体

该期侵入岩体分布于西昆仑地块北带和北-中祁连地块。

西昆仑地块北带有托赫塔卡鲁姆片麻状石英二长闪长岩、阿孜别里迪片麻状二长花岗岩。在1:25万英吉沙县幅区调中托赫塔卡鲁姆片麻状石英二长闪长岩具片麻状构造，为塔里木陆块南缘的岩浆弧构造环境，与俯冲作用有关。新疆地质局二队综合组(1979)获得该岩体的角闪石Rb-Sr等时线年龄为1567Ma。阿孜别里迪片麻状二长花岗岩岩体位于阿克陶县库斯拉甫西南，为细粒花岗结构、糜棱结构，定向片麻状构造、条带状构造。岩体中片麻状构造发育，片麻理走向120°～150°。岩石富钾，属钙碱性岩系，铝指数1.002～1.076，属铝饱和型岩石，稀土配分模式为向右缓倾的轻稀土富集型曲线，具有强的Eu负异常，具A型花岗岩特征。该岩体的形成时代早于奥陶纪(玛列斯肯群)，晚于蓟县纪(桑珠塔格岩群)。在1:25万塔什库尔干塔吉克自治县幅区调中锆石U-Pb定年获得上交点年龄为1301±15Ma，下交点年龄为132±172Ma。

北中祁连地区分布有柳沟峡花岗质片麻岩、傲尔尤沟斜长花岗质片麻岩、黑沟北花岗质片麻岩和音得尔特花岗质片麻岩，与敦煌岩群呈构造接触，出露面积较小，变质变形强烈，片麻状构造发育。岩石均为铝质—过铝质，具有I型花岗岩特征。1:25万昌马酒泉幅区调中曾在柳沟峡花岗质片麻岩中测得锆石U-Pb等时线年龄为1463Ma。

3. 新元古代侵入体

该期侵入体分布较广。主要出露于西昆仑喀什塔什乡和库地南、全吉地块鱼卡河—沙柳河、北祁连和东昆仑地块等地。

西昆仑喀什塔什乡南包萨提牙伊拉克片麻岩套侵入于长城系赛图拉岩群二云母石英片岩、绢云母石英片岩、变粒岩中，岩体为长条形，依据其岩石类型及空间位态划分为早期片麻状岩体、晚期片麻状岩体两个片麻状花岗岩体，其岩性为中—酸性岩。早期片麻状岩体为片麻状石英闪长岩，晚期片麻状岩体为片麻状似斑状黑云母二长花岗岩，早、晚岩体两侧片麻理产状一致，片麻岩套中含较多暗色细粒闪长质深源包体。鲍萨提牙伊拉克片麻岩套为钙碱性岩，岩性组合为石英闪长岩—二长花岗岩的中—酸性岩组合，属I型花岗岩类。综合考虑岩石成分特征、片麻岩套变形变质特征、片麻理与围岩关系等，将鲍萨提牙伊拉克片麻岩套形成时代置于新元古代。库地南侵入岩主要为片麻状黑云母二长花岗岩，侵入于长城系赛图拉岩群片岩和片麻岩地层之中，虽受后期变形变质作用改造，侵入体长轴方向与区域构造线方向一致，岩体内部矿物具有定向排列，显示片麻状构造，局部出现糜棱岩化岩石。古侵入体中暗色包体发育。在阳离子R_1-R_2图解中，样品主体落入同碰撞花岗岩区，在(Y+Nb)-Rb图解中，主体落入火山弧花岗岩区。按照Maniar和Piccoli (1989)花岗岩构造环境分类，属于大陆碰撞花岗岩类(CCG)，微量元素及稀土元素都显示该岩体为S型花岗岩。张传林等(2003)曾在库地南岩体中得到815±5.7Ma的锆石SHRIMP年龄。库地南岩体可能是西昆仑Rodinia超大陆汇聚过程的记录。

全吉地块新元古代侵入体出露于柴达木北缘的鱼卡河-沙柳河高压构造带中。主要岩石类型为灰白色条带状或眼球状二云斜长片麻岩、黑云斜长片麻岩，局部岩石钾化较强演变为条带状二长片麻岩，另外还有少量斜长花岗质、英云闪长质片麻岩零星分布。一般位于岩体中央部位的眼球状斜长花岗质片麻岩发育眼球状构造，而位于边部的黑云母斜长片麻岩和二云母斜长片麻岩发育条带状构造。岩石A/CNK介于1.15～1.32之间，在微量元素方面，由于Nb、Ta无明显的负异常，并非岛弧花岗岩；K、Rb、Ba、Th等强不相容元素富集，Cr、Co、Ni等相容元素亏损，以及Ba的异常和较高的Rb、Th含量，均显示出同造山花岗岩的特点，在R_1-R_2构造环境判别图解中，投影点落于同碰撞花岗岩区及其附近，显示了碰撞型花岗岩的特点。1:25万都兰县幅区调中获得锆石U-Pb谐和年龄为942±8Ma。另外，李怀坤(2003)在同一地点的相同样品用SHRIMP法测得岩浆成因的锆石942Ma的年龄。

新元古代侵入体在北-中祁连地块均有出露。在北祁连宝库河上游油房庄、阳山一带，岩性以灰色眼球状、条纹条带状黑云斜长片麻岩为主，弱变形域内可见少量片麻状花岗闪长岩产出，从产状特征及变余组构可以看出岩体原岩为似斑状花岗闪长岩。从岩石矿物组成、副矿物特征可大体判别，该岩石单元应属MPG型花岗岩(含白云母的强过铝花岗岩类)，在R_1-R_2图解中样品集中分布于同碰撞区，通过Mania和Piccoli的4组图解可以判断属CCG型花岗岩。1:25万门源县幅区调中阳山一带二长片麻岩中取得了一组单颗粒锆石 U-Pb 法测年资料，形成年龄为 938±21Ma。另外，通过 SHRIMP 锆石 U-Pb 定年法，曾建元等(2006)获得来自北祁连山牛心山片麻状花岗岩与雷公山片麻状石英闪长岩的锆石 $^{206}Pb/^{238}U$ 加权平均年龄，分别为 776±10Ma 和 774±23Ma；苏建平等(2004)报道了北祁连造山带西段的吊大阪花岗片麻岩中一组单颗粒锆石年龄为 751±14Ma；董国安等(2007)报道了青海湖东部的 2 个花岗片麻岩锆石年龄为 930±8Ma 和 918±14Ma，糜棱岩化花岗片麻岩锆石年龄为 790±12Ma。徐旺春等(2007)报道了侵入化隆岩群的弱片麻状花岗岩锆石的 $^{207}Pb/^{206}Pb$ 加权平均年龄为 875±8Ma。

东昆仑地块中主要为青白口纪侵入体，分布于东昆中蛇绿混杂岩带北侧的沟里地区瓦勒尕—杀雄一带及南侧的东昆南混杂岩带智育小学一带。沟里地区侵入岩与区域构造线方向一致，围岩为古元古代白沙河岩群，被海西—印支期花岗闪长岩超动侵入，侵入岩已形成强烈的片麻理，变成二云母斜长片麻岩和二云母二长片麻岩，变质侵入体在野外露头上岩性均匀，在局部还见其与大理岩呈侵入接触关系或包裹暗色的基性包体。根据岩石化学成分恢复，岩石类型分别为奥长花岗岩、英云闪长岩。岩石普遍具片麻状构造，由于强烈的变形、变质而使岩体与围岩间相互穿插，局部可见侵入体与围岩间明显的侵入接触关系。智育小学侵入岩侵入于中元古代苦海岩群中，被海西—印支期花岗闪长岩、二长花岗岩侵入，围岩岩石主要为斜长角闪岩、黑云斜长片麻岩及黑云母石英片岩、大理岩。其中的奥长花岗岩锆石 U-Pb定年分析获得一致线年龄为 703±15Ma。在花岗岩 R_1-R_2 与构造环境图解中，沟里地区为造山晚期-同碰撞花岗岩，在侵入岩 Nb-Y 与构造环境关系图中侵入岩为火山弧和同碰撞构造环境，智育小学一带侵入岩为板内构造环境。在 Rb-(Y+Nb)图解中，沟里地区侵入岩为火山弧构造环境，智育小学一带晋宁期花岗岩落在板内区。

在昆中的阿喀、滩北山和阿克却哈也有出露。阿喀侵入体岩性为灰色条带状二云斜长片麻岩、灰色眼球状黑云斜长片麻岩，原岩为花岗闪长岩。滩北山侵入体岩性为灰褐色条带状眼球状黑云钾长片麻岩，原岩为正长花岗岩(类)。阿喀、滩北山变质侵入体分别属过铝或准过铝高钾钙碱性系列、铝过饱和高钾钙碱性系列。二者稀土配分曲线轻稀土明显右倾，重稀土呈平滑曲线，Eu 中等亏损—弱亏损，Ce 基本无亏损，表明变质侵入体岩浆源于上地壳物质的重熔。微量元素在洋脊花岗岩标准配分图中特征与同碰撞花岗岩一致。1∶25 万库郎米其提幅区调在滩北山变质侵入体中获得锆石 U-Pb 上交点年龄 831±51Ma。另外，侵入于香日德南昆北单元金水口岩群白沙河岩组中的变质花岗岩的锆石 SHRIMP U-Pb 年龄约为 904Ma(陈能松等，2006)。

(三) 扬子陆块(西部)

扬子陆块(西部)前寒武纪岩浆活动非常强烈，受区域构造控制明显，侵入岩十分发育，呈带状展布，主要分布于扬子陆块西缘的碧口地块和康滇地块，以基性—超基性和酸性岩居多。时代有古元古代和新元古代，且以新元古代分布最广。

1. 古元古代侵入体

古元古代侵入体主要为基性—超基性侵入岩，呈小岩体零星分布于陆块西北缘米仓山—龙门山—攀西—滇中一带，有垭口、桂花村、椿树坪等 10 多个岩体(群)，侵入于新太古代—古元古代变质岩系中。以基性岩为主，岩石类型有角闪辉长岩、橄榄辉长岩、苏长岩；超镁铁质岩少量，为纯橄岩、辉橄岩、辉石岩，M/F 值为 2.5～6。均属铁质系列。岩石稀土低—中低丰度，轻稀土中等富集，铕弱负异常—正异常，$^{87}Sr/^{86}Sr$ 为 0.7044，属上地幔玄武岩浆分异产物。岩体已有 K-Ar 年龄为 3100Ma(吕世琨等，2001)。

2. 新元古代侵入体

新元古代侵入体类型较多，总体可概括为基性—超基性侵入岩和中酸性侵入体两类。

(1) 新元古代基性超基性侵入岩

新元古代基性超基性侵入岩出露于米仓山—龙门山—攀西—滇中岩带，由高家村镁铁质—超镁铁质杂岩体、冷水箐镁铁质-镁铁质杂岩体及邻近数十个小杂岩体组成。此外，扬子地块西缘北部康定—泸定—石棉一带还出露一些镁铁质—超镁铁质杂岩体和基性岩脉。近年来获得了大量新的年代学数据，表明该地区镁铁质—超镁铁质岩主要为新元古代。四川盐边高家村镁铁质—超镁铁质杂岩体是一个分异良好的似层状侵入体，可以分为两个堆积旋回。第1堆积旋回位于岩体中部和下部，结晶分异良好，总体上从下往上为纯橄榄岩单辉橄榄岩—橄榄辉长苏长岩—橄长岩，常常互层产出，呈渐变过渡关系。其中的角闪辉长岩 TIMS 锆石 U-Pb 法定年获得年龄为 840±5Ma 和 842±5Ma(朱维光等，2004)，角闪石 Ar-Ar 法获得年龄为 790±1Ma(朱维光等，2004)。侵位于中元古代盐边群上部岩系中的冷水箐岩体镁铁质—超镁铁质杂岩体是一个分异良好的同心环状侵入体，相互间呈渐变过渡关系。岩石类型较为复杂，但由外向内大体上可划分出3个岩相带：角闪辉长岩、苏长辉长岩和橄榄辉长岩。超基性岩主要由角闪橄榄岩组成，局部可见二辉橄榄岩。其中辉长岩的 TIMS 锆石 U-Pb 年龄为 936±7Ma(沈渭洲等，2003)。泸定五一桥康定杂岩中的变辉长岩(斜长角闪岩)SHRIMP U-Pb 加权年龄为 765±9Ma。泸定桥头基性杂岩体辉长岩锆石 U-Pb TIMS 法上交点年龄为 853±42Ma(沈渭洲等，2003)。泸定县以北的姑咱镇到石棉县城的大渡河侵位于瓦斯沟花岗质杂岩的基性岩墙锆石 SHRIMP 年龄为 779±6Ma(林广春，2006)。沙坝北康定杂岩中的辉长岩(沙坝麻粒岩相片麻岩)SHRIMP U-Pb 年龄为 752±11Ma(Li et al，2002)。宝兴杂岩中的辉长质片麻岩、辉长闪长质片麻岩、斜长角闪岩和细粒斜长角闪岩的 SHRIMP U-Pb 年龄分别为 794±8Ma、797±7Ma、818±8.1Ma 和 830±7Ma(耿元生等，2007)。

(2) 新元古代中酸性侵入体

新元古代的中酸性及碱性侵入体沿扬子陆块西缘十分发育，包括钙碱性花岗岩、英云闪长岩、石英闪长岩和闪长岩等。它们多呈岩基、岩株状产出，部分岩石经变形变质多具片麻状构造，形成各种片麻状花岗质岩石和斜长片麻岩。康定地区片麻状花岗岩锆石 SHRIMP U-Pb 年龄为 797±10Ma、795±11Ma 和 796±13Ma(Zhou et al，2002)，格宗地区黑云母奥长花岗岩锆石 SHRIMP U-Pb 年龄为 864±11Ma (Zhou et al，2002)、864±26Ma(徐士进等，1996)，盐边关刀山花岗岩体锆石 SHRIMP U-Pb 年龄为 857±13Ma(李献华等，2002)，攀枝花北东米易闪长岩锆石 SHRIMP U-Pb 年龄为 775±8Ma，大田花岗闪长岩锆石 SHRIMP U-Pb 年龄为 759±11Ma(Li et al，2003)。康定姑咱附近闪长岩和花岗闪长岩年龄分别为 768±7Ma 和 755±6Ma(Li et al，2003)，康定—泸定地区田湾闪长岩和扁路岗花岗岩锆石 TIMS 年龄分别为 823±12Ma 和 876±40Ma(郭建强等，1998)，黄草山花岗岩锆石 TIMS 年龄为 786±36Ma，下索子花岗岩锆石 TIMS 年龄为 805±15Ma(沈渭洲等，2000)。沙坝花岗质片麻岩锆石 SHRIMP U-Pb 年龄为 772±15Ma(陈岳龙等，2004)。西昌磨盘山地区细粒奥长花岗岩锆石 SHRIMP U-Pb 年龄为 834±13Ma，响水西石英闪长岩锆石 SHRIMP U-Pb 年龄为 771.5±7.6Ma (耿元生等，2007)，同德辉长闪长岩和闪长岩锆石 SHRIMP U-Pb 年龄分别为 820±13Ma、813±14Ma(Sinclair，2001)。攀枝花—二滩间奥长花岗岩锆石 SHRIMP U-Pb 年龄为 778±11Ma(杜利林等，2006)，攀枝花—渔门间暗红色苏长岩锆石 SHRIMP U-Pb 年龄为 822 ±11Ma(耿元生等，2007)等。冷竹关水电站石英闪长质片麻岩 SHRIMP U-Pb 年龄为 771±10Ma(赵俊香等，2006)，侵入于彭灌和宝兴岩浆杂岩中的煌斑岩脉黑云母和角闪石 K-Ar 法年龄为 773～636Ma(陈笃宗，1995)。该类侵入体多属活动陆缘陆壳重熔型花岗岩，主要是形成扬子陆块基底的晋宁运动的产物，侵入体均具有岛弧岩浆的地球化学特征(Zhou et al，2002a，2002b；Xiao et al，2007)，可能记录了早期俯冲作用事件(Li et al，2003)。

(四) 羌塘-三江地块群

该地区前寒武纪侵入体出露较少，仅分布在喀喇昆仑地块和玉树-昌都地块。

喀喇昆仑地块新元古代中酸性侵入体分布于新疆塔什库尔干县明铁盖一带，包括英云闪长岩、花岗闪长岩。边小卫等(2013)在新疆塔什库尔干县南分布的片麻状英云闪长岩获得两个锆石 LA-ICP-MS 年龄分别为 855±14Ma、836±12Ma。

喀喇昆仑未分元古代侵入体分布于瓦卡-康西瓦结合带与塔阿西-色克布拉克断裂之间的走克本二长花岗岩和出露于瓦卡-康西瓦结合带西侧的马尔洋大坂片麻状花岗闪长岩中。走克本二长花岗岩体富钠，为钙碱性系列，饱和铝型岩石。在1∶25万塔什库尔干塔吉克自治县幅区调中该岩体的稀土总量低，轻稀土略富集，$\delta Eu=0.85$，具较轻微的Eu负异常。马尔洋大坂岩体侵入古元古代布伦阔勒岩群中，又被燕山晚期岩体侵入，岩体中北西向片麻理发育，属钙性系列，铝饱和型岩石。二者均形成于活动大陆边缘的岩浆弧环境。该岩体侵入布伦阔勒岩群，应晚于古元古代，早于燕山期岩体，未获同位素测年资料，暂将其形成时代放入元古代。

玉树-昌都地块新元古代中酸性侵入体分布于青海玉树县小苏莽一带，为片麻状黑云母花岗岩。呈灰色，半自形—他形粒状结构(局部为似斑状结构)，片麻状构造，暗色矿物沿片麻理方向呈定向排列；主要由石英(40%±)、绢云钠长石化斜长石(37%±)、钾长石(12%±)、黑云母(10%±)组成，副矿物为磷灰石(1%±)、锆石(<1%)，变质程度为高绿片岩相。本项目于青海省玉树藏族自治州小苏莽—宁多村之间获得片麻状黑云花岗岩锆石LA-ICP-MS年龄为990.5±3.7Ma(详见第三章)。

二、亲冈瓦纳古大陆区

青藏高原南部前寒武纪侵入岩主要分布在冈底斯地块群和高喜马拉雅地块群中，岩石类型以花岗岩为主。以元古代和寒武纪为主要岩浆活动期。研究区范围内印度陆块(东北部)也有出露，但仅限于印度西隆一带，主要为中新元古代和早古生代花岗岩。

(一)冈底斯地块群

冈底斯地块群前寒武纪侵入体主要分布在聂荣地块中，在纳木错西缘也有零星出露。

聂荣地块中主要为中酸性岩石，时代为新元古代和早古生代。以安多聂荣片麻状杂岩面积最大，主要包括英云闪长质片麻岩、片麻状二长花岗岩和变质基性岩墙。英云闪长片麻岩主要分布在安多县牧场、不加根、聂荣县的扎纳索岗等地，多呈不规则状的岩株、岩基产出，侵入于聂荣岩群中，被片麻状二长花岗岩侵入。岩体中含有大量的聂荣岩群的岩石包体，包体成分主要为黑云斜长片麻岩、黑云角闪斜长变粒岩、斜长角闪岩和大理岩。1∶25万安多县幅区调中该岩体有两个锆石SHRIMP U-Pb年龄值，分别为491±1.15Ma和492±1.11Ma。片麻状二长花岗岩分布于拉日依日露日依、日阿布加、笙尤日等地，呈不规则状岩基产出，侵入于聂荣岩群和英云闪长质片麻岩之中。片麻状二长花岗岩中含有少量的聂荣岩群的斜长角闪岩、黑云斜长变粒岩及大理岩的包体。该岩体有两组可信度较高的锆石SHRIMP U-Pb年龄，分别为814±18Ma和515±14Ma。

英云闪长质片麻岩稀土总量为$82.20\times10^{-6}\sim99.21\times10^{-6}$，轻、重稀土分馏中等，轻、中稀土分馏中等，而中、重稀土分馏不明显。$\delta Eu=0.8$，说明负铕异常不明显，反映在稀土配分曲线上为右中等倾斜的曲线。片麻状二长花岗岩稀土总量较高，为$84.66\times10^{-6}\sim340.73\times10^{-6}$，轻重稀土经历了强烈分馏作用。$\delta Eu=0.23\sim0.76$，铕强烈亏损，说明斜长石属残留相。英云闪长质片麻岩和片麻状二长花岗岩的重稀土及Rb、Nb、Y等元素含量较低，在Rb-(Y+Nb)和Ta-Yb图解中英云闪长质花岗岩和片麻状二长花岗岩形成于具岩浆弧性质的构造环境。

纳木错西缘逆冲推覆构造带中生觉玛尔穷一带侵入到念青唐古拉岩群表壳岩中的花岗岩锆石SHRIMP U-Pb年龄为748±8Ma，奥长花岗岩锆石SHRIMP U-Pb年龄为787±9Ma，斜长角闪岩(辉长岩)锆石SHRIMP U-Pb年龄为782±11Ma(胡道功，2005)。

泛非期侵入体在该区其他地块也有零星出露，如八宿县同卡乡卡穷细粒黑云母碱长花岗岩锆石SHRIMP U-Pb年龄为507±10Ma(李才等，2008)；腾冲地块云南福贡县马吉镇古当河片麻状花岗岩锆石SHRIMP U-Pb年龄为487±11Ma(宋述光等，2007)；申扎-察隅地块狮泉河让拉片麻状二云母花岗岩的锆石U-Pb年龄为584 Ma(许荣科等，2004)；1∶20万波密幅、通麦幅区调中拉萨地块通麦南花岗片麻岩锆石U-Pb为564Ma，这些侵入体与泛非期侵入体相当。冈底斯带泛非期花岗岩岩石地球化学具有Ⅰ型花岗岩的特点。在微量元素判别图(Yb+Ta)-Rb、(Y+Nb)-Rb中，这些花岗岩体均落在火山弧花岗岩范围内，很可能与俯冲背景有关(青藏高原南部空白区基础地质综合研究，2006)。

本项目对嘉玉桥地块侵入卡穷岩群的同卡乡北(附表，附图)片麻状二长花岗岩(图4-5)进行了锆石U-Pb同位素测年。片麻状二长花岗岩呈灰色，半自形—他形粒状结构、似斑状结构、交代蠕虫结构、变余碎屑结构，片麻状构造，矿物沿片(麻)理方向呈定向排列；主要由石英(32%±)、弱绢云化斜长石(30%±)、微斜长石(25%±)，含少量角闪石(3%±)；粗大的绢云母化斜长石构成似斑晶，少数斜长石边部可见到交代形成的蠕虫状石英，局部可见到保存有碎屑物和充填物的变质残余；变质程度为高角闪岩相，可能为中酸性凝灰岩或砂岩部分熔融(混合岩化)的产物。同卡乡北条带状片麻状二长花岗岩的锆石CL图像显示(图4-5a)，多数内部发育具有震荡环带结构或条带结构的内核，外围具有生长加大边。具有环带结构或条带结构锆石内核的Th/U比值(介于0.39～1.57之间，平均1.03)总体高于生长加大边的Th/U比值(介于0.32～1.29之间，平均0.80)。核部测点不一致线与谐和线上交点年龄为549±18Ma(图4-5b)，为岩浆作用期间原岩形成年龄；边部测点不一致线与谐和线上交点年龄为416±23Ma，为后期构造-热事件年龄(何世平等，2012c)。

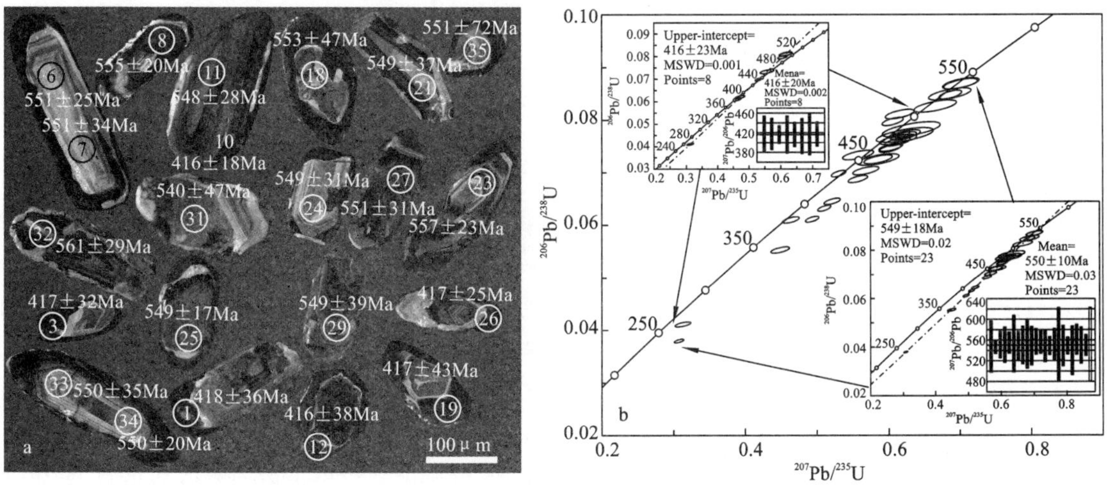

图4-5 八宿县同卡乡北片麻状二长花岗岩(09K-2)锆石CL图像(a)和锆石U-Pb谐和图(b)

(二) 喜马拉雅地块群

喜马拉雅地块群中的前寒武纪侵入体出露较多，时代主要属古元古代和新元古代，另外还发育早古生代。岩性以片麻状花岗岩、片麻状二长花岗岩为主。古元古代花岗质岩石主要分布于低喜马拉雅地块和高喜马拉雅地块。新元古代侵入体零星分布于高喜马拉雅地块。早古生代花岗质岩石在区内广泛分布。

高喜马拉雅地块花岗岩分别出露于普兰县的纳木那峰地区、聂拉木县、吉隆以南、定结以南和藏东错那以南等地。康马-隆子地块主要出露于萨迦和康马一带。

1. 元古宙侵入体

近年来古元古代侵入体在喜马拉雅地块群中陆续被发现。高喜马拉雅地块该期岩体从东至西零星出露。普兰东部侵入聂拉木岩群中的糜棱岩化花岗质片麻岩锆石SHRIMP U-Pb上交点年龄为1863.8±7.5Ma(戚学祥等，2006)。西藏高喜马拉雅定结地区SHRIMP U-Pb年龄分别为1811.6±2.9Ma(廖群安等，2007)，另外，侵入林芝地区南迦巴瓦岩群明多雄拉岩组的花岗片麻岩锆石LA-ICP-MS U-Pb年龄为1583±6Ma，混合岩深色体为1759±10Ma(郭亮等，2008)。在东部的Kimin-Geevan和Bhalukpong-Zimithang眼球状片麻岩也获得了1772～1743Ma的锆石U-Pb年代学数据(Yin et al，2010)。低喜马拉雅地块早元古代岩体年代学信息较多，分布于印度西北部，中、西尼泊尔，不丹和喜马拉雅山东部。主要有Larji-Kullu-Rampur window花岗岩(1840±16 Ma，Miller et al，2000)，Wangtu正片麻岩(1866±

6Ma,Richards et al,2005),Jutogh 二长花岗岩(1797±19Ma,Chambers et al,2008),Ramgarh Complex(1870～1856Ma,Celerier et al,2008),Ulleri 花岗质片麻岩(1832±23～1780Ma,Kohn et al,2010)。另外,北喜马拉雅的拉轨岗日花岗质片麻岩也有古元古代侵入岩的信息(1811.7±7.2Ma,廖群安等,2007)。

新元古代侵入体分布非常零星,主要分布于高喜马拉雅地块,已有的可靠数据主要有 Chor granitoid(823±5 Ma,Singh et al,2002)、Bhalukpong-Zimithang 眼球状片麻岩(878±12.6Ma,Yin et al,2010)和不丹正片麻岩(0.85～0.82Ga,Richards et al,2006)。

2. 泛非期侵入体

泛非期侵入体在该区表现明显。前人曾获得大量泛非期中酸性侵入岩同位素年龄值,主要来自于高喜马拉雅地块和康马-隆子地块。

本项研究围绕高喜马拉雅地块和北喜马拉雅地块变质花岗岩类,利用西北大学大陆动力学国家重点实验室 LA-ICP-MS 方法,获得了一系列新的泛非期锆石 U-Pb 年龄数据。

(1) 普兰县它亚藏布片麻状含石榴子石二云花岗岩(07NL-2)

样品采自藏西南普兰县城南的它亚藏布(附表,附图)。它亚藏布片麻状含石榴子石二云花岗岩呈片麻状构造,变余花岗结构,变余似斑状结构,具弱蚀变现象。主要由石英(40%±)、斜长石(20%±)和钾长石(16%±)组成,含少量黑云母(8%±)、白云母(6%±)和石榴子石(5%±)。

从它亚藏布片麻状含石榴子石二云花岗岩(07NL-2)代表性锆石阴极发光(CL)图像(图 4-6a)可以看出,锆石大体可以分为三类:第一类数量较多,构成该样品锆石的主体,为半自形—自形状,发育清晰的振荡环带结构,Th/U 比值中等(一般 0.10～0.55),属于典型的岩浆成因锆石;第二类数量较少,为半自形—自形状,发育振荡环带结构(12、22 测点),略微发暗模糊,Th/U 比值略微偏低(一般 0.19～0.49),具有不同程度的放射性成因 Pb 丢失,可能与岩石后期变质作用有关;第三类数量也较少,为半自形—自形晶,内部包含浅色内核,外围发育具有振荡环带结构的深色生长加大边,锆石核部 Th/U 比值较高(一般 0.59～1.19),属于捕获的早期锆石。

它亚藏布片麻状含石榴子石二云花岗岩的锆石 U-Pb 分析结果经校正后的有效数据点共 29 个,剔除谐和度较差的测试点后给出两组较好的谐和年龄数据(图 4-6b)。第一类具清晰振荡环带结构的锆石测试点共 13 个,在谐和图中成群分布,$^{206}Pb/^{238}U$ 表面年龄为 542±5～528±5Ma,加权平均年龄为 537±3Ma(MSWD=0.51,error bars=2σ),加权平均值的误差与单个分析误差基本一致。第二类锆石的测试点共 3 个,$^{206}Pb/^{238}U$ 表面年龄基本一致,为 505±5～503±5Ma,加权平均年龄为 504±6Ma(MSWD=0.05,error bars=2σ)。第三类锆石均为核部,属于捕获的早期锆石,表面谐和年龄多介于 2522～682Ma 之间,呈发散状分布。

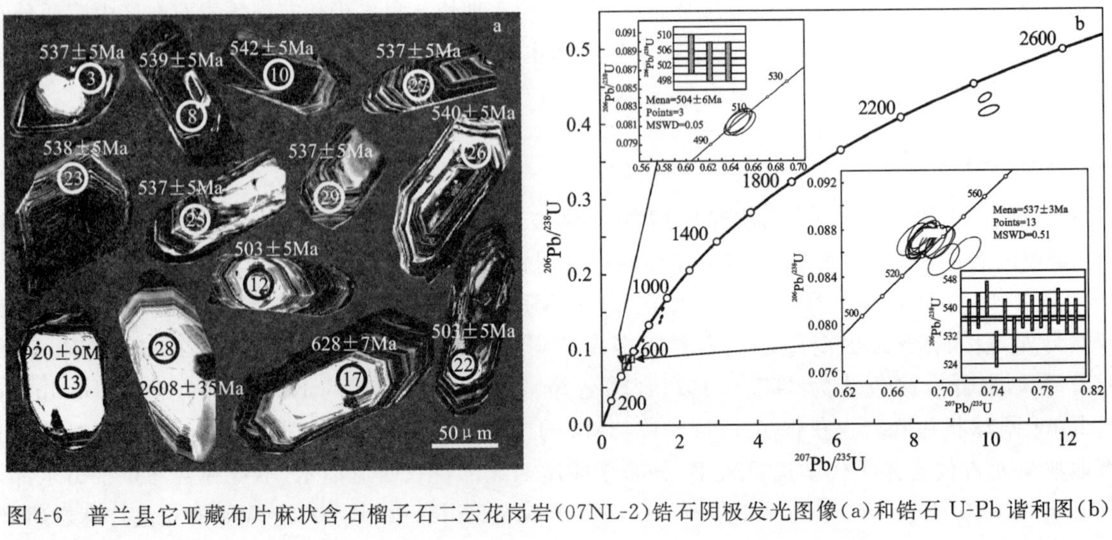

图 4-6　普兰县它亚藏布片麻状含石榴子石二云花岗岩(07NL-2)锆石阴极发光图像(a)和锆石 U-Pb 谐和图(b)

综上所述，537±3Ma 可以解释为它亚藏布片麻状含石榴子石二云花岗岩的形成年龄（岩浆结晶年龄），属于泛非期侵入的中酸性岩体。由于第二类锆石发生了不同程度的放射成因 Pb 丢失，年龄值偏新，因此 504±6Ma 可以解释为岩石的变质年龄。2522～682Ma 可以解释为岩浆部分熔融残留或捕获的围岩年龄信息。

(2) 聂拉木县曲乡眼球状黑云母花岗片麻岩(07NL-5)

样品采自藏南聂拉木县城南的曲乡（附表，附图）。曲乡眼球状黑云母花岗片麻岩(07NL-5)呈眼球状构造、条带状构造，变余花岗结构，岩石较为新鲜。主要由石英(40%±)、斜长石(30%±)和钾长石(20%±)组成，含少量黑云母(10%±)。

从曲乡眼球状黑云母花岗片麻岩(07NL-5)代表性锆石阴极发光(CL)图像（图 4-7a）可以看出，锆石大体可以分为三类：第一类数量较少，呈半自形状，多发育振荡环带结构，Th/U 比值偏高（一般0.47～0.90），属于捕获的早期岩浆成因锆石；第二类数量较多，为半自形—自形状，发育清晰的振荡环带结构，部分发育生长加大边，Th/U 比值偏高（一般 0.33～1.43），属于典型的岩浆成因锆石；第三类数量也较少，为半自形—自形晶，粒径总体偏小，颜色发暗，发育模糊的振荡环带结构，Th/U 比值较低（一般 0.06～0.24），具有不同程度的放射性成因 Pb 丢失，表现为 U 含量（^{238}U 平均值为 1931×10^{-6}）较第二类锆石（^{238}U 平均值为 1519×10^{-6}）偏高，这些锆石的放射性成因 Pb 的丢失，与岩石遭受后期变质作用有关，该类锆石应属于遭受后期变质作用改造锆石。

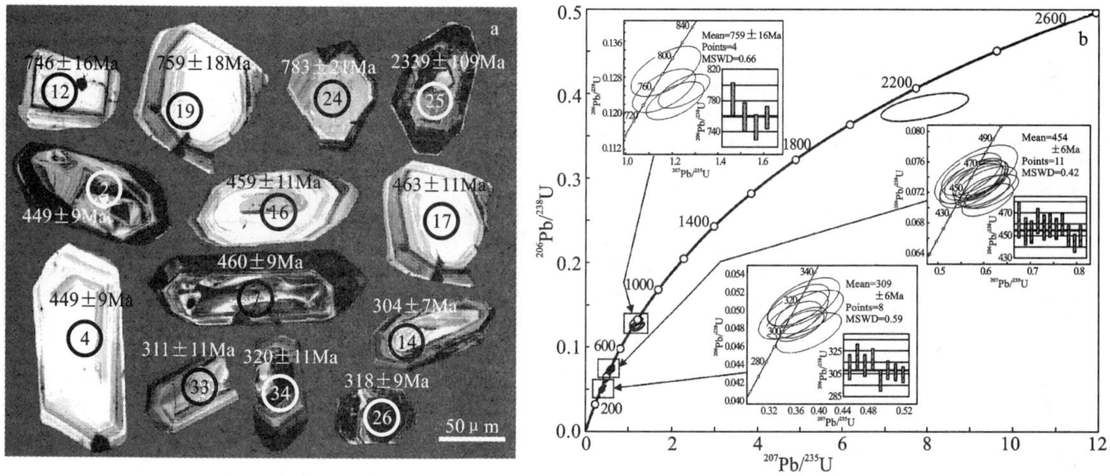

图 4-7　聂拉木县曲乡眼球状黑云母花岗片麻岩(07NL-5)锆石阴极发光(CL)图像(a)和锆石 U-Pb 谐和图(b)

聂拉木县曲乡眼球状黑云母花岗片麻岩锆石 U-Pb 分析结果经校正后的有效数据点共 33 个，剔除谐和度较差的测试点后给出 3 组较好的谐和年龄数据（图 4-7b）。第一类捕获的早期岩浆成因锆石测试点共 4 个，在谐和图中成群分布，^{206}Pb/^{238}U 表面年龄为 783±21～746±16Ma，加权平均年龄为 759±16Ma(MSWD=0.66，error bars=2σ)，加权平均值的误差与单个分析误差基本一致。第二类岩浆成因锆石的测试点共 11 个，在谐和图中也成群集中分布，^{206}Pb/^{238}U 表面年龄基本一致，为 463±11～443±8Ma，加权平均年龄为 454±6Ma(MSWD=0.42，error bars=2σ)，加权平均值的误差与单个分析误差基本一致。第三类遭受后期变质作用改造的锆石试点共 8 个，在谐和图中成群分布，^{206}Pb/^{238}U 表面年龄为 320±11～299±9Ma，加权平均年龄为 309±6Ma(MSWD=0.59，error bars=2σ)，加权平均值的误差与单个分析误差基本一致。

综上所述，759±16Ma 可以解释为岩浆部分熔融、运移及结晶作用过程中捕获的围岩年龄值。454±6Ma 应该为曲乡眼球状黑云母花岗片麻岩的形成年龄（岩浆结晶年龄），属于泛非期（偏晚）侵入的中酸性岩体。309±6Ma 可以解释为岩石的变质年龄。此外，还有个别较老的捕获锆石，^{207}Pb/^{206}Pb 表面年龄为 2339±109Ma。

(3) 亚东县下亚东含石榴子石花岗片麻岩(07NL-6)

样品采自藏南亚东县南乃堆拉山口北坡下亚东区（附表，附图）。亚东县下亚东含石榴子石花岗片麻岩(07NL-6)呈片麻状构造，变余花岗结构、变余似斑状结构，岩石较为新鲜。主要由石英(40%±)、斜长石(30%±)和钾长石(16%±)组成，含少量黑云母(8%±)、石榴子石(6%±)。

西藏亚东地区侵入亚东岩组的片麻状含石榴子石黑云花岗闪长岩 SiO_2 含量在 68.04%～68.92% 之间，K_2O+Na_2O 含量在 5.32%～5.91%之间，$Na_2O>K_2O$，在(K_2O+Na_2O)-SiO_2 图解中，全部落入亚碱性系列中的花岗闪长岩区。A/CNK 指数均大于 1.1(介于 2.06～2.30 之间)，属于过铝质花岗闪长岩；该岩体稀土总量较高($136.6\times10^{-6}\sim206.7\times10^{-6}$)，稀土元素配分模式为轻稀土元素富集的右倾曲线，$(La/Yb)_N$ 为 5.4～25.3，出现弱 Eu 负异常($\delta Eu=0.62\sim0.79$)，Ba、Nb、Ta、Sr 亏损，尤其是 Nb、Ta，出现较明显的 Nb-Ta 槽，而大离子亲石元素 Rb、Th 和 U 相对富集，总体表现为 S 型花岗岩类的特征(时超等，2011)。

从亚东县下亚东含石榴子石花岗片麻岩代表性锆石阴极发光(CL)图像(图 4-8a)可以看出，锆石大体可以分为三类：第一类数量较少，呈半自形状或他形，内部多发育具有振荡环带结构的内核，外围为暗色生长加大边，核部 Th/U 比值偏高(一般 0.30～1.24)，属于捕获的早期岩浆成因锆石；第二类数量较多，为半自形—自形状，发育清晰的振荡环带结构，外围也发育暗色生长加大边，Th/U 比值中等(一般 0.14～0.80)，属于较典型的岩浆成因锆石；第三类数量也较多，为半自形—浑圆状，颜色多发暗，内部发育具有模糊振荡环带结构的内核，外围具有暗色生长加大的窄边，Th/U 比值偏低(一般 0.03～0.57)，具有不同程度的放射性成因 Pb 丢失，与岩石遭受后期变质作用有关，该类锆石应属于遭受后期变质作用改造过的岩浆锆石。

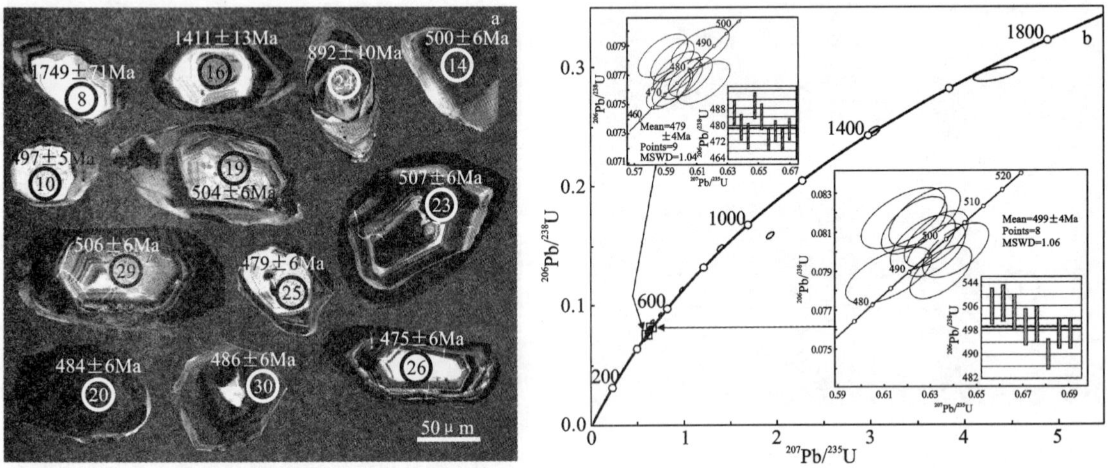

图 4-8　亚东县下亚东含石榴子石花岗片麻岩(07NL-6)锆石阴极发光(CL)图像(a)和锆石 U-Pb 谐和图(b)

亚东县下亚东含石榴子石花岗片麻岩锆石 U-Pb 分析结果经校正后的有效数据点共 30 个，剔除谐和度较差的测试点后给出两组较好的谐和年龄数据(图 4-8b)。第一类捕获的早期岩浆成因锆石测试点共 5 个，在谐和图中发散分布，表面年龄介于 1749±71～693±8Ma 之间。第二类岩浆成因锆石的测试点共 8 个，在谐和图中也成群集中分布，$^{206}Pb/^{238}U$ 表面年龄基本一致，为 507±6～490±5Ma，加权平均年龄为 499±4Ma(MSWD=1.06，error bars=2σ)，加权平均值的误差与单个分析误差基本一致。第三类遭受后期变质作用改造的锆石试点共 9 个，在谐和图中成群分布，$^{206}Pb/^{238}U$ 表面年龄为 489±6～473±5Ma，加权平均年龄为 479±4Ma(MSWD=1.04，error bars=2σ)，加权平均值的误差与单个分析误差基本一致。

综上所述，1749±71～693±8Ma 的锆石表面年龄可以解释为岩浆部分熔融、运移及结晶作用过程中捕获的围岩年龄值。499±4Ma 应该为亚东县下亚东含石榴子石花岗片麻岩的形成年龄(岩浆结晶年龄)，属于泛非期侵入的中酸性岩体。479±4Ma 可以解释为岩石的变质年龄。

(4) 米林县丹娘片麻状闪长岩(07NJ-1)

样品 07NJ-1 采自藏东雅鲁藏布江大拐弯的米林县丹娘乡兰嘎村东(附表，附图)。米林县丹娘片麻状闪长岩(07NJ-1)呈片麻状构造，局部发育眼球状构造，变余花岗结构、变余似斑状结构，岩石发生了弱蚀变。主要由石英(50%±)、斜长石(30%±)和钾长石(17%±)组成，含少量黑云母(3%±)、白云母(2%±)、石榴子石(2%±)。

从该样品代表性锆石阴极发光(CL)图像(图 4-9a)可以看出，锆石粒径总体较大(一般 100～400 μm)，按其内部差别大体分为两类：第一类构成锆石的主体，呈半自形状，颜色较浅，发育清晰的振荡环带结构，外围有暗色生长加大边，Th/U 比值中等(一般 0.13～0.60)，属于岩浆成因锆石；第二类数量较少，为半自形—浑圆状，颜色多发暗，部分内部出现斑杂状结构，少数内部发育浅色内核，Th/U 比值中等(一般 0.45～0.77)，该类锆石可能属于遭受后期变质作用改造过的岩浆锆石。

该样品锆石 U-Pb 分析结果经校正后的有效数据点共 35 个，剔除谐和度较差的测试点后给出一组很好的谐和年龄数据(图 4-9b)。第一类典型的岩浆成因锆石测试点共 29 个，围绕谐和线成群集中分布，$^{206}Pb/^{238}U$ 表面年龄介于 525±6～510±6Ma 之间，加权平均年龄为 516±2Ma(MSWD=0.38，error bars=2σ)，加权平均值的误差与单个分析误差基本一致。第二类遭受后期变质作用改造的锆石试点共 4 个，在谐和图中零散分布，$^{206}Pb/^{238}U$ 表面年龄多为 496±7～471±6Ma。

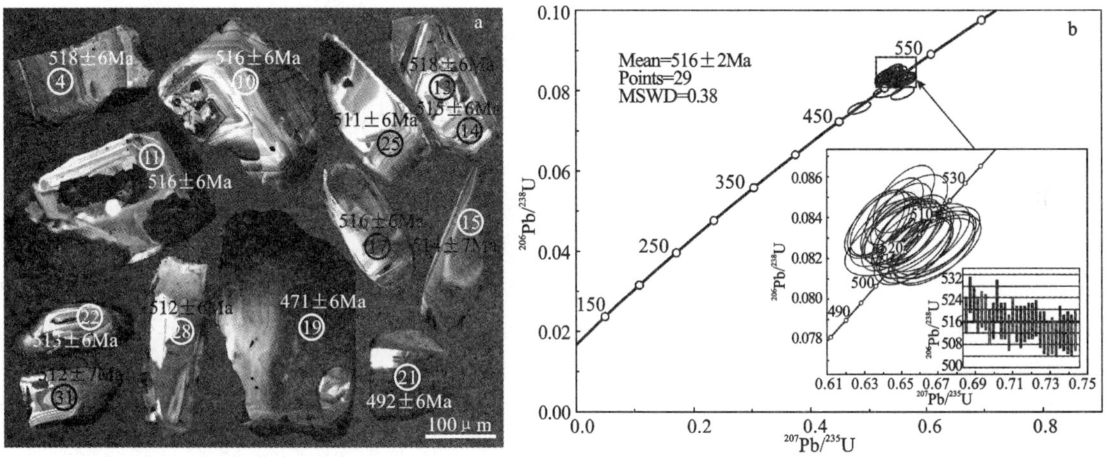

图 4-9　米林县丹娘片麻状闪长岩(07NJ-1)锆石阴极发光(CL)图像(a)和锆石 U-Pb 谐和图(b)

综上所述，516±2Ma 应该为米林县丹娘片麻状闪长岩的形成年龄(岩浆结晶年龄)，属于泛非期侵入的中酸性岩体。496±7～471±6Ma 可以解释为岩石的后变质年龄。

(5) 定日县长所眼球状黑云母花岗片麻岩(07LG-1)

样品 07LG-1 采自藏南的西藏定日县长所乡北(附表，附图)。定日县长所眼球状黑云母花岗片麻岩呈片麻状构造、眼球状构造，变余花岗结构、变余似斑状结构，岩石较为新鲜。主要由石英(40%±)、斜长石(30%±)和钾长石(23%±)组成，含少量黑云母(3%±)、白云母(2%±)、石榴子石(2%±)。

从该样品代表性锆石阴极发光(CL)图像(图 4-10a)可以看出，锆石大体可以分为三类：第一类数量较少，呈半自形状或他形，发育振荡环带结构，外围为暗色生长边，Th/U 比值中等(一般 0.40～0.55)，属于捕获的早期岩浆成因锆石；第二类数量较多，为半自形，发育清晰的振荡环带结构，外围也发育暗色生长环带，Th/U 比值偏高(一般 0.32～1.30)，属于较典型的岩浆成因锆石；第三类数量较少，为半自形状，发育振荡环带结构，外围具有暗色生长加大边，Th/U 比值略为偏低(一般 0.13～0.41)，该类锆石可能属于遭受后期变质作用改造过的岩浆锆石。

定日县长所眼球状黑云母花岗片麻岩(07LG-1)的锆石 U-Pb 分析结果经校正后的有效数据点共 25 个，谐和度均较高，给出一组较为集中的谐和年龄数据(图 4-10b)。第一类捕获的早期岩浆成因锆石测试点共 5 个，在谐和图中发散分布，表面年龄介于 1544±11～788±8Ma 之间。第二类岩浆成因锆石的测试点共 13 个，在谐和图中围绕谐和线成群集中分布，$^{206}Pb/^{238}U$ 表面年龄基本一致，为 522±6～503±5Ma，加权平均年龄为 515±3Ma(MSWD=1.01，error bars=2σ)，加权平均值的误差与单个分析误差基本一致。第三类遭受后期变质作用改造的锆石试点共 6 个，在谐和图中发散分布，$^{206}Pb/^{238}U$ 表面年龄介于 488±5～449±5Ma 之间。

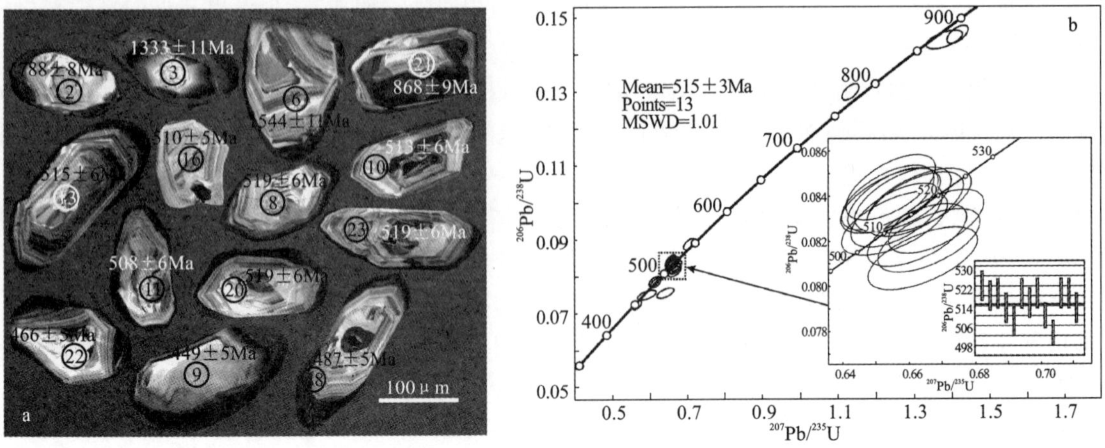

图 4-10　定日县长所眼球状黑云母花岗片麻岩(07LG-1)锆石阴极发光(CL)图像(a)和锆石 U-Pb 谐和图(b)

综上所述,1544±11～788±8Ma 的锆石表面年龄可以解释为岩浆部分熔融、运移及结晶作用过程中捕获的围岩年龄信息。515±3Ma 应该为定日县长所眼球状黑云母花岗片麻岩的形成年龄(岩浆结晶年龄),属于泛非期侵入的中酸性岩体。488±5～449±5Ma 可以解释为岩石的后期变质年龄区间。

除了本项研究测定的同位素年龄数据外,前人曾获得大量泛非期中酸性侵入岩同位素年龄值。

高喜马拉雅地块:通巴寺片麻状黑云母钾长花岗岩大型岩基,主体在不丹境内,锆石 SHRIMP U-Pb 年龄为 502±9Ma(刘文灿等,2004);汤嘎西木片麻状花岗闪长岩锆石 SHRIMP U-Pb 年龄为 513±10Ma(刘文灿等,2004);丹娘沟北东侧侵入南迦巴瓦岩群的片麻状花岗岩体时代为 553～522Ma(孙志明等,2004);北印度高喜马拉雅侵入矽线石蓝晶石片岩的花岗岩年龄 488Ma(Foster,2000);亚东侵入聂拉木岩群的正片麻岩时代为 501±12Ma 和 460±11Ma(许志琴等,2005);中尼泊尔变质花岗岩锆石 U-Pb 年龄为 484±2Ma 和 512±5Ma(Gehrels G E et al,2006);林芝地区侵入南迦巴瓦岩群中的正片麻岩锆石 U-Pb 年龄为 490±3Ma 和 490±6Ma(张泽明等,2008),Kimin-Geevan 眼球状花岗质片麻岩锆石 SHRIMP U-Pb 年龄为 512±14Ma、正片麻岩年龄为 504.9±8.3Ma(Yin et al, 2010)。

北喜马拉雅地块:康马片麻状二云母花岗岩体,其经历了强烈的韧性剪切变形,片麻理发育,与围岩产状一致,岩石类型主要为二长花岗岩和钾长花岗岩,呈灰白色,中细粒花岗结构、片麻状构造,其锆石 SHRIMP U-Pb 年龄为 493±14Ma(夏斌等,2008);康马之西哈金桑惹花岗岩具片麻状构造,与围岩呈拆离断层接触,接触带靡棱岩化强烈,锆石 SHRIMP U-Pb 年龄为 490Ma;康马之西波东拉花岗岩与围岩呈拆离断层接触,岩石呈灰白色,细粒花岗结构、弱片麻状构造、块状构造,锆石 SHRIMP U-Pb 年龄为 500Ma(刘文灿等,2004)。

高喜马拉雅带元古代花岗岩和泛非期花岗岩的 A/NCK 大于 1.1 或 1.07,Na_2O/K_2O 比值均小于 1,具 S 型花岗岩的特征,化学成分均于高喜马拉雅变质表壳岩相似,说明它们主要是地壳古元古代或更老的长英质岩石部分熔融的产物。康马-隆子地块元古代和泛非期花岗岩可能形成于造山晚期的伸展环境(青藏高原南部空白区基础地质综合研究,2006)。

(三) 印度陆块(北部)

研究区内主要包括西隆高原和米吉尔丘陵。Yin 等(2010)在该地区获得了大量同位素数据。对米吉尔丘陵地区北部边缘的黑云母花岗岩、钾长花岗岩和侵入其中的钾长花岗岩脉分析,获得年龄分别为 1110±15Ma、1111±42Ma 和 1084±19Ma。对西隆高原的 5 个花岗质侵入体(花岗岩、黑云母花岗岩和花岗质片麻岩)分析,获得年龄分别为 480～430Ma、497±9Ma、520Ma、1000Ma、1100Ma 等。在布拉马普特拉河谷花岗质片麻岩获得了 1520Ma 和 1630Ma 年龄。在西隆高原西部的迪纳杰布尔地块,Ameen 等(2007)利用 SHRIMP 方法获得英云闪长岩的锆石 $^{207}Pb/^{206}Pb$ 年龄为 1772±6Ma。

第二节　火山岩

由于前寒武纪中—高级变质地层中原岩属于火山岩的部分难以恢复，本项目仅对研究区低绿片岩相浅变质和葡萄石-绿纤石相轻微变质的火山岩-火山碎屑岩进行综述。亲冈瓦纳古大陆区前寒武系多为中—高级变质地层，浅变质火山岩-火山碎屑岩类分布极为有限，仅聂荣地块、嘉玉桥地块和拉萨地块残留有少量低绿片岩相浅变质火山岩。前寒武系绝大部分浅变质火山岩-火山碎屑岩分布于亲欧亚古大陆区的扬子陆块(西部)，以中—新元古代为主，少部分夹于古元古代浅变质带中；此外，铁克里克地块、阿尔金地块和秦-祁-昆地块群中—新元古界也夹有部分浅变质火山岩-火山碎屑岩，喀喇昆仑地块的布伦阔勒岩群弱变质域残存有少量浅变质火山岩。浅变质火山岩-火山碎屑岩类的分布详见表4-1。

表4-1　青藏高原及邻区前寒武纪浅变质火山岩-火山碎屑岩类一览表

序号	地层名称	火山岩组合类型	所属构造-地层区		
			小区	区	大区
1	塞拉加兹塔格岩群(Ch*Sl*.?)	双峰式火山岩	铁克里克地块(Ⅰ$_{1-1}$)	塔里木陆块(南部)	亲欧亚古大陆
2	博查特塔格组(Jx*bc*)	中—基性火山岩夹层	铁克里克地块(Ⅰ$_{1-1}$)		
3	巴什库尔干岩群(Ch*B*.)	中—基性火山岩夹层	阿尔金地块(Ⅰ$_{1-2}$)		
4	索尔库里群(QbS)	中—基性火山岩夹层	阿尔金地块(Ⅰ$_{1-2}$)		
5	库郎拉古岩群(Pt$_1$*Kl*.)	中—基性火山岩夹层	西昆仑地块(Ⅰ$_{3-1}$)北带	秦-祁-昆地块群	
6	柳什塔格玄武岩(*ZL*^{b})	基性火山岩	西昆仑地块(Ⅰ$_{3-1}$)南带		
7	万宝沟岩群(Pt$_{2-3}$*W*.) 温泉沟岩组	基性火山岩-火山碎屑岩	东昆仑地块(Ⅰ$_{3-2}$) 北带和南带		
8	全吉群(Nh∈$_1$*Q*)石英梁组	基性火山岩夹层	全吉地块(Ⅰ$_{3-3}$)		
9	朱龙关群熬油沟组(Ch*a*)	基性火山岩-火山碎屑岩	北(中)祁连地块(Ⅰ$_{3-4}$)		
10	兴隆山群(Ch*X*)	中基性火山岩-火山碎屑岩	北(中)祁连地块(Ⅰ$_{3-4}$)		
11	皋兰群(Pt$_2$*G*)	中基性火山岩-火山碎屑岩	北(中)祁连地块(Ⅰ$_{3-4}$)		
12	丹凤群(Pt$_3$*OD*)	中基性火山岩-火山碎屑岩	北秦岭地块(西部)(Ⅰ$_{3-6}$)		
13	碧口群(Pt$_{2-3}$*B*)	双峰式火山岩	碧口地块(西部)(Ⅰ$_{4-1}$)	扬子陆块(西部)	
14	秧田坝组(Qb*yt*)	火山碎屑岩-火山岩	碧口地块(西部)(Ⅰ$_{4-1}$)		
15	通木梁群(Pt$_2$*Tm*)	双峰式火山岩	龙门地块(Ⅰ$_{4-2}$)		
16	黄水河群(Pt$_{2-3}$*Hs*)	双峰式火山岩	龙门地块(Ⅰ$_{4-2}$)、 康滇地块(Ⅰ$_{4-3}$)		
17	盐井群(Nh*Y*)	酸性火山岩-火山碎屑岩	康滇地块(Ⅰ$_{4-3}$)		
18	开建桥组(Nh$_{1-2}$*k*)	火山碎屑岩-火山岩	康滇地块(Ⅰ$_{4-3}$)		
19	河口岩群(Pt$_1$*Hk*.)	酸性火山岩-火山碎屑岩	康滇地块(Ⅰ$_{4-3}$)		
20	下村岩群(Pt$_{1-2}$*Xc*.)	火山碎屑岩-火山岩	康滇地块(Ⅰ$_{4-3}$)		
21	登相营群(Pt$_2$*Dx*)	酸性火山岩-火山碎屑岩	康滇地块(Ⅰ$_{4-3}$)		
22	盐边群(Pt$_2$*Y*)	基性火山岩-火山碎屑岩	康滇地块(Ⅰ$_{4-3}$)		
23	会理群(Pt$_2$*H*)	火山碎屑岩-火山岩	康滇地块(Ⅰ$_{4-3}$)		

续表 4-1

序号	地层名称	火山岩组合类型	所属构造-地层区		
			小区	区	大区
24	昆阳群(Pt_2K)	火山碎屑岩-火山岩	康滇地块(Ⅰ$_{4-3}$)	扬子陆块(西部)	亲欧亚古大陆
25	峨边群(Pt_2E)	火山碎屑岩-火山岩	康滇地块(Ⅰ$_{4-3}$)		
26	苏雄组(Nh_1s)	双峰式火山岩	康滇地块(Ⅰ$_{4-3}$)		
27	布伦阔勒岩群($Pt_1Bl.$)	双峰式火山岩	喀喇昆仑地块(Ⅰ$_{5-1}$)	羌塘-三江地块群	
28	吉塘岩群($Pt_{2-3}Jt.$)酉西岩组	中—基性火山岩夹层	他念他翁地块(Ⅰ$_{5-2}$)		
29	石鼓岩群($Pt_{2-3}S.$)露西岩组	中—基性火山岩夹层	中甸地块(Ⅰ$_{5-4}$)		
30	聂荣岩群($Pt_{2-3}Nr.$)	中—基性火山岩夹层	聂荣地块(Ⅲ$_{1-2}$)	冈底斯地块群	亲冈瓦纳古大陆
31	卡穷岩群($Pt_{2-3}K.$)	中—基性火山岩夹层	嘉玉桥地块(Ⅲ$_{1-3}$)		
32	嘉玉桥岩群(AnCJ.)	中—基性火山岩夹层	嘉玉桥地块(Ⅲ$_{1-3}$)		
33	念萨岗岩群($Pt_1C.$)	双峰式火山岩	拉萨地块(Ⅲ$_{1-4}$)		

一、亲欧亚古大陆区

(一)塔里木陆块(南部)

该区前寒武纪浅变质火山岩主要分布于铁克里克地块和阿尔金地块。铁克里克地块浅变质火山岩层位集中于中—新元古代,以塞拉加兹塔格岩群为主,次为博查特塔格组;阿尔金地块浅变质火山岩较少,层位也为中—新元古代,以夹层形式赋存于巴什库尔干岩群和索尔库里群中。

1. 中元古代火山岩

火山岩较少,零星分布于阿尔金地块和铁克里克地块,以碎屑岩夹中—基性火山岩的形式产出。

阿尔金地块的巴什库尔干岩群(Ch*B.*)以绿片岩相变质的碎屑岩为主,其下部扎斯勘赛河岩组(Ch*z.*)夹有变中—基性火山岩,主要包括变质中—基性火山岩、火山角砾岩、凝灰岩、酸性凝灰岩等。岩石组合为玄武岩-玄武安山岩-安山岩-英安岩,在1∶25万瓦石峡幅区调中具有大陆裂谷型火山岩共生组合的特征。

铁克里克地块的博查特塔格组(Jx*bc*)以绿片岩相变质的碎屑岩为主,局部夹有变中—基性火山岩。主要火山岩类有玄武岩、安山岩、安山质角砾岩及沉凝灰岩。

2. 新元古代火山岩

该时期火山岩主要为铁克里克地块的塞拉加兹塔格岩群,分布于墨玉县卡拉喀什河、和田的玉龙喀什河—米提河、叶城县哈拉斯坦河以东玉珊塔格勒一带,以及阿克齐吾斯塘上游地区和康矮孜达里亚沟以北地区。该岩群以低绿片岩相浅变质双峰式火山岩为主,少量火山碎屑岩,为一套细碧-石英角斑岩系。其中,基性单元包括细碧岩、玄武岩及中基性凝灰岩,酸性单元包括石英角斑岩、酸性熔结角砾岩及酸性凝灰岩。在1∶25万叶城县幅区调中总体属于一套海相火山-火山岩碎屑岩建造,属于碱性系列及拉斑玄武岩系列,显示大陆裂谷拉张环境下的岩石组合特征。玉龙喀什河塞拉加兹塔格岩群中变凝灰岩岩浆成因LA-ICP-MS锆石U-Pb年龄为787±1Ma(王超等,2009),代表Rodinia超大陆裂解的岩浆作用记录。

阿尔金地块新元古代火山岩仅有青白口纪索尔库里群。该岩群主体为一套低绿片岩相变质的浅海碎屑岩夹碳酸盐岩,其中冰沟南组(Qb*b*)和小泉达坂组(Qb*x*)夹变中—基性火山岩。火山岩类有变玄武岩、变中基性火山岩、凝灰岩。

(二)秦-祁-昆地块群

该区火山岩分布于东、西昆仑地块、北(中)祁连地块、北秦岭地块,全吉地块也有少量分布。火山岩以中—新元古代为主,少量为古元古代,包括(中)基性火山岩-火山碎屑岩和基性火山岩(-火山碎屑岩)组合。

1. 古元古代火山岩

该时期火山岩仅有西昆仑地块的库浪那古岩群。火山岩多发生了强烈变质,主体以片麻岩、片岩夹斜长角闪岩、斜长角闪片岩、斜长角闪片麻岩的形式产出,仅在弱变质域有少量变(枕状)玄武岩,原岩为碎屑岩-基性火山岩组合。本项目于新疆叶城县库地北该岩群变(枕状)玄武岩获得锆石 LA-ICP-MS 年龄为 2025±13Ma。

2. 中元古代火山岩

该时期火山岩主要分布于北(中)祁连地块,以朱龙关群熬油沟组(Ch*a*)、兴隆山群(Ch*X*)、皋兰群(Pt_2G)为代表,此外还有东昆仑地块的万宝沟岩群($Pt_{2\text{-}3}W.$)温泉沟岩组。

朱龙关群(Ch*Z*)熬油沟组(Ch*a*)分布于北(中)祁连地块西段,以变基性火山岩、火山碎屑岩为主,夹变凝灰质板岩。下部为拉斑玄武质火山岩,上部为碱性玄武质火山岩,为大陆裂谷火山作用产物,属大陆溢流玄武岩(夏林圻等,2000)。

兴隆山群(Ch*X*)分布于北(中)祁连地块中段,主体为一套低绿片岩相变质的中基性火山岩-火山碎屑岩,夹有少量变质碎屑岩及碳酸盐岩。主要火山岩类以变玄武岩、细碧玢岩(或细碧岩)、安山岩、安山质凝灰岩为主,少量变流纹英安凝灰岩、凝灰质砂岩。兴隆山群基性火山岩均为亚碱性拉斑系列火山岩(施彬等,2007),为大陆裂谷火山作用产物,可能是与 Rodinia 超大陆形成有关的岩浆事件的响应(徐学义等,2008)。

皋兰群(Pt_2G)分布于北(中)祁连地块中段,为绿片岩相变质的中—基性火山岩-火山碎屑岩组合,中—基性火山岩已变质为黑云角闪片岩、斜长角闪片岩及绿片岩等。火山岩具有低钛、高铝的特点,属于钙碱性系列;斜长角闪片岩类稀土元素表现出轻稀土富集型、负 Eu 异常明显的右倾型曲线,角闪片岩类稀土元素为轻稀土富集不明显、正 Eu 异常的平坦曲线。其形成构造环境可能与朱龙关群熬油沟组和兴隆山群火山岩一样,同属大陆裂谷火山作用产物。

万宝沟岩群($Pt_{2\text{-}3}W.$)温泉沟岩组分布于东昆仑地块,以变基性火山岩-火山碎屑岩为主,夹少量变碎屑岩、硅质岩和结晶灰岩。岩石类型主要为变玄武岩、变玄武质凝灰岩、变玄武火山角砾凝灰岩。该火山岩属于碱性系列与拉斑系列并存,变玄武岩锆石 U-Pb SHRIMP 年龄为 1348±30Ma,形成环境为东昆仑中元古代的有限洋盆(魏启荣等,2007)。此外,海德郭勒地区万宝沟岩群温泉沟岩组变玄武岩在 1∶5万海德郭勒幅区调中 Sm-Nd 全岩等时线年龄为 884.1±37.6Ma,在 1∶5万万宝沟幅区调中 Sm-Nd 全岩等时线年龄为 670±15Ma。

3. 新元古代火山岩

该时期浅变质火山岩包括西昆仑地块的柳什塔格玄武岩(ZL^b)、全吉地块的全吉群($Nh\in_1Q$)石英梁组和北秦岭地块的丹凤群(Pt_3OD)。

柳什塔格玄武岩(ZL^b)分布于新疆于田县南西昆仑,以一套低绿片岩相变质的钙碱性—碱性系列玄武岩为主,具枕状构造,少量粗玄岩和辉绿岩。玄武岩稀土总量高,轻稀土富集,Eu 具较弱的正异常,显示出拉张环境下的基性火山作用。玄武岩 Rb-Sr 等时线年龄为 563±48Ma(李博秦等,2007)。柳什塔格玄武岩 Pb、Zn、Cu 普遍呈富集状,Ag 则富集明显,可能有利于成矿。

全吉群($Nh\in_1Q$)石英梁组为变碎屑岩中夹变火山岩,为钙碱性—碱性大陆板内玄武岩、玄武质安山岩。玄武岩颗粒锆石 U-Pb 年龄约为 738±28Ma(Lu Songnian,2001;陆松年,2002);石英梁组玄武安山岩锆石 U-Pb 年龄为 800Ma 左右,其沉积-火山序列是 Rodinia 超大陆在新元古代早期解体阶段的产物(李怀坤等,2003)。

丹凤群(Pt_3OD)是组成商丹蛇绿混杂岩的主体，研究区只涉及其最东端。该群主要为一套低—高绿片岩相变质的中基性火山岩-火山碎屑岩，岩石类型包括变玄武岩、玄武安山岩、英安岩夹凝灰岩、凝灰质粉砂岩。变质基性火山岩的岩石地球化学特征多为岛弧拉斑玄武岩，表明为岛弧型火山岩系(裴先治等，2001；杨根生等，2004)。火山岩形成环境比较复杂，总体趋向于有限洋盆→岛弧构造环境，具有SSZ型蛇绿岩特征。

（三）扬子陆块(西部)

该区火山岩广泛分布于扬子西缘，以中(—新)元古代火山岩为主，古(—中)元古代和新元古代火山岩次之。

1. 古(—中)元古代火山岩

该时期火山岩有河口岩群、下村岩群。

河口岩群($Pt_1Hk.$)总体为高绿片岩相变质的碎屑岩-火山岩，弱变质域可识别出浅变质酸性火山岩-火山碎屑岩。浅变质火山岩主要为细碧角斑岩、变钾角斑岩、(气孔状)石英钠长岩等。总体属于碱性火山岩系列。由于缺少有效同位素年代学数据限定，该岩群火山岩的形成时代有待进一步厘定。

下村岩群($Pt_{1-2}Xc.$)总体为高绿片岩相-低角闪岩相变质的碎屑岩，上部(核桃湾岩组)片岩中夹有少量基性火山角砾岩及角砾凝灰岩，该岩群中的钠长石英岩、云母钠长片岩、阳起片岩原岩应为火山岩，属于火山碎屑岩-火山岩。由于缺少有效同位素年代学数据限定，该岩群火山岩的形成时代有待进一步厘定。

2. 中(—新)元古代火山岩

该时期火山岩构成扬子西缘前寒武纪火山岩的主体，包括碧口群、通木梁群、黄水河群、登相营群、盐边群、会理群、昆阳群及峨边群。

碧口群($Pt_{2-3}B$)分布于碧口地块，以海相浅变质双峰式火山岩、火山碎屑岩为主。含铜矿、硫铁矿及金矿等。基性单元包括变玄武岩、枕状玄武岩、细碧岩、安山玄武岩、凝灰质熔岩、基性凝火岩及少量中基性火山角砾岩、集块岩；酸性单元包括变流纹岩、流纹斑岩、石英斑岩、石英角斑岩和酸性凝灰岩。基性火山岩包括碱性玄武岩系列和拉斑玄武岩系列。最新的SHRIMP法锆石U-Pb定年表明，碧口群火山岩系的形成年龄为846～776Ma(闫全人等，2003)。碧口群火山岩系产生于大陆裂谷环境，是Rodinia超大陆裂解作用的深部地球动力学的地表响应(夏林圻等，2007)。

通木梁群(Pt_2Tm)分布于龙门地块，以海相浅变质双峰式火山岩、火山碎屑岩为主。从岩石组合、时代、变质程度和含矿性等方面均与碧口群($Pt_{2-3}B$)相当，以海相浅变质双峰式火山岩、火山碎屑岩为主，上部为中酸性火山岩，中部为中基性火山岩，下部为碎屑岩。

黄水河群($Pt_{2-3}Hs$)分布于龙门地块，以正常沉积碎屑岩为主，夹火山岩、火山碎屑岩，自下而上可分出多个火山喷发韵律，为一套细碧角斑质浅变质双峰式火山岩-火山碎屑岩建造。从火山岩组合、时代等方面均与碧口群($Pt_{2-3}B$)、通木梁群(Pt_2Tm)相当，变火山岩锆石SHRIMP U-Pb年龄为876±17Ma(闫全人等，2003)。变质程度局部可达绿片岩相。

登相营群(Pt_2Dx)分布于康滇地块，以浅变质碎屑岩、大理岩为主，其间夹变中酸性火山岩、火山碎屑岩，可与四川的会理群和云南的昆阳群对比。火山岩岩石类型包括变流纹岩、杏仁状英安岩、变火山砾岩、变凝灰岩、凝灰质砂岩。

盐边群(Pt_2Y)分布于康滇地块，变质碎屑岩中夹有多层基性火山岩、火山碎屑岩。火山岩类主要为变玄武岩(粗玄岩或细玄岩)、变枕状玄武岩、玄武质火山角砾岩、变安山凝灰角砾岩、凝灰质板岩、变凝灰质砾岩。四川盐边县荒田盐边群玄武岩锆石SHRIMP U-Pb年龄为782 ±53Ma(杜利林等，2005)。

会理群(Pt_2H)分布于康滇地块，为一套浅变质的细碎屑岩、变碳酸盐岩，夹少量变火山碎屑岩-火山岩。变火山碎屑岩-火山岩产于上部层位的天宝山组，主要有英安质凝灰熔岩、凝灰岩、安山岩、玄武岩。牟传龙等(2003)采用TIMS锆石U-Pb法获得洪川桥附近变质斑状英安岩年龄为958±16Ma，孔明寨附近斑状英安岩年龄为961±27Ma。川西会理一带会理群天宝山组酸性火山岩锆石SHRIMP U-Pb

年龄为 1028±9Ma(耿元生等,2007)。

昆阳群(Pt_2K)分布于康滇地块,主要为一套浅变质的碎屑岩、碳酸盐岩,夹有少量变火山碎屑岩-火山岩。变火山碎屑岩-火山岩包括安山质凝灰岩、玄武岩、安山玄武岩。昆阳群富良棚段火山凝灰岩中获得 1032±9Ma 的锆石 SHRIMP U-Pb 年龄(张传恒等,2007)。云南东川地区昆阳群黑山组凝灰岩锆石 SHRIMP U-Pb 年龄为 1503±17Ma(孙志明等,2009)。

峨边群(Pt_2E)分布于康滇地块,以低绿片岩相变质的沉积碎屑岩为主,夹少量碳酸盐岩及酸性—基性火山岩、火山碎屑岩。变火山碎屑岩-火山岩包括安山玄武质火山熔岩、流纹质凝灰岩、安山质凝灰岩、玄武质岩屑晶屑凝灰岩、砂砾质凝灰岩、凝灰质砾岩。

3. 新元古代火山岩

该时期火山岩零星分布扬子西缘,火山作用主体为南华纪,包括秧田坝组、盐井群、开建桥组及苏雄组。

秧田坝组(Qbyt)分布于碧口地块,为一套低绿片岩相变质的碎屑岩,夹有少量变火山碎屑岩-火山岩。火山碎屑岩-火山岩主要有变凝灰质砂岩、变凝灰质砂砾岩、凝灰质千枚岩、凝灰质板岩,以及少量变中基性火山岩和变中酸性火山岩。其形成构造环境为稍晚于碧口群的裂谷火山作用,将秧田坝组的形成时代暂置于青白口纪。

盐井群(NhY)分布于康滇地块,以低绿片岩相变质的酸性火山岩-火山碎屑岩为主,夹变质碎屑岩。火山岩岩性为变流纹岩、流纹斑岩、英安岩、粗面岩、石英粗面岩、流纹质凝灰岩、凝灰质含角砾粗面岩,少量变玄武岩、含斑粗面岩。该群火山岩总体为钙碱性系列和碱性系列。

开建桥组($Nh_{1-2}k$)分布于康滇地块,主要为一套浅变质的火山碎屑岩,包括流纹质玻屑凝灰岩、砂质凝灰岩、凝灰质粉砂岩、含砾砂质凝灰岩、凝灰角砾岩。

苏雄组(Nh_1s)分布于康滇地块,主要由陆相双峰式火山岩及火山碎屑岩组成。基性单元包括玄武岩、中基性凝灰岩;酸性单元包括英安岩、流纹岩、酸性凝灰岩、凝灰质砂岩、层凝灰岩。苏雄组流纹岩锆石 SHRIMP U-Pb 年龄为 803±12Ma(李献华等,2001)。苏雄组双峰式火山岩形成于典型的大陆裂谷环境,非常类似于现代与地幔柱活动有关的高火山活动型裂谷火山岩(李献华等,2002c;李献华等,2005)。

(四)羌塘-三江地块群

该区火山岩分布零星,在弱变质域以绿片岩相变质火山岩夹层的形式产于变质碎屑岩中,包括布伦阔勒岩群、吉塘岩群西西岩组及石鼓岩群露西岩组。

布伦阔勒岩群($Pt_1Bl.$)分布于喀喇昆仑地块的新疆塔什库尔干县,为一套高绿片岩相-低角闪岩相变质含磁铁石英岩的碎屑岩夹碳酸盐岩,局部弱变质域保留有低绿片岩相变质的火山岩,是本项目从原志留纪温泉沟组划归该岩群的火山-沉积岩系,具有双峰式火山岩特征。基性单元包括片理化变杏仁状安山玄武岩、片理化玄武安山岩;酸性单元包括片理化变流纹岩。其中,变玄武岩、玄武安山岩主体属于低铝拉斑玄武岩系列,变流纹岩属于低铝钙碱性系列。片理化变流纹岩锆石 LA-ICP-MS 测年为 2481±14Ma(Ji et al,2011)。

吉塘岩群($Pt_{2-3}Jt.$)西西岩组分布于他念他翁地块,变质程度为高绿片岩相,原岩为一套砂岩夹中—基性火山岩。火山岩均变质为石英绿泥片岩及绿泥片岩。本项目(何世平等,2012b)于西藏八宿县浪拉山获得石英绿泥片岩(原岩为中性火山岩)原岩形成年龄为 965±55Ma,西藏察雅县西西村吉塘岩群西西岩组绿片岩(原岩为中基性火山岩)的原岩形成年龄为 1048.2±3.3Ma。

石鼓岩群($Pt_{2-3}S.$)露西岩组分布于中甸地块,主要为二云石英片岩、二云长石石英岩夹少量黑云变粒岩、绿片岩。其中,绿片岩的原岩为中—基性火山岩。该火山岩的性质和火山作用时代有待深入研究。

二、亲冈瓦纳古大陆区

该区前寒武纪浅变质火山岩极为有限,仅在冈底斯地块群的聂荣地块、嘉玉桥地块和喜马拉雅地块群的拉萨地块保留有少量浅变质火山岩。

（一）冈底斯地块群

前寒武纪浅变质火山岩为中基性火山岩夹层，包括聂荣岩群、卡穷岩群和嘉玉桥岩群。

聂荣岩群分布于冈底斯地块群北缘的聂荣地块，主要为一套变粒岩、片麻岩、大理岩夹斜长角闪岩。其中的斜长角闪岩呈深灰绿色，片麻状构造、粒状变晶结构，矿物大部分沿片麻理方向呈定向排列，成分主要为弱绿泥石化角闪石（50%～55%）和弱钠黝帘石化斜长石（40%～45%），少量石英、不透明矿物（约2%）。综合分析认为其中的斜长角闪岩为变基性火山岩，变质程度达到低角闪岩相。西藏那曲县北聂荣岩群片麻状斜长角闪岩 LA-ICP-MS 锆石 U-Pb 年龄为 863±10Ma。

卡穷岩群分布于嘉玉桥地块，主要为黑云斜长片麻岩、二云斜长片麻岩、二云石英片岩、斜长角闪岩、变粒岩及大理岩。其中的斜长角闪岩呈灰绿色，粒状变晶结构，条带状构造，矿物沿片（麻）理方向呈定向排列；主要由角闪石（54%±）、绢云化斜长石（40%±），含少量石英（5%±），副矿物为磷灰石（1%±）。斜长角闪岩的原岩为中—基性火山岩，变质程度为低角闪岩相。西藏八宿县同卡乡北卡穷岩群条带状斜长角闪岩锆石 LA-ICP-MS U-Pb 同位素上交点年龄为 1082±18Ma（何世平等，2012c）。

嘉玉桥地块嘉玉桥岩群上部主要为中—薄层大理岩夹白云母石英片岩、含石榴子石绿片岩及变中性凝灰岩（图4-11）。其中，含石榴子石绿片岩呈深绿色，具变余斑状结构，片状构造，多数矿物沿片理方向呈定向排列（图4-12）；变余斑晶主要为角闪石（约2%）和斜长石（约3%），角闪石斑晶发生了弱绿泥石化；变余基质呈微细粒结构，沿片理方向强烈定向，主要由细小柱状绿泥石化角闪石（约50%）和板条状弱绢云母化斜长石（约40%）。此外，还有少量变质矿物，主要为石榴子石（约3%）和石英（约2%），石榴子石呈粒状不均匀分布，石英具波状消光，沿片理方向生长，边界参差不齐；变质程度为高绿片岩相，原岩为玄武岩，呈层状夹于碳酸盐岩地层中。

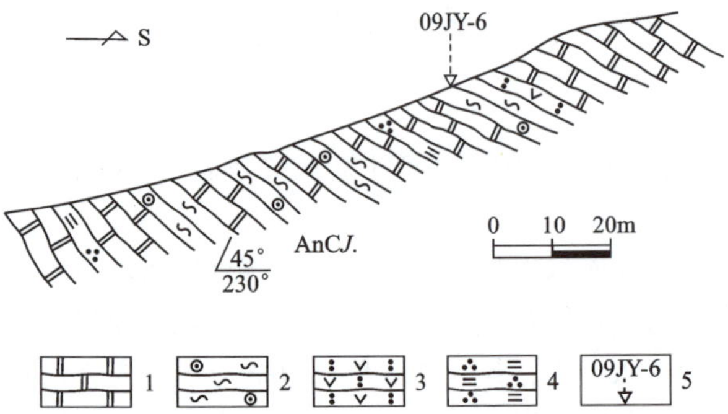

图4-11　西藏八宿县北巴兼一带嘉玉桥岩群剖面

1. 结晶灰岩；2. 含石榴石绿片岩；3. 变中性凝灰岩；4. 白云母石英片岩；5. 采样位置及编号

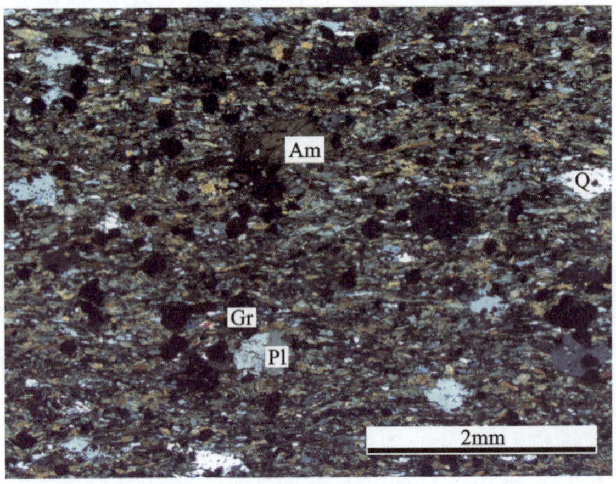

图4-12　嘉玉桥岩群含石榴子石绿片岩（09JY-6）显微特征（+）

本项目（何世平等，2012a）于西藏八宿县巴兼村南，获得该群大理岩中所夹含石榴子石绿片岩（原岩为玄武岩）LA-ICP-MS 锆石 U-Pb 不一致线上交点年龄为 566±27Ma（详见第三章），相当于晚震旦世。

嘉玉桥岩群上部大理岩中夹多层绿片岩（变玄武岩）及变中性凝灰岩，可能为泛非运动期间冈底斯地块群北缘局部发育的裂谷火山沉积作用记录。

本项研究在冈底斯北缘西藏尼玛县控错南帮勒村一带，原划前震旦纪念青唐古拉岩群的地层为一套浅变质拉斑系列双峰式火山岩，火山岩组合为变流纹（斑）岩-变玄武岩-变酸性凝灰岩-中基性火山角砾岩，夹少量二云石英片岩（图4-13）。通过 LA-ICP-MS 锆石微区原位 U-Pb 同位素测年，获得其中变流纹岩（附表，附图）$^{206}Pb/^{238}U$ 加权平均年龄为 536.4±3.6Ma（图4-14），确定该套火山岩形成于早寒武世。该套火山岩系与新发现西藏申扎县扎扛乡一带双峰式火山岩中变流纹岩的锆石 LA-ICP-MS U-Pb 年龄 500.8±2.1Ma（计文化等，2009）基本一致。综合分析认为，该套火山岩属于以变流纹（斑）

岩为主、变玄武岩为辅的拉斑系列双峰式火山岩，形成于陆缘裂谷，为冈底斯北缘存在寒武纪裂解作用提供了佐证(潘晓萍等,2012)。

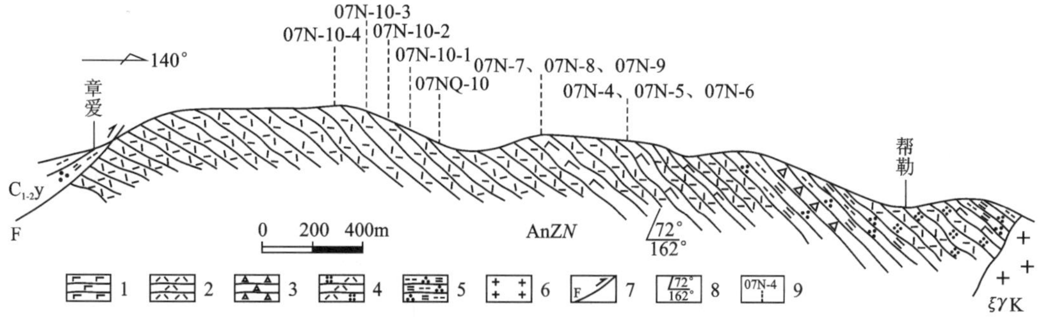

图 4-13 西藏尼玛县控错南帮勒村原念青唐古拉岩群地质剖面

1.变玄武岩;2.变流纹(斑)岩;3.火山角砾岩;4.变酸性凝灰岩;
5.二云石英片岩;6.钾长花岗岩;7.逆冲断层;8.片理产状(倾角/倾向);9.采样位置及编号

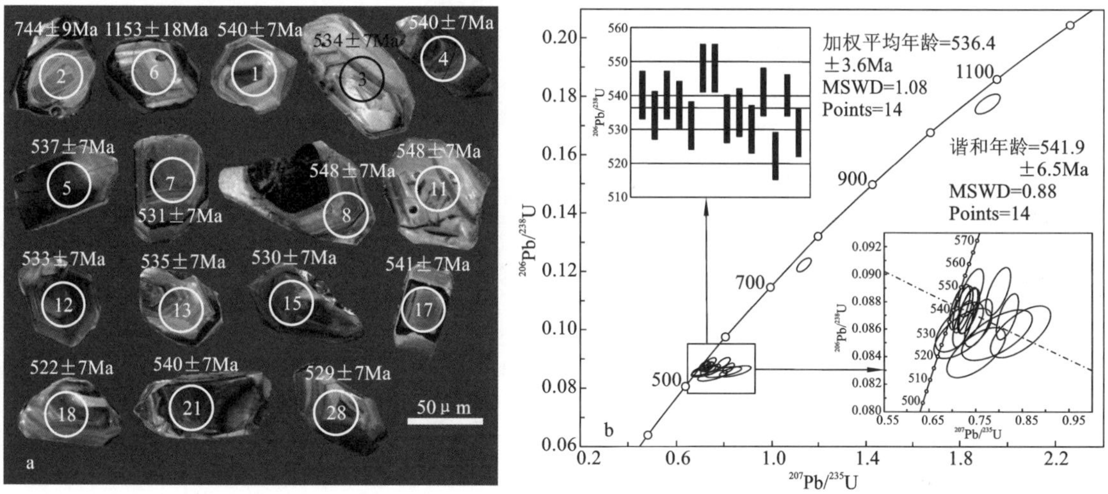

图 4-14 西藏尼玛县控错南帮勒村变玄武岩(07NQ-10)锆石 CL 图像(a)和锆石 U-Pb 年龄谐和图(b)

(二)喜马拉雅地块群

该区前寒武系主要为中深变质岩区，仅在拉萨地块岔萨岗岩群中存在绿片岩相变质的基性—酸性火山岩。岔萨岗岩群是本项目将原松多岩群岔萨岗岩组解体出来升级为群级单位，该岩群总体为高绿片岩相变质的片岩夹变火山岩，弱变质域可残留有变基性火山岩、变中酸性火山岩，为双峰式火山岩，总体显示裂谷特征。本项目获得变玄武岩 LA-ICP-MS 锆石 U-Pb 上交点年龄为 2450±10Ma，时代划归古元古代(详见第三章)。

变玄武岩呈深灰绿色，具斑状结构，块状构造，片理化发育，斑晶和基质均沿片理方向呈定向排列，斑晶为次闪石化角闪石(2%±)和弱钠黝帘石化斜长石(3%±)，基质为微晶角闪石(48%±)、斜长石(43%±)及少量方解石(2%±)、不透明矿物(2%±)；SiO_2 含量在 47.36%～50.33%之间，属于变基性岩类。

第三节 岩浆岩地球化学特征

一、花岗岩类地球化学特征

本项目对喜马拉雅地区的泛非期花岗岩类地球化学特征进行了研究。

（一）西藏普兰县南它亚藏布片麻状含石榴子石二云花岗岩

该岩体分布于西藏普兰县南它亚藏布，侵入聂拉木岩群，其主量元素、微量元素和稀土元素含量见表 4-2。

1. 主量元素

SiO_2含量在 68.25%～74.39%之间，Na_2O+K_2O＝6.18%～8.51%，K_2O/Na_2O＝0.76～3.30，MgO＝0.26%～0.90%，FeOt 含量介于 0.94%～4.23%之间，CaO＝1.01%～3.46%，Al_2O_3含量介于 12.84%～14.57%之间，TiO_2含量介于 0.19%～0.55%之间。

在 SiO_2-Nb/Y 图解（图 4-15a）中，样品点集中分布于流纹英安岩和英安岩区；在 FeOt/MgO-SiO_2图解（图 4-15b）中，样品点分布于拉斑系列范围；在（Na_2O+K_2O）-SiO_2图解（图 4-15c）中，样品点分布于花岗岩区；在 Al_2O_3/（Na_2O+K_2O）-Al_2O_3/（$CaO+Na_2O+K_2O$）图解（图 4-15d）中，样品点分布于过铝质区。因此，该岩体属于过铝质拉斑系列花岗岩。

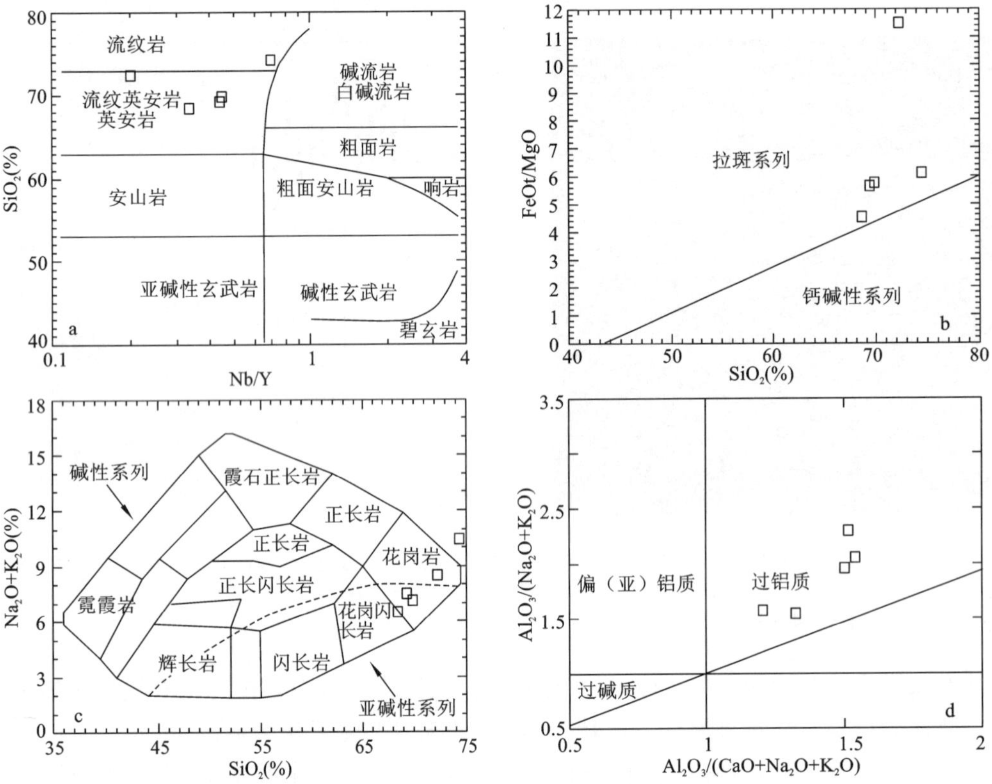

图 4-15　西藏普兰县南它亚藏布片麻状含石榴子石二云花岗岩 SiO_2-Nb/Y（a，据 Winchester and Floyd，1977）、FeOt/MgO-SiO_2（b，据 Miyashiro，1975）、（Na_2O+K_2O）-SiO_2（c，据 Rickwood，1989）和 Al_2O_3/（Na_2O+K_2O）-Al_2O_3/（$CaO+Na_2O+K_2O$）（d，据 Maniar 等，1989）图解

2. 稀土元素

稀土元素表现为稀土总量高（$\sum REE=211.61\times10^{-6}\sim384.51\times10^{-6}$），稀土元素配分型式总体呈轻稀土明显富集的右倾曲线（图 4-16a），$(La/Sm)_N$介于 3.83～4.42 之间，$(La/Yb)_N$介于 16.29～25.53之间，Eu 出现负异常（$\delta Eu=0.29\sim0.44$）。

3. 微量元素

微量元素经原始地幔标准化后的配分型式为大隆起型曲线，K、Cs、Rb、Ba、Th、U 等大离子亲石元素（LILE）和 La、Ce、Nd、Zr、Hf、Sm、Tb 等高场强元素（HFSE）明显富集，尤其出现 Cs、Rb、Th、U 高峰，而 Sr、Nb、Ta、Ti 等元素显著负异常（图 4-16b），表明该岩体可能属于陆壳重熔的产物。该岩体还显示 Ba 弱负异常，可能与后期蚀变改造作用有关。

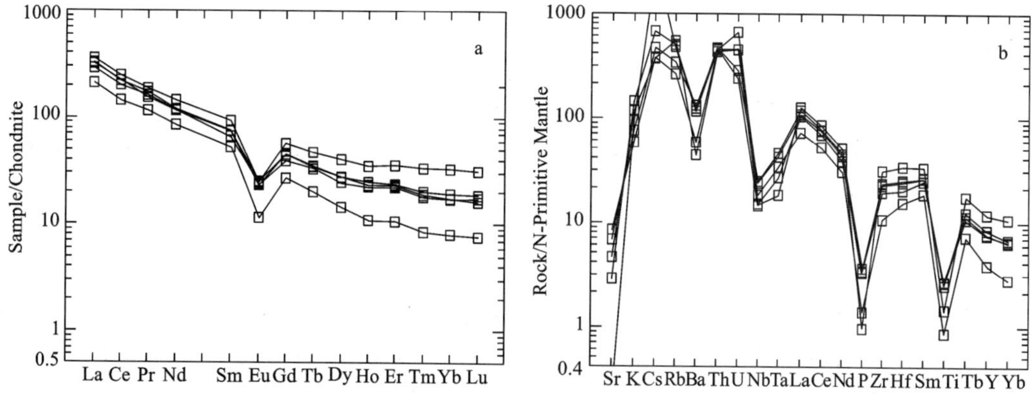

图 4-16　西藏普兰县南它亚藏布片麻状含石榴子石二云花岗岩稀土元素球粒陨石标准化配分型式(a)和微量元素原始地幔标准化配分型式(b,标准化值据 Sun 和 McDonoungh,1989)

(二) 西藏定日县长所乡北眼球状黑云母花岗片麻岩

该岩体分布于西藏定日县长所乡北,侵入拉轨岗日岩群,其主量元素、微量元素和稀土元素含量见表 4-2。

1. 主量元素

该岩体以高硅(SiO_2=69.57%～77.49%)、高钾富碱(Na_2O+K_2O=5.40%～8.44%,K_2O/Na_2O=1.27～2.32)、贫镁(MgO=0.36%～1.90%)、贫钙(CaO=0.19%～1.56%)为特征,Al_2O_3 含量介于 11.11%～12.64%之间,TiO_2 含量介于 0.08%～1.07%之间,FeOt 含量介于 1.08%～6.18%之间。

在 SiO_2-Nb/Y 图解(图 4-17a)中,样品点集中分布于流纹岩区;在 FeOt/MgO-SiO_2 图解(图 4-17b)中,样品点分布于钙碱性系列范围;在(Na_2O+K_2O)-SiO_2 图解(图 4-17c)中,样品点靠近花岗岩区;在 Al_2O_3/(Na_2O+K_2O)-Al_2O_3/($CaO+Na_2O+K_2O$)图解(图 4-17d)中,样品点分布于过铝质区。因此,该岩体属于过铝质钙碱性系列花岗岩。

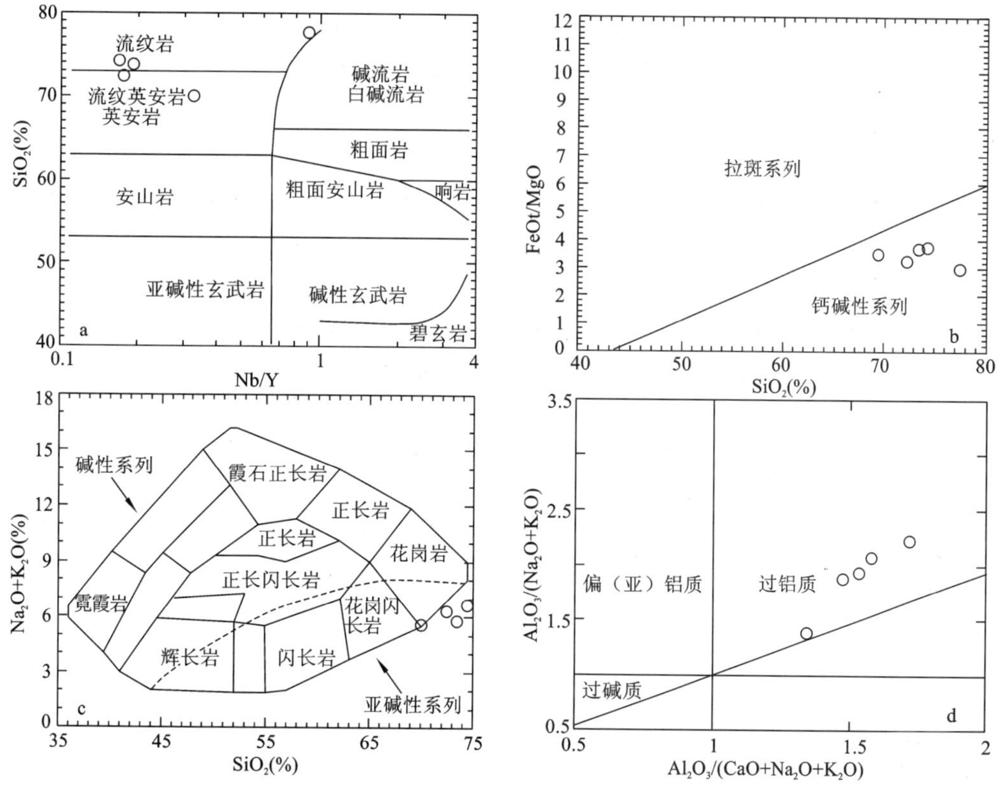

图 4-17　西藏定日县长所乡北眼球状黑云母花岗片麻岩 SiO_2-Nb/Y(a,据 Winchester and Floyd,1977)、FeOt/MgO-SiO_2(b,据 Miyashiro,1975)、(Na_2O+K_2O)-SiO_2(c,据 Rickwood,1989)和 Al_2O_3/(Na_2O+K_2O)-Al_2O_3/($CaO+Na_2O+K_2O$)(d,据 Maniar 等,1989)图解

2. 稀土元素

稀土元素表现为稀土总量高($\sum REE=227.06\times10^{-6}\sim436.23\times10^{-6}$),稀土元素配分型式总体呈轻稀土明显富集的右倾曲线(图 4-18a),$(La/Sm)_N$介于 3.21～3.97 之间,$(La/Yb)_N$介于 6.28～17.73 之间,Eu 具有负异常($\delta Eu=0.07\sim0.40$)。

3. 微量元素

微量元素经原始地幔标准化后的配分型式为大隆起型曲线,K、Cs、Rb、Th、U 等大离子亲石元素(LILE)和 La、Ce、Nd、Zr、Hf、Sm、Tb 等高场强元素(HFSE)明显富集,尤其出现 Cs、Rb、Th 高峰,而 Sr、Nb、Ta、Ti 等元素显著负异常(图 4-18b),表明该岩体可能属于陆壳重熔的产物。该岩体还显示 Ba 负异常,可能与后期构造改造作用有关。

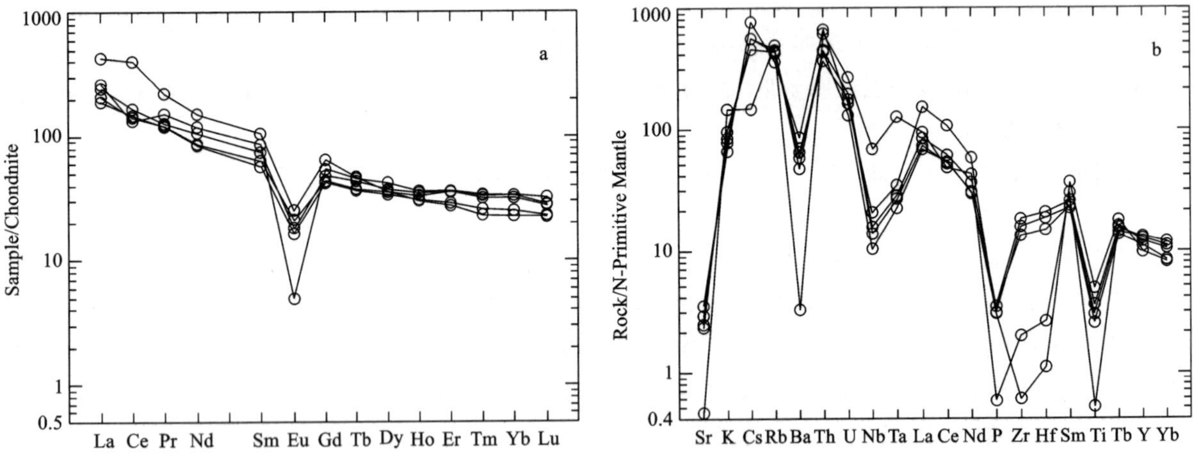

图 4-18 西藏定日县长所乡北眼球状黑云母花岗片麻岩稀土元素球粒陨石标准化配分型式(a)和微量元素原始地幔标准化配分型式(b,标准化值据 Sun 和 McDonoungh,1989)

(三)西藏亚东县下亚东含石榴子石花岗片麻岩

该岩体分布于西藏亚东县下亚东,侵入亚东岩组,其主量元素、微量元素和稀土元素含量见表 4-2。

1. 主量元素

该岩 SiO_2 含量介于 57.02%～67.68%之间,具有富碱($Na_2O+K_2O=5.21\%\sim10.99\%$,$K_2O/Na_2O=0.56\sim1.46$)、贫镁($MgO=1.51\%\sim1.70\%$)、高钙($CaO=3.06\%\sim3.92\%$)、高铝($Al_2O_3=15.43\%\sim20.99\%$)、低钛($TiO_2=0.18\%\sim0.49\%$)的特征,FeOt 含量介于 3.47%～3.95%之间。

在 SiO_2-Nb/Y 图解(图 4-19a)中,样品点分布于英安岩和安山岩区;在 FeOt/MgO-SiO_2图解(图 4-19b)中,样品点分布于钙碱性系列范围;在(Na_2O+K_2O)-SiO_2图解(图 4-19c)中,样品点主要分布于花岗闪长岩区,少数分布于正长闪长岩区;在 $Al_2O_3/(Na_2O+K_2O)$-$Al_2O_3/(CaO+Na_2O+K_2O)$图解(图 4-19d)中,样品点分布于过铝质区。因此,该岩体主体属于过铝质钙碱性系列花岗闪长岩。

2. 稀土元素

稀土元素特征表现为稀土总量较高($\sum REE=136.64\times10^{-6}\sim206.74\times10^{-6}$),稀土元素配分型式总体呈轻稀土明显富集的右倾曲线(图 4-20a),$(La/Sm)_N$ 介于 2.69～5.69 之间,$(La/Yb)_N$ 介于 5.71～26.86之间,Eu 具有弱负异常($\delta Eu=0.62\sim0.79$)。

3. 微量元素

微量元素经原始地幔标准化后的配分型式为大隆起型曲线,Cs、Rb、Th、U 等大离子亲石元素

(LILE)和 La、Ce、Nd、Zr、Hf、Sm、Tb 等高场强元素(HFSE)富集，尤其出现 Cs、Rb、Th、U 高峰，而 Sr、Ba、Nb、Ta、Ti 等元素显著负异常(图 4-20b)，表明该岩体可能属于陆壳重熔的产物。

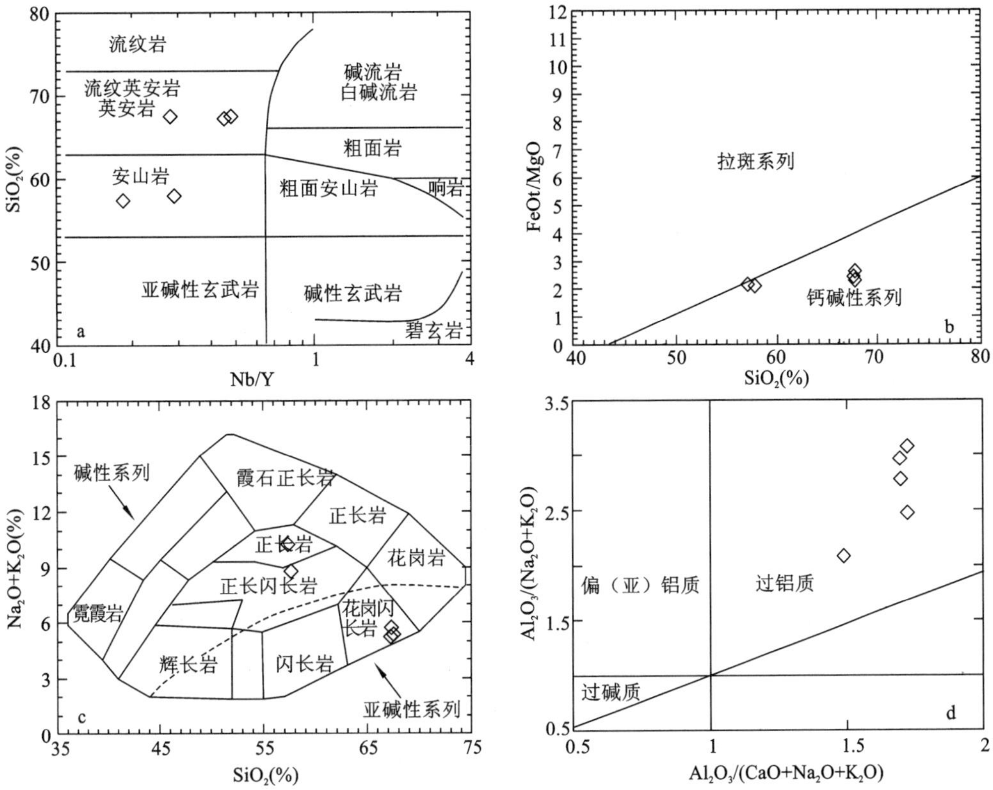

图 4-19　西藏亚东县下亚东含石榴子石花岗片麻岩 SiO_2-Nb/Y(a,据 Winchester and Floyd, 1977)、FeOt/MgO-SiO_2(b,据 Miyashiro,1975)、(Na_2O+K_2O)-SiO_2(c,据 Rickwood,1989)和 Al_2O_3/(Na_2O+K_2O)-Al_2O_3/($CaO+Na_2O+K_2O$)(d,据 Maniar 等,1989)图解

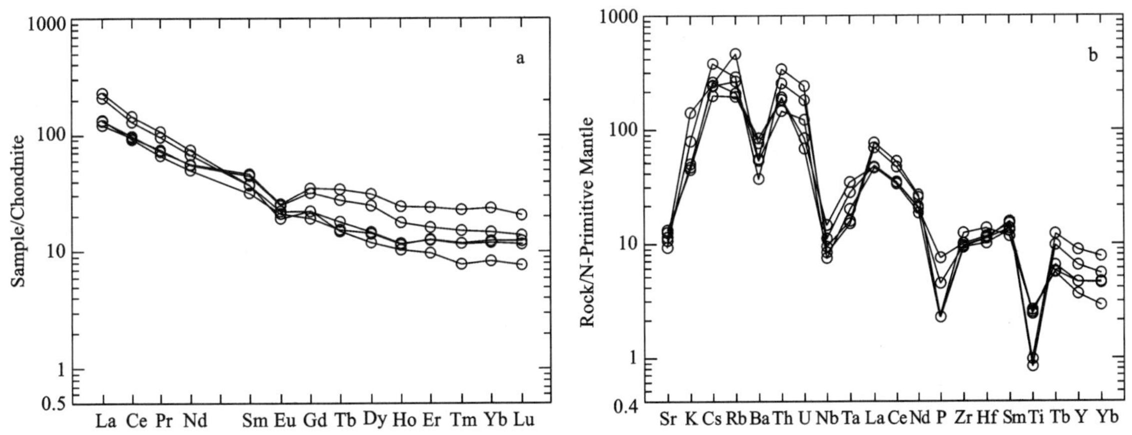

图 4-20　西藏亚东县下亚东含石榴子石花岗片麻岩稀土元素球粒陨石标准化配分型式(a)和微量元素原始地幔标准化配分型式(b,标准化值据 Sun 和 McDonoungh,1989)

(四) 西藏米林县丹娘乡兰嘎村东片麻状花岗岩

该岩体分布于西藏米林县丹娘乡兰嘎村东，侵入南迦巴瓦岩群，其主量元素、稀土元素和微量元素含量见表 4-2。

表 4-2 青藏高原前寒武纪花岗岩类主量元素、稀土元素和微量元素含量表

产地	西藏普兰县南它亚藏布					西藏定日县长所乡北				
岩性	片麻状含石榴子石二云花岗岩					眼球状黑云母花岗片麻岩				
样号	07NL-2-(1)	07NL-2-(2)	07NL-2-(3)	07NL-2-(4)	07NL-2-(5)	07LG-1-(1)	07LG-1-(2)	07LG-1-(3)	07LG-1-(4)	07LG-1-(5)
主量元素含量(%)										
SiO_2	74.39	69.95	68.25	69.23	72.25	74.20	77.49	72.23	69.57	73.66
TiO_2	0.19	0.54	0.55	0.51	0.30	0.51	0.08	0.64	1.07	0.71
Al_2O_3	13.23	14.40	14.57	14.49	12.84	11.76	11.2	12.64	11.94	11.11
Fe_2O_3	0.13	0.69	1.20	0.54	0.44	0.32	0.39	0.42	0.50	0.41
FeO	1.02	3.53	3.15	3.50	2.60	2.75	0.73	3.59	5.73	3.90
MnO	0.01	0.05	0.04	0.05	0.05	0.05	0.04	0.07	0.10	0.07
MgO	0.32	0.72	0.90	0.70	0.26	0.78	0.36	1.27	1.90	1.17
CaO	1.22	2.15	3.46	2.28	1.01	1.33	0.19	1.46	1.56	1.49
Na_2O	2.87	3.56	3.52	3.21	1.98	2.33	2.54	2.33	2.38	2.09
K_2O	5.56	3.46	2.66	4.15	6.53	4.41	5.90	3.79	3.02	3.63
P_2O_5	0.06	0.15	0.14	0.14	0.04	0.13	0.01	0.14	0.13	0.14
LOI	0.75	1.03	1.01	1.07	1.02	0.94	0.58	1.48	1.66	1.11
Total	99.74	100.23	99.44	99.87	99.31	99.50	99.53	100.06	99.55	99.50
稀土元素含量($\times10^{-6}$)及特征参数值										
La	48.4	77.0	70.5	73.3	86.3	47.3	64.7	48.3	98.4	56.8
Ce	90.0	140	123	132	157	89.8	83.8	89.2	184	105
Pr	11.0	16.2	14.3	15.5	18.7	10.5	14.9	10.7	21.4	12.7
Nd	39.4	58.8	52.6	56.1	68.4	39.3	54.8	40.4	79.3	47.8
Sm	8.15	11.4	10.3	11.1	13.9	9.02	13.0	9.36	16.0	10.9
Eu	0.68	1.45	1.36	1.34	1.44	1.01	0.29	1.21	1.53	1.10
Gd	5.55	9.14	8.21	8.71	12.1	8.52	11.0	8.87	13.0	10.1
Tb	0.76	1.33	1.17	1.27	1.81	1.39	1.73	1.44	1.81	1.64
Dy	3.62	7.13	6.37	6.80	10.2	8.43	10.5	9.25	9.41	9.86
Ho	0.61	1.36	1.22	1.27	1.99	1.70	2.12	1.91	1.70	1.95
Er	1.69	3.90	3.55	3.71	5.84	4.87	6.23	5.87	4.68	5.79
Tm	0.21	0.51	0.48	0.49	0.82	0.66	0.86	0.85	0.60	0.78
Yb	1.36	3.39	3.08	3.06	5.35	4.11	5.44	5.52	3.98	5.18
Lu	0.20	0.49	0.46	0.43	0.77	0.55	0.74	0.79	0.56	0.73
ΣREE	211.61	331.61	296.89	314.67	384.51	227.06	270.13	233.64	436.23	270.39
$(La/Sm)_N$	3.83	4.36	4.42	4.26	4.01	3.39	3.21	3.33	3.97	3.36
$(La/Yb)_N$	25.53	16.29	16.42	17.18	11.57	8.26	8.53	6.28	17.73	7.87
δEu	0.29	0.42	0.44	0.40	0.33	0.35	0.07	0.40	0.31	0.32

续表 4-2

产地	西藏普兰县南它亚藏布					西藏定日县长所乡北				
岩性	片麻状含石榴子石二云花岗岩					眼球状黑云母花岗片麻岩				
样号	07NL-2-(1)	07NL-2-(2)	07NL-2-(3)	07NL-2-(4)	07NL-2-(5)	07LG-1-(1)	07LG-1-(2)	07LG-1-(3)	07LG-1-(4)	07LG-1-(5)
微量元素含量($\times10^{-6}$)										
Ba	292	936	413	834	856	409	21.6	436	603	330
Rb	336	201	154	304	314	255	306	256	218	258
Sr	98.0	143	182	2.45	57.7	44.7	9.78	62.6	68.5	46.1
Co	138	70.4	103	97.5	73.9	134	180	153	176	158
V	7.93	17.5	31.9	12.3	11.2	33.2	4.23	56.2	101	55.0
Cr	5.97	17.6	23.8	13.5	5.25	15.5	2.21	33.2	48.2	31.8
Ni	1.14	4.90	5.37	3.90	0.54	5.50	0.04	12.4	17.2	9.08
Nb	12.8	16.4	10.6	15.3	10.5	7.36	49.3	9.50	14.2	10.7
Ta	1.33	1.76	1.09	1.67	0.71	0.84	5.17	1.06	1.31	1.13
Zr	121	233	205	245	339	176	21.5	144	6.41	194
Hf	4.72	6.70	6.01	7.04	9.89	5.59	0.81	4.43	0.34	6.02
Y	17.4	37.6	33.5	35.4	52.1	46.7	54.5	55.2	45.1	55.5
Cs	11.9	15.0	11.7	49.6	21.9	13.9	4.10	17.1	24.2	17.1
Th	36.1	38.6	34.8	37.6	39.5	34.6	42.5	29.8	55.6	35.2
U	13.7	5.78	8.68	8.78	4.47	2.83	5.56	3.61	3.44	3.81
Pb	57.4	41.4	34.2	46.9	83.7	25.8	43.2	25.8	18.6	20.0
Li	74.8	83.2	63.9	112	74.4	82.2	27.5	118	110	107
Be	4.58	4.47	4.40	5.74	3.28	2.01	2.23	3.29	2.25	2.63
Sc	4.09	9.09	9.60	8.06	6.74	7.01	0.99	9.78	16.3	10.3
产地	西藏亚东县下亚东					西藏米林县丹娘乡兰嘎村东				
岩性	含石榴子石花岗片麻岩					片麻状闪长岩				
样号	07NL-6-1	07NL-6-2	07NL-6-3	07NL-6-4	07NL-6-5	07NJ-1-1	07NJ-1-2	07NJ-1-3	07NJ-1-4	07NJ-1-5
主量元素含量(%)										
SiO_2	67.68	57.02	67.49	57.92	67.09	71.58	65.38	66.75	69.65	68.83
TiO_2	0.47	0.18	0.48	0.21	0.49	0.21	0.86	0.58	0.41	0.63
Al_2O_3	15.83	20.99	15.43	21.88	15.92	15.57	14.18	14.96	15.04	14.87
Fe_2O_3	0.66	0.38	0.90	0.52	0.05	0.06	0.99	0.21	0.03	0.49
FeO	2.88	3.22	2.85	3.07	3.90	1.33	3.87	4.00	2.86	3.06
MnO	0.07	0.14	0.07	0.13	0.09	0.008	0.045	0.042	0.030	0.030
MgO	1.51	1.63	1.57	1.70	1.65	0.47	1.70	1.26	0.93	0.96
CaO	3.92	3.06	3.83	3.70	3.50	2.93	3.65	2.22	2.73	2.58
Na_2O	3.36	4.46	3.15	5.30	3.59	5.36	3.16	3.44	4.27	3.37
K_2O	1.89	6.53	2.06	3.62	2.24	1.27	4.34	5.15	2.64	3.69
P_2O_5	0.09	0.32	0.09	0.18	0.09	0.05	0.19	0.19	0.10	0.170
LOI	1.24	1.71	1.66	1.30	0.96	0.63	1.10	0.76	0.96	0.89
Total	99.59	99.66	99.56	99.52	99.56	99.47	99.47	99.55	99.64	99.57

续表 4-2

产地	西藏亚东县下亚东					西藏米林县丹娘乡兰嘎村东				
岩性	含石榴子石花岗片麻岩					片麻状闪长岩				
样号	07NL-6-1	07NL-6-2	07NL-6-3	07NL-6-4	07NL-6-5	07NJ-1-1	07NJ-1-2	07NJ-1-3	07NJ-1-4	07NJ-1-5
稀土元素含量($\times10^{-6}$)及特征参数值										
La	47.9	30.0	31.7	30.0	52.8	11.3	185	41.0	42.5	81.6
Ce	80.8	55.9	55.2	56.2	90.0	20.0	310	78.5	76.5	150
Pr	9.07	6.86	6.40	6.84	10.0	2.37	35.6	9.57	8.97	17.6
Nd	31.7	26.1	23.4	26.8	34.5	8.98	122	37.5	32.7	65.9
Sm	5.91	6.90	4.86	7.21	5.99	1.96	22.4	10.1	6.07	14.0
Eu	1.31	1.41	1.18	1.51	1.15	0.55	2.02	0.78	1.09	1.61
Gd	4.62	6.35	4.03	7.53	4.54	1.78	17.7	9.92	4.43	10.3
Tb	0.68	1.07	0.63	1.30	0.60	0.26	2.57	1.44	0.61	1.25
Dy	3.77	6.11	3.60	7.77	3.13	1.44	13.5	7.31	2.86	5.18
Ho	0.72	1.05	0.71	1.43	0.57	0.24	2.48	1.26	0.52	0.77
Er	2.16	2.80	2.19	3.97	1.64	0.63	7.13	3.20	1.47	1.95
Tm	0.31	0.39	0.31	0.55	0.20	0.08	0.94	0.37	0.18	0.21
Yb	2.11	2.54	2.15	3.77	1.41	0.50	6.08	2.15	1.21	1.28
Lu	0.30	0.35	0.32	0.51	0.20	0.07	0.87	0.31	0.17	0.17
$\sum$REE	191.39	147.74	136.64	155.41	206.74	50.17	729.13	203.40	179.24	351.32
$(La/Sm)_N$	5.23	2.81	4.21	2.69	5.69	3.72	5.33	2.62	4.52	3.76
$(La/Yb)_N$	16.28	8.47	10.58	5.71	26.86	16.21	21.83	13.68	25.19	45.73
δEu	0.74	0.64	0.79	0.62	0.65	0.88	0.30	0.24	0.61	0.39
微量元素含量($\times10^{-6}$)										
Ba	534	355	568	254	372	335	699	506	432	566
Rb	120	288	125	179	152	55.3	245	393	188	202
Sr	270	220	262	194	241	498	153	98.1	229	94.2
Co	150	58.2	186	67.6	138	128	118	82.2	123	103
V	64.8	22.6	65.5	23.7	69.5	6.73	81.9	49.1	40.8	48.4
Cr	27.0	28.6	24.6	25.1	35.4	4.98	35.5	22.6	34.2	22.5
Ni	10.9	10.3	11.0	9.36	12.9	2.39	8.53	4.73	8.25	11.1
Nb	5.87	5.17	9.90	7.78	6.75	2.93	26.2	23.7	23.4	8.06
Ta	0.63	0.81	1.34	1.17	0.65	0.28	3.47	1.12	1.50	0.79
Zr	107	112	139	110	104	104	17.2	177	4.95	188
Hf	3.33	3.48	4.25	3.50	3.06	2.94	1.07	5.03	0.28	5.49
Y	20.4	28.6	20.4	40.9	15.4	6.92	68.9	33.5	14.7	20.3
Cs	6.18	7.19	7.36	12.1	6.81	1.57	2.13	4.26	3.76	5.05
Th	15.8	12.1	14.9	19.7	26.2	4.84	75.0	27.1	44.3	50.3
U	1.45	2.57	1.72	3.62	4.64	0.58	6.54	2.91	4.69	2.87

续表 4-2

产地	西藏亚东县下亚东					西藏米林县丹娘乡兰嘎村东				
岩性	含石榴子石花岗片麻岩					片麻状闪长岩				
样号	07NL-6-1	07NL-6-2	07NL-6-3	07NL-6-4	07NL-6-5	07NJ-1-1	07NJ-1-2	07NJ-1-3	07NJ-1-4	07NJ-1-5
微量元素含量($\times10^{-6}$)										
Pb	20.4	51.0	20.2	42.8	22.1	15.5	13.4	13.9	11.5	37.5
Li	42.5	52.0	46.8	54.5	49.1	11.1	17.1	33.4	27.7	70.9
Be	2.56	12.8	2.68	9.41	3.74	1.33	3.93	4.24	2.87	3.83
Sc	9.49	3.46	10.5	4.57	10.9	2.36	13.3	9.62	10.7	5.99

注:主量元素、微量元素及稀土元素含量由西安地质矿产研究所测试中心分析,主量元素采用 X-荧光光谱仪(Xios4.0kw)分析,微量元素和稀土元素采用等离子体质谱仪 ICP-MS(美国 Thermo 公司 XseriesⅡ)分析。

1. 主量元素

该岩具有高硅(SiO_2=65.38%~71.58%)、高钾富碱(Na_2O+K_2O=6.63%~8.59%,K_2O/Na_2O=0.62~1.50)、贫镁(MgO=0.47%~1.70%)、高钙(CaO=2.22%~3.65%)、高铝(Al_2O_3=14.18%~15.57%)、低钛(TiO_2=0.21%~0.86%)的特征,FeOt 含量介于 1.38%~4.76%之间。

在 SiO_2-Nb/Y 图解(图 4-21a)中,样品点分布于英安岩和碱流岩两个区;在 FeOt/MgO-SiO_2 图解(图 4-21b)中,样品点分布于钙碱性系列范围;在(Na_2O+K_2O)-SiO_2 图解(图 4-21c)中,样品点主要分布于花岗岩区,少数分布于花岗闪长岩区;在 $Al_2O_3/(Na_2O+K_2O)$-$Al_2O_3/(CaO+Na_2O+K_2O)$ 图解(图 4-21d)中,样品点分布于过铝质区。因此,该岩体主体属于过铝质钙碱性系列花岗岩。

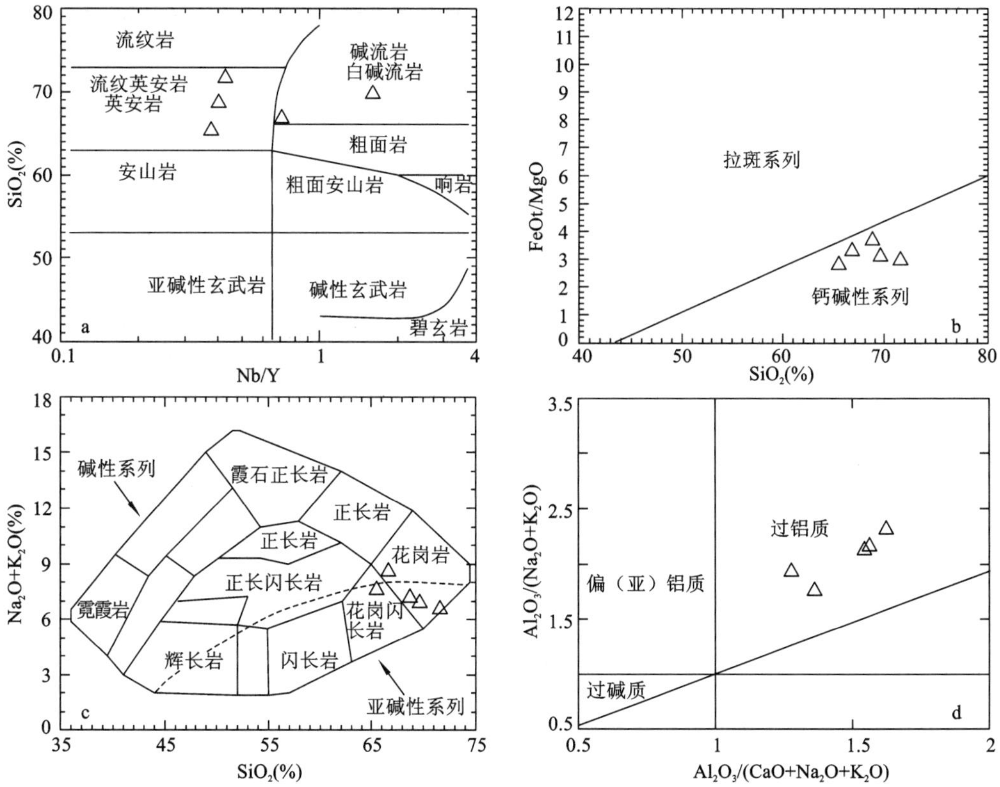

图 4-21 西藏米林县丹娘乡兰嘎村东片麻状闪长岩 SiO_2-Nb/Y(a,据 Winchester and Floyd,1977)、FeOt/MgO-SiO_2(b,据 Miyashiro,1975)、(Na_2O+K_2O)-SiO_2(c,据 Rickwood,1989)和 $Al_2O_3/(Na_2O+K_2O)$-$Al_2O_3/(CaO+Na_2O+K_2O)$(d,据 Maniar 等,1989)图解

2. 稀土元素

稀土元素特征表现为稀土总量总体高($\sum REE=179.24\times10^{-6}\sim729.13\times10^{-6}$)，稀土元素配分型式总体呈轻稀土明显富集的右倾曲线(图 4-22a)，$(La/Sm)_N$ 介于 2.62～5.33 之间，$(La/Yb)_N$ 介于 13.68～45.73 之间，Eu 具有负异常($\delta Eu=0.24\sim0.88$)。

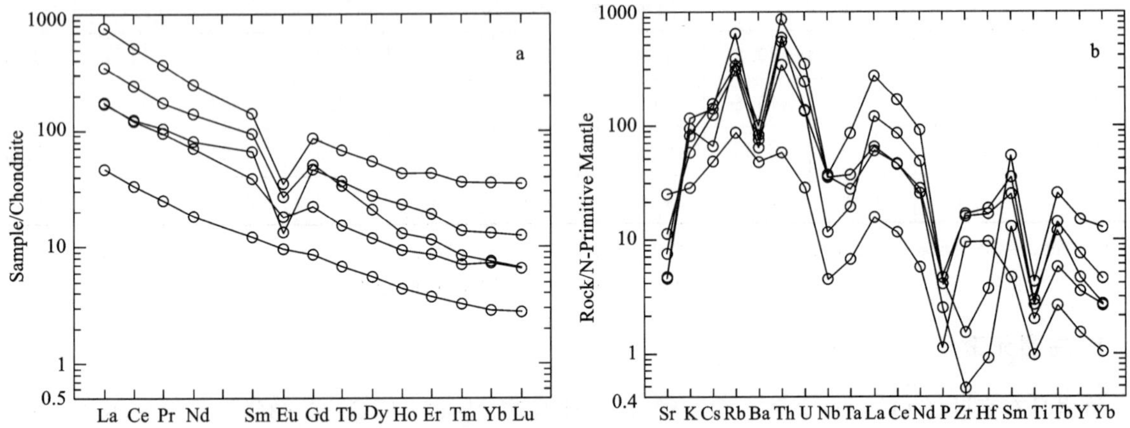

图 4-22　西藏米林县丹娘乡兰嘎村东片麻状闪长岩稀土元素球粒陨石标准化配分型式(a)和微量元素原始地幔标准化配分型式(b，标准化值据 Sun 和 McDonough，1989)

3. 微量元素

微量元素经原始地幔标准化后的配分型式为大隆起型曲线，K、Cs、Rb、Th、U 等大离子亲石元素(LILE)和 La、Ce、Nd、Hf、Sm、Tb 等高场强元素(HFSE)富集，尤其出现 Rb、Th、U、La、Sm 高峰，而 Sr、Ba、Nb、Ta、Zr、Ti 等元素显著负异常(图 4-22b)，表明该岩体可能属于陆壳重熔的产物。

二、火山岩地球化学特征

(一) 新疆塔什库尔干县大布达尔乡布伦阔勒岩群变火山岩

布伦阔勒岩群变火山岩分布于塔什库尔干县南大布达尔乡，包括变流纹岩和变玄武岩，其主量元素、稀土元素和微量元素含量见表 4-3。

表 4-3　青藏高原前寒武纪变火山岩类主量元素、稀土元素和微量元素含量表

产地	新疆塔什库尔干县大布达尔乡布伦阔勒岩群							
岩性	流纹岩				变玄武岩			
样号	THD01-1	THD01-2	THD01-3	THD01-4	THD01-5	THD01-6	THD01-7	THD01-9
主量元素含量(%)								
SiO_2	80.23	79.57	76.56	75.45	40.73	52.16	53.38	54.07
TiO_2	0.28	0.19	0.26	0.25	0.29	0.78	0.92	1.12
Al_2O_3	9.53	9.99	11.30	11.58	2.96	15.05	14.51	13.86
Fe_2O_3	1.01	0.71	0.98	0.66	5.14	3.19	2.67	4.08
FeO	0.77	0.79	0.87	1.34	7.09	7.06	8.01	7.49
MnO	0.03	0.03	0.03	0.03	0.17	0.17	0.18	0.15
MgO	0.63	0.64	0.70	0.85	31.54	5.94	5.70	4.70
CaO	2.23	1.49	2.44	1.76	1.39	8.41	8.25	7.73
Na_2O	2.82	2.92	3.16	3.07	0.01	2.57	2.79	2.02

续表 4-3

产地	新疆塔什库尔干县大布达尔乡布伦阔勒岩群							
岩性	流纹岩				变玄武岩			
样号	THD01-1	THD01-2	THD01-3	THD01-4	THD01-5	THD01-6	THD01-7	THD01-9
主量元素含量(%)								
K_2O	1.74	2.47	2.81	3.05	0.00	0.58	0.88	0.86
P_2O_5	0.07	0.05	0.07	0.07	0.03	0.08	0.11	0.15
LOI	1.22	0.91	1.52	1.13	11.06	3.11	3.01	3.40
Total	100.56	99.76	100.70	99.24	100.41	99.10	100.41	99.63
稀土元素含量($\times10^{-6}$)及特征参数值								
La	29.0	33.1		37.2	1.25	8.94	15.4	21.6
Ce	52.2	57.0		65.3	2.15	19.1	33.1	48.4
Pr	5.51	5.77		6.44	0.59	2.58	4.13	5.71
Nd	20.6	21.0		23.7	2.25	11.3	17.9	25.0
Sm	3.62	3.40		3.82	0.75	2.78	4.06	5.42
Eu	1.05	0.96		1.14	0.14	0.97	1.28	1.65
Gd	3.04	2.74		3.20	0.63	2.91	4.07	5.62
Tb	0.44	0.37		0.44	0.15	0.52	0.69	0.91
Dy	2.37	2.03		2.37	0.81	3.23	4.24	5.43
Ho	0.52	0.43		0.52	0.19	0.75	0.98	1.22
Er	1.37	1.18		1.40	0.44	2.03	2.62	3.33
Tm	0.20	0.18		0.21	0.066	0.29	0.38	0.49
Yb	1.36	1.23		1.52	0.44	2.04	2.57	3.26
Lu	0.21	0.19		0.24	0.066	0.30	0.39	0.49
ΣREE	121.56	129.53		147.41	9.92	57.72	91.75	128.54
$(La/Sm)_N$	5.17	6.28		6.29	1.08	2.08	2.45	2.57
$(La/Yb)_N$	15.30	19.30		17.55	2.04	3.14	4.30	4.75
δEu	0.94	0.93		0.97	0.61	1.03	0.95	0.91
微量元素含量($\times10^{-6}$)								
Ba	611	886		1120	36.7	150	287	307
Rb	53.3	64.9		82.1	1.03	16.3	23.1	20.3
Sr	463	367		439	3.55	217	234	283
Co	172	207		158	99.4	125	57.1	82.1
V	28.6	22.2		28.7	84.2	262	242	252
Cr	29.6	20.1		25.9	3873	45.2	26.2	26.3
Ni	9.79	7.33		9.13	1353	55.4	63.8	44.4
Nb	5.75	3.98		5.52	1.42	3.27	5.40	7.46
Ta	0.74	0.58		0.88	0.078	0.31	0.43	0.65

续表 4-3

产地	新疆塔什库尔干县大布达尔乡布伦阔勒岩群							
岩性	流纹岩				变玄武岩			
样号	THD01-1	THD01-2	THD01-3	THD01-4	THD01-5	THD01-6	THD01-7	THD01-9
微量元素含量(×10⁻⁶)								
Zr	185	172		215	24.1	69.9	108	139
Hf	5.24	4.92		6.16	0.55	1.89	2.98	4.13
Y	13.1	11.3		13.4	4.77	18.3	23.2	27.8
Cs	0.52	0.55		0.74	0.31	0.13	0.20	0.66
Th	13.1	18.5		21.0	0.86	2.11	3.67	5.35
U	2.96	3.60		4.86	0.18	0.49	0.85	1.33
Pb	17.0	12.8		15.6	4.95	7.11	6.34	7.52
Li	11.4	11.8		15.2	2.20	23.4	38.3	41.3
Be	1.30	1.21		1.45	0.21	0.56	0.82	1.11
Sc	4.35	3.05		3.84	11.3	36.7	35.8	35.8

产地	西藏工布江达县南岔萨岗岩群										
岩性	变玄武岩						变玄武岩				
样号	07SD-1-(1)	07SD-1-(2)	07SD-1-(3)	07SD-1-(4)	07SD-1-(5)	07SD-1-(6)	10G-2-1	10G-2-2	10G-2-3	10G-2-4	10G-2-5
主量元素含量(%)											
SiO_2	47.70	48.71	48.33	47.36	48.67	50.33	48.43	47.23	48.95	48.63	48.92
TiO_2	1.41	1.28	1.31	1.38	1.33	1.34	1.71	1.57	1.80	1.51	1.99
Al_2O_3	14.62	14.44	14.31	14.41	15.32	15.54	14.16	15.02	14.83	14.58	14.76
Fe_2O_3	1.35	1.97	1.03	1.58	1.23	1.24	3.10	2.10	2.28	1.50	2.54
FeO	10.00	8.70	9.53	9.37	9.29	8.94	9.55	10.28	10.70	10.87	10.70
MnO	0.19	0.20	0.20	0.20	0.170	0.180	0.23	0.23	0.22	0.27	0.21
MgO	9.49	8.51	8.80	8.59	7.69	7.26	6.66	7.82	6.54	7.30	6.16
CaO	8.02	9.70	9.40	9.66	8.96	8.50	11.81	9.64	9.14	9.27	9.29
Na_2O	0.13	0.11	0.10	0.11	0.12	0.11	0.33	1.39	2.97	1.99	2.97
K_2O	2.86	2.78	2.95	2.86	3.44	3.69	0.89	1.93	0.71	0.81	0.61
P_2O_5	0.11	0.11	0.11	0.12	0.11	0.11	0.16	0.15	0.18	0.15	0.18
LOI	3.66	2.97	3.48	3.83	3.09	2.36	2.95	2.54	1.67	3.08	1.67
Total	99.55	99.48	99.55	99.47	99.41	99.61	99.98	99.90	99.99	99.96	100.00
稀土元素含量(×10⁻⁶)及特征参数值											
La	6.96	6.83	6.64	7.15	6.96	7.04	9.19	8.04	8.42	7.59	8.85
Ce	15.1	15.0	14.7	15.7	15.3	15.3	21.8	19.4	20.1	18.3	21.2
Pr	2.29	2.23	2.25	2.34	2.33	2.28	3.16	2.87	2.96	2.61	3.16
Nd	11.1	11.1	11.0	11.6	11.4	11.0	14.9	13.7	14.2	12.5	15.0

续表 4-3

产地	西藏工布江达县南岔萨岗岩群										
岩性	变玄武岩						变玄武岩				
样号	07SD-1-(1)	07SD-1-(2)	07SD-1-(3)	07SD-1-(4)	07SD-1-(5)	07SD-1-(6)	10G-2-1	10G-2-2	10G-2-3	10G-2-4	10G-2-5
稀土元素含量($\times10^{-6}$)及特征参数值											
Sm	3.40	3.39	3.38	3.47	3.51	3.30	4.10	3.92	4.14	3.47	4.25
Eu	1.36	1.24	1.34	1.34	1.28	1.18	1.29	1.39	1.42	1.21	1.50
Gd	3.94	3.69	3.77	3.93	3.74	3.67	4.88	4.74	5.06	4.20	5.29
Tb	0.62	0.59	0.59	0.62	0.59	0.58	0.78	0.76	0.78	0.67	0.81
Dy	3.98	3.69	3.79	3.96	3.68	3.72	5.24	5.06	5.26	4.56	5.63
Ho	0.79	0.73	0.77	0.79	0.72	0.75	1.11	1.06	1.11	0.91	1.12
Er	2.25	2.10	2.14	2.26	2.09	2.14	2.83	2.73	2.94	2.52	3.14
Tm	0.30	0.29	0.30	0.31	0.29	0.29	0.44	0.42	0.42	0.36	0.41
Yb	2.02	1.80	1.94	2.05	1.88	1.95	2.58	2.49	2.56	2.18	2.71
Lu	0.30	0.28	0.28	0.30	0.26	0.27	0.41	0.39	0.40	0.32	0.38
ΣREE	54.36	52.96	52.85	55.75	54.00	53.50	72.71	66.97	69.77	61.40	73.45
$(La/Sm)_N$	1.32	1.30	1.27	1.33	1.28	1.38	1.45	1.32	1.31	1.41	1.34
$(La/Yb)_N$	2.47	2.72	2.46	2.50	2.66	2.59	2.56	2.32	2.36	2.50	2.34
δEu	1.13	1.07	1.14	1.11	1.07	1.03	0.88	0.98	0.95	0.97	0.97
微量元素含量($\times10^{-6}$)											
Ba	32.1	45.3	24.4	31.7	26.2	26.2	104	315	85.6	138	95.3
Rb	5.83	2.80	1.95	3.12	4.14	2.15	74.5	161	26.2	55.9	17.9
Sr	160	223	197	212	345	242	253	184	170	155	162
Co	61.6	70.1	61.0	63.6	61.8	56.7	51.5	52.1	48.4	48.6	46.2
V	311	294	305	314	326	277	338	338	353	325	358
Cr	304	291	296	252	220	170	184	223	117	174	104
Ni	109	112	102	95.9	90.0	73.5	90.6	105	75.5	90.6	65.0
Nb	6.79	6.35	7.11	6.32	6.26	6.21	9.09	8.74	8.86	7.72	11.1
Ta	0.60	0.52	0.74	0.63	0.58	0.58	1.27	1.16	1.34	1.43	1.48
Zr	75.6	70.8	81.3	76.6	97.3	80.2	104	104	103	88.0	112
Hf	2.15	2.05	2.36	0.34	0.39	0.36	2.94	2.90	2.85	2.31	2.93
Y	20.3	19.0	19.5	20.7	19.4	19.3	27.7	27.0	27.4	23.4	28.9
Cs	0.98	0.22	0.37	0.57	0.87	0.24					
Th	0.64	0.50	0.47	0.52	0.51	0.45	1.41	1.04	0.88	0.89	0.88
U	0.13	0.15	0.11	0.18	0.15	0.15					
Pb	6.66	4.31	7.06	5.96	8.97	6.60	8.57	5.33	3.90	6.22	3.80
Li	32.7	16.3	21.2	20.6	20.7	13.9					

续表 4-3

产地	西藏工布江达县南岔萨岗岩群										
岩性	变玄武岩						变玄武岩				
样号	07SD-1-(1)	07SD-1-(2)	07SD-1-(3)	07SD-1-(4)	07SD-1-(5)	07SD-1-(6)	10G-2-1	10G-2-2	10G-2-3	10G-2-4	10G-2-5
微量元素含量($\times 10^{-6}$)											
Be	0.47	0.70	0.76	0.76	0.57	0.60					
Sc	39.8	39.9	37.3	37.7	37.8	32.9	44.9	45.3	41.2	42.3	40.4

产地	西藏工布江达县仲萨乡岔萨岗岩群									
岩性	变流纹岩					变流纹岩				
样号	10Z-1-1	10Z-1-2	10Z-1-3	10Z-1-4	10Z-1-5	10G-1-1	10G-1-2	10G-1-3	10G-1-4	10G-1-5
主量元素含量(%)										
SiO_2	92.53	92.24	92.71	92.71	92.41	89.76	89.88	89.94	91.06	90.00
TiO_2	0.31	0.32	0.33	0.33	0.31	0.23	0.24	0.22	0.30	0.25
Al_2O_3	3.28	3.26	3.24	3.22	3.33	4.64	4.72	4.60	4.21	4.78
Fe_2O_3	0.26	0.30	0.37	0.23	0.23	0.23	0.21	0.01	0.24	0.11
FeO	0.55	0.54	0.40	0.56	0.52	0.95	0.91	1.21	0.78	1.05
MnO	0.01	0.02	0.01	0.01	0.01	0.01	0.01	0.02	0.02	0.02
MgO	0.56	0.58	0.55	0.54	0.59	0.38	0.34	0.35	0.32	0.34
CaO	0.19	0.42	0.13	0.12	0.22	0.45	0.38	0.43	0.14	0.20
Na_2O	0.47	0.43	0.42	0.42	0.45	0.26	0.22	0.23	0.25	0.19
K_2O	0.82	0.86	0.84	0.85	0.85	1.66	1.69	1.65	1.64	1.77
P_2O_5	0.06	0.06	0.05	0.05	0.06	0.05	0.05	0.05	0.06	0.05
LOI	0.62	0.78	0.60	0.62	0.69	1.0	0.95	0.97	0.61	0.85
Total	99.66	99.81	99.65	99.66	99.67	99.62	99.60	99.68	99.63	99.61
稀土元素含量($\times 10^{-6}$)及特征参数值										
La	27.1	30.2	29.9	31.8	28.7	23.3	22.8	22.1	27.4	23.4
Ce	52.5	59.0	57.9	62.1	52.8	45.7	44.8	43.5	54.4	45.9
Pr	5.93	6.74	6.37	7.16	6.25	5.28	5.12	4.98	6.25	5.20
Nd	20.8	23.6	22.4	25.0	21.9	19.1	18.3	18.1	22.0	18.6
Sm	3.76	4.16	3.91	4.42	3.95	3.35	3.32	3.32	4.03	3.46
Eu	0.50	0.58	0.53	0.56	0.5	0.62	0.59	0.57	0.55	0.60
Gd	2.96	3.33	3.24	3.44	3.03	2.96	2.73	2.67	3.24	2.70
Tb	0.42	0.48	0.48	0.51	0.45	0.44	0.39	0.38	0.47	0.41
Dy	2.52	2.77	2.53	2.80	2.56	2.46	2.25	2.13	2.62	2.26
Ho	0.51	0.55	0.52	0.56	0.53	0.49	0.45	0.45	0.54	0.42
Er	1.41	1.59	1.52	1.57	1.52	1.33	1.14	1.20	1.45	1.17
Tm	0.24	0.24	0.23	0.26	0.24	0.21	0.19	0.19	0.23	0.19

续表 4-3

产地	西藏工布江达县仲萨乡岔萨岗岩群									
岩性	变流纹岩					变流纹岩				
样号	10Z-1-1	10Z-1-2	10Z-1-3	10Z-1-4	10Z-1-5	10G-1-1	10G-1-2	10G-1-3	10G-1-4	10G-1-5
稀土元素含量($\times10^{-6}$)及特征参数值										
Yb	1.52	1.65	1.47	1.73	1.63	1.36	1.16	1.22	1.42	1.14
Lu	0.25	0.26	0.25	0.28	0.25	0.20	0.20	0.19	0.24	0.19
ΣREE	120.42	135.15	131.25	142.19	159.86	106.80	103.44	101.00	124.84	105.64
$(La/Sm)_N$	4.65	4.69	4.94	4.64	4.69	4.49	4.43	4.30	4.39	4.37
$(La/Yb)_N$	12.79	13.13	14.59	13.19	12.63	12.29	14.10	12.99	13.84	14.72
δEu	0.44	0.46	0.44	0.42	0.43	0.59	0.58	0.57	0.45	0.58
微量元素含量($\times10^{-6}$)										
Ba	207	300	187	196	193	303	302	307	272	320
Rb	31.1	31.0	33.8	34.1	34	64.0	65.7	66.2	58.6	68.9
Sr	20.7	20.4	15.4	15.5	16.8	18.7	17.5	18.3	18.1	15.9
Co	1.53	1.62	2.87	2.66	2.2	3.07	2.65	2.58	2.53	2.49
V	13.2	12.2	10.3	10.7	11.7	15.7	14.3	14.4	12.7	14.8
Cr	11.1	11.2	8.49	9.68	15.8	15.3	10.0	11.8	9.37	10.8
Ni	3.99	4.75	4.17	5.17	6.88	7.81	4.94	6.22	3.76	3.93
Nb	5.85	6.18	5.93	6.29	5.65	4.81	4.87	4.94	5.69	5.27
Ta	0.50	1.26	0.47	0.51	0.51	0.50	0.46	0.47	0.57	0.50
Zr	344	352	331	367	340	151	175	171	287	169
Hf	8.90	8.56	8.28	9.44	8.75	3.96	4.45	4.59	7.43	4.54
Y	13.9	15.1	14.2	15.3	14.7	13.0	11.7	11.7	14.3	11.6
Th	10.2	10.8	9.17	9.88	8.31	6.57	6.85	6.50	9.68	7.46
Pb	36.1	22.1	13.6	13.0	11.6	9.32	9.14	9.38	8.25	6.83
Sc	2.53	2.33	2.14	2.23	2.38	2.70	2.72	2.68	2.48	2.80

产地	青海格尔木市西南三岔河桥万宝沟岩群					
岩性	变玄武岩					
样号	07WB-2	07WB-3	07WB-4	07WB-5	07WB-6	07WB-7
主量元素含量(%)						
SiO_2	48.93	48.37	48.87	46.17	40.05	47.00
TiO_2	1.37	1.59	1.64	1.62	1.63	1.59
Al_2O_3	13.07	14.16	14.12	14.09	13.64	13.99
Fe_2O_3	1.34	3.41	2.73	2.65	1.34	2.68
FeO	8.57	8.69	9.15	9.40	10.72	9.37
MnO	0.14	0.17	0.18	0.16	0.17	0.16
MgO	5.42	6.68	6.33	6.64	6.28	6.87

续表 4-3

产地	青海格尔木市西南三岔河桥万宝沟岩群					
岩性	变玄武岩					
样号	07WB-2	07WB-3	07WB-4	07WB-5	07WB-6	07WB-7
主量元素含量(%)						
CaO	7.00	9.12	9.22	7.85	9.53	7.66
Na_2O	3.87	3.46	3.57	3.88	3.49	3.97
K_2O	0.51	0.17	0.24	0.13	0.05	0.10
P_2O_5	0.11	0.12	0.13	0.12	0.12	0.12
LOI	9.13	3.58	3.36	6.78	12.37	6.01
Total	99.44	99.51	99.54	99.50	99.40	99.52
稀土元素含量($\times 10^{-6}$)及特征参数值						
La	5.08	6.31	6.10	6.30	6.14	6.05
Ce	12.3	15.3	15.0	15.1	14.6	14.7
Pr	1.98	2.49	2.39	2.49	2.37	2.39
Nd	10.2	12.7	12.5	12.6	12.4	12.2
Sm	3.14	4.04	3.84	3.86	3.84	3.80
Eu	1.14	1.44	1.35	1.34	1.46	1.44
Gd	3.67	4.40	4.28	4.34	4.35	4.30
Tb	0.57	0.69	0.69	0.68	0.67	0.67
Dy	3.54	4.22	4.16	4.21	4.10	4.07
Ho	0.65	0.82	0.79	0.81	0.83	0.78
Er	1.82	2.26	2.14	2.20	2.27	2.11
Tm	0.22	0.29	0.29	0.29	0.29	0.27
Yb	1.41	1.79	1.75	1.75	1.79	1.69
Lu	0.17	0.24	0.24	0.22	0.23	0.22
ΣREE	45.93	57.00	55.45	56.25	55.39	54.74
$(La/Sm)_N$	1.04	1.01	1.03	1.05	1.03	1.03
$(La/Yb)_N$	2.58	2.53	2.50	2.58	2.46	2.57
δEu	1.02	1.04	1.01	1.00	1.09	1.09
微量元素含量($\times 10^{-6}$)						
Ba	238	65.0	95.6	40.2	30.2	24.7
Rb	9.62	2.11	3.43	1.35	0.37	0.68
Sr	348	901	704	298	470	369
Co	50.2	57.4	63.2	60.2	56.8	56.8
V	263	318	339	330	312	314
Cr	80.5	90.7	78.2	89.1	76.0	80.9
Ni	65.8	85.0	80.9	87.3	79.2	88.8

续表 4-3

产地	青海格尔木市西南三岔河桥万宝沟岩群					
岩性	变玄武岩					
样号	07WB-2	07WB-3	07WB-4	07WB-5	07WB-6	07WB-7
微量元素含量($\times10^{-6}$)						
Nb	4.36	5.02	5.28	4.54	5.01	4.44
Ta	0.42	0.53	0.52	0.44	0.45	0.43
Zr	73.1	15.1	15.5	12.6	88.9	14.3
Hf	2.16	1.10	0.98	0.89	2.56	0.92
Y	17.1	21.1	20.5	20.9	21.9	19.9
Cs	4.19	0.22	0.41	0.49	0.17	0.23
Th	0.47	0.46	0.41	0.37	0.40	0.35
U	0.075	0.16	0.15	0.14	0.076	0.14
Pb	0.97	1.76	1.37	0.75	1.99	1.04
Li	18.7	8.82	8.77	13.6	20.7	14.4
Be	0.46	0.57	0.51	0.41	0.47	0.49
Sc	27.6	31.3	32.2	32.5	31.0	32.1

产地	西藏丁青县干岩乡北吉塘岩群西西岩组				
岩性	变玄武岩				
样号	09J-09-1	09J-09-2	09J-09-3	09J-09-4	09J-09-5
主量元素含量(%)					
SiO_2	43.31	45.81	45.92	43.22	44.36
TiO_2	0.63	0.74	0.72	0.96	0.89
Al_2O_3	17.02	14.86	14.85	16.85	16.27
Fe_2O_3	2.12	1.68	1.39	1.28	1.49
FeO	7.04	8.28	8.24	7.27	7.02
MnO	0.19	0.22	0.21	0.19	0.19
MgO	6.10	9.79	9.34	6.72	6.68
CaO	13.49	10.57	11.30	14.06	13.79
Na_2O	2.46	2.15	2.46	2.44	2.53
K_2O	2.27	2.38	1.53	1.96	1.76
P_2O_5	0.13	0.06	0.05	0.08	0.09
LOI	5.13	3.22	3.79	4.90	4.90
Total	100.81	101.03	101.26	101.11	101.07
稀土元素含量($\times10^{-6}$)及特征参数值					
La	9.96	2.2	4.57	3.38	3.36
Ce	21.8	5.44	10.1	8.36	8.06
Pr	2.6	0.82	1.39	1.24	1.21

续表 4-3

产地	西藏丁青县干岩乡北吉塘岩群西西岩组				
岩性	变玄武岩				
样号	09J-09-1	09J-09-2	09J-09-3	09J-09-4	09J-09-5
稀土元素含量($\times10^{-6}$)及特征参数值					
Nd	11.3	3.96	6.53	6.23	5.81
Sm	3.24	1.31	2.19	2.1	1.9
Eu	1.53	0.58	0.82	0.78	0.66
Gd	4.05	2	3.01	3.14	2.94
Tb	0.65	0.37	0.5	0.56	0.51
Dy	4.47	2.85	3.43	4.2	3.83
Ho	0.92	0.68	0.75	0.99	0.86
Er	2.4	1.97	1.97	2.89	2.48
Tm	0.36	0.32	0.31	0.45	0.38
Yb	2.35	2.15	1.98	2.93	2.47
Lu	0.36	0.35	0.31	0.46	0.38
∑REE	65.99	25.00	37.86	37.71	34.85
$(La/Sm)_N$	1.98	1.08	1.35	1.04	1.14
$(La/Yb)_N$	3.04	0.73	1.66	0.83	0.98
δEu	1.29	1.09	0.98	0.93	0.85
微量元素含量($\times10^{-6}$)					
Ba	337.00	171.00	127.00	180.00	238.00
Rb	121.00	204.00	107.00	92.00	81.80
Sr	126.00	127.00	120.00	126.00	158.00
Co	56.30	85.30	48.30	70.40	74.30
V	190.00	240.00	232.00	288.00	263.00
Cr	519.00	530.00	394.00	298.00	272.00
Ni	208.00	230.00	153.00	138.00	126.00
Nb	1.86	1.24	1.31	1.76	1.51
Ta	0.19	0.11	0.10	0.13	0.13
Zr	45.30	34.90	37.70	45.40	41.50
Hf	1.25	1.07	1.15	1.40	1.28
Y	21.3	18.8	19.3	26.2	21.8
Cs	28.30	62.70	30.00	21.60	16.70
Th	2.76	0.76	1.14	1.16	1.08
U	1.36	0.28	0.42	1.54	1.03
Pb	23.20	16.10	14.40	21.80	20.20
Li	41.40	50.70	41.60	38.60	35.40
Be	1.09	0.71	0.60	0.96	0.88
Sc	33.50	34.10	33.60	39.80	36.80

续表 4-3

产地	青海省治多县多彩乡南宁多岩群					西藏八宿县北嘉玉桥群				
岩性	变玄武岩					变玄武岩				
样号	09N-7-1	09N-7-2	09N-7-3	09N-7-4	09N-7-5	09Jy-1	09Jy-2	09Jy-3	09Jy-4	09Jy-5
主量元素含量(%)										
SiO_2	51.39	47.99	50.72	51.80	50.67	47.07	50.01	47.80	48.98	49.30
TiO_2	1.62	1.74	1.18	1.34	1.55	1.24	1.53	1.07	0.94	0.99
Al_2O_3	14.47	15.13	15.04	14.39	14.44	13.82	13.15	14.76	13.97	13.87
Fe_2O_3	2.14	2.09	1.74	1.40	2.08	3.20	5.02	2.79	3.15	2.61
FeO	9.22	9.88	7.98	8.90	9.79	10.76	10.47	8.72	8.70	9.16
MnO	0.18	0.18	0.25	0.17	0.15	0.19	0.24	0.17	0.19	0.18
MgO	7.24	6.10	7.78	7.03	6.31	7.13	5.81	7.73	7.86	7.46
CaO	7.31	11.49	8.61	9.07	9.53	10.35	8.54	10.38	11.46	10.41
Na_2O	3.62	2.29	3.56	2.93	2.96	2.46	2.50	2.50	1.92	2.44
K_2O	0.59	0.72	0.88	0.75	0.35	0.40	0.31	0.73	0.36	0.38
P_2O_5	0.16	0.17	0.10	0.15	0.16	0.07	0.12	0.08	0.07	0.07
LOI	1.95	1.99	2.08	1.91	1.98	3.10	2.16	3.16	2.21	2.89
Total	100.62	100.30	100.83	100.51	100.49	101.02	100.48	100.66	100.28	100.74
稀土元素含量($\times 10^{-6}$)及特征参数值										
La	5.74	5.82	3.26	10.1	5.2	2.76	6.99	3.32	2.07	2.59
Ce	14.8	15.1	8.78	22.4	14.2	7.44	16.3	8.25	5.44	6.82
Pr	2.27	2.31	1.4	3.07	2.22	1.21	2.25	1.26	0.91	1.08
Nd	11.8	11.8	7.36	13.6	11.3	6.71	10.9	6.52	5.03	5.79
Sm	4.01	3.77	2.75	3.92	3.75	2.64	3.57	2.43	2.1	2.14
Eu	1.18	1.24	0.84	1.23	1.15	0.88	1.14	0.88	0.72	0.73
Gd	5.53	5.54	3.95	4.65	5.44	4.03	5.31	3.64	3.3	3.38
Tb	0.96	0.95	0.68	0.71	0.94	0.7	0.93	0.65	0.58	0.59
Dy	6.84	6.85	5.1	4.69	6.86	5.27	6.59	4.79	4.24	4.37
Ho	1.57	1.6	1.21	1.01	1.59	1.22	1.59	1.12	1	1.03
Er	4.51	4.5	3.39	2.66	4.32	3.5	4.49	3.15	2.91	2.98
Tm	0.71	0.73	0.53	0.41	0.7	0.54	0.72	0.48	0.43	0.45
Yb	4.56	4.78	3.36	2.47	4.44	3.56	4.64	3.29	2.97	2.95
Lu	0.72	0.77	0.53	0.37	0.73	0.57	0.75	0.51	0.46	0.45
ΣREE	65.20	65.76	43.14	71.29	62.84	41.03	66.17	40.29	32.16	35.35
$(La/Sm)_N$	0.92	1.00	0.77	1.66	0.90	0.67	1.26	0.88	0.64	0.78
$(La/Yb)_N$	0.90	0.87	0.70	2.93	0.84	0.56	1.08	0.72	0.50	0.63
δEu	0.77	0.83	0.78	0.88	0.78	0.82	0.80	0.90	0.83	0.83

续表 4-3

产地	青海省治多县多彩乡南宁多岩群					西藏八宿县北嘉玉桥群				
岩性	变玄武岩					变玄武岩				
样号	09N-7-1	09N-7-2	09N-7-3	09N-7-4	09N-7-5	09Jy-1	09Jy-2	09Jy-3	09Jy-4	09Jy-5
微量元素含量（$\times10^{-6}$）										
Ba	61.20	132.00	231.00	150.00	35.10	27.00	48.70	101.00	35.10	31.20
Rb	23.00	23.20	26.80	27.30	5.60	13.90	11.60	39.80	13.10	13.80
Sr	89.30	111.00	153.00	194.00	139.00	102.00	55.70	87.70	102.00	115.00
Co	47.10	58.30	55.80	54.90	50.50	71.50	82.40	73.90	88.90	72.30
V	375.00	384.00	323.00	330.00	349.00	414.00	436.00	340.00	336.00	340.00
Cr	68.60	58.50	196.00	199.00	66.20	66.00	43.90	160.00	105.00	41.90
Ni	35.10	42.10	73.10	74.60	39.10	59.90	44.10	81.70	82.50	62.10
Nb	4.53	4.81	2.67	5.09	4.52	3.12	5.04	2.75	1.79	2.32
Ta	0.33	0.34	0.19	0.33	0.32	0.19	0.41	0.22	0.14	0.17
Zr	106.00	113.00	65.80	102.00	106.00	60.40	92.80	54.30	44.30	50.20
Hf	2.95	3.10	1.85	2.68	2.92	1.81	2.61	1.60	1.32	1.47
Y	41.9	41.8	32.1	26.7	41.3	32.1	40.3	28.3	26.6	27
Cs	0.51	1.53	1.57	0.96	0.29	6.06	0.99	7.40	1.32	2.22
Th	1.13	1.40	0.56	2.53	1.35	0.57	2.07	0.52	0.43	0.55
U	0.29	0.37	0.13	0.38	0.37	0.08	0.35	0.07	0.05	0.06
Pb	4.17	3.26	5.91	6.70	4.02	5.62	2.63	2.53	9.40	6.20
Li	12.90	7.29	15.80	10.70	7.83	25.10	24.30	22.00	13.50	23.00
Be	0.48	0.64	0.32	0.74	0.50	1.53	0.66	0.38	0.28	0.37
Sc	39.30	40.20	44.20	37.10	38.20	49.70	45.70	49.50	47.00	47.10

产地	西藏尼玛县控错南帮勒村一带									
岩性	变玄武岩						变流纹（斑）岩			
样号	07N-4	07N-5	07N-6	07N-7	07N-8	07N-9	07N-10-1	07N-10-2	07N-10-3	07N-10-4
主量元素含量（%）										
SiO_2	44.89	48.27	49.04	51.26	45.81	47.18	76.20	75.20	78.64	72.82
TiO_2	2.22	1.89	1.53	1.92	1.75	1.66	0.36	0.29	0.32	0.49
Al_2O_3	14.56	13.38	13.49	12.44	14.33	13.56	11.87	10.99	9.40	13.04
Fe_2O_3	6.70	9.69	3.73	6.57	10.19	6.26	0.74	1.39	0.79	1.21
FeO	9.50	7.51	8.68	7.78	7.67	9.74	0.93	0.97	1.89	2.22
MnO	0.47	0.39	0.22	0.23	0.45	0.25	0.03	0.05	0.05	0.05
MgO	6.00	4.58	7.05	4.21	4.79	5.42	0.30	0.33	0.59	0.57
CaO	8.13	7.63	8.87	6.30	9.34	5.47	0.74	0.83	0.36	0.55
Na_2O	0.10	0.70	2.74	3.21	0.17	1.85	4.66	1.85	2.08	2.99
K_2O	0.49	0.31	1.33	1.77	0.16	4.69	2.91	6.75	4.23	4.74

续表 4-3

产地	西藏尼玛县控错南帮勒村一带									
岩性	变玄武岩						变流纹(斑)岩			
样号	07N-4	07N-5	07N-6	07N-7	07N-8	07N-9	07N-10-1	07N-10-2	07N-10-3	07N-10-4
主量元素含量(%)										
P_2O_5	0.32	0.22	0.13	0.38	0.20	0.19	0.05	0.04	0.05	0.08
LOI	6.22	5.07	2.61	3.44	4.63	3.09	0.78	0.84	1.08	1.40
Total	99.59	99.64	99.42	99.51	99.48	99.37	99.57	99.53	99.47	100.14
稀土元素含量($\times10^{-6}$)及特征参数值										
La	24.59	20.45	10.96	28.45	18.02	18.97	42.27	42.41	44.60	24.77
Ce	43.85	36.77	20.52	52.00	33.05	32.87	82.24	73.89	89.13	54.24
Pr	6.25	5.11	2.84	6.89	4.50	4.66	8.51	8.63	8.65	5.55
Nd	26.91	22.22	12.76	29.00	19.68	20.24	30.03	31.00	30.72	20.62
Sm	7.43	6.12	3.63	7.26	5.47	5.48	6.12	6.31	6.32	4.53
Eu	2.29	1.88	1.35	2.13	1.66	1.96	0.87	0.93	1.40	0.93
Gd	8.36	6.95	4.29	7.88	6.43	6.55	5.49	5.73	5.98	4.33
Tb	1.35	1.19	0.70	1.23	1.05	1.07	0.87	0.87	0.94	0.68
Dy	8.73	7.79	4.54	7.86	6.97	7.03	5.29	5.29	5.69	4.24
Ho	1.83	1.66	0.95	1.64	1.50	1.52	1.07	1.05	1.11	0.91
Er	5.35	4.95	2.79	4.75	4.36	4.45	3.44	3.06	3.28	2.90
Tm	0.75	0.71	0.39	0.66	0.63	0.61	0.49	0.43	0.47	0.42
Yb	4.84	4.65	2.60	4.24	4.15	4.09	3.23	2.88	3.02	2.87
Lu	0.66	0.65	0.36	0.57	0.57	0.55	0.42	0.38	0.39	0.37
ΣREE	143.18	121.09	68.69	154.55	108.03	110.04	190.33	182.86	201.69	127.34
$(La/Sm)_N$	2.14	2.16	1.95	2.53	2.13	2.23	4.46	4.34	4.56	3.53
$(La/Yb)_N$	3.64	3.15	3.02	4.81	3.11	3.33	9.39	10.56	10.59	6.19
δEu	0.88	0.88	1.04	0.86	0.85	1.00	0.45	0.46	0.69	0.63
微量元素含量($\times10^{-6}$)										
Ba	82.34	64.72	183.10	424.30	15.89	490.80	610.10	1161.00	1147.00	1056.00
Rb	62.54	22.60	108.20	81.25	17.17	48.52	72.71	215.60	166.30	206.60
Sr	210.40	210.00	156.50	145.60	222.60	137.50	44.46	73.94	56.58	105.80
Co	66.27	63.04	62.74	62.46	58.61	62.65	124.00	129.60	165.90	96.00

续表 4-3

产地	西藏尼玛县控错南帮勒村一带									
岩性	变玄武岩						变流纹(斑)岩			
样号	07N-4	07N-5	07N-6	07N-7	07N-8	07N-9	07N-10-1	07N-10-2	07N-10-3	07N-10-4
微量元素含量($\times10^{-6}$)										
V	453.00	387.00	358.20	374.70	451.00	492.30	5.96	13.63	19.27	12.94
Cr	67.23	18.73	286.50	34.17	24.09	43.73	4.74	4.08	6.57	8.35
Ni	51.67	31.16	70.70	31.12	34.15	45.38	1.65	2.12	1.47	2.37
Nb	7.24	5.81	4.56	6.49	5.90	5.67	13.21	8.93	5.67	13.84
Ta	0.79	0.62	0.49	0.70	0.69	0.66	1.29	1.09	0.53	1.81
Zr	24.82	19.40	69.04	33.25	21.32	14.33	94.20	128.10	93.41	149.70
Hf	1.18	1.22	2.05	1.58	1.24	0.85	3.39	4.22	3.48	3.75
Y	49.01	44.49	24.89	43.44	39.78	40.55	29.89	29.53	31.32	25.44
Cs	7.02	5.07	8.31	3.91	4.71	8.56	1.81	2.89	5.59	9.36
Th	6.81	5.47	1.59	6.73	4.72	4.59	28.75	23.28	28.33	22.40
U	1.62	1.04	0.29	1.07	1.03	0.89	3.87	2.68	3.00	2.57
Pb	98.62	60.34	19.18	35.92	62.74	49.13	34.82	38.10	23.87	54.57
Li	144.70	101.70	38.90	55.11	102.20	70.68	14.72	12.20	28.72	32.93
Be	1.77	1.65	1.80	2.44	2.15	2.30	2.56	2.09	2.54	3.13
Sc	49.00	48.44	42.92	40.42	45.65	50.22	6.83	6.23	6.63	9.71

注：主量元素、微量元素及稀土元素含量由西安地质矿产研究所测试中心分析，主量元素采用X-荧光光谱仪(Xios 4.0 kw)分析，微量元素和稀土元素采用等离子体质谱仪ICP-MS(美国Thermo公司XseriesⅡ)分析。

1. 主量元素

布伦阔勒岩群变火山岩SiO_2含量表现出不连续性，变玄武岩SiO_2含量一般在52.16%～54.07%之间，变流纹岩SiO_2含量在75.45%～80.23%之间，缺乏SiO_2含量在57%～68%的中性及中酸性火山岩，构成一套双峰式火山岩组合(王焰等，2000)。在SiO_2-Nb/Y图解(图4-23a)中，样品点集中分布于亚碱性玄武岩-安山岩和流纹岩两个区域；在FeOt/MgO-SiO_2图解(图4-23b)中，变玄武岩样品点分布于拉斑系列范围，变流纹岩样品点分布于钙碱性系列范围。

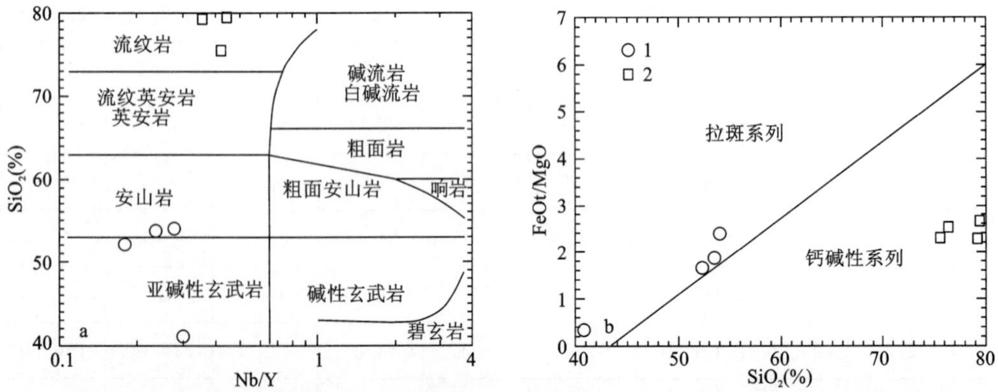

图4-23　新疆塔什库尔干县大布达尔乡布伦阔勒岩群变火山岩SiO_2-Nb/Y(a，据Winchester和Floyd，1977)和FeOt/MgO-SiO_2(b，据Miyashiro，1975)图解

1.变玄武岩；2.变流纹岩

变玄武岩具有低钛(TiO_2=0.78%～1.12%)、富铁(FeOt=9.93%～11.72%)、高钠偏碱(Na_2O+K_2O=2.88%～3.67%,K_2O/Na_2O=0.23～0.43)的特征,Al_2O_3含量介于14.51%～15.05%之间,MgO含量介于4.70%～5.94%之间,CaO含量介于7.73%～8.41%之间。

变流纹岩以高硅(SiO_2=75.45%～80.23%)、钠质富碱(Na_2O+K_2O=4.56%～6.12%,K_2O/Na_2O=0.62～0.99)、贫镁(MgO=0.63%～0.85%)、贫铁(FeOt=1.43%～1.93%)、贫钙(CaO=1.49%～2.44%)、低钛(TiO_2=0.19%～0.28%)为特征,Al_2O_3含量介于9.53%～11.58%之间。

2. 稀土元素

变玄武岩稀土元素(REE)配分型式总体相似,稀土总量偏高($\sum$REE=57.72×10^{-6}～128.54×10^{-6}),总体呈轻稀土(LREE)富集的向右缓倾曲线(图4-24a),$(La/Sm)_N$介于2.08～2.57之间,$(La/Yb)_N$介于3.14～4.75之间,Eu无明显异常(δEu=0.91～1.03)。

变流纹岩稀土元素稀土总量高($\sum$REE=121.56×10^{-6}～147.41×10^{-6}),总体呈轻稀土明显富集的右倾曲线(图4-24b),$(La/Sm)_N$介于5.17～6.29之间,$(La/Yb)_N$介于15.30～19.30之间,Eu异常不明显(δEu=0.93～0.97)。

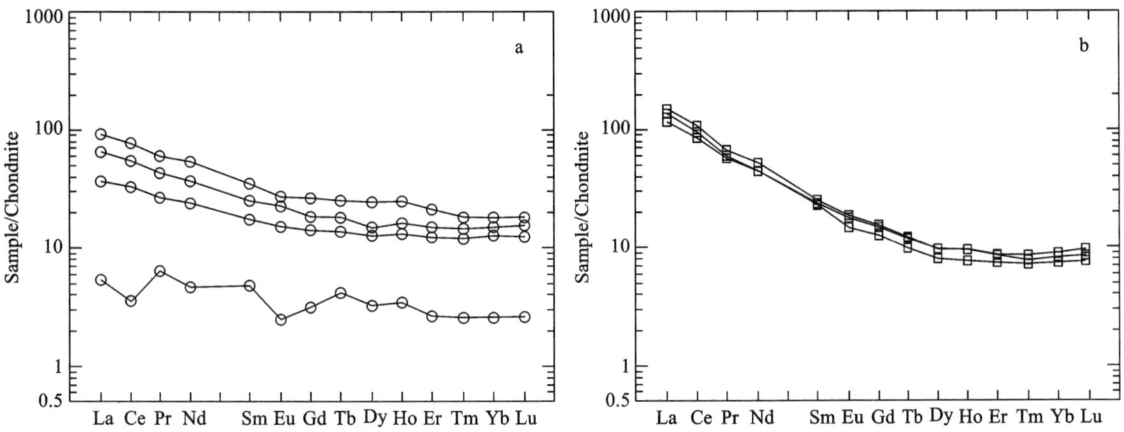

图4-24　新疆塔什库尔干县大布达尔乡布伦阔勒岩群变玄武岩(a)和变流纹岩(b)稀土元素球粒陨石标准化配分型式(标准化值据Sun和McDonoungh,1989)

3. 微量元素

变玄武岩经原始地幔标准化后微量元素配分型式为明显大隆起型曲线(图4-25a),表现为强不相容大离子亲石元素(LILE)不同程度富集,如Rb、Ba、Th和U等,尤其是Th和U出现高峰;相对N-MORB部分高场强元素(HFSE)富集,如La、Ce、Nd、Zr、Hf、Sm等;Sr、Cs、Nb、Ta、Ti相对亏损,出现Nb、Ta低谷可能与地壳混染有关。Zr/Nb比值高(Zr/Nb=18.63～21.38),介于N-MORB与E-MORB之间(N-MORB的Zr/Nb为31.76,E-MORB的Zr/Nb为8.80,洋岛玄武岩的Zr/Nb为5.83;Sun和McDonough,1989)。Cr含量介于26.2×10^{-6}～45.2×10^{-6}之间,Ni含量介于44.4×10^{-6}～63.8×10^{-6}之间。

变流纹岩微量元素经原始地幔标准化后的配分型式相似,为大隆起型曲线,K、Rb、Ba、Th、U等大离子亲石元素(LILE)和La、Ce、Zr、Hf等高场强元素(HFSE)明显富集,尤其出现Th、U高峰,而Sr、Cs、Nb、Ta、Ti等元素显著负异常(图4-25b),表明这些酸性火山岩可能与陆壳重熔有关。这些酸性火山岩还显示Cs弱负异常,可能与后期变质或蚀变作用有关。

(二) 西藏工布江达县南岔萨岗岩群变火山岩

岔萨岗岩群变火山岩分布于工布江达县南仲萨乡一带,包括变流纹岩和变玄武岩,以变流纹岩为主,其主量元素、微量元素和稀土元素含量见表4-3。

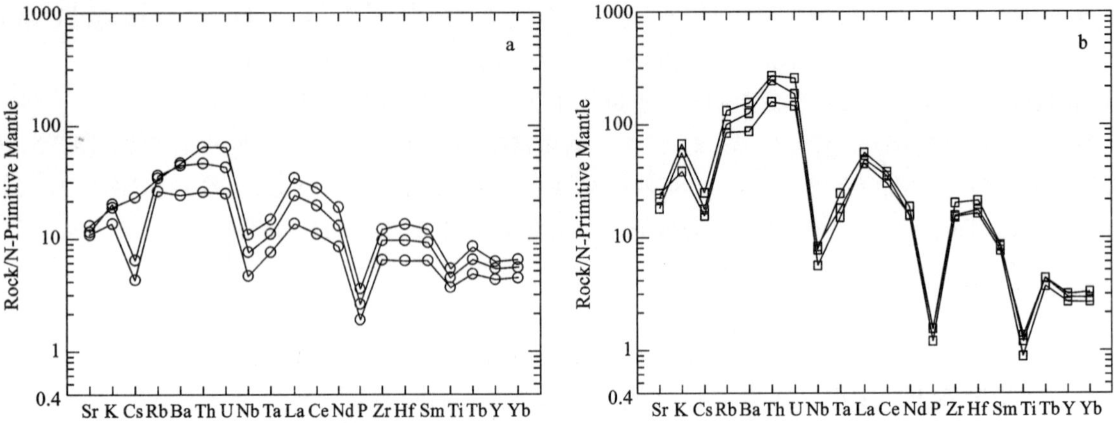

图 4-25　新疆塔什库尔干县大布达尔乡布伦阔勒岩群变玄武岩(a)和变流纹岩(b)微量元素原始地幔标准化配分型式(标准化值据 Sun 和 McDonough,1989)

1. 主量元素

岔萨岗岩群变火山岩 SiO_2含量也表现出不连续性,变玄武岩 SiO_2 含量一般在 47.23%～48.95%之间,变流纹岩 SiO_2 含量高,在 89.76%～92.53%之间,缺乏 SiO_2 含量在 57%～68%的中性及中酸性火山岩,构成一套双峰式火山岩组合(王焰等,2000)。在 SiO_2-Nb/Y 图解(图 4-26a)中,样品点集中分布于亚碱性玄武岩和流纹岩两个区域;在 FeOt/MgO-SiO_2图解(图 4-26b)中,变玄武岩样品点分布于拉斑系列范围,变流纹岩样品点分布于钙碱性系列范围。

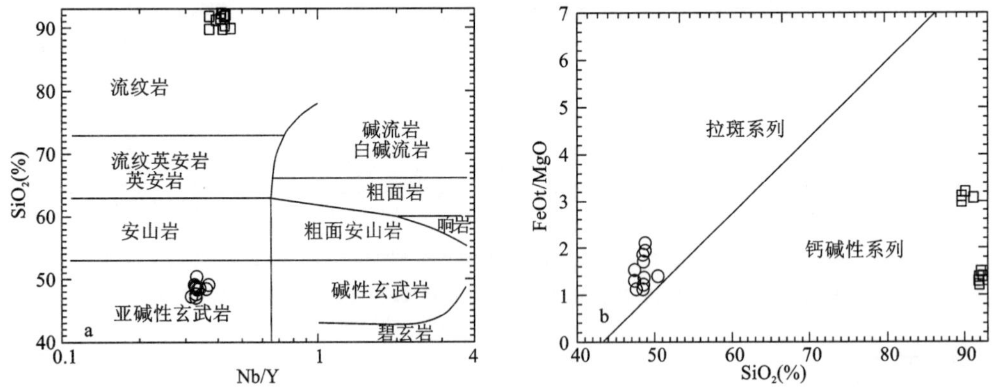

图 4-26　西藏工布江达县南岔萨岗岩群变火山岩 SiO_2-Nb/Y(a,据 Winchester 和 Floyd,1977)和 FeOt/MgO-SiO_2(b,据 Miyashiro,1975)图解

○变玄武岩;□变流纹岩

变玄武岩具有高钛(TiO_2=1.28%～1.99%)、富铁(FeOt=10.06%～12.99%)、钾质偏碱(Na_2O+K_2O=2.80%～3.68%,K_2O/Na_2O=1.39～29.50)的特征,Al_2O_3含量介于 14.16%～15.54%之间,MgO 含量介于 6.16%～9.49%之间,CaO 含量介于 8.02%～11.81%之间。

变流纹岩以高硅(SiO_2=89.76%～92.53%)、钾质偏碱(Na_2O+K_2O=1.26%～1.96%,K_2O/Na_2O=1.74～9.32)、贫镁(MgO=0.32%～0.59%)、贫铁(FeOt=0.73%～1.22%)、贫钙(CaO=0.12%～0.45%)、低钛(TiO_2=0.22%～0.33%)为特征,Al_2O_3含量介于 3.22%～4.78%之间。

2. 稀土元素

变玄武岩稀土元素(REE)配分型式总体相似,稀土元素总量中等($\sum$REE=52.85×10^{-6}～73.45×10^{-6}),总体呈轻稀土(LREE)略微富集的向右缓倾曲线(图 4-27a),$(La/Sm)_N$介于 1.27～1.45 之间,$(La/Yb)_N$介于 2.32～2.72 之间,Eu 无明显异常(δEu=0.88～1.14)。

变流纹岩稀土元素稀土总量高($\sum$REE=101.00×10^{-6}～159.86×10^{-6}),总体呈轻稀土明显富集的右倾曲线(图 4-27b),$(La/Sm)_N$介于 4.30～4.94 之间,$(La/Yb)_N$介于 12.29～14.72 之间,并具有 Eu 弱负异常(δEu=0.42～0.59)。

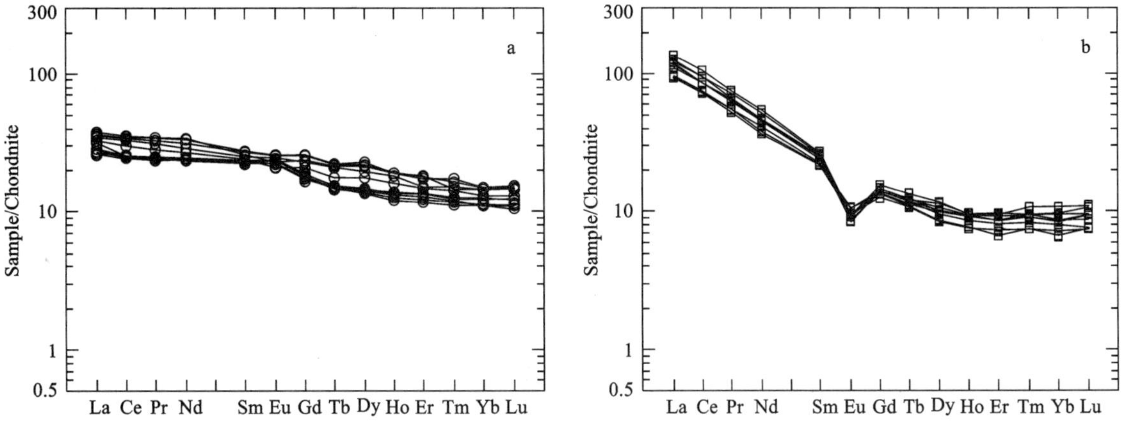

图 4-27　西藏工布江达县南岔萨岗岩群变玄武岩(a)和变流纹岩(b)
稀土元素球粒陨石标准化配分型式(标准化值据 Sun 和 McDonoungh,1989)

3. 微量元素

变玄武岩经原始地幔标准化后微量元素配分型式除个别大离子亲石元素外总体为近于平坦型曲线(图 4-28a),表现为 K、Cs、Rb 等少量强不相容大离子亲石元素(LILE)不同程度富集,尤其是 Rb 出现高峰;相对 N-MORB 而言 Ta 略微富集;Th、U 相对亏损。Zr/Nb 比值偏高(Zr/Nb=10.09～12.91),与 E-MORB 相近(N-MORB 的 Zr/Nb 为 31.76,E-MORB 的 Zr/Nb 为 8.80,洋岛玄武岩的 Zr/Nb 为 5.83;Sun 和 McDonough,1989)。Cr 含量偏高(介于 104×10^{-6}～304×10^{-6}之间),Ni 含量介于 65×10^{-6}～112×10^{-6}之间。

变流纹岩微量元素经原始地幔标准化后的配分型式相似,为大隆起型曲线,K、Rb、Th 等大离子亲石元素(LILE)和 La、Ce、Zr、Hf 等高场强元素(HFSE)明显富集,尤其出现 Rb、Th 高峰,而 Sr、Nb、Ta、Ti 等元素显著负异常(图 4-28b),表明这些酸性火山岩可能与陆壳重熔有关。这些酸性火山岩还显示 Ba 弱负异常,可能与后期变质或蚀变作用有关。

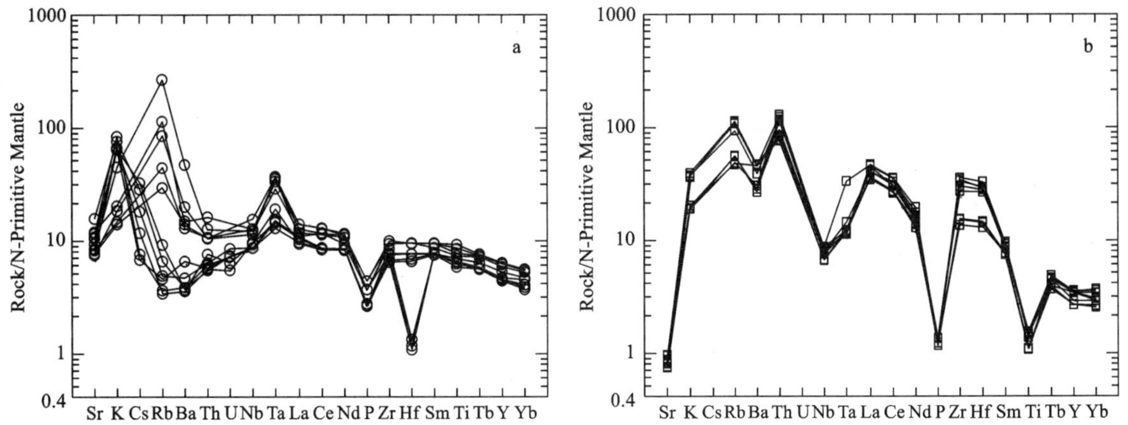

图 4-28　西藏工布江达县南岔萨岗岩群变玄武岩(a)和变流纹岩(b)
微量元素原始地幔标准化配分型式(标准化值据 Sun 和 McDonoungh,1989)

(三) 青海格尔木市西南三岔河桥万宝沟岩群变玄武岩

万宝沟岩群变火山岩样品采自格尔木市西南三岔河桥一带,均为变玄武岩,其主量元素、微量元素和稀土元素含量见表 4-3。

1. 主量元素

万宝沟岩群变玄武岩 SiO_2 含量一般在 46.17%～48.93%之间，具有高钛（TiO_2＝1.37%～1.64%）、富铁（FeOt＝9.78%～11.93%）、钠质偏碱（Na_2O+K_2O＝3.54%～4.38%，K_2O/Na_2O＝0.01～0.13）的特征，Al_2O_3含量介于 13.07%～14.16%之间，MgO 含量介于 5.42%～6.87%之间，CaO 含量介于 7.00%～9.53%之间。

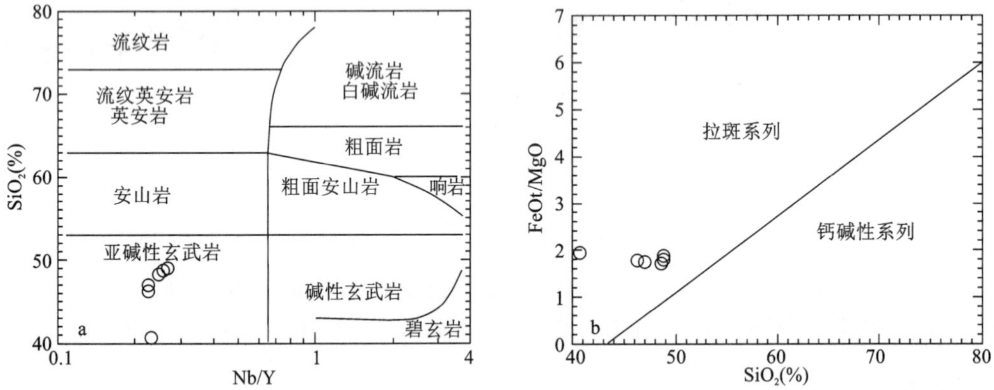

图 4-29　青海格尔木西南三岔河万宝沟岩群变玄武岩 SiO_2-Nb/Y（a，据 Winchester 和 Floyd，1977）和 FeOt/MgO-SiO_2（b，据 Miyashiro，1975）图解

在 SiO_2-Nb/Y 图解（图 4-29a）中，样品点集中分布于亚碱性玄武岩区；在 FeOt/MgO-SiO_2图解（图 4-29b）中，样品点分布于拉斑系列范围。

2. 稀土元素

变玄武岩稀土元素（REE）配分型式总体相似，稀土总量中等（$\sum$REE＝45.93×10^{-6}～57.00×10^{-6}），总体呈轻稀土（LREE）略微富集的向右缓倾曲线（图 4-30a），$(La/Sm)_N$介于 1.01～1.05 之间，$(La/Yb)_N$介于 2.46～2.58 之间，Eu 无明显异常（δEu＝1.00～1.09）。

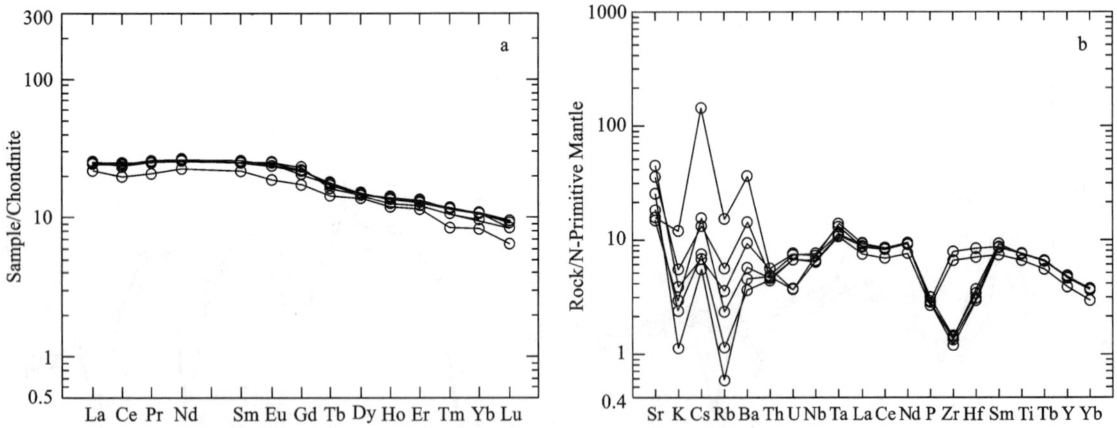

图 4-30　青海格尔木西南三岔河万宝沟岩群变玄武岩稀土元素球粒陨石标准化配分型式（a）和微量元素原始地幔标准化配分型式（b，标准化值据 Sun 和 McDonoungh，1989）

3. 微量元素

变玄武岩经原始地幔标准化后微量元素配分型式除个别大离子亲石元素外总体为近于平坦型曲线（图 4-30b），表现为 Sr、Cs、Ba 等少量强不相容大离子亲石元素（LILE）不同程度富集，尤其是 Sr 出现高峰；相对 N-MORB 而言 Ta 略微富集；K、Rb、Zr、Hf 相对亏损。Zr/Nb 比值相差较大（Zr/Nb＝2.78～17.74）。Cr 含量介于 76.0×10^{-6}～90.7×10^{-6}之间，Ni 含量介于 65.8×10^{-6}～88.8×10^{-6}之间。

（四）西藏丁青县吉塘岩群酉西岩组变玄武岩

吉塘岩群酉西岩组变火山岩样品采自丁青县干岩乡北，均为变玄武岩，其主量元素、微量元素和稀土元素含量见表 4-3。

1. 主量元素

吉塘岩群酉西岩组变玄武岩 SiO_2 含量一般在 43.31%～45.92%之间，具有低钛（TiO_2=0.63%～0.9%）、富铁（FeOt=8.36%～9.79%）、偏碱（Na_2O+K_2O=3.99%～4.73%，K_2O/Na_2O=0.62～1.11）、高钙（CaO=10.57%～14.06%）的特征，Al_2O_3 含量介于 14.58%～17.02%之间，MgO 含量介于 6.10%～9.79%之间。

在 SiO_2-Nb/Y 图解（图 4-31a）中，样品点集中分布于亚碱性玄武岩区；在 FeOt/MgO-SiO_2 图解（图 4-31b）中，样品点分布于拉斑系列范围。

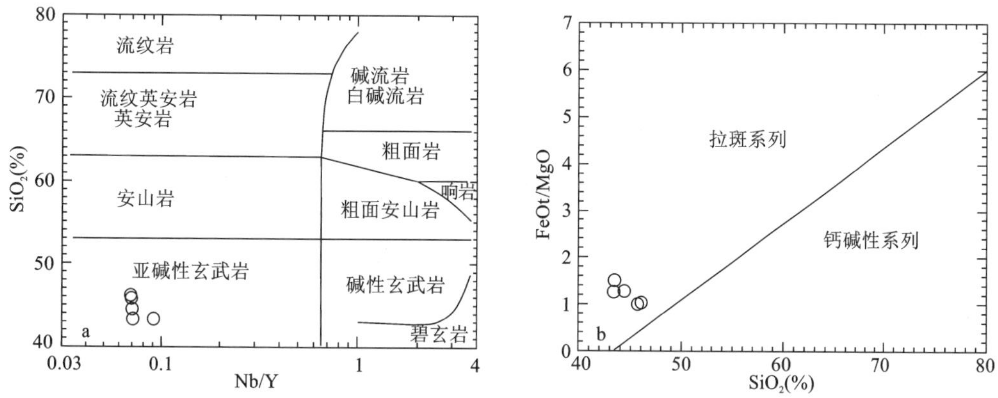

图 4-31　西藏丁青县吉塘岩群酉西岩组变玄武岩 SiO_2-Nb/Y（a，据 Winchester 和 Floyd，1977）和 FeOt/MgO-SiO_2（b，据 Miyashiro，1975）图解

2. 稀土元素

变玄武岩稀土元素（REE）配分型式总体相似，稀土总量较低（$\sum REE=25.00\times10^{-6}\sim65.99\times10^{-6}$），总体呈轻稀土（LREE）略微富集的向右缓倾或平坦型曲线（图 4-32a），$(La/Sm)_N$ 介于 1.04～1.98之间，$(La/Yb)_N$ 介于 0.73～3.04 之间，Eu 无明显异常（δEu=0.85～1.29）。

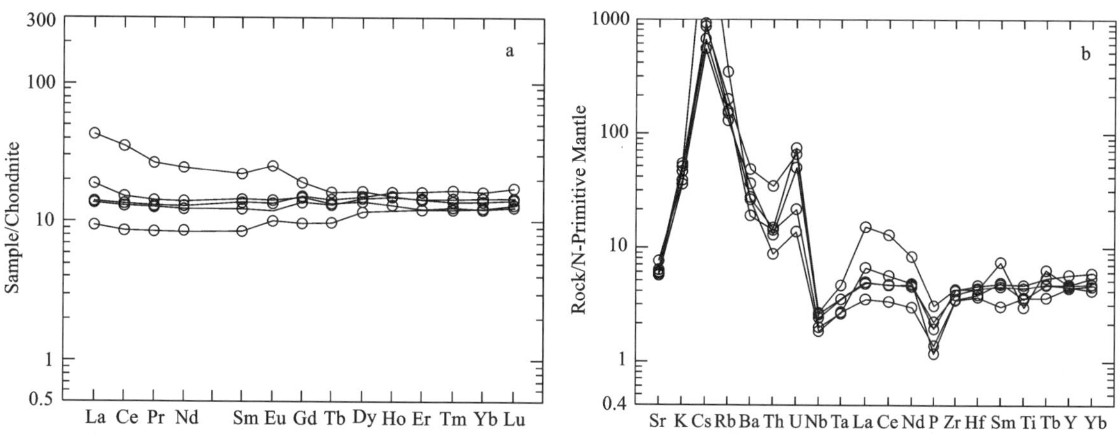

图 4-32　西藏丁青县吉塘岩群酉西岩组变玄武岩稀土元素球粒陨石标准化配分型式（a）和微量元素原始地幔标准化配分型式（b，标准化值据 Sun 和 McDonoungh，1989）

3. 微量元素

变玄武岩经原始地幔标准化后微量元素配分型式总体为大隆起型曲线(图 4-32b),表现为 K、Cs、Rb、Ba、U 等强不相容大离子亲石元素(LILE)不同程度富集,尤其是 Cs 出现高峰;相对 N-MORB 而言 La、Ce、Ta 略微富集;Sr、Th、Nb、Ta 相对亏损。Zr/Nb 比值较高(Zr/Nb=24.35～28.78),介于 N-MORB与 E-MORB 之间(N-MORB 的 Zr/Nb 为 31.76,E-MORB 的 Zr/Nb 为 8.80,洋岛玄武岩的 Zr/Nb 为 5.83;Sun 和 McDonough,1989)。Cr 含量介于 $272\times10^{-6}\sim530\times10^{-6}$之间,Ni 含量介于 $126\times10^{-6}\sim230\times10^{-6}$之间。

(五) 青海省治多县宁多岩群变玄武岩

宁多岩群变火山岩样品采自青海省治多县多彩乡南,均为变玄武岩,其主量元素、微量元素和稀土元素含量见表 4-3。

1. 主量元素

宁多岩群变玄武岩 SiO_2 含量一般在 47.99%～51.80%之间,具有高钛(TiO_2=1.18%～1.74%)、富铁(FeOt=9.55%～11.76%)、钠质偏碱(Na_2O+K_2O=3.01%～4.44%,K_2O/Na_2O=0.12～0.31)的特征,Al_2O_3 含量介于 14.39%～15.13%之间,MgO 含量介于 6.10%～7.78%之间、CaO 含量介于 7.31%～11.49%之间。

在 SiO_2-Nb/Y 图解(图 4-33a)中,样品点集中分布于亚碱性玄武岩区;在 FeOt/MgO-SiO_2图解(图 4-33b)中,样品点分布于拉斑系列范围。

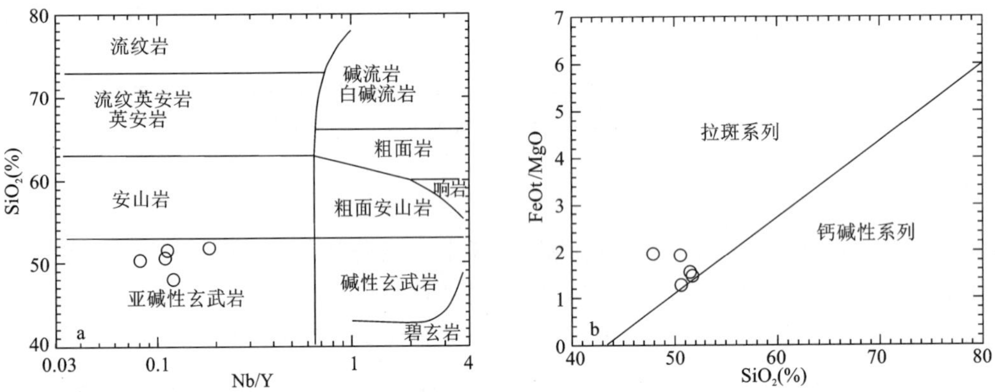

图 4-33　青海省治多县宁多岩群变玄武岩 SiO_2-Nb/Y(a,据 Winchester 和 Floyd,1977)和 FeOt/MgO-SiO_2(b,据 Miyashiro,1975)图解

2. 稀土元素

变玄武岩稀土元素(REE)配分型式总体相似,稀土总量中等($\sum$REE=$43.14\times10^{-6}\sim71.29\times10^{-6}$),总体呈轻稀土(LREE)略微富集的向右缓倾或平坦型曲线(图 4-34a),$(La/Sm)_N$介于 0.77～1.66之间,$(La/Yb)_N$介于 0.70～2.93 之间,略具 Eu 负异常(δEu=0.77～0.88)。

3. 微量元素

变玄武岩经原始地幔标准化后微量元素配分型式总体为大离子亲石元素隆起型、高场强元素平坦型曲线(图 4-34b),表现为 Cs、Rb、Ba、Th、U 等强不相容大离子亲石元素(LILE)不同程度富集,尤其是 Cs、Rb 出现高峰;相对 N-MORB 而言 Nb、Ta 略微亏损。Zr/Nb 比值较高(Zr/Nb=20.04～24.64),介于 N-MORB 与 E-MORB 之间(N-MORB 的 Zr/Nb 为 31.76,E-MORB 的 Zr/Nb 为 8.80,洋岛玄武岩

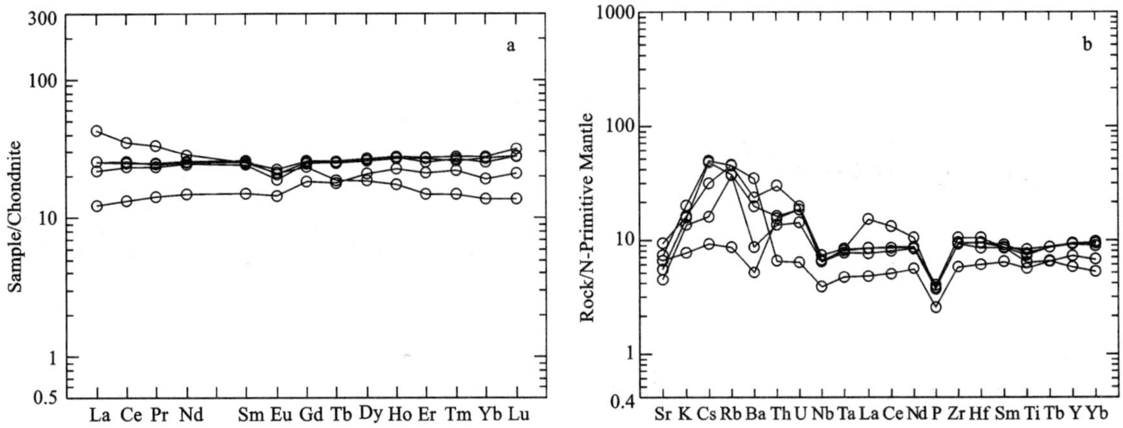

图 4-34　青海省治多县宁多岩群变玄武岩稀土元素球粒陨石标准化配分型式(a)和微量元素原始地幔标准化配分型式(b,标准化值据 Sun 和 McDonoungh,1989)

的 Zr/Nb 为 5.83;Sun 和 McDonough,1989)。Cr 含量介于 $58.5\times10^{-6}\sim199.0\times10^{-6}$之间,Ni 含量介于 $35.1\times10^{-6}\sim74.6\times10^{-6}$之间。

(六) 西藏八宿县北嘉玉桥群变玄武岩

嘉玉桥群变火山岩样品采自西藏八宿县北巴兼村一带,均为夹于中薄层大理岩中的变玄武岩,其主量元素、微量元素和稀土元素含量见表 4-3。

1. 主量元素

嘉玉桥群变玄武岩 SiO_2 含量一般在 47.07%～50.01%之间,具有钛略高(TiO_2=0.94%～1.53%)、富铁(FeOt=11.23%～14.99%)、钠质偏碱(Na_2O+K_2O=2.28%～3.23%,K_2O/Na_2O=0.12～0.29)、高钙(CaO=8.45%～11.46%)的特征,Al_2O_3 含量介于 13.15%～14.76%之间,MgO 含量介于 5.81%～7.86%之间。

在 SiO_2-Nb/Y 图解(图 4-35a)中,样品点集中分布于亚碱性玄武岩区;在 FeOt/MgO-SiO_2 图解(图 4-35b)中,样品点分布于拉斑系列范围。

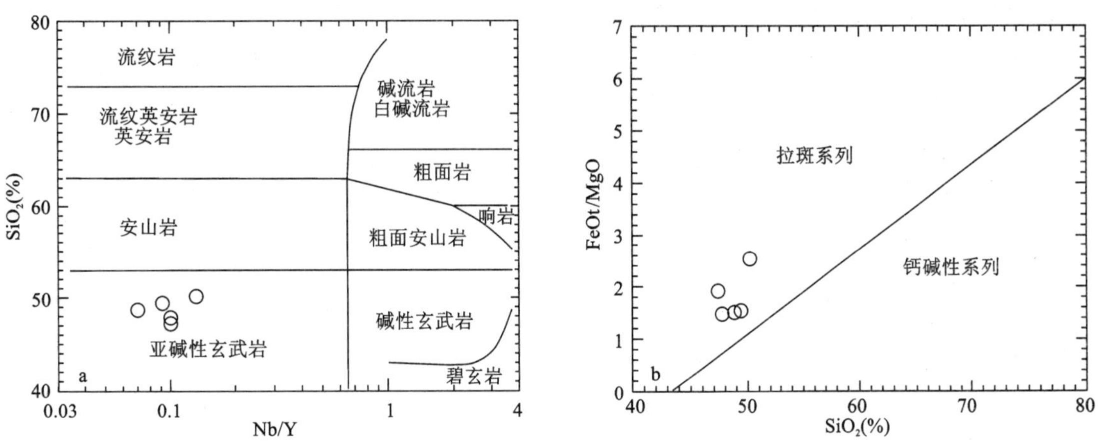

图 4-35　西藏八宿县北嘉玉桥群变玄武岩 SiO_2-Nb/Y(a,据 Winchester 和 Floyd,1977)和 FeOt/MgO-SiO_2(b,据 Miyashiro,1975)图解

2. 稀土元素

变玄武岩稀土元素(REE)配分型式总体相似,稀土总量偏低($\sum$REE=$32.16\times10^{-6}\sim66.17\times10^{-6}$),总体呈轻稀土(LREE)略微亏损的向左缓倾型曲线(图 4-36a),$(La/Sm)_N$ 介于 0.64～1.26 之

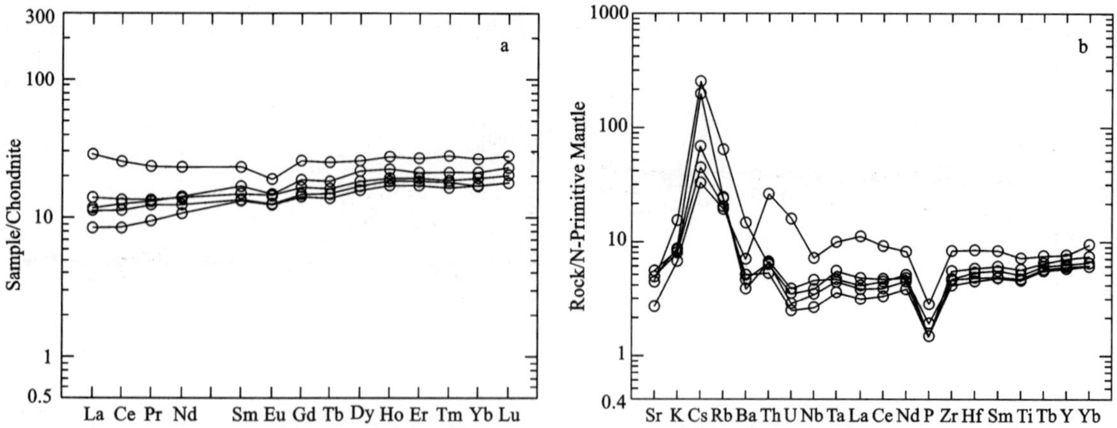

图 4-36　西藏八宿县北嘉玉桥群变玄武岩稀土元素球粒陨石标准化配分型式(a)
和微量元素原始地幔标准化配分型式(b,标准化值据 Sun 和 McDonoungh,1989)

间,$(La/Yb)_N$介于 0.50～1.08 之间,略具 Eu 负异常(δEu=0.80～0.90)。

3. 微量元素

变玄武岩经原始地幔标准化后微量元素配分型式总体为大离子亲石元素隆起型、高场强元素平坦型曲线(图 4-36b),表现为 Cs、Rb 等强不相容大离子亲石元素(LILE)不同程度富集,尤其是 Cs 出现高峰;相对 N-MORB 而言,Sr、Ba、Nb、Ta 略微亏损。Zr/Nb 比值较高(Zr/Nb=18.41～24.75),介于 N-MORB与 E-MORB 之间(N-MORB 的 Zr/Nb 为 31.76,E-MORB 的 Zr/Nb 为 8.80,洋岛玄武岩的 Zr/Nb 为 5.83;Sun 和 McDonough,1989)。Cr 含量变化较大,介于 41.9×10^{-6}～160.0×10^{-6}之间;Ni 含量介于 44.1×10^{-6}～82.5×10^{-6}之间。

(七) 西藏尼玛县控错南寒武纪变火山岩

该套寒武纪变火山岩样品采自西藏尼玛县控错南帮勒村一带,其主量元素、微量元素和稀土元素含量见表 4-3。

1. 主量元素

变火山岩 SiO_2含量表现出不连续性,变玄武岩 SiO_2 含量在 44.89%～51.26%之间,变流纹岩 SiO_2 含量在 72.82%～78.64%之间,缺乏 SiO_2 含量在 57%～68%的中性及中酸性火山岩,构成一套双峰式火山岩组合(王焰等,2000)。在 SiO_2-Nb/Y 图解(图 4-37a)中,样品点集中分布于亚碱性玄武岩和流纹岩两个区域;在 FeOt/MgO-SiO_2图解(图 4-37b)中,样品点主体分布于拉斑系列范围。

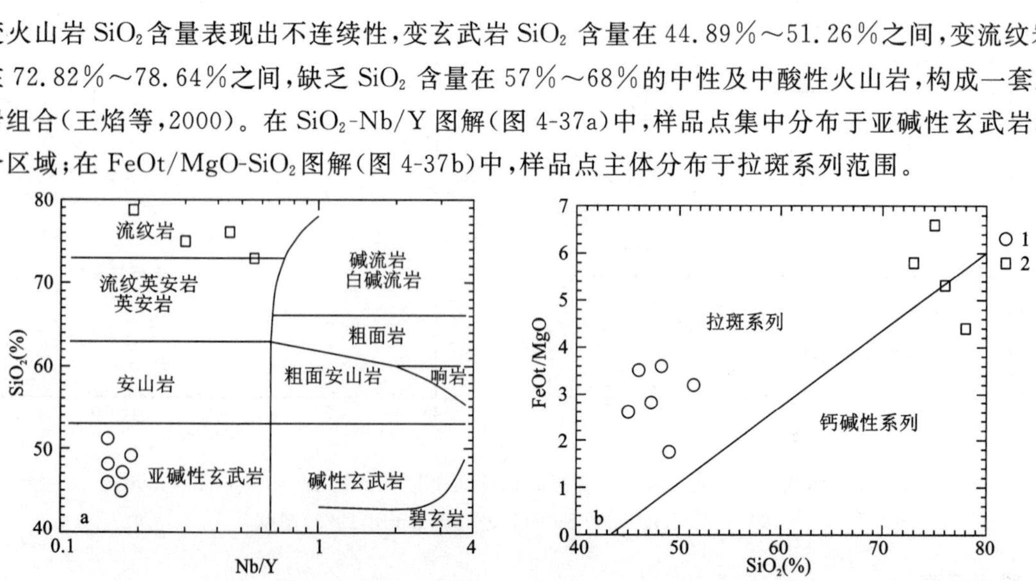

图 4-37　西藏尼玛县帮勒村一带变火山岩 SiO_2-Nb/Y(a,据 Winchester 和 Floyd,1977)和 FeOt/MgO-SiO_2(b,据 Miyashiro,1975)图解

1.变玄武岩;2.变流纹(斑)岩

变玄武岩具有高钛(TiO_2＝1.53%～2.22%)、富铁(FeOt＝11.54%～17.09%)、偏碱(Na_2O＋K_2O＝1.53%～2.22%)的特征，Al_2O_3含量介于12.44%～14.56%之间，MgO含量介于4.21%～7.05%之间，CaO含量介于5.47%～9.34%之间。

变流纹岩以高硅(SiO_2＝72.82%～78.64%)、高钾富碱(Na_2O＋K_2O＝6.31%～8.60%，K_2O/Na_2O＝0.62%～3.65%)、贫镁(MgO＝0.30%～0.59%)、贫钙(CaO＝0.36%～0.83%)为特征，Al_2O_3含量介于9.40%～13.04%之间，TiO_2含量介于0.29%～0.49%之间，CaO含量介于5.47%～9.34%之间，FeOt含量介于1.58%～3.21%之间。

2. 稀土元素

变玄武岩稀土元素(REE)配分型式总体相似，稀土总量偏高($\sum$REE＝68.69×10^{-6}～143.18×10^{-6})，总体呈轻稀土富集(LREE)的右倾曲线(图4-38a)，$(La/Sm)_N$介于1.95～2.53之间，$(La/Yb)_N$介于3.02～4.81之间，Eu异常不明显(δEu＝0.85～1.04)。

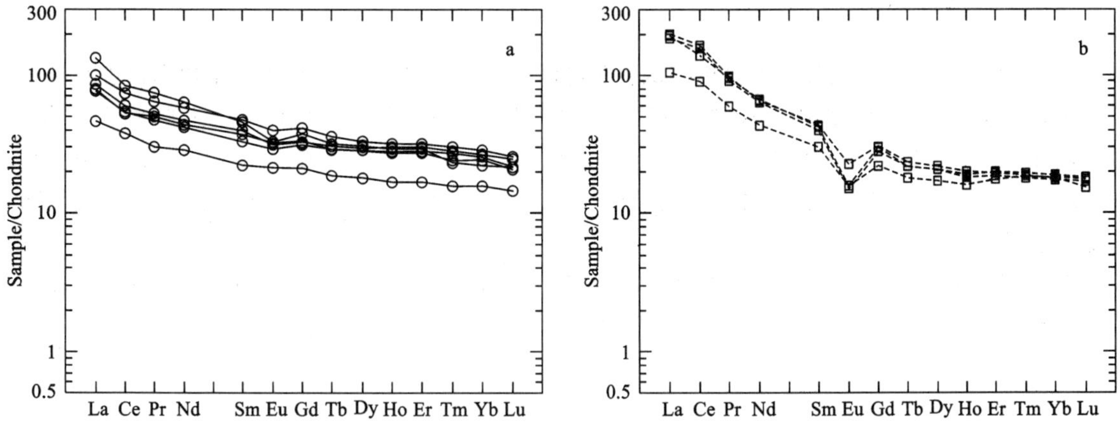

图4-38　西藏尼玛县帮勒村一带变玄武岩(a)和变流纹岩(b)
稀土元素球粒陨石标准化配分型式(标准化值据Sun和McDonoungh，1989)

变流纹岩稀土元素稀土总量高($\sum$REE＝127.34×10^{-6}～201.69×10^{-6})，总体呈轻稀土明显富集的右倾曲线(图4-38b)，$(La/Sm)_N$介于3.53～4.56之间，$(La/Yb)_N$介于6.19～10.59之间，Eu出现负异常(δEu＝0.45～0.69)。

3. 微量元素

变玄武岩经原始地幔标准化后微量元素配分型式为明显大隆起型的曲线(图4-39a)，表现为强不相容大离子亲石元素(LILE)不同程度富集，如K、Rb、Ba、Th和U等；相对N-MORB部分高场强元素

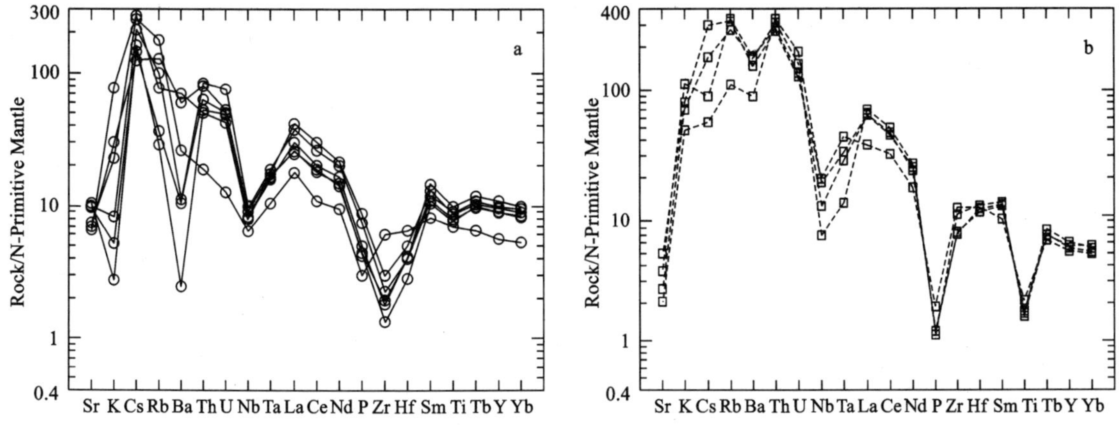

图4-39　西藏尼玛县帮勒村一带变玄武岩(a)和变流纹岩(b)
微量元素原始地幔标准化配分型式(标准化值据Sun和McDonoungh，1989)

(HFSE)富集，如 La、Ce、Nd 等；Sr、Nb、Ta、Zr、Hf 相对亏损，出现 Nb、Ta 低谷可能与地壳混染有关。Zr/Nb 比值低，介于 2.53～15.14 之间，多集中于 2.53～3.61 之间，与洋岛玄武岩(N-MORB 的 Zr/Nb 为 31.76，E-MORB 的 Zr/Nb 为 8.80，洋岛玄武岩的 Zr/Nb 为 5.83，Sun 和 McDonough，1989)相近。Cr 含量变化范围较大(24.09×10^{-6}～286.50×10^{-6})，Ni 含量介于 31.12×10^{-6}～70.70×10^{-6}之间。

变流纹岩微量元素经原始地幔标准化后的配分型式为大隆起型曲线，K、Cs、Rb、Ba、Th、U 等大离子亲石元素(LILE)和高场强元素(HFSE)明显富集，尤其出现 Th、Rb 高峰，而 Sr、Nb、Ta、Ti 等元素显著负异常(图 4-39b)，表明这些酸性火山岩属于陆壳重熔的产物。这些酸性火山岩还显示 Ba 弱负异常，可能与后期蚀变作用有关。

三、岩浆岩构造环境讨论

(一) 泛非期花岗岩

岩石化学、稀土元素及微量元素分析测试表明，喜马拉雅地区普兰县南它亚藏布片麻状含石榴子石二云花岗岩属于过铝质拉斑系列花岗岩；在$(La/Yb)_N$-δEu 图解(图 4-40a)中样点主要落入壳源区，在 MgO-SiO_2 图解(图 4-40b)中样点落入增厚下地壳熔融区，在 Rb-(Y+Nb)图解和 Nb-Y 图解(图 4-40c、d)中样点分布于同碰撞和板内花岗岩区。综合判断，该岩体属于源自增厚下地壳部分熔融、形成于同碰撞的过铝质拉斑系列 S 型花岗岩。

定日县长所乡北眼球状黑云母花岗片麻岩属于过铝质钙碱性系列花岗岩；在$(La/Yb)_N$-δEu 图解

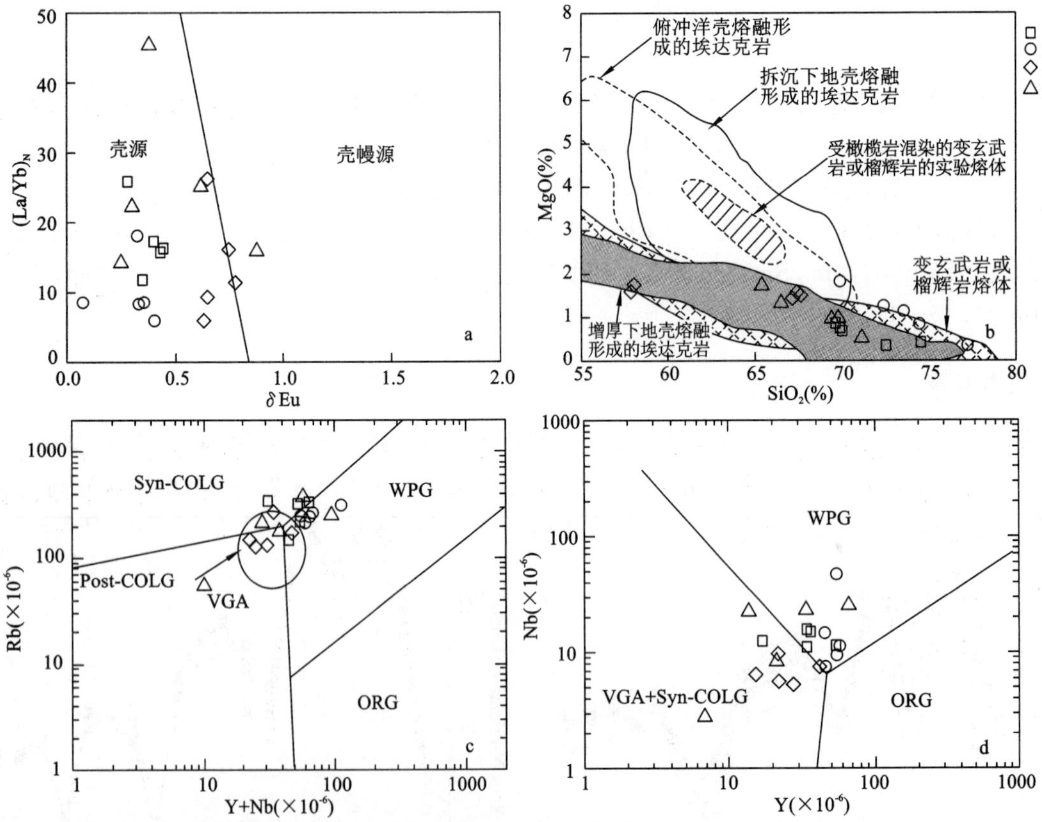

图 4-40　喜马拉雅地区泛非期花岗岩构造环境判别图图解

1. 普兰县南它亚藏布片麻状含石榴子石二云花岗岩；2. 定日县长所乡北眼球状黑云母花岗片麻岩；3. 亚东县下亚东含石榴子石花岗片麻岩；4. 米林县丹娘乡兰嘎村东片麻状花岗岩

VGA. 火山弧花岗岩；ORG. 大洋脊花岗岩；WPG. 板内花岗岩；Syn-COLG. 同碰撞花岗岩；Post-COLG. 后碰撞花岗岩

(a，据陈佑纬等，2009；b，据 Wanget et al，2006，2007；c，据 Pearce，1996；d，据 Pearce et al，1984)

(图 4-40a)中样点主要落入壳源区,在 $MgO-SiO_2$ 图解(图 4-40b)中样点落入变玄武岩或榴辉岩熔体区,在 Rb-(Y+Nb)图解和 Nb-Y 图解(图 4-40c、d)中样点分布于板内花岗岩区,靠近同碰撞花岗岩区。综合判断,该岩体属于源自变玄武岩部分熔融、形成于同碰撞环境的过铝质钙碱性系列 S 型花岗岩。

亚东县下亚东含石榴子石花岗片麻岩属于过铝质钙碱性系列花岗闪长岩;在 $(La/Yb)_N$-δEu 图解(图 4-40a)中样点主要落入壳源区,少数样点靠近壳幔源区;在 $MgO-SiO_2$ 图解(图 4-40b)中样点落入增厚下地壳熔融区;在 Rb-(Y+Nb)图解和 Nb-Y 图解(图 4-40c、d)中样点分布于后碰撞花岗岩区,少数样点落入同碰撞花岗岩区。综合判断,该岩体属于源自增厚下地壳部分熔融、形成于同碰撞-后碰撞环境的过铝质钙碱性系列 S 型花岗岩。

米林县丹娘乡兰嘎村东片麻状花岗岩属于过铝质钙碱性系列花岗岩;在 $(La/Yb)_N$-δEu 图解(图 4-40a)中样点主要落入壳源区,在 $MgO-SiO_2$ 图解(图 4-40b)中样点落入增厚下地壳熔融区,在 Rb-(Y+Nb)图解和 Nb-Y 图解(图 4-40c、d)中样点分布于同碰撞和板内花岗岩区。综合判断,该岩体属于源自增厚下地壳部分熔融、形成于同碰撞的过铝质钙碱性系列 S 型花岗岩。

综上所述,喜马拉雅地区泛非期花岗岩以过铝质 S 型花岗岩为主;形成构造环境以同碰撞为主,少数形成于后碰撞构造环境;源区主要为增厚地壳的部分熔融,北喜马拉雅少数源自变玄武岩部分熔融。

(二) 变火山岩

新疆塔什库尔干县大布达尔乡布伦阔勒岩群变玄武岩属于拉斑系列,具有低钛、富铁、高钠偏碱的特征;稀土总量高,显示轻稀土明显富集的右倾曲线,Eu 无明显异常;微量元素配分型式为明显大隆起型曲线,出现 Nb、Ta 低谷。在 Zr/Y-Zr 图解(图 4-41a)中,样点落入板内玄武岩区;在 Tb-Th-Ta 图解(图 4-41b)中,样点落入岛弧钙碱性玄武岩区;在 Hf-Th-Nb 图解和 Hf-Th-Ta(图 4-41c、d)中,样点落入岛弧钙碱性玄武岩区;在 $(Nb/La)_N$-$(Nb/Th)_N$ 图解(图 4-41e)中,样点落入大陆地壳或大陆岩石圈混染区;在 Th/Yb-Ta/Yb 图解(图 4-41f)中,样点落入活动大陆边缘区。综合判断,布伦阔勒岩群变玄武岩为形成于古大陆或古大陆边缘构造环境的拉斑玄武岩。

西藏工布江达县南岔萨岗岩群变玄武岩属于拉斑系列,具有高钛、富铁、钾质偏碱的特征;稀土总量中等,显示轻稀土略微富集的向右缓倾曲线,Eu 无明显异常;微量元素配分型式为除 K、Cs、Rb 等大离子亲石元素不同程度富集外,总体为近于平坦型曲线,Ta 略微富集。在 Zr/Y-Zr 图解(图 4-41a)中,样点落入板内玄武岩区;在 Tb-Th-Ta 图解(图 4-41b)中,样点落入洋岛和大陆碱性玄武岩区;在 Hf-Th-Nb 图解和 Hf-Th-Ta(图 4-41c、d)中,样点落入板内碱性玄武岩和板内拉斑玄武岩区;在 $(Nb/La)_N$-$(Nb/Th)_N$ 图解(图 4-41e)中,样点落入洋岛玄武岩或大陆溢流玄武岩区;在 Th/Yb-Ta/Yb 图解(图 4-41f)中,样点落入大陆拉斑玄武岩区。综合判断,岔萨岗岩群变玄武岩为形成于古大陆构造环境的拉斑玄武岩。

青海格尔木市西南三岔河桥万宝沟岩群变玄武岩属于拉斑系列,具有高钛、富铁、钠质偏碱的特征;稀土总量中等,显示轻稀土略微富集的向右缓倾曲线,Eu 无明显异常;微量元素配分型式为除 Sr、Cs、Ba 等大离子亲石元素不同程度富集外,总体为近于平坦型曲线,Ta 略微富集。在 Zr/Y-Zr 图解(图 4-41a)中,样点落入板内玄武岩区;在 Tb-Th-Ta 图解(图 4-41b)中,样点落入洋岛和大陆碱性玄武岩区;在 Hf-Th-Nb 图解和 Hf-Th-Ta(图 4-41c、d)中,样点落入板内碱性玄武岩和板内拉斑玄武岩区;在 $(Nb/La)_N$-$(Nb/Th)_N$ 图解(图 4-41e)中,样点落入洋岛玄武岩或大陆溢流玄武岩区;在 Th/Yb-Ta/Yb 图解(图 4-41f)中,样点落入大陆拉斑玄武岩区。综合判断,万宝沟岩群变玄武岩形成于古大陆裂谷构造环境的拉斑玄武岩。

西藏丁青县干岩乡北吉塘岩群西西岩组变玄武岩属于拉斑系列,具有低钛、富铁、偏碱的特征;稀土总量较低,呈轻稀土略微富集的向右缓倾或平坦型曲线,Eu 无明显异常;微量元素配分型式为 K、Cs、Rb、Ba、U 等强不相容大离子亲石元素不同程度富集的大隆起型曲线,Nb、Ta 相对亏损。在 Zr/Y-Zr 图解(图 4-41a)中,样点落入岛弧玄武岩区;在 Tb-Th-Ta 图解(图 4-41b)中,样点落入岛弧钙碱性玄武岩区;在 Hf-Th-Nb 图解和 Hf-Th-Ta(图 4-41c、d)中,样点落入岛弧钙碱性玄武岩区;在 $(Nb/La)_N$-

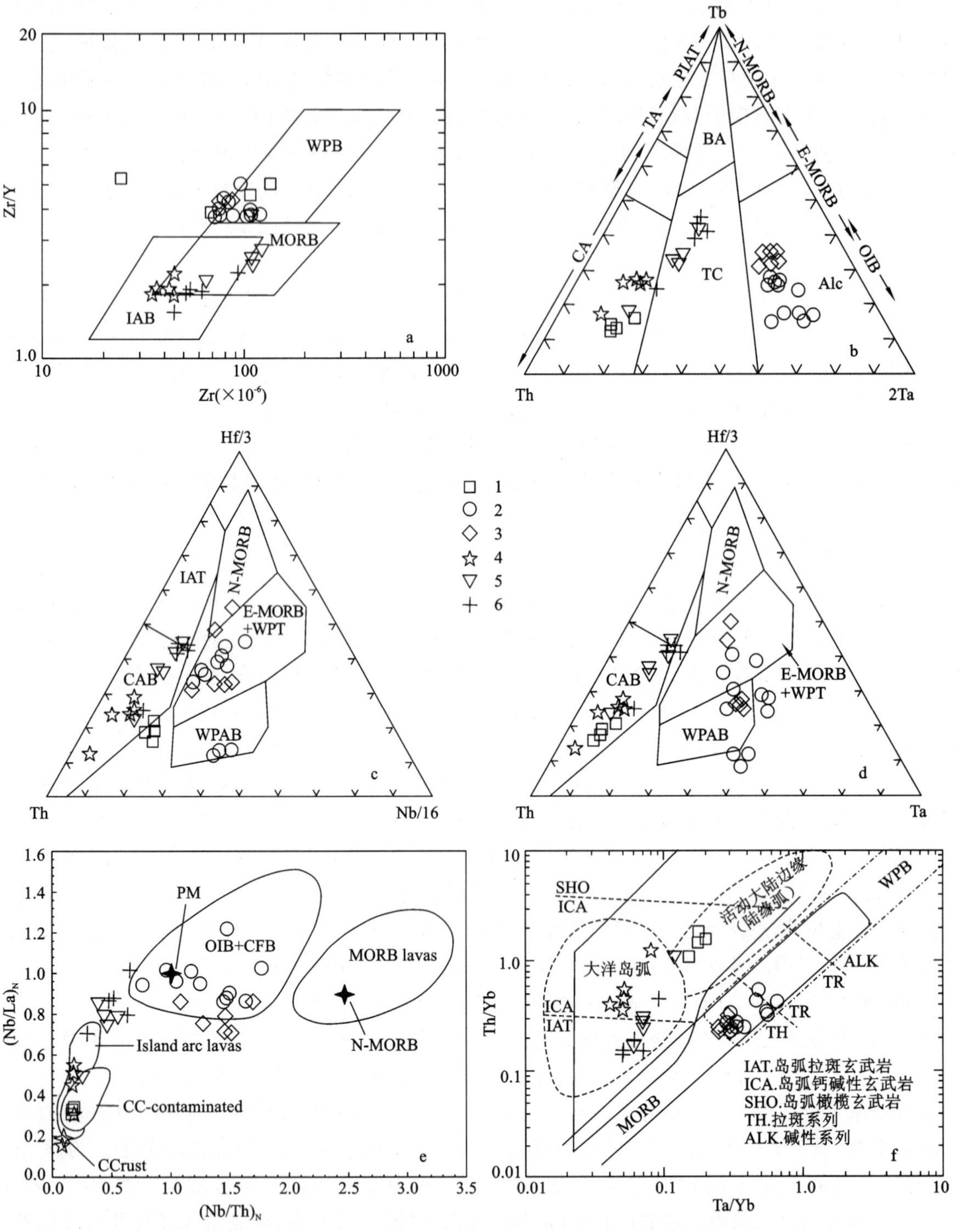

图 4-41　青藏高原前寒武纪基性火山岩构造环境判别图图解

1. 新疆塔什库尔干县大布达尔乡布伦阔勒岩群变玄武岩；2. 西藏工布江达县南岔萨岗岩群变玄武岩；
3. 青海格尔木市西南三岔河桥万宝沟岩群变玄武岩；4. 西藏丁青县干岩乡北吉塘岩群酉西岩组变玄武岩；
5. 青海治多县多彩乡南宁多岩群变玄武岩；6. 西藏八宿县北嘉玉桥群变玄武岩

PM. 原始地幔；MORB. 洋脊玄武岩；N-MORB. 正常洋脊玄武岩；E-MORB. 富集型洋脊玄武岩；WPB. 板内玄武岩；
ALK-WPB 和 WPAB. 板内碱性玄武岩；WPT. 板内拉斑玄武岩；VAB. 火山弧玄武岩；IAB. 岛弧玄武岩；
IAT 和 TA. 岛弧拉斑玄武岩；CA 和 CAB. 岛弧钙碱性玄武岩；BA. 弧后盆地玄武岩；TC. 大陆拉斑玄武岩；
PIAT. 初始岛弧拉斑玄武岩；Alc. 洋岛和大陆碱性玄武岩；OIB. 洋岛玄武岩；CFB. 大陆溢流玄武岩；
Island arc lavas. 岛弧熔岩；CC-contaminated. 大陆岩石圈混染；CCrust. 大陆地壳
(a，据 Pearce 和 Cann，1973；b，据 Cabanis 和 Thiéblemont，1988；c 和 d，据 Wood，1980；e，据 Puchtel et al，1999；f，据 Pearce，1982)

$(Nb/Th)_N$图解(图 4-41e)中,样点落入大陆地壳或大陆岩石圈混染区;在 Th/Yb-Ta/Yb 图解(图 4-41f)中,样点落入大洋岛弧玄武岩区。综合判断,吉塘岩群酉西岩组变玄武岩形成于古大陆边缘构造环境的拉斑玄武岩。

青海治多县多彩乡南宁多岩群变玄武岩属于拉斑系列,具有高钛、富铁、钠质偏碱的特征;稀土总量中等,呈轻稀土略微富集的向右缓倾或平坦型曲线,略具 Eu 负异常;微量元素配分型式为 Cs、Rb、Ba、Th、U 等强不相容大离子亲石元素不同程度富集的大隆起型曲线,Nb、Ta 相对亏损。在 Zr/Y-Zr 图解(图 4-41a)中,样点落入岛弧玄武岩区;在 Tb-Th-Ta 图解(图 4-41b)中,样点落入大陆拉斑玄武岩区;在 Hf-Th-Nb 图解和 Hf-Th-Ta(图 4-41c、d)中,样点落入岛弧钙碱性玄武岩区;在$(Nb/La)_N$-$(Nb/Th)_N$图解(图 4-41e)中,样点落入岛弧熔岩区和大陆溢流玄武岩区之间;在 Th/Yb-Ta/Yb 图解(图 4-41f)中,样点主要落入大洋岛弧玄武岩区,少数落入活动大陆边缘区。综合判断,宁多岩群变玄武岩形成于古大陆边缘构造环境的拉斑玄武岩。

西藏八宿县北嘉玉桥群变玄武岩属于拉斑系列,具有钛略高、富铁、钠质偏碱的特征;稀土总量偏低,呈轻稀土略微亏损的向左缓倾型曲线,略具 Eu 负异常;微量元素配分型式为 Cs、Rb 等强不相容大离子亲石元素不同程度富集的大隆起、高场强元素平坦型曲线,Nb、Ta 略微亏损。在 Zr/Y-Zr 图解(图 4-41a)中,样点落入岛弧玄武岩区;在 Tb-Th-Ta 图解(图 4-41b)中,样点落入大陆拉斑玄武岩区;在 Hf-Th-Nb 图解和 Hf-Th-Ta(图 4-41c、d)中,样点落入岛弧钙碱性玄武岩区;在$(Nb/La)_N$-$(Nb/Th)_N$图解(图 4-41e)中,样点落入岛弧熔岩区和大陆溢流玄武岩区之间;在 Th/Yb-Ta/Yb 图解(图 4-41f)中,样点主要落入大洋岛弧玄武岩区。综合判断,嘉玉桥群变玄武岩形成于古大陆边缘构造环境的拉斑玄武岩。

西藏尼玛县帮勒村一带寒武纪变玄武岩在 Hf-Th-Nb 和 Hf-Th-Ta 判别图(图 4-42a、b)上,帮勒村

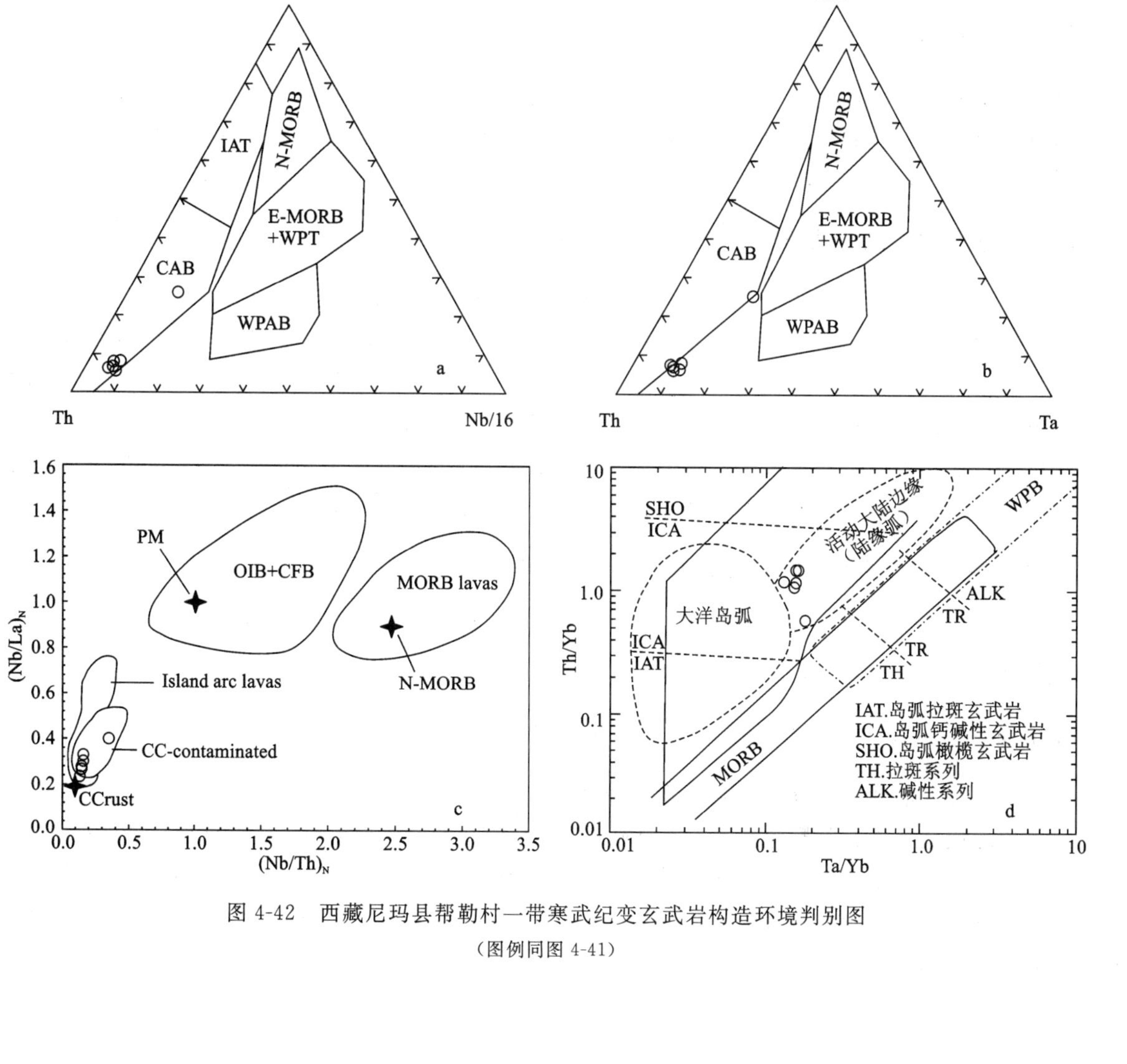

图 4-42　西藏尼玛县帮勒村一带寒武纪变玄武岩构造环境判别图

(图例同图 4-41)

一带变玄武岩样点均落入大陆边缘钙碱性玄武岩区。在$(Nb/La)_N$-$(Nb/Th)_N$判别图(图4-42c)上，变玄武岩样点落入大陆地壳混染区，并靠近大陆地壳端元。在Th/Yb-Ta/Yb判别图(图4-42d)上，变玄武岩可能受到较强烈地大陆地壳或大陆岩石圈混染，样点落入活动大陆边缘区。综合判断，冈底斯北缘帮勒村一带火山岩应形成于大陆边缘裂谷环境。

第四节 岩浆作用及岩浆事件

青藏高原前寒武纪岩浆作用与构造事件的关系十分密切，主要对应于五台运动、中条-吕梁运动、晋宁运动、泛非运动及其之后的裂解事件。其中，构造事件的岩浆作用响应较为强烈的有扬子陆块(西部)、塔里木陆块(南部)和北-中祁连地块中元古代与裂解事件相伴的大规模火山作用，波及扬子陆块(西部)、塔里木陆块(南部)、秦-祁-昆地块群和羌塘-三江地块群的晋宁运动及其之后与Rodinia超大陆裂解相对应的构造事件，冈底斯地块群、喜马拉雅地块群的泛非运动。

综合近年来获得的大量高精度锆石U-Pb年代学数据，在前寒武纪时期青藏高原及邻区发育多期岩浆作用。该地区的岩浆作用具有明显的时空分布规律，这些锆石年龄峰值代表了岩浆活动的峰值，指示了该地区地壳生长、造山作用和超大陆旋回作用。青藏高原前寒武纪岩浆作用与构造事件的对应关系见图4-43。

一、亲欧亚古大陆区岩浆事件

(一) 塔里木陆块(南部)

塔里木陆块(南部)前寒武纪具有5期岩浆活动事件：2600～2400Ma中酸性岩浆侵入事件、2400～2300Ma基性岩浆侵入事件、2200～1800Ma中酸性岩浆侵入事件、950～800Ma中酸性岩浆侵入事件、800～700Ma双峰式岩浆喷发事件。

1. 古太古代—古元古代早期中酸性岩浆侵入事件(2600～2400Ma)

该期岩浆侵入活动主要分布于阿尔金地块北部和铁克里克地块。

阿尔金地块北部岩石类型包括英云闪长质片麻岩、二长花岗质片麻岩。其中，阿克塔什塔格英云闪长质片麻岩锆石TIMS法U-Pb同位素上交点年龄为2604±102Ma(陆松年等，2003)，1∶25万石棉矿幅区调中英云闪长质片麻岩SHRIMP法U-Pb同位素年龄为2567±32Ma。

铁克里克地块岩石类型包括片麻状细粒英云闪长岩、二长花岗岩和片麻状黑云二长花岗岩。其中，阿卡孜二长花岗岩体锆石SHRIMP年龄为2426±46Ma(张传林，2003)。

2. 古元古代中期基性岩浆侵入事件(2400～2300Ma)

阿尔金地块发现少量代表该期侵入事件的基性岩脉，侵入米兰岩群的基性岩脉(斜长角闪岩)锆石U-Pb不一致线上交点年龄为2351±21Ma(陆松年等，2000)。

3. 古元古代晚期中酸性岩浆侵入事件(2200～1800Ma)

该期岩浆侵入活动主要分布于阿尔金地块北部。

阿尔金地块北部岩石类型包括片麻状闪长岩(闪长质片麻岩)、片麻状石英二长闪长岩(石英二长闪长质片麻岩)、片麻状角闪石英正长岩。在1∶25万石棉矿幅区调中片麻状闪长岩成岩年龄为2135±110Ma，片麻状石英二长闪长岩成岩年龄为2140.5±9.5～2051.9±9.9Ma，片麻状石英正长岩成岩年龄为1873.4±9.6Ma。

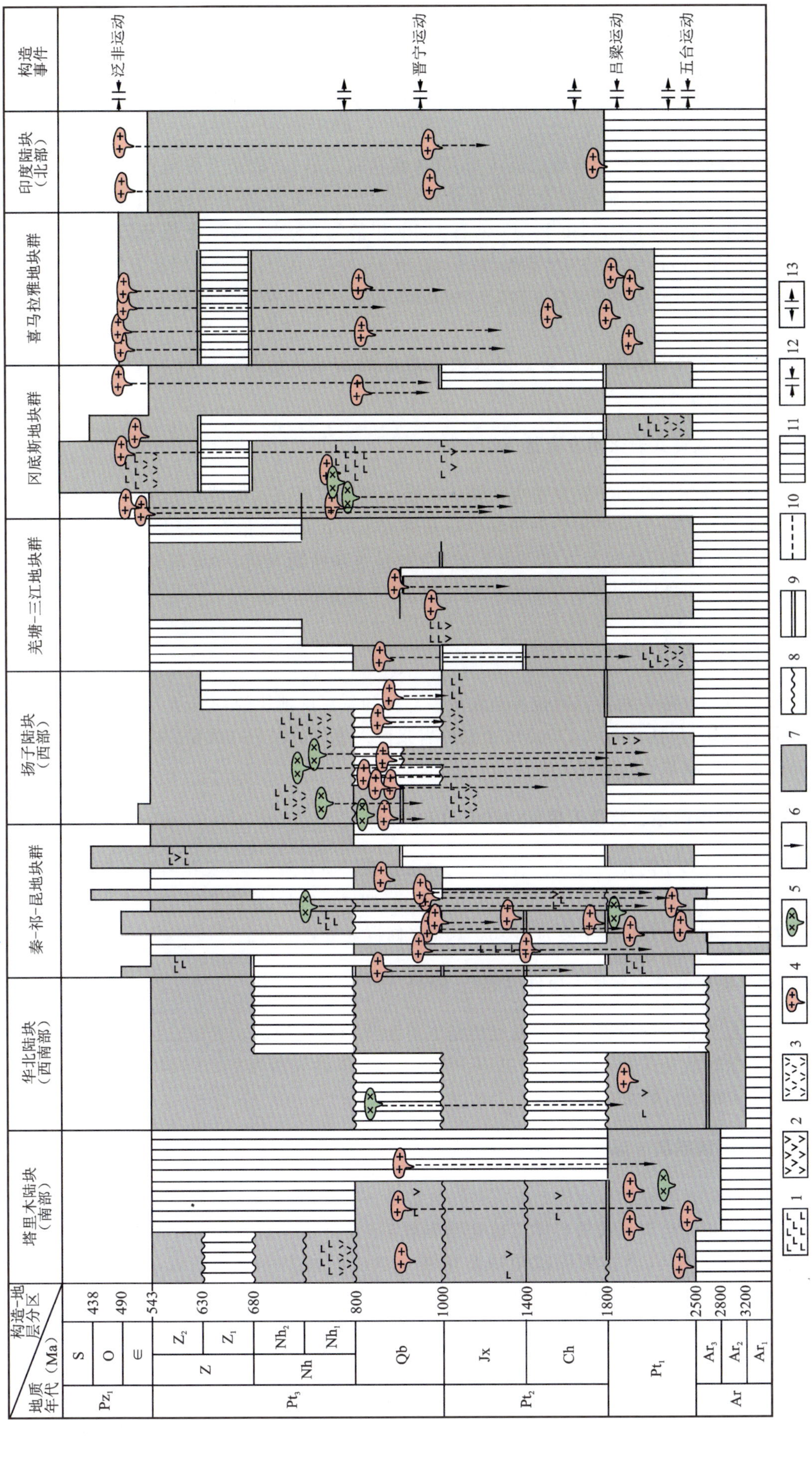

图 4-43 青藏高原前寒武纪岩浆作用及其对应的构造事件

1.基性火山岩；2.中性火山岩；3.酸性火山岩；4.中酸性侵入岩；5.基性侵入岩；6.侵入岩所侵入变质地层层位；7.前寒武纪变质地层；8.不整合接触；9.断层接触；10.未接触；11.地层缺失；12.汇聚构造事件；13.裂解构造事件

4. 新元古代早期中酸性岩浆侵入事件(950～800Ma)

该期岩浆侵入活动较为强烈,在铁克里克地块、阿尔金地块和敦煌地块均有出露。

铁克里克地块该期侵入岩主要为英云闪长质片麻岩,均为与新元古代聚合作用相伴的I型花岗岩类。

阿尔金地块岩石类型主要有片麻状二长花岗岩、片麻状花岗岩、石榴子石花岗片麻岩、黑云母花岗岩。在1∶25万石棉矿幅区调中野马滩北透镜体状片麻状二长花岗岩锆石SHRIMP法年龄为831±82Ma,江尕勒萨依片麻状花岗岩LA-ICP-MS锆石U-Pb年龄为923±13Ma(王超等,2006),索尔库里斑状花岗岩锆石U-Pb谐和年龄为922±6Ma(Gehrels et al,2003),巴什瓦克石棉矿石榴子石花岗片麻岩锆石SHRIMP U-Pb年龄为885±21～809±19Ma,淡水泉含榴花岗质片麻岩LA-ICP-MS锆石U-Pb年龄为890±5.6Ma,。

敦煌地块目前仅发现有该期伟晶岩。侵入敦煌岩群的条带状伟晶岩锆石U-Pb上交点年龄为913±20Ma(于海峰,1999)。

5. 新元古代中期双峰式岩浆喷发事件(800～700Ma)

该期岩浆侵入活动主要分布于铁克里克地块。以较大规模双峰式火山喷发为主,并伴随相应的火山碎屑岩。玉龙喀什河塞拉加兹塔格岩群变基性凝灰熔岩LA-ICP-MS锆石U-Pb年龄为787±1Ma,和田县-布亚煤矿埃连卡特岩群绿泥方解石英片岩(原岩为中基性凝灰岩)中碎屑锆石的$^{206}Pb/^{238}U$年龄值主体集中于810～736Ma,780Ma年龄数据构成峰值(王超等,2009)。

(二)华北陆块(西南部)

本项研究仅涉及华北陆块西南部阿拉善地块的一部分和贺兰山地块的一部分。前寒武纪岩浆事件主要发生于阿拉善地块,包括2000～1900Ma中酸性岩浆侵入事件、1000～900Ma中酸性岩浆侵入事件和850～800Ma基性—超基性岩浆侵入事件。

1. 古元古代晚期中酸性岩浆侵入事件(2000～1900Ma)

该期岩浆作用仅分布于阿拉善地块。岩石类型主要为花岗质片麻岩、奥长花岗岩。其中,金昌西北三道弯附近花岗质片麻岩单颗粒锆石U-Pb上交点年龄为1914±9Ma(修群业等,2002),金昌双井北奥长花岗岩单颗粒锆石U-Pb上交点年龄为2015±16Ma(修群业等,2004)。

2. 新元古代早期中酸性岩浆侵入事件(1000～900Ma)

该期岩浆作用仅分布于阿拉善地块。岩石类型主要为片麻状花岗岩。其中,内蒙古阿拉善右旗阿拉坦敖包一带4个眼球状花岗片麻岩锆石LA-ICP-MS U-Pb年龄分别为913±7Ma、921±7Ma、926±15Ma和904±7Ma(耿元生等,2010)。

3. 新元古代中期镁铁质—超镁铁质岩浆侵入事件(850～800Ma)

该期岩浆活动仅分布于阿拉善地块。主要为与裂解事件相关镁铁质—超镁铁质岩侵入作用,伴随大规模Cu-Ni成矿作用。金川超镁铁岩体含硫化物橄长岩(浸染状矿石)锆石SHRIMP U-Pb年龄为827±8Ma(李献华等,2004),金川铜镍硫化物矿床浸染状矿石两组Re-Os表观等时线年龄分别为1126±96Ma和840±79Ma(杨胜洪等,2007)。

(三)秦-祁-昆地块群

秦祁昆地块群前寒武纪具有6期岩浆活动历史:2500～2200Ma中酸性岩浆侵入事件、2100～

1900Ma 基性岩浆侵入事件、2000～1700Ma 中酸性岩浆侵入事件、1500～1300Ma 中酸性岩浆侵入和喷发事件、950～750Ma 中酸性岩浆侵入事件、800～700Ma 中基性岩浆喷发事件。

1. 古元古代早期中酸性岩浆侵入事件(2500～2200Ma)

该期岩浆侵入活动主要分布于东昆仑地块和全吉地块。

东昆仑地块该期岩浆侵入事件主要分布于祁漫塔格中浅变质岩隆起带阿牙克尔希布阳一带，岩石类型为钾长石化花岗质片麻岩，属于过铝质 S 型花岗岩。

全吉地块该期岩浆侵入事件主要岩石类型为变质眼球状二长花岗岩、片麻状花岗闪长岩、片麻状二长花岗岩和花岗伟晶岩。1∶25 万都兰县幅区调中呼德生片麻岩(变质眼球状二长花岗岩)的侵入年龄为 2202±26Ma；莫河片麻状花岗闪长岩侵入体时代为 2470±19Ma (李晓彦等，2007)、2348Ma(郝国杰等，2004)，片麻状二长花岗岩的锆石 TIMS 法 U-Pb 年龄为 2366±10Ma(陆松年等，2002)；另外，德令哈地区花岗伟晶岩的结晶年龄为 2427±44/38Ma(王勤燕等，2008)。

2. 古元古代中晚期基性岩浆侵入和喷发事件(2100～1900Ma)

该期基性岩浆侵入事件主要分布于全吉地块，岩石类型以基性岩墙为主。德令哈一带基性岩墙年龄为 1852±15Ma(陆松年等，2006)。

基性岩浆喷发活动分布于西昆仑地块，以库浪那古岩群变质基性火山岩系为典型代表。新疆叶城县库地北库浪那古岩群变(枕状)玄武岩锆石 LA-ICP-MS 年龄为 2025±13Ma。

3. 古元古代晚期中酸性岩浆侵入事件(2000～1700Ma)

该期中酸性岩浆侵入事件主要分布于全吉地块，岩石类型主要为环斑花岗岩、花岗质浅色体。其中，达肯大坂岩群中花岗质浅色体锆石的 U-Pb 年龄为 1924±14/15Ma(王勤燕等，2008)，乌兰一带的中浅色脉体锆石 U-Pb 年龄为 1939±21Ma(郝国杰等，2004)，鹰峰环斑花岗岩年龄为 1776±33Ma(肖庆辉等，2003)、1763±53Ma(陆松年等，2006)。

4. 中元古代中酸性岩浆侵入和喷发事件(1500～1300Ma)

该期岩浆侵入岩体分布于西昆仑地块北带和北-中祁连地块。

西昆仑地块北带岩石类型主要为片麻状石英二长闪长岩、片麻状二长花岗岩。托赫塔卡鲁姆片麻状石英二长闪长岩角闪石 Rb-Sr 等时线年龄为 1567Ma(新疆地质局二队综合组，1979)，1∶25 万塔什库尔干塔吉克自治县区调中阿孜别里迪片麻状二长花岗岩锆石 U-Pb 上交点年龄为 1301±15Ma。

北-中祁连地块主要有柳沟峡花岗质片麻岩、傲尔尤沟斜长花岗质片麻岩、黑沟北花岗质片麻岩和音得尔特花岗质片麻岩。在 1∶25 万昌马酒泉幅区调中柳沟峡花岗质片麻岩中测得锆石 U-Pb 等时线年龄为 1463Ma。

该期岩浆喷发活动分布于东昆仑地块和北-中祁连地块，岩石类型主要为基性火山岩、中基性火山岩，以东昆仑的万宝沟岩群温泉沟岩组、北-中祁连地块的朱龙关群熬油沟组、兴隆山群、皋兰群为代表。其中，万宝沟岩群温泉沟岩组变玄武岩锆石 U-Pb SHRIMP 年龄为 1348±30Ma(魏启荣等，2007)。

5. 新元古代早期中酸性岩浆侵入事件(950～750Ma)

该期侵入体分布较广，主要出露于西昆仑地块、全吉地块、北中祁连地块和东昆仑地块。

西昆仑地块主要岩石类型为长英质片麻岩、片麻状黑云母二长花岗岩。其中，库地南片麻状黑云母二长花岗岩锆石 SHRIMP 年龄为 815±5.7Ma(张传林等，2003)。

全吉地块主要岩石类型为条带状或眼球状二云斜长片麻岩、黑云斜长片麻岩。其中，沙柳河岩群的花岗闪长质片麻岩锆石 TIMS U-Pb 年龄为 942±8Ma(李怀坤，2003)。

北-中祁连地块主要岩石类型为眼球状条带状黑云斜长片麻岩、二长片麻岩、片麻状花岗闪长岩、片麻状石英闪长岩、片麻状花岗岩。1:25 万门源县幅区调中阳山一带二长片麻岩单颗粒锆石 U-Pb 年龄为 938±21Ma（1:25 万门源县幅区调），牛心山片麻状花岗岩与雷公山片麻状石英闪长岩的锆石 $^{206}Pb/^{238}U$ 加权平均年龄分别为 776±10Ma 和 774±23Ma（曾建元等，2006），吊大阪花岗片麻岩单颗粒锆石年龄为 751±14Ma（苏建平等，2004），青海湖东部 2 个花岗片麻岩和 1 个糜棱岩化花岗片麻岩锆石年龄分别为 930±8Ma、918±14Ma 和 790±12Ma（董国安等，2007），化隆岩群中弱片麻状花岗岩锆石 $^{207}Pb/^{206}Pb$ 加权平均年龄为875±8Ma（徐旺春等，2007）。

东昆仑地块主要岩石类型为二云母斜长片麻岩、二云母二长片麻岩、条带状花岗闪长岩、条带状眼球状正长花岗岩。1:25 万库郎米其提幅区调中滩北山条带状眼球状正长花岗岩锆石 U-Pb 上交点年龄为 831±51Ma，香日德南变质花岗岩锆石 SHRIMP U-Pb 年龄约为 904 Ma（陈能松等，2006）。

6. 新元古代中晚期中基性岩浆喷发事件（800～700Ma）

该期岩浆喷发活动主要分布于西昆仑地块、全吉地块和北秦岭地块，以西昆仑地块的柳什塔格玄武岩、全吉地块的全吉群（$Nh\in_1 Q$）石英梁组和北秦岭地块的丹凤群（$Pt_3 OD$）为典型代表，岩石类型以基性火山岩为主，少量中基性火山岩。

西昆仑地块柳什塔格玄武岩属于钙碱性—碱性系列玄武岩，玄武岩 Rb-Sr 等时线年龄为 563±48Ma（李博秦等，2007）。其形成时代有待进一步限定。

全吉地块的全吉群石英梁组为变碎屑岩中夹玄武岩、玄武质安山岩。玄武岩单颗粒锆石 U-Pb 年龄约为 738±28Ma（Lu Songnian，2001；陆松年，2002），石英梁组玄武安山岩锆石 U-Pb 年龄为 800Ma 左右（李怀坤等，2003）。

北秦岭地块丹凤群的岩石类型包括变玄武岩、玄武安山岩、英安岩夹凝灰岩。变质基性火山岩的岩石地球化学特征多为岛弧拉斑玄武岩。

（四）扬子陆块（西部）

扬子陆块（西部）前寒武纪具有 4 期岩浆活动历史：古（—中）元古代岩浆喷发事件、1400～1000Ma 岩浆喷发事件、900～800Ma 中酸性岩浆侵入事件、850～700Ma 基性岩浆侵入和双峰式岩浆喷发。

1. 古（—中）元古代岩浆喷发事件

该期火山喷发活动分布局限，以河口岩群和下村岩群火山-火山碎屑岩系为代表。河口岩群弱变质域可识别出浅变质中酸性火山岩-火山碎屑岩，浅变质火山岩主要为细碧角斑岩、变钾角斑岩、（气孔状）石英钠长岩等，总体属于碱性火山岩系列。下村岩群上部（核桃湾岩组）片岩中夹有少量基性火山角砾岩及角砾凝灰岩。

由于缺少有效同位素年代学数据限定，该期火山作用的时限有待进一步厘定。

2. 中元古代岩浆喷发事件（1400～1000Ma）

该期岩浆喷发事件主要分布于康滇地块，岩石类型以中酸性火山岩为主，中基性火山岩为次，伴有大量火山碎屑岩，以会理群、昆阳群、登相营群、峨边群为代表。其中，会理一带会理群天宝山组酸性火山岩锆石 SHRIMP U-Pb 年龄为 1028±9Ma（耿元生等，2007），会东小街地区会理群淌塘组的凝灰岩和会东会理群青龙山组变流纹岩锆石 SHRIMP U-Pb 年龄分别为 1051Ma、1270±95/100Ma（中国地质调查局科技外事部和全国地层委员会办公室，2010），昆阳群富良棚段火山凝灰岩中获得 1032±9Ma 的锆石 SHRIMP U-Pb 年龄（张传恒等，2007），云南东川地区昆阳群黑山组凝灰岩锆石 SHRIMP U-Pb 年龄为 1503±17Ma（孙志明等，2009）。

3. 新元古代早期中酸性岩浆侵入事件（900～800Ma）

新元古代早期岩浆侵入事件较为强烈，中酸性及碱性侵入体沿扬子陆块西缘十分发育，包括钙碱性花岗岩、英云闪长岩、石英闪长岩和闪长岩等。近年来，获得大量 900～800Ma 高精度锆石年龄数据(表 4-4)。

表 4-4　扬子陆块(西部)新元古代早期中酸性岩浆侵入事件一览表

序号	产地	岩性	形成时代(Ma)	测试方法	资料来源
1	丹巴东谷	黑云母花岗岩	798±24	锆石 SHRIMP U-Pb	徐士进等，1996
2	四川大田	花岗岩	829±9	锆石 SHRIMP U-Pb	Roger et al，1997
3	康定-泸定田湾	闪长岩	823±12	锆石 TIMS U-Pb	郭建强等，1998
4	康定-泸定扁路岗	角闪二长花岗岩	876±40	锆石 TIMS U-Pb	郭建强等，1998
5	泸定得妥北黄草山	花岗岩	786±36	锆石 TIMS U-Pb	沈渭洲等，2000
6	康定孔玉南下索子	花岗岩	805±15	锆石 TIMS U-Pb	沈渭洲等，2000
7	同德	闪长岩	813±14	锆石 SHRIMP U-Pb	Sinclair，2001
8	略阳白雀寺	辉石闪长岩	816±36	锆石 U-Pb	Zhou et al，2002
9	略阳乐素河	花岗岩	835±33	锆石 U-Pb	Zhou et al，2002
10	康定地区	片麻状花岗岩	797±10	锆石 SHRIMP U-Pb	Zhou et al，2002
11	康定地区	片麻状花岗岩	795±11	锆石 SHRIMP U-Pb	Zhou et al，2002
12	康定地区	片麻状花岗岩	796±13	锆石 SHRIMP U-Pb	Zhou et al，2002
13	川西贡才	花岗岩	824±14	锆石 SHRIMP U-Pb	Zhou et al，2002
14	丹巴格宗	黑云母花岗岩	864±26	锆石 SHRIMP U-Pb	Zhou et al，2002
15	云南峨山	钾长花岗岩	819±8	锆石 SHRIMP U-Pb	Li et al，2002
16	盐边关刀山	石英闪长岩	857±13	锆石 SHRIMP U-Pb	李献华等，2002
17	攀枝花北东米易	闪长岩	775±8	锆石 SHRIMP U-Pb	Li et al，2003
18	大田	花岗闪长岩	759±11	锆石 SHRIMP U-Pb	Li et al，2003
19	康定姑咱附近	闪长岩	768±7	锆石 SHRIMP U-Pb	Li et al，2003
20	康定姑咱附近	花岗闪长岩	755±6	锆石 SHRIMP U-Pb	Li et al，2003
21	冕宁沙坝	花岗质片麻岩	772±15	锆石 SHRIMP U-Pb	陈岳龙等，2004
22	攀枝花西雅江桥	奥长花岗岩	778±11	锆石 SHRIMP U-Pb	杜利林等，2006
23	冷竹关水电站	石英闪长质片麻岩	771±10	锆石 SHRIMP U-Pb	赵俊香等，2006
24	西昌磨盘山	奥长花岗岩	834±13	锆石 SHRIMP U-Pb	耿元生等，2007
25	西昌响水西	石英闪长岩	771.5±7.6	锆石 SHRIMP U-Pb	耿元生等，2007
26	攀枝花-渔门间	苏长岩	822 ± 11	锆石 SHRIMP U-Pb	耿元生等，2007

4. 新元古代中晚期基性岩浆侵入和双峰式岩浆喷发事件(850～700Ma)

该期岩浆活动也较为强烈，在扬子西缘分布有大量这一时期的基性岩体和基性岩墙，并伴随大规模双峰式火山喷发。

基性岩浆侵入活动包括辉长闪长岩、角闪辉长岩、辉长岩、辉绿岩墙(群)。近年来，获得大量 850～750Ma 高精度锆石年龄数据(表 4-5)。

表 4-5　扬子陆块(西部)新元古代中晚期基性岩浆侵入事件一览表

序号	产地	岩性	形成时代(Ma)	测试方法	资料来源
1	同德	辉长闪长岩	820±13	锆石 SHRIMP U-Pb	Sinclair,2001
2	冕宁沙坝	辉长岩	752±11	锆石 SHRIMP U-Pb	Li et al, 2003
3	冕宁沙坝	辉长岩	752±12	锆石 SHRIMP U-Pb	Li et al, 2003
4	冷碛	辉长岩	808±12	锆石 SHRIMP U-Pb	Li et al, 2003
5	四川盐边冷水箐	辉长岩	765±9	锆石 SHRIMP U-Pb	沈渭洲等,2003
6	四川盐边高家村	角闪辉长岩	840±5	锆石 TIMS U-Pb	朱维光等,2004
7	冕宁沙坝	麻粒岩	721±42	锆石 SHRIMP U-Pb	陈岳龙等,2004
8	冕宁沙坝	角闪变粒岩	773±11	锆石 SHRIMP U-Pb	陈岳龙等,2004
9	青川县西毛香坝	铁镁质岩墙群	689	锆石 SHRIMP U-Pb	Yan et al,2004
10	泸定北姑咱镇	辉长岩	779±6	锆石 SHRIMP U-Pb	林广春等,2006
11	泸定北姑咱镇	辉绿岩	758±37	锆石 SHRIMP U-Pb	林广春等,2006
12	甘肃陇南董家河	辉长岩	839.2±8.2	锆石 LA-ICP-MS U-Pb	赖绍聪等,2007

双峰式岩浆喷发作用以碧口群、通木梁群、黄水河群、盐边群及苏雄组为典型代表。其中,碧口群火山岩系形成年龄为 846～776Ma(闫全人等,2003),黄水河群变火山岩锆石 SHRIMP U-Pb 年龄为876±17Ma(Yan et al,2004),盐边群玄武岩锆石 SHRIMP U-Pb 年龄为 782 ±53Ma(杜利林等,2005),苏雄组流纹岩锆石 SHRIMP U-Pb 年龄为 803±12Ma(李献华等,2001)。

(五) 羌塘-三江地块群

羌塘-三江地块群前寒武纪具有 3 期岩浆活动历史:2500～2400Ma 古元古代双峰式岩浆喷发事件、1100～900Ma 岩浆喷发事件、1000～850Ma 中酸性岩浆侵入事件。

1. 古元古代双峰式岩浆喷发事件(2500～2400Ma)

该期火山喷发活动分布局限,仅分布于喀喇昆仑地块,以布伦阔勒岩群为代表,为双峰式火山活动,并伴随磁铁石英岩型铁矿成矿作用。片理化变流纹岩锆石 LA-ICP-MS 测年为 2481±14Ma(Ji et al, 2011)。

由于同位素年代学数据较少,该期火山作用的时限有待进一步厘定。

2. 中元古代末—新元古代初岩浆喷发事件(1100～900Ma)

该期岩浆喷发事件较弱,仅分布于他念他翁地块和中甸地块,以吉塘岩群酉西岩组和石鼓岩群露西岩组为代表,岩石类型为夹于变质碎屑岩中的中基性火山岩。其中,西藏八宿县浪拉山吉塘岩群酉西岩组石英绿泥片岩(原岩为中性火山岩)原岩形成年龄为 965±55Ma,西藏察雅县酉西村吉塘岩群酉西岩组绿片岩(原岩为中基性火山岩)的原岩形成年龄为 1048.2±3.3Ma(何世平等,2012b)。

3. 新元古代早期中酸性岩浆侵入事件(1000～850Ma)

新元古代早期岩浆侵入事件分布于喀喇昆仑地块、玉树-昌都地块,岩石类型为片麻状英云闪长岩、片麻状黑云花岗岩等。其中,新疆塔什库尔干县南两个片麻状英云闪长岩锆石 LA-ICP-MS 年龄分别为 855±14Ma、836±12Ma(边小卫等,2013),青海玉树县小苏莽—宁多村之间获得片麻状黑云花岗岩锆石 LA-ICP-MS 年龄为 990.5±3.7Ma(何世平等,2013a)。

二、亲冈瓦纳古大陆区岩浆事件

（一）冈底斯地块群

冈底斯地块群前寒武纪具有4期岩浆活动历史：2500～2400Ma双峰式岩浆喷发事件、1100～1000Ma岩浆喷发事件、900～700Ma中基性岩浆喷发和基性—中酸性岩浆侵入事件和600～500Ma中酸性岩浆侵入和双峰式岩浆喷发事件。

1. 古元古代双峰式岩浆喷发事件(2500～2400Ma)

该期岩浆喷发事件目前仅在拉萨地块发现，以岔萨岗岩群为代表，为双峰式火山喷发作用。西藏工布江达县南岔萨岗岩群变基性火山岩LA-ICP-MS锆石U-Pb上交点年龄为2450±10Ma(何世平等，2013b)。由于同位素年代学数据较少，该期火山作用的时限有待进一步厘定。

2. 中元古代末岩浆喷发事件(1100～1000Ma)

该期岩浆喷发事件较弱，目前仅在嘉玉桥地块发现，以卡穷岩群为代表，岩石类型为夹于变质碎屑岩中的中基性火山岩。西藏八宿县同卡乡北卡穷岩群条带状斜长角闪岩(原岩为中基性火山岩)锆石LA-ICP-MS U-Pb上交点年龄为1082±18Ma(何世平等，2012c)。

3. 新元古代中晚期中基性岩浆喷发和基性—中酸性岩浆侵入事件(900～700Ma)

该期岩浆喷发事件分布于聂荣地块和申扎-察隅地块，主要表现为中基性火山喷发和基性岩浆侵入作用，伴随中酸性岩浆侵入作用。其中，西藏那曲县北聂荣微地块聂荣岩群片麻状斜长角闪岩(原岩为基性火山岩)锆石LA-ICP-MS U-Pb年龄为863±10Ma(辜平阳等，2012)，在1∶25万当雄县幅区调中侵入念青唐古拉岩群的斜长角闪岩锆石SHRIMP年龄为781Ma，念青唐古拉岩群斜长角闪岩(辉长岩)锆石SHRIMP年龄分别为782±11Ma(胡道功，2005)，念青唐古拉岩群斜长角闪岩(拉斑玄武岩)锆石SHRIMP U-Pb年龄755±3Ma和718±11Ma(胡道功，2005)。此外，念青唐古拉岩群奥长花岗岩、花岗岩锆石SHRIMP年龄分别为787±9Ma、748±8Ma(胡道功，2005)。

4. 新元古代晚期—早古生代初中酸性岩浆侵入和双峰式岩浆喷发事件(600～500Ma)

该期岩浆事件较为强烈，主要分布于冈底斯北缘。主要表现为中酸性岩浆侵入聂荣地块、嘉玉桥地块和腾冲地块，岩石类型有英云闪长质片麻岩、片麻状二长花岗岩、黑云母碱长花岗岩、片麻状花岗岩；此外，在申扎—察隅地块还具有双峰式火山喷发作用。近年来，获得大量该期岩浆作用年龄(表4-6)。

表4-6　冈底斯地块群新元古代晚期—早古生代初中酸性岩浆侵入和双峰式岩浆喷发事件一览表

序号	产地	岩性	形成时代(Ma)	测试方法	资料来源
1	西藏波密通麦南	花岗片麻岩	564	锆石U-Pb	1∶20万波密、通麦幅区调
2	西藏安多县	英云闪长质片麻岩	491±1.15	锆石SHRIMP U-Pb	1∶25万安多县幅区调
3	西藏安多县	片麻状二长花岗岩	492±1.11	锆石TIMS U-Pb	1∶25万安多县幅区调
4	西藏安多县	片麻状二长花岗岩	515±14	锆石SHRIMP U-Pb	1∶25万安多县幅区调
5	云南福贡县马吉镇古当河	片麻状花岗岩	487±11	锆石SHRIMP U-Pb	宋述光等，2007
6	西藏八宿县同卡	黑云母碱长花岗岩	507±10	锆石SHRIMP U-Pb	李才等，2008
7	西藏申扎县扎扛乡	变流纹岩	500.8±2.1	锆石LA-ICP-MS U-Pb	计文化等，2009
8	西藏尼玛县控错南	变流纹岩	536.4±3.6	锆石LA-ICP-MS U-Pb	潘晓萍等，2012
9	西藏八宿县北	变玄武岩	566±27	锆石LA-ICP-MS U-Pb	本项研究
10	西藏八宿县同卡北	片麻状二长花岗岩	549±18	锆石LA-ICP-MS U-Pb	本项研究

（二）喜马拉雅地块群

喜马拉雅地块群前寒武纪具有4期岩浆活动历史：2200～1800Ma中酸性岩浆侵入事件、1600～1500Ma中酸性岩浆侵入事件、900～800Ma中酸性岩浆侵入事件和600～500Ma中酸性岩浆侵入事件。

1. 古元古代晚期中酸性岩浆侵入事件(2200～1800Ma)

该期岩浆侵入事件较为强烈，主要分布于境外喜马拉雅地区，近年来在我国高喜马拉雅地块和康马隆子地块也陆续被发现，岩石类型为花岗质片麻岩、二长花岗岩。近年来，获得大量2200～1800Ma锆石年龄数据(表4-7)。

表4-7　喜马拉雅地块群古元古代晚期中酸性岩浆侵入事件一览表

序号	产地	岩性	形成时代(Ma)	测试方法	资料来源
1	印度西北	Bandal片麻岩	1904±70		Frank et al,1977
2	印度北部	Bhilangana片麻岩	2120±60	Rb-Sr	Raju et al,1982
3	印度北部	Munsiari片麻岩	1815±128	Rb-Sr	Trivedi et al,1984
4	印度西北	Shasho片麻岩	2020±130	Rb-Sr	Bhanot et al,1988
5	巴基斯坦东部	Ishkerra片麻岩	1852±14		Zeitler et al,1989
6	巴基斯坦东部	Besham片麻岩	2040±124		Treloar et al,1990
7	巴基斯坦东部	Besham片麻岩	1880±24		Treloar et al,1990
8	印度西北	Wangtu片麻岩	2068±5	U-Pb	Singh et al,1993
9	印度西北	Wangtu花岗岩	1868±10	U-Pb	Singh et al,1993
10	印度东北	Bomdila片麻岩	1914±23	Rb-Sr	Dikshitulu et al,1998
11	印度西北	花岗岩	1840±16	锆石U-Pb	Miller et al,2000
12	不丹Wangtu	正片麻岩	1866±6	锆石U-Pb	Richards et al,2005
13	西藏普兰东部	糜棱岩化花岗质片麻岩	1863.8±7.5	锆石SHRIMP U-Pb	戚学祥等,2006
14	西藏定结县卡达乡	花岗质片麻岩	1811.7±2.9	锆石SHRIMP U-Pb	廖群安等,2007
15	拉轨岗日穹隆核部	花岗质片麻岩	1811.6±7.2	锆石SHRIMP U-Pb	廖群安等,2007
16	林芝地区	花岗片麻岩	1759±10	锆石LA-ICP-MS U-Pb	郭亮等,2008
17	Jutogh	二长花岗岩	1797±19	锆石U-Pb	Chambers et al,2008
18	Ulleri	花岗质片麻岩	1832±23	锆石U-Pb	Kohn et al,2010

2. 中元古代中酸性岩浆侵入事件(1600～1500Ma)

该期岩浆侵入事件较弱，主要分布于境外喜马拉雅地区，多数为碎屑岩石年代学数据。近年来在我国高喜马拉雅地块也陆续被发现，林芝地区多雄拉花岗片麻岩和浅色体的锆石LA-ICP-MS U-Pb分别为1583±6Ma和1594±13Ma(郭亮等,2008)。

3. 新元古代早期中酸性岩浆侵入事件(900～800Ma)

该期岩浆侵入事件较为强烈，主要分布于境外喜马拉雅地区，近年来，获得大量900～800Ma高精度锆石年龄数据(表4-8)。

表 4-8 喜马拉雅地块群新元古代早期中酸性岩浆侵入事件一览表

序号	产地	岩性	形成时代(Ma)	测试方法	资料来源
1	印度西北 Himchal	Chor 花岗岩	823±5	锆石 SHRIMP U-Pb	Singh et al, 2002
2	印度西北 Bhutan	眼球状片麻岩	825	锆石 TIMS U-Pb	Thimm et al, 2002
3	不丹	正片麻岩	850～820	锆石 U-Pb	Richards et al,2006
4	Bhalukpong-Zimithang	眼球状片麻岩	878 ± 12.6	锆石 U-Pb	Yin et al,2010

4. 新元古代晚期—早古生代初中酸性岩浆侵入事件(600～500Ma)

该期岩浆侵入事件十分强烈，主要分布于境外喜马拉雅地区，我国喜马拉雅地区也大量发现该期中酸性变质侵入体。近年来，获得大量 600～500Ma 高精度锆石年龄数据(表 4-9)。

表 4-9 喜马拉雅地块群新元古代晚期—早古生代中酸性岩浆侵入事件一览表

序号	产地	岩性	形成时代(Ma)	测试方法	资料来源
1	通麦南	花岗片麻岩	564	锆石 U-Pb	1:20 万波密、通麦幅区调
2	北印度高喜马拉雅	花岗岩	488	锆石 U-Pb	Foster,2000
3	通巴寺	片麻状黑云母钾长花岗岩	502±9	锆石 SHRIMP U-Pb	刘文灿等,2004
4	汤嘎西木	片麻状花岗闪长岩	513±10	锆石 SHRIMP U-Pb	刘文灿等,2004
5	康马之西哈金桑惹	片麻状花岗岩	490	锆石 SHRIMP U-Pb	刘文灿等,2004
6	康马之西波东拉	花岗岩	500	锆石 SHRIMP U-Pb	刘文灿等,2004
7	狮泉河让拉	片麻状二云母花岗岩	584	锆石 U-Pb	许荣科等,2004
8	西藏米林县丹波	花岗质片麻岩	552～525	锆石 U-Pb	孙志明等,2004
9	西藏康马	黑云二长片麻岩	515.4±9.3	锆石 SHRIMP U-Pb	许志琴等,2005
10	西藏亚东	黑云斜长片麻岩	512±10	锆石 SHRIMP U-Pb	许志琴等,2005
11	西藏聂拉木	二云二长片麻岩	501±12	锆石 SHRIMP U-Pb	许志琴等,2005
12	西藏吉隆	二云二长片麻岩	514±8.6	锆石 SHRIMP U-Pb	许志琴等,2005
13	中尼泊尔	变质花岗岩	512±5	锆石 U-Pb	Gehrels G E et al,2006
14	康马	片麻状二云母花岗岩	493±14	锆石 SHRIMP U-Pb	夏斌等,2008
15	林芝地区	正片麻岩	490±3	锆石 U-Pb	张泽明等,2008
16	林芝地区	正片麻岩	490±6	锆石 U-Pb	张泽明等,2008
17	Kimin-Geevan	眼球状花岗质片麻岩	512±14	锆石 SHRIMP U-Pb	Yin et al,2010
18	Kimin-Geevan	眼球状花岗质片麻岩	504.9±8.3	锆石 SHRIMP U-Pb	Yin et al,2010
19	亚东县下亚东	含石榴子石花岗片麻岩	499±4	锆石 LA-ICP-MS U-Pb	时超等,2010

续表 4-9

序号	产地	岩性	形成时代(Ma)	测试方法	资料来源
20	普兰县它亚藏布	片麻状含石榴子石二云花岗岩	537±3	锆石 LA-ICP-MS U-Pb	本项研究
21	聂拉木县曲乡	眼球状黑云母花岗片麻岩	454±6	锆石 LA-ICP-MS U-Pb	本项研究
22	米林县丹娘	片麻状闪长岩	516±2	锆石 LA-ICP-MS U-Pb	本项研究
23	定日县长所	眼球状黑云母花岗片麻岩	515±3	锆石 LA-ICP-MS U-Pb	本项研究

(三) 印度陆块(北部)

本项研究主要涉及印度北部的西隆高原和米吉尔丘陵。前寒武纪具有4期岩浆活动历史:1800Ma中酸性岩浆侵入事件、1650～1500Ma中酸性岩浆侵入事件、1200～1000Ma中酸性岩浆侵入事件和600～500Ma中酸性岩浆侵入事件,详见表4-10。

表 4-10　印度北部西隆高原和米吉尔丘陵前寒武纪岩浆事件一览表

序号	产地	岩性	形成时代(Ma)	岩浆事件	资料来源
1	西隆高原西部	英云闪长岩	1772±6	1800Ma中酸性岩浆侵入事件	Ameen et al,2007
2	布拉马普特拉河谷	花岗质片麻岩	1520	1650～1500Ma中酸性岩浆侵入事件	Yin et al,2010
3	布拉马普特拉河谷	花岗质片麻岩	1630		
4	米吉尔丘陵地区北缘	黑云母花岗岩	1110±15	1200～1000Ma中酸性岩浆侵入事件	
5	米吉尔丘陵地区北缘	钾长花岗岩	1111±42		
6	米吉尔丘陵地区北缘	钾长花岗岩脉	1084±19		
7	西隆高原	花岗质片麻岩	1000		
8	西隆高原	花岗质片麻岩	1100		
9	西隆高原	花岗岩	480～430	600～500Ma中酸性岩浆侵入事件	
10	西隆高原	花岗岩	497±9		
11	西隆高原	黑云母花岗岩	520		

三、岩浆事件的时空分布特征

青藏高原及邻区前寒武纪岩浆事件较为强烈、分布较广的为古元古代晚期—中元古代早期中酸性岩浆侵入事件、新元古代早期中酸性岩浆侵入事件、新元古代中期基性岩浆侵入-岩浆喷发事件,以及亲冈瓦纳古大陆的新元古代晚期—早古生代早期中酸性岩浆侵入-双峰式火山喷发事件,主要岩浆事件时空分布见表4-11。

(一) 新太古代—古元古代早期岩浆事件

由于本项研究仅涉及华北陆块的西南部,在华北陆块内部该期岩浆事件十分强烈,然而研究区涵盖的华北陆块西南部(阿拉善地块和敦煌地块)未显示该期岩浆事件。该期岩浆事件在研究区南、北表现不同,岩浆作用时限也有差异。

表 4-11　青藏高原及邻区前寒武纪岩浆作用序列

构造区		岩浆作用性质(时限/Ma)								
亲欧亚古大陆	塔里木陆块(南部)	中酸性岩浆侵入(2600～2400)	基性岩浆侵入(2400～2300)		中酸性岩浆侵入(2200～1800)			中酸性岩浆侵入(950～800)	双峰式岩浆喷发(800～700)	
	华北陆块(西南部)				中酸性岩浆侵入(2000～1900)			中酸性岩浆侵入(1000～900)	镁铁质—超镁铁质岩浆侵入(850～800)	
	秦-祁-昆地块群	中酸性岩浆侵入(2500～2200)		基性岩浆侵入和喷发(2100～1900)	中酸性岩浆侵入(2000～1700)	中酸性岩浆侵入和喷发(1500～1300)		中酸性岩浆侵入(950～750)	中基性岩浆喷发(800～700)	
	扬子陆块(西部)				岩浆喷发(古-中元古代)		岩浆喷发(1400～1000)	中酸性岩浆侵入(900～800)	基性岩浆侵入和双峰式岩浆喷发(850～700)	
	羌塘-三江地块群	双峰式岩浆喷发(2500? ～2400)					岩浆喷发(1100～900)	中酸性岩浆侵入(1000～850)		
亲冈瓦纳古大陆	冈底斯地块群	双峰式岩浆喷发(2500～2400)					岩浆喷发(1100～1000)		中基性岩浆喷发和基性—中酸性岩浆侵入(900～700)	中酸性岩浆侵入和双峰式岩浆喷发(600～500)
	喜马拉雅地块群				中酸性岩浆侵入(2200～1800)	中酸性岩浆侵入(1600～1500)		中酸性岩浆侵入(900～800)		中酸性岩浆侵入(600～500)
	印度陆块(北部)				中酸性岩浆侵入(～1800)	中酸性岩浆侵入(1650～1500)	中酸性岩浆侵入(1200～1000)			中酸性岩浆侵入(600～500)
构造事件		五台运动(北部)/裂解事件(南部)	裂解事件		吕梁运动		裂解事件	晋宁运动	裂解事件	泛非运动

研究区北部该期岩浆事件主要发生于塔里木陆块(南部)的阿尔金地块北部、铁克里克地块，以及秦-祁-昆地块群的东昆仑地块、全吉地块。表现为TTG岩系或中酸性岩浆侵入作用。在岩浆作用时限上，塔里木陆块(南部)(2600～2400Ma)略早于秦-祁-昆地块群(2500～2200Ma)。该期中酸性岩浆侵入事件应为五台运动的地质记录。

研究区南部该期岩浆事件主要发生于羌塘-三江地块群的喀喇昆仑地块，以及冈底斯地块群的喀喇昆仑地块。表现为双峰式岩浆喷发作用。在岩浆作用时限上，均发生于古元古代早期(2500～2400Ma)。该期双峰式岩浆喷发作用可能与裂解事件有关。

该期岩浆事件在扬子陆块(西部)、喜马拉雅地块群和印度陆块(北部)尚未被发现。

(二) 古元古代中期基性岩浆侵入和喷发事件

该期岩浆事件强度较弱，仅分布于塔里木陆块(南部)的阿尔金地块和秦-祁-昆地块群的全吉地块、西昆仑地块。表现为基性岩墙侵入和基性岩浆喷发。在岩浆作用时限上，塔里木陆块(南部)(2400～2300Ma)略早于秦-祁-昆地块群(2100～1900Ma)。该期基性岩浆侵入和喷发事件可能与裂解事件有关。

该期岩浆事件在华北陆块(西南部)、扬子陆块(西部)、羌塘-三江地块群、冈底斯地块群、喜马拉雅地块群和印度陆块(北部)尚未被发现。

(三) 古元古代晚期—中元古代早期中酸性岩浆侵入事件

该期岩浆事件较为强烈，广泛分布于塔里木陆块(南部)的阿尔金地块、华北陆块(西南部)的阿拉善地块、秦-祁-昆地块群的全吉地块、扬子陆块(西部)、喜马拉雅地块群及印度陆块(北部)。表现为区域性大规模中酸性岩浆侵入和扬子陆块(西部)少量岩浆喷发。在岩浆作用时限上，集中于2200～1700Ma。该期中酸性岩浆侵入事件相当于中条-吕梁运动，在全球大陆多旋回相当于哥伦比亚(Columbia)大陆会聚事件。

该期岩浆事件在羌塘-三江地块群和冈底斯地块群尚未被发现。

(四) 中元古代中期中酸性岩浆侵入和中基性岩浆喷发事件

该期岩浆事件中基性岩浆喷发活动在秦-祁-昆地块群的东昆仑地块和北-中祁连地块较为强烈，中酸性岩浆侵入作用分布于秦-祁-昆地块群的西昆仑地块北带、北-中祁连地块、喜马拉雅地块群、印度陆块(北部)。在岩浆作用时限上，中酸性岩浆侵入作用集中于1600～1300Ma，中基性喷发活动集中于中元古代中期。该期发生于东昆仑地块和北-中祁连地块的中基性喷发活动与裂谷作用有关。

该期岩浆事件在塔里木陆块(南部)、华北陆块(西南部)、扬子陆块(西部)、羌塘-三江地块群和冈底斯地块群尚未被发现。

(五) 中元古代晚期岩浆喷发和中酸性岩浆侵入事件

该期岩浆事件岩浆喷发主要分布于扬子陆块(西部)、羌塘-三江地块群和冈底斯地块群，中酸性岩浆侵入作用仅分布于印度陆块(北部)。岩浆喷发作用表现为中酸性—中基性岩浆喷发，并在扬子陆块(西部)伴随Fe-Cu成矿作用。在时限上，岩浆喷发作用集中于1400～1000Ma。该期岩浆喷发事件与裂谷作用有关。

该期岩浆事件在塔里木陆块(南部)、华北陆块(西南部)、秦-祁-昆地块群和喜马拉雅地块群尚未被发现。

(六) 新元古代早期中酸性岩浆侵入事件

该期岩浆事件较为强烈，广泛分布于塔里木陆块(南部)、华北陆块(西南部)、秦-祁-昆地块群、扬子陆块(西部)、羌塘-三江地块群和喜马拉雅地块群。在时限上，中酸性岩浆侵入作用集中于1000～800Ma。该期大规模中酸性岩浆侵入事件应为晋宁运动的地质记录，在全球大陆多旋回相当于Rodinia超大陆会聚的格林威尔(Greenville)运动。

该期岩浆事件在印度陆块(北部)和冈底斯地块群尚未被发现。

(七) 新元古代中期基性岩浆侵入-岩浆喷发事件

该期岩浆事件较为强烈，广泛分布于塔里木陆块(南部)、华北陆块(西南部)、秦-祁-昆地块群、扬子陆块(西部)和冈底斯地块群。表现为双峰式岩浆(铁克里克地块)、中基性岩浆(西昆仑地块、全吉地块、北秦岭地块、聂荣地块和申扎-察隅地块)喷发，镁铁质—超镁铁质(阿拉善地块、扬子陆块西部缘、申扎-察隅地块)，在阿拉善地块和北-中祁连地块伴随Cu-Ni成矿作用，在扬子陆块西缘伴随Cu-Au成矿作用。在时限上，集中于900～700Ma。该期大规模岩浆事件在全球大陆多旋回相当于Rodinia超大陆裂解事件。

该期岩浆事件在羌塘-三江地块群、喜马拉雅地块群和印度陆块(北部)尚未被发现。

(八) 新元古代晚期—早古生代早期中酸性岩浆侵入-双峰式火山喷发事件

该期岩浆事件仅分布于亲冈瓦纳古大陆，岩浆作用较为强烈。在冈底斯地块群、喜马拉雅地块群和印度陆块(北部)主要表现为大规模中酸性岩浆侵入作用，时限主要集中于600～500Ma，少数延长至450Ma；在冈底斯地块群北缘还表现为双峰式岩浆喷发活动，时限集中于550～500Ma。该期大规模岩浆侵入活动是冈瓦纳大陆汇聚过程中泛非事件的地质记录，而冈底斯地块群北缘的双峰式岩浆喷发活动可能与东冈瓦纳大陆北缘裂谷作用有关。

第五节　小　结

(1) 在阿尔金地块获得淡水泉含榴花岗质片麻岩锆石LA-ICP-MS U-Pb原岩形成年龄为890±5.6Ma，时代为新元古代早期。

(2) 利用锆石LA-ICP-MS U-Pb技术，在喜马拉雅地块群和冈底斯地块群获得一批泛非期花岗岩年龄数据，为青藏高原南部岩浆作用研究和构造-热事件序列的建立提供了有力支撑。普兰县它亚藏布片麻状含石榴子石二云花岗岩、聂拉木县曲乡眼球状黑云母花岗片麻岩、亚东县下亚东含石榴子石花岗片麻岩、米林县丹娘片麻状闪长岩、定日县长所眼球状黑云母花岗片麻岩和八宿县同卡乡北片麻状二长花岗岩成岩年龄分别为537±3Ma、454±6Ma、499±4Ma、516±2Ma、515±3Ma和549±18Ma。岩石地球化学分析表明，青藏高原南部泛非期花岗岩以过铝质钙碱性系列S型花岗岩为主，源自增厚下地壳部分熔融，形成于同碰撞-后碰撞构造环境，为泛非期造山作用的地质记录。

(3) 于冈底斯北缘西藏尼玛县控错南帮勒村一带，从原划前震旦纪念青唐古拉岩群中解体出一套寒武纪(536.4±3.6Ma)浅变质火山岩系，与西藏申扎县扎扛乡一带新发现的寒武纪500.8±2.1Ma火山岩(计文化等，2009)总体可以对比，属于以变流纹(斑)岩为主、变玄武岩为辅的拉斑系列双峰式火山岩，形成于陆缘裂谷，为冈底斯北缘存在寒武纪裂解作用提供了佐证。

(4) 通过对研究区前寒武纪典型浅变质火山岩岩石学和地球化学的研究，认为：①新疆塔什库尔干县大布达尔乡一带古元古代布伦阔勒岩群浅变质火山岩为一套双峰式火山岩组合，形成于古大陆或古大陆边缘构造环境；②西藏工布江达县南古元古代岔萨岗岩群浅变质火山岩也为一套双峰式火山岩组合，形成于古大陆构造环境；③青海省格尔木市西南三岔河桥万宝沟岩群浅变质火山岩以拉斑系列变玄武岩为主，形成于古大陆裂谷构造环境；④西藏丁青县干岩乡北吉塘岩群西西岩组浅变质火山岩以拉斑系列变玄武岩为主，形成于古大陆边缘构造环境；⑤青海治多县多彩乡南宁多岩群浅变质火山岩以拉斑系列变玄武岩为主，形成于古大陆边缘构造环境；⑥西藏八宿县北嘉玉桥群大理岩中所夹浅变质火山岩属于拉斑系列变玄武岩，形成于古大陆边缘构造环境。

(5) 综合近年来获得的大量高精度锆石 U-Pb 年代学数据，①塔里木陆块(南部)前寒武纪具有 5 期岩浆活动事件：2600～2400Ma 中酸性岩浆侵入事件、2400～2300Ma 基性岩浆侵入事件、2200～1800Ma 中酸性岩浆侵入事件、950～800Ma 中酸性岩浆侵入事件、800～700Ma 双峰式岩浆喷发事件；②华北陆块西南部阿拉善地块前寒武纪主要有 3 期岩浆活动事件：2000～1900Ma 中酸性岩浆侵入事件、1000～900Ma 中酸性岩浆侵入事件和 850～800Ma 基性—超基性岩浆侵入事件；③秦-祁-昆地块群前寒武纪具有 6 期岩浆活动事件：2500～2200Ma 中酸性岩浆侵入事件、2100～1900Ma 基性岩浆侵入事件、2000～1700Ma 中酸性岩浆侵入事件、1500～1300Ma 中酸性岩浆侵入和喷发事件、950～750Ma 中酸性岩浆侵入事件、800～700Ma 中基性岩浆喷发事件；④扬子陆块(西部)前寒武纪具有 4 期岩浆活动事件：古(—中)元古代岩浆喷发事件、1400～1000Ma 岩浆喷发事件、900～800Ma 中酸性岩浆侵入事件、850～700Ma 基性岩浆侵入和双峰式岩浆喷发；⑤羌塘-三江地块群前寒武纪具有 3 期岩浆活动事件：2500～2400Ma 古元古代双峰式岩浆喷发事件、1100～900Ma 岩浆喷发事件、1000～850Ma 中酸性岩浆侵入事件；⑥冈底斯地块群前寒武纪具有 4 期岩浆活动事件：2500～2400Ma 双峰式岩浆喷发事件、1100～1000Ma 岩浆喷发事件、900～700Ma 中基性岩浆喷发和基性—中酸性岩浆侵入事件和 600～500Ma 中酸性岩浆侵入和双峰式岩浆喷发事件；⑦喜马拉雅地块群前寒武纪具有 4 期岩浆活动事件：2200～1800Ma 中酸性岩浆侵入事件、1600～1500Ma 中酸性岩浆侵入事件、900～800Ma 中酸性岩浆侵入事件和 600～500Ma 中酸性岩浆侵入事件；⑧印度北部的西隆高原和米吉尔丘陵前寒武纪具有 4 期岩浆活动事件：1800Ma 中酸性岩浆侵入事件、1650～1500Ma 中酸性岩浆侵入事件、1200～1000Ma 中酸性岩浆侵入事件和 600～500Ma 中酸性岩浆侵入事件。

(6) 研究区前寒武纪岩浆活动事件可归纳为 8 期：①晚太古代—古元古代早期岩浆事件；②古元古代中期基性岩浆侵入和喷发事件；③古元古代晚期—中元古代早期中酸性岩浆侵入事件；④中元古代中期中酸性岩浆侵入和中基性岩浆喷发事件；⑤中元古代晚期岩浆喷发和中酸性岩浆侵入事件；⑥新元古代早期中酸性岩浆侵入事件；⑦新元古代中期基性岩浆侵入-岩浆喷发事件；⑧新元古代晚期—早古生代早期中酸性岩浆侵入-双峰式火山喷发事件。

其中，较为强烈、分布较广的为：①古元古代晚期—中元古代早期中酸性岩浆侵入事件[表现为区域性大规模中酸性岩浆侵入和扬子陆块(西部)少量岩浆喷发，相当于中条-吕梁运动，可能与 Columbia 大陆会聚事件有关]；②新元古代早期中酸性岩浆侵入事件(表现为 1000～800Ma 大规模中酸性岩浆侵入，应为晋宁运动的地质记录，相当于 Rodinia 超大陆会聚的 Greenville 运动)；③新元古代中期基性岩浆侵入-岩浆喷发事件(表现为 900～700Ma 双峰式岩浆、中基性岩浆喷发和镁铁质—超镁铁质侵入，相当于 Rodinia 超大陆裂解事件)；④亲冈瓦纳古大陆的新元古代晚期—早古生代早期中酸性岩浆侵入-双峰式火山喷发事件(主要分布于冈底斯地块群及其以南的亲冈瓦纳古大陆，表现为 600～500Ma 大规模中酸性岩浆侵入，是冈瓦纳大陆会聚期间泛非事件的地质记录，而冈底斯地块群北缘的双峰式岩浆喷发活动可能与东冈瓦纳大陆北缘有限规模的裂谷作用有关)。

第五章　前寒武纪变质岩及变质作用

第一节　区域变质岩

一、中深变质岩

（一）麻粒岩类

该类岩石分布局限，多呈规模不等的透镜体、包体赋存于片麻岩、斜长角闪岩中，或与长英质片麻岩、斜长角闪岩等互层产出。亲欧亚古大陆区和亲冈瓦纳古大陆区均有出露，然而亲欧亚古大陆区主要存在于早前寒武纪（Ar—Pt_1）变质地层中，亲冈瓦纳古大陆区则存在于晚前寒武纪（Pt_2—Pt_3）变质地层中。麻粒岩类的分布详见表 5-1。

表 5-1　青藏高原及邻区前寒武纪麻粒岩类分布一览表

序号	赋存地层	产地	资料来源	所属构造-地层区	
				小区	大区
1	埃连卡特岩群（Pt_1*A.*）	新疆和田艾德瓦搞	董永观等，1999	铁克里克地块（Ⅰ$_{1-1}$）	亲欧亚古大陆
2	米兰岩群（Ar_3Pt_1*M.*）	新疆若羌阿尔金北缘	1∶25 万石棉矿幅区调报告	阿尔金地块（Ⅰ$_{1-2}$）	
3	乌拉山岩群（Ar_{2-3}*W.*）	内蒙大青山	贾和义等，2004	华北陆块（Ⅰ$_2$）	
4	赛图拉岩群（ChS.）	新疆和田县康西瓦北侧	郭坤一等，2003	西昆仑地块（Ⅰ$_{3-1}$）北带	
5	清水泉蛇绿岩带（ΣPt_2—Pz_1）	青海香日德南清水泉	李怀坤等，2006	东昆仑地块（Ⅰ$_{3-2}$）北带	
6	太古代表壳岩（Ar*ms*）	青海格尔木南	1∶5万尕牙合幅区调报告	东昆仑地块（Ⅰ$_{3-2}$）北带	
7	达肯大坂岩群（Pt_1*D.*）	青海德令哈	王毅智等，2001；张建新等，2001	全吉地块（Ⅰ$_{3-3}$）	
8	康定岩群（Pt_1*Kd.*）	四川冕宁沙坝、盐边同德、米易黄草坪	沈其韩等，1992；徐士进等，2002；刘文中等，2005	康滇地块（Ⅰ$_{4-3}$）	
9	林芝岩群（Pt_{2-3}*Lz.*）	西藏米林卧龙镇	尹光候等，2006	林芝地块（Ⅲ$_{1-5}$）	亲冈瓦纳古大陆
10	亚东岩组（Pt_2*yd.*）	西藏亚东	刘文灿等，2004；张祥信等，2005	高喜马拉雅地块（Ⅲ$_{2-3}$）	
11	聂拉木岩群（Pt_{2-3}*Nl.*）	西藏定结	廖群安等，2003	高喜马拉雅地块（Ⅲ$_{2-3}$）	
12	南迦巴瓦岩群（Pt_{2-3}*Nj.*）	西藏米林鲁霞-西兴拉	钟大赉等，1995；丁林等，1999；孙志明等，2004	高喜马拉雅地块（Ⅲ$_{2-3}$）	
13	中太古界（Ar_2）	巴基斯坦北 Jijal	金振民等，1999	高喜马拉雅地块（Ⅲ$_{2-3}$）	

研究区产出的前寒武纪麻粒岩类可分为暗色麻粒岩(斜长石含量一般小于50%,暗色矿物含量大于30%)和浅色麻粒岩(斜长石含量一般大于50%,暗色矿物含量小于30%)两类。

1. 暗色麻粒岩

暗色麻粒岩主要有石榴二辉麻粒岩、(含)石榴二辉斜长麻粒岩、(含石墨)紫苏石榴黑云斜长麻粒岩、含石榴紫苏角闪斜长麻粒岩、石榴单斜辉石岩等。

(1) *石榴二辉麻粒岩*

石榴二辉麻粒岩主要见于埃连卡特岩群($Pt_1A.$)、米兰岩群($Ar_3Pt_1M.$)、乌拉山岩群($Ar_{2\text{-}3}W.$)、赛图拉岩群($ChS.$)、清水泉蛇绿岩带(ΣPt_2—Pz_1)、太古代表壳岩($Arms$)、达肯大坂岩群($Pt_1D.$)、康定岩群($Pt_1Kd.$)、聂拉木岩群($Pt_{2\text{-}3}Nl.$)。

该岩石呈灰黑色、黑色,镶嵌粒状变晶结构,块状构造。主要成分为石榴子石(30%~35%)、紫苏辉石(10%左右)、普通辉石(20%~25%)、角闪石(5%~10%左右)、石英(5%左右,局部15%~20%)、斜长石(小于5%),次生矿物为绿泥石、绢云母。副矿物为磁铁矿、褐铁矿、褐帘石、锆石、磷灰石。其中,石榴子石沿裂隙充填石英,并具绿泥石化,局部边缘具斜长石、绿泥石镶边;紫苏辉石呈星散状分布,沿裂隙具绿泥石化、绿帘石化,多被角闪石交代;普通辉石(多为透辉石)呈星散状分布于石榴子石粒间;角闪石多交代辉石,局部具不均匀褪色现象;石英为他形粒状或集合体;斜长石多为中长石,多具绢云母化。

(2) *(含石墨)紫苏石榴黑云斜长麻粒岩*

(含石墨)紫苏石榴黑云斜长麻粒岩主要见于米兰岩群($Ar_3Pt_1M.$)、达肯大坂岩群($Pt_1D.$)、清水泉蛇绿岩带(ΣPt_2—Pz_1)。

该岩石呈深灰色,鳞片粒状变晶结构,似片麻状构造。主要由石英(20%~25%)、斜长石(20%±)、黑云母(25%±)、石榴子石(20%~25%)、紫苏辉石(5%~10%)、石墨(<5%)组成。其中,黑云母、紫苏辉石、石墨大致具定向排列,石英略具定向拉长;部分斜长石具较强绢云母化、黝帘石化;黑云母局部被绿泥石交代,并有细小含钛矿物析出;石榴子石呈肉红色粒状,常包含石英、斜长石、黑云母、石墨等的变晶;紫苏辉石沿边部及裂隙被滑石、次闪石、碳酸盐、绿泥石、黑云母等交代,有的已全部被取代。

(3) *含石榴紫苏角闪斜长麻粒岩*

含石榴紫苏角闪斜长麻粒岩主要见于米兰岩群($Ar_3Pt_1M.$)、清水泉蛇绿岩带(ΣPt_2—Pz_1)、太古代表壳岩($Arms$)、林芝岩群($Pt_{2\text{-}3}Lz.$)、亚东岩组($Pt_2yd.$)。

该岩石呈深灰—灰黑色,粒状变晶结构,似片麻状构造。主要由斜长石(45%~50%)、普通角闪石(35%±)、紫苏辉石(5%±)、石榴子石(5%±)、磁铁矿(5%±)和少量透辉石、黑云母组成。其中,角闪石大致具定向排列;斜长石局部绢云母化、黝帘石化、绿帘石化;普通角闪石局部(与石榴子石相接处)和斜长石交互生长构成后成合晶。石榴子石呈淡肉红色,内常包裹磁铁矿、斜长石;紫苏辉石多被蛇纹石、绿泥石、滑石、次闪石等取代,有的呈假象。

(4) *石榴单斜辉石岩*

石榴单斜辉石岩主要见于南迦巴瓦岩群($Pt_{2\text{-}3}Nj.$)。

该岩石呈红褐色、灰黑色,块状—片麻状构造。呈透镜体或团块状产出于石榴黑云斜长片麻岩中,透镜体及岩片的展布方向与区域片麻理一致。主要矿物为角闪石及石榴子石,有的含有透辉石,含量70%~90%以上。次要矿物为黑云母、石英、斜长石等。石榴子石裂理较发育,内常有较多石英包体,外围有一圈由斜长石、角闪石组成的次生边或冠状边(白眼圈);斜长石多与角闪石连生,出现于石榴子石外围;角闪石可完全取代辉石。经退变质作用后形成石榴斜长角闪岩甚至形成斜长角闪岩。

2. 浅色麻粒岩

浅色麻粒岩主要有含紫苏石榴斜长麻粒岩、含石榴二辉斜长麻粒岩、紫苏斜长麻粒岩、紫苏黑云二长麻粒岩、石榴蓝晶麻粒岩等。

(1) 含紫苏石榴斜长麻粒岩

含紫苏石榴斜长麻粒岩主要见于米兰岩群($Ar_3Pt_1M.$)。

该岩石呈灰色、深灰色，鳞片粒状变晶结构。主要由斜长石(60%～65%)、石英(15%～20%)、钾长石(5%～10%)、石榴子石(5%±)、黑云母(<5%)、蚀变紫苏辉石(<5%)组成。其中，斜长石部分具较强绢云母化、黝帘石化，有的为反条纹长石；钾长石多为微斜长石，具泥化；黑云母部分发生绿泥石化；石榴子石呈浅肉色粒状，有的包含石英、黑云母变晶；紫苏辉石绝大部分已被次闪石、绿泥石、微晶黑云母取代，残留极少。

(2) (含石榴)二辉斜长麻粒岩

(含石榴)二辉斜长麻粒岩主要见于米兰岩群($Ar_3Pt_1M.$)、乌拉山岩群($Ar_{2-3}W.$)、康定岩群($Pt_1Kd.$)、林芝岩群($Pt_{2-3}Lz.$)。

该岩石呈深灰色、灰黑色，粒状变晶结构，块状构造。主要由斜长石(50%～55%)、紫苏辉石(30%～35%)、透辉石(10%±)、石榴子石(<5%)和黑云母(<5%)组成。斜长石局部黝帘石化、绢云母化、碳酸盐化；紫苏辉石部分包含透辉石，有的具次闪石、滑石、绿泥石化，常见其呈蠕状与斜长石交生成后成合晶；透辉石局部发生闪石化，有的外围见紫苏辉石边；石榴子石呈浅肉红色，有的包含斜长石和紫苏辉石。

(3) 含黑云角闪紫苏斜长麻粒岩

含黑云角闪紫苏斜长麻粒岩主要见于米兰岩群($Ar_3Pt_1M.$)。

该岩石呈深灰色，鳞片粒状变晶结构，似片麻状构造。主要由斜长石(75%±)、钾长石(5%～10%)、紫苏辉石(5%～10%)、石英(<5%)、黑云母(<5%)、角闪石(<5%)组成。其中，斜长石多为中长石，局部绢云母化、帘石化、碳酸盐化，与钾长石接触边部见交代蠕虫、交代蚕食结构；角闪石局部被绿泥石化；紫苏辉石见蛇纹石化、绿泥石化、滑石化，角闪石、黑云母沿其边部及裂隙交代，有的呈其假象。

(4) 紫苏黑云二长麻粒岩

紫苏黑云二长麻粒岩主要见于米兰岩群($Ar_3Pt_1M.$)。

该岩石呈深灰色，鳞片粒状变晶结构，片麻状构造。主要由斜长石(55%±)、钾长石(25%～30%)、黑云母(5%～10%)、石英(5%以上)、紫苏辉石(<5%)组成。其中，黑云母、紫苏辉石常集结定向排布；有的斜长石与钾长石接触边部见交代净边结构；钾长石为条纹长石；黑云母内常包含蠕状、滴状石英小颗粒；紫苏辉石有的沿边部及裂隙被蛇纹石、滑石等交代。

(5) 石榴蓝晶麻粒岩

石榴蓝晶麻粒岩主要见于南迦巴瓦岩群($Pt_{2-3}Nj.$)。

该岩石呈斑状变晶结构，片麻状构造。变斑晶主要为石榴子石、蓝晶石。其中，石榴子石变斑晶内有大量黑云母、金红石、钛铁矿、长石、蓝晶石、石英包裹物，构成筛状变晶结构，有较干净的环边；板状蓝晶石部分或完全被毛发状矽线石取代，但仍保存有蓝晶石的板状晶形。

(二) 角闪岩、辉石岩类

该类岩石分布较广泛，多夹于角闪岩相-高绿片岩相变质地层中，或称透镜体状产出，时代跨度较大。角闪岩类的分布详见表 5-2。

表 5-2 青藏高原及邻区前寒武纪角闪岩、辉石岩类分布一览表

序号	地层名称	所属构造-地层区	
		小区	大区
1	米兰岩群($Ar_3Pt_1M.$)	阿尔金地块(I_{1-2})	亲欧亚古大陆
2	阿尔金岩群($Ar_3Pt_1A.$)	阿尔金地块(I_{1-2})	
3	敦煌岩群($Ar_3Pt_1D.$)	敦煌地块(I_{1-3})	

续表 5-2

序号	地层名称	所属构造-地层区	
		小区	大区
4	乌拉山岩群($Ar_{2-3}W.$)	阿拉善地块(Ⅰ$_{2-1}$)和贺兰地块(Ⅰ$_{2-2}$)	
5	龙首山岩群($Ar_3Pt_1L.$)	阿拉善地块(Ⅰ$_{2-1}$)	
6	库浪那古岩群($Pt_1Kl.$)	西昆仑地块(Ⅰ$_{3-1}$)北带	
7	赛图拉岩群($ChS.$)	西昆仑地块(Ⅰ$_{3-1}$)北带	
8	桑株塔格岩群($JxSz.$)	西昆仑地块(Ⅰ$_{3-1}$)北带	
9	阿拉叫依岩群($Z\in A.$)	西昆仑地块(Ⅰ$_{3-1}$)北带	
10	双雁山岩群($Pt_1S.$)	西昆仑地块(Ⅰ$_{3-1}$)南带	
11	金水口岩群白沙河岩组($Ar_3Pt_1b.$)	东昆仑地块(Ⅰ$_{3-2}$)北带和南带	
12	金水口岩群小庙岩组($Chx.$)	东昆仑地块(Ⅰ$_{3-2}$)北带和南带	
13	达肯大坂岩群($Pt_1D.$)	全吉地块(Ⅰ$_{3-3}$)	
14	沙柳河岩群($Pt_2S.$)斜长角闪岩岩组	全吉地块(Ⅰ$_{3-3}$)	亲欧亚古大陆
15	北大河岩群($Pt_1B.$)	北(中)祁连地块(Ⅰ$_{3-4}$)	
16	托来岩群($Pt_1T.$)	北(中)祁连地块(Ⅰ$_{3-4}$)	
17	湟源岩群($Pt_1H.$)刘家台岩组	北(中)祁连地块(Ⅰ$_{3-4}$)	
18	化隆岩群($QbH.$)	南祁连地块(Ⅰ$_{3-5}$)	
19	秦岭岩群 ($Pt_1Q.$)	北秦岭地块(西部)(Ⅰ$_{3-6}$)	
20	康定岩群($Pt_1Kd.$)	龙门地块(Ⅰ$_{4-2}$)、康滇地块(Ⅰ$_{4-3}$)	
21	黄水河群($Pt_{2-3}Hs$)	龙门地块(Ⅰ$_{4-2}$)、康滇地块(Ⅰ$_{4-3}$)	
22	点苍山岩群($Pt_1Dc.$)	丽江地块(Ⅰ$_{4-4}$)	
23	哀牢山岩群($Pt_1Al.$)	丽江地块(Ⅰ$_{4-4}$)	
24	吉塘岩群($Pt_{2-3}Jt.$)恩达岩组	他念他翁地块(Ⅰ$_{5-2}$)	
25	雪龙山岩群($Pt_1Xl.$)	玉树-昌都地块(Ⅰ$_{5-3}$)	
26	念青唐古拉岩群($Pt_{2-3}Nq.$)	申扎-察隅地块(Ⅲ$_{1-1}$)	
27	聂荣岩群($Pt_{2-3}Nr.$)	聂荣地块(Ⅲ$_{1-2}$)	
28	卡穷岩群($Pt_{2-3}K.$)	嘉玉桥地块(Ⅲ$_{1-3}$)	
29	高黎贡山岩群($Pt_1G.$)	腾冲地块(Ⅲ$_{1-6}$)	亲冈瓦纳古大陆
30	拉轨岗日岩群($Pt_{2-3}L.$)	拉达克地块(Ⅲ$_{2-1}$)、康马-隆子地块(Ⅲ$_{2-2}$)	
31	聂拉木岩群($Pt_{2-3}Nl.$)	高喜马拉雅地块(Ⅲ$_{2-3}$)	
32	南迦巴瓦岩群($Pt_{2-3}Nj.$)	高喜马拉雅地块(Ⅲ$_{2-3}$)	

研究区产出的前寒武纪角闪岩类主要包括(片麻状)斜长角闪岩、黑云斜长角闪岩、石榴斜长角闪岩、(石榴子石)角闪岩、绿帘斜长角闪岩、石榴子石黝帘角闪岩、绿帘角闪岩、辉石(绿帘)斜长角闪岩及含磁铁矿斜长角闪岩;辉石岩类主要有透闪辉石岩、斜长透辉岩、黑云钾长透辉岩、钾长方柱透辉岩及石榴辉石岩。

1.（片麻状）斜长角闪岩

（片麻状）斜长角闪岩主要见于米兰岩群（$Ar_3Pt_1M.$）、敦煌岩群（$Ar_3Pt_1D.$）、乌拉山岩群（$Ar_{2-3}W.$）、龙首山岩群（$Ar_3Pt_1L.$）、库浪那古岩群（$Pt_1Kl.$）、赛图拉岩群（ChS.）、桑株塔格岩群（JxSz.）、阿拉叫依岩群（Z∈A.）、双雁山岩群（$Pt_1S.$）、金水口岩群白沙河岩组（$Ar_3Pt_1b.$）、沙柳河岩群（$Pt_2S.$）斜长角闪岩岩组、北大河岩群（$Pt_1B.$）、托来岩群（$Pt_1T.$）、湟源岩群（$Pt_1H.$）刘家台岩组、化隆岩群（QbH.）、秦岭岩群（$Pt_1Q.$）、康定岩群（$Pt_1Kd.$）、黄水河群（$Pt_{2-3}Hs$）、点苍山岩群（$Pt_1Dc.$）、哀牢山岩群（$Pt_1Al.$）、吉塘岩群（$Pt_{2-3}Jt.$）恩达岩组、雪龙山岩群（$Pt_1Xl.$）、卡穷岩群（$Pt_{2-3}K.$）、念青唐古拉岩群（$Pt_{2-3}Nq.$）及拉轨岗日岩群（$Pt_{2-3}L.$）。

该岩石呈灰黑色，粒状变晶结构，块状构造，部分具片麻状构造。主要由斜长石（55%±）、普通角闪石（45%±）组成。斜长石呈他形镶嵌粒状，双晶纹具弯曲、扭折等变形现象发育。普通角闪石局部被绿泥石、绿帘石、碳酸盐交代。内见少量被绿帘石、碳酸盐、绿泥石充填的裂隙。

2. 黑云斜长角闪岩

黑云斜长角闪岩主要见于化隆岩群（QbH.）、康定岩群（$Pt_1Kd.$）、雪龙山岩群（$Pt_1Xl.$）、聂荣岩群（$Pt_{2-3}Nr.$）及高黎贡山岩群（$Pt_1G.$）。

该岩石呈灰黑色，鳞片粒状变晶结构，块状构造。主要由普通角闪石（40%±）、斜长石（35%～40%）、石英（15%±）、黑云母（5%～10%）和少量方解石（1%～2%）组成。普通角闪石呈柱状，有的呈粒状或不规则状。黑云母常包含石英、斜长石。斜长石有的呈粒状、柱状，局部见聚片双晶。石英见波状消光和亚颗粒。方解石充填于石英、斜长石孔隙间。

3. 石榴斜长角闪岩

石榴斜长角闪岩主要见于阿尔金岩群（$Ar_3Pt_1A.$）、金水口岩群小庙岩组（Chx.）、沙柳河岩群（$Pt_2S.$）斜长角闪岩岩组及卡穷岩群（$Pt_{2-3}K.$）。

该岩石呈灰黑色、灰绿色，粒状变晶结构，块状构造、条纹状构造，部分具片麻状构造。主要由角闪石（55%±）、斜长石（40%～50%）组成，含少量石榴子石（小于5%）、黑云母（2%左右），次生矿物有白云母、绢云母、绿泥石。副矿物包括磁铁矿、磷灰石、锆石等。其中，角闪石局部具绿泥石化。斜长石发生了较强绢云母化，局部见斜长石交代角闪石使其边界呈港湾状。石榴子石呈淡褐黄色，有的被斜长石交代或被斜长石包裹。

4.（石榴子石）角闪岩

（石榴子石）角闪岩主要见于米兰岩群（$Ar_3Pt_1M.$）、达肯大坂岩群（$Pt_1D.$）及拉轨岗日岩群（$Pt_{2-3}L.$）。

该岩石呈灰黑色、暗绿色，粒状变晶结构，块状构造、片状构造。主要由石榴子石（<20%）、角闪石（50%±）、斜长石（10%±）、石英（10%～15%）组成，少量榍石（<5%）、不透明金属矿物。石榴子石核部常见石英+角闪石（细粒）集合状包裹体，边部或沿裂纹处分解为钠质斜长石，将石榴子石与外侧角闪石隔开，个别石榴子石变斑晶中的内部环带显示出早期石榴子石。角闪石与石英或斜长石呈交生体。钛铁矿分解为榍石粒状集合体。

5. 绿帘斜长角闪岩

绿帘斜长角闪岩主要见于化隆岩群（QbH.）。

该岩石呈黑色、墨绿色，粒状变晶结构，片麻状构造、眼球状构造，粒状矿物（主要为角闪石）定向排列，形成与长英质相间的片理。主要矿物为角闪石（50%±）、斜长石（20%±）、石英（10%～15%），以及少量绿帘石（<10%）、黑云母（<5%）。角闪石颗粒大小相差悬殊，发生较强的绿帘石化、绿泥石化。石

英具有波状消光，斜长石具有聚片双晶。岩石中的眼球体成分为斜长石及石英，边缘有石英、云母及长石小颗粒包围，眼球体长轴方向与粒状矿物组成的片理方向一致。

6. 石榴子石黝帘角闪岩

石榴子石黝帘角闪岩主要见于沙柳河岩群斜长角闪岩岩组($Pt_2S.$)。

该岩石呈灰黑色、暗绿色，斑状变晶结构，定向构造，基质为细粒粒状变晶结构。变斑晶石榴子石，边部分解为角闪石＋斜长石。基质矿物有角闪石(55%)，细粒集合体，与钠长石呈交生体；斜长石呈板条状，具三联点结构，内部分解为黝帘石或阳起石＋钠长石。榍石为多晶集合体，外被钛铁矿包绕，整体具金红石假象，推断由金红石退变而成。

7. 绿帘角闪岩

绿帘角闪岩主要见于黄水河群($Pt_{2\text{-}3}Hs$)。

该岩石呈深灰、暗绿—墨绿色，中细—细粒状、纤状变晶结构，块状和条带状构造，部分地段可见片状构造。主要矿物为普通角闪石(30%～70%)、斜长石(15%～20%)、绿帘石(10%±)，少量次闪石、黑云母、绿泥石和石英。角闪石多呈柱状、纤状相嵌，不定向或半定向分布；长石多为柱—短柱状半自形晶体散布于角闪石类矿物之间。

8. 辉石(绿帘)斜长角闪岩

辉石(绿帘)斜长角闪岩主要见于化隆岩群($QbH.$)、聂荣岩群($Pt_{2\text{-}3}Nr.$)。

该岩石呈灰黑色、暗绿色，粒柱状变晶结构，块状和条带状构造。主要矿物为普通角闪石(40%～60%)，斜长石(25%～30%)，少量的绿帘石、透辉石(10%±)、黑云母、绿泥石和石英。角闪石多呈柱状、纤状，部分蚀变为绿泥石；长石多为半自形—他形晶散布于角闪石类矿物之间；透辉石发生了绿帘石化、次闪石化。

9. 含磁铁矿斜长角闪岩

含磁铁矿斜长角闪岩主要见于聂拉木岩群($Pt_{2\text{-}3}Nl.$)。

该岩石呈灰黑色，柱粒变晶结构、粒状变晶结构，片状构造。主要矿物为角闪石(80%～85%)，石英、斜长石次之，含少量绿泥石、绿帘石及磁铁矿。副矿物有榍石、磷灰石等。角闪石呈柱状变晶颗粒。

10. 透闪辉石岩

透闪辉石岩主要见于北大河岩群($Pt_1B.$)。

该岩石呈黑色、暗绿色，粒状变晶结构，块状构造。辉石多退变质为角闪石，被大小不等的角闪石集合体取代，有时辉石形态还有保留。主要矿物为普通角闪石(60%±)，次为透闪石(10%±)，少量绿帘石、绿泥石、石英、方解石，局部含少量石榴子石。绿帘石、绿泥石、石英、方解石、石榴子石等小颗粒分布于大颗粒角闪石周边。

11. 斜长透辉石岩

斜长透辉石岩主要见于高黎贡山岩群($Pt_1G.$)、达肯大坂岩群($Pt_1D.$)。

该岩石呈柱粒状变晶结构，块状构造。矿物成分以角闪石、透辉石、斜长石为主，石英、黑云母、石榴子石仅在部分岩石中出现。角闪石含量较高，部分为透辉石退变质形成；残余的透辉石呈半自形柱粒状；石英含量较低。

12. 黑云钾长透辉岩

黑云钾长透辉岩主要见于哀牢山岩群($Pt_1Al.$)。

该岩石呈灰色—灰绿色，柱粒状变晶结构，块状构造，部分岩石中略显条带状构造，向细粒片麻岩过渡，常与黑云变粒岩-黑云片麻类呈互层或夹层。主要变质矿物有透辉石、普通角闪石、斜长石、石英、钾长石、黑云母等。部分岩石中还有少量绿帘石、斜黝帘石、电气石等。斜长石以更中长石为主，部分具环带构造；透辉石呈柱状；钾长石多为微斜长石和条纹长石。矿物共生组合为角闪石＋透辉石＋黑云母＋斜长石＋钾长石＋石英±绿帘石。

13. 钾长方柱透辉岩

钾长方柱透辉岩主要见于哀牢山岩群（$Pt_1 Al.$）。

该岩石呈灰绿色，粒柱状变晶结构、粒状变晶结构，片状构造。主要由斜长石、透辉石组成，定向排列构成岩石的片状构造。次要矿物为普通角闪石、钾长石、黑云母、方柱石等。透辉石为他形—半自形柱状，部分绿泥石化，局部可见变为黑云母；斜长石呈板条状，其成分为中长石、拉长石；黑云母呈细小片状；方柱石呈他形柱状。

14. 石榴辉石岩

石榴辉石岩主要见于南迦巴瓦岩群（$Pt_{2-3} Nj.$）。

该岩石呈灰黑色、灰绿色，粒状变晶结构，块状构造，部分具片麻状构造。主要由石榴子石（15%～25%）、单斜辉石（20%～35%）、斜方辉石（10%～20%）、斜长石（15%～25%）和角闪石（15%～25%）组成，有时含少量的石英和黑云母。其中，斜方辉石和斜长石是交代石榴子石形成的后成合晶，呈放射状、蠕虫状集合体环绕石榴子石残晶分布，有时在后成合晶中还可见第二世代的低铝单斜辉石。早期的单斜辉石则被角闪石和斜长石交代，边缘常具角闪石反应边。石榴子石中可含少量的石英、金红石和钛铁矿和富铝单斜辉石包裹体。

（三）片麻岩类

该类岩石分布较广泛，多产于中元古代以前的角闪岩相-高绿片岩相-麻粒岩相变质地层中。片麻岩类的分布详见表 5-3。

表 5-3　青藏高原及邻区前寒武纪片麻岩类分布一览表

序号	地层名称	所属构造-地层区	
		小区	大区
1	赫罗斯坦岩群（$Pt_1 H.$）	铁克里克地块（I_{1-1}）	亲欧亚古大陆
2	米兰岩群（$Ar_3 Pt_1 M.$）	阿尔金地块（I_{1-2}）	
3	阿尔金岩群（$Ar_3 Pt_1 A.$）	阿尔金地块（I_{1-2}）	
4	敦煌岩群（$Ar_3 Pt_1 D.$）	敦煌地块（I_{1-3}）	
5	乌拉山岩群（$Ar_{2-3} W.$）	阿拉善地块（I_{2-1}）和贺兰地块（I_{2-2}）	
6	龙首山岩群（$Ar_3 Pt_1 L.$）	阿拉善地块（I_{2-1}）	
7	库浪那古岩群（$Pt_1 Kl.$）	西昆仑地块（I_{3-1}）北带	
8	赛图拉岩群（ChS.）	西昆仑地块（I_{3-1}）北带	
9	双雁山岩群（$Pt_1 S.$）	西昆仑地块（I_{3-1}）南带	
10	金水口岩群白沙河岩组（$Ar_3 Pt_1 b.$）	东昆仑地块（I_{3-2}）北带和南带	
11	金水口岩群小庙岩组（$Chx.$）	东昆仑地块（I_{3-2}）北带和南带	
12	苦海岩群（$Pt_1 K.$）	东昆仑地块（I_{3-2}）南带	

续表 5-3

序号	地层名称	所属构造-地层区	
		小区	大区
13	达肯大坂岩群($Pt_1D.$)	全吉地块(Ⅰ$_{3-3}$)	
14	马衔山岩群($Ar_3Pt_1M.$)	北(中)祁连地块(Ⅰ$_{3-4}$)	
15	托来岩群($Pt_1T.$)	北(中)祁连地块(Ⅰ$_{3-4}$)	
16	湟源岩群刘家台岩组($Pt_1H.$)	北(中)祁连地块(Ⅰ$_{3-4}$)	
17	化隆岩群($QbH.$)	南祁连地块(Ⅰ$_{3-5}$)	
18	秦岭岩群 ($Pt_1Q.$)	北秦岭地块(西部)(Ⅰ$_{3-6}$)	
19	苴林岩群($Pt_1J.$)	康滇地块(Ⅰ$_{4-3}$)	
20	点苍山岩群($Pt_1Dc.$)	丽江地块(Ⅰ$_{4-4}$)	亲欧亚古大陆
21	哀牢山岩群($Pt_1Al.$)	丽江地块(Ⅰ$_{4-4}$)	
22	布伦阔勒岩群($Pt_1Bl.$)	喀喇昆仑地块(Ⅰ$_{5-1}$)	
23	吉塘岩群($Pt_{2-3}Jt.$)恩达岩组	他念他翁地块(Ⅰ$_{5-2}$)	
24	雪龙山岩群($Pt_1Xl.$)	玉树-昌都地块(Ⅰ$_{5-3}$)	
25	宁多岩群($Pt_{2-3}Nd.$)	玉树-昌都地块(Ⅰ$_{5-3}$)	
26	石鼓岩群($Pt_{2-3}S.$)	中甸地块(Ⅰ$_{5-4}$)	
27	崇山岩群($Pt_{1-2}C.$)	保山地块(Ⅰ$_{5-5}$)	
28	戈木日岩群($Pt_{2-3}G.$)	荣玛地块(Ⅱ$_{1-1}$)	原特提斯洋残迹
29	念青唐古拉岩群($Pt_{2-3}Nq.$)	申扎-察隅地块(Ⅲ$_{1-1}$)	
30	聂荣岩群($Pt_{2-3}Nr.$)	聂荣地块(Ⅲ$_{1-2}$)	
31	卡穷岩群($Pt_{2-3}K.$)	嘉玉桥地块(Ⅲ$_{1-3}$)	
32	岔萨岗岩群($Pt_1C.$)	拉萨地块(Ⅲ$_{1-4}$)	
33	林芝岩群($Pt_{2-3}Lz.$)	林芝地块(Ⅲ$_{1-5}$)	亲冈瓦纳古大陆
34	高黎贡山岩群($Pt_1G.$)	腾冲地块(Ⅲ$_{1-6}$)	
35	拉轨岗日岩群($Pt_{2-3}L.$)	拉达克地块(Ⅲ$_{2-1}$)、康马-隆子地块(Ⅲ$_{2-2}$)	
36	亚东岩组($Pt_2yd.$)	高喜马拉雅地块(Ⅲ$_{2-3}$)	
37	聂拉木岩群($Pt_{2-3}Nl.$)	高喜马拉雅地块(Ⅲ$_{2-3}$)	
38	南迦巴瓦岩群($Pt_{2-3}Nj.$)	高喜马拉雅地块(Ⅲ$_{2-3}$)	

研究区产出的前寒武纪片麻岩类主要岩石如下。

1. (含榴)(蓝晶)矽线黑云斜长片麻岩

该岩石主要见于阿尔金岩群($Ar_3Pt_1A.$)、金水口岩群白沙河岩组($Ar_3Pt_1b.$)、达肯大坂岩群($Pt_1D.$)、马衔山岩群($Ar_3Pt_1M.$)、托来岩群($Pt_1T.$)、湟源岩群($Pt_1H.$)刘家台岩组、化隆岩群($QbH.$)、秦岭岩群 ($Pt_1Q.$)、苴林岩群($Pt_1J.$)、哀牢山岩群($Pt_1Al.$)、布伦阔勒岩群($Pt_1Bl.$)、雪龙山岩群($Pt_1Xl.$)、宁多岩群($Pt_{2-3}Nd.$)、石鼓岩群($Pt_{2-3}S.$)、崇山岩群($Pt_{1-2}C.$)、聂荣岩群($Pt_{2-3}Nr.$)、卡穷岩群($Pt_{2-3}K.$)、林芝岩群($Pt_{2-3}Lz.$)、高黎贡山岩群($Pt_1G.$)、亚东岩组($Pt_2yd.$)、聂拉木岩群($Pt_{2-3}Nl.$)。

2. (黑云)角闪斜长片麻岩

该岩石主要见于赫罗斯坦岩群(Pt_1 *H.*)、米兰岩群(Ar_3Pt_1*M.*)、龙首山岩群(Ar_3Pt_1*L.*)、库浪那古岩群(Pt_1*Kl.*)、库浪那古岩群(Pt_1*Kl.*)、双雁山岩群(Pt_1*S.*)、金水口岩群白沙河岩组(Ar_3Pt_1*b.*)、达肯大坂岩群(Pt_1*D.*)、马衔山岩群(Ar_3Pt_1*M.*)、湟源岩群(Pt_1 *H.*)刘家台岩组、化隆岩群(Qb*H.*)、哀牢山岩群(Pt_1*Al.*)、布伦阔勒岩群(Pt_1*Bl.*)、吉塘岩群($Pt_{2\text{-}3}$*Jt.*)恩达岩组、戈木日岩群($Pt_{2\text{-}3}$*G.*)、卡穷岩群($Pt_{2\text{-}3}$*K.*)、念青唐古拉岩群($Pt_{2\text{-}3}$ *Nq.*)、林芝岩群($Pt_{2\text{-}3}$ *Lz.*)、高黎贡山岩群(Pt_1 *G.*)、亚东岩组(Pt_2*yd.*)。

3. 黑云(角闪)二长片麻岩

该岩石主要见于赫罗斯坦岩群(Pt_1 *H.*)、阿尔金岩群(Ar_3Pt_1*A.*)、金水口岩群白沙河岩组(Ar_3Pt_1*b.*)、苦海岩群(Pt_1*K.*)、达肯大坂岩群(Pt_1 *D.*)、哀牢山岩群(Pt_1*Al.*)、林芝岩群($Pt_{2\text{-}3}$*Lz.*)、拉轨岗日岩群($Pt_{2\text{-}3}$*L.*)、亚东岩组(Pt_2*yd.*)。

4. (黑云)斜长角闪片麻岩

该岩石主要见于赫罗斯坦岩群(Pt_1*H.*)、乌拉山岩群($Ar_{2\text{-}3}$*W.*)、库浪那古岩群(Pt_1*Kl.*)、金水口岩群白沙河岩组(Ar_3Pt_1*b.*)、达肯大坂岩群(Pt_1*D.*)、布伦阔勒岩群(Pt_1*Bl.*)、卡穷岩群($Pt_{2\text{-}3}$*K.*)、林芝岩群($Pt_{2\text{-}3}$*Lz.*)、南迦巴瓦岩群($Pt_{2\text{-}3}$*Nj.*)。

5. (石榴子石)白云母(二云)斜长片麻岩

该岩石主要见于阿尔金岩群(Ar_3 Pt_1 *A.*)、赛图拉岩群(Ch*S.*)、苦海岩群(Pt_1 *K.*)、聂荣岩群($Pt_{2\text{-}3}$*Nr.*)。

6. (石榴)斜长片麻岩

该岩石主要见于敦煌岩群(Ar_3Pt_1*D.*)、托来岩群(Pt_1 *T.*)、岔萨岗岩群(Pt_1*C.*)。

7. 黑云二(钾)长片麻岩

该岩石主要见于赫罗斯坦岩群(Pt_1 *H.*)、化隆岩群(Qb*H.*)。

8. 钾长角闪片麻岩

该岩石主要见于托来岩群(Pt_1 *T.*)。

9. (石榴)黑云片麻岩

该岩石主要见于乌拉山岩群($Ar_{2\text{-}3}$*W.*)、秦岭岩群 (Pt_1*Q.*)。

10. 长英质片麻岩

该岩石主要见于乌拉山岩群($Ar_{2\text{-}3}$*W.*)、龙首山岩群(Ar_3 Pt_1 *L.*)、金水口岩群小庙岩组(Ch*x.*)、苴林岩群(Pt_1*J.*)、点苍山岩群(Pt_1*Dc.*)、林芝岩群($Pt_{2\text{-}3}$*Lz.*)。

11. 黑云透辉斜长片麻岩

该岩石主要见于库浪那古岩群(Pt_1*Kl.*)。

12. 绿泥绢云斜长片麻岩

该岩石主要见于苦海岩群(Pt_1*K.*)。

13. 含蓝晶斜长片麻岩

该岩石主要见于南迦巴瓦岩群($Pt_{2\text{-}3}Nj.$)。

14. 含榴蓝晶矽线(黑云)二长片麻岩

该岩石主要见于南迦巴瓦岩群($Pt_{2\text{-}3}Nj.$)。

(四) 石英岩类

该类岩石分布较广泛,多呈夹层状产于角闪岩相-高绿片岩相—麻粒岩相变质地层中,时代跨度较大。石英岩类的分布详见表5-4。

表5-4　青藏高原及邻区前寒武纪石英岩类分布一览表

序号	地层名称	磁铁石英岩产地	所属构造-地层区	
			小区	大区
1	阿尔金岩群($Ar_3Pt_1A.$)		阿尔金地块($I_{1\text{-}2}$)	亲欧亚古大陆
2	巴什库尔干岩群(Ch*B.*)		阿尔金地块($I_{1\text{-}2}$)	
3	塔昔达坂群(Jx*T*)		阿尔金地块($I_{1\text{-}2}$)	
4	索尔库里群(Qb*S*)		阿尔金地块($I_{1\text{-}2}$)	
5	敦煌岩群($Ar_3Pt_1D.$)	甘肃省肃北县大石包乡 (1:25万昌马酒泉幅区调报告)	敦煌地块($I_{1\text{-}3}$)	
6	乌拉山岩群($Ar_{2\text{-}3}W.$)	内蒙大青山	阿拉善地块($I_{2\text{-}1}$)	
7	龙首山岩群($Ar_3Pt_1L.$)		阿拉善地块($I_{2\text{-}1}$)	
8	黄旗口组(Jx*hq*)		贺兰地块($I_{2\text{-}2}$)	
9	库浪那古岩群($Pt_1Kl.$)	新疆塔什库尔干县 库如克兰干—大同林场 (1:25万叶城县幅区调报告)	西昆仑地块($I_{3\text{-}1}$)(北带)	
10	赛图拉岩群(Ch*S.*)		西昆仑地块($I_{3\text{-}1}$)(北带)	
11	桑株塔格岩群(Jx*Sz.*)		西昆仑地块($I_{3\text{-}1}$)(北带)	
12	双雁山岩群($Pt_1S.$)		西昆仑地块($I_{3\text{-}1}$)(南带)	
13	金水口岩群小庙岩组(Ch*x.*)		东昆仑地块($I_{3\text{-}2}$)(北带)	
14	丘吉东沟组(Qb*q*)		东昆仑地块($I_{3\text{-}2}$)(北带)	
15	沙柳河岩群($Pt_2S.$)乌龙滩岩组		全吉地块($I_{3\text{-}3}$)	
16	全吉群($Nh\in_1Q$)石英梁组		全吉地块($I_{3\text{-}3}$)	
17	湟源岩群($Pt_1H.$)东岔沟岩组		北-中祁连地块($I_{3\text{-}4}$)	
18	湟中群磨石沟组(Ch*m*)		北-中祁连地块($I_{3\text{-}4}$)	
19	皋兰群(Pt_2G)		北-中祁连地块($I_{3\text{-}4}$)	
20	海原群(Pt_2H)		北-中祁连地块($I_{3\text{-}4}$)	
21	花石山群(Jx*H*)克素尔组(Jx*k*)		北-中祁连地块($I_{3\text{-}4}$)	
22	秦岭岩群($Pt_1Q.$)		北秦岭地块(西部)($I_{3\text{-}6}$)	
23	蜈蚣口组(Z_1w)		碧口地块(西部)($I_{4\text{-}1}$)	

续表 5-4

序号	地层名称	磁铁石英岩产地	所属构造-地层区	
			小区	大区
24	黄水河群($Pt_{2-3}Hs$)		龙门地块($Ⅰ_{4-2}$)、康滇地块($Ⅰ_{4-3}$)	亲欧亚古大陆
25	苴林岩群($Pt_1J.$)		康滇地块($Ⅰ_{4-3}$)	
26	下村岩群($Pt_{1-2}Xc.$)		康滇地块($Ⅰ_{4-3}$)	
27	会理群(Pt_2H)		康滇地块($Ⅰ_{4-3}$)	
28	登相营群(Pt_2Dx)		康滇地块($Ⅰ_{4-3}$)	
29	昆阳群(Pt_2K)		康滇地块($Ⅰ_{4-3}$)	
30	布伦阔勒岩群($Pt_1Bl.$)	新疆塔什库尔干县塔合曼、吉尔铁克沟、老并、赞坎等地(1:25万克克吐鲁克、塔什库尔干塔吉克自治县幅区调报告)	喀喇昆仑地块($Ⅰ_{5-1}$)	
31	雪龙山岩群($Pt_1Xl.$)		玉树-昌都地块($Ⅰ_{5-3}$)	
32	宁多岩群($Pt_{2-3}Nd.$)		玉树-昌都地块($Ⅰ_{5-3}$)	
33	崇山岩群($Pt_{1-2}C.$)	云南中甸—贡山碧罗雪山	保山地块($Ⅰ_{5-5}$)	
34	戈木日岩群($Pt_{2-3}G.$)		荣玛地块($Ⅱ_{1-1}$)	原特提斯洋残迹
35	聂荣岩群($Pt_{2-3}Nr.$)		聂荣地块($Ⅲ_{1-2}$)	南部大陆区
36	嘉玉桥岩群(AnCJ.)		聂荣地块($Ⅲ_{1-2}$)、嘉玉桥地块($Ⅲ_{1-3}$)	
37	松多岩群(AnOSd.)		拉萨地块($Ⅲ_{1-4}$)	
38	林芝岩群($Pt_{2-3}Lz.$)	西藏米林县	林芝地块($Ⅲ_{1-5}$)	
39	拉轨岗日岩群($Pt_{2-3}L.$)		拉达克地块($Ⅲ_{2-1}$)、康马-隆子地块($Ⅲ_{2-2}$)	
40	亚东岩组($Pt_2yd.$)		高喜马拉雅地块($Ⅲ_{2-3}$)	
41	聂拉木岩群($Pt_2Nl.$)		高喜马拉雅地块($Ⅲ_{2-3}$)	

研究区前寒武纪石英岩类主要岩石如下。

1. 磁铁石英岩

该岩石主要见于敦煌岩群($Ar_3Pt_1D.$)、乌拉山岩群($Ar_{2-3}W.$)、库浪那古岩群($Pt_1Kl.$)、布伦阔勒岩群($Pt_1Bl.$)、崇山岩群($Pt_{1-2}C.$)、林芝岩群($Pt_{2-3}Lz.$)。目前为止，达到一定规模的成型铁矿仅分布于布伦阔勒岩群($Pt_1Bl.$)中。

2. 石英岩

该岩石主要见于阿尔金岩群($Ar_3Pt_1A.$)、巴什库尔干岩群(ChB.)、红柳泉岩组(Ch*h*.)、塔昔达坂群(Jx*T*)木孜萨依组(Jx*m*)、索尔库里群(QbS)小泉达坂组(Qb*x*)、龙首山岩群($Ar_3Pt_1L.$)、黄旗口组(Jx*hq*)、库浪那古岩群($Pt_1Kl.$)、赛图拉岩群(ChS.)、桑株塔格岩群(Jx*Sz*.)、双雁山岩群($Pt_1S.$)、金水口岩群小庙岩组(Ch*x*.)、丘吉东沟组(Qb*q*)、沙柳河岩群($Pt_2S.$)乌龙滩岩组、全吉群($Nh\in_1Q$)石英梁组、湟源岩群($Pt_1H.$)东岔沟岩组、湟中群磨石沟组(Ch*m*)、皋兰群(Pt_2G)、海原群(Pt_2H)、花石山群

(JxH)克素尔组(Jxk)、秦岭岩群(Pt_1*Q.*)、蜈蚣口组(Z_1*w*)、黄水河群(Pt_{2-3}*Hs*)、苴林岩群(Pt_1*J.*)、下村岩群(Pt_{1-2}*Xc.*)、会理群(Pt_2*H*)、登相营群(Pt_2*Dx*)、昆阳群(Pt_2*K*)、雪龙山岩群(Pt_1*Xl.*)、宁多岩群(Pt_{2-3}*Nd.*)、崇山岩群(Pt_{1-2}*C.*)、戈木日岩群(Pt_{2-3}*G.*)、嘉玉桥岩群(AnC*J.*)、松多岩群岔萨岗岩组(AnO*c.*)和马布库岩组(AnO*m.*)、林芝岩群(Pt_{2-3}*Lz.*)、亚东岩组(Pt_2*yd.*)、聂拉木岩群(Pt_2*Nl.*)。

3. (绿帘)长石(钠长)石英岩

该岩石主要见于阿尔金岩群(Ar_3Pt_1*A.*)、下村岩群(Pt_{1-2}*Xc.*)、嘉玉桥岩群(AnC*J.*)。

4. 黑云(方解)石英岩

该岩石主要见于皋兰群(Pt_2*G*)、下村岩群(Pt_{1-2}*Xc.*)。

5. 长石透辉石英岩

该岩石主要见于聂荣岩群(Pt_{2-3}*Nr.*)。

6. 石榴子石石英岩

该岩石主要见于拉轨岗日岩群(Pt_{2-3}*L.*)。

二、中变质岩

(一)片岩类

该类岩石分布广泛,多构成低角闪岩相-高绿片岩相变质地层的主体,部分呈夹层状产出,时代跨度较大。片岩类的分布详见表 5-5。

表 5-5　青藏高原及邻区前寒武纪片岩类分布一览表

序号	地层名称	所属构造-地层区	
		小区	大区
1	埃连卡特岩群(Pt_1*A.*)	铁克里克地块($Ⅰ_{1-1}$)	亲欧亚古大陆
2	阿尔金岩群(Ar_3Pt_1*A.*)	阿尔金地块($Ⅰ_{1-2}$)	
3	巴什库尔干岩群(Ch*B.*)	阿尔金地块($Ⅰ_{1-2}$)	
4	敦煌岩群(Ar_3Pt_1*D.*)	敦煌地块($Ⅰ_{1-3}$)	
5	库浪那古岩群(Pt_1*Kl.*)	西昆仑地块($Ⅰ_{3-1}$)北带	
6	赛图拉岩群(Ch*S.*)	西昆仑地块($Ⅰ_{3-1}$)北带	
7	桑株塔格岩群(Jx*Sz.*)	西昆仑地块($Ⅰ_{3-1}$)北带	
8	阿拉叫依岩群(Z∈*A.*)	西昆仑地块($Ⅰ_{3-1}$)北带	
9	双雁山岩群(Pt_1*S.*)	西昆仑地块($Ⅰ_{3-1}$)南带	
10	苦海岩群(Pt_1*K.*)	东昆仑地块($Ⅰ_{3-2}$)南带	
11	达肯大坂岩群(Pt_1*D.*)	全吉地块($Ⅰ_{3-3}$)	
12	沙柳河岩群(Pt_2*S.*)	全吉地块($Ⅰ_{3-3}$)	
13	马衔山岩群(Ar_3Pt_1*M.*)	北(中)祁连地块($Ⅰ_{3-4}$)	
14	北大河岩群(Pt_1*B.*)	北(中)祁连地块($Ⅰ_{3-4}$)	

续表 5-5

序号	地层名称	所属构造-地层区	
		小区	大区
15	托来岩群(Pt_1 *T.*)	北(中)祁连地块(Ⅰ$_{3-4}$)	亲欧亚古大陆
16	湟源岩群(Pt_1 *H.*)	北(中)祁连地块(Ⅰ$_{3-4}$)	
17	皋兰群(Pt_2*G*)	北(中)祁连地块(Ⅰ$_{3-4}$)	
18	海原群(Ch*H*)	北(中)祁连地块(Ⅰ$_{3-4}$)	
19	秦岭岩群 (Pt_1 *Q.*)	北秦岭地块(西部)(Ⅰ$_{3-6}$)	
20	黄水河群(Pt_{2-3} *Hs*)	龙门地块(Ⅰ$_{4-2}$)、康滇地块(Ⅰ$_{4-3}$)	
21	苴林岩群(Pt_1 *J.*)	康滇地块(Ⅰ$_{4-3}$)	
22	河口岩群(Pt_1 *Hk.*)	康滇地块(Ⅰ$_{4-3}$)	
23	下村岩群(Pt_{1-2} *Xc.*)	康滇地块(Ⅰ$_{4-3}$)	
24	盐井群(NhY)	康滇地块(Ⅰ$_{4-3}$)	
25	点苍山岩群(Pt_1 *Dc.*)	丽江地块(Ⅰ$_{4-4}$)	
26	哀牢山岩群(Pt_1 *Al.*)	丽江地块(Ⅰ$_{4-4}$)	
27	大理岩群(Pt_2 *D.*)	丽江地块(Ⅰ$_{4-4}$)	
28	布伦阔勒岩群(Pt_1 *Bl.*)	喀喇昆仑地块(Ⅰ$_{5-1}$)	
29	吉塘岩群(Pt_{2-3} *Jt.*)	他念他翁地块(Ⅰ$_{5-2}$)	
30	雪龙山岩群(Pt_1 *Xl.*)	玉树-昌都地块(Ⅰ$_{5-3}$)	
31	宁多岩群(Pt_{2-3} *Nd.*)	玉树-昌都地块(Ⅰ$_{5-3}$)	
32	德钦岩群(Pt_3 *D.*)	玉树-昌都地块(Ⅰ$_{5-3}$)	
33	石鼓岩群(Pt_{2-3} *S.*)	中甸地块(Ⅰ$_{5-4}$)	
34	下喀莎组(Qb*xk*)	中甸地块(Ⅰ$_{5-4}$)	
35	崇山岩群(Pt_{1-2} *C.*)	保山地块(Ⅰ$_{5-5}$)	
36	戈木日岩群(Pt_{2-3} *G.*)	荣玛地块(Ⅱ$_{1-1}$)	原特提斯洋残迹
37	念青唐古拉岩群(Pt_{2-3} *Nq.*)	申扎-察隅地块(Ⅲ$_{1-1}$)	亲冈瓦纳古大陆
38	卡穷岩群(Pt_{2-3} *K.*)	嘉玉桥地块(Ⅲ$_{1-3}$)	
39	嘉玉桥岩群(AnC*J.*)	聂荣地块(Ⅲ$_{1-2}$)、嘉玉桥地块(Ⅲ$_{1-3}$)	
40	岔萨岗岩群(Pt_1 *C.*)	拉萨地块(Ⅲ$_{1-4}$)	
41	松多岩群(AnOS*d.*)	拉萨地块(Ⅲ$_{1-4}$)	
42	林芝岩群(Pt_{2-3} *Lz.*)	林芝地块(Ⅲ$_{1-5}$)	
43	高黎贡山岩群(Pt_1 *G.*)	腾冲地块(Ⅲ$_{1-6}$)	
44	拉轨岗日岩群(Pt_{2-3} *L.*)	拉达克地块(Ⅲ$_{2-1}$)、康马-隆子地块(Ⅲ$_{2-2}$)	
45	亚东岩组(Pt_2 *yd.*)	高喜马拉雅地块(Ⅲ$_{2-3}$)	
46	聂拉木岩群(Pt_{2-3} *Nl.*)	高喜马拉雅地块(Ⅲ$_{2-3}$)	

研究区前寒武纪片岩类主要岩石如下。

1.（石榴）（蓝晶）（矽线）（十字石）黑云石英片岩

该岩石主要见于埃连卡特岩群（$Pt_1A.$）、阿尔金岩群（$Ar_3Pt_1A.$）、赛图拉岩群（Ch$S.$）、阿拉叫依岩群（Z∈$A.$）、苦海岩群（$Pt_1K.$）、达肯大坂岩群（$Pt_1D.$）、北大河岩群（$Pt_1B.$）、托来岩群（$Pt_1T.$）、皋兰群（Pt_2G）、秦岭岩群（$Pt_1Q.$）、苴林岩群（$Pt_1J.$）、布伦阔勒岩群（$Pt_1Bl.$）、吉塘岩群（$Pt_{2-3}Jt.$）、雪龙山岩群（$Pt_1Xl.$）、石鼓岩群（$Pt_{2-3}S.$）、崇山岩群（$Pt_{1-2}C.$）、戈木日岩群（$Pt_{2-3}G.$）、林芝岩群（$Pt_{2-3}Lz.$）、高黎贡山岩群（$Pt_1G.$）、聂拉木岩群（$Pt_{2-3}Nl.$）。

2.（蓝晶石）（石榴）白云石英片岩

该岩石主要见于埃连卡特岩群（$Pt_1A.$）、沙柳河岩群（$Pt_2S.$）乌龙滩岩组、马衔山岩群（$Ar_3Pt_1M.$）、托来岩群（$Pt_1T.$）、湟源岩群（$Pt_1H.$）、海原群（ChH）、河口岩群（$Pt_1Hk.$）、盐井群（NhY）、吉塘岩群（$Pt_{2-3}Jt.$）、嘉玉桥岩群（AnC$J.$）、卡穷岩群（$Pt_{2-3}K.$）。

3.（石榴）（十字石）（蓝晶石）（红柱石）（斜长）二云石英片岩

该岩石主要见于埃连卡特岩群（$Pt_1A.$）、阿尔金岩群（$Ar_3Pt_1A.$）、库浪那古岩群（$Pt_1Kl.$）、桑株塔格岩群（Jx$Sz.$）、双雁山岩群（$Pt_1S.$）、达肯大坂岩群（$Pt_1D.$）、北大河岩群（$Pt_1B.$）、海原群（ChH）、秦岭岩群（$Pt_1Q.$）、苴林岩群（$Pt_1J.$）、下村岩群（$Pt_{1-2}Xc.$）、哀牢山岩群（$Pt_1Al.$）、吉塘岩群（$Pt_{2-3}Jt.$）、雪龙山岩群（$Pt_1Xl.$）、宁多岩群（$Pt_{2-3}Nd.$）、德钦岩群（$Pt_3D.$）、石鼓岩群（$Pt_{2-3}S.$）、松多岩群（AnO$Sd.$）、林芝岩群（$Pt_{2-3}Lz.$）、拉轨岗日岩群（$Pt_{2-3}L.$）、亚东岩组（$Pt_2yd.$）、聂拉木岩群（$Pt_{2-3}Nl.$）。

4.（含榴）斜长（钠长）绿泥片岩

该岩石主要见于阿尔金岩群（$Ar_3Pt_1A.$）、黄水河群（$Pt_{2-3}Hs$）、苴林岩群（$Pt_1J.$）、大理岩群（$Pt_2D.$）、吉塘岩群（$Pt_{2-3}Jt.$）、德钦岩群（$Pt_3D.$）、石鼓岩群（$Pt_{2-3}S.$）、下喀莎组（Qbxk）。

5.（含榴）斜长（钠长）白云片岩

该岩石主要见于阿尔金岩群（$Ar_3Pt_1A.$）、盐井群（NhY）、念青唐古拉岩群（$Pt_{2-3}Nq.$）。

6.（石榴）黑云阳起片岩

该岩石主要见于阿尔金岩群（$Ar_3Pt_1A.$）。

7.（含石榴）（堇青石）二云绿泥石英片岩

该岩石主要见于巴什库尔干岩群（Ch$B.$）。

8.（石榴）（蓝晶）石英片岩

该岩石主要见于敦煌岩群（$Ar_3Pt_1D.$）、苴林岩群（$Pt_1J.$）、下村岩群（$Pt_{1-2}Xc.$）、哀牢山岩群（$Pt_1Al.$）、下喀莎组（Qbxk）、戈木日岩群（$Pt_{2-3}G.$）、念青唐古拉岩群（$Pt_{2-3}Nq.$）、岔萨岗岩群（$Pt_1C.$）、松多岩群（AnO$Sd.$）、聂拉木岩群（$Pt_{2-3}Nl.$）。

9.（黑云）斜长（钠长）石英片岩

该岩石主要见于敦煌岩群（$Ar_3Pt_1D.$）、赛图拉岩群（Ch$S.$）、阿拉叫依岩群（Z∈$A.$）、海原群（ChH）、盐井群（NhY）、下喀莎组（Qbxk）、念青唐古拉岩群（$Pt_{2-3}Nq.$）。

10. 斜长角闪片岩

该岩石主要见于库浪那古岩群（$Pt_1Kl.$）、达肯大坂岩群（$Pt_1D.$）、沙柳河岩群（$Pt_2S.$）斜长角闪岩岩组、皋兰群(Pt_2G)、雪龙山岩群($Pt_1Xl.$)、宁多岩群($Pt_{2\text{-}3}Nd.$)、林芝岩群($Pt_{2\text{-}3}Lz.$)。

11. (黑云)角闪斜长片岩

该岩石主要见于马衔山岩群($Ar_3Pt_1M.$)、苴林岩群($Pt_1J.$)。

12. 绢云(绿泥)石英片岩

该岩石主要见于阿拉叫依岩群($Z\in A.$)、双雁山岩群($Pt_1S.$)、苦海岩群($Pt_1K.$)、北大河岩群($Pt_1B.$)、湟源岩群($Pt_1H.$)、皋兰群(Pt_2G)、黄水河群($Pt_{2\text{-}3}Hs$)、点苍山岩群($Pt_1Dc.$)。

13. 角闪石英片岩

该岩石见于达肯大坂岩群($Pt_1D.$)、湟源岩群($Pt_1H.$)刘家台岩组。

14. (石榴)(黑云)(绿泥)(绿帘)角闪片岩

该岩石主要见于北大河岩群($Pt_1B.$)、湟源岩群($Pt_1H.$)东岔沟岩组、皋兰群(Pt_2G)、苴林岩群($Pt_1J.$)、河口岩群($Pt_1Hk.$)、点苍山岩群($Pt_1Dc.$)、宁多岩群($Pt_{2\text{-}3}Nd.$)、崇山岩群($Pt_{1\text{-}2}C.$)、岔萨岗岩群($Pt_1C.$)、林芝岩群($Pt_{2\text{-}3}Lz.$)、高黎贡山岩群($Pt_1G.$)。

15. 绿帘黝帘阳起片岩

该岩石主要见于北大河岩群($Pt_1B.$)、海原群(ChH)、下村岩群($Pt_{1\text{-}2}Xc.$)、点苍山岩群($Pt_1Dc.$)、大理岩群($Pt_2D.$)、下喀莎组($Qbxk$)、念青唐古拉岩群($Pt_{2\text{-}3}Nq.$)、亚东岩组($Pt_2yd.$)。

16. (石榴)(蓝晶)(矽线)(红柱石)(十字石)二云片岩

该岩石主要见于托来岩群($Pt_1T.$)、湟源岩群($Pt_1H.$)东岔沟岩组、下村岩群($Pt_{1\text{-}2}Xc.$)、下村岩群($Pt_{1\text{-}2}Xc.$)、下喀莎组($Qbxk$)、嘉玉桥岩群($AnCJ.$)、岔萨岗岩群($Pt_1C.$)、松多岩群($AnOSd.$)、林芝岩群($Pt_{2\text{-}3}Lz.$)、聂拉木岩群($Pt_{2\text{-}3}Nl.$)。

17. (石榴)(矽线)(蓝晶)黑云片岩

该岩石主要见于河口岩群($Pt_1Hk.$)、哀牢山岩群($Pt_1Al.$)、崇山岩群($Pt_{1\text{-}2}C.$)、岔萨岗岩群($Pt_1C.$)、卡穷岩群($Pt_{2\text{-}3}K.$)、林芝岩群($Pt_{2\text{-}3}Lz.$)、亚东岩组($Pt_2yd.$)、聂拉木岩群($Pt_{2\text{-}3}Nl.$)。

18. 白云钠长片岩

该岩石主要见于河口岩群($Pt_1Hk.$)、下村岩群($Pt_{1\text{-}2}Xc.$)、吉塘岩群($Pt_{2\text{-}3}Jt.$)。

19. 石墨片岩

该岩石主要见于点苍山岩群($Pt_1Dc.$)、哀牢山岩群($Pt_1Al.$)。

(二) 变粒岩、浅粒岩类

该类岩石分布广泛，多呈夹层状产于低角闪岩相-高绿片岩相变质地层中，时代跨度较大。变粒岩、浅粒岩类的分布详见表 5-6。

表 5-6　青藏高原及邻区前寒武纪变粒岩、浅粒岩类分布一览表

序号	地层名称	所属构造-地层区	
		小区	大区
1	阿尔金岩群($Ar_3Pt_1A.$)	阿尔金地块(I_{1-2})	亲欧亚古大陆
2	乌拉山岩群($Ar_{2-3}W.$)	阿拉善地块(I_{2-1})和贺兰地块(I_{2-2})	
3	库浪那古岩群($Pt_1Kl.$)	西昆仑地块(I_{3-1})北带	
4	赛图拉岩群($ChS.$)	西昆仑地块(I_{3-1})北带	
5	桑株塔格岩群($JxSz.$)	西昆仑地块(I_{3-1})北带	
6	阿拉叫依岩群($Z\in A.$)	西昆仑地块(I_{3-1})北带	
7	双雁山岩群($Pt_1S.$)	西昆仑地块(I_{3-1})南带	
8	太古代表壳岩($Arms$)	东昆仑地块(I_{3-2})北带	
9	金水口岩群白沙河岩组($Ar_3Pt_1b.$)	东昆仑地块(I_{3-2})北带和南带	
10	苦海岩群($Pt_1K.$)	东昆仑地块(I_{3-2})南带	
11	化隆岩群($QbH.$)	南祁连地块(I_{3-5})	
12	秦岭岩群 ($Pt_1Q.$)	北秦岭地块(西部)(I_{3-6})	
13	康定岩群($Pt_1Kd.$)	龙门地块(I_{4-2})、康滇地块(I_{4-3})	
14	苴林岩群($Pt_1J.$)	康滇地块(I_{4-3})	
15	下村岩群($Pt_{1-2}Xc.$)	康滇地块(I_{4-3})	
16	点苍山岩群($Pt_1Dc.$)	丽江地块(I_{4-4})	
17	哀牢山岩群($Pt_1Al.$)	丽江地块(I_{4-4})	
18	浅粒岩组(Ch^{lti})	羌塘-三江地块群的巴颜喀拉	
19	吉塘岩群($Pt_{2-3}Jt.$)恩达岩组	他念他翁地块(I_{5-2})	
20	雪龙山岩群($Pt_1Xl.$)	玉树-昌都地块(I_{5-3})	
21	石鼓岩群($Pt_{2-3}S.$)	中甸地块(I_{5-4})	
22	崇山岩群($Pt_{1-2}C.$)	保山地块(I_{5-5})	
23	勐统群(Pt_3M)	保山地块(I_{5-5})	
24	戈木日岩群($Pt_{2-3}G.$)	荣玛地块(II_{1-1})	原特提斯洋残迹
25	念青唐古拉岩群($Pt_{2-3}Nq.$)	申扎-察隅地块(III_{1-1})	亲冈瓦纳古大陆
26	聂荣岩群($Pt_{2-3}Nr.$)	聂荣地块(III_{1-2})	
27	卡穷岩群($Pt_{2-3}K.$)	嘉玉桥地块(III_{1-3})	
28	嘉玉桥岩群($AnCJ.$)	聂荣地块(III_{1-2})、嘉玉桥地块(III_{1-3})	
29	林芝岩群($Pt_{2-3}Lz.$)	林芝地块(III_{1-5})	
30	高黎贡山岩群($Pt_1G.$)	腾冲地块(III_{1-6})	
31	拉轨岗日岩群($Pt_{2-3}L.$)	拉达克地块(III_{2-1})、康马-隆子地块(III_{2-2})	
32	亚东岩组($Pt_2yd.$)	高喜马拉雅地块(III_{2-3})	
33	聂拉木岩群($Pt_{2-3}Nl.$)	高喜马拉雅地块(III_{2-3})	
34	南迦巴瓦岩群($Pt_{2-3}Nj.$)	高喜马拉雅地块(III_{2-3})	
35	肉切村群($Pt_3\in R$)	高喜马拉雅地块(III_{2-3})、低喜马拉雅地块(III_{2-4})	

研究区前寒武纪变粒岩、浅粒岩类主要岩石如下。

1. (石榴)(矽线)黑云(角闪)(阳起)斜长变粒岩

该岩石主要见于阿尔金岩群($Ar_3Pt_1A.$)、乌拉山岩群($Ar_{2\text{-}3}W.$)、库浪那古岩群($Pt_1Kl.$)、赛图拉岩群(ChS.)、太古代表壳岩(Arms)、金水口岩群白沙河岩组($Ar_3Pt_1b.$)、苦海岩群($Pt_1K.$)、秦岭岩群($Pt_1Q.$)、康定岩群($Pt_1Kd.$)、苴林岩群($Pt_1J.$)、下村岩群($Pt_{1\text{-}2}Xc.$)、点苍山岩群($Pt_1Dc.$)、哀牢山岩群($Pt_1Al.$)、雪龙山岩群($Pt_1Xl.$)、石鼓岩群($Pt_{2\text{-}3}S.$)、崇山岩群($Pt_{1\text{-}2}C.$)、戈木日岩群($Pt_{2\text{-}3}G.$)、聂荣岩群($Pt_{2\text{-}3}Nr.$)、卡穷岩群($Pt_{2\text{-}3}K.$)、嘉玉桥岩群(AnCJ.)、林芝岩群($Pt_{2\text{-}3}Lz.$)、高黎贡山岩群($Pt_1G.$)、亚东岩组($Pt_2yd.$)、聂拉木岩群($Pt_{2\text{-}3}Nl.$)、肉切村群($Pt_3\in R$)。

2. 黑云母变粒岩

该岩石主要见于库浪那古岩群($Pt_1Kl.$)、桑株塔格岩群(JxSz.)、苦海岩群($Pt_1K.$)、化隆岩群(QbH.)、哀牢山岩群($Pt_1Al.$)、吉塘岩群($Pt_{2\text{-}3}Jt.$)恩达岩组、石鼓岩群($Pt_{2\text{-}3}S.$)、林芝岩群($Pt_{2\text{-}3}Lz.$)、拉轨岗日岩群($Pt_{2\text{-}3}L.$)、南迦巴瓦岩群($Pt_{2\text{-}3}Nj.$)。

3. (石榴)(透辉)角闪斜长变粒岩

该岩石主要见于阿拉叫依岩群($Z\in A.$)、化隆岩群(QbH.)、康定岩群($Pt_1Kd.$)、哀牢山岩群($Pt_1Al.$)、浅粒岩组(Ch^{lti})、念青唐古拉岩群($Pt_{2\text{-}3}Nq.$)、林芝岩群($Pt_{2\text{-}3}Lz.$)。

4. (石榴)黑云二长变粒岩

该岩石主要见于康定岩群($Pt_1Kd.$)、崇山岩群($Pt_{1\text{-}2}C.$)、卡穷岩群($Pt_{2\text{-}3}K.$)。

5. 角闪变粒岩

该岩石主要见于崇山岩群($Pt_{1\text{-}2}C.$)、聂荣岩群($Pt_{2\text{-}3}Nr.$)。

6. 黑云母白云石变粒岩

该岩石主要见于阿拉叫依岩群($Z\in A.$)。

7. (石榴)斜长(钠长)浅粒岩

该岩石主要见于库浪那古岩群($Pt_1Kl.$)、赛图拉岩群(ChS.)、太古代表壳岩(Arms)、金水口岩群白沙河岩组($Ar_3Pt_1b.$)、苦海岩群($Pt_1K.$)、秦岭岩群 ($Pt_1Q.$)、苴林岩群($Pt_1J.$)、勐统群(Pt_3M)、点苍山岩群($Pt_1Dc.$)、崇山岩群($Pt_{1\text{-}2}C.$)、林芝岩群($Pt_{2\text{-}3}Lz.$)。

8. 二长浅粒岩

该岩石主要见于康定岩群($Pt_1Kd.$)。

9. 含钙石榴子石浅粒岩

该岩石主要见于双雁山岩群($Pt_1S.$)。

(三)大理岩类

该类岩石分布广泛,多呈夹层状或透镜体状产于低角闪岩相-高绿片岩相变质地层中,有的构成地层单元的主体,时代跨度较大。大理岩类的分布详见表 5-7。

表 5-7 青藏高原及邻区前寒武纪大理岩类分布一览表

序号	地层名称	所属构造-地层区	
		小区	大区
1	埃连卡特岩群($Pt_1A.$)	铁克里克地块(Ⅰ$_{1-1}$)	亲欧亚古大陆
2	米兰岩群($Ar_3Pt_1M.$)	阿尔金地块(Ⅰ$_{1-2}$)	
3	阿尔金岩群($Ar_3Pt_1A.$)	阿尔金地块(Ⅰ$_{1-2}$)	
4	塔昔达坂群金雁山组(Jxj)	阿尔金地块(Ⅰ$_{1-2}$)	
5	索尔库里群(QbS)	阿尔金地块(Ⅰ$_{1-2}$)	
6	敦煌岩群($Ar_3Pt_1D.$)	敦煌地块(Ⅰ$_{1-3}$)	
7	乌拉山岩群($Ar_{2-3}W.$)	阿拉善地块(Ⅰ$_{2-1}$)和贺兰地块(Ⅰ$_{2-2}$)	
8	桑株塔格岩群($JxSz.$)	西昆仑地块(Ⅰ$_{3-1}$)北带	
9	丝路岩组($Qbs.$)	西昆仑地块(Ⅰ$_{3-1}$)北带	
10	双雁山岩群($Pt_1S.$)	西昆仑地块(Ⅰ$_{3-1}$)南带	
11	金水口岩群($Ar_3Pt_2J.$)	东昆仑地块(Ⅰ$_{3-2}$)北带和南带	
12	苦海岩群($Pt_1K.$)	东昆仑地块(Ⅰ$_{3-2}$)南带	
13	达肯大坂岩群($Pt_1D.$)	全吉地块(Ⅰ$_{3-3}$)	
14	沙柳河岩群($Pt_2S.$)乌龙滩岩组	全吉地块(Ⅰ$_{3-3}$)	
15	北大河岩群($Pt_1B.$)	北(中)祁连地块(Ⅰ$_{3-4}$)	
16	托来岩群($Pt_1T.$)	北(中)祁连地块(Ⅰ$_{3-4}$)	
17	湟源岩群($Pt_1H.$)	北(中)祁连地块(Ⅰ$_{3-4}$)	
18	海原群(ChH)	北(中)祁连地块(Ⅰ$_{3-4}$)	
19	秦岭岩群($Pt_1Q.$)	北秦岭地块(西部)(Ⅰ$_{3-6}$)	
20	黄水河群($Pt_{2-3}Hs$)	龙门地块(Ⅰ$_{4-2}$)、康滇地块(Ⅰ$_{4-3}$)	
21	苴林岩群($Pt_1J.$)	康滇地块(Ⅰ$_{4-3}$)	
22	河口岩群($Pt_1Hk.$)	康滇地块(Ⅰ$_{4-3}$)	
23	登相营群(Pt_2Dx)	康滇地块(Ⅰ$_{4-3}$)	
24	点苍山岩群($Pt_1Dc.$)	丽江地块(Ⅰ$_{4-4}$)	
25	哀牢山岩群($Pt_1Al.$)	丽江地块(Ⅰ$_{4-4}$)	
26	大理岩群($Pt_2D.$)	丽江地块(Ⅰ$_{4-4}$)	
27	布伦阔勒岩群($Pt_1Bl.$)	喀喇昆仑地块(Ⅰ$_{5-1}$)	
28	吉塘岩群($Pt_{2-3}Jt.$)	他念他翁地块(Ⅰ$_{5-2}$)	
29	雪龙山岩群($Pt_1Xl.$)	玉树-昌都地块(Ⅰ$_{5-3}$)	
30	宁多岩群($Pt_{2-3}Nd.$)	玉树-昌都地块(Ⅰ$_{5-3}$)	
31	崇山岩群($Pt_{1-2}C.$)	保山地块(Ⅰ$_{5-5}$)	
32	念青唐古拉岩群($Pt_{2-3}Nq.$)	申扎-察隅地块(Ⅲ$_{1-1}$)	亲冈瓦纳古大陆
33	聂荣岩群($Pt_{2-3}Nr.$)	聂荣地块(Ⅲ$_{1-2}$)	
34	林芝岩群($Pt_{2-3}Lz.$)	林芝地块(Ⅲ$_{1-5}$)	
35	拉轨岗日岩群($Pt_{2-3}L.$)	拉达克地块(Ⅲ$_{2-1}$)、康马-隆子地块(Ⅲ$_{2-2}$)	
36	聂拉木岩群($Pt_{2-3}Nl.$)	高喜马拉雅地块(Ⅲ$_{2-3}$)	
37	南迦巴瓦岩群($Pt_{2-3}Nj.$)	高喜马拉雅地块(Ⅲ$_{2-3}$)	
38	肉切村群($Pt_3\in R$)	高喜马拉雅地块(Ⅲ$_{2-3}$)、低喜马拉雅地块(Ⅲ$_{2-4}$)	

研究区前寒武纪大理岩类主要岩石如下。

1.（条带状）大理岩

该岩石主要见于埃连卡特岩群（$Pt_1A.$）、米兰岩群（$Ar_3Pt_1M.$）、阿尔金岩群（$Ar_3Pt_1A.$）、塔昔达坂群金雁山组（Jxj）、索尔库里群（QbS）、敦煌岩群（$Ar_3Pt_1D.$）、桑株塔格岩群（$JxSz.$）、丝路岩组（$Qbs.$）、双雁山岩群（$Pt_1S.$）、金水口岩群（$Ar_3Pt_2J.$）、达肯大坂岩群（$Pt_1D.$）、沙柳河岩群（$Pt_2S.$）乌龙滩岩组、北大河岩群（$Pt_1B.$）、湟源岩群（$Pt_1H.$）、海原群（ChH）、秦岭岩群（$Pt_1Q.$）、黄水河群（$Pt_{2\text{-}3}Hs$）、苴林岩群（$Pt_1J.$）、河口岩群（$Pt_1Hk.$）、登相营群（Pt_2Dx）、点苍山岩群（$Pt_1Dc.$）、哀牢山岩群（$Pt_1Al.$）、大理岩群（$Pt_2D.$）、布伦阔勒岩群（$Pt_1Bl.$）、吉塘岩群（$Pt_{2\text{-}3}Jt.$）、雪龙山岩群（$Pt_1Xl.$）、宁多岩群（$Pt_{2\text{-}3}Nd.$）、崇山岩群（$Pt_{1\text{-}2}C.$）、念青唐古拉岩群（$Pt_{2\text{-}3}Nq.$）、聂荣岩群（$Pt_{2\text{-}3}Nr.$）、林芝岩群（$Pt_{2\text{-}3}Lz.$）、聂拉木岩群（$Pt_{2\text{-}3}Nl.$）、南迦巴瓦岩群（$Pt_{2\text{-}3}Nj.$）。

2. 辉石橄榄石大理岩

该岩石主要见于乌拉山岩群（$Ar_{2\text{-}3}W.$）、金水口岩群（$Ar_3Pt_2J.$）、秦岭岩群（$Pt_1Q.$）。

3. 透闪石大理岩

该岩石主要见于金水口岩群白沙河岩组（$Ar_3Pt_1b.$）、林芝岩群（$Pt_{2\text{-}3}Lz.$）、肉切村群（$Pt_3\in R$）。

4.（角闪）透辉石大理岩

该岩石主要见于托来岩群（$Pt_1T.$）、雪龙山岩群（$Pt_1Xl.$）。

5. 云母大理岩

该岩石主要见于金水口岩群小庙岩组（$Chx.$）、海原群（ChH）、拉轨岗日岩群（$Pt_{2\text{-}3}L.$）。

6. 砂质大理岩

该岩石主要见于托来岩群（$Pt_1T.$）。

7. 白云质大理岩

该岩石主要见于金水口岩群（$Ar_3Pt_2J.$）、苦海岩群（$Pt_1K.$）、海原群（ChH）、秦岭岩群（$Pt_1Q.$）。

8. 石墨大理岩

该岩石主要见于秦岭岩群（$Pt_1Q.$）、黄水河群（$Pt_{2\text{-}3}Hs$）。

三、浅变质岩

（一）千枚岩、板岩类

该类岩石广泛分布于亲欧亚古大陆区，冈瓦纳古大陆区分布局限，多构成低绿片岩相变质地层的主体，部分呈夹层状产于高绿片岩相变质地层中，时代主要为中—新元古代。千枚岩、板岩类的分布详见表5-8。

表 5-8 青藏高原及邻区前寒武纪千枚岩、板岩类分布一览表

序号	地层名称	所属构造-地层区	
		小区	大区
1	博查特塔格组(Jxbc)	铁克里克地块(Ⅰ$_{1-1}$)	
2	塔昔达坂群木孜萨依组(Jxm)	阿尔金地块(Ⅰ$_{1-2}$)	
3	索尔库里群(QbS)	阿尔金地块(Ⅰ$_{1-2}$)	
4	韩母山群(NhZH)	阿拉善地块(Ⅰ$_{2-1}$)	
5	黄旗口组(Jxhq)	贺兰地块(Ⅰ$_{2-2}$)	
6	正目观组(Zz)	贺兰地块(Ⅰ$_{2-2}$)	
7	阿拉叫依岩群(Z∈$A.$)	西昆仑地块(Ⅰ$_{3-1}$)北带	
8	柳什塔格玄武岩(ZL^b)	西昆仑地块(Ⅰ$_{3-1}$)南带	
9	朱龙关群(ChZ)	北(中)祁连地块(Ⅰ$_{3-4}$)	
10	湟中群(ChHz)	北(中)祁连地块(Ⅰ$_{3-4}$)	
11	托来南山群(Pt$_2T$)	北(中)祁连地块(Ⅰ$_{3-4}$)	
12	花石山群(JxH)	北(中)祁连地块(Ⅰ$_{3-4}$)	
13	龚岔群(QbG)	北(中)祁连地块(Ⅰ$_{3-4}$)	
14	白杨沟群(NhZB)	北(中)祁连地块(Ⅰ$_{3-4}$)	
15	兴隆山群(ChX)	北(中)祁连地块(Ⅰ$_{3-4}$)	
16	皋兰群(Pt$_2G$)	北(中)祁连地块(Ⅰ$_{3-4}$)	
17	高家湾组(Jxg)	北(中)祁连地块(Ⅰ$_{3-4}$)	
18	葫芦河群(ZOH)	北(中)祁连地块(Ⅰ$_{3-4}$)	
19	白依沟群(NhZBy)	白依沟地块(Ⅰ$_{3-7}$)	
20	关家沟组(Nhg)	碧口地块(西部)(Ⅰ$_{4-1}$)	
21	临江组(Z∈$_1l$)	碧口地块(西部)(Ⅰ$_{4-1}$)	亲欧亚古大陆
22	秧田坝组(Qbyt)	碧口地块(西部)(Ⅰ$_{4-1}$)	
23	木座组(Nhm)	碧口地块(西部)(Ⅰ$_{4-1}$)、康滇地块(Ⅰ$_{4-3}$)、中甸地块(Ⅰ$_{5-4}$)	
24	蜈蚣口组(Z$_1w$)	碧口地块(西部)(Ⅰ$_{4-1}$)、康滇地块(Ⅰ$_{4-3}$)、中甸地块(Ⅰ$_{5-4}$)	
25	水晶组(Z$_2sh$)	碧口地块(西部)(Ⅰ$_{4-1}$)、康滇地块(Ⅰ$_{4-3}$)、中甸地块(Ⅰ$_{5-4}$)	
26	莲沱组(Nh$_1l$)	龙门地块(Ⅰ$_{4-2}$)	
27	南沱组(Nh$_2n$)	龙门地块(Ⅰ$_{4-2}$)、康滇地块(Ⅰ$_{4-3}$)	
28	苴林岩群(Pt$_1J.$)	康滇地块(Ⅰ$_{4-3}$)	
29	盐边群(Pt$_2Y$)	康滇地块(Ⅰ$_{4-3}$)	
30	会理群(Pt$_2H$)	康滇地块(Ⅰ$_{4-3}$)	
31	登相营群(Pt$_2Dx$)	康滇地块(Ⅰ$_{4-3}$)	
32	昆阳群(Pt$_2K$)	康滇地块(Ⅰ$_{4-3}$)	
33	峨边群(Pt$_2E$)	康滇地块(Ⅰ$_{4-3}$)	
34	盐井群(NhY)	康滇地块(Ⅰ$_{4-3}$)	
35	甜水海群(ChT)	喀喇昆仑地块(Ⅰ$_{5-1}$)	
36	肖尔克谷地岩组(Qb$x.$)	喀喇昆仑地块(Ⅰ$_{5-1}$)	
37	巨甸岩群(Pt$_3J.$)	中甸地块(Ⅰ$_{5-4}$)	
38	下喀莎组(Qbxk)	中甸地块(Ⅰ$_{5-4}$)	
39	习谦岩群(Pt$_3X.$)	保山地块(Ⅰ$_{5-5}$)	
40	梅家山岩群(Pt$_3Mj.$)	腾冲地块(Ⅲ$_{1-6}$)	亲冈瓦纳古大陆

研究区前寒武纪千枚岩、板岩类主要岩石如下。

1. 千枚岩

该岩石主要见于塔昔达坂群木孜萨依组（Jx*m*）、索尔库里群（Qb*S*）、韩母山群（NhZ*H*）烧火筒沟组、朱龙关群（Ch*Z*）桦树沟组（Ch*h*）、皋兰群（Pt_2G）、葫芦河群（ZO*H*）、蜈蚣口组（Z_1w）、水晶组（Z_2sh）、苴林岩群（Pt_1J.）、盐边群（Pt_2Y）、会理群（Pt_2H）、登相营群（Pt_2Dx）、昆阳群（Pt_2K）、龚岔群（Qb*G*）、下喀莎组（Qb*xk*）。

2. 含砾千枚岩

该岩石主要见于韩母山群（NhZ*H*）烧火筒沟组、木座组（Nh*m*）。

3. 绢云千枚岩

该岩石主要见于阿拉叫依岩群（Z∈*A*.）、会理群（Pt_2H）、登相营群（Pt_2Dx）、昆阳群（Pt_2K）、盐井群（NhY）、巨甸岩群（Pt_3J.）。

4. （绢云）绿泥千枚岩

该岩石主要见于兴隆山群（Ch*X*）、木座组（Nh*m*）、会理群（Pt_2H）。

5. 钙质千枚岩

该岩石主要见于高家湾组（Jx*g*）、水晶组（Z_2sh）。

6. 凝灰质千枚岩

该岩石主要见于秧田坝组（Qb*yt*）、盐井群（NhY）。

7. 炭质千枚岩

该岩石主要见于甜水海群（Ch*T*）。

8. 板岩

该岩石主要见于高家湾组（Jx*g*）、葫芦河群（ZO*H*）、盐边群（Pt_2Y）、昆阳群（Pt_2K）、博查特塔格组（Jx*bc*）、托来南山群（Pt_2T）南白水河组（Ch*n*）、花石山群（Jx*H*）克素尔组（Jx*k*）、关家沟组（Nh*g*）、峨边群（Pt_2E）、习谦岩群（Pt_3X.）。

9. 粉砂质板岩

该岩石主要见于阿拉叫依岩群（Z∈*A*.）、秧田坝组（Qb*yt*）、会理群（Pt_2H）、登相营群（Pt_2Dx）、黄旗口组（Jx*hq*）、正目观组（Z*z*）、湟中群（Ch*Hz*）青石坡组（Ch*q*）、托来南山群（Pt_2T）南白水河组（Ch*n*）、龚岔群（Qb*G*）、白依沟群（NhZ*By*）、临江组（$Z\in_1l$）、莲沱组（Nh_1l）、梅家山岩群（Pt_3Mj.）。

10. 砂质板岩

该岩石主要见于盐边群（Pt_2Y）、龚岔群（Qb*G*）、白杨沟群（NhZ*B*）、南沱组（Nh_2n）、梅家山岩群（Pt_3Mj.）。

11. 含砾砂板岩

该岩石主要见于关家沟组（Nh*g*）、南沱组（Nh_2n）。

12. 凝灰质板岩

该岩石主要见于朱龙关群(Ch*Z*)熬油沟组(Ch*a*)、盐边群(Pt_2Y)、柳什塔格玄武岩(ZL^b)。

13. 硅质板岩

该岩石主要见于盐边群(Pt_2Y)、昆阳群(Pt_2K)、巨甸岩群($Pt_3J.$)、黄旗口组(Jx*hq*)、柳什塔格玄武岩(ZL^b)、肖尔克谷地岩组(Qb*x.*)。

14. 绢云板岩

该岩石主要见于盐边群(Pt_2Y)。

15. 炭质板岩

该岩石主要见于盐边群(Pt_2Y)、会理群(Pt_2H)、下喀莎组(Qb*xk*)。

16. 钙质板岩

该岩石主要见于湟中群 (Ch*Hz*)青石坡组(Ch*q*)、龚岔群(Qb*G*)、梅家山岩群($Pt_3Mj.$)。

(二) 浅变质碎屑岩类

该类岩石主要分布于亲欧亚古大陆区,亲冈瓦纳古大陆区分布极为局限,多构成新元古代低绿片岩相或未变质地层的主体,少量见于中元古界。浅变质碎屑岩类的分布详见表 5-9。

表 5-9 青藏高原及邻区前寒武纪浅变质碎屑岩类分布一览表

序号	地层名称	冰碛岩产地	所属构造-地层区	
			小区	大区
1	博查特塔格组(Jx*bc*)		铁克里克地块($Ⅰ_{1-1}$)	亲欧亚古大陆
2	苏玛兰组(Jx*s*)		铁克里克地块($Ⅰ_{1-1}$)	
3	苏库罗克组(Qb*sk*)		铁克里克地块($Ⅰ_{1-1}$)	
4	恰克马克力克组(Nh_2q) *	新疆叶城县库尔卡克东	铁克里克地块($Ⅰ_{1-1}$)	
5	库尔卡克组(Z_2k)		铁克里克地块($Ⅰ_{1-1}$)	
6	克孜苏胡木组(Z_2kz)		铁克里克地块($Ⅰ_{1-1}$)	
7	索尔库里群(QbS)		阿尔金地块($Ⅰ_{1-2}$)	
8	墩子沟群(Jx*D*)		阿拉善地块($Ⅰ_{2-1}$)	
9	韩母山群(NhZ*H*) *	甘肃永昌县韩母山、草大坂至墩子沟	阿拉善地块($Ⅰ_{2-1}$)	
10	黄旗口组(Jx*hq*)		贺兰地块($Ⅰ_{2-2}$)	
11	王全口组(Qb*wq*)		贺兰地块($Ⅰ_{2-2}$)	
12	正目观组(Z*z*) *	贺兰山中段井底泉(三关口北)—正目观—苏峪口	贺兰地块($Ⅰ_{2-2}$)	
13	阿拉叫依岩群(Z∈*A.*) *	新疆于田县普鲁乡南	西昆仑地块($Ⅰ_{3-1}$)北带	
14	柳什塔格玄武岩(ZL^b)		西昆仑地块($Ⅰ_{3-1}$)南带	
15	丘吉东沟组(Qb*q*)		东昆仑地块($Ⅰ_{3-2}$)北带	

续表 5-9

序号	地层名称	冰碛岩产地	所属构造-地层区	
			小区	大区
16	朱龙关群桦树沟组(Chh)		北(中)祁连地块(Ⅰ$_{3-4}$)	
17	托来南山群(Pt_2T)南白水河组		北(中)祁连地块(Ⅰ$_{3-4}$)	
18	湟中群 (ChHz)		北(中)祁连地块(Ⅰ$_{3-4}$)	
19	龚岔群(QbG)		北(中)祁连地块(Ⅰ$_{3-4}$)	
20	白杨沟群(NhZB) *	甘肃肃南县祁青乡白杨沟口、青海互助县龙口门	北(中)祁连地块(Ⅰ$_{3-4}$)	
21	葫芦河群(ZOH)		北(中)祁连地块(Ⅰ$_{3-4}$)	
22	全吉群(Nh$\in_1Q$) *	青海柴达木北缘全吉山	全吉地块(Ⅰ$_{3-3}$)	
23	白依沟群(NhZBy)		白依沟地块(Ⅰ$_{3-7}$)	
24	秧田坝组(Qbyt)		碧口地块(西部)(Ⅰ$_{4-1}$)	
25	关家沟组(Nhg) *	甘肃文县关家沟、蒿子店、临江及陕西略阳两河口—金家河	碧口地块(西部)(Ⅰ$_{4-1}$)	
26	临江组(Z$\in_1l$)		碧口地块(西部)(Ⅰ$_{4-1}$)	
27	木座组(Nhm) *	四川平武县北、丹巴县和云南中甸县吉呻	碧口地块(西部)(Ⅰ$_{4-1}$)、康滇地块(Ⅰ$_{4-3}$)、中甸地块(Ⅰ$_{5-4}$)	
28	蜈蚣口组(Z_1w)		碧口地块(西部)(Ⅰ$_{4-1}$)、康滇地块(Ⅰ$_{4-3}$)、中甸地块(Ⅰ$_{5-4}$)	
29	通木梁群(Pt_2Tm)		龙门地块(Ⅰ$_{4-2}$)	亲欧亚古大陆
30	莲沱组(Nh_1l)		龙门地块(Ⅰ$_{4-2}$)	
31	南沱组(Nh_2n) *	川西汶川县,大、小相岭及会理	龙门地块(Ⅰ$_{4-2}$)、康滇地块(Ⅰ$_{4-3}$)	
32	陡山沱组(Z_1d)		龙门地块(Ⅰ$_{4-2}$)、康滇地块(Ⅰ$_{4-3}$)	
33	灯影组(Z_2d)		龙门地块(Ⅰ$_{4-2}$)、康滇地块(Ⅰ$_{4-3}$)	
34	观音崖组(Z_1g)		康滇地块(Ⅰ$_{4-3}$)	
35	盐边群(Pt_2Y)		康滇地块(Ⅰ$_{4-3}$)	
36	澄江组(Nh_1c)		康滇地块(Ⅰ$_{4-3}$)	
37	开建桥组($Nh_{1-2}k$)		康滇地块(Ⅰ$_{4-3}$)	
38	列古六组(Nh_2l)		康滇地块(Ⅰ$_{4-3}$)	
39	登相营群(Pt_2Dx)		康滇地块(Ⅰ$_{4-3}$)	
40	昆阳群(Pt_2K)		康滇地块(Ⅰ$_{4-3}$)	
41	陆良组(Nh_1ll)		康滇地块(Ⅰ$_{4-3}$)	
42	牛头山组(Nhnt)		康滇地块(Ⅰ$_{4-3}$)	
43	纳章组(Z_1n)		康滇地块(Ⅰ$_{4-3}$)	
44	甜水海群(ChT)		喀喇昆仑地块(Ⅰ$_{5-1}$)	
45	肖尔克谷地岩组(Qbx.)		喀喇昆仑地块(Ⅰ$_{5-1}$)	
46	巨甸岩群(Pt_3J.)		中甸地块(Ⅰ$_{5-4}$)	
47	习谦岩群(Pt_3X.)		保山地块(Ⅰ$_{5-5}$)	
48	梅家山岩群(Pt_3Mj.)		腾冲地块(Ⅲ$_{1-6}$)	亲冈瓦纳古大陆

备注:标有"*"号的地层单位存在冰碛岩。

研究区前寒武纪浅变质碎屑岩类主要岩石如下。

1. 冰碛(砂)砾岩

该岩石主要见于恰克马克力克组(Nh_2q)、韩母山群($NhZH$)烧火筒沟组(Nhs)、正目观组(Zz)、阿拉叫依岩群($Z\in A.$)、白杨沟群($NhZB$)、全吉群($Nh\in_1Q$)红铁沟组(Zh)、关家沟组(Nhg)、木座组(Nhm)、南沱组(Nh_2n)。

2. (炭质)页岩

该岩石主要见于博查特塔格组($Jxbc$)、库尔卡克组(Z_2k)、克孜苏胡木组(Z_2kz)、陡山沱组(Z_1d)、灯影组(Z_2d)、观音崖组(Z_1g)、澄江组(Nh_1c)、列古六组(Nh_2l)、纳章组(Z_1n)。

3. (变)(泥质)粉砂岩

该岩石主要见于苏玛兰组(Jxs)、苏库罗克组($Qbsk$)、朱龙关群桦树沟组(Chh)、湟中群磨石沟组(Chm)、龚岔群(QbG)、临江组($Z\in_1l$)、登相营群(Pt_2Dx)、昆阳群(Pt_2K)、陆良组(Nh_1ll)、牛头山组($Nhnt$)、纳章组(Z_1n)、肖尔克谷地岩组($Qbx.$)、巨甸岩群($Pt_3J.$)。

4. (变)粉砂质泥岩

该岩石主要见于苏玛兰组(Jxs)、苏库罗克组($Qbsk$)、库尔卡克组(Z_2k)。

5. (变)(钙质)粉砂岩

该岩石主要见于苏库罗克组($Qbsk$)、克孜苏胡木组(Z_2kz)、索尔库里群(QbS)、丘吉东沟组(Qbq)、葫芦河群(ZOH)、全吉群($Nh\in_1Q$)、关家沟组(Nhg)、蜈蚣口组(Z_1w)、莲沱组(Nh_1l)、盐边群(Pt_2Y)、列古六组(Nh_2l)、登相营群(Pt_2Dx)、昆阳群(Pt_2K)、甜水海群(ChT)。

6. (变)砂岩

该岩石主要见于博查特塔格组($Jxbc$)、苏库罗克组($Qbsk$)、恰克马克力克组(Nh_2q)、库尔卡克组(Z_2k)、克孜苏胡木组(Z_2kz)、索尔库里群(QbS)、墩子沟群(JxD)、丘吉东沟组(Qbq)、朱龙关群桦树沟组(Chh)、托来南山群(Pt_2T)南白水河组(Chn)、白杨沟群($NhZB$)、全吉群($Nh\in_1Q$)、秧田坝组($Qbyt$)、关家沟组(Nhg)、木座组(Nhm)、蜈蚣口组(Z_1w)、南沱组(Nh_2n)、灯影组(Z_2d)、观音崖组(Z_1g)、盐边群(Pt_2Y)、登相营群(Pt_2Dx)、牛头山组($Nhnt$)、甜水海群(ChT)、刁谦岩群($Pt_3X.$)。

7. (变)石英砂岩

该岩石主要见于恰克马克力克组(Nh_2q)、库尔卡克组(Z_2k)、克孜苏胡木组(Z_2kz)、韩母山群($NhZH$)、黄旗口组($Jxhq$)、王全口组($Qbwq$)、柳什塔格玄武岩(ZL^b)、朱龙关群桦树沟组(Chh)、湟中群磨石沟组(Chm)、龚岔群(QbG)、全吉群($Nh\in_1Q$)、观音崖组(Z_1g)、澄江组(Nh_1c)、登相营群(Pt_2Dx)、昆阳群(Pt_2K)、陆良组(Nh_1ll)、纳章组(Z_1n)、梅家山岩群($Pt_3Mj.$)。

8. (变)杂砂岩

该岩石主要见于苏库罗克组($Qbsk$)、葫芦河群(ZOH)、全吉群($Nh\in_1Q$)、白依沟群($NhZBy$)、秧田坝组($Qbyt$)、通木梁群(Pt_2Tm)、南沱组(Nh_2n)、澄江组(Nh_1c)、开建桥组($Nh_{1-2}k$)、登相营群(Pt_2Dx)、纳章组(Z_1n)、巨甸岩群($Pt_3J.$)。

9. (变)含磷砂岩

该岩石主要见于克孜苏胡木组(Z_2kz)、韩母山群($NhZH$)、临江组($Z\in_1l$)。

10.（变）长石砂岩

该岩石主要见于恰克马克力克组（Nh_2q）、索尔库里群（QbS.）、甜水海群（Ch*T*）。

11.（变）含砾粉砂岩

该岩石主要见于恰克马克力克组（Nh_2q）、全吉群（$Nh\in_1Q$）。

12.（变）含砾砂岩

该岩石主要见于库尔卡克组（Z_2k）、龚岔群（Qb*G*）、全吉群（$Nh\in_1Q$）、白依沟群（Nh*ZBy*）、木座组（Nh*m*）、观音崖组（Z_1g）、盐边群（Pt_2Y）、澄江组（Nh_1c）、梅家山岩群（$Pt_3Mj.$）。

13.（变）砂砾岩

该岩石主要见于博查特塔格组（J*xbc*）、恰克马克力克组（Nh_2q）、全吉群（$Nh\in_1Q$）、开建桥组（$Nh_{1\text{-}2}k$）、列古六组（Nh_2l）、昆阳群（Pt_2K）。

14.（变）砾岩

该岩石主要见于恰克马克力克组（Nh_2q）、索尔库里群（QbS）、墩子沟群（Jx*D*）、王全口组（Qb*wq*）、柳什塔格玄武岩（ZL^b）、白杨沟群（NhZB）、全吉群（$Nh\in_1Q$）、白依沟群（Nh*ZBy*）、澄江组（Nh_1c）、登相营群（Pt_2Dx）。

（三）（浅变质）碳酸盐岩类

该类岩石主要分布于亲欧亚古大陆区，亲冈瓦纳古大陆区分布极为局限，多夹于中—新元古代低绿片岩相或未变质地层中，少量为新元古代浅变质地层的主体。（浅变质）碳酸盐岩类的分布详见表5-10。

表5-10　青藏高原及邻区前寒武纪（浅变质）碳酸盐岩类分布一览表

序号	地层名称	所属构造-地层区	
		小区	大区
1	塞拉加兹塔格岩群（ChS*l.*）	铁克里克地块（$I_{1\text{-}1}$）	亲欧亚古大陆
2	博查特塔格组（J*xbc*）	铁克里克地块（$I_{1\text{-}1}$）	
3	苏玛兰组（Jx*s*）	铁克里克地块（$I_{1\text{-}1}$）	
4	苏库罗克组（Qb*sk*）	铁克里克地块（$I_{1\text{-}1}$）	
5	库尔卡克组（Z_2k）	铁克里克地块（$I_{1\text{-}1}$）	
6	克孜苏胡木组（Z_2kz）	铁克里克地块（$I_{1\text{-}1}$）	
7	巴什库尔干岩群（Ch*B.*）	阿尔金地块（$I_{1\text{-}2}$）	
8	塔昔达坂群（Jx*T*）	阿尔金地块（$I_{1\text{-}2}$）	
9	索尔库里群（QbS）	阿尔金地块（$I_{1\text{-}2}$）	
10	墩子沟群（Jx*D*）	阿拉善地块（$I_{2\text{-}1}$）	
11	韩母山群（NhZ*H*）	阿拉善地块（$I_{2\text{-}1}$）	
12	黄旗口组（J*xhq*）	贺兰地块（$I_{2\text{-}2}$）	
13	王全口组（Qb*wq*）	贺兰地块（$I_{2\text{-}2}$）	
14	丝路岩组（Qb*s.*）	西昆仑地块（$I_{3\text{-}1}$）北带	

续表 5-10

序号	地层名称	所属构造-地层区	
		小区	大区
15	阿拉叫依岩群(Z∈*A.*)	西昆仑地块(Ⅰ$_{3-1}$)北带	亲欧亚古大陆
16	柳什塔格玄武岩(ZL^{b})	西昆仑地块(Ⅰ$_{3-1}$)南带	
17	万宝沟岩群(Pt$_{2-3}$*W.*)	东昆仑地块(Ⅰ$_{3-2}$)北带和南带	
18	狼牙山组(Jx*l*)	东昆仑地块(Ⅰ$_{3-2}$)北带	
19	丘吉东沟组(Qb*q*)	东昆仑地块(Ⅰ$_{3-2}$)北带	
20	全吉群(Nh∈$_1$*Q*)	全吉地块(Ⅰ$_{3-3}$)	
21	朱龙关群(Ch*Z*)	北(中)祁连地块(Ⅰ$_{3-4}$)	
22	托来南山群(Pt$_2$*T*)	北(中)祁连地块(Ⅰ$_{3-4}$)	
23	花石山群(Jx*H*)	北(中)祁连地块(Ⅰ$_{3-4}$)	
24	高家湾组(Jx*g*)	北(中)祁连地块(Ⅰ$_{3-4}$)	
25	龚岔群(Qb*G*)	北(中)祁连地块(Ⅰ$_{3-4}$)	
26	白杨沟群(NhZ*B*)	北(中)祁连地块(Ⅰ$_{3-4}$)	
27	临江组(Z∈$_1$*l*)	碧口地块(西部)(Ⅰ$_{4-1}$)	
28	木座组(Nh*m*)	碧口地块(西部)(Ⅰ$_{4-1}$)、康滇地块(Ⅰ$_{4-3}$)、中甸地块(Ⅰ$_{5-4}$)	
29	蜈蚣口组(Z$_1$*w*)	碧口地块(西部)(Ⅰ$_{4-1}$)、康滇地块(Ⅰ$_{4-3}$)、中甸地块(Ⅰ$_{5-4}$)	
30	水晶组(Z$_2$*sh*)	碧口地块(西部)(Ⅰ$_{4-1}$)、康滇地块(Ⅰ$_{4-3}$)、中甸地块(Ⅰ$_{5-4}$)	
31	陡山沱组(Z$_1$*d*)	龙门地块(Ⅰ$_{4-2}$)、康滇地块(Ⅰ$_{4-3}$)	
32	灯影组(Z$_2$*d*)	龙门地块(Ⅰ$_{4-2}$)、康滇地块(Ⅰ$_{4-3}$)	
33	会理群(Pt$_2$*H*)	康滇地块(Ⅰ$_{4-3}$)	
34	登相营群(Pt$_2$*Dx*)	康滇地块(Ⅰ$_{4-3}$)	
35	昆阳群(Pt$_2$*K*)	康滇地块(Ⅰ$_{4-3}$)	
36	观音崖组(Z$_1$*g*)	康滇地块(Ⅰ$_{4-3}$)	
37	纳章组(Z$_1$*n*)	康滇地块(Ⅰ$_{4-3}$)	
37	甜水海群(Ch*T*)	喀喇昆仑地块(Ⅰ$_{5-1}$)	
38	肖尔克谷地岩组(Qb*x.*)	喀喇昆仑地块(Ⅰ$_{5-1}$)	
40	德钦岩群(Pt$_3$*D.*)	玉树-昌都地块(Ⅰ$_{5-3}$)	
41	勐统群(Pt$_3$*M*)	保山地块(Ⅰ$_{5-5}$)	
42	嘉玉桥岩群(AnC*J.*)	聂荣地块(Ⅲ$_{1-2}$)、嘉玉桥地块(Ⅲ$_{1-3}$)	亲冈瓦纳大陆

研究区前寒武纪(浅变质)碳酸盐岩类主要岩石如下。

1.(结晶)灰岩

该岩石主要见于塞拉加兹塔格岩群(Ch*Sl.*)、苏库罗克组(Qb*sk*)、巴什库尔干岩群(Ch*B.*)贝克滩岩组(Ch*b.*)、塔昔达坂群(Jx*T*)金雁山组(Jx*j*)、索尔库里群(Qb*S.*)平洼沟组(Qb*p*)、墩子沟群(Jx*D*)、韩母山群(NhZH)、丝路岩组(Qbs.)、阿拉叫依岩群(Z∈A.)、柳什塔格玄武岩(ZL^{b})、万宝沟岩群($Pt_{2-3}W.$)温泉沟岩组、托来南山群(Pt_2T)南白水河组(Chn)、龚岔群(QbG)、白杨沟群(NhZB)、水晶组(Z_2sh)、昆阳群(Pt_2K)、观音崖组(Z_1g)、纳章组(Z_1n)、德钦岩群($Pt_3D.$)、嘉玉桥岩群(AnCJ.)。

2. 叠层石(藻纹、藻席)灰岩

该岩石主要见于苏玛兰组(Jxs)、丝路岩组(Qbs.)、万宝沟岩群($Pt_{2-3}W.$)青办食宿站岩组、朱龙关群(ChZ)熬油沟组(Cha)、托来南山群(Pt_2T)花儿地组(Jxh)、花石山群(JxH)克素尔组(Jxk)、肖尔克谷地岩组(Qbx.)。

3. 泥质灰岩

该岩石主要见于博查特塔格组(Jxbc)、韩母山群(NhZH)烧火筒沟组、白杨沟群(NhZB)、勐统群(Pt_3M)。

4. 砂屑灰岩

该岩石主要见于苏玛兰组(Jxs)、临江组($Z\in_1l$)。

5. 竹叶状灰岩

该岩石主要见于苏玛兰组(Jxs)、苏库罗克组(Qbsk)、韩母山群(NhZH)草大坂组、龚岔群(QbG)。

6. 硅质(含燧石条带)灰岩

该岩石主要见于万宝沟岩群($Pt_{2-3}W.$)青办食宿站岩组、狼牙山组(Jxl)、高家湾组(Jxg)、甜水海群(ChT)。

7. 白云质灰岩

该岩石主要见于博查特塔格组(Jxbc)、阿拉叫依岩群(Z∈A.)、狼牙山组(Jxl)、朱龙关群(ChZ)桦树沟组(Chh)、高家湾组(Jxg)、蜈蚣口组(Z_1w)、登相营群(Pt_2Dx)、观音崖组(Z_1g)。

8. (含磷、锰)白云质灰岩

该岩石主要见于临江组($Z\in_1l$)、陡山沱组(Z_1d)、灯影组(Z_2d)。

9. 白云岩

该岩石主要见于博查特塔格组(Jxbc)、库尔卡克组(Z_2k)、克孜苏胡木组(Z_2kz)、丝路岩组(Qbs.)、狼牙山组(Jxl)、丘吉东沟组(Qbq)、全吉群($Nh\in_1Q$)黑土坡组、花石山群(JxH)北门峡组(Jxb)、临江组($Z\in_1l$)、木座组(Nhm)、水晶组(Z_2sh)、陡山沱组(Z_1d)、灯影组(Z_2d)、会理群(Pt_2H)、昆阳群(Pt_2K)、纳章组(Z_1n)。

10. 硅质(含燧石条带)白云岩

该岩石主要见于库尔卡克组(Z_2k)、黄旗口组(Jxhq)、王全口组(Qbwq)、狼牙山组(Jxl)、全吉群($Nh\in_1Q$)红藻山组、花石山群(JxH)北门峡组(Jxb)、陡山沱组(Z_1d)。

11. 含藻(叠层石)白云岩

该岩石主要见于塔昔达坂群(JxT)金雁山组(Jxj)、全吉群($Nh\in_1Q$)红藻山组、托来南山群(Pt_2T)花儿地组(Jxh)、花石山群(JxH)克素尔组(Jxk)、水晶组(Z_2sh)、陡山沱组(Z_1d)、会理群(Pt_2H)、登相营群(Pt_2Dx)、肖尔克谷地岩组(Qbx.)。

12. 含砾白云岩

该岩石主要见于万宝沟岩群($Pt_{2\text{-}3}W.$)青办食宿站岩组、全吉群($Nh\in_1 Q$)皱节山组。

13. 含铜白云岩

该岩石主要见于会理群(Pt_2H)、昆阳群(Pt_2K)。

四、高(—超高)压变质岩

(一) 榴辉岩类

该类岩石均呈透镜体状或包体状产出,多零星出露于角闪岩相-麻粒岩相前寒武纪变质地层中,少量出露于高绿片岩相-角闪岩相显生宙地层中。榴辉岩类的分布详见表5-11。

表5-11 青藏高原及邻区前寒武纪榴辉岩分布一览表

序号	产出地层	产地	所属构造地层单元	资料来源
1	阿尔金岩群($Ar_3Pt_1A.$)	新疆且末县江尕勒萨依	阿尔金地块($Ⅰ_{1\text{-}2}$)	刘良等,1996
2	达肯大坂岩群($Pt_1D.$)	青海省绿梁山地区鱼卡	全吉地块($Ⅰ_{3\text{-}3}$)	杨经绥等,1998
3	达肯大坂岩群($Pt_1D.$)	青海省锡铁山	全吉地块($Ⅰ_{3\text{-}3}$)	张建新等,2000
4	沙柳河岩群($Pt_2S.$)	青海省都兰县北沙柳河	全吉地块($Ⅰ_{3\text{-}3}$)	张雪亭等,1999; 杨经绥等,2000
5	阴沟群($O_{1\text{-}2}Y$)	青海祁连县西上香子沟	北(中)祁连地块($Ⅰ_{3\text{-}4}$)	宋述光等,2004
6	阴沟群($O_{1\text{-}2}Y$)	青海祁连县东百经寺	北(中)祁连地块($Ⅰ_{3\text{-}4}$)	宋述光等,2004
7	戈木日岩群($Pt_{2\text{-}3}G.$)	西藏羌塘中部双湖地区荣玛北	荣玛地块($Ⅱ_{1\text{-}1}$)	李才等,2006
8	岔萨岗岩群($Pt_1C.$)	西藏工布江达县松多	拉萨地块($Ⅲ_{1\text{-}4}$)	杨经绥等,2006
9	中元古界(Pt_2)	印度西北部Ladakh东部的Tso Morari地区	拉达克地块($Ⅲ_{2\text{-}1}$)	Guillot et al,1995
10	中太古界(Ar_2)	巴基斯坦北部Babusar Pass地区的Kaghan山谷(西构造结)	高喜马拉雅地块($Ⅲ_{2\text{-}3}$)	Pognante et al,1991; Tonarini et al,1993
11	中太古界(Ar_2)	巴基斯坦北部Stak地区(西构造结)	高喜马拉雅地块($Ⅲ_{2\text{-}3}$)	Le Fort et al,1997

榴辉岩类的主要特征为呈灰黑色、暗绿色,粒状或粒柱状变晶结构,块状构造、条带状构造。主要由石榴子石(5%～40%)、绿辉石(4%～25%)、石英(5%～30%)组成,次生退变质角闪石(5%～35%),少量斜长石(3%±)、多硅白云母,以及副矿物金红石、金云母、钛铁矿、榍石、磷灰石等;多数榴辉岩存在少量柯石英或柯石英假象。其中,石榴子石多呈变斑晶,常含石英及自形的磷灰石晶体,并广泛发育由角闪石、斜长石和细粒石英组成的后成合晶;绿辉石呈半自形,多具角闪石镶边或被角闪石部分甚至完全代替;有的绿辉石、斜长石退变为绿帘石;局部可见石榴子石、绿辉石与石英三者平衡共生。金红石呈粒状分布在石榴子石与辉石之间,并普遍具钛铁矿镶边,有些钛铁矿又被榍石所包裹,构成特征的降压退变质反应结构。至少可识别出早、晚两期变质矿物组合:早期为石榴子石+绿辉石+石英+金红石,晚期为角闪石+斜长石+石英+(榍石)钛铁矿(刘良等,1999)。阿尔金榴辉岩早期矿物组合的温压条件为660～830℃和1.40～1.85GPa,晚期退变质矿物组合的温度为450～500℃,压力为0.5GPa(刘良等,1996);都兰榴辉岩的峰期压力为2.0～2.6GPa(杨经绥等,2000);羌塘中部榴辉岩变质温度不超过

500℃，压力在1.56～2.35GPa（李才等，2006）；松多榴辉岩变质温度为635～780℃，压力为2.58～2.67GPa（杨经绥等，2006）；Kaghan山谷含柯石英榴辉岩变质温度为650℃，压力为2.6GPa；Tso Morari地区榴辉岩变质温度为850±50℃，压力为2.0±0.2GPa；Stak地区榴辉岩变质温度为610±60℃，压力为1.3±0.1GPa。

（二）榴闪岩类

该类岩石均呈透镜体状或包体状产出，多零星出露于角闪岩相-麻粒岩相前寒武纪变质地层或镁铁质—超镁铁质岩体中，少量出露于高绿片岩相-角闪岩相显生宙地层或碱性岩体中。榴闪岩类的分布详见表5-12。

表5-12　青藏高原及邻区前寒武纪榴闪岩类分布一览表

序号	产出地层	产地	所属构造地层单元	资料来源
1	中元古代辉长岩（βPt_2）	阿尔金中部	阿尔金地块（$I_{1\text{-}2}$）	李江等，2004
2	中元古代超基性岩（ΣPt_2）	青海兴海县扎那合惹	东昆仑地块（$I_{3\text{-}2}$）	王秉璋等，2001
3	北大河岩群（$Pt_1 B.$）	祁连西段龚岔口—野马河	北（中）祁连地块（$I_{3\text{-}4}$）	苏建平等，2004
4	新生代富碱性正长斑岩	云南剑川、洱源	康滇地块（$I_{4\text{-}3}$）	蔡新平，1992
5	吉塘岩群（$Pt_{2\text{-}3} Jt.$）	西藏类乌齐县北	他念他翁地块（$I_{5\text{-}2}$）	本项目
6	宁多岩群（$Pt_{2\text{-}3} Nd.$）	青海省玉树县隆宝	玉树-昌都地块（$I_{5\text{-}3}$）	本项目
7	卡穷岩群（$Pt_{2\text{-}3} K.$）	西藏八宿县同卡	嘉玉桥地块（$III_{1\text{-}3}$）	董永胜等，2007
8	拉轨岗日岩群（$Pt_{2\text{-}3} L.$）	西藏札达曲松	拉达克地块（$III_{2\text{-}1}$）	许荣科等，2005
9	南迦巴瓦岩群（$Pt_{2\text{-}3} Nj.$）	西藏米林县巴嘎一带	高喜马拉雅地块（$III_{2\text{-}3}$）	云南省地质调查院第三地质矿产调查所，2005

该类岩石的成因可能为榴辉岩类后期退变质形成，也有可能为递进变质的角闪岩相岩石或岩体侵入过程中热流体与地层发生交代的产物。因此，新疆塔什库尔干县沿中巴公路一带产于布伦阔勒岩群（$Pt_1 Bl.$）中的石榴角闪岩（任留东等，2003）未被列入榴闪岩类范畴，值得进一步研究。

第二节　区域变质作用及变质相带

一、变质作用及变质区带划分

（一）变质相

依据研究区的现有资料，按照目前普遍采用的变质相的划分和命名原则，将区内划分为①葡萄石-绿纤石相，②绿片岩相（包括低绿片岩相、高绿片岩相和未分绿片岩相），③角闪岩相（包括低角闪岩相、高角闪岩相和未分角闪岩相），④麻粒岩相。

（二）变质压力

变质压力类型划分为①低压红柱石-矽线石系列，②中压蓝晶石-十字石-矽线石系列，③高压蓝闪石-硬玉-硬柱石-蓝晶石系列。

（三）变质作用期

变质作用期以变质作用结束的时期进行厘定，在多数情况下与这一地区的构造运动相一致。依据研究区地质特征和同位素年龄资料，划分为①前中条-吕梁期（AnV）（＞1900Ma），②中条-吕梁期（V）（1800Ma±），③晋宁期（J）（1000～800Ma），④泛非期（PA）（600～500Ma），⑤泛华夏期（PH）（520～400Ma）。

一个地区或某一变质单元遭受多期变质作用叠加时，各期变质作用的代号均标注，代号间用"＋"号。当一个地区不同变质作用期次具有延续性而不易分清时，变质期代号间用短线"－"连接。

（四）变质单元

1. 一级变质单元（变质区）

由不同变质期和不同变质相的变质岩系按照一定规律且又各自为主体所组成的地区，即大范围内变质作用的发展演化有共同特征的区域（具有共同变质基底和时代大体相当的盖层）；研究区划分为华北型基底变质区、扬子型基底变质区、塔里木型基底变质区、羌南-保山变质区、泛非型基底变质区共5个一级变质单元（变质区）。

2. 二级变质单元（变质带）

在同一变质区，属于同一变质期的变质岩系组成的地带；区内共划出17个二级变质单元（变质带）。研究区变质区带划分详见表5-13、图5-1。

表5-13　青藏高原及邻区前寒武纪变质单元划分方案

序号	变质期	二级变质单元及代号	一级变质单元及代号
1	AnV＋V	阿拉善-贺兰变质带（I_1）	华北型基底变质区（Ⅰ）
2	V＋J＋PH	祁连变质带（I_2）	
3	V＋J＋PH	秦岭（西部）变质带（I_3）	
4	J＋PH	碧口变质带（西部）（II_1）	扬子型基底变质区（Ⅱ）
5	J	康滇变质带（II_2）	
6	J	羌北-昌都变质带（II_3）	
7	V＋J＋PH	铁克里克变质带（III_1）	塔里木型基底变质区（Ⅲ）
8	AnV＋V＋J＋PH	阿尔金变质带（III_2）	
9	V＋J＋PH	敦煌变质带（III_3）	
10	AnV＋V＋J＋PH	柴北缘变质带（III_4）	
11	V＋J＋PH	昆仑变质带（III_5）	
12	AnV＋V＋J＋PH	喀喇昆仑变质带（III_6）	
13	J－PA	羌南-保山变质区（Ⅳ）	
14	V＋J＋PA	冈底斯变质带（V_1）	泛非型基底变质区（Ⅴ）
15	V＋J＋PA	北喜马拉雅变质带（V_2）	
16	V＋J＋PA	高喜马拉雅变质带（V_3）	
17	J＋PA	低喜马拉雅变质带（V_4）	
18	AnV＋V＋J＋PA	印度西北变质带（V_5）	

备注：表中变质单元及代号同图5-1。

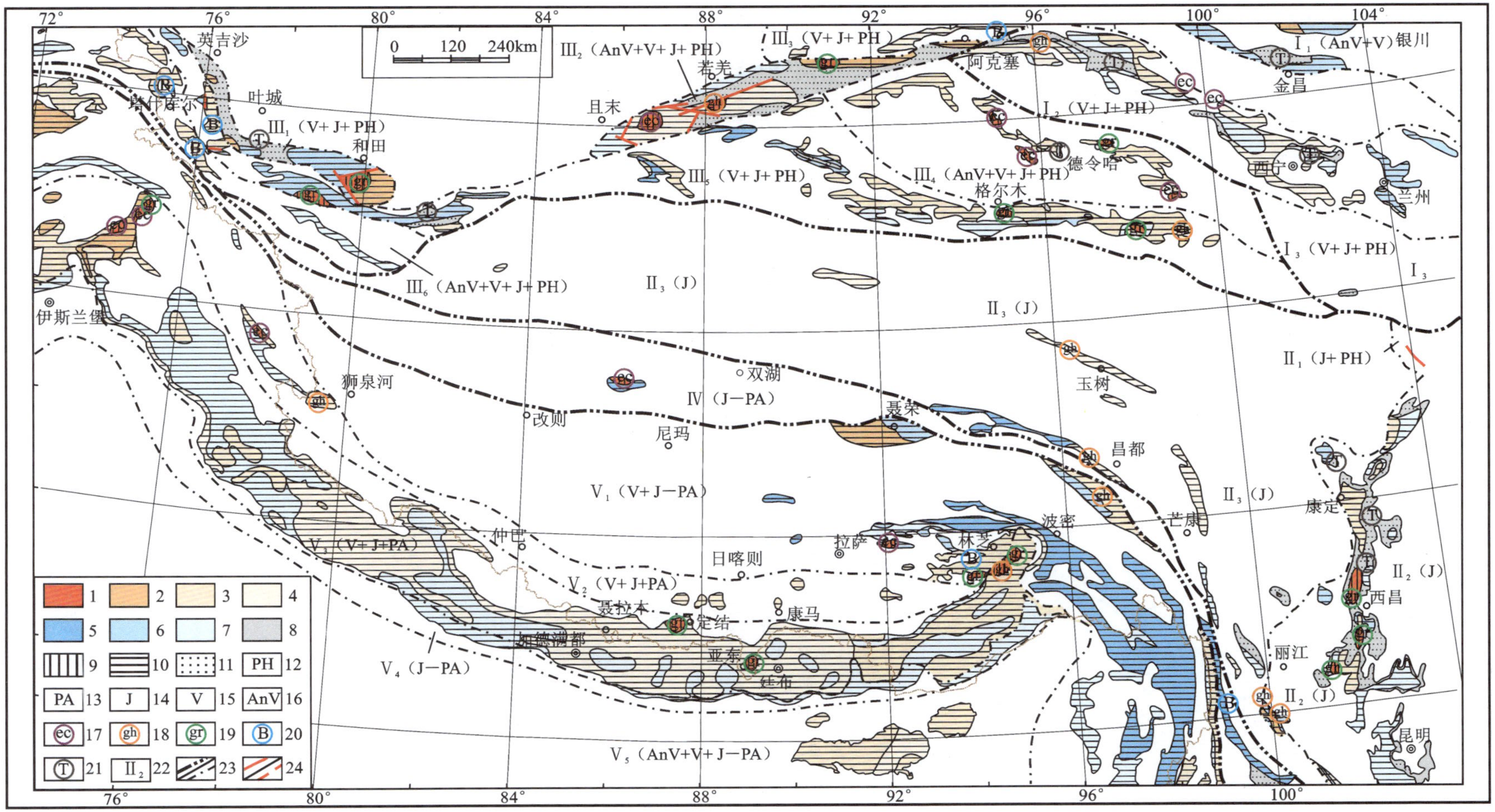

图 5-1　青藏高原及邻区前寒武纪变质图

变质程度：1.麻粒岩相；2.高角闪岩相；3.未分角闪岩相；4.低角闪岩相；5.高绿片岩相；6.未分绿片岩相；7.低绿片岩相；8.葡萄石-绿纤石相
变质压力：9.高压；10.中压；11.低压
变质期：12.泛华夏期；13.泛非期；14.晋宁期；15.中条-吕梁期；16.前中条-吕梁期
其他：17.榴辉岩；18.榴闪岩；19.麻粒岩；20.磁铁石英岩；21.冰碛岩；22.变质带代号；23.一级变质单元界线/二级变质单元界线；24.断层/推测断层

二、华北型基底变质区（Ⅰ）

（一）阿拉善-贺兰变质带（$Ⅰ_1$）

1. 变质相

该带主要为未分绿片岩相（龙首山岩群），其次为葡萄石-绿纤石相（墩子沟群、韩母山群、黄旗口组、王全口组、正目观组），少部分高角闪岩相（乌拉山岩群）。

2. 变质压力

该带以中压变质作用为主（乌拉山岩群、龙首山岩群），部分为低压相（墩子沟群、韩母山群、黄旗口组、王全口组、正目观组）。

3. 变质期

该带以主体为中条-吕梁期变质，局部残留有前中条-吕梁期变质记录。

（二）祁连变质带（$Ⅰ_2$）

1. 变质相

该带包括未分角闪岩相（托来岩群、部分北大河岩群）、低角闪岩相（部分北大河岩群、湟源岩群、马衔山岩群、化隆岩群）、未分绿片岩相（兴隆山群、皋兰群、海原群）、低绿片岩相（朱龙关群、托来南山群、湟中群、花石山群、高家湾组）和葡萄石-绿纤石相（葫芦河群、龚岔群、白杨沟群），局部有榴辉岩相（阴沟群）和榴闪岩相（北大河岩群）。

2. 变质压力

该带以中压变质作用为主（托来岩群、北大河岩群、湟源岩群、马衔山岩群、化隆岩群、兴隆山群、皋兰群、海原群、朱龙关群、托来南山群、湟中群、花石山群、高家湾组），部分为低压相变质作用（葫芦河群、龚岔群、白杨沟群），北大河岩群中局部可能达到高压变质。

3. 变质期

该带以晋宁期和泛华夏期变质为主，局部保留中条-吕梁期变质。

（三）秦岭变质带（西部）（$Ⅰ_3$）

1. 变质相

该带主要为未分角闪岩相（秦岭岩群），部分为低绿片岩相（丹凤群），极少部分为葡萄石-绿纤石相（白依沟群）。

2. 变质压力

该带以中压变质作用为主（秦岭岩群、丹凤群），极少部分为低压变质作用（白依沟群）。

3. 变质期

该带以晋宁期和泛华夏期变质为主，局部保留中条-吕梁期变质。

三、扬子型基底变质区(Ⅱ)

(一) 碧口(西部)变质带($Ⅱ_1$)

1. 变质相

该带以低绿片岩相变质为主(碧口岩群),部分为葡萄石-绿纤石相变质(秧田坝组、关家沟组、临江组、木座组、蜈蚣口组、水晶组)。

2. 变质压力

该带以中压变质作用为主(碧口岩群),部分为低压相变质作用(秧田坝组、关家沟组、临江组、木座组、蜈蚣口组、水晶组)。

3. 变质期

该带以晋宁期和泛华夏期变质为主。

(二) 康滇变质带($Ⅱ_2$)

1. 变质相

该带包括高角闪岩相(点苍山岩群)、未分角闪岩相(康定岩群)、低角闪岩相(哀牢山岩群)、未分绿片岩相(下村岩群、大理岩群)、低绿片岩相(通木梁群、黄水河群、峨边群、登相营群、苴林岩群、河口岩群、会理群、昆阳群、盐边群)和葡萄石-绿纤石相变质(盐井群、观音崖组、澄江组、苏雄组、开建桥组、列古六组、陆良组、牛头山组、纳章组、木座组、蜈蚣口组、水晶组、莲沱组、南沱组、陡山沱组、灯影组),极少量的麻粒岩相(局部康定岩群)。

2. 变质压力

该带以压变质作用为主(康定岩群、通木梁群、黄水河群、峨边群、登相营群、苴林岩群、河口岩群、会理群、昆阳群、盐边群、下村岩群、大理岩群、哀牢山岩群、点苍山岩群),部分为低压相变质作用(盐井群、观音崖组、澄江组、苏雄组、开建桥组、列古六组、陆良组、牛头山组、纳章组、木座组、蜈蚣口组、水晶组、莲沱组、南沱组、陡山沱组、灯影组),少量高压变质作用(局部康定岩群)。

3. 变质期

该带以晋宁期变质为主。

(三) 羌北-昌都变质带($Ⅱ_3$)

1. 变质相

该带以低角闪岩相(宁多岩群、部分吉塘岩群、雪龙山岩群)为主,部分为高绿片岩相(部分吉塘岩群)、低绿片岩相(德钦岩群、石鼓岩群、下喀莎组)和葡萄石-绿纤石相变质(巨甸岩群、木座组、蜈蚣口组、水晶组)。

2. 变质压力

该带以中压变质作用为主(宁多岩群、吉塘岩群、雪龙山岩群、德钦岩群、石鼓岩群、下喀莎组),部分为低压相变质作用(巨甸岩群、木座组、蜈蚣口组、水晶组),极少量高压变质作用(局部宁多岩群、局部吉塘岩群)。

3. 变质期

该带以晋宁期变质为主。

四、塔里木型基底变质区(Ⅲ)

(一) 铁克里克变质带($Ⅲ_1$)

1. 变质相

该带以高角闪岩相(赫罗斯坦岩群、部分埃连卡特岩群)、未分绿片岩相变质为主(塞拉加兹塔格岩群、部分埃连卡特岩群),部分葡萄石-绿纤石相变质(博查特塔格组、苏玛兰组、苏库罗克组、恰克马克力克组、库尔卡克组、克孜苏胡木组),极少量的麻粒岩相(局部埃连卡特岩群)。

2. 变质压力

该带以中压变质作用为主(赫罗斯坦岩群、埃连卡特岩群、塞拉加兹塔格岩群),部分为低压相变质作用(博查特塔格组、苏玛兰组、苏库罗克组、恰克马克力克组、库尔卡克组、克孜苏胡木组),极少量高压变质作用(局部埃连卡特岩群)。

3. 变质期

该带以晋宁期和泛华夏期变质为主,局部保留中条-吕梁期变质记录。

(二) 阿尔金变质带($Ⅲ_2$)

1. 变质相

该带以高角闪岩相(米兰岩群)、低角闪岩相(阿尔金岩群)、未分绿片岩相变质为主(巴什库尔干岩群),部分葡萄石-绿纤石相变质(塔昔达坂群、索尔库里群),极少量的麻粒岩相(局部米兰岩群、局部阿尔金岩群)。

2. 变质压力

该带以中压变质作用为主(米兰岩群、阿尔金岩群、巴什库尔干岩群),部分为低压相变质作用(塔昔达坂群、索尔库里群),少量高压变质作用(局部米兰岩群、局部阿尔金岩群)。

3. 变质期

该带以晋宁期和泛华夏期变质为主,局部保留中条-吕梁期和前中条-吕梁期变质记录。

(三) 敦煌变质带($Ⅲ_3$)

1. 变质相

该带只有低角闪岩相(敦煌岩群)。

2. 变质压力

该带主要为中压变质作用(敦煌岩群)。

3. 变质期

该带以晋宁期和泛华夏期变质为主，局部保留中条-吕梁期变质记录。

（四）柴北缘变质带（$Ⅲ_4$）

1. 变质相

该带以未分角闪岩相（达肯大坂岩群、沙柳河岩群）为主，少量为葡萄石-绿纤石相变质（全吉群）和麻粒岩相（局部达肯大坂岩群、局部沙柳河岩群）。

2. 变质压力

该带以中压变质作用为主（达肯大坂岩群、沙柳河岩群），少量为低压相变质作用（全吉群）和高压变质作用（局部达肯大坂岩群、局部沙柳河岩群）。

3. 变质期

该带以晋宁期和泛华夏期变质为主，局部保留中条-吕梁期变质记录。

（五）昆仑变质带（$Ⅲ_5$）

1. 变质相

该带包括未分角闪岩相（库浪那古岩群、双雁山岩群）、高绿片岩相（部分金水口岩群小庙岩组）、未分绿片岩相（赛图拉岩群、桑株塔格岩群、未分金水口岩群、金水口岩群白沙河岩组、部分金水口岩群小庙岩组、苦海岩群、狼牙山组）、低绿片岩相（万宝沟岩群），少量为葡萄石-绿纤石相变质（丝路岩组、丘吉东沟组、柳什塔格玄武岩、阿拉叫依岩群）、高角闪岩相（少量中元古代超基性岩）和麻粒岩相（局部赛图拉岩群、太古代表壳岩、局部清水泉蛇绿岩）。

2. 变质压力

该带以中压变质作用为主（库浪那古岩群、双雁山岩群、赛图拉岩群、桑株塔格岩群、金水口岩群、苦海岩群、狼牙山组、万宝沟岩群），少量为低压相变质作用（丝路岩组、丘吉东沟组、柳什塔格玄武岩、阿拉叫依岩群）和高压变质作用（局部赛图拉岩群、太古代表壳岩、局部清水泉蛇绿岩）。

3. 变质期

该带以晋宁期和泛华夏期变质为主，局部保留中条-吕梁期变质记录。

（六）喀喇昆仑变质带（$Ⅲ_6$）

1. 变质相

该带以未分角闪岩相（布伦阔勒岩群）为主，部分为低绿片岩相（甜水海群、肖尔克谷地岩组）。

2. 变质压力

该带主要为中压变质作用（布伦阔勒岩群、甜水海群、肖尔克谷地岩组）。

3. 变质期

该带以中条-吕梁期和晋宁期变质为主，保留有泛华夏期变质记录。

五、羌南-保山变质区(Ⅳ)

1. 变质相

该带以高绿片岩相为主(崇山岩群、戈木日岩群),部分为葡萄石-绿纤石相变质(习谦岩群、勐统群)和麻粒岩相(局部戈木日岩群)。

2. 变质压力

该带以中压变质作用为主(崇山岩群、戈木日岩群),少量为低压相变质作用(习谦岩群、勐统群)和高压变质作用(局部戈木日岩群)。

3. 变质期

该带以晋宁期—泛非期变质为主。

六、泛非型基底变质区(Ⅴ)

(一) 冈底斯变质带($Ⅴ_1$)

1. 变质相

该带以高绿片岩相为主(念青唐古拉岩群),部分为高角闪岩相(聂荣岩群)、未分角闪岩相(林芝岩群、卡穷岩群、高黎贡山岩群)、未分绿片岩相变质(嘉玉桥岩群、岔萨岗岩群)和低绿片岩相变质(松多群、梅家山岩群),少量麻粒岩相(局部林芝岩群)。

2. 变质压力

该带以中压变质作用(念青唐古拉岩群、聂荣岩群、林芝岩群、卡穷岩群、高黎贡山岩群、嘉玉桥岩群、岔萨岗岩群、松多群、梅家山岩群)占主导,少量高压变质作用(局部林芝岩群)。

3. 变质期

该带包括中条-吕梁期和晋宁期—泛非期变质。

(二) 北喜马拉雅变质带($Ⅴ_2$)

1. 变质相

该带以未分角闪岩相(拉轨岗日岩群、塔吉克斯坦境内的古元古界)为主,部分为高角闪岩相(塔吉克斯坦和阿富汗交界处的太古宇—古元古界、中巴交换界处的古元古界、印度列城南部的中元古界)、低绿片岩相变质(巴基斯坦北部的 Baltit 群、喀喇昆仑山口西南部境外的新元古界、中印交界处狮泉河西北的新元古界—寒武系),少量麻粒岩相(印度列城南部中元古界的局部)。

2. 变质压力

该带以中压变质作用(拉轨岗日岩群、太古宇—古元古界、古元古界、中元古界、Baltit 群、新元古界和新元古界—寒武系)占主导,少量高压变质作用(印度列城南部中元古界的局部)。

3. 变质期

该带包括中条-吕梁、晋宁和泛非三期变质。

(三) 高喜马拉雅变质带($Ⅴ_3$)

1. 变质相

该带以低角闪岩相(聂拉木岩群、亚东岩组及境外的中元古界、中—新元古界)、未分角闪岩相(南迦巴瓦岩群以及境外的古元古界、元古界）和低绿片岩相（肉切村群及境外的新元古界、新元古界—寒武系、新元古界—下古生界）变质为主，部分为高角闪岩相（喜马拉雅西部构造结的中太古界）和麻粒岩相（喜马拉雅东南迦巴瓦岩群的局部、喜马拉雅西构造结中太古界的局部、聂拉木岩群的局部、亚东岩组的局部）。

2. 变质压力

该带以中压变质作用（聂拉木岩群、亚东岩组、南迦巴瓦岩群及境外的前寒武系）占主导，部分为高压变质作用（喜马拉雅东南迦巴瓦岩群的局部、喜马拉雅西构造结中太古界的局部、聂拉木岩群的局部、亚东岩组的局部）。

3. 变质期

该带包括中条-吕梁、晋宁和泛非三期变质。

（四）低喜马拉雅变质带（V_4）

1. 变质相

该带均为低绿片岩相（肉切村群及境外的新元古界、新元古界—寒武系）变质。

2. 变质压力

该带以中—低压变质作用占主导。

3. 变质期

该带主要为晋宁期—泛非期变质。

（五）印度西北变质带（V_5）

1. 变质相

该带主要为未分角闪岩相（印度西北部的元古界）和低角闪岩相（印度西北部的中元古界）变质。

2. 变质压力

该带以中压变质作用占主导。

3. 变质期

该带主要为中条-吕梁期和晋宁期—泛非期变质，局部保留前中条-吕梁期变质。

第三节 前寒武纪变质岩时空分布特征

一、前寒武纪变质岩时间分布特征

（1）阿拉善-贺兰变质带的变质岩变质时间较早，变质作用主要发生于中条-吕梁期，局部保留有前中条-吕梁期变质作用记录，与华北陆块变质作用时间基本一致。

（2）祁连变质带、秦岭（西部）变质带、铁克里克变质带、敦煌变质带、柴北缘变质带、昆仑变质带及喀喇昆仑变质带变质岩的变质时间和变质期较为相似，主要发生了中条-吕梁、晋宁和泛华夏3期变质作用。

(3) 阿尔金变质带变质岩经历的变质期较多、变质作用时间跨度较长，除中条-吕梁期、晋宁期和泛华夏期变质外，还局部保留前中条-吕梁期变质记录。

(4) 康滇变质带和羌北-昌都变质带变质岩的变质期较为单一，变质作用主要发生于晋宁期；碧口变质带(西部)的变质岩尽管以晋宁期变质作用为主，但还发生了泛华夏期变质作用。

(5) 羌南-保山变质带、冈底斯变质带、北喜马拉雅变质带、高喜马拉雅变质带和低喜马拉雅变质带的变质岩均经历了泛非期变质作用；不同的是羌南-保山变质带和低喜马拉雅变质带还发生了时间上相当于晋宁期的变质作用；而冈底斯变质带、北喜马拉雅变质带和高喜马拉雅变质带除经历了泛非期和时间上相当于晋宁期的变质作用外，还经历了时间上相当于中条-吕梁期的变质作用。这些变质带的变质期与印度西北变质带经历的变质作用十分类似。

二、前寒武纪变质岩空间分布特征

(1) 研究区亲欧亚古大陆区的铁克里克变质带、阿拉善-贺兰变质带、阿尔金变质带、敦煌变质带、秦岭变质带(西部)、祁连变质带、昆仑变质带和柴北缘变质带变质岩类型丰富、变质程度高低相差较大，最高可达麻粒岩相(局部为榴辉岩相)，最低为葡萄石—绿纤石相；亲冈瓦纳古大陆区的冈底斯变质带、北喜马拉雅变质带、高喜马拉雅变质带和低喜马拉雅变质带变质岩类型相对较少、变质程度高低相差较小，以角闪岩相变质和绿片岩相为主，局部为麻粒岩相变质，并出现榴辉岩相变质，但没有葡萄石-绿纤石相变质岩，这可能是由这些变质带经历的变质期次相对较多，变质作用较强所致；研究区中部的羌南-保山变质带变质岩较为简单，以低角闪岩相-绿片岩相变质岩为主，以中低压变质为主；研究区西部的康滇变质带变质程度普遍较低，仅局部出现角闪岩相变质和榴辉岩相变质。

(2) 作为高压—超高压变质的麻粒岩相、榴辉岩相变质岩在研究区主要构成3个带：一为喜马拉雅带，西起喜马拉雅西构造结，经北、高喜马拉雅变质带，东到东喜马拉雅构造结；二为铁克里克-阿尔金-柴北缘(东昆仑)-北祁连带，该带存在多处麻粒岩，局部出现榴辉岩；三为扬子西缘带，沿康滇变质带零星分布，表现为榴辉岩构造块体断续成带产出。

(3) 磁铁石英岩主要分布于早前寒武纪变质地层中，在研究区零星出露于敦煌变质带的敦煌岩群($Ar_3Pt_1D.$)、喀喇昆仑变质带的布伦阔勒岩群($Pt_1Bl.$)、昆仑变质带西段的库浪那古岩群($Pt_1Kl.$)、喀喇昆仑变质带的布伦阔勒岩群($Pt_1Bl.$)、羌南-保山变质带的崇山岩群($Pt_{1\text{-}2}C.$)。此外，冈底斯变质带的林芝岩群($Pt_{2\text{-}3}Lz.$)也发现有少量磁铁石英岩。研究区外内蒙大青山的乌拉山岩群($Ar_{2\text{-}3}W.$)产有磁铁石英岩，该岩群延入研究区内的阿拉善-贺兰变质带，但至今未发现磁铁石英岩。截至目前，仅有喀喇昆仑变质带的布伦阔勒岩群中的磁铁石英岩构成工业铁矿，其余地方值得进一步研究。

(4) 冰碛岩主要出露于研究区北部铁克里克变质带的恰克马克力克组(Nh_2q)、阿拉善-贺兰变质带的韩母山群($NhZH$)和正目观组(Zz)、西昆仑变质带西段的阿拉叫依岩群($Z\in A.$)、祁连变质带的白杨沟群($NhZB$)及柴北缘变质带的全吉群($Nh\in_1Q$)，以及研究区东部碧口变质带-康滇变质带的关家沟组(Nhg)、木座组(Nhm)和南沱组(Nh_2n)，大致构成2个冰碛岩带。其中，阿拉叫依岩群($Z\in A.$)和木座组(Nhm)是否具有典型冰碛岩特征尚需进一步研究。总体来看，研究区北部的冰碛岩除了铁克里克变质带的恰克马克力克组(Nh_2q)外，产出层位主要为震旦系；而研究区东部的冰碛岩均产于晚南华世，分属2个大的冰期。

第四节　变质事件

青藏高原及邻区前寒武纪经历了多期变质事件，由于前寒武纪变质地层残缺不全，且受后期尤其是显生宙变质事件的叠加，前寒武纪变质事件及期次难以全面恢复。综合近年来区调和科研成果，研究区变质事件往往伴随大规模岩浆侵入和深融作用。概括起来，研究区不同块体经历的前寒武纪（包括早古生代）变质事件大体可分为前中条-吕梁期、中条-吕梁期、晋宁期、泛非期和泛华夏期共5期（图5-2）。

一、前中条-吕梁期（AnV）变质事件（＞1900Ma）

1. 影响范围

该期变质事件记录较少，主要保存在古元古代变质地层和古侵入体中。目前被发现有该期变质事件的地区包括塔里木陆块（南部）的阿尔金地块、华北陆块（西南部）的阿拉善地块、秦-祁-昆地块群的全吉地块、羌塘-三江地块群的喀喇昆仑地块及印度陆块（北部）。

2. 表现形式

古元古代及其以前的地层和侵入体发生区域变质，局部出现麻粒岩相变质作用，并伴随该期中酸性岩体深熔和侵位，致使印度陆块（北部）基底固结。

3. 变质时限

目前，已获得少量该期变质事件的同位素年龄数据，变质作用时限集中于2000～1900Ma。

阿尔金地块米兰岩群二辉麻粒岩锆石SHRIMP年龄为1983±19Ma（于海峰等，2002），1∶25万石棉矿幅区调中阿尔金地块北部克孜勒塔格西米兰岩群黑云斜长片麻岩获得锆石SHRIMP后期变质年龄为2000～1900Ma；喀喇昆仑地块布伦阔勒岩群变流纹岩LA-ICP-MS锆石U-Pb变质年龄为2016±39Ma（Ji et al，2011）；全吉地块达肯大坂岩群中花岗质浅色体锆石U-Pb变质年龄为1924±14/15Ma（王勤燕等，2008），在误差范围内与乌兰一带的深熔作用年龄1939±21Ma（郝国杰等，2004）一致。

二、中条-吕梁期（V）变质事件（1800Ma）

1. 影响范围

中条-吕梁期变质事件影响范围较广，主要为华北陆块（西南部）的阿拉善地块、塔里木陆块（南部）、秦-祁-昆地块群、喜马拉雅地块群和印度陆块（北部），目前已发现少量该期变质事件的地区还包括羌塘-三江地块群的喀喇昆仑地块、冈底斯地块群。

2. 表现形式

古元古代及其以前的地层和侵入体发生区域性叠加变质，变质程度达角闪岩相，局部出现麻粒岩相变质作用，并伴随该期中酸性岩体深熔和侵位，致使华北陆块（西南部）基底固结，以及塔里木陆块（南部）和秦-祁-昆地块群下部基底固结。

3. 变质时限

目前，所获得该期变质事件的年龄数据多为中酸性古侵入体的年龄值，直接反映变质作用的年龄数据较少。其中，塔里木陆块（南部）阿卡孜乡西赫罗斯坦岩群中角闪斜长片麻岩锆石边部的U-Pb年龄平均为1835±7Ma，说明该套岩石在古元古代晚期遭受过较强烈的变质作用改造（本项目）；北喜马拉雅的马卡鲁花岗闪长质片麻岩锆石SHRIMP法获得的变质年龄为1827±25Ma，1∶25万定结县幅区调中拉轨岗日花岗质片麻岩锆石SHRIMP法获得的变质年龄为1812±7Ma；阿尔金地块阿尔金岩群斜长角闪岩的角闪石$^{40}Ar-^{39}Ar$等时线年龄为1861.95±37.42Ma（柏道远等，2004）。

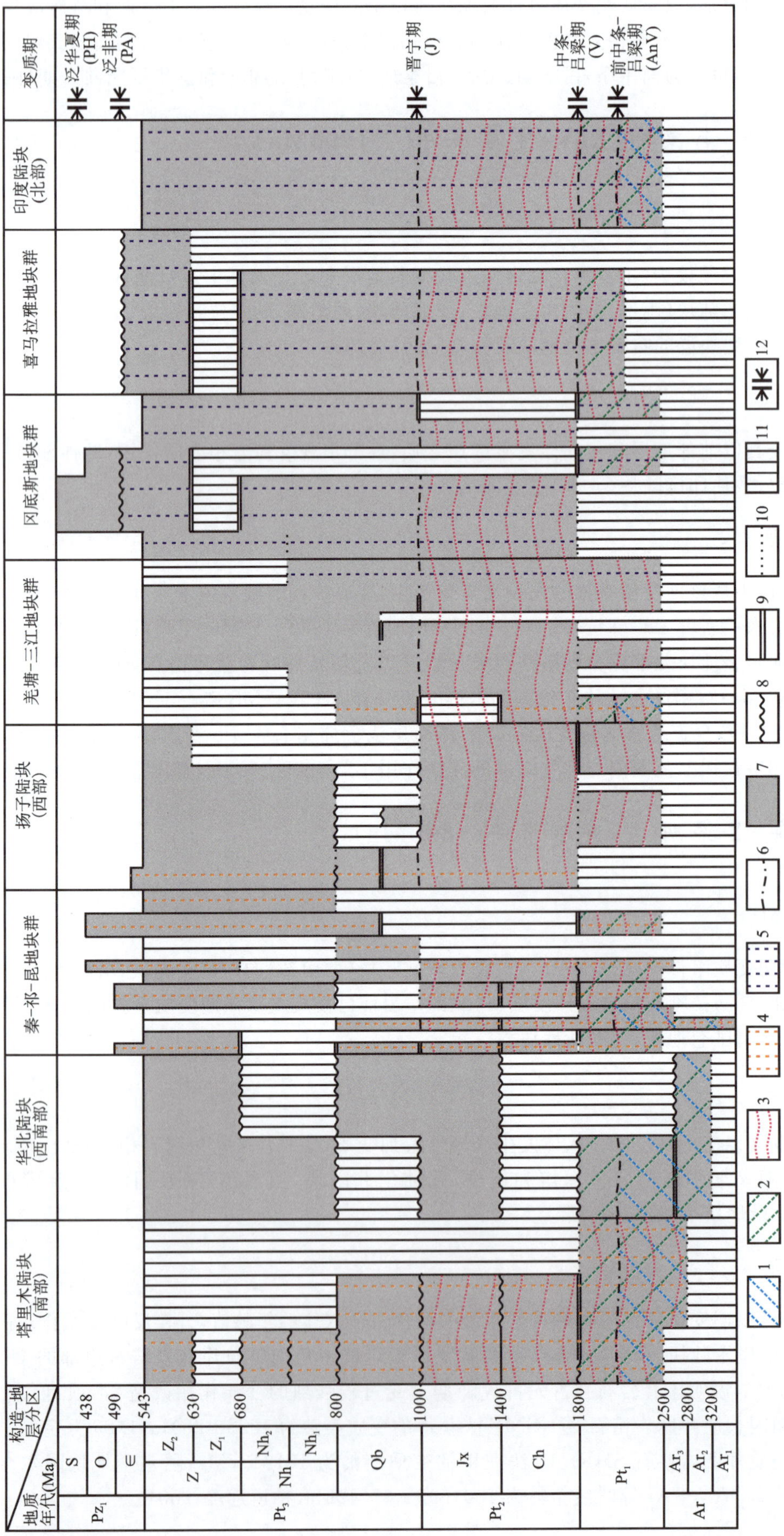

图 5-2　青藏高原及邻区前寒武纪变质事件期次

1.前中条-吕梁期变质波及区间；2.中条-吕梁期变质波及区间；3.晋宁期变质波及区间；4.泛华夏期变质波及区间；5.泛非期变质波及区间；6.不同变质期界线；7.前寒武纪变质地层；8.不整合接触；9.断层接触；10.未接触；11.地层缺失；12.变质事件大致时限

三、晋宁期(J)变质事件(1000～800Ma)

1. 影响范围

晋宁期变质事件是研究区波及范围最广的一期变质事件,除华北陆块(西南部)之外,在青藏高原及邻区其余区块均受到该期变质事件的影响,尤其是扬子陆块(西部)最为强烈。

2. 表现形式

中元古代地层和侵入体发生区域变质,古元古代及其以前的地层和古侵入体叠加变质,扬子陆块(西部)发生麻粒岩相变质作用,并伴随大规模中酸性岩体深熔和侵位,致使扬子陆块(西部)基底固结,以及塔里木陆块(南部)、秦-祁-昆地块群和基底最终固结,羌塘-三江地块群、冈底斯地块群和喜马拉雅地块群基底局部固结。

3. 变质时限

目前,已获得大量该期变质事件的同位素年龄数据,变质作用时限集中于1000～800Ma(表5-14)。

表 5-14　青藏高原及邻区晋宁期变质事件变质年龄

序号	产地	测试对象	变质年龄(Ma)	测试方法	资料来源	构造地层区
1	铁克里克地块皮山县	埃连卡特岩群角闪石	1050.85±0.93	$^{40}Ar/^{39}Ar$	张传林等,2003	塔里木陆块(南部)
2	铁克里克地块皮山县	埃连卡特岩群黑云母	1021±1.08	$^{40}Ar/^{39}Ar$	张传林等,2003	
3	阿尔金地块	阿尔金岩群斜长角闪岩角闪石	871.19	$^{40}Ar/^{39}Ar$	柏道远等,2004	
4	东昆仑地块	小庙岩群	1074～1035	锆石 SHRIMP	王国灿等,2004	秦-祁-昆地块群
5	东昆仑地块	苦海岩群角闪斜长片麻岩单矿物	975	$^{40}Ar/^{39}Ar$	1∶25万兴海幅区调报告	
6	东昆仑地块	龙通片岩角闪片岩角闪石	750±17.5	$^{40}Ar/^{39}Ar$	1∶25万兴海幅区调报告	
7	攀西	中基性麻粒岩 SP-O紫苏辉石	1019	$^{40}Ar/^{39}Ar$	王松山等,1987	扬子陆块(西部)
8	攀西	中基性麻粒岩角闪石	877	$^{40}Ar/^{39}Ar$	徐士进等,2003	
9	攀西	中基性麻粒岩角闪石	825	$^{40}Ar/^{39}Ar$	徐士进等,2003	
10	攀西	中基性麻粒岩角闪石	827	$^{40}Ar/^{39}Ar$	徐士进等,2003	
11	四川盐边高家村	角闪辉长岩角闪石	790±1	$^{40}Ar/^{39}Ar$	朱维光等,2004	
12	云南	苴林群岩变质岩角闪石	781.4±6.6	$^{40}Ar/^{39}Ar$	朱炳泉等,2001	
13	仁错约玛南东	念青唐古拉群斜长角闪岩角闪石	845±15	$^{40}Ar/^{39}Ar$	1∶25万申扎县幅区调报告	冈底斯地块群
14	林芝县普拉镇	林芝岩群斜长角闪岩角闪石	946.29±0.81	$^{40}Ar/^{39}Ar$	尹光候等,2006	
15	隆子县绕让	肉切村岩群角闪片岩	921.17±1.3	$^{40}Ar/^{39}Ar$	1∶25万隆子县幅区调报告	喜马拉雅地块群

四、泛非期(PA)变质事件(600～500Ma)

1. 影响范围

泛非期变质事件的影响范围主要为亲冈瓦纳古大陆的冈底斯地块群、喜马拉雅地块群和印度陆块(北部),波及范围可能包括羌塘-三江地块群南部。

2. 表现形式

新元古代地层和侵入体发生区域变质,中元古代及其以前的地层和古侵入体叠加变质,变质程度达角闪岩相,局部出现麻粒岩相变质作用,并伴随大规模中酸性岩体深熔和侵位,致使冈底斯地块群、喜马拉雅地块群和印度地块(北部)基底最终固结。

3. 变质时限

目前,在冈底斯地块及其以南已获得大量泛非期变质事件同期的中酸性侵入岩同位素年龄数据(详见第四章)。该期变质事件年龄较小,如南迦巴瓦岩群花岗质片麻岩角闪石$^{40}Ar/^{39}Ar$坪年龄为575.20±5.24Ma(孙志明等,2004)。

五、泛华夏期(PH)变质事件(520～400Ma)

1. 影响范围

泛华夏期变质事件的影响范围主要为亲欧亚古大陆的塔里木陆块(南部)、秦-祁-昆地块群,扬子陆块(西部)北缘及羌塘-三江地块群北缘也有少量显示。

2. 表现形式

新元古代地层和侵入体发生绿片岩相区域变质,以中元古代及其以前的地层和古侵入体叠加变质为主要表现形式,并伴随大规模早古生代中酸性岩体深熔和侵位。

3. 变质时限

目前,已获得大量该期变质事件的同位素年龄数据,变质作用时限集中于520～400Ma(表5-15)。

表5-15 青藏高原及邻区泛华夏期变质事件变质年龄

序号	产地	测试对象	变质年龄(Ma)	测试方法	资料来源	构造地层区
1	阿尔金南带	榴辉岩	503.9±5.3	锆石 U-Pb	许志琴等,1999	塔里木陆块(南部)
2	阿尔金地块	阿尔金岩群中榴辉岩	493±4.3	锆石 LA-ICP-MS	Liu et al, 2009	
3	阿尔金地块	阿尔金岩群石榴子石黑云母片麻岩	499±27	锆石 LA-ICP-MS	Liu et al, 2009	
4	淡水泉地区	阿尔金岩群含石榴子石蓝晶石黑云母片麻岩	486～475	锆石 LA-ICP-MS	Liu et al, 2009	
5	英格利萨依地区	阿尔金岩群含钾长石石榴子石单斜辉石岩	489±8	锆石 LA-ICP-MS	Liu et al, 2009	
6	阿尔金江尕勒萨依地区	石榴子石花岗质片麻岩	487±10	锆石 SHRIMP	张安达等,2004	

续表 5-15

序号	产地	测试对象	变质年龄(Ma)	测试方法	资料来源	构造地层区
7	东昆仑地块	金水口岩群麻粒岩相片麻岩	460±8	锆石 SHRIMP	张建新等,2003	秦-祁-昆地块群
8	东昆仑阿牙克	二长花岗岩角闪石	420±4	$^{40}Ar/^{39}Ar$	郝杰等,2003	
9	全吉地块马海大坂一带	石榴黑云石英片岩	439.2±6.3～418.2±6.3	锆石 U-Pb	王惠初等,2006	
10	柴北缘大柴旦	榴辉岩	494.6±6.5	锆石 U-Pb	张建新等,2000	
11	柴北缘大柴旦	多硅白云母	466.7±1.2	锆石 U-Pb	张建新等,2000	

第五节　小　结

(1) 目前为止,青藏高原及邻区发现的麻粒岩共 13 处,分为暗色麻粒岩(石榴二辉麻粒岩、含石榴二辉斜长麻粒岩、含石墨紫苏石榴黑云斜长麻粒岩、含石榴紫苏角闪斜长麻粒岩、石榴单斜辉石岩)和浅色麻粒岩(含紫苏石榴斜长麻粒岩、含石榴二辉斜长麻粒岩、紫苏斜长麻粒岩、紫苏黑云二长麻粒岩、石榴蓝晶麻粒岩);发现榴辉岩共 11 处,多零星出露于角闪岩相一麻粒岩相前寒武纪变质地层中,少量出露于高绿片岩相-角闪岩相显生宙地层中;发现榴闪岩共 9 处,可能为榴辉岩类后期退变质形成,也有可能为递进变质的角闪岩相岩石或岩体侵入过程中热流体与地层发生交代的产物。

作为高压—超高压变质的麻粒岩相、榴辉岩相变质岩在研究区主要构成 3 个带:一为喜马拉雅带,二为铁克里克-阿尔金-柴北缘(东昆仑)-北祁连带,三为扬子西缘带。

(2) 研究区已发现磁铁石英岩分布区共 6 处。截至目前,达到一定规模的成型铁矿仅分布于布伦阔勒岩群(Pt_1 *Bl.*)中,向西延入塔吉克斯坦的帕米尔地区。

(3) 研究区南华纪—震旦纪冰碛岩分布区共 9 处,西昆仑的阿拉叫依岩群(Z∈*A.*)和扬子西缘的木座组(Nh*m*)是否具有典型冰碛岩特征尚需进一步研究。总体来看,研究区北部的冰碛岩除了铁克里克变质带的恰克马克力克组(Nh_2q)外,产于层位主要为震旦系;而研究区东部的冰碛岩均产于晚南华世,分属长安和南沱两个大的冰期。

(4) 研究区划分为华北型基底变质区、扬子型基底变质区、塔里木型基底变质区、羌南-保山变质区、泛非型基底变质区共 5 个一级变质单元(变质区),进一步划分为 17 个二级变质单元(变质带)。

(5) 研究区前寒武纪(包括早古生代)变质事件大体可分为:前中条-吕梁期(>1900Ma)、中条-吕梁期(1800Ma)、晋宁期(1000～800Ma)、泛非期(600～500Ma)和泛华夏期(520～400Ma)共 5 期。其中,晋宁期变质事件波及范围最广,除华北陆块(西南部)之外,研究区其余区块均受到该期变质事件的影响,尤其是扬子陆块(西部)最为强烈;泛非期变质事件的影响范围主要为亲冈瓦纳古大陆,致使冈底斯地块群、喜马拉雅地块群和印度地块(北部)基底最终固结;泛华夏期变质事件的影响范围主要为亲欧亚古大陆的塔里木陆块(南部)、秦-祁-昆地块群,扬子陆块(西部)北缘及羌塘-三江地块群北缘也有少量显示。

第六章　前寒武纪构造-热事件

第一节　碎屑锆石同位素年代学谱系

前人为了探讨古老块体物源区和限定地质体时代，围绕青藏高原周缘造山带已进行了一些前寒武纪碎屑锆石年代学研究。本项研究在充分收集前期研究成果的基础上，以元古代变质碎屑岩（片岩、片麻岩）为主要对象，采集了19件碎屑锆石年代学测试样品（每件样品重15～25kg），收集前人测试样品43件，共计62件。样品性质和采样位置详见附表和附图。

一、塔里木陆块（南部）

（一）样品特征

该陆块共有5件基底岩系碎屑锆石样品。KL019（绢云绿泥石英片岩）和07HT-41（绿泥方解石英片岩）采自铁克里克地块的埃连卡特岩群；GA33（石英岩）、AY6-6-02-2（杂砂岩）和GA220（杂砂岩）采自阿尔金地块，前者为蓟县纪金雁山组，后两者为青白口纪索尔库里群。样品详细情况见附表和附图。

（二）碎屑锆石同位素年代学谱系

塔里木陆块（南部）5件前寒武系碎屑锆石样品剔除谐和度较差的样点后，U-Pb谐和图（图6-1）和碎屑锆石年代谱系图（图6-2）表明，其源区年龄集中在以下3个区间。

(1) 次峰期年龄2330～2280Ma，在阿尔金地块和铁克里克地块基底均有显示，但较弱。该年龄区间介于华北地块基底中条-吕梁运动（1800～1700Ma）和五台运动（2500Ma左右）时限之间，这个年龄段的锆石应该源于华北型基底，可能距离较远，沉积物相对减少。

(2) 主峰期年龄1970～1740Ma，在阿尔金地块表现最为明显，铁克里克地块有所显示。表明塔里木陆块（南部）基底大量接收这一时期源区的物质沉积，该年龄区间与华北地块基底最终固结的时限（1800～1700Ma）基本一致，即中条-吕梁运动的时限。暗示塔里木陆块基底（南部）与华北地块基底在成因和构造归属上的亲缘关系，即华北型基底为剥蚀区，塔里木（南部）为接收沉积区，沉积区的范围大致相当于华北型基底的古大陆边缘。

(3) 次峰期年龄850～720Ma，该年龄仅在铁克里克地块基底表现明显，而在阿尔金地块基底缺失。说明塔里木陆块（南部）基底也接收了较多这一时期源区的物质沉积，该年龄区间与扬子地块基底最终固结的时限（1000～800Ma）接近，即晋宁运动的时限。从一个侧面反映出塔里木陆块（南部）有与扬子型基底在成因上的联系。

二、华北陆块（西南部）

（一）样品特征

阿拉善地块基底岩系碎屑锆石样品为3件，均来自前人对龙首山岩群变质碎屑岩的测试数据（董国安等，2007a），包括89-2405B（二云母片岩）、SD2-14（白云母石英片岩）及87-1001H（二云母片岩）；贺兰

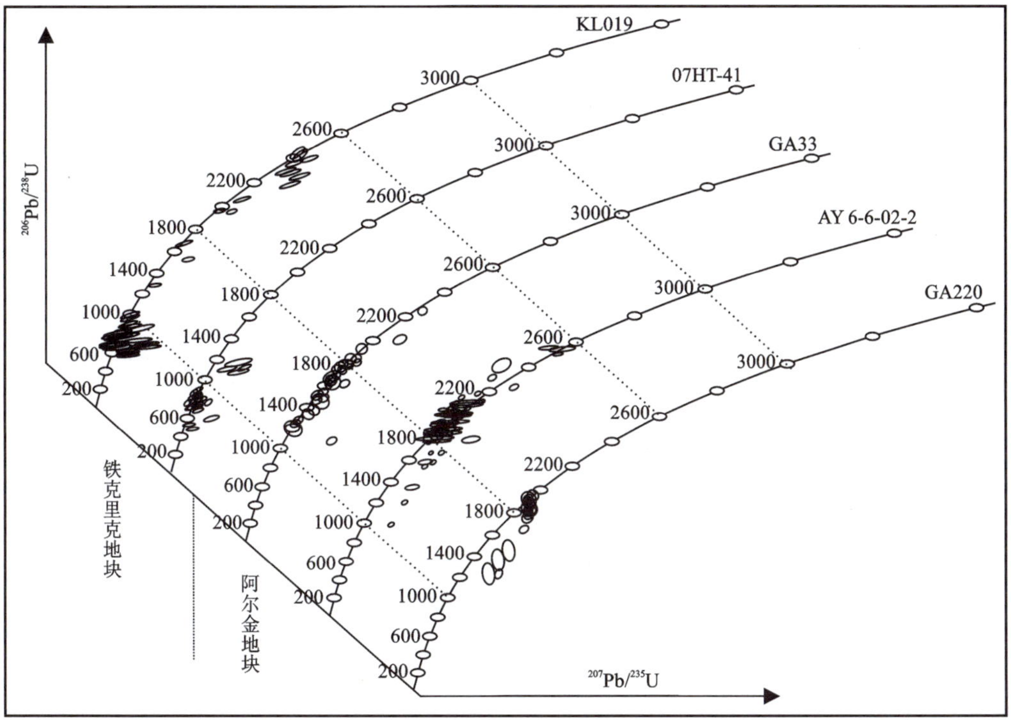

图 6-1 塔里木陆块(南部)前寒武系碎屑锆石 U-Pb 谐和图(Ma)

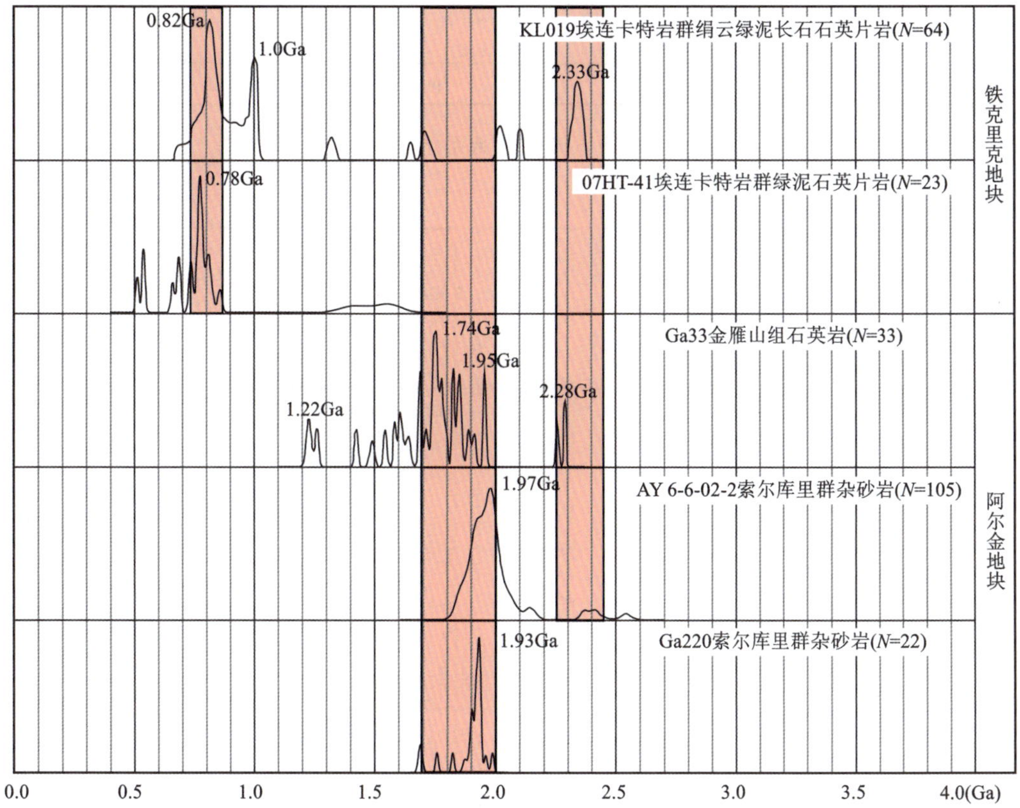

图 6-2 塔里木陆块(南部)前寒武系碎屑锆石年代谱系图

地块的碎屑锆石样品仅有 1 件,为黄旗口组杂砂岩(01ZSPt),引自前人资料(Brian J et al,2006)。样品详细情况见附表和附图。为了便于相互对比,本项研究将阿拉善地块和贺兰地块前寒武系碎屑锆石年龄数据放在一起进行综合分析。

（二）碎屑锆石同位素年代学谱系

从阿拉善地块和贺兰地块前寒武系碎屑锆石 U-Pb 谐和图（图 6-3）和碎屑锆石年代谱系图（图 6-4）可以看出，两者的特征极为相似，源区年龄主要集中在以下 3 个区间。

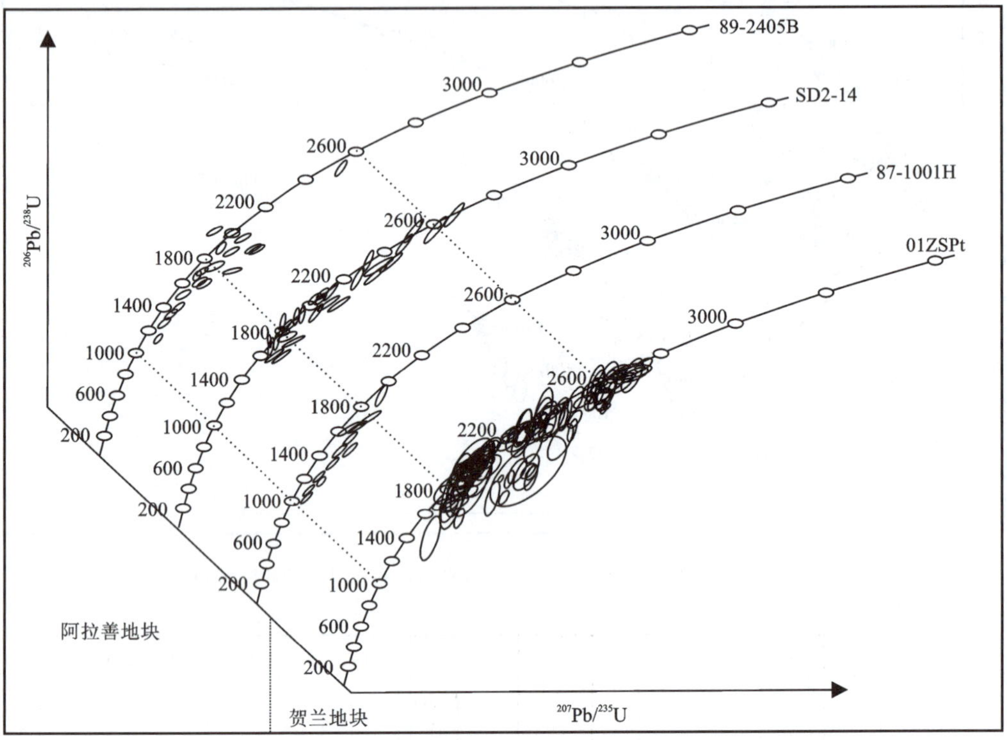

图 6-3　华北陆块（西南部）前寒武系碎屑锆石 U-Pb 谐和图

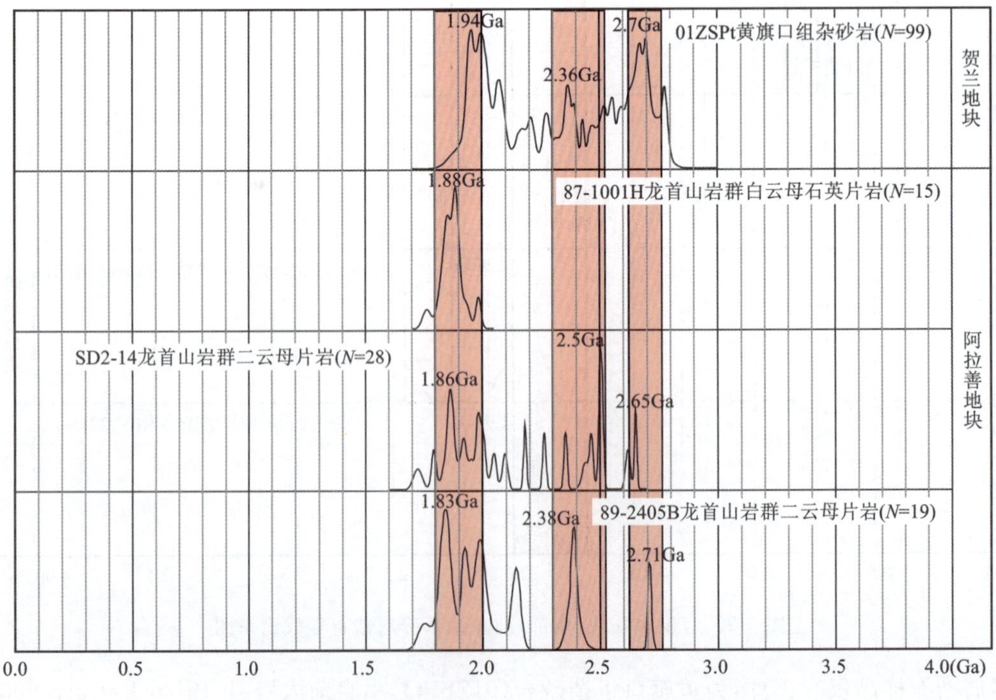

图 6-4　华北陆块（西南部）前寒武系碎屑锆石年代谱系图

(1) 2780～2620Ma。该年龄区间的沉积记录在阿拉善地块和贺兰地块均表现明显，呈集中分布的年龄低峰值，如阿拉善地块2710Ma、2650Ma峰值，贺兰地块2780Ma、2700Ma及2670Ma峰值。该年龄区间与华北型基底的阜平运动(2700Ma左右)时限基本一致，表明阿拉善地块和贺兰地块基底均接收了这一时期源区的物质沉积，暗示这些块体应该属于华北型基底的组成部分，沉积增生区的范围可能相当于华北型基底的西南部。

(2) 2520～2350Ma。该年龄区间的沉积记录在阿拉善地块和贺兰地块也表现明显，呈密集分布的年龄峰值，如阿拉善地块2500Ma、2380Ma峰值，贺兰地块2360Ma峰值，此间还有若干年龄低峰值。该年龄区间与华北型基底的五台运动(2500Ma左右)时限基本接近，表明阿拉善地块和贺兰地块基底也接收了这一时期源区的物质沉积，这些块体应该属于华北型基底早期沉积增生的部分。

(3) 2000～1800Ma。该年龄区间在阿拉善地块和贺兰地块表现最为突出，呈一系列密集分布的年龄高峰值，在阿拉善地块有1880Ma、1860Ma及1830Ma三个高峰值，在贺兰地块有1940Ma高峰值，此间还有若干年龄接近的低峰值。该年龄区间与华北型基底的中条-吕梁运动(1800Ma左右)时限基本一致，表明阿拉善地块和贺兰地块基底大量接收了这一时期源区的物质沉积，沉积作用发生在华北型基底最终固结后盖层沉积增生时期。

三、秦-祁-昆地块群

(一) 东昆仑地块和全吉地块

1. 样品特征

共有9件基底岩系碎屑锆石样品。02QH(片麻岩)、04QH12(含蓝晶石石榴云母片岩)和XTS-1(含石榴子石矽线黑云片麻岩)采自全吉地块的中元古代沙柳河岩群及古元古代达肯大坂岩群；AP5-47-1(片麻岩)、2570-1(片麻岩)、NJ02096(石榴堇青片麻岩)、ZJ01-4-4(矽线黑云二长片麻岩)、07XM-1(片岩)和07BS-7(黑云斜长片麻岩)采自东昆仑地块的金水口岩群下部的白沙河岩组、上部的小庙岩组。样品详细情况见附表和附图。

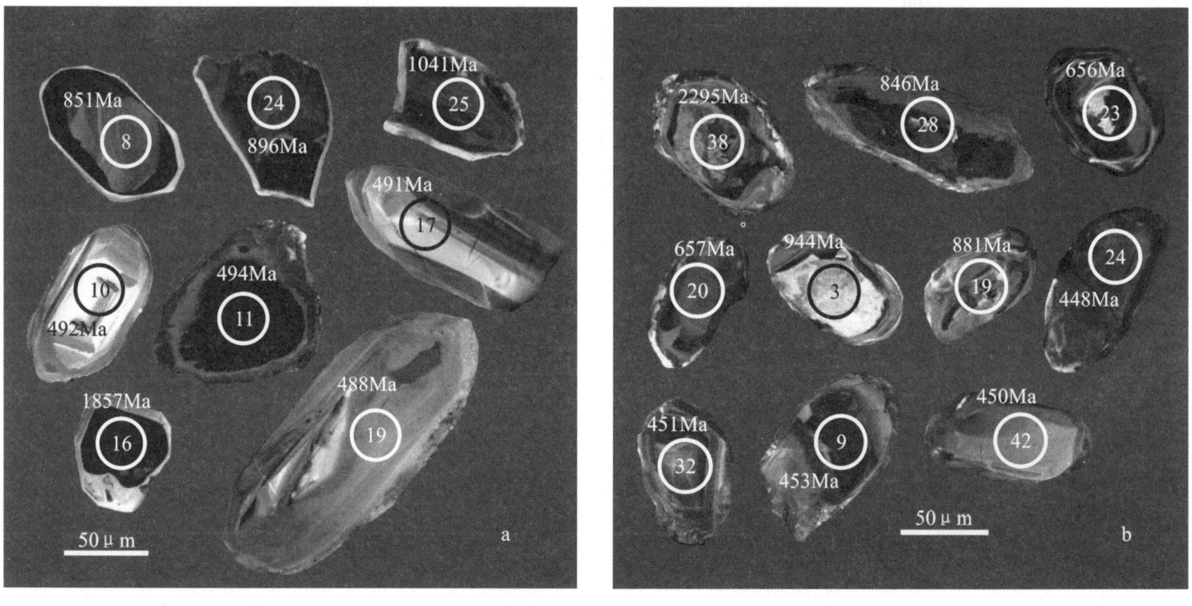

图6-5　小庙岩组片岩(a)和白沙河岩组黑云斜长片麻岩(b)碎屑锆石阴极发光(CL)图像

其中,07XM-1 和 07BS-7 两件样品为本项研究采集,代表性碎屑锆石阴极发光图像见图 6-5。

小庙岩组片岩(07XM-1)碎屑锆石 U-Pb 谐和图(图 6-6a)和碎屑锆石谐和年龄频率分布图(图 6-6b)表明,除个别 1857Ma 年龄的碎屑锆石,主要有 2 个年龄集中区。时代较早的一个集中区为 1041～851Ma,860Ma 构成峰值。另一个碎屑锆石年龄集中区介于 583～403Ma 之间,为数据的主体,490Ma 构成峰值,可能反映了后期变质或热扰动事件。

白沙河岩组黑云斜长片麻岩(07BS-7)碎屑锆石 U-Pb 谐和图(图 6-7a)和碎屑锆石谐和年龄频率分布图(图 6-7b)表明,主要有 2 个年龄集中区。时代较早的一个集中区为 800～600Ma,660Ma 构成峰值,可能为岩浆事件年龄。另一个碎屑锆石年龄集中区介于 570～380Ma 之间,为数据的主体,450Ma 构成峰值,反映可能遭受了后期变质或热扰动事件。

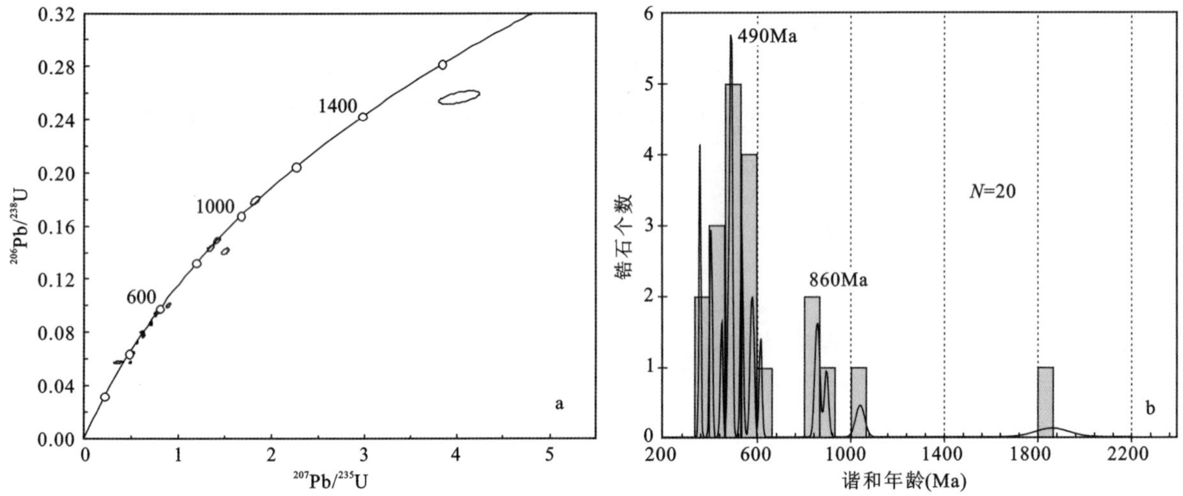

图 6-6 小庙岩组片岩(07XM-1)碎屑锆石 U-Pb 谐和图(a)和锆石年龄频率分布图(b)

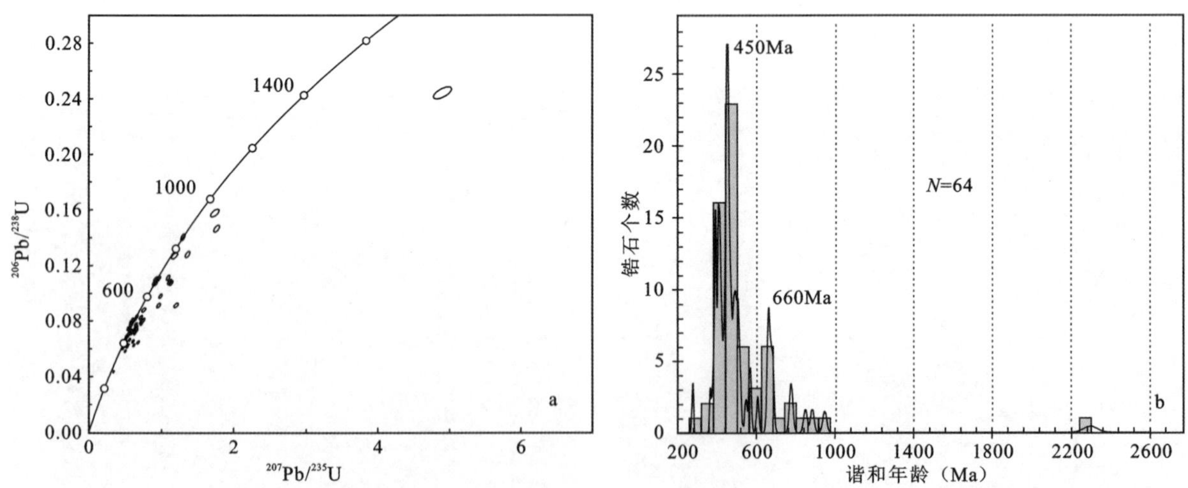

图 6-7 白沙河岩组黑云斜长片麻岩(07BS-7)碎屑锆石 U-Pb 谐和图(a)和锆石年龄频率分布图(b)

2. 碎屑锆石同位素年代学谱系

东昆仑地块和全吉地块前寒武系碎屑锆石剔除谐和度较差的样点后 U-Pb 谐和图(图 6-8)和碎屑锆石年代谱系图(图 6-9)表明,两者的特征极为相似,源区年龄主要集中在以下 4 个区间。

(1) 2510～2350Ma。该年龄段之前全吉地块和东昆仑地块均有更早的年龄低峰值，如全吉地块3060Ma峰值，东昆仑地块3200Ma、2840Ma及2700Ma等峰值，其源区可能为华北型地块基底。2510～2350Ma年龄集中区在东昆仑地块表现较为明显，铁克里克地块略有显示，表明全吉地块和昆仑地块东部基底接收了一时期源区的物质沉积，该年龄区间与华北型基底五台运动(2500Ma左右)时限基本一致。暗示这些块体与华北地块基底在成因和构造归属的亲缘关系，沉积区的范围可能相当于华北型基底的古大陆边缘。

(2) 1780～1580Ma。全吉地块和东昆仑地块均表现显示，该年龄区间与华北地块基底最终固结的中条-吕梁运动(1800～1700Ma)时限趋于一致，表明该年龄段的锆石应该源于华北型基底。

(3) 960～780Ma。该年龄在全吉地块和东昆仑地块均表现为高峰值。说明这两个基底块体大量接收这一时期源区的物质沉积，或者基底经历了这一时期构造-热事件的强烈作用。总之，该年龄区间与扬子地块基底最终固结的时限(1000～800Ma)接近，即晋宁运动的时限，反映出全吉地块和昆仑地块东部与扬子型基底在成因上的某些一致性。

(4) 560～360Ma。该年龄段在全吉地块和东昆仑地块均表现为多个较高峰值年龄(主要包括510Ma、490Ma、480Ma、450Ma、430Ma、400Ma、360Ma)的密集分布。反映出基底岩系在这一时期发生了多期次构造作用的强烈改造。该构造事件的时限和表现形式相当于发生在秦-祁-昆造山系的"泛华夏运动"(即传统意义上的"加里东"运动)。

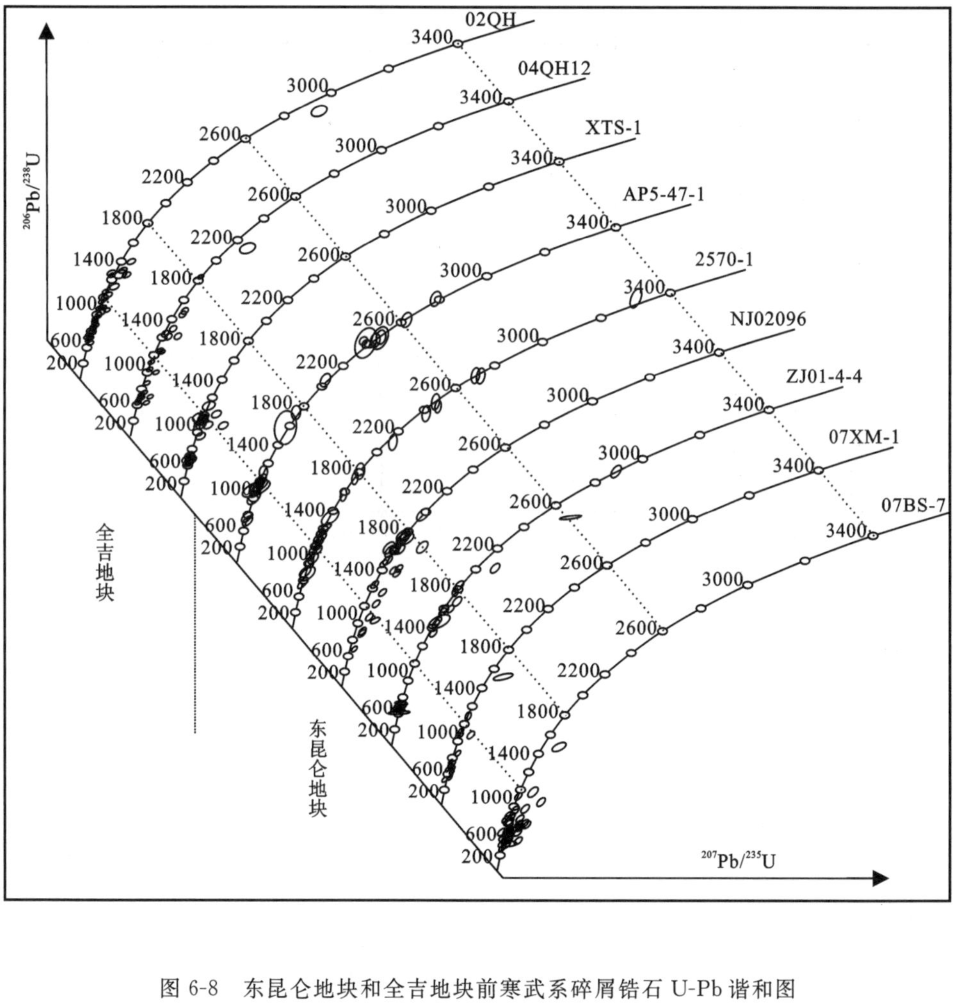

图 6-8 东昆仑地块和全吉地块前寒武系碎屑锆石 U-Pb 谐和图

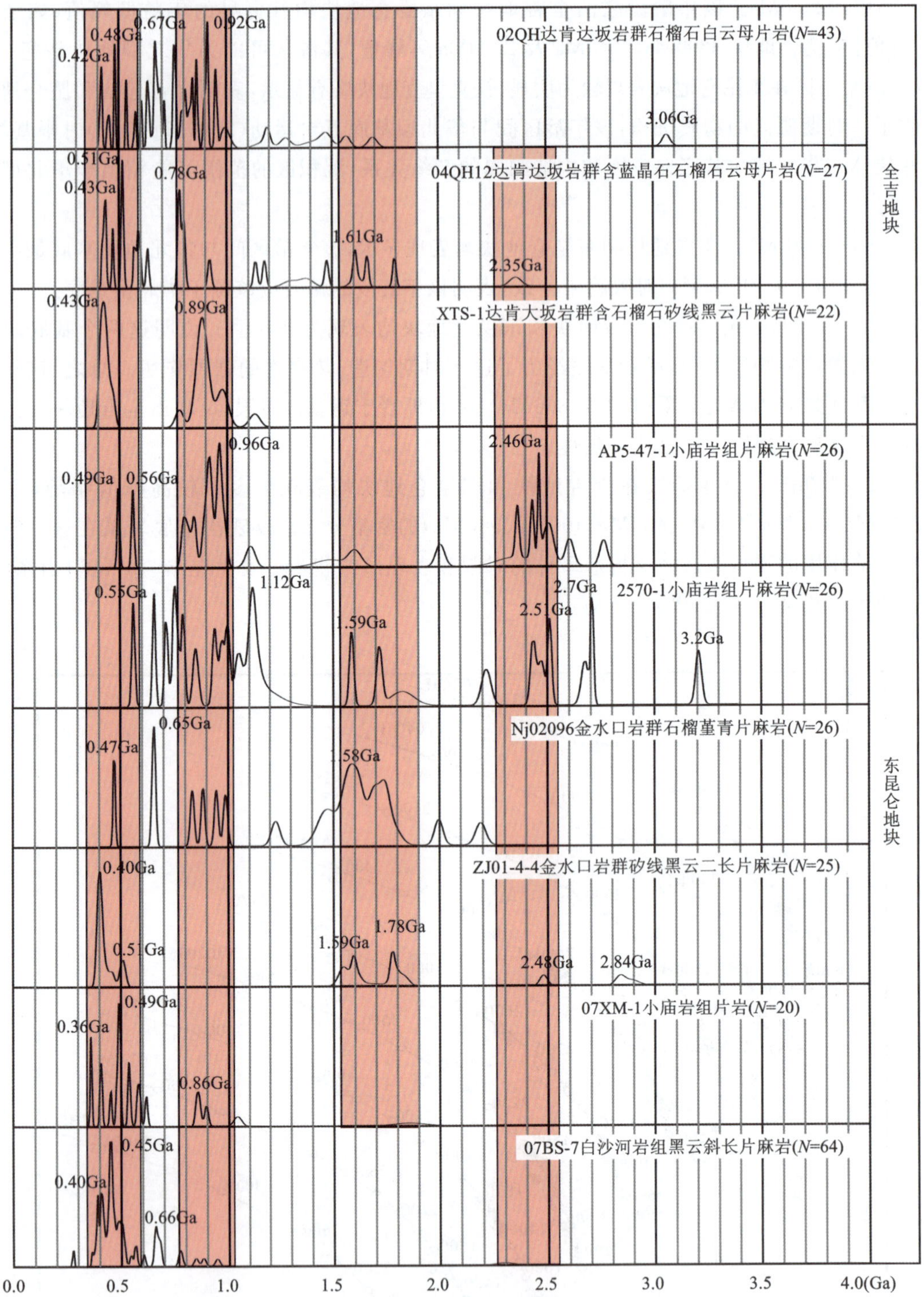

图 6-9　东昆仑地块和全吉地块前寒武系碎屑锆石年代谱系图

(二) 北-中祁连地块、南祁连地块和北秦岭地块(西部)

1. 样品特征

北-中祁连地块基底岩系碎屑锆石样品共6件,其中5件引用前人对元古界变质碎屑岩的测试数据(李怀坤等,2007;董国安等,2007b;George E et al,2003)。南祁连地块的碎屑锆石样品有2件,化隆岩群黑云斜长片麻岩(HL-13)引自前人资料(徐旺春等,2007),化隆岩群二云斜长片麻岩(07HY-1)为本项研究自测。北秦岭地块(西部)有2件,分别为秦岭岩群矽线黑云石英片岩(陆松年等,2006)、石榴云母石英片岩(杨经绥等,2002)。样品详细情况见附表和附图。

2. 碎屑锆石同位素年代学谱系

从北-中祁连地块、南祁连地块和北秦岭地块(西部)前寒武系碎屑锆石U-Pb谐和图(图6-10)和碎屑锆石年代谱系图(图6-11)可以看出,他们的特征具有很大程度上的相似性,源区年龄主要集中在以下6个区间。

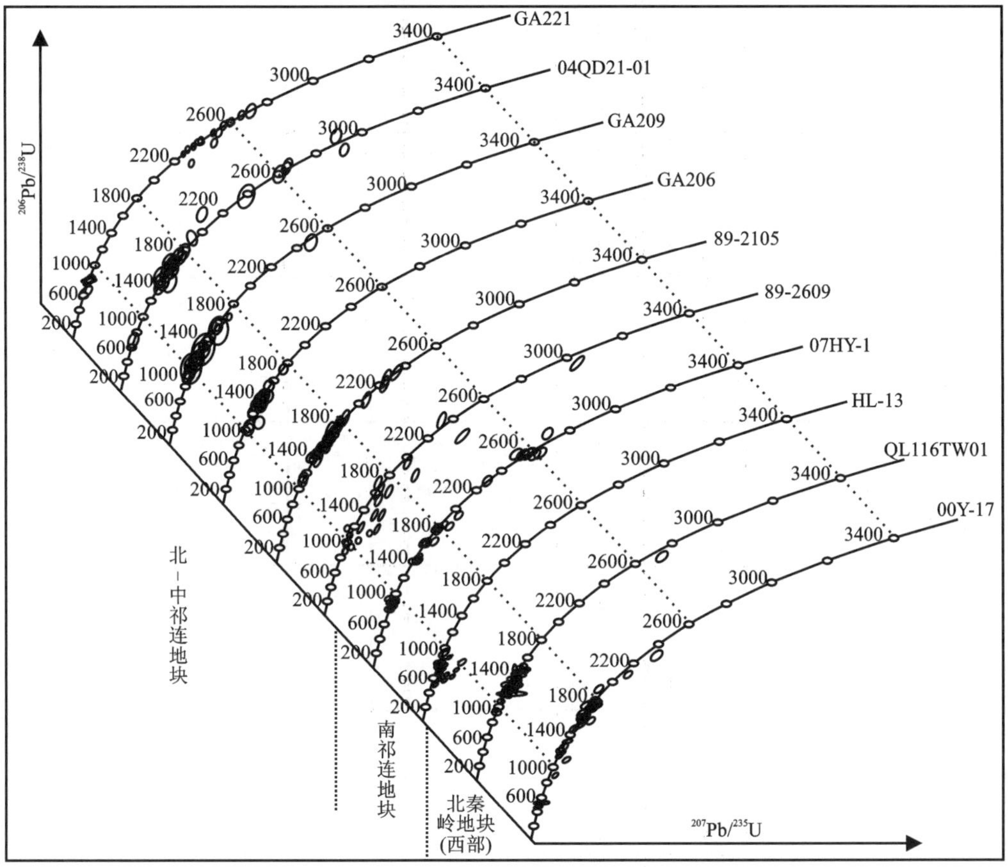

图6-10　北-中祁连地块、南祁连地块和北秦岭地块(西部)前寒武系碎屑锆石U-Pb谐和图

(1) 3100～2950Ma。该年龄区间的碎屑锆石在北-中祁连地块表现明显,呈集中分布的年龄低峰值,分别为3080Ma、3020Ma和3000Ma;而在南祁连地块和北秦岭地块(西部)未发现该区间的碎屑锆石年龄记录,只是在北秦岭地块(西部)有年龄为2820Ma的低峰值。这些地球形成早期物质应该源自华北型基底,暗示北-中祁连地块应该属于华北型基底的组成部分,沉积增生区的范围可能相当于华北型基底的古大陆边缘。

(2) 2650～2380Ma。该年龄区间的碎屑锆石仅存在于北-中祁连地块,呈密集分布的年龄峰值,如2610Ma、2590Ma、2550Ma、2450Ma、2460Ma和2420Ma峰值;南祁连地块和北秦岭地块(西部)未发现该区间的碎屑锆石年龄记录。该年龄区间与华北型基底的五台运动(2500Ma左右)时限基本接近,表明北-中祁连地块基底也接收了这一时期源区的物质沉积,这些块体应该属于华北型基底早期沉积增生的部分。

(3) 1870～1690Ma。该年龄区间的碎屑锆石在北-中祁连地块、南祁连地块和北秦岭地块(西部)均大量存在,呈一系列密集分布的年龄高峰值。在北-中祁连地块主要有1800Ma、1770Ma、1760Ma及1720Ma四个高峰值,2650～2480Ma和1870～11690Ma两个年龄集中区之间,还有若干年龄低峰值;

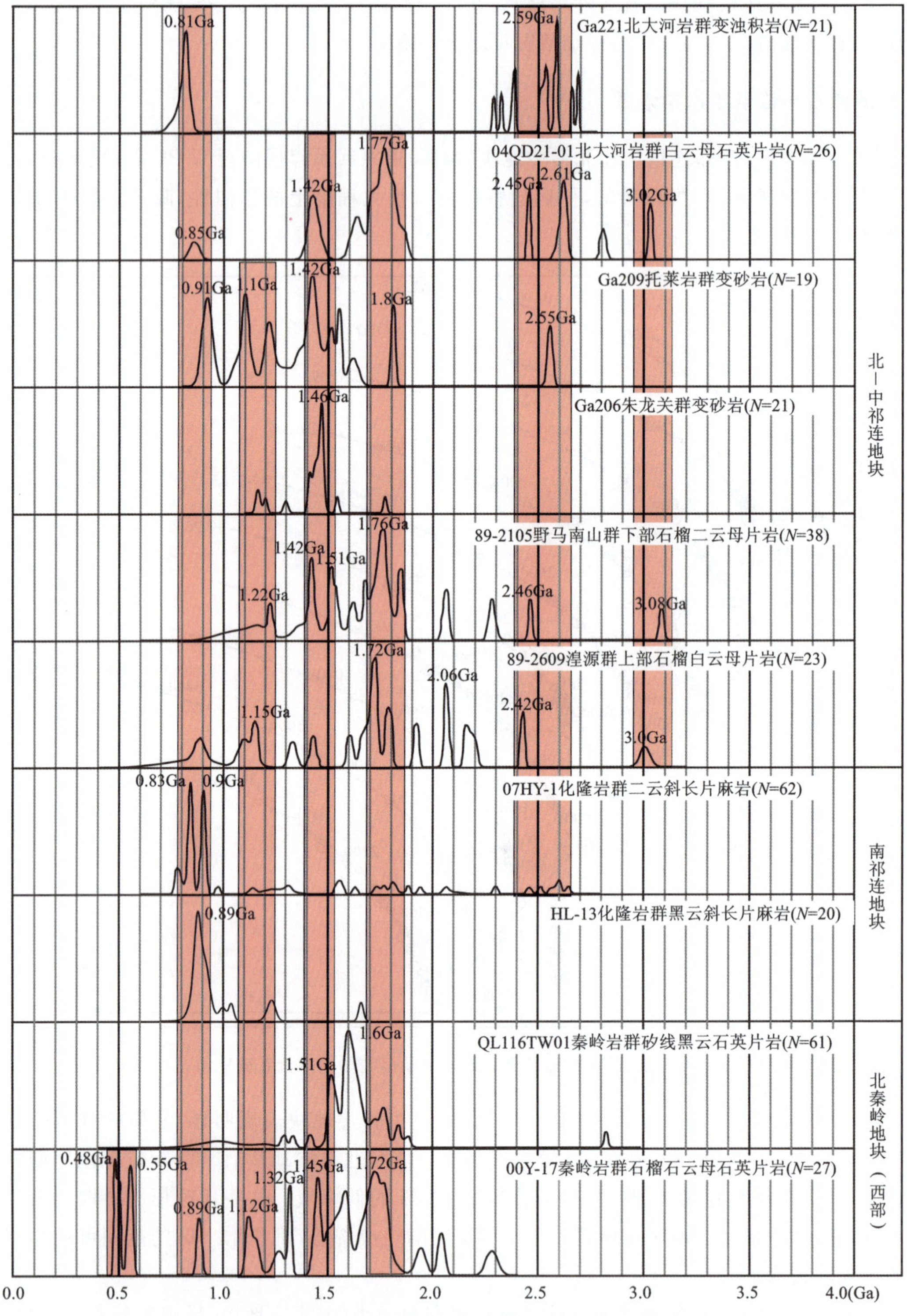

图 6-11　北-中祁连地块、南祁连地块和北秦岭地块(西部)前寒武系碎屑锆石年代谱系图

在北秦岭地块(西部)有较为明显的 1720Ma 高峰值;在南祁连地块该年龄区间的碎屑锆石较少,表现为年龄略晚的低峰值(1670Ma)。该年龄区间与华北型基底的中条-吕梁运动(1800Ma 左右)时限基本一致,表明北-中祁连地块和北秦岭地块(西部)基底大量接收了这一时期源区的物质沉积,沉积作用发生在华北型基底最终固结后盖层沉积增生时期。

(4) 1520～1390Ma。该年龄区间的碎屑锆石在北-中祁连地块和北秦岭地块(西部)均大量存在,尤其是北-中祁连地块,表现为一系列密集分布的年龄高峰值及次峰值。在北-中祁连地块有 1460Ma

和 1420Ma 两个高峰值，1510Ma 次峰值，1870～1690Ma 和 1520～1390Ma 两个年龄集中区之间，还有若干年龄低峰值；在北秦岭地块（西部）有较为明显的 1450Ma 高峰值和 1510Ma 次峰值，此外一个样品（QL116TW01 秦岭岩群矽线黑云石英片岩）出现 1600Ma 的高峰值，可能是局部现象；在南祁连地块未出现该年龄区间的碎屑锆石。在华北型基底和扬子型基底均无该年龄区间的物源，可能是北-中祁连地块和北秦岭地块（西部）特有的物源。

(5) 1250～1080Ma。该年龄区间的碎屑锆石在北-中祁连地块、南祁连地块和北秦岭地块（西部）均存在，南祁连地块相对较少，表现为一系列密集分布的年龄次峰值及低峰值。在北-中祁连地块有 1100Ma 次峰值，1220Ma 和 1150Ma 两个低峰值；在北秦岭地块（西部）有 1120Ma 次峰值，此外出现略早的 1320Ma 的次峰值（可能是局部现象）；在南祁连地块仅出现低峰值。在华北型基底和扬子型基底均无该年龄区间的物源，这也可能是北-中祁连地块和北秦岭地块（西部）特有的物源。

(6) 920～780Ma。该年龄区间的碎屑锆石在北-中祁连地块、南祁连地块和北秦岭地块（西部）均存在，表现为一系列密集分布的年龄高峰值及低峰值。在北-中祁连地块有 910Ma、900Ma、830Ma 和 810Ma 四个高峰值，880Ma 和 850Ma 两个低峰值；在北秦岭地块（西部）有 890Ma 次峰值；在南祁连地块有 890Ma 高峰值。该年龄区间与扬子型基底最终固结的晋宁运动时限（1000～800Ma）基本一致，反映出这些块体基底与扬子型基底在成因上的必然联系性，均经历了晋宁运动，可能均属于 Rodinia 超大陆的组成部分。

(7) 此外，在北秦岭地块（西部）出现 550～450Ma 的碎屑锆石集中区，说明北秦岭地块（西部）被卷入后期的秦-祁-昆造山系，遭受泛华夏运动的强烈改造作用；北-中祁连地块、南祁连地块也被卷入后期的秦-祁-昆造山系，可能由于变质改造作用较弱，未出现该年龄区段的碎屑锆石。

四、扬子陆块（西部）

1. 样品特征

扬子陆块（西部）基底岩系碎屑锆石样品共 10 件，均引用前人对康滇地块的测试数据（陈岳龙等，2004；耿元生等，2007；Li et al，2002；Zhou et al，2006；张传恒等，2007）。样品详细情况见附表和附图。

2. 碎屑锆石同位素年代学谱系

从扬子陆块（西部）康滇地块前寒武系碎屑锆石 U-Pb 谐和图（图 6-12）和碎屑锆石年代谱系图（图 6-13）可以看出，他们的特征具有很大程度上的相似性，源区年龄分布于 5 个区间：1900～1500Ma、1430～1350Ma、1110～820Ma、730～650Ma 及 560～230Ma。其中，1110～820Ma 为主要集中区。

(1) 1900～1500Ma。该年龄区间的碎屑锆石稀少，只存在于个别样品中（98922-4-1、99KD52、PZH65 及 G3-29-3），年龄分布零散，除了在昆阳群层凝灰岩（G3-29-3）中出现 1890Ma 的峰值年龄外，其余样品均表现为分散的低峰值。这些锆石属于时代较早源区的碎屑锆石。

(2) 1430～1350Ma。该年龄区间的碎屑锆石相对增多，个别样品（99KD52）出现 1420Ma 和 1380Ma 两个高峰值，部分样品（PZH68、G3-29-3）出现低峰值（1440Ma 和 1430Ma）。表明扬子地块（西部）接收了少量中元古界源区的物质沉积。

(3) 1110～820Ma。该年龄区间的碎屑锆石大量存在，呈一系列密集分布的年龄高峰值，包括：1020Ma、1000Ma、970Ma、940Ma、920Ma、870Ma、840Ma 及 830Ma 等高峰值，还有若干年龄低峰值。该年龄区间为扬子型基底特有的晋宁运动（1000～800Ma）时限，表明扬子地块西缘同样经历了强烈的晋宁运动。

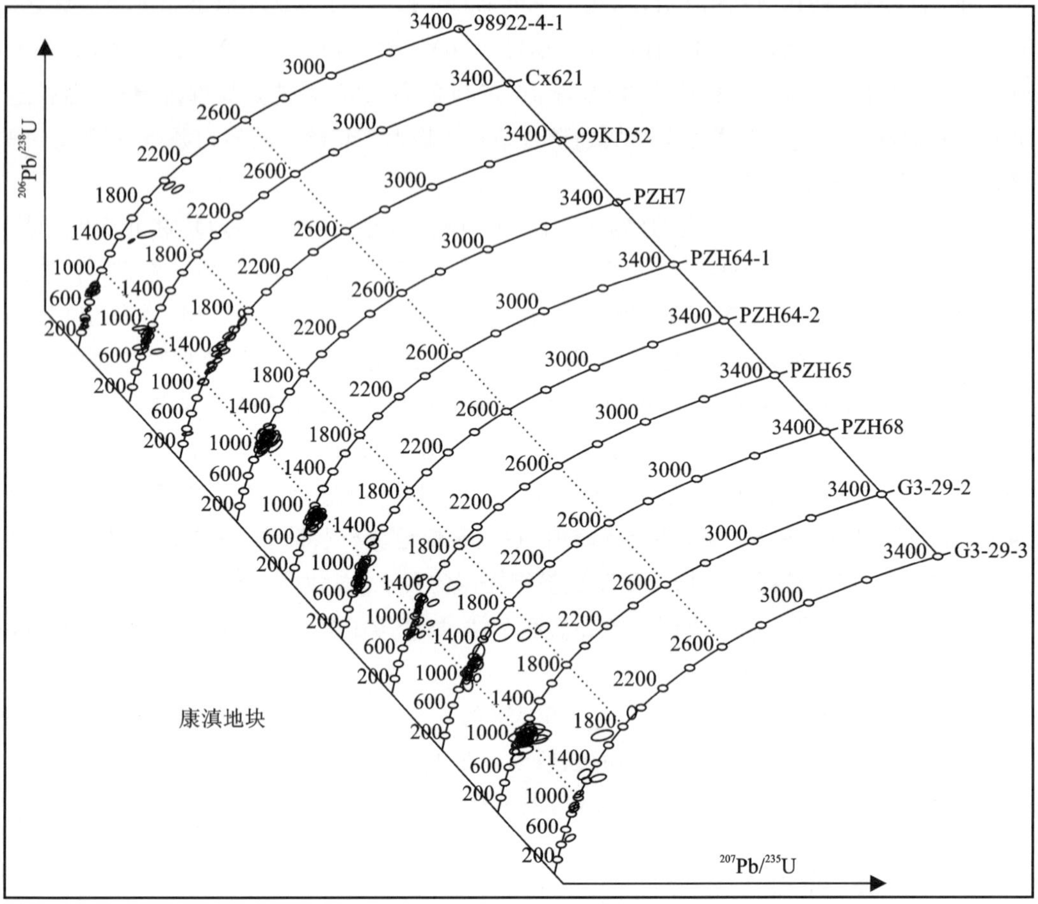

图 6-12　扬子陆块(西部)康滇地块前寒武系碎屑锆石 U-Pb 谐和图

(4) 730～650Ma。该年龄区间的碎屑锆石仅存在于个别样品(98922-4-1、Cx621)中,表现为少量次峰值(710Ma、690Ma)。该年龄区间略晚于扬子型基底的晋宁运动(1000～800Ma)时限,可能是晋宁运动的延续。

(5) 560～230Ma。该年龄区间的碎屑锆石数量较少,表现为分散的年龄次峰值及低峰值,主要有550Ma、330Ma、240Ma 等。可能为后期构造事件的热扰动。

五、羌塘-三江地块群

1. 样品特征

玉树-昌都地块基底碎屑锆石样品 3 件,白云母长石石英片岩(CD)引用前人的测试数据(杨子江等,2006),2 件样品宁多岩群石榴二云石英片岩(07ND-1)和黑云斜长片麻岩(09N-3)为本项研究自测。为了便于对比研究,将原特提斯洋残迹区中荣玛地块基底的 2 件碎屑锆石样品放在一起分析,均为引用前人的测试数据(王国芝等,2001;邓希光等,2007)。样品详细情况见附表和附图。

宁多岩群石榴子石二云石英片岩(07ND-1)代表性碎屑锆石阴极发光图像(CL)见图 6-14。该样品存在少量古老碎屑锆石。其中,年龄最老的碎屑锆石(49 样点)具核-幔-边结构(图 3-15、图 6-15),$^{207}Pb/^{206}Pb$年龄为 3981±9Ma。此外,岩石还包含 4 颗$^{207}Pb/^{206}Pb$ 年龄为 3505±18～3127±10Ma(22b,13,50b,55 样点)的古老碎屑锆石(图 3-15,图 6-15)。

锆石 U-Pb 谐和图(图 6-15a)和锆石谐和年龄频率分布图(图 6-15b)表明,主要有 4 个年龄集中区。主集

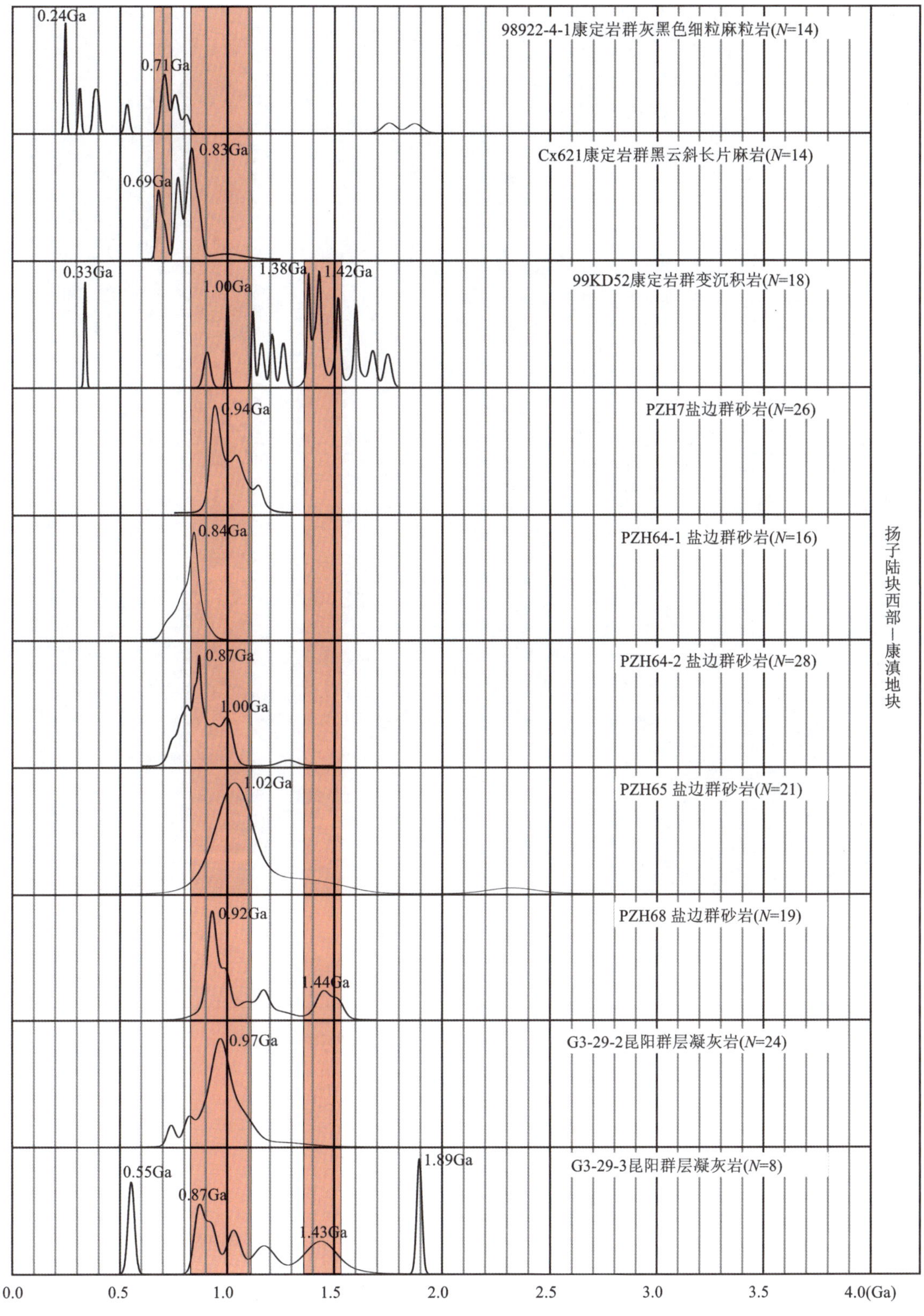

图 6-13　扬子陆块(西部)康滇地块前寒武系碎屑锆石年代谱系图

中区谐和年龄介于 1200～850Ma 之间，为数据的主体，峰值为 982Ma，它们来自经历过 Grenville 期构造-岩浆事件的源区。另一个集中区 $^{206}Pb/^{238}U$ 年龄介于 700～530Ma 之间，峰值年龄为 618Ma；此外，还有 $^{207}Pb/^{206}Pb$ 分别为 2600～2300Ma 和 1700～1400Ma 的两个年龄次级集中区，峰值年龄为 2440Ma 和 1532Ma，表明这些碎屑锆石来自经历过 2440Ma、1532Ma 和 618Ma 构造-岩浆事件的源区。

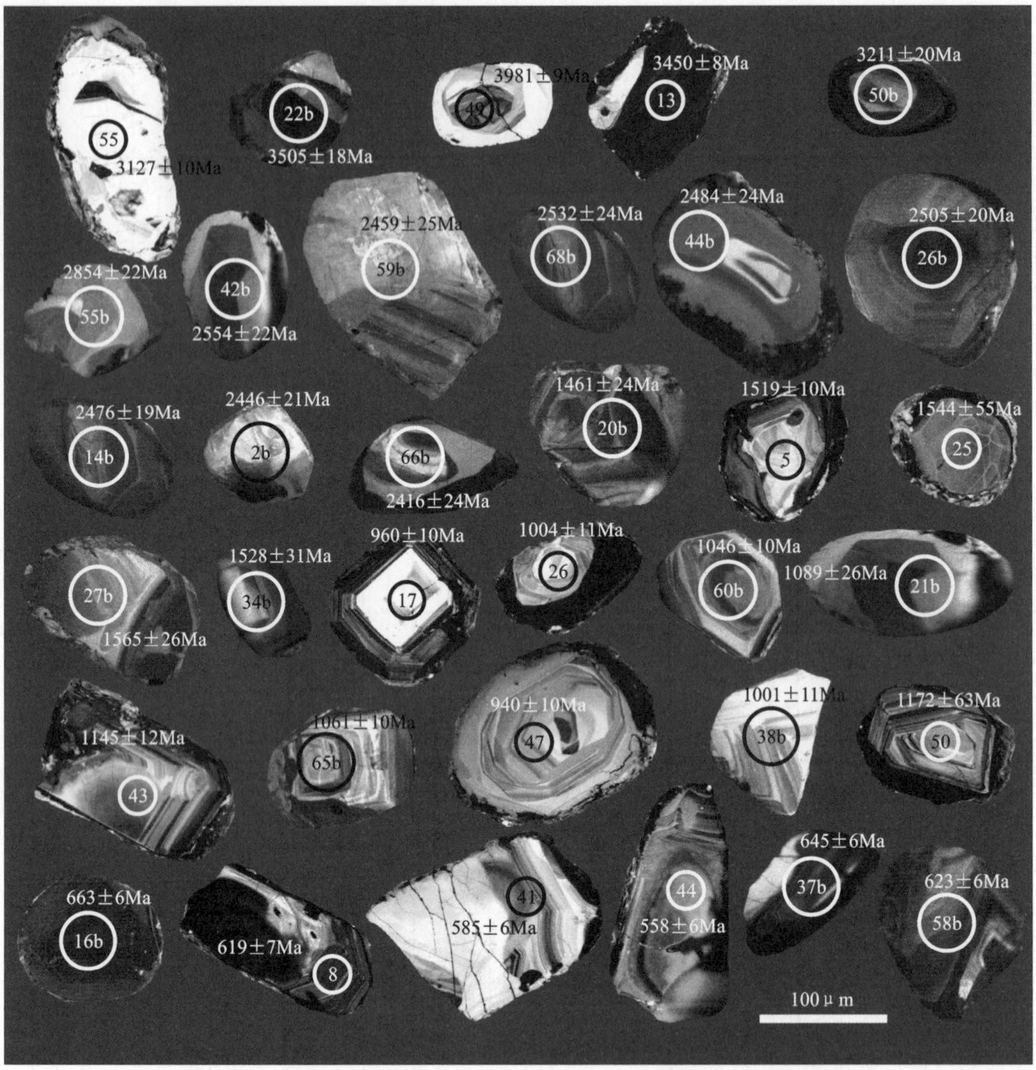

图 6-14　宁多岩群石榴子石二云石英片岩代表性碎屑锆石 CL 图像

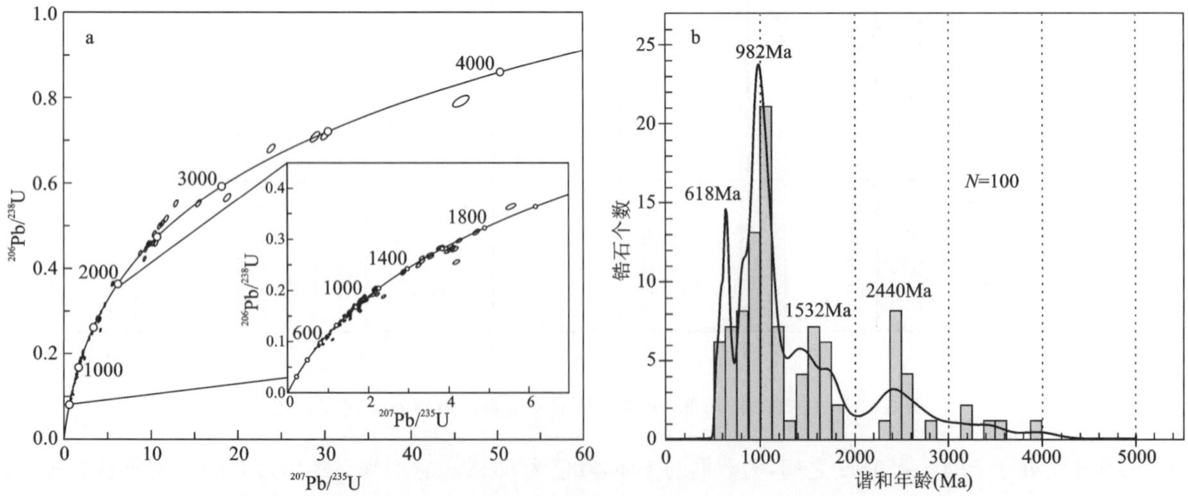

图 6-15　宁多岩群石榴二云石英片岩(07ND-1)碎屑锆石 U-Pb 谐和图(a)和锆石年龄频率分布图(b)

2. 碎屑锆石同位素年代学谱系

从玉树-昌都地块和荣玛地块前寒武系碎屑锆石 U-Pb 谐和图(图 6-16)和碎屑锆石年代谱系图(图 6-17)可以看出,玉树-昌都地块和荣玛地块前寒武系碎屑锆石的特征具有很大程度上的相似性,碎屑锆石年龄主要集中在以下 6 个区间。

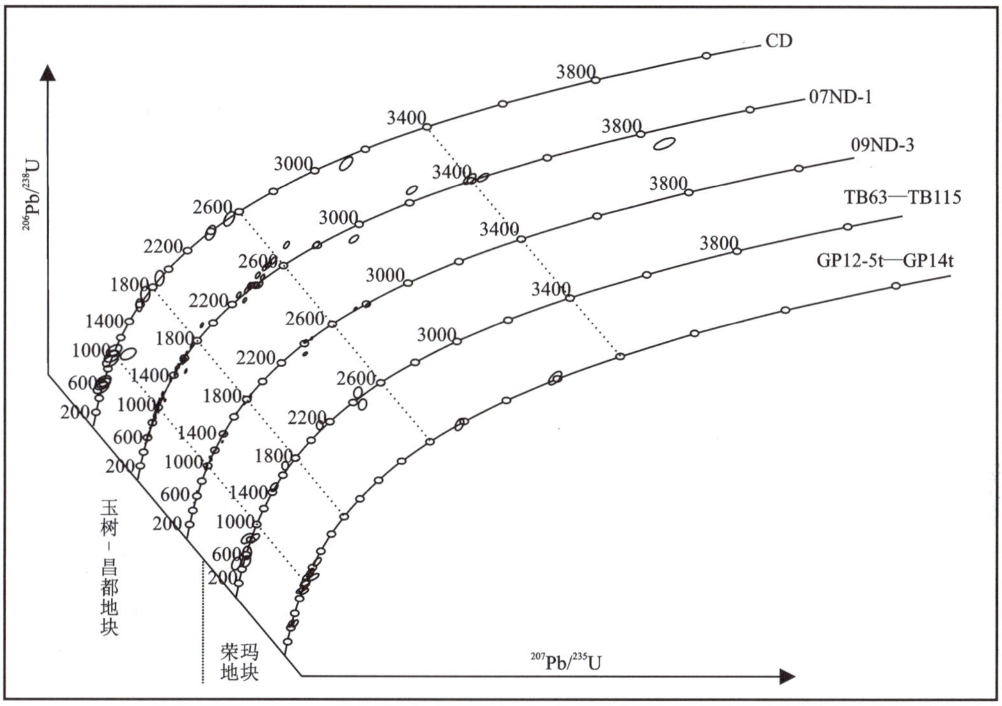

图 6-16　玉树-昌都地块和荣玛地块前寒武系碎屑锆石 U-Pb 谐和图

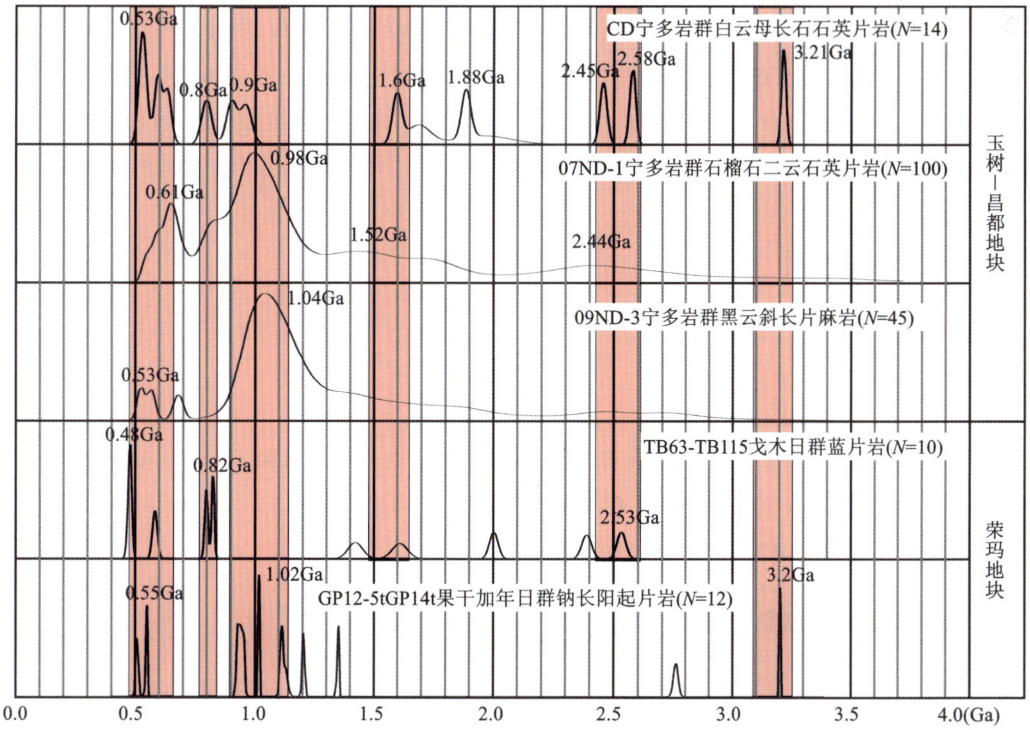

图 6-17　玉树-昌都地块和荣玛地块前寒武系碎屑锆石年代谱系图

(1) 3250～3100Ma。该年龄区间的碎屑锆石仅在玉树-昌都地块和荣玛地块的前寒武系中存在，数量相对较少，呈集中分布的年龄次峰值、低峰值，主要为3210Ma和3200Ma两个次峰值。值得强调的是，在玉树-昌都地块宁多岩群石榴二云石英片岩(07ND-1)中存在少量始太古代(冥太古代)的碎屑锆石，这些地球形成初期的物质在亲欧亚古大陆的华北型基底和扬子型基底均无报道，而亲冈瓦纳古大陆的印度基底大量存在这一时期的TTG岩系，暗示玉树-昌都地块少量物源来自印度型基底，沉积增生区的范围可能相当于东冈瓦纳印度型基底的北部大陆边缘。

(2) 2610～2420Ma。该年龄区间的碎屑锆石在玉树-昌都地块和荣玛地块前寒武系中均少量存在，呈密集分布的年龄低峰值，包括2580Ma、2530Ma和2450Ma。该年龄区间除了与华北型基底的五台运动(2500Ma左右)时限基本接近外，也与东冈瓦纳印度型基底的形成时代相近，其碎屑锆石源区难以准确判断，由于距离华北型基底较远，来自东冈瓦纳印度型基底的可能性较大。

(3) 1640～1480Ma。该年龄区间的碎屑锆石在玉树-昌都地块前寒武系中少量存在，主要有1600Ma及1510Ma两个低峰值。碎屑锆石源区难以准确判断。

(4) 1130～900Ma。该年龄区间的碎屑锆石在玉树-昌都地块和荣玛地块前寒武系中均大量存在，表现为一系列密集分布的年龄高峰值及次峰值，包括1020Ma和970Ma两个高峰值，以及1110Ma和900Ma次峰值。在华北型基底无该年龄区间的物源，扬子型基底的晋宁运动时限(1000～800Ma)总体略晚于此年龄区间，但在东冈瓦纳的印度型基底存在大量该时段的碎屑锆石，因而推断玉树-昌都地块1130～900Ma时间段的碎屑锆石可能源自印度型基底。

(5) 840～760Ma。该年龄区间的碎屑锆石在玉树-昌都地块和荣玛地块前寒武系中均存在，表现为一系列密集分布的年龄次峰值及低峰值，包括820Ma和800Ma次峰值。该年龄区间基本相当于扬子型基底的晋宁运动(1000～800Ma)时限，但如果与1130～900Ma碎屑锆石年龄集中区联系起来考虑，应该属于东冈瓦纳印度型基底的特征。

(6) 600～500Ma。该年龄区间的碎屑锆石在玉树-昌都地块和荣玛地块前寒武系中均大量存在，表现为一系列密集分布的年龄高峰值及低峰值，主要集中于600～500Ma之间，包括:580Ma、550Ma及530Ma三个峰值年龄。总之，该年龄区间与东冈瓦纳印度型基底的泛非运动时限(600～500Ma)吻合，反映出这些块体基底与印度型基底在成因上的必然联系性，均经历了泛非运动的叠加改造，可能均属于东冈瓦纳大陆的组成部分。

六、冈底斯地块群

(一) 样品特征

冈底斯地块群基底岩系碎屑锆石样品共7件，其中1件(T527)引用前人(Zhang,2008)对林芝岩群石榴子石副片麻岩的测试数据，其余6件样品(07NR-1、07NQ-3、07NQ-2、07NQ-11、07SD-2、07LZ-1)均为本项研究自测。样品详细情况见附表和附图。

1. 聂荣岩群石榴黑云斜长片麻岩(07NR-1)

代表性碎屑锆石阴极发光图像见图6-18。剔除^{204}Pb过高及谐和度较差的测点后，锆石U-Pb谐和图(图6-19a)和锆石谐和年龄频率分布图(图6-19b)表明，主要有4个年龄集中区和若干次级区。主集中区$^{206}Pb/^{238}U$年龄介于600～520Ma之间，560Ma构成高峰值，属于遭受变质-热构造作用改造的时限。另一个碎屑锆石$^{206}Pb/^{238}U$年龄集中区为960～880Ma，900 Ma构成次峰值年龄。还有一个碎屑锆石$^{206}Pb/^{238}U$年龄集中区为780～700 Ma，锆石数量较多，750Ma构成次峰值年龄。此外，还存在少量年龄分散的远源碎屑锆石，$^{207}Pb/^{206}Pb$年龄最老可达2609Ma(新太古代)，其余介于1800～1000Ma之间(中元古代)。该样品中出现大量介于600～520Ma之间的$^{206}Pb/^{238}U$年龄数据，峰值年龄为560Ma，与形成冈瓦纳大陆的泛非运动时限(600～500Ma)一致，应该代表这一强烈构造事件在聂荣地块的地质记录。

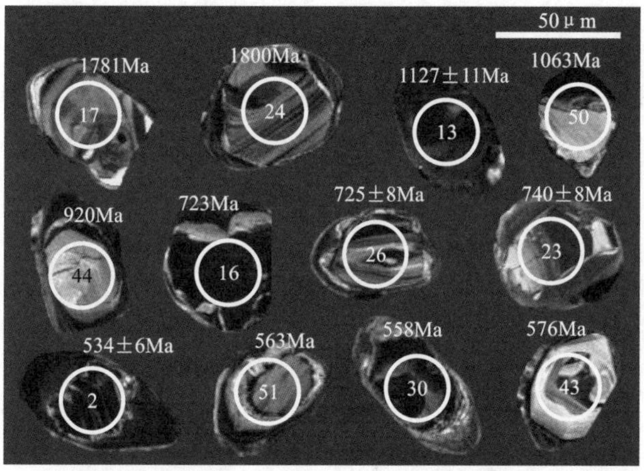

图 6-18　聂荣岩群石榴黑云斜长片麻岩(07NR-1)碎屑锆石阴极发光(CL)图像

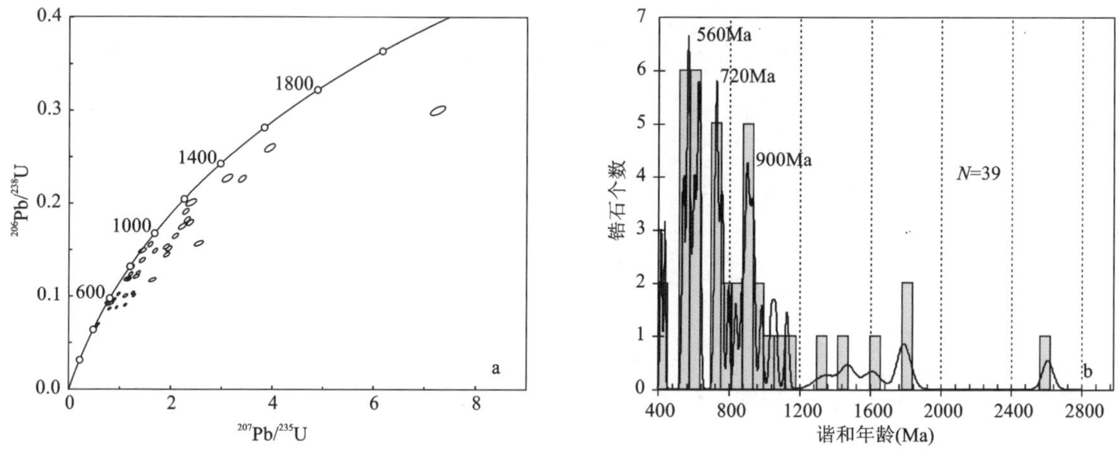

图 6-19　聂荣岩群石榴黑云斜长片麻岩(07NR-1)碎屑锆石 U-Pb 谐和图(a)和锆石年龄频率分布图(b)

2. 念青唐古拉岩群绢云石英片岩(07NQ-3)

代表性碎屑锆石阴极发光图像见图6-20a。剔除^{204}Pb过高及谐和度较差的测点后，锆石U-Pb谐和图(图6-21a)和锆石谐和年龄频率分布图(图6-21b)表明，碎屑锆石年龄介于2700～500Ma之间，主要有1140～1020Ma和700～500Ma两个年龄集中区，其余为分散的年龄点。主集中区$^{206}Pb/^{238}U$年龄介于700～500Ma之间，600Ma构成高峰值，属于遭受变质-热构造作用改造的时限，600Ma的高峰年龄值应为泛非运动的地质记录。$^{207}Pb/^{206}Pb$年龄为1140～1020Ma的集中区，出现1110Ma次峰值年龄，代表源区年龄。此外，该样品还存在$^{207}Pb/^{206}Pb$年龄介于2700～1200Ma之间呈发散状分布的远源碎屑锆石，表明其源区存在古老基底。综上所述，可以认为该样品碎屑锆石的源区存在太古代的古老物质，经历了泛非运动的叠加，应该属于东冈瓦纳印度型基底。

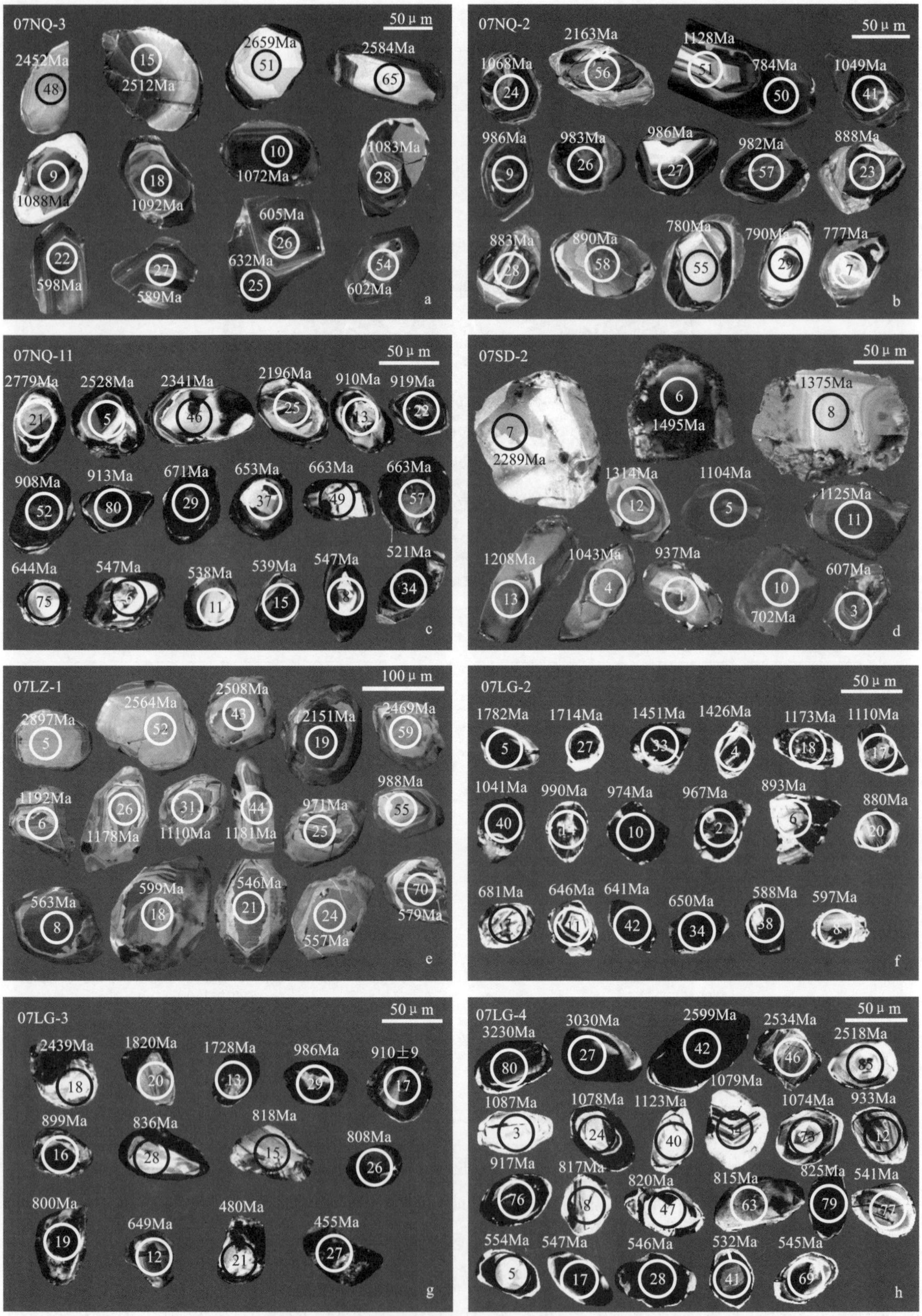

图 6-20 念青唐古拉岩群绢云石英片岩(a)、念青唐古拉岩群石榴子石白云母斜长石英片岩(b)、念青唐古拉岩群二云石英片岩(c)、松多岩群二云石英片岩(d)、林芝岩群二云斜长片麻岩(e)、拉轨冈日岩群黑云石英片岩(f)、拉轨冈日岩群黑云母硅质大理岩(g)、拉轨岗日岩群含石榴子石二云石英片岩(h)碎屑锆石阴极发光(CL)图像

3. 念青唐古拉岩群石榴子石白云母斜长石英片岩(07NQ-2)

代表性碎屑锆石阴极发光图像见图6-20b。剔除^{204}Pb过高及谐和度较差的测点后，锆石U-Pb谐和图(图6-21c)和锆石谐和年龄频率分布图(图6-21d)表明，碎屑锆石年龄介于2200～650Ma之间，1100～650Ma为集中区，其余为分散的年龄点。在1100～650Ma集中区内出现了1050Ma、980Ma、890Ma和780Ma四个较为邻近的年龄峰值，其中890Ma构成高峰值。综上所述，可以认为该样品碎屑锆石主要来自中新元古代源区，经历过后期构造作用叠加。

4. 念青唐古拉岩群二云石英片岩(07NQ-11)

代表性碎屑锆石阴极发光图像见图6-20c。剔除^{204}Pb过高及谐和度较差的测点后，锆石U-Pb谐和图(图6-21e)和锆石谐和年龄频率分布图(图6-21f)表明，碎屑锆石年龄介于2800～400Ma之间，主要有1000～900Ma、700～600Ma和560～400Ma三个年龄集中区，其余为分散的年龄点。主集中区$^{206}Pb/^{238}U$年龄介于700～600Ma之间，出现660Ma年龄高峰值。$^{206}Pb/^{238}U$年龄为1140～1020Ma的集中区，出现910Ma次峰值年龄。$^{206}Pb/^{238}U$年龄为560～400Ma的集中区峰值较低，出现540Ma的低峰值年龄，对应的锆石形态反映出遭受了构造-热事件作用的扰动，540Ma的低峰值与泛非运动时限一致。此外，该样品还存在$^{207}Pb/^{206}Pb$年龄介于2800～1600Ma之间呈发散状分布的碎屑锆石，年龄最老可达2779±9Ma(新太古代)，其余为古—中元古代，表明其源区存在很古老的基底。综上所述，可以认为该样品碎屑锆石的源区存在太古代的古老物质，经历了泛非运动的叠加，应该属于东冈瓦纳印度型基底。

5. 松多岩群二云石英片岩(07SD-2)

代表性碎屑锆石阴极发光图像见图6-20d。剔除^{204}Pb过高及谐和度较差的测点后，锆石U-Pb谐和图(图6-21g)和锆石谐和年龄频率分布图(图6-21h)显示，碎屑锆石年龄介于2300～580Ma之间，最老的锆石年龄可达2289±11Ma(古元古代)，但主要集中于1520～580Ma，出现1040Ma和600Ma两个较明显的年龄峰值。综上所述，由于该样品碎屑锆石数量较少，所反映的源区信息有限，但表明其源区至少存在古元古代的基底，600Ma的峰值年龄可能表示其经历了泛非运动的叠加，应该是东冈瓦纳印度型基底的特征。

6. 林芝岩群二云斜长片麻岩(07LZ-1)

代表性碎屑锆石阴极发光图像见图6-20e。剔除^{204}Pb过高及谐和度较差的测点后，锆石U-Pb谐和图(图6-22a)和锆石谐和年龄频率分布图(图6-22b)表明，碎屑锆石年龄介于2900～450Ma之间，主要有1200～1100Ma、1050～930Ma和620～510Ma三个年龄集中区，其余为分散的年龄点或低峰值。主集中区$^{206}Pb/^{238}U$年龄介于620～510Ma之间，出现590Ma年龄高峰值，该年龄区间对应的锆石特征反映出应为遭受了构造-热事件作用扰动的碎屑锆石特征，590Ma高峰值年龄与泛非运动时限一致。$^{207}Pb/^{206}Pb$年龄为1200～1100Ma和1050～930Ma的集中区，分别出现1160Ma和1020Ma的次峰年龄值，对应的锆石呈浑圆状或不规则状外形表明其应该为中元古代晚期源区搬运来的碎屑锆石。此外，该样品还存在$^{207}Pb/^{206}Pb$年龄介于2800～1700Ma之间呈发散状分布的远源碎屑锆石，年龄最老可达2897±9Ma(中太古代)，其余为古—中元古代，表明其源区存在很古老的基底。综上所述，可以认为该样品碎屑锆石的源区存在太古代的古老物质，经历了泛非运动的叠加，应该属于东冈瓦纳印度型基底。

(二) 碎屑锆石同位素年代学谱系

从冈底斯地块群前寒武系碎屑锆石U-Pb谐和图(图6-23)和碎屑锆石年代谱系图(图6-24)可以看出，聂荣地块、申扎-察隅地块、拉萨地块和林芝地块前寒武系碎屑锆石的特征具有很大程度上的相似性，碎屑锆石年代学具有以下特征。

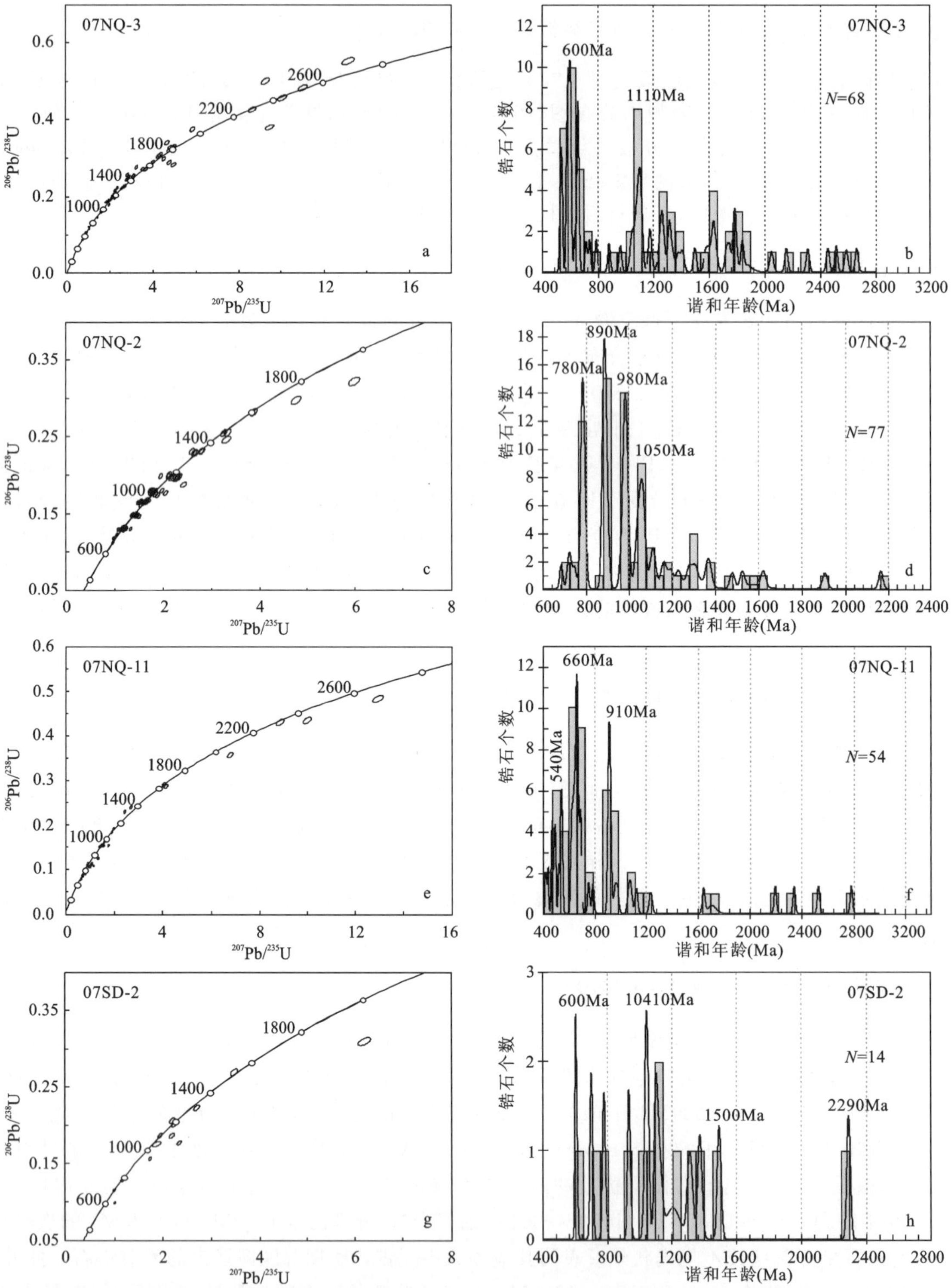

图 6-21　念青唐古拉岩群绢云石英片岩(07NQ-3)、念青唐古拉岩群石榴子石白云母斜长石英片岩(07NQ-2)、念青唐古拉岩群二云石英片岩(07NQ-11)、松多岩群二云石英片岩(07SD-2)碎屑锆石 U-Pb 谐和图(a、c、e、g)和锆石年龄频率分布图(b、d、f、h)

(1) 均存在年龄大于 2500Ma 的碎屑锆石。该地块群前寒武系中普遍保存少量太古代的碎屑锆石，如聂荣地块中聂荣岩群石榴黑云斜长片麻岩(07NR-1)含有$^{207}Pb/^{206}Pb$ 年龄为 2609±30Ma 的碎屑锆石，申扎-察隅地块中念青唐古拉岩群绢云石英片岩(07NQ-3)存在$^{207}Pb/^{206}Pb$ 年龄为 2659±11Ma、2584±12Ma 和 2512±10Ma 的碎屑锆石，申扎-察隅地块中念青唐古拉岩群二云石英片岩(07NQ-11)存在$^{207}Pb/^{206}Pb$ 年龄为 2779±9Ma 和 2528±9Ma 的碎屑锆石，林芝地块中林芝岩群二云斜长片麻岩

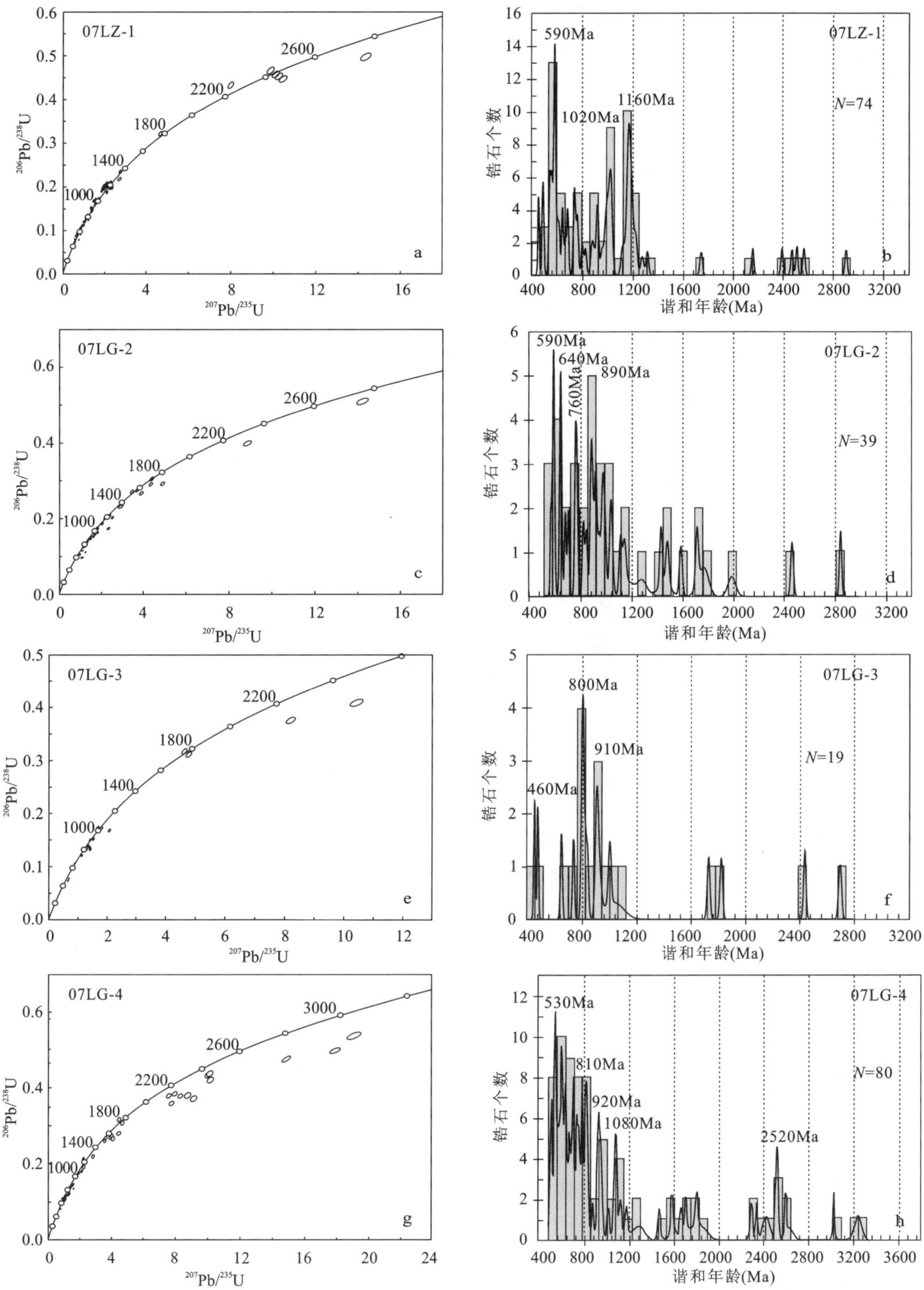

图 6-22　林芝岩群二云斜长片麻岩(07LZ-1)、拉轨岗日岩群黑云石英片岩(07LG-2)、拉轨岗日岩群黑云母硅质大理岩(07LG-3)、拉轨岗日岩群石榴子石二云石英片岩(07LG-11)碎屑锆石 U-Pb 谐和图(a、c、e、g)和锆石年龄频率分布图(b、d、f、h)

(07LZ-1)存在^{207}Pb/^{206}Pb 年龄为 2897±9Ma、2564±9Ma 和 2508±8Ma 的碎屑锆石。该年龄区间与东冈瓦纳印度型基底早期固结时限相吻合，略早于华北型基底的五台运动，但两者时限有一定的重叠，需要统筹考虑其他因素来判别其物源区。

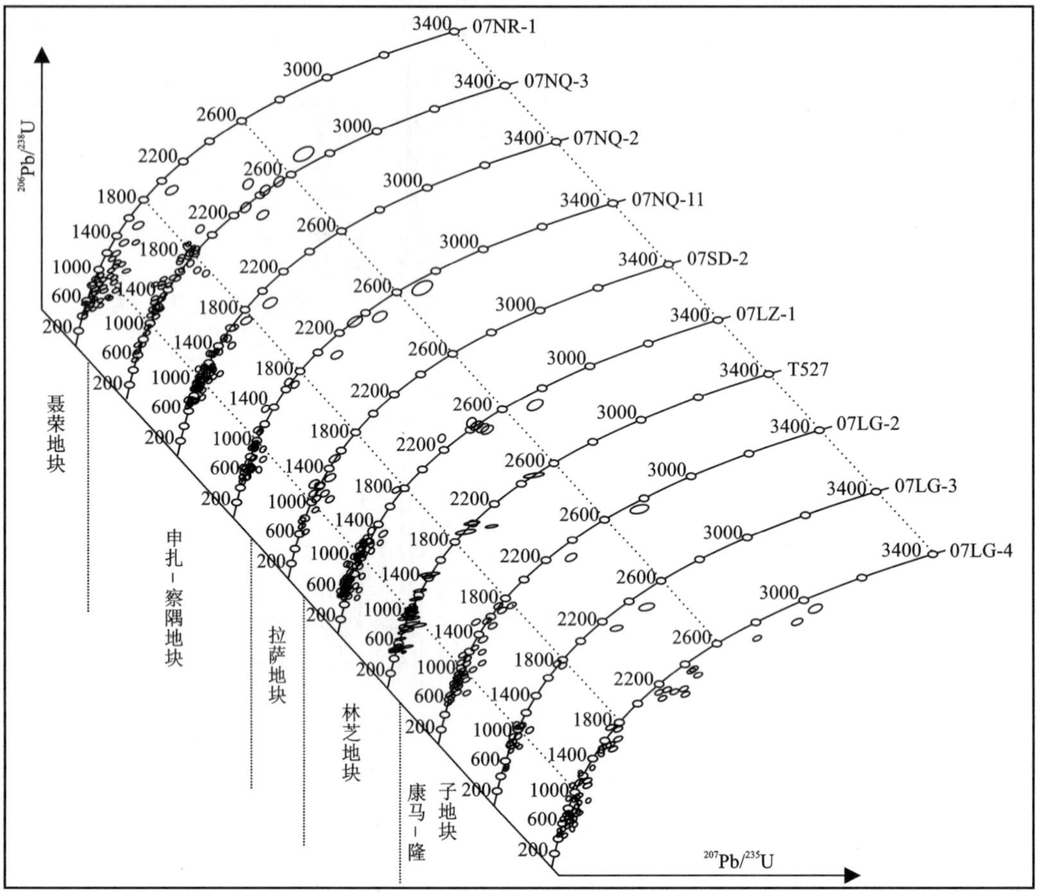

图 6-23　冈底斯地块群和喜马拉雅地块群康马-隆子地块前寒武系碎屑锆石 U-Pb 谐和图

(2) 出现少量 1550～1400Ma 年龄段的碎屑锆石，年龄低峰值为 1500Ma。

(3) 大量出现 1200～700Ma 年龄段的碎屑锆石，主集中区介于 1200～900Ma 之间，表现为一系列相近的年龄高峰值及次峰值(1160Ma、1110Ma、1050Ma、1040Ma、1030Ma、1020Ma、980Ma、910Ma 及 900Ma)。该年龄区间与印度型基底大规模岩浆侵入事件时限相一致，与扬子型基底的晋宁运动基本相当，因此该年龄区间的碎屑锆石来自东冈瓦纳印度型基底的可能性较大。

(4) 另一个主集中区介于 820～700Ma 之间，表现为一系列相近的年龄高峰值及次峰值(810Ma、780Ma 及 720Ma)。该年龄区间与印度型基底又一次大规模岩浆侵入事件时限相一致，与扬子型基底新元古代裂解事件基本吻合，相当于全球 Rodinia 超大陆裂解事件。

(5) 普遍存在遭受年龄区间为 600～500Ma 构造-热事件扰动的碎屑锆石，几乎所有样品中均有显示，表现为一系列时代相近的高峰值和次峰值(600Ma、590Ma、560Ma、540Ma 及 500Ma)。该年龄段与东冈瓦纳印度型基底的泛非运动时限相吻合。因此判断冈底斯-念青唐古拉地块前寒武系碎屑锆石的物源区应该是东冈瓦纳印度型基底，相当于印度型基底北部大陆边缘沉积区。

七、喜马拉雅地块群

(一) 康马-隆子地块

1. 样品特征

康马-隆子地块基底岩系碎屑锆石样品共 3 件(07LG-2、07LG-3 及 07LG-4)，均为本项研究自测。样品详细情况见附表和附图。

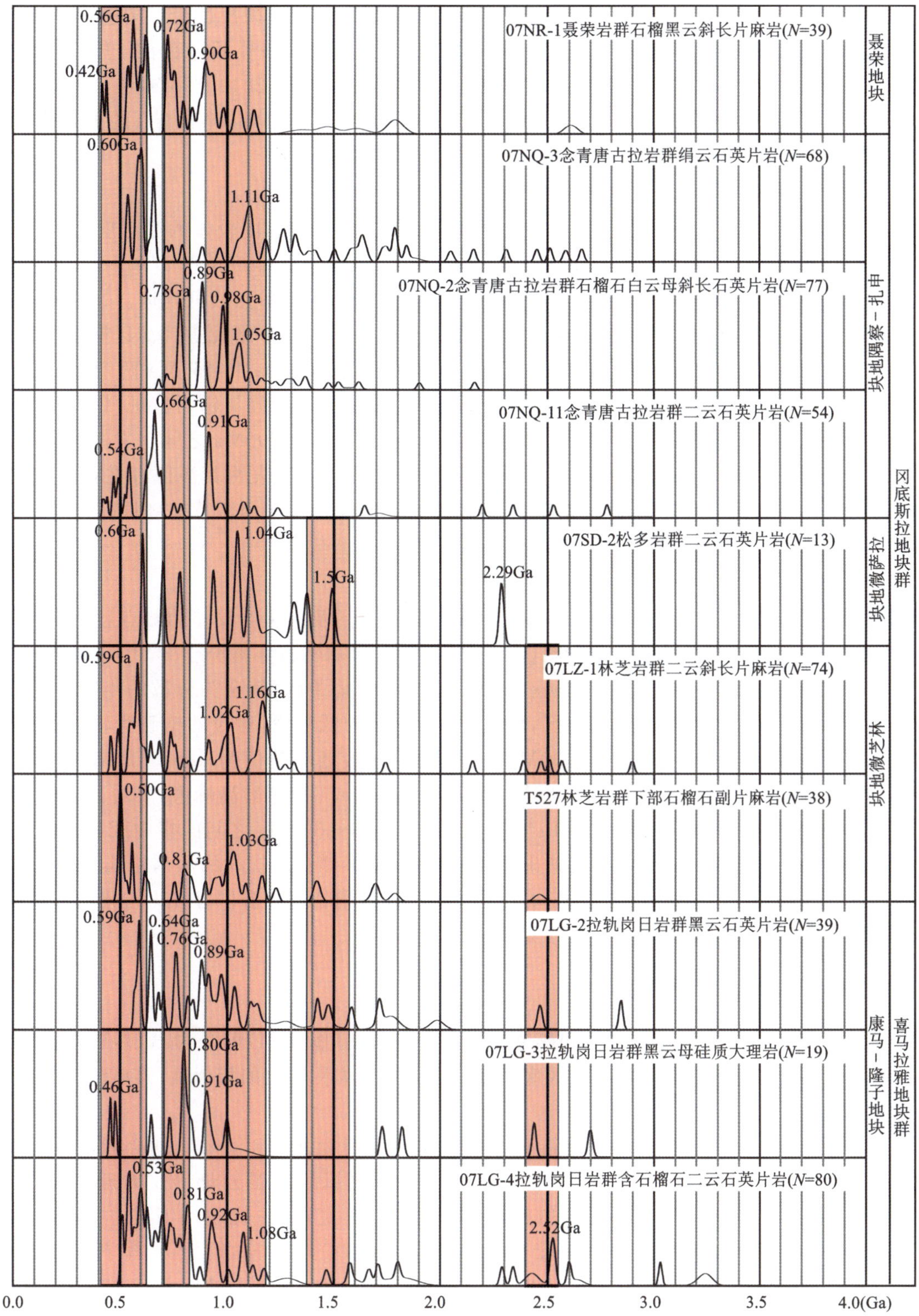

图 6-24　冈底斯地块群和喜马拉雅地块群康马-隆子地块前寒武系碎屑锆石年代谱系图

(1) 拉轨岗日岩群黑云石英片岩(07LG-2)

代表性碎屑锆石阴极发光图像见图 6-20f。剔除^{204}Pb 过高及谐和度较差的测点后，锆石 U-Pb 谐和图(图 6-22c)和锆石谐和年龄频率分布图(图 6-22d)表明，碎屑锆石年龄介于 2880～560Ma 之间，主要有 1000～880Ma、800～620Ma 和 600～540Ma 三个年龄集中区，其余为分散的年龄点或低峰值。^{206}Pb/^{238}U年龄为 1000～880Ma、800～620Ma 两个集中区的锆石，分别出现 890Ma、760Ma、640Ma 三个年龄高峰值，表明其应该为新元古代源区搬运来的碎屑锆石。锆石^{206}Pb/^{238}U 年龄介于 600～540Ma

之间的集中区，出现 590Ma 年龄高峰值，该年龄区间对应的锆石特征反映出遭受了构造-热事件作用扰动的碎屑锆石特征，590Ma 高峰值年龄与泛非运动时限一致。此外，该样品还存在 $^{207}Pb/^{206}Pb$ 年龄介于 2880～1200Ma 之间呈发散状分布的远源碎屑锆石，年龄最老可达 2840±9Ma（中太古代），其余为古—中元古代，表明其源区存在很古老的基底。综上所述，可以认为该样品碎屑锆石的源区存在太古代的古老物质，经历了泛非运动的叠加，应该属于东冈瓦纳印度型基底。

（2）*拉轨岗日岩群黑云母硅质大理岩*（07LG-3）

代表性碎屑锆石阴极发光图像见图 6-20g。剔除 ^{204}Pb 过高及谐和度较差的测点后，锆石 U-Pb 谐和图（图 6-22e）和锆石谐和年龄频率分布图（图 6-22f）表明，碎屑锆石年龄介于 2720～450Ma 之间，主要有 1300～750Ma 和 500～450Ma 两个年龄集中区，其余为分散的年龄点或低峰值。1300～750Ma 集中区的锆石，分别出现 910Ma、800Ma 两个年龄峰值，表明其应该为中—新元古代源区搬运来的碎屑锆石。锆石 $^{206}Pb/^{238}U$ 年龄介于 500～450Ma 之间的集中区，出现 480Ma 和 460Ma 两个接近的年龄峰值，该年龄区间对应的锆石特征反映出遭受了构造-热事件作用扰动的碎屑锆石特征，该峰值年龄略晚于泛非运动时限。此外，该样品还存在 $^{207}Pb/^{206}Pb$ 年龄介于 2700～1700Ma 之间呈发散状分布的碎屑锆石，年龄最老可达 2698±11Ma（新太古代），其余为古—中元古代，表明其源区存在很古老的基底。综上所述，由于该样品测试点较少，且被测锆石粒径较小，不能全面反映源区特征，但可以认为该样品碎屑锆石的源区存在太古代的古老物质，可能属于东冈瓦纳印度型基底。

（3）*拉轨岗日岩群含石榴子石二云石英片岩*（07LG-4）

代表性碎屑锆石阴极发光图像见图 6-20h。剔除 ^{204}Pb 过高及谐和度较差的测点后，锆石 U-Pb 谐和图（图 6-22g）和锆石谐和年龄频率分布图（图 6-22h）表明，碎屑锆石年龄介于 3500～500Ma 之间，主要有 2600～2400Ma、1200～800Ma 和 620～500Ma 三个年龄集中区，其余为分散的年龄点或低峰值。$^{207}Pb/^{206}Pb$ 年龄在 2600～2400Ma 的集中区，出现了 2520Ma 的低峰值，对应的锆石为较远距离搬运的碎屑锆石；此外，该样品还出现了大于 3000Ma 的碎屑锆石，最老年龄值为 3251±28Ma（古太古代）。1200～800Ma 集中区的锆石，分别出现 1080Ma、920Ma、810Ma 三个年龄高峰值，表明其应该为中—新元古代源区搬运来的碎屑锆石。锆石 $^{206}Pb/^{238}U$ 年龄介于 620～500Ma 之间的集中区，出现 530Ma 年龄高峰值，该年龄区间对应的锆石特征反映出遭受了构造-热事件作用扰动的碎屑锆石特征，530Ma 高峰值年龄与泛非运动时限一致。综上所述，可以认为该样品碎屑锆石的源区存在太古代的古老物质，经历了泛非运动的叠加，应该属于东冈瓦纳印度型基底。

2. 碎屑锆石同位素年代学谱系

从碎屑锆石 U-Pb 谐和图（图 6-23）和碎屑锆石年代谱系图（图 6-24）可以看出，喜马拉雅地块群康马-隆子地块前寒武系碎屑锆石的特征与冈底斯地块群具有很大程度上的相似性，碎屑锆石年龄表现为以下主要特征。

（1）均存在年龄大于 2500Ma 的碎屑锆石，甚至出现少量年龄大于 2800Ma 的碎屑锆石。以康马-隆子地块为代表，普遍保存少量太古代的碎屑锆石，如拉轨岗日岩群黑云母硅质大理岩（07LG-3）含有 $^{207}Pb/^{206}Pb$ 年龄为 2698±11Ma 的碎屑锆石，其时限为新太古代；拉轨岗日岩群黑云石英片岩（07LG-2）中含有 $^{207}Pb/^{206}Pb$ 年龄为 2845±9Ma 的碎屑锆石，拉轨岗日岩群石榴子石二云石英片岩（07LG-4）中含有 $^{207}Pb/^{206}Pb$ 年龄为 3251±28Ma、3230±33Ma 和 3030±8Ma 的碎屑锆石，其时限为古—中太古代。出现 2550～2400Ma 次集中区。这些地球形成初期的物质在北方型的华北型基底和扬子型基底均无报道，而印度基底大量存在这一时期的 TTG 岩系，表明北喜马拉雅地块少量物源来自印度型基底，沉积增生区的范围可能相当于东冈瓦纳印度型基底的北部大陆边缘。

（2）大量出现 1580～1380Ma、1100～880Ma 和 820～640Ma 年龄集中区的碎屑锆石，主集中区介于 1100～880Ma 之间，表现为一系列相近的年龄高峰值及次峰值（1080Ma、920Ma、910Ma、890Ma）。该年龄区间与印度型基底大规模岩浆侵入事件时限相一致，略早于扬子型基底的晋宁运动，因此该年龄区间的碎屑锆石来自东冈瓦纳印度型基底的可能性较大。

（3）另一个主集中区介于 820～700Ma 之间，表现为一系列相近的年龄高峰值及次峰值（810Ma 及

760Ma)。该年龄区间与印度型基底又一次大规模岩浆侵入事件时限相一致,与扬子型基底新元古代裂解事件基本吻合,相当于全球 Rodinia 超大陆裂解事件。

(4) 普遍存在遭受年龄区间为 600～500Ma 构造-热事件扰动的碎屑锆石,几乎所有样品中均有显示,表现为一系列时代相近的高峰值和次峰值(590Ma、530Ma)。该年龄段与东冈瓦纳印度型基底的泛非运动时限相吻合。因此,判断冈底斯-念青唐古拉地块前寒武系碎屑锆石的物源区应该是东冈瓦纳印度型基底,相当于印度型基底北部大陆边缘沉积区。

(二) 高喜马拉雅地块

1. 样品特征

高喜马拉雅地块基底岩系碎屑锆石样品共 9 件,其中 5 件(Ra、Da-1、Da-2、Da-3 和 Ga)引用前人对尼泊尔西部高喜马拉雅地区前寒武系的测试数据(G E Gehrels et al,2006),其余 4 件样品(07NL-1、07NL-4、07NL-7 和 07NJ-2)为本项研究自测。样品详细情况见附表和附图。

(1) 聂拉木岩群黑云斜长石英片岩(07NL-1)

代表性碎屑锆石阴极发光图像见图 6-25a。剔除 ^{204}Pb 过高及谐和度较差的测点后,锆石 U-Pb 谐和图(图 6-26a)和锆石谐和年龄频率分布图(图 6-26b)表明,碎屑锆石年龄介于 2700～450Ma 之间,主要有 1100～1000Ma、950～700Ma 和 600～500Ma 三个年龄集中区,其余为分散的年龄点或低峰值。$^{206}Pb/^{238}U$ 年龄为 1100～1000Ma 集中区的锆石数量较多,构成该样品碎屑锆石主体,出现 1050Ma 年龄高峰值,表明其源区存在新元古代的基底物质。锆石 $^{206}Pb/^{238}U$ 年龄介于 600～500Ma 之间的集中区,出现 520Ma 年龄低峰值,反映出遭受了构造-热事件作用扰动的碎屑锆石特征,与泛非运动时限一致。此外,该样品还存在 $^{207}Pb/^{206}Pb$ 年龄介于 2700～1200Ma 之间呈发散状分布的远源碎屑锆石,年龄最老可达 2679±22Ma(新太古代),其余为古—中元古代,表明其源区存在很古老的基底。综上所述,可以认为该样品碎屑锆石的源区存在太古代的古老物质,主集中区年龄介于 1100～1000Ma 之间,与印度型基底大规模岩浆侵入事件的时限相吻合,并经历了泛非运动的叠加,应该属于东冈瓦纳印度型基底的古大陆边缘。

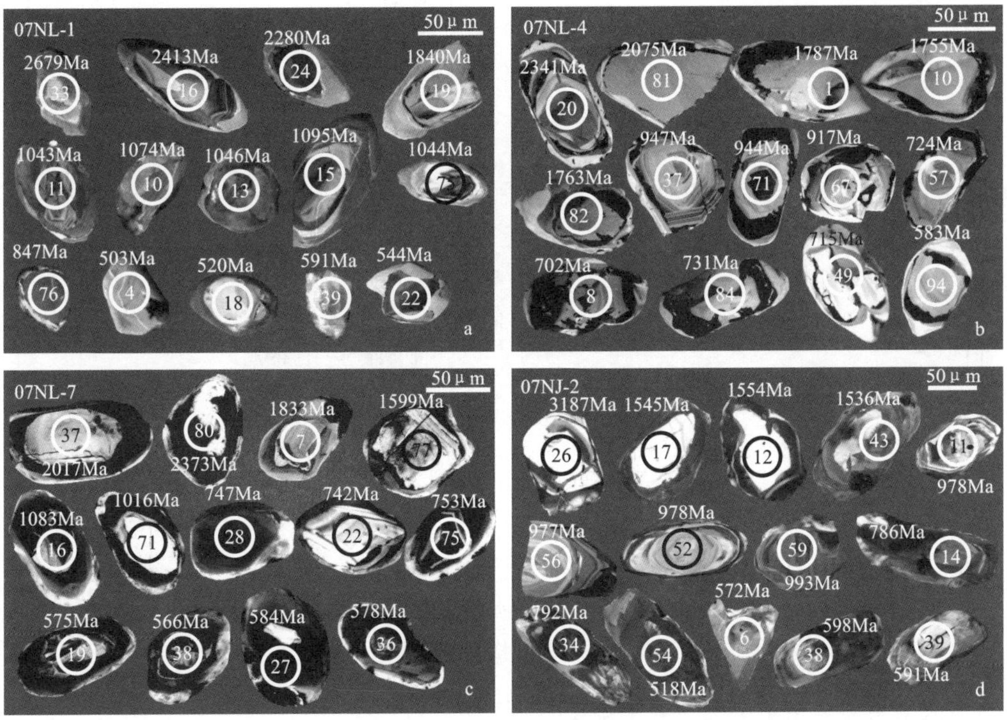

图 6-25　聂拉木岩群黑云斜长石英片岩(a)、聂拉木岩群石榴二长石英片岩(b)、聂拉木岩群黑云斜长片麻岩(c)、南迦巴瓦岩群黑云斜长片麻岩(d)碎屑锆石阴极发光(CL)图像

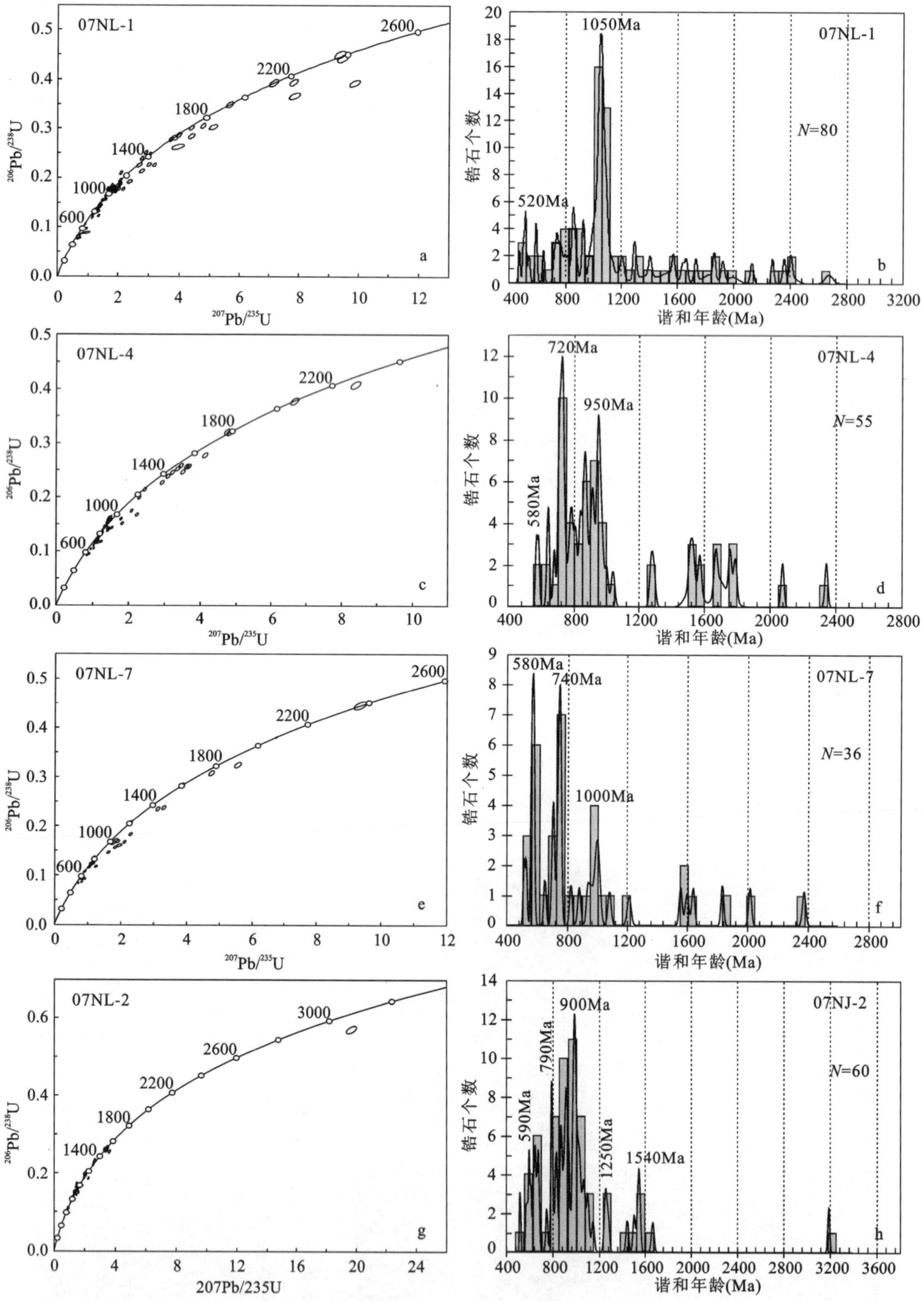

图 6-26　聂拉木岩群黑云斜长石英片岩(07NL-1)、聂拉木岩群石榴二长石英片岩(07NL-4)、聂拉木岩群黑云斜长片麻岩(07NL-7)、南迦巴瓦岩群黑云斜长片麻岩(07NJ-2)碎屑锆石 U-Pb 谐和图(a、c、e、g)和锆石年龄频率分布图(b、d、f、h)

(2) 聂拉木岩群含石榴子石二云石英片岩(07NL-4)

代表性碎屑锆石阴极发光图像见图 6-25b。剔除^{204}Pb过高及谐和度较差的测点后，锆石 U-Pb 谐和图(图 6-26c)和锆石谐和年龄频率分布图(图 6-26d)表明，碎屑锆石年龄介于 2400～540Ma 之间，主要集中于1000～700Ma年龄区间，其余为分散的年龄点或低峰值。$^{206}Pb/^{238}U$年龄为1000～700Ma集中区的锆石数量最多，构成该样品碎屑锆石主体，出现950Ma和720Ma两个年龄高峰值，表明其源区存在新元古代的多期岩浆事件。锆石$^{206}Pb/^{238}U$年龄介于600～540Ma之间的碎屑锆石数量较少，出现580Ma年龄低峰值，该年龄区间对应的锆石特征反映出可能遭受了构造-热事件作用扰动的碎屑锆石特征，与泛非运动时限一致。此外，该样品还存在$^{207}Pb/^{206}Pb$年龄介于2400～1200Ma之间呈发散状分布的远源碎屑锆石，年龄最老可达2341±9Ma(古元古代)，其余多为中元古代，表明其来自古—中元古界剥蚀区。综上所述，可以认为该样品碎屑锆石的源区主要为近源的新元古界，主集中区年龄介于1000～700Ma之间，与印度型基底大规模岩浆侵入事件的时限相吻合，并经历了泛非运动的叠加，应该属于东冈瓦纳印度型基底的古大陆边缘。

(3) 聂拉木岩群石榴黑云斜长片麻岩(07NL-7)

代表性碎屑锆石阴极发光图像见图6-25c。剔除^{204}Pb过高及谐和度较差的测点后，锆石U-Pb谐和图(图6-26e)和锆石谐和年龄频率分布图(图6-26f)表明，碎屑锆石年龄介于2400～500Ma之间，主要有1150～920Ma、780～700Ma和600～500Ma三个年龄集中区，其余为分散的年龄点或低峰值。年龄为1150～920Ma集中区的锆石数量较少，出现1000Ma年龄低峰值，表明其源区存在中元古代末—新元古代初期的基底物质。$^{206}Pb/^{238}U$年龄为780～700Ma集中区的锆石数量较多，出现740Ma年龄高峰值，表明其源区存在新元古代的岩浆事件。锆石$^{206}Pb/^{238}U$年龄介于600～500Ma之间的集中区，出现580Ma年龄高峰值，该年龄区间对应的锆石特征反映出遭受了构造-热事件作用扰动的碎屑锆石特征，580Ma高峰值年龄与泛非运动时限一致。此外，该样品还存在$^{207}Pb/^{206}Pb$年龄介于2400～1200Ma之间呈发散状分布的远源碎屑锆石，年龄最老可达2373±11Ma(古元古代)，其余多为中元古代碎屑锆石，表明其来自古—中元古界剥蚀区。综上所述，可以认为该样品碎屑锆石主要来自中元古代末—新元古代初的源区，主集中区年龄介于1150～920Ma之间，与印度型基底大规模岩浆侵入事件的时限相吻合，并经历了泛非运动的叠加，应该属于东冈瓦纳印度型基底的北部古大陆边缘。

(4) 南迦巴瓦岩群黑云斜长片麻岩(07NJ-2)

代表性碎屑锆石阴极发光图像见图6-25d。锆石U-Pb谐和图(图6-26g)和锆石谐和年龄频率分布图(图6-26h)显示，大多数测点位于$^{207}Pb/^{235}U$-$^{206}Pb/^{238}U$谐和图的谐和线附近，碎屑锆石谐和年龄介于3200～500Ma之间，主要有1100～920Ma、850～700Ma和600～500Ma三个年龄集中区，其余为分散的年龄点或低峰值。年龄为1100～920Ma集中区的锆石数量较多，出现990Ma年龄高峰值，表明其源区存在中元古代末—新元古代初期的岩浆事件。$^{206}Pb/^{238}U$年龄为850～700Ma集中区的锆石数量也较多，出现790Ma年龄高峰值，表明其源区存在新元古代的基底物质。锆石$^{206}Pb/^{238}U$年龄介于600～500Ma之间的集中区，出现590Ma和510Ma两个年龄低峰值，该年龄区间对应的锆石特征反映出遭受了构造-热事件作用扰动的碎屑锆石特征，590Ma和510Ma高峰值年龄与泛非运动时限一致。此外，该样品还存在$^{207}Pb/^{206}Pb$年龄介于3200～1200Ma之间呈发散状分布的远源碎屑锆石，年龄最老的可达3187±8Ma(中太古代)，其余多为中元古代碎屑锆石，出现1540Ma和1250Ma两个低峰值，表明其来自中太古界—中元古界剥蚀区。综上所述，可以认为该样品碎屑锆石主要来自中元古代末—新元古代初的源区，主集中区年龄介于1150～920Ma之间，与印度型基底大规模岩浆侵入事件的时限相吻合；出现了少量中太古代碎屑锆石，印度型基底大量存在地球形成早期的基底物质；并经历了泛非运动的叠加；应该属于东冈瓦纳印度型基底北部的古大陆边缘。

2. 碎屑锆石同位素年代学谱系

从碎屑锆石U-Pb谐和图(图6-27)和碎屑锆石年代谱系图(图6-28)可以看出，高喜马拉雅地块前寒武系碎屑锆石表现为以下主要特征。

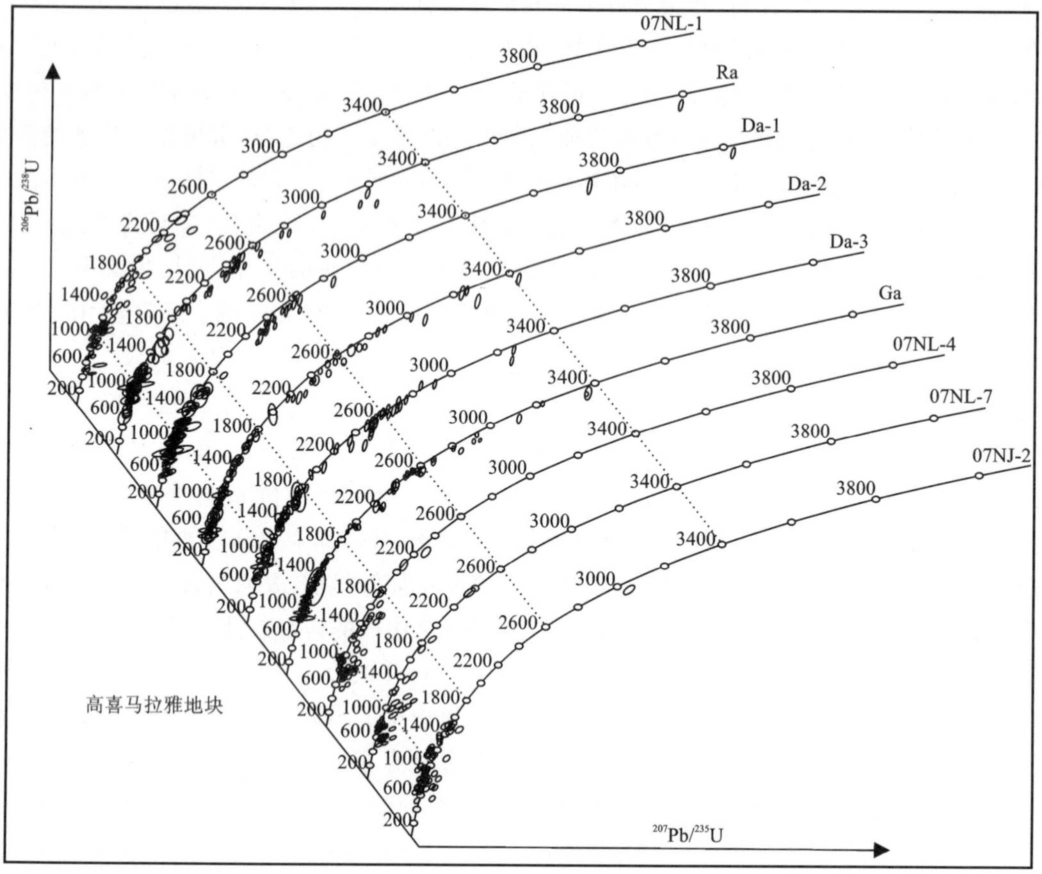

图 6-27　高喜马拉雅地块前寒武系碎屑锆石 U-Pb 谐和图

(1) 均存在年龄大于 2500Ma 的碎屑锆石，甚至出现少量年龄大于 3850Ma 的碎屑锆石。高喜马拉雅地块普遍保存少量太古代的碎屑锆石，年龄介于 3800～2500Ma 之间，在尼泊尔西部高喜马拉雅地区出现 2650～2500Ma 的年龄集中区，表现为时代十分接近的峰值年龄（2630Ma、2570Ma、2510Ma 及 2500Ma），该年龄区间与印度基底形成时代一致；除此之外，尼泊尔西部高喜马拉雅地区出现了个别冥古宙（大于 3850Ma）的碎屑锆石（G E Gehrels et al，2006），如尼泊尔西部 Silgardi 附近 Bhimphedi 群 Raduwagad 组石英岩（样号：Ra）含有 $^{207}Pb/^{206}Pb$ 年龄为 4082±6Ma 的碎屑锆石，Phulchauki 群 Damgad组砾岩（样号：Da-1）含有 $^{207}Pb/^{206}Pb$ 年龄为 4042±6Ma 的碎屑锆石，国内西藏普兰县高喜马拉雅地区石英岩中也发现 4103±4.3Ma 和 4039±26Ma 的碎屑锆石（温春齐等，2006）。这些地球形成初期的物质在北方型的华北型基底和扬子型基底均无报道，而印度基底大量存在始—中太古代的 TTG 岩系，表明高喜马拉雅地块少量物源来自印度型基底，沉积增生区的范围可能相当于东冈瓦纳印度型基底的北部大陆边缘。

(2) 出现少量 1700～1500Ma 年龄段的碎屑锆石，表现为一系列相近的年龄低峰值（1670Ma、1590Ma、1540Ma）。

(3) 大量出现 1100～900Ma 年龄段的碎屑锆石，主集中区介于 1050～920Ma 之间，表现为一组年龄相近的高峰值（1050Ma、1000Ma、990Ma、960Ma、950Ma、940Ma、930Ma）。该年龄区间与印度型基底大规模岩浆侵入事件时限相一致，主集中区时限（1100～900Ma）与扬子型基底的晋宁运动基本一致，因此该年龄区间的碎屑锆石来自东冈瓦纳印度型基底的可能性较大。

(4) 另一个主集中区介于 840～700Ma 之间，表现为一组年龄相近的次峰值（820Ma、790Ma、740Ma 及 720Ma）。该年龄区间与印度型基底又一次大规模岩浆侵入事件时限相一致，主集中区时限（820～720Ma）与扬子型基底新元古代裂解事件吻合，相当于全球 Rodinia 超大陆裂解事件。

(5) 普遍存在遭受年龄区间为 600～480Ma 构造-热事件扰动的岩浆成因碎屑锆石，几乎所有样品

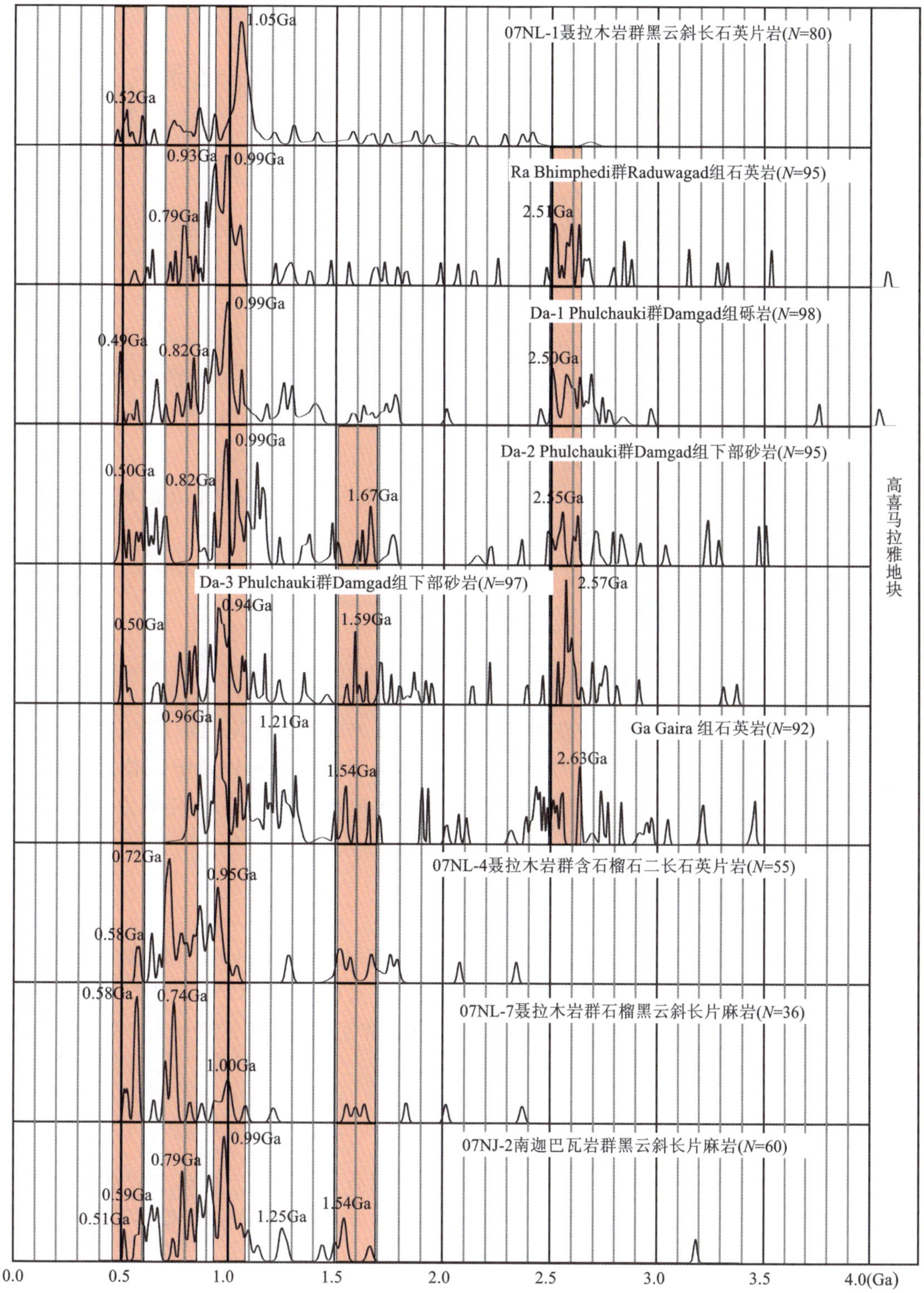

图 6-28 高喜马拉雅地块前寒武系碎屑锆石年代谱系图

中均有显示，主集中区介于 600～500Ma 之间，出现一系列时代相近的次峰值和低峰值（580Ma、520Ma、510Ma、500Ma、490Ma）。该年龄段与东冈瓦纳印度型基底的泛非运动时限相吻合。因此判断冈底斯-念青唐古拉地块前寒武系碎屑锆石的物源区应该是东冈瓦纳印度型基底，相当于印度型基底北部大陆边缘沉积区。

第二节 前寒武纪早期构造-热事件记录

一、五台期构造-热事件

（一）沉积作用记录

由于青藏高原及邻区前寒武系主要分布于高原周缘，高原腹地前寒武系仅零星出露，且遭受了多期次构造-热事件的叠加改造，前寒武纪早期构造-热事件的记录保存极为有限，尤其是沉积记录。研究区范围内截至目前未发现确切的五台期构造-热事件(2500Ma)的沉积记录。

在研究区外的内蒙古大青山—乌拉山一带，发现中—新太古代乌拉山岩群在区域上被古元古代美岱召岩群(二道洼群)角度不整合覆盖(杨振升等，2006)。

（二）岩浆作用记录

1. 2700～2400Ma 中酸性岩浆侵入

在阿尔金地块的阿克塔什塔格一带获得了大量年龄为2700～2600Ma的TTG岩系(陆松年等，2003)，铁克里克地块侵入赫罗斯坦岩群中的阿卡孜二长花岗岩体锆石SHRIMP同位素年龄为2426±46Ma(张传林等，2003)。全吉地块侵入达肯大坂岩群的莫河片麻岩锆石U-Pb年龄为2348Ma(郝国杰等，2004)。

2. 2500～2000Ma 双峰式火山喷发

喀喇昆仑地块布伦阔勒岩群双峰式火山活动，片理化变流纹岩锆石LA-ICP-MS测年为2481±14Ma(Ji et al，2011)。拉萨地块岔萨岗岩群双峰式火山喷发，变基性火山岩LA-ICP-MS锆石U-Pb上交点年龄为2450±10Ma(何世平等，2013b)。西昆仑地块库浪那古岩群变(枕状)玄武岩锆石LA-ICP-MS年龄为2025±13Ma。

3. 2400～1900Ma 基性岩侵入

阿尔金地块侵入米兰岩群的基性岩脉(斜长角闪岩)锆石U-Pb不一致线上交点年龄为2351±21Ma(陆松年等，2000)。全吉地块德令哈一带基性岩墙年龄为1852±15Ma(陆松年等，2006)。

（三）变质作用记录

在该事件中主要表现为2000～1900Ma的角闪岩相-麻粒岩相变质以及深熔作用。

阿尔金地块米兰岩群二辉麻粒岩锆石SHRIMP年龄为1983±19Ma(于海峰等，2002)，1∶25万石棉矿幅区调中阿尔金地块北部克孜勒塔格西米兰岩群黑云斜长片麻岩获得锆石SHRIMP后期变质年龄为2000～1900Ma。

喀喇昆仑地块布伦阔勒岩群变流纹岩LA-ICP-MS锆石U-Pb变质年龄为2016±39Ma(Ji et al，2011)。

全吉地块达肯大坂岩群中花岗质浅色体锆石U-Pb变质年龄为1924±14/15Ma(王勤燕等，2008)，在误差范围内与乌兰一带的深熔作用年龄1939±21Ma(郝国杰等，2004)一致。

(四) 碎屑锆石年代学指示

(1) 塔里木陆块(南部)阿尔金地块和铁克里克地块 2330~2280Ma 碎屑锆石年龄集中区,可能对应于蚀源区中酸性岩侵入。

(2) 华北陆块(西南部)阿拉善地块和贺兰地块 2500~2360Ma 碎屑锆石年龄集中区,可能对应蚀源区中酸性岩侵入。

(3) 秦-祁-昆地块群全吉地块和东昆仑地块 2510~2350Ma 碎屑锆石年龄集中区,北-中祁连地块 2650~2380Ma 碎屑锆石年龄集中区,可能对应蚀源区中酸性岩侵入。

(4) 羌塘三江地块群玉树-昌都地块和荣玛地块 2580~2450Ma 碎屑锆石年龄集中区,可能对应蚀源区中酸性岩侵入。

(5) 高喜马拉雅地块 2630~2500Ma 碎屑锆石年龄集中区,可能对应蚀源区中酸性岩侵入。

二、中条-吕梁期构造-热事件

(一) 沉积作用记录

(1) 塔里木陆块铁克里克地块埃连卡特岩群局部被长城系塞拉加兹塔格岩群和上泥盆统奇自拉夫组不整合覆盖。该不整合接触关系有待进一步查证。

(2) 华北陆块(西南部)的阿拉善地块龙首山岩群被上覆蓟县系墩子沟群呈不整合覆盖。华北陆块(西南部)的贺兰地块桌子山一带缺失古元古代—长城系地层,蓟县系黄旗口组石英砂岩不整合于中元古代黑云斜长花岗岩之上。

(3) 秦祁昆地块群的北-中祁连地块湟源岩群($Pt_1H.$)被其上湟中群磨石沟组(Ch*m*)不整合覆盖。

(二) 岩浆作用记录

1. 2100~1700Ma 中酸性岩浆侵入

1∶25 万石棉矿幅区调中塔里木陆块(南部)阿尔金地块北部片麻状闪长岩成岩年龄为 2135±110Ma,片麻状石英二长闪长岩成岩年龄为 2140.5±9.5~2051.9±9.9Ma,片麻状石英正长岩成岩年龄为 1873.4±9.6Ma。

华北陆块(西南部)的阿拉善地块金昌西北三道弯附近花岗质片麻岩单颗粒锆石 U-Pb 上交点年龄为 1914±9Ma(修群业等,2002),金昌双井北奥长花岗岩单颗粒锆石 U-Pb 上交点年龄为 2015±16Ma(修群业等,2004)。

秦-祁-昆地块群的全吉地块达肯大坂岩群中花岗质浅色体锆石的 U-Pb 年龄为 1924 ±14/15Ma(王勤燕等,2008),乌兰一带的中浅色脉体锆石 U-Pb 年龄为 1939±21Ma(郝国杰等,2004),鹰峰环斑花岗岩年龄为 1776±33(肖庆辉等,2003)、1763±53Ma(陆松年等,2006)。

喜马拉雅地块群的境外喜马拉雅地区、我国高喜马拉雅地块和康马-隆子地块陆续发现 2200~1800Ma 花岗质片麻岩、二长花岗岩。

印度陆块(北部)西隆高原西部发现 1772 ±6Ma 的英云闪长岩(Ameen et al,2007)

2. 古(-中)元古代岩浆喷发

扬子陆块(西部)以河口岩群和下村岩群为代表的碱性系列火山-火山碎屑岩系。

3. 1600～1300Ma 中酸性岩浆侵入

秦-祁-昆地块群的西昆仑地块北带托赫塔卡鲁姆片麻状石英二长闪长岩角闪石 Rb-Sr 等时线年龄为 1567Ma(新疆地质局二队综合组,1979),1∶25 万塔什库尔干塔吉克自治县幅区调阿孜别里迪片麻状二长花岗岩锆石 U-Pb 上交点年龄为 1301±15Ma;1∶25 万昌马酒泉幅区调中北-中祁连地块柳沟峡花岗质片麻岩中测得锆石 U-Pb 等时线年龄为 1463Ma。

高喜马拉雅地块林芝地区多雄拉花岗片麻岩和浅色体的锆石 LA-ICP-MS U-Pb 分别为 1583±6Ma 和 1594±13Ma(郭亮等,2008)。

印度陆块(北部)布拉马普特拉河谷两个花岗质片麻岩年龄分别为 1520Ma 和 1630Ma(Yin et al,2010)。

4. 1400～1000Ma 岩浆喷发

秦-祁-昆地块群以东昆仑的万宝沟岩群温泉沟岩组、北-中祁连地块的朱龙关群熬油沟组、兴隆山群、皋兰群为代表的基性火山岩、中基性火山岩。其中,万宝沟岩群温泉沟岩组变玄武岩锆石 SHRIMP U-Pb 年龄为 1348±30Ma(魏启荣等,2007)。

扬子陆块(西部)康滇地块以会理群、昆阳群、登相营群、峨边群为代表的中酸性火山岩(主要)、中基性火山岩(次要),伴有大量火山碎屑岩。会理群天宝山组酸性火山岩锆石 SHRIMP U-Pb 年龄为 1028±9Ma(耿元生等,2007),会东小街地区会理群淌塘组的凝灰岩和会东会理群青龙山组变流纹岩锆石 SHRIMP U-Pb 年龄分别为 1051Ma、1270±95/100Ma(中国地质调查局科技外事部和全国地层委员会办公室,2010),昆阳群富良棚段火山凝灰岩中获得 1032±9Ma 的锆石 SHRIMP U-Pb 年龄(张传恒等,2007),云南东川地区昆阳群黑山组凝灰岩锆石 SHRIMP U-Pb 年龄为 1503±17Ma(孙志明等,2009)。

羌塘-三江地块群他念他翁地块和中甸地块以吉塘岩群酉西岩组和石鼓岩群露西岩组为代表的中基性火山岩。其中,西藏八宿县浪拉山吉塘岩群酉西岩组石英绿泥片岩(原岩为中性火山岩)原岩形成年龄为 965±55Ma,西藏察雅县酉西村吉塘岩群酉西岩组绿片岩(原岩为中基性火山岩)的原岩形成年龄为 1048.2±3.3Ma(何世平等,2012b)。

冈底斯地块群的嘉玉桥地块以卡穷岩群为代表的中基性火山岩。西藏八宿县同卡乡北卡穷岩群条带状斜长角闪岩(原岩为中基性火山岩)锆石 LA-ICP-MS U-Pb 上交点年龄为 1082±18Ma(何世平等,2012b)。

(三) 变质作用记录

在该事件中主要表现为 1800Ma 的角闪岩相-麻粒岩相叠加变质作用。

塔里木陆块(南部)阿卡孜乡西赫罗斯坦岩群中角闪斜长片麻岩锆石边部的 U-Pb 年龄平均为 1835±7Ma(本项目)。

1∶25 万定结县幅区调中北喜马拉雅的马卡鲁花岗闪长质片麻岩锆石 SHRIMP 法获得的变质年龄为 1827±25Ma,拉轨岗日花岗质片麻岩锆石 SHRIMP 法获得的变质年龄为 1812±7Ma。

阿尔金地块阿尔金岩群斜长角闪岩的角闪石 ^{40}Ar-^{39}Ar 等时线年龄为 1861.95±37.42Ma(柏道远等,2004)。

(四) 碎屑锆石年代学指示

(1) 阿尔金地块 1970～1740Ma 的碎屑锆石主峰期年龄。

(2) 阿拉善地块和贺兰地块 1940～1830Ma 的碎屑锆石高峰值年龄区间。

(3) 全吉地块和东昆仑地块 1780～1580Ma 的碎屑锆石年龄集中区。

(4) 北-中祁连地块、南祁连地块和北秦岭地块(西部)大量存在 1870～1690Ma 和 1250～1080Ma 的碎屑锆石。北-中祁连地块和北秦岭地块(西部)1520～1390Ma 碎屑锆石年龄集中区。

(5) 扬子地块(西部)1430～1350Ma 相对较多的碎屑锆石年龄区间。

第三节 Rodinia 超大陆汇聚和裂解事件

一、Rodinia 超大陆构造-热事件时空分布规律

(一) Rodinia 超大陆构造-热事件时间分布规律

在时间上,Rodinia 超大陆构造-热事件分早、晚期。早期集中发生于 1100～800Ma,主要表现为大规模中酸性岩体侵入,角闪岩相-麻粒岩相变质,以及新元古界与下伏基底区域性不整合,属于 Rodinia 超大陆汇聚事件,相当于晋宁运动。晚期集中发生于 800～700Ma,主要表现为基性岩侵入作用和大规模双峰式-基性火山喷发活动,以及退变质作用,属于 Rodinia 超大陆裂解事件。

(二) Rodinia 超大陆构造-热事件空间分布规律

在空间上,青藏高原及邻区不同前寒武纪块体均有 Rodinia 超大陆构造-热事件的地质记录,但强弱程度和表现形式各有差异,其中扬子陆块(西部)该期构造-热事件最为强烈(图 6-29)。

(1) Rodinia 超大陆汇聚事件在亲欧亚古大陆和亲冈瓦纳古大陆均有分布。在亲欧亚古大陆,除华北陆块(西南部)表现较弱,仅有少量中酸性侵入体和局部沉积不整合之外,未发现该期变质作用和碎屑锆石年代学记录;而在塔里木陆块(南部)、秦-祁-昆地块群、羌塘-三江地块群和扬子陆块(西部),该期构造-热事件较为强烈,表现为大量中酸性岩侵入、变质作用和大批碎屑锆石年代学记录;尤其是扬子陆块(西部),除了大规模中酸性岩侵入外,还普遍缺失青白口系,南华系底部与下伏地层的区域性不整合,并出现了成带分布的中基性麻粒岩。在亲冈瓦纳古大陆,该期构造-热事件主要发生于高喜马拉雅地块的境外地区——印度陆块(北部),主要表现为大量中酸性岩体侵入和碎屑锆石年龄记录,局部保留该期变质作用,未发现相应的沉积记录;冈底斯地块群该期构造-热事件相对较弱,仅有相当于该期构造-热事件的碎屑锆石年龄记录,局部记录有该期变质作用,未发现该期中酸性岩体侵入和沉积记录。

总之,Rodinia 超大陆汇聚事件具有呈带分布的特征,主要沿秦-祁-昆造山系和扬子西缘,其次为高喜马拉雅造山带。

(2) Rodinia 超大陆裂解事件在亲欧亚古大陆明显比亲冈瓦纳古大陆强烈。在亲欧亚古大陆,该期裂解事件较为强烈的地区为阿拉善地块南缘、扬子陆块(西部)、秦-祁-昆地块群及铁克里克地块;在阿拉善地块南缘主要为伴随大规模 Cu-Ni 成矿作用的镁铁质—超镁铁质岩侵入,扬子陆块(西部)主要表现为大量基性岩体和基性岩墙侵入和大规模双峰式岩浆喷发,秦-祁-昆地块群主要表现为链状基性—中基性火山喷发,铁克里克地块主要为强烈的双峰式火山喷发。亲冈瓦纳古大陆该期裂解事件较弱,仅分布于冈底斯地块群北缘和高喜马拉雅地块;冈底斯地块群北缘主要表现为零星的中基性火山喷发(863～718Ma)和基性岩浆侵入,在喜马拉雅地块群仅在碎屑锆石年龄中有相当于该期裂解事件的记录。

总之,Rodinia 超大陆裂解事件也具有成带分布的特征,主要沿祁连-昆仑造山系北缘和扬子西缘,次为冈底斯中北部和他念他翁山一线。

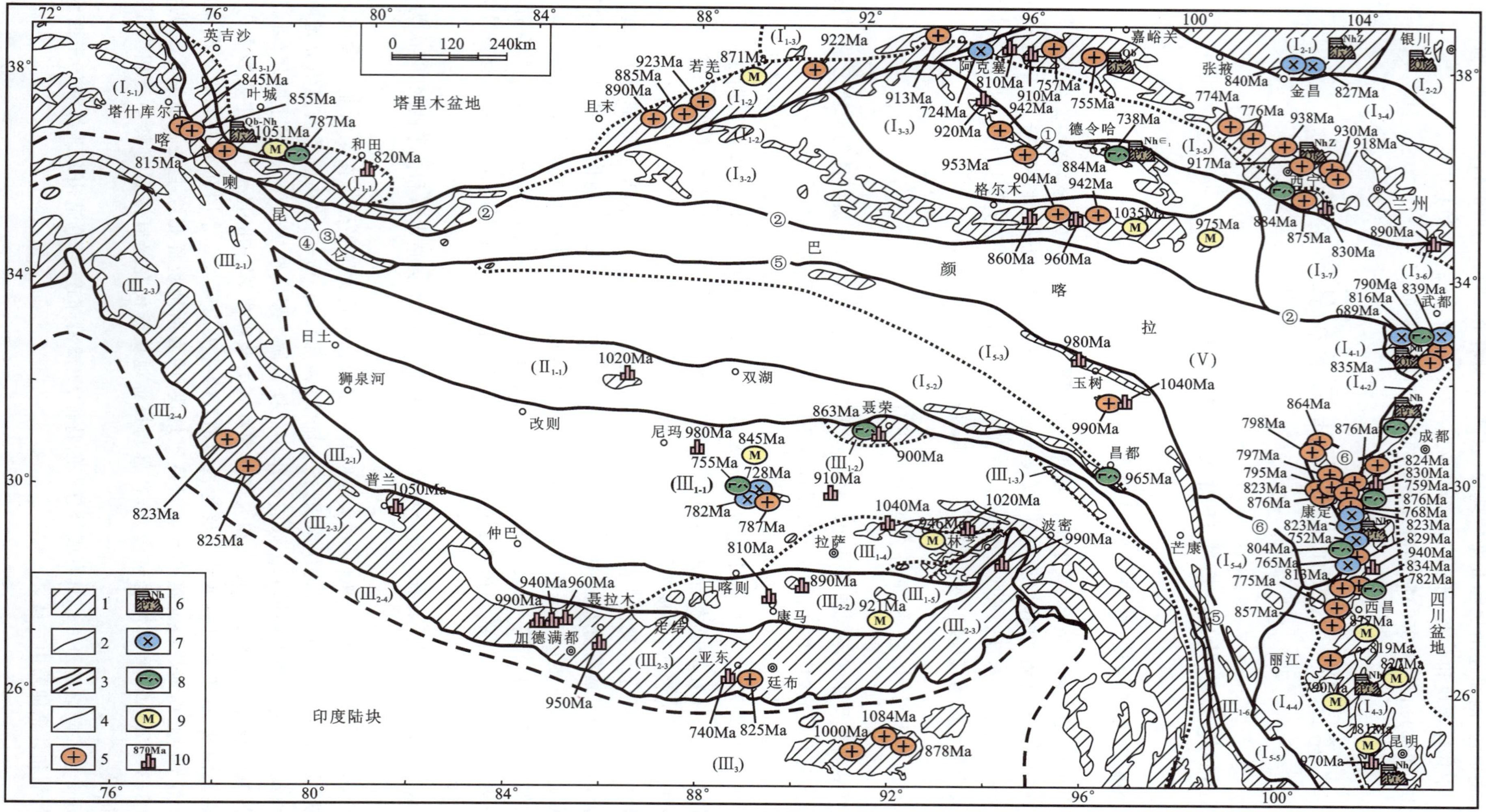

图6-29 青藏高原Rodinia超大陆汇聚和裂解事件标志性特征分布图(构造-地层区划同表2-1、图2-1)

1.前寒武系；2.区域性断裂（①.宗务隆山断裂，②.康西瓦-木孜塔格-玛沁-勉县-略阳断裂，③.郭扎错-泉水沟断裂，④.岔路口-神仙湾断裂，⑤.拉竹龙-西金乌兰-金沙江断裂，⑥.龙门山-雅砻江断裂）；3.二级构造-地层区界线和推测界线；4.三级构造-地层区界线；5.Rodinia超大陆汇聚事件中酸性侵入岩；6.晋宁期不整合综合地层柱；7.Rodinia超大陆裂解事件基性侵入岩；8.Rodinia超大陆裂解事件火山岩；9.晋宁期变质作用记录；10.基底岩系碎屑锆石晋宁期峰值年龄

二、Rodinia 超大陆汇聚事件

（一）沉积作用记录

（1）在塔里木陆块（南部）的铁克里克地块苏库罗克组（Qb*sk*）和恰克马克力克组（Nh_2q）冰碛岩分布不整合覆于下伏地层之上。

（2）华北陆块（西南部）的阿拉善地块缺失青白口系，韩母山群（Nh*ZH*）冰成岩与下伏蓟县系墩子沟群呈不整合接触；贺兰地块缺失南华系，正目观组（Z*z*）冰碛地层与下伏王全口群为不整合接触。

（3）秦-祁-昆地块群的全吉地块全吉群（$Nh\in_1Q$）下部与达肯大坂岩群呈不整合接触。

（4）秦-祁-昆地块群的北-中祁连地块龚岔群（Qb*G*）和白杨沟群（Nh*ZB*）分别与下伏地层不整合接触。

（5）扬子陆块（西部）青白口系的普遍缺失，关家沟组（Nh*g*）、莲沱组（Nh_1l）、苏雄组（Nh_1s）、澄江组（Nh_1c）和陆良组（Nh*ll*）与下伏地层的不整合。

（二）岩浆作用记录

（1）塔里木陆块（南部），尤其是阿尔金地块存在大量 950～800Ma 碰撞型中酸性变质侵入体。

（2）华北陆块（西南部）的阿拉善地块发育 926～904Ma 片麻状花岗岩（耿元生等，2010）。

（3）秦祁昆地块群发育大量 942～751Ma 的片麻状花岗岩类。

（4）扬子陆块（西部）获得大量 900～800Ma 高精度锆石年龄的中酸性及碱性侵入体。

（5）在羌塘-三江地块群的喀喇昆仑地块和玉树-昌都地块，陆续发现 1000～850Ma 片麻状中酸性侵入体。

（6）喜马拉雅地块群的境外喜马拉雅地区，近年来也获得一批 878～820Ma 的片麻状花岗岩或正片麻岩。

（7）印度陆块（北部）的米吉尔丘陵地区北缘和西隆高原获得一批 1111～1000Ma 的钾长花岗岩和花岗质片麻岩（Yin et al，2010）。

（三）变质作用记录

（1）塔里木陆块（南部）的铁克里克地块埃连卡特岩群、阿尔金地块阿尔金岩群变质岩系角闪石和黑云母 $^{40}Ar/^{39}Ar$ 年龄为 1051～871Ma。

（2）秦-祁-昆地块群的东昆仑地块变质岩系锆石 SHRIMP 变质年龄和角闪石 $^{40}Ar/^{39}Ar$ 年龄主要集中于 1074～975Ma。

（3）扬子陆块（西部）攀西一带中基性麻粒岩角闪石和变质岩系中角闪石 $^{40}Ar/^{39}Ar$ 年龄集中于 1019～781Ma。

（4）冈底斯地块群的念青唐古拉群和林芝岩群斜长角闪岩中角闪石 $^{40}Ar/^{39}Ar$ 年龄为 946～845Ma。

（5）喜马拉雅地块群的肉切村岩群角闪片岩 $^{40}Ar/^{39}Ar$ 年龄为 921Ma。

（四）碎屑锆石年代学指示

（1）塔里木陆块（南部）的铁克里克地块前寒武系碎屑锆石具有 820～780Ma 的次峰期年龄。

（2）秦-祁-昆地块群的全吉地块和东昆仑地块前寒武系碎屑锆石具有 960～780Ma 的年龄集中区；在北-中祁连地块、南祁连地块和北秦岭地块（西部）前寒武系碎屑锆石存在 910～810Ma 的密集年龄高峰值。

（3）扬子陆块（西部）前寒武系碎屑锆石呈现 1020～830Ma 的密集年龄高峰值。

(4) 羌塘-三江地块群的玉树-昌都地块前寒武系碎屑锆石出现 1040～900Ma 的年龄高峰值。
(5) 冈底斯地块群的前寒武系碎屑锆石出现 1160～890Ma 的年龄密集集中区。
(6) 喜马拉雅地块群前寒武系碎屑锆石表现为 1050～930Ma 的年龄密集高峰值。

三、Rodinia 超大陆裂解事件

(一) 沉积作用记录

在该事件中主要为与火山作用相伴的沉积作用,以及碳酸盐岩沉积和含磷层。

(二) 岩浆作用记录

(1) 塔里木陆块(南部)铁克里克地块以塞拉加兹塔格岩群为代表的双峰式火山岩,其中变基性凝灰岩岩浆成因 LA-ICP-MS 锆石 U-Pb 年龄为 787±1Ma(王超等,2009);阿尔金地块以索尔库里群为代表的变中基性火山岩夹层。

(2) 华北陆块(西南部)阿拉善地块南缘伴随大规模 Cu-Ni 成矿作用的镁铁质—超镁铁质岩,含硫化物橄长岩(浸染状矿石)锆石 SHRIMP U-Pb 年龄为 827±8Ma(李献华等,2004)。

(3) 秦-祁-昆地块群的西昆仑地块柳什塔格钙碱性—碱性系列玄武岩;南祁连地块化隆岩群中所夹变质中基性火山岩(884Ma);北-中祁连地块北大河岩群基性火山岩(724Ma);全吉地块的全吉群石英梁组为基性火山岩夹层(800～738Ma);北秦岭地块丹凤群变基性火山岩。

(4) 扬子陆块(西部)大量基性岩体和基性岩墙(840～752Ma);以碧口群、通木梁群、黄水河群、盐边群及苏雄组为典型代表的双峰式岩浆喷发(846～776Ma)。

(5) 冈底斯地块群聂荣地块和申扎-察隅地块的中基性火山喷发(863～718Ma)和基性岩浆侵入(782Ma)。

(三) 变质作用记录

在该事件中主要为角闪岩相-麻粒岩相退变为绿片岩相的退变质作用,目前这方面的研究较少,得进一步加强。

(四) 碎屑锆石年代学指示

(1) 扬子陆块(西部)前寒武系碎屑锆石 710～690Ma 的低峰值年龄。
(2) 羌塘-三江地块群的玉树-昌都地块前寒武系碎屑锆石出现 840～760Ma 的年龄集中区。
(3) 冈底斯地块群前寒武系碎屑锆石 810～720Ma 的年龄高峰值。
(4) 喜马拉雅地块群前寒武系碎屑锆石 820～720Ma 的年龄次峰值。

第四节　泛非期构造-热事件

一、泛非运动与“泛华夏”运动的甄别

(一) 泛非运动与“泛华夏”运动的概念

1. 泛非运动

泛非运动(Pan-African orogeny)由肯尼迪(W Q Kennedy,1964)创名,是指非洲大陆乃至整个冈瓦

纳大陆前寒武纪晚期—寒武纪的构造运动，发生于600～500Ma前的构造-热事件为主要表现形式的造山运动，该期造山作用导致原始冈瓦纳古陆聚合。南美的巴西造山运动与之发生时限及运动性质颇为相似，故又统称"泛非-巴西造山作用"(Pan-African-Brazianin Orogen，以下简称泛非运动)，主要强调这一造山作用在冈瓦纳形成过程中的重要性。

有的学者认为从罗迪尼亚裂解开始至冈瓦纳超大陆形成(900～500Ma)均属泛非运动范畴，另一些学者则将泛非运动局限于冈瓦纳汇聚阶段，时限主要集中在600～550Ma之间(Kroner，1993)。陆松年等(2004)倾向使用狭义的泛非造山作用概念，即莫桑比克洋的闭合使东冈瓦纳与西冈瓦纳拼合的造山过程(Santosh et al，2001)。

冈瓦纳超大陆是在新元古代末至古生代初由东冈瓦纳和西冈瓦纳等几个大陆块体经过泛非-巴西运动联合组成的超级大陆。显然，冈瓦纳超大陆的规模远不及罗迪尼亚联合大陆。冈瓦纳超大陆的形成有两个最重要的构造带(Achayya，2000)，一是介于东、西冈瓦纳之间的东非造山带，该带波及东非、马达加斯加、印度南部、斯里兰卡和东南极，并以麻粒岩相变质作用为标志，形成的时代介于600～550Ma之间。另一条构造带发育于东、西非之间并延伸到刚果和巴西东南部，其中，巴西东南部长达2000km的新元古代晚期岩浆弧的发育尤其引人注目。

东非造山带是东、西冈瓦纳之间拼合的主要造山带，以高级变质作用、大量酸性侵入体的出现及以稀有金属和宝石为主的成矿作用为特色。造山带东部由印度、东南极和澳大利亚大陆组成，一部分学者认为它们在中元古代末期即已聚合，形成东冈瓦纳并受到泛非造山作用的强烈影响；另一部分学者则认为东冈瓦纳是泛非造山作用的产物(600～550Ma)，在中元古代末期它们彼此互不相连。最新研究成果表明，东非造山带从莫桑比克带沿伸到东南极的Dronning Maud陆地，即从马达加斯加的Ranotsara剪切带和南印的Achankovil剪切带沿伸到斯里兰卡和东南极。

2. "泛华夏"运动

"泛华夏"运动(Pan-Huaxia Orogen)由陆松年(2004)正式提出，建议以该术语代替中国地学界长期和广泛使用的"加里东造山运动"一词，以表征该期造山作用对中国大陆地质演化的重要性。"泛华夏"运动主要指发生于秦-祁-昆造山系中的早古生代造山作用，发生于520～400Ma前，导致秦-祁-昆洋的相继闭合及褶皱变质的造山过程。

"泛华夏"运动主要表现为蛇绿岩残片、岛弧火山岩、弧后或弧前盆地等与造山作用有关的火山-沉积岩层的存在，深俯冲造成的高压—超高压变质作用，各种同构造深成侵入体的发育、深熔作用和大规模推覆及同构造变形等地质记录。

(二) 泛非运动与"泛华夏"运动的差别

泛非运动与"泛华夏"运动之间主要有下列异同点(表6-1)。

表6-1　泛非运动与"泛华夏"运动特征对比

构造事件	泛非运动	"泛华夏"运动
时限	600～500Ma	520～400Ma
范围	东、西冈瓦纳大陆之间	秦-祁-昆造山系
标志	莫桑比克洋闭合	秦-祁-昆洋相继闭合
地质界线	奥陶系/基底	志留-泥盆系/基底或前志留系
主要表现	大规模的麻粒岩相变质，高温、高压变质矿物出现，盛产蓝宝石，广泛出现紫苏花岗岩	角闪岩相+高压—超高压变质，重熔的淡色脉体，蛇绿岩，岛弧火山岩和同造山侵入体

（1）泛非运动以一期造山作用为主，构造-热事件时限集中于600～500Ma，只有部分学者认为存在格林威尔和泛非两期造山作用（Yoshida et al，2003）；而"泛华夏"运动往往与其后的华力西运动相伴，表现为多期造山作用叠加的特征，构造-热事件时限介于520～400Ma之间，比泛非运动晚约100Ma。

（2）泛非运动主要发生于东、西冈瓦纳之间，导致莫桑比克洋闭合，形成东非造山带及巴西造山带。而"泛华夏"运动发生于秦-祁-昆造山系，使得秦-祁-昆洋相继闭合，形成秦-祁-昆造山系构造-热事件中的一期地质记录，其后又叠加了华力西运动、印支运动等，才隆升造山。

（3）泛非运动以大规模的麻粒岩相变质作用为特征，深熔淡色脉体和深熔花岗岩的出现十分广泛，以出现紫苏花岗岩化现象为特征，其发育程度远远超过秦-祁-昆造山系，同时有高温、高压变质矿物组合的出现，因此泛非造山带中盛产蓝宝石。然而，秦-祁-昆造山系泛华夏期变质作用的级别跨度较大，不仅有角闪岩相变质，还出现高压—超高压变质岩石、重熔作用形成的淡色脉体、蛇绿岩、岛弧火山岩和同造山侵入体等，特别是以超高压榴辉岩的发育为特色，但迄今未发现形成宝石级别的大规模的高温变质矿物组合。

（4）泛非运动最典型的地质记录为奥陶系不整合于寒武系及其之前的基底岩系之上。而"泛华夏"运动所保留的地质记录为志留系或泥盆系不整合于前寒武纪基底或前志留系之上。

因此，泛非运动与"泛华夏"运动除了在时间上存在部分重叠外，两者在发生的构造背景、地理范围、造山过程、地质界线和主要表现形式等方面均存在显著差异。秦-祁-昆造山系与东非造山带为在时代和地理范围上均有差异的两条造山带，前者主要与秦-祁-昆洋的演化有关，而后者受控于莫桑比克洋的闭合和冈瓦纳大陆的聚合作用。

二、泛非运动的沉积记录

（一）泛非运动在境外高喜马拉雅地区的沉积记录

在尼泊尔、印度、克什米尔沿高喜马拉雅地区报道了许多奥陶系与基底岩系不整合的实例。

1. 尼泊尔地区

Gehrels等（2003）报道，在尼泊尔西部Korail Kholaf地区发现下奥陶统Damgad组长石砂岩之下有底砾岩不整合于前奥陶系之上，该前奥陶系也是喜马拉雅统一变质基底的一部分。在砾岩层之上的奥陶系—泥盆系中含有大量年龄为4800～530Ma的锆石。

在尼泊尔中部，奥陶纪砾岩和长石砂岩中记录了同造山沉积作用（Kumar et al，1978；Stocklin，1980）。

2. 蒙库地区

蒙库地区Ralam砾岩与下伏的Martoli群为不整合接触（Gansser A，1964；Valdiya K S et al，1972）已被公认，但对不整合形成的时间及性质一直存在误解。本书将Ralam砾岩与康马地区、聂拉木地区及尼泊尔地区的奥陶系底砾岩对比，该不整合也定为伸展不整合。

3. 斯匹提地区

在斯匹提地区，介形类*Bythotrephis*带的底部见有少量底砾岩（Gansser A，1964；Valdiya K S et al，1972），其上为含介形类、腕足类时代跨度很长的奥陶系—泥盆系，所含化石表明该地层的下界应不早于 Arenig 期。其下 Parahio 岩系(与北坳组相当)分别产有下、中、上寒武统三叶虫,充分表明喜马拉雅地区寒武系内部地层是整合的,但与上覆下—中奥陶统地层(层位大致相当于库蒙地区的下—中奥陶统 Garbyang 群相当)为不整合接触。

4. 克什米尔地区

在克什米尔地区,含对笔石的页岩并不能代表下奥陶统的最低层位,且其下的板岩中所含三叶虫属于寒武世分子,其间存在明显的地层缺失。克什米尔地区过去一直被认为奥陶系、寒武系与前寒武系都是连续的,实际上奥陶系—寒武系之间也为伸展不整合关系。1∶100 万日喀则幅、亚东县幅区调中中寒武统之下为 Dogra 板岩,同位素年龄为 1200～550Ma,Dogra 板岩又整合于前寒武纪的 Salkhala 群之上(Gansser A,1964;Gupta Y J et al,1977)。即寒武系及之下地层为整合关系,寒武纪与奥陶纪之交发生伸展、裂陷,形成伸展不整合。

5. 印度北部

在北印度的喜马拉雅地区,中奥陶统砾岩角度不整合覆于组成山体的变质沉积岩之上(Garzanti et al,1986)。

(二) 泛非运动在青藏高原的沉积记录

青藏高原中南部变质基底与沉积盖层之间的接触关系一直是国内外地质学界关注的焦点。由于受到后期藏南拆离系(Burchfiel B C et al,1992)的大规模改造及显生宙以来沉积地层的掩盖,在广阔的青藏高原范围内,基底与盖层之间的接触关系多为断层接触或被韧性剪切带所分隔。长期以来,该接触关系由于没有取得足够的地质证据而众说纷纭。致使"泛非运动"在青藏高原的沉积记录,即统一变质基底与沉积盖层的接触关系成为制约对高原早期演化历史整体认为和构造归属划分的重大基础问题。

目前,中国境内发现奥陶系底砾岩与变质基底不整合关系的仅有西藏定西县老定日南、康马县康马岩体西南和申扎县塔尔玛乡木纠错 3 处,位于康马-隆子地块和冈底斯地块群,作为泛非运动的地质标志。

朱同兴等(2003)在北喜马拉雅札达-吉隆微地块的定日县老定日南新发现了一套沉积盖层底砾岩残留地质体(图 6-30a),底砾岩地质体顶、底均为正断层接触,底部与肉切村群($Z\in R$)花岗质片麻岩呈断层接触,顶部与中上泥盆统波曲组($D_{2+3}b$)石英砂岩呈断层接触。根据岩石地层对比,暂将该套底砾岩时代归入奥陶纪,相当于甲村群(OJ)。藏南拆离系主断面从底砾岩与下伏的花岗质片麻岩之间通过,次断面从底砾岩与上覆的大套石英砂岩之间通过,次断面上石英砂岩质断层角砾岩厚度大于 50m。底砾岩残留地质体厚度大于 20m。底砾岩具有正粒序层理。砾石成分为复成分,以花岗质片麻岩、硅质岩和脉石英、石英片岩、变粒岩等变质岩占绝对优势,未见沉积岩砾石。砾石磨圆度良好,但分选性较差,砾石含量约占全岩的 30%～50%。该套底砾岩明显具有河流相沉积特征,代表早古生代沉积物以超覆接触形式沉积在变质岩基底之上。

周志广等(2004)在北喜马拉雅康马-隆子地块的康马县康马岩体西南奥陶系则果群(OZ)底部发现一套底砾岩,不整合于拉轨岗日岩群($Pt_{2\text{-}3}L.$)之上(图 6-30b)。在则果群(OZ)中、上部结晶灰岩中找到头足类、棘皮类等化石,在下部变质砂岩及结晶灰岩地层中也找到了鹦鹉螺类或单体珊瑚外壳残片,确认了奥陶系的存在。拉轨岗日群灰白色石英大理岩顶面可见冲刷面,层面上可见波痕和雨痕,这些均为沉积间断的暴露标志。奥陶系则果群与前奥陶系拉轨岗日群之间局部可见硅化砾岩,砾石大小 1cm 左右,成分较复杂,有石英岩、花岗岩和大理岩等,也有斜长角闪片岩砾石,是下伏前奥陶系的基性脉体成分。部分砾石呈次圆—圆状,颗粒支撑,成熟度中等,钙-硅质胶结,胶结物中见有小型软变形褶曲构造,

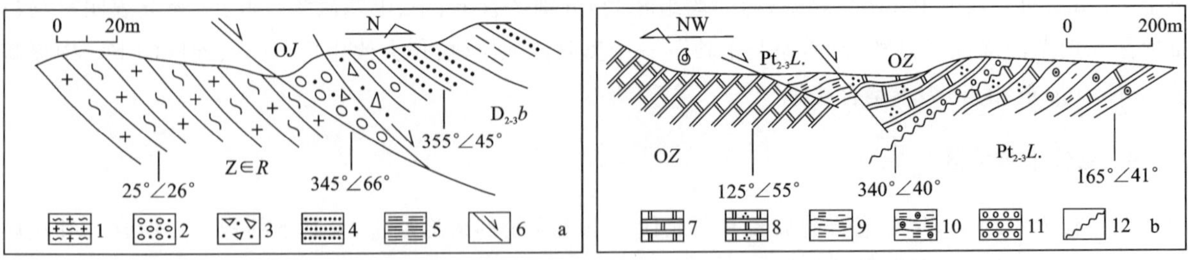

图 6-30　喜马拉雅地区奥陶系沉积盖层与基底岩系不整合关系剖面图

a：西藏定日县老定日南甲村群（*OJ*）与肉切村群（Z∈*R*）之间的接触关系（据朱同兴等，2003）

1. 花岗质片麻岩；2. 砂砾岩；3. 构造角砾岩；4. 石英砂岩；5. 硅质岩；6. 伸展正断层

b：西藏康马县康马岩体西南则果群（*OZ*）与拉轨岗日岩群（$Pt_{2\text{-}3}$*L.*）之间的不整合（据周志广等，2004）

7. 大理岩；8. 石英大理岩；9. 二云片岩；10. 石榴子石蓝晶石二云片岩；11. 砾岩；12. 不整合

该砾岩应属残存的底砾岩。

程立人等（2005）在冈底斯地块群的申扎县塔尔玛乡木纠错确立了下奥陶统他多组（O_1t）与念青唐古拉岩群（$Pt_{2\text{-}3}$*Nq.*）的不整合关系（图 6-31）。他多组（O_1t）整合于产早奥陶世阿雷尼格期 *Tetragraptus approximatus* 等笔石和三叶虫碎片的扎扛组（O_1z）之下，将其定为下奥陶统时代依据确切。他多组（O_1t）下部为黄灰色中层状含复成分细砾长石石英砂岩夹中薄层状长石石英砂岩，底部以中层状中砾石英砾岩为标志，与下伏念青唐古拉群（$Pt_{2\text{-}3}$*Nq.*）存在一个重要沉积界面，两者为不整合接触关系。从他多组（O_1t）到扎扛组（O_1z），沉积粒序总体上由粗变细，向上出现产笔石和三叶虫碎片的细碎屑岩和碳酸盐岩，标志着水体由浅逐渐变深，一个新沉积旋回的开始，这一特征与泛非运动之后的沉积作用相匹配。

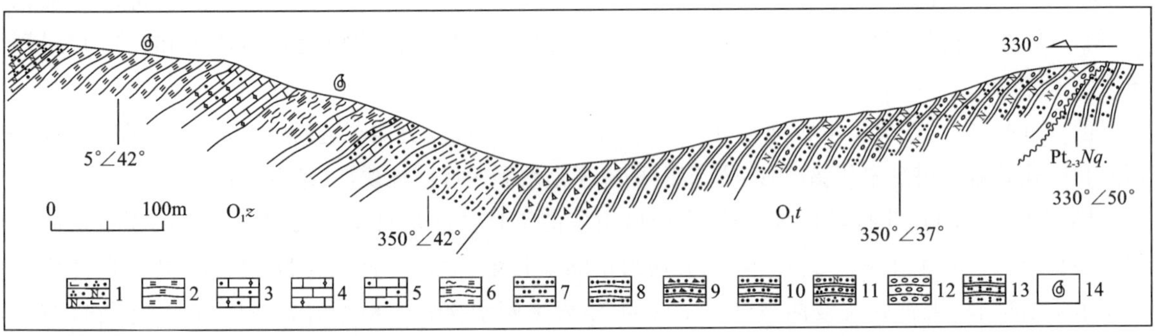

图 6-31　西藏申扎县塔尔玛乡木纠错他多组（O_1t）与念青唐古拉岩群（$Pt_{2\text{-}3}$*Nq.*）不整合剖面图

1. 钙质长石石英细砂岩；2. 绢云母千枚岩；3. 含砂粉晶灰岩；4. 泥晶灰岩；5. 含砂灰岩；6. 绿泥绢云母千枚岩；7. 变粉砂岩；8. 千枚状粉砂质泥岩；9. 变岩屑砂岩；10. 板状粉砂岩；11. 含细砾长石石英砂岩；12. 石英砾岩；13. 含凝灰粉砂质千枚岩；14. 化石点

李才等（2010）在冈底斯北缘申扎地区发现了较为完整的寒武系地层和奥陶系与寒武系之间的“泛非运动”角度不整合。可以准确界定“泛非运动”的时限及其动力学过程，对青藏高原构造演化研究具有重要、深远的意义。

三、泛非期岩浆作用

（一）泛非期岩浆侵入作用

泛非运动（主要为 600～500Ma）的岩浆侵入作用主要表现为在冈底斯地块群和喜马拉雅地块群发生大规模碰撞型和后碰撞中酸性岩体侵入前寒武系，尤其是喜马拉雅地块群的高喜马拉雅地块该时期的岩浆响应最为显著。

1. 冈底斯地块群

冈底斯地块群主要为英云闪长质片麻岩、片麻状二长花岗岩、黑云母碱长花岗岩、片麻状花岗岩侵入聂荣地块、嘉玉桥地块和腾冲地块，侵入时限集中于584～490Ma，以过铝质S型花岗岩为主，形成构造环境以同碰撞为主，少数形成于后碰撞构造环境，源区主要为增厚地壳的部分熔融(详见第四章)。

2. 喜马拉雅地块群

喜马拉雅地块群主要为花岗片麻岩、片麻状黑云母钾长花岗岩、片麻状花岗闪长岩、二云二长片麻岩等侵入喜马拉雅地区侵入前寒武系，侵入时限集中于566～487Ma，以过铝质S型花岗岩为主，形成构造环境以同碰撞为主，少数形成于后碰撞构造环境，源区主要为增厚地壳的部分熔融，康马-隆子地块又少数源自变玄武岩部分熔融(详见第四章)。

(二) 泛非期火山岩浆作用

泛非期火山作用分布于冈底斯地块群北缘的申扎-察隅地块，以链状双峰式火山喷发为典型特征，火山活动时限集中于寒武纪(536～501Ma)，构造环境属于大陆边缘裂谷，嘉玉桥地块八宿县北嘉玉桥岩群大理岩夹变玄武岩建造可能是该期裂谷作用的前兆，时代为晚震旦世(566Ma)(详见第四章)。

四、变质作用

目前，该期构造-热事件相关的变质作用研究较少。总体上讲，主要属于叠加变质作用，变质程度总体可能为绿片岩相，局部为角闪岩相，并使早期地层和侵入岩片理-片麻理化。冈底斯地块群和喜马拉雅地块群前寒武系中的锆石保存了大量泛非期年龄记录，表明该期事件的热变质作用相当强烈；结合泛非期侵入体以过铝质S型花岗岩为主，且源区主要为增厚地壳的部分熔融，表明泛非期变质过程中的岩浆深熔作用具有普遍意义。泛非期中酸性侵入体的片麻状构造可能主要是其后印支运动和喜马拉雅运动所致。

五、泛非运动在青藏高原的表现形式和波及范围

(一) 泛非运动在青藏高原的表现形式

泛非运动在青藏高原的特征和表现形式可以归纳为如下几个方面。

1. 构造-热事件时限

该事件主要集中于600～500Ma，局部地段持续时间相对较长，可能延至450Ma左右。从目前研究程度来看，冈底斯北缘的裂谷型双峰式火山作用时限(536～501Ma)可能与喜马拉雅地区的大规模中酸性岩侵入作用(584～487Ma)同时发生。此外，晚震旦世(566Ma)碳酸盐岩夹基性火山岩建造可能是该期构造-热事件裂谷火山作用的先期准备。

2. 在沉积响应方面

泛非运动明显表现为奥陶系(主要为下奥陶统)不整合覆于基底岩系之上。不整合面上部的奥陶系，底部往往发育一套复成分砾岩，砾石成分为基底岩系，具有底砾岩特征，向上沉积粒序总体由粗变细，再向上碳酸盐岩增多、碎屑岩相对减少变细，并伴随生物化石的出现，反映出水体由浅变深、沉积范

围逐渐扩大，一个新的沉积旋回的开始。不整合面下部的基底岩系变质程度明显高于下伏奥陶系，主要为中—新元古界($Pt_{2\text{-}3}$)，局部地段为新元古界—寒武系(Pt_3—∈或Z—∈)。由于藏南拆离系伸展正断层的作用，以及中—新生界大面积覆盖，奥陶系底部的不整合面常常遭到严重破坏，只保留残存的底砾岩或构造角砾岩与底砾岩掺杂在一起。

3. 大规模S型中酸性岩体侵入

前寒武纪基底岩系中广泛发育新元古代末—早古生代初的中酸性侵入岩。这些岩体属于同造山期岩浆侵入活动的产物，多发生了变质变形作用，出现片麻状构造、眼球状构造、条带状构造等，但仍保存中酸性侵入岩的残留结构。

4. 局部出现双峰式火山活动

冈底斯地块群北缘出现链状分布的双峰式火山喷发，表现出伸展构造背景下的裂谷火山作用特征，相伴产出火山角砾岩、集块岩等爆发相火山岩。

5. 前寒武纪基底构造-热事件的扰动

在亲冈瓦纳古大陆区基底变质岩系中大量保存新元古代末—早古生代初的同位素年代学信息和相应的变质矿物。许志琴等(2005)对喜马拉雅和拉轨岗日地区泛非造山事件记录作了精辟的总结，本项研究认为青藏高原中南部基底变质岩系中保留的泛非造山事件年龄记录相当广泛(详见本章第一节)，可以作为标志性特征限定东冈瓦纳印度型基底的北界。

(二) 泛非运动在青藏高原的波及范围

上文已经论及，泛非运动在青藏高原的表现形式集中于奥陶系底部的不整合接触关系、前寒武系内泛非期中酸性侵入岩、泛非期双峰式火山岩系和前寒武系保留的泛非期同位素年龄信息等诸多方面。以下仅从前三个泛非造山运动标志入手，探讨泛非运动在青藏高原的波及范围(图6-32)。

1. 泛非期构造-热事件沉积记录范围

根据目前的研究程度，奥陶系与下伏基底的不整合接触关系主要出现于高喜马拉雅地块和康马-隆子地块，自西向东包括克什米尔地区和斯匹提地块奥陶系与下伏寒武系不整合，库蒙地区、扎达马拉山口、印度北部和尼泊尔奥陶系与下伏前奥陶系不整合，定日县老定日南奥陶系甲村群(O*J*)与下伏肉切村群(Z∈*R*)不整合，康马县康马岩体西南奥陶系则果群(O*Z*)不整合于拉轨岗日岩群($Pt_{2\text{-}3}L.$)之上。然而，喜马拉雅地区向北，在冈底斯地块群北缘申扎县塔尔玛乡木纠错确立了下奥陶统他多组(O_1t)与念青唐古拉岩群($Pt_{2\text{-}3}Nq.$)的不整合关系，以及奥陶系与寒武系之间的角度不整合。从沉积记录显示，泛非运动的波及范围向北可延伸至冈底斯-念青唐古拉地块，即冈底斯-念青唐古拉地块被卷入了泛非运动。

2. 泛非期中酸性侵入岩分布范围

从泛非期中酸性侵入岩分布区域来看，也主要分布于高喜马拉雅地块和康马-隆子地块；向北在冈底斯地块群的聂荣地块和嘉玉桥地块也发现有泛非期中酸性侵入岩，向东可达腾冲地块的福贡县马吉镇古当河，古当河片麻状花岗岩的岩浆结晶年龄为487±11Ma，与保山地块南部出露的490～470Ma早古生代花岗岩(De Celles P G,2000)的形成年龄基本一致，均代表泛非运动晚期岩浆活动的产物(宋述光等,2007)。由此可见，通过泛非期中酸性侵入岩的分布区域分析，泛非运动的波及范围向北可延伸至聂荣地块和嘉玉桥地块，向东可延伸至保山地块。

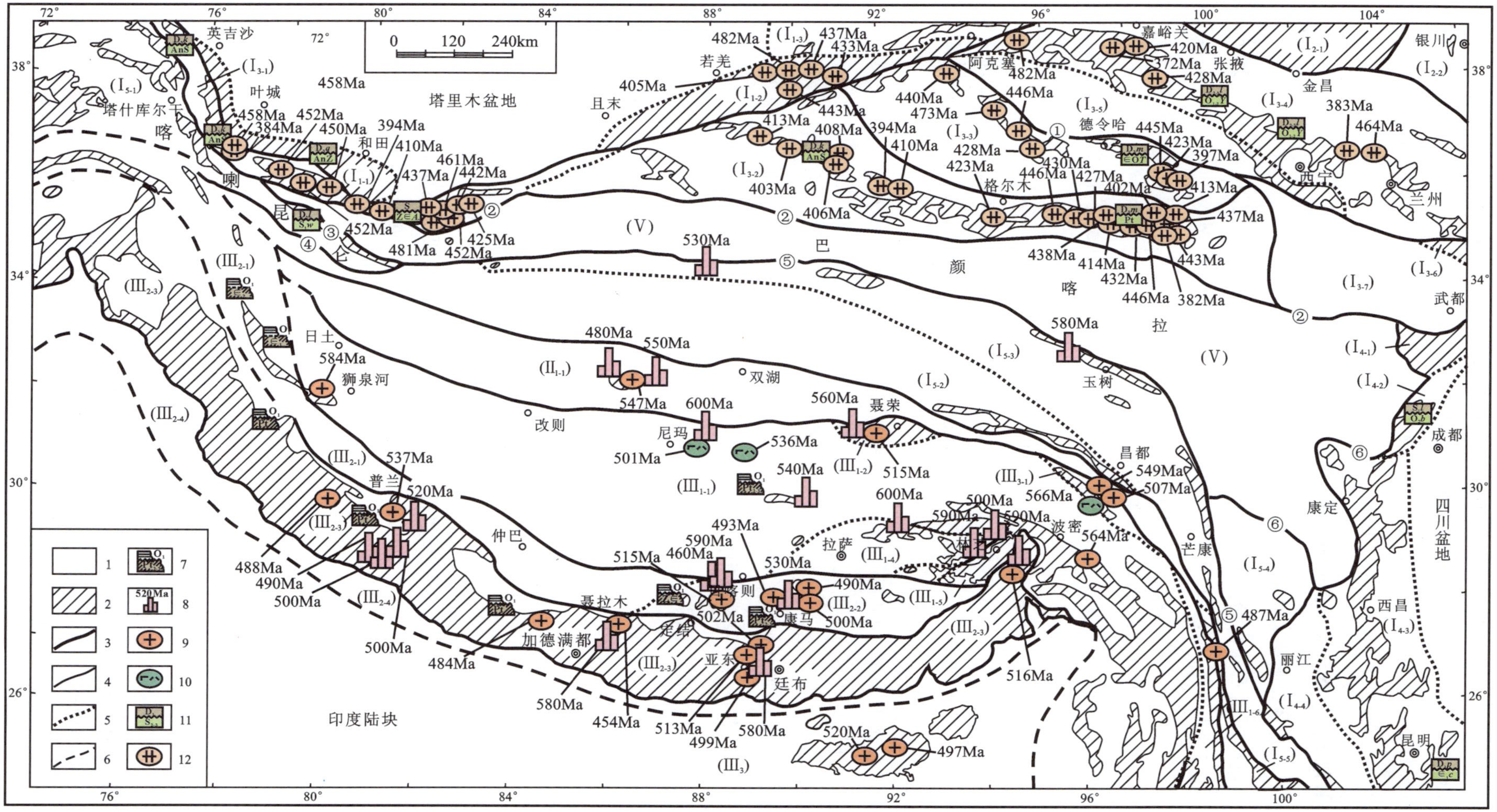

图6-32　青藏高原泛非运动和“泛华夏”运动标志性特征分布图(构造-地层区划同表2-1、图2-1)

1.显生宇；2.前寒武系；3.区域性断裂（①.宗务隆山断裂，②.康西瓦-木孜塔格-玛沁-勉县-略阳断裂，③.郭扎错-泉水沟断裂，④.岔路口-神仙湾断裂，⑤.拉竹龙-西金乌兰-金沙江断裂，⑥.龙门山-雅砻江断裂）；4.二级构造-地层区界线；5.三级构造地层区界线；6.推测构造界线；7.泛非期不整合综合地层柱；8.基底岩系碎屑锆石泛非期峰值年龄；9.泛非期中酸性侵入岩；10.泛非期火山岩；11.“泛华夏”期不整合综合地层柱；12.“泛华夏”期中酸性侵入岩在冈底斯地块群北缘的申扎-察隅地块尼玛县控错南帮勒村，从原念青唐古拉岩群(Pt_{2-3} *Nq.*)中解体出一套寒武纪双峰式火山岩系，在申扎县扎扛乡一带新发现寒武纪双峰式火山岩，在八宿县南巴兼村南获得嘉玉桥岩群大理岩中发现晚震旦世变玄武岩，均属于泛非期的火山活动记录。也表明泛非运动波及范围的北界至少可延至冈底斯地块群的北缘。

3. 泛非期碎屑锆石同位素年龄记录分布范围

(1) 高喜马拉雅地块泛非期锆石碎屑同位素年龄信息

高喜马拉雅地块碎屑锆石年龄跨度较大，谐和年龄介于 4100～450Ma 之间。其中，出现 600～480Ma 年龄集中区，表现为一系列时代相近的峰值年龄(580Ma、520Ma、510Ma、500Ma、490Ma)，与泛非运动时限相吻合。

(2) 康马-隆子地块泛非期锆石碎屑同位素年龄信息

康马-隆子地块碎屑锆石年龄跨度较大，谐和年龄在 3300～450Ma 之间。其中，600～500Ma 年龄集中区出现时代相近的峰值年龄(590Ma、530Ma)，与泛非运动时限一致。

(3) 冈底斯地块群泛非期锆石碎屑同位素年龄信息

冈底斯地块群碎屑锆石谐和年龄介于 2900～420Ma 之间，在 600～500Ma 年龄集中区出现一系列时代相近的峰值年龄(600Ma、590Ma、560Ma、540Ma 及 500Ma)，也属于泛非运动同位素年龄记录。

(4) 荣玛地块泛非期锆石碎屑同位素年龄信息

碎屑锆石谐和年龄介于 3200～460Ma 之间，在 600～480Ma 年龄集中区出现了 550Ma、480Ma 峰值年龄，与泛非运动时限基本吻合。

(5) 玉树-昌都地块泛非期锆石碎屑同位素年龄信息

碎屑锆石年龄跨度较大，谐和年龄介于 4000～500Ma 之间，600～500Ma 年龄集中区出现 610Ma、530Ma 的峰值年龄，与泛非运动时限基本相当。

4. 综合判断泛非运动的波及范围

综上所述，泛非运动在青藏高原的波及范围主要为高喜马拉雅地块、康马隆子地块和冈底斯地块群，向北可能延至荣玛地块和玉树-昌都地块，泛非运动最强烈的地区为高喜马拉雅地块。

第五节 前寒武纪构造-热事件序列

青藏高原及邻区新太古代以前的构造-热事件仅有零散的年龄记录，主要描述如下。

(1) 阿尔金地块阿克塔什塔格南具有 3605±43Ma 年龄信息的花岗质片麻岩(李惠民等，2001)。

(2) 阿尔金地块拉配泉北阿克塔什塔格南存在 TIMS 锆石 U-Pb 上交点年龄为 3096±37Ma 的二长花岗质片麻岩(陆松年等，2003)。

(3) 东昆仑地块格尔木南尕牙合一带全岩 Sm-Nd 等时线年龄为 3280±13Ma 的麻粒岩。

(4) 玉树-昌都地块宁多岩群石榴子石二云石英片岩中保存有年龄为 3981～3127Ma 的碎屑锆石，宁多岩群白云母长石石英片岩碎屑锆石出现 3210Ma 的低峰值年龄；全吉地块达肯大坂岩群石榴子石白云母片岩碎屑锆石出现 3060Ma 的低峰值年龄，东昆仑地块小庙岩组片麻岩碎屑锆石具有 3200Ma 的低峰值年龄；北-中祁连地块北大河岩群白云母石英片岩碎屑锆石有 3020Ma 的低峰值年龄，野马南山群下部石榴二云母片岩碎屑锆石有 3080Ma 的低峰值年龄，湟源群上部石榴白云母片岩碎屑锆石有 3000Ma 的低峰值年龄；荣玛地块果干加年日群钠长阳起片岩碎屑锆石出现 3200Ma 的低峰值年龄；康马-隆子地块和高喜马拉雅地块前寒武纪变质岩中出现较多年龄在 4200～3000Ma 之间的碎屑锆石。

这些年龄记录只作为构造-热事件信息，无法划分构造-热事件序列。归纳起来，青藏高原及邻区前寒武纪主要构造-热事件共有 4 期、11 次，即五台期（3 次）、中条-吕梁期（4 次）、晋宁期（2 次）和泛非期（2 次）。各期次构造-热事件及主要特征见表 6-2 和图 6-33。

表 6-2 青藏高原及邻区前寒武纪主要构造-热事件序列及特征

构造期	构造序次	构造-热事件	时限（Ma）	影响范围（地块）	主要特征
泛非期（Ⅳ）	Ⅳ$_2$	双峰式火山喷发	560～500	冈底斯北缘	冈底斯北缘局部裂解，发育裂谷型双峰式火山喷发
	Ⅳ$_1$	中酸性岩浆侵入	600～500	冈底斯、喜马拉雅、（印度北部）	块体汇聚、岩浆深熔和大规模 S 型中酸性岩侵入、绿片岩相-角闪岩相叠加变质、下奥陶统与下伏地层不整合，对应于东 Gondwana 大陆汇聚事件
晋宁期（Ⅲ）	Ⅲ$_2$	基性岩浆侵入和岩浆喷发	900～700	铁克里克、阿尔金、阿拉善南缘、秦-祁-昆、扬子（西部）、聂荣、申扎-察隅	强烈伸展和裂解、基性墙和镁铁质—超镁铁质岩侵入、广泛的双峰式、（中）基性岩浆喷发、伴随 Cu-Au 和 Cu-Ni 成矿、退变质，对应于 Rodinia 超大陆裂解
	Ⅲ$_1$	中酸性岩浆侵入	1100～800	阿尔金、阿拉善、秦-祁-昆、扬子（西部）、喀喇昆仑、玉树-昌都、喜马拉雅、印度（北部）	强烈块体汇聚、大规模中酸性岩侵入、区域性角闪岩相-麻粒岩相变质和叠加变质、新元古界（主要为南华系）与中元古界不整合，对应于 Rodinia 超大陆汇聚
中条-吕梁期（Ⅱ）	Ⅱ$_4$	岩浆喷发	1400～1000	东昆仑、北-中祁连、康滇地块、他念他翁、中甸、嘉玉桥	较强伸展、发育较大规模裂谷型火山喷发、伴随 Cu-Fe 成矿
	Ⅱ$_3$	中酸性岩浆侵入	1600～1300	西昆仑、北-中祁连、高喜马拉雅、印度（北部）	局部发育中酸性岩侵入
	Ⅱ$_2$	碱性岩浆喷发	古（—中）元古代	康滇地块	局部出现少量裂谷-裂陷型碱性火山喷发
	Ⅱ$_1$	中酸性岩浆侵入	2100～1700	阿尔金、阿拉善、全吉、康马-隆子、高喜马拉雅、印度（北部）	块体汇聚、中酸性岩侵入、角闪岩相-麻粒岩相叠加变质、局部保留古、中元古界不整合
五台期（Ⅰ）	Ⅰ$_3$	基性岩浆侵入	2400～1900	阿尔金、全吉	局部伸展、基性岩墙或岩体侵入
	Ⅰ$_2$	双峰式火山喷发	2500～2000	喀喇昆仑、拉萨、西昆仑	局部出现裂谷型双峰式和基性火山喷发、局部成 Fe 矿
	Ⅰ$_1$	中酸性岩浆侵入	2600～2400	阿尔金、铁克里克、全吉	块体汇聚、中酸性岩侵入、角闪岩相-麻粒岩相变质及 TTG 岩系深熔作用

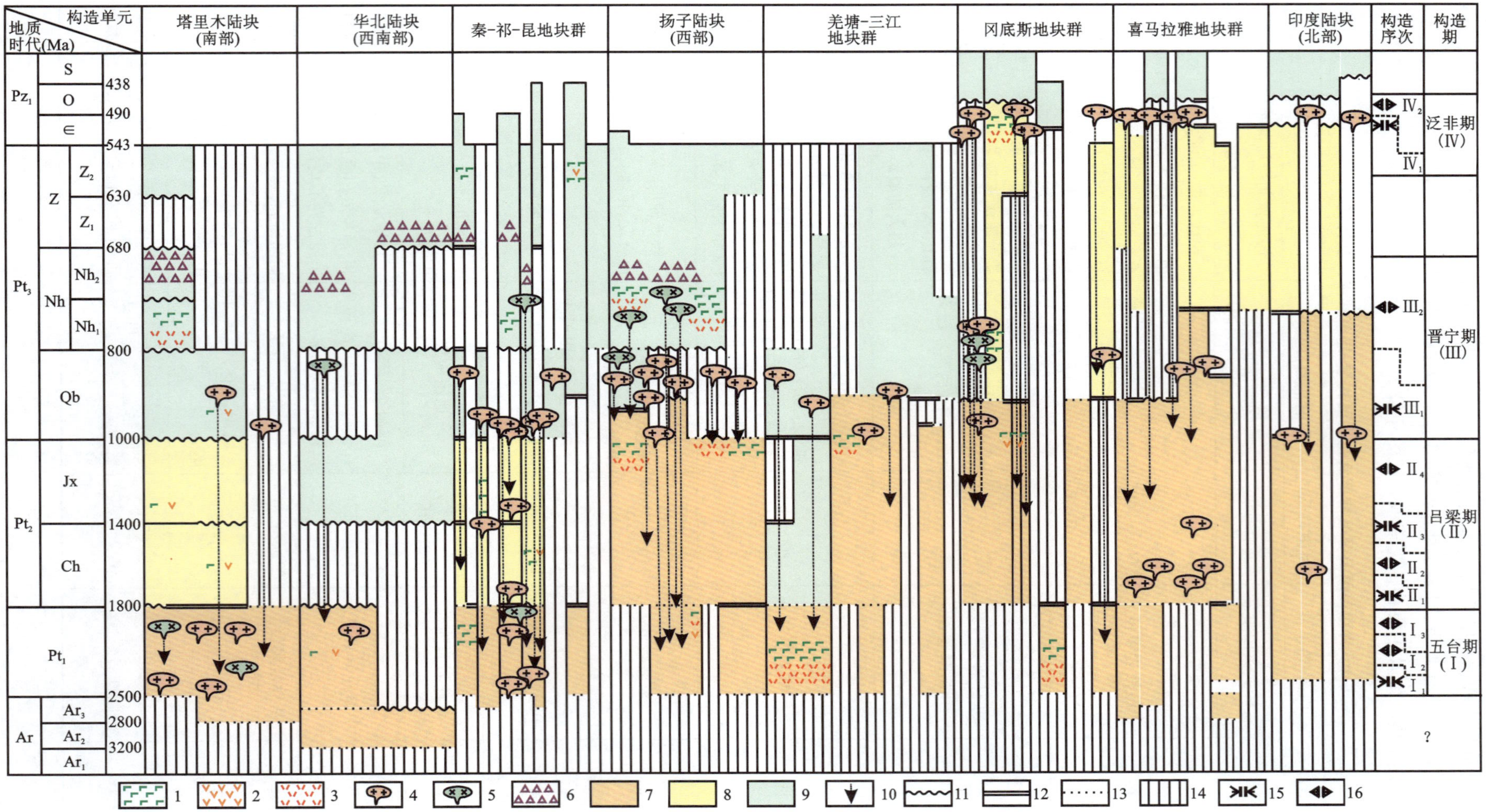

图6-33　青藏高原及邻区前寒武纪构造-地质事件序列

1.基性火山岩；2.中性火山岩；3.酸性火山岩；4.中酸性侵入岩；5.基性侵入岩；6.冰碛岩；7.结晶基底；8.变质基底；9.沉积盖层；10.侵入岩所侵入变质地层层位；11.不整合接触；12.断层接触；13.未接触；14.地层缺失；15.汇聚构造事件；16.裂解构造事件

第六节　小　结

(1) 前寒武系碎屑锆石年代谱系显示：①铁克里克地块碎屑锆石年龄主要介于2400～700Ma之间，出现2330Ma和820～780Ma两个峰值年龄，其中主峰值年龄为820～780Ma；②阿尔金地块碎屑锆石年龄主要介于2600～1200Ma之间，存在1970～1740Ma一个主峰值年龄，局部存在2280Ma次峰值年龄；③贺兰地块碎屑锆石年龄主要介于2800～1800Ma之间，出现2700Ma、2360Ma和1940～1880Ma三个峰值年龄，其中主峰值年龄为1940～1880Ma；④阿拉善地块碎屑锆石年龄主要介于2720～1700Ma之间，出现2710～2650Ma、2500～2380Ma和1830～1600Ma三个峰值年龄，其中主峰值年龄为2710～2650Ma和2500～2380Ma；⑤全吉地块碎屑锆石年龄主要介于4000～3100Ma之间，主峰值年龄为920～780Ma，普遍存在510～430Ma的构造热扰动次峰值年龄；⑥东昆仑地块群碎屑锆石年龄主要介于4000～3200Ma之间，主峰值年龄为1120～960Ma，局部出现2510～2460Ma和1780～1580Ma两次峰值年龄，普遍存在560～400Ma的构造热扰动次峰值年龄；⑦北-中祁连地块碎屑锆石年龄主要介于3100～800Ma之间，主峰值年龄为1800～1720Ma，普遍出现3080～3000Ma、2610～2420Ma、1510～1420Ma、1220～1100Ma和910～810Ma五个次峰值年龄；⑧南祁连地块碎屑锆石年龄主要介于2700～800Ma之间，集中出现900～830Ma一个主峰值年龄；⑨北秦岭地块（西部）碎屑锆石年龄主要介于2900～450Ma之间，主峰值年龄为1700～1600Ma，局部出现1510～1450Ma、1120Ma、890Ma三个次峰值年龄和550～480Ma的构造热扰动次峰值年龄；⑩扬子陆块（西部）碎屑锆石年龄主要介于1900～690Ma之间，主峰值年龄为1020～830Ma，局部出现1440～1420Ma和710～690Ma两个次峰值年龄；⑪玉树-昌都地块碎屑锆石年龄主要介于3300～530Ma之间，主峰值年龄为1040～900Ma，局部出现2580～2440Ma和1600～1520Ma两个次峰值年龄，普遍存在610～530Ma的构造热扰动次峰值年龄；⑫荣玛地块碎屑锆石年龄主要介于3250～480Ma之间，主峰值年龄为1020Ma，普遍存在550～480Ma的构造热扰动次峰值年龄；⑬聂荣地块碎屑锆石年龄主要介于2700～500Ma之间，主峰值年龄为900～720Ma，存在560Ma的构造热扰动次峰值年龄；⑭申扎-察隅地块碎屑锆石年龄主要介于2800～500Ma之间，主峰值年龄为1110～890Ma，存在600～540Ma的构造热扰动次峰值年龄；⑮拉萨地块碎屑锆石年龄主要介于2300～600Ma之间，主峰值年龄为1040Ma，存在600Ma的构造热扰动次峰值年龄；⑯林芝地块碎屑锆石年龄主要介于2900～500Ma之间，主峰值年龄为1160～1020Ma，存在590～500Ma的构造热扰动次峰值年龄；⑰康马-隆子地块碎屑锆石年龄主要介于3300～460Ma之间，主峰值年龄为1080～760Ma，存在590～530Ma的构造热扰动次峰值年龄；⑱高喜马拉雅地块碎屑锆石年龄主要介于4200～490Ma之间，保存少量介于4200～3000Ma的古老碎屑锆石年龄，主峰值年龄为1050～930Ma，局部出现2630～2500Ma、1670～1540Ma和820～720三个次峰值年龄，普遍存在590～490Ma的构造热扰动次峰值年龄。

(2) 泛非运动(Pan-African Orogeny)是指非洲大陆乃至整个冈瓦纳大陆前寒武纪晚期—寒武纪的构造运动，发生于600～500Ma前的构造-热事件为主要表现形式的造山运动，该期造山作用导致原始冈瓦纳古陆聚合。其主要表现形式为：①主要集中于600～500Ma（局部地段可延至450Ma左右）；②奥陶系（主要为下奥陶统）不整合覆于前寒武纪基底岩系（局部地段为新元古界—寒武系）之上，如境外的尼泊尔地区、蒙库地区、斯匹提地区、克什米尔地区及印度北部，中国境内有西藏定西县老定日南、康马县康马岩体西南和申扎县塔尔玛乡木纠错3处；③前寒武纪基底岩系中广泛发育新元古代末—早古生代初（泛非期）的中酸性侵入岩，局部出现双峰式火山活动；④前寒武纪基底遭受泛非运动构造-热事件的扰动。

“泛华夏”运动(Pan-Huaxia Orogeny)由陆松年(2004)正式提出，建议以该术语代替中国地学界长期和广泛使用的"加里东造山运动",以表征该期造山作用对中国大陆地质演化的重要性。"泛华夏"运动主要指发生于秦-祁-昆造山系中的早古生代造山作用,发生于520～400Ma前,导致秦-祁-昆洋的相继闭合及褶皱变质的造山过程。

(3) 青藏高原及邻区出了新太古代以前的构造-热事件仅有零散的年龄记录外,主要构造-热事件共划分为4期、11次。即:①五台期(Ⅰ),包括2600～2400Ma中酸性岩浆侵入($Ⅰ_1$)、2500～2000Ma双峰式火山喷发($Ⅰ_2$)和2400～1900Ma基性岩浆侵入($Ⅰ_3$)3次构造-热事件;②中条-吕梁期(Ⅱ),包括2100～1700Ma中酸性岩浆侵入($Ⅱ_1$)、古(—中)元古代碱性岩浆喷发($Ⅱ_2$)、1600～1300Ma中酸性岩浆侵入($Ⅱ_3$)和1400～1000Ma岩浆喷发($Ⅱ_4$)4次构造-热事件;③晋宁期(Ⅲ),包括1100～800Ma中酸性岩浆侵入($Ⅲ_1$)和900～700Ma基性岩浆侵入和岩浆喷发($Ⅲ_2$)2次构造-热事件;④泛非期(Ⅳ),包括600～500Ma中酸性岩浆侵入($Ⅳ_1$)和560～500Ma双峰式火山喷发($Ⅳ_2$)2次构造-热事件。

其中,最为强烈、具有普遍意义的是分别代表Rodinia超大陆汇聚和裂解的晋宁期1100～800Ma中酸性岩浆侵入($Ⅲ_1$)和900～700Ma基性岩浆侵入-岩浆喷发($Ⅲ_2$)构造-热事件。其次为发生于高喜马拉雅和冈底斯地区代表Gondwana大陆汇聚的泛非期600～500Ma中酸性岩浆侵入($Ⅳ_1$)构造-热事件。

第七章　青藏高原前寒武纪基底归属探讨

第一节　基底结构及其差异对比

一、基底结构类型

依据基底物质组成、接触关系、固结时代和变质变形程度等，青藏高原及邻区可划分为华北型、扬子型、塔里木型和印度型(东冈瓦纳型)4 种基底类型，其综合特征详见图 7-1。

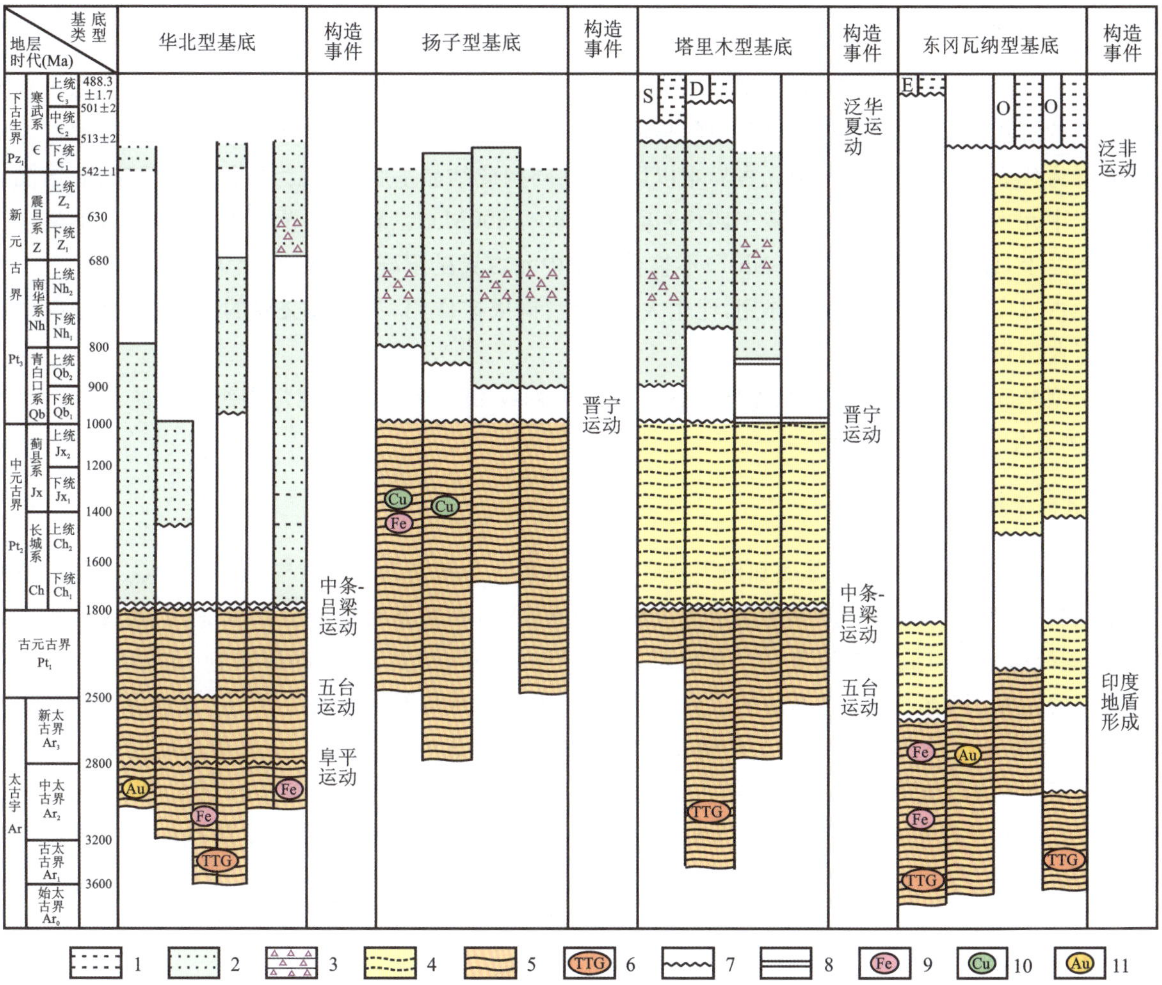

图 7-1　青藏高原周缘华北型、扬子型、塔里木型和印度型基底地层结构综合柱状图

1. 未变质地层；2. 基底盖层；3. 冰碛岩；4. 上层基底；5. 下层基底；6. TTG 岩系；7. 不整合；8. 断层；9. 铁矿；10. 铜矿；11. 金矿

1. 华北型基底

华北型基底明显表现为双重结构，即下部为早前寒武系构成的结晶基底和上部中—新元古界组成

的沉积盖层。早前寒武系结晶基底(太古宇—古元古界)广泛分布,最古老的地层为古太古界,发育TTG岩系。结晶基底由高角闪岩相变质的结晶岩系组成,且具有多元结构特征,最下部为古太古界(曹庄岩群、陈台沟表壳岩)和中太古界(桑干岩群、集宁岩群、迁西岩群、龙岗岩群、阜平岩群、乌拉山岩群、宽甸岩群、集安岩群、涞水岩群及太华岩群),经历了2800Ma左右的阜平运动,构成中太古界和新太古界之间的不整合;中部为新太古界(五台岩群、色尔腾山岩群、遵化岩群、鞍山岩群、宋家山岩群、绛县岩群及登封岩群的等),经历了2500Ma左右的五台运动,构成新太古界和古元古界之间的不整合;上部为古元古界(滹沱岩群、二道洼岩群、白云尔博岩群、辽河岩群、老岭岩群、榆树砬子岩群、中条岩群、担山岩群及嵩山岩群等),经历了1800～1700Ma的中条-吕梁运动,致使基底最终固结,构成中元古界与下伏早前寒武系结晶基底的区域性不整合。长城系及其以上的地层几乎为未变质的稳定沉积岩系,主要为含丰富叠层石的碳酸盐岩和碎屑岩。

早前寒武系结晶基底中产有具工业意义的磁铁石英岩型铁矿和绿岩型金矿。

华北型基底区发育震旦纪冰期,冰碛岩发育零星,仅分布于基底的南缘,以罗圈组冰碛岩为典型代表。

2. 扬子型基底

扬子型基底也表现为双重结构,即下部为早前寒武系和中元古界联合构成的结晶基底,上部为新元古界组成的沉积盖层。然而,结晶基底中的早前寒武系发育局限,最古老的地层为新太古界,太古界仅以崆岭群为代表;且古元古界和中元古界难以区分,共同构成结晶基底,表现为特征的单元结构;结晶基底固结于中元古代末的晋宁(—武陵—四堡)运动(1000～800Ma)。新元古界构成沉积盖层,不整合于结晶基底之上,以下南华统澄江组(Nh_1c)不整合覆于中元古界昆阳群(Pt_2K)之上为典型代表。

中元古界发育强烈火山-沉积作用,伴生大规模铁、铜成矿作用,如川滇交界的昆阳群、会理群中赋存大量工业型铜(铁)矿。

扬子型基底区广泛发育南华纪冰期。扬子地块的西缘和北缘被震旦纪灯影组白云质灰岩广泛超覆,再上为显生宙稳定沉积盖层。

3. 塔里木型基底

塔里木型基底兼有华北型基底和扬子基底的特征,表现为基底为三重结构:下部为新太古界—古元古界结晶岩系组成的结晶基底,中部为中元古界变质火山-沉积岩系组成的变质基底,上部为新元古界碎屑岩-碳酸盐岩系组成的沉积盖层。早前寒武系(Ar_3-Pt_1)广泛发育,局部保留有2500Ma左右的变质作用年龄记录,相当于华北型基底的五台运动时限;中元古界与下伏新太古界—古元古界多为断层接触,部分为不整合接触,构造界面年龄约为1800Ma,相当于华北型基底的中条-吕梁运动时限。新元古界青白口系和南华系超覆不整合于下伏古元古界或中元古界之上,构造界面年龄为1000～800Ma,相当于扬子型基底的晋宁运动。其南缘泛华夏运动表现明显,志留系和泥盆系分别不整合于前寒武系之上。

基底区发育中—新元古代近东西向展布的古裂谷火山-沉积作用,并伴生有(铁)铜矿化,这些特征与扬子型基底颇为类似。局部发育南华纪或震旦纪冰碛岩。

从以上特征可以概括出塔里木型基底早前寒武纪具有华北型的基底特征,中元古代之后具有扬子型的基底的特征。

4. 印度型(东冈瓦纳型)基底

印度型(东冈瓦纳型)基底表现为三重结构,即下部的早前寒武系结晶基底、中部的中—新元古界褶皱变质基底和上部奥陶纪以来的沉积盖层。下部为广泛发育的早前寒武系,且具有多期TTG建造,构成结晶基底，结晶基底固结于古元古代末（2000～1800Ma）。结晶基底之上及其周缘局部发育中—新元古代沉积盆地，沉积作用部分可上延至寒武系，经过泛非运动（600～500Ma 左右）叠加形成中部的褶皱变质基底。基底之上是奥陶纪以来的稳定型沉积盖层，局部构成奥陶系及其以后的地层与下伏基底的不整合，部分地区古近系直接不整合于结晶基底之上。

印度型基底早前寒武系产有磁铁石英岩型铁矿和绿岩型金矿，其中磁铁石英岩型铁矿成为印度铁矿的工业支柱。印度型基底区不发育前寒武纪冰川作用，但广泛发育石炭纪—二叠纪大陆冰盖型冰碛岩，以及相应的冷水生物群。

二、青藏高原及邻区基底结构特征

青藏高原及邻区基底结构特征见图 7-2。

1. 塔里木陆块（南部）

研究区仅涵盖塔里木陆块的南部铁克里克地块、阿尔金地块和敦煌地块南部，表现为基底为三重结构：下部为新太古界—古元古界结晶岩系组成的结晶基底，中部为中元古界变质火山-沉积岩系组成的变质基底，上部为新元古界碎屑岩-碳酸盐岩系组成的沉积盖层。中元古界与下伏新太古界—古元古界多为断层接触，部分为不整合接触，构造界面年龄约为 1800Ma，相当于华北型基底的中条-吕梁运动时限。新元古界青白口系（苏库罗克组 Qb*sk*、索尔库里群 Qb*S*）超覆不整合于下伏古元古界或中元古界之上，构造界面年龄为 1000～800Ma，相当于扬子型基底的晋宁运动。其南缘泛华夏运动表现明显，志留系和泥盆系分别不整合于前寒武系之上。

发育中—新元古代近东西向展布的古裂谷火山-沉积作用，局部发育南华纪[恰克马克力克组（Nh_2q）]冰碛岩。

从以上特征可以概括出塔里木陆块（南部）基底早前寒武纪具有华北型的基底特征，中元古代具有扬子型基底的特征。

2. 华北陆块（西南部）

研究区仅涵盖华北陆块西南部的阿拉善地块和贺兰地块。阿拉善地块和贺兰地块基底表现为双重结构，下部为早前寒武系[乌拉山岩群（$Ar_{2-3}W.$）、龙首山岩群（$Ar_3Pt_1L.$）]构成的结晶基底和上部中—新元古界（墩子沟群、韩母山群、黄旗口组、王全口组、正目观组）组成的沉积盖层。阿拉善地块的墩子沟群（Jx*D*）不整合于龙首山岩群（$Ar_3Pt_1L.$）之上，贺兰地块的黄旗口组（Jx*hq*）不整合覆于中元古代黑云斜长花岗岩上，相当于中条-吕梁运动构造界面。阿拉善地块的韩母山群（NhZ*H*）和贺兰地块的正目观组（Z*z*）均发育冰碛砾岩，大体可与华北陆块南缘的罗圈组冰碛岩对比。

因而，阿拉善地块和贺兰地块具有华北型基底的特征。

3. 秦-祁-昆地块群

基底具有三重结构，下部为早前寒武纪结晶基底，中部为中部为中元古界变质火山-沉积岩系组成的变质基底，上部为新元古界碎屑岩-碳酸盐岩系组成的沉积盖层；早前寒武系（Ar_3—Pt_1）发育较广。中元古界与下伏新太古界—古元古界多为断层接触，部分为不整合接触，构造界面年龄约为 1800Ma，相当于华北型基底的中条-吕梁运动时限。新元古界青白口系（东昆仑地块的丘吉东沟组 Qb*q*）和南华系（柴达木地块的全吉群）超覆不整合于下伏古元古界或中元古界之上，构造界面年龄为 1000～800Ma，相当于扬子型基底的晋宁运动。此外，该地块群泛华夏运动表现明显，志留系和泥盆系分别不整合于前寒武系之上。

发育中—新元古代近东西向展布的古裂谷火山-沉积作用，局部发育南华纪—震旦纪（阿拉叫依岩

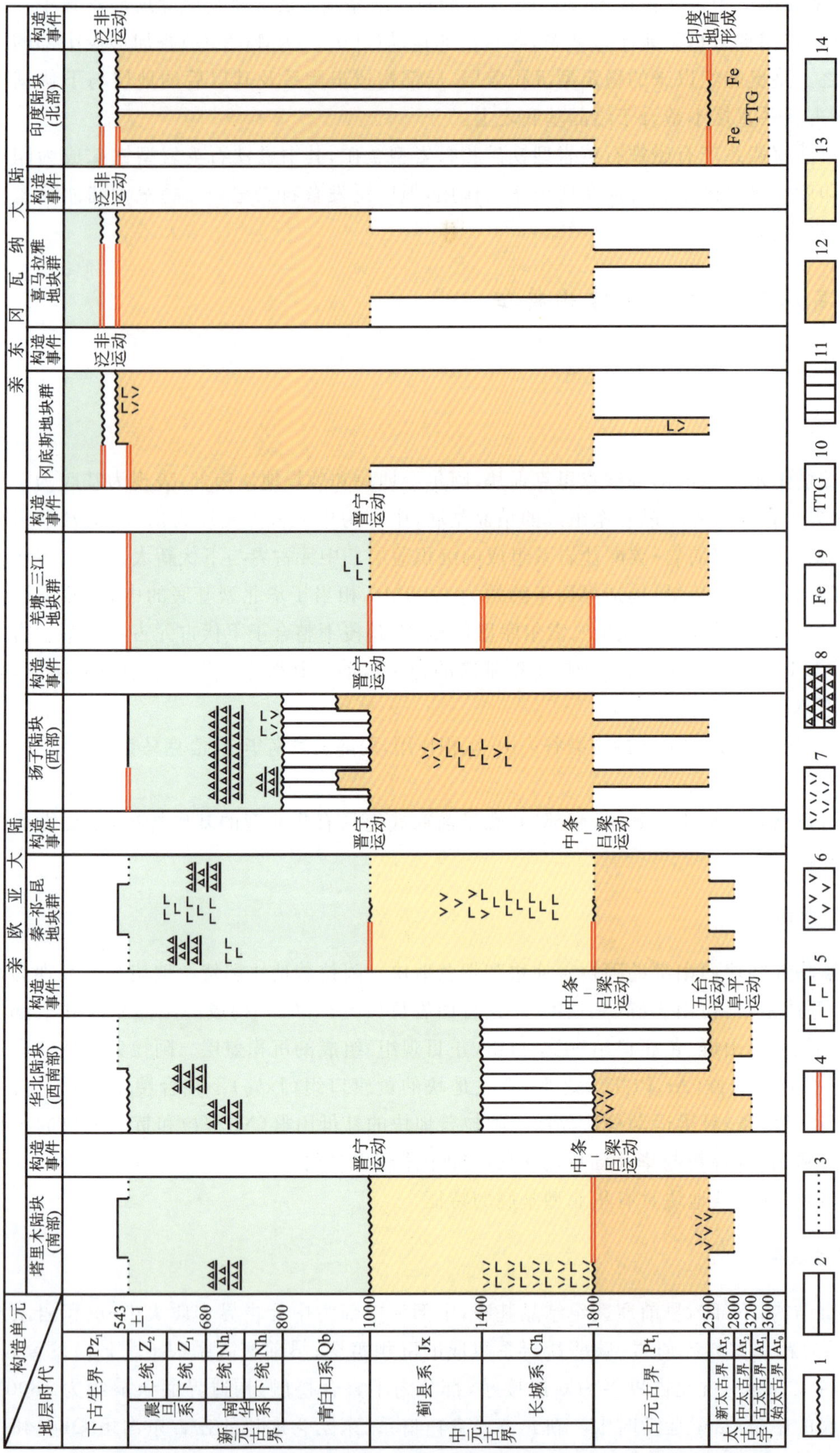

图7-2　青藏高原及邻区前寒武纪基底结构综合柱状图

1.不整合；2.整合；3.未见接触；4.断层；5.基性火山岩；6.中性火山岩；7.酸性火山岩；8.冰碛岩；9.含铁建造；10.TTG岩系；11.地层缺失；12.结晶基底；13.变质基底；14.沉积盖层

群、全吉群)冰碛岩。

以上特征可以概括出秦-祁-昆地块群具有塔里木型基底特征，即兼有华北型和扬子型基底的某些特征。

4. 扬子陆块(西部)

研究区仅涵盖扬子陆块的西部碧口地块(西部)、龙门地块、康滇地块、丽江地块。它们的基底明显表现为双重结构,下部为早前寒武系(点苍山岩群 Pt_1*Dc*.、康定岩群 Pt_1*Kd*.、哀牢山岩群 Pt_1*Al*.、苴林岩群、河口岩群)和中元古界(通木梁群、峨边群、登相营群、会理群、昆阳群、盐边群)联合构成的结晶基底,上部为新元古界(观音崖组、澄江组、苏雄组、开建桥组、列古六组、陆良组、牛头山组、纳章组、木座组、蜈蚣口组、水晶组、莲沱组、南沱组、陡山沱组、灯影组)组成的沉积盖层;普遍缺失青白口系。碧口地块(西部)的木座组(Nh*m*)、关家沟组(Nh*g*)均不整合于下伏结晶基底之上外,康滇地块获得大量 1000~700Ma 同位素年龄数据,显示结晶基底固结于中元古代末的晋宁(—武陵—四堡)运动。碧口地块(西部)的关家沟组(Nh*g*)、康滇地块的南沱组均发育冰碛砾岩;中甸地块的木座组(Nh*m*)为一套厚层含砾变砂岩、变砾岩,目前一些研究者认为属于冰海碎屑岩建造(殷继成,1993)。

以上均为扬子型基底的典型特征。

5. 羌塘-三江地块群

基底具有双重结构。下部为古元古界和中元古界结晶基底(宁多岩群、吉塘岩群、雪龙山岩群、德钦岩群、石鼓岩群、下喀莎组),上部为新元古界沉积盖层(巨甸岩群、木座组、蜈蚣口组、水晶组)。两者为断层接触或未接触,构造界面相当于扬子型基底的晋宁运动。木座组(Nh*m*)被认为属于冰海碎屑岩建造,相当于南华冰期。

以上特征表明羌塘-三江地块群相当于扬子型基底。

6. 冈底斯地块群

古元古界出露极为零星(岔萨岗岩群 Pt_1*C*.、高黎贡山岩群 Pt_1*G*.),与中新元古界(念青唐古拉岩群、聂荣岩群、林芝岩群、卡穷岩群)及新元古界—寒武系一起组成结晶基底,其上为下奥陶统以后的沉积盖层。申扎县塔尔玛乡木纠错一带下奥陶统他多组(O_1t)与念青唐古拉岩群($Pt_{2\text{-}3}$*Nq*.)的不整合关系这一特征与泛非运动之后的沉积作用相匹配(程立人等,2005)。此外,冈底斯地块群发现大量泛非期中酸性侵入岩(详见第四章)。

上述特征表明,冈底斯地块具有东冈瓦纳型基底特征。

7. 喜马拉雅地块群

中新元古界(拉轨岗日岩群、聂拉木岩群、亚东岩组、南迦巴瓦岩群)及新元古界—寒武系(Baltit 群、肉切村群及 $Pt_3\in$)广泛发育,组成结晶基底,其上为下奥陶统以后的沉积盖层。北喜马拉雅札达-吉隆微地块的定日县老定日南新发现了一套沉积盖层(甲村群 O*J*)底砾岩残留地质体,代表早古生代沉积物以超覆接触形式沉积在变质岩基底之上(朱同兴等,2003);北喜马拉雅康马-隆子微地块的康马县康马岩体西南奥陶系则果群(OZ)底部发现一套底砾岩(周志广等,2004),不整合于拉轨岗日岩群($Pt_{2\text{-}3}$*L*.)之上。此外,喜马拉雅地块群发现大量泛非期中酸性侵入岩(详见第四章)。

上述特征表明,喜马拉雅地块群具有东冈瓦纳型基底的特征。

8. 印度陆块(北部)

研究区只涉及印度陆块北部。古元古界和中—新元古界组成结晶基底。由于资料缺乏,结晶基底之上的盖层不详。然而,结晶基底发现大量泛非期同位素年龄记录。

上述特征表明,印度陆块北部具有东冈瓦纳型基底的某些特征,可能相当于印度地盾北部元古代边缘盆地沉积,固结于泛非期。

三、不同块体构造-热事件对比(图 7-3)

1. 塔里木陆块(南部)

该陆块样品主要来自塔里木陆块南部铁克里克地块、阿尔金地块的前寒武系。锆石 U-Pb 年代学谱系表现为 2750～2600Ma、1900～1800Ma、850～700Ma、500～400Ma 四个峰期,分别对应于阜平运动、中条-吕梁运动、晋宁运动和泛华夏运动,其中中条-吕梁运动和晋宁运动出现最高峰值,泛华夏运动也有较明显的反映,表明塔里木陆块南部源区或本身曾经历过这四期构造-热事件,以中条-吕梁运动和晋宁运动最为强烈,反映出其与华北陆块、扬子陆块均有一定的亲缘关系。

2. 华北陆块(西南部)

该陆块样品主要来自阿拉善地块和贺兰地块前寒武系。锆石 U-Pb 年代学谱系表现为 2800～2600Ma、2400～2300Ma、2000～1900Ma 三个较明显的峰值,分别对应于阜平运动、五台运动和中条-吕梁运动,中条-吕梁运动出现最高峰值,表明阿拉善地块和贺兰地块源区曾经历过这三期构造-热事件,且中条-吕梁运动最为强烈,从一个侧面反映出其与华北陆块的亲缘关系。

3. 秦-祁-昆地块群

该陆块群样品主要来自秦祁昆造山系中的前寒武系。锆石 U-Pb 年代学谱系表现为 2500～2400Ma、1800～1600Ma、1000～800Ma、500～400Ma 四个峰期,分别对应于五台运动、中条-吕梁运动、晋宁运动和泛华夏运动,其中晋宁运动和泛华夏运动出现最高峰值,表明秦-祁-昆地块群源区或本身曾经历过这四期构造-热事件,以晋宁运动和泛华夏运动最为强烈,从一个侧面反映出其与华北陆块、扬子陆块均有一定的亲缘关系。

4. 扬子陆块(西部)

该陆块样品主要来自川-滇西扬子陆块西缘前寒武系。锆石 U-Pb 年代学谱系仅出现 900～700Ma 一个明显的高峰值,分别对应于晋宁运动,表明其源区曾经历过晋宁期强烈的构造-热事件。

5. 羌塘-三江地块群

该陆块群样品主要来自他念他翁地块、玉树-昌都地块的前寒武系。锆石 U-Pb 年代学谱系表现为 1000～900Ma、600～500Ma 两个明显的峰期,分别对应于晋宁运动和泛非运动,其中晋宁运动出现最高峰值;此外,还出现 4100～2000Ma 区间的年龄信息,3200Ma 显现出低峰值。表明羌塘-三江地块群源区或本身主要曾经历过这两期构造-热事件,以晋宁运动和泛非运动最为强烈,反映出其与扬子陆块有一定的亲缘关系,并且可能存在古老基底。

6. 冈底斯地块群

该陆块群样品主要来自拉轨岗日岩群、林芝岩群、岔萨岗岩群。锆石 U-Pb 年代学谱系表现为 1000～500Ma 较宽峰期区间,其中在 1000～700Ma 和 620～550Ma 出现峰值,分别对应于晋宁运动和泛非运动;此外,还出现 2800～2000Ma 区间的年龄信息,2700Ma 显现出低峰值,并出现 400Ma 左右、180Ma 左右和 50Ma 左右较窄的低峰值。表明冈底斯地块群源区或本身主要曾经历过这两期构造-热事件,以晋宁运动和泛非运动最为强烈,遭受了后期多次构造-热事件的改造,反映出其与东冈瓦纳大陆的印度陆块有一定的亲缘关系。

7. 喜马拉雅地块群

该陆块群样品主要来自聂拉木岩群、亚东岩组、南迦巴瓦岩群。锆石 U-Pb 年代学谱系表现 2600～

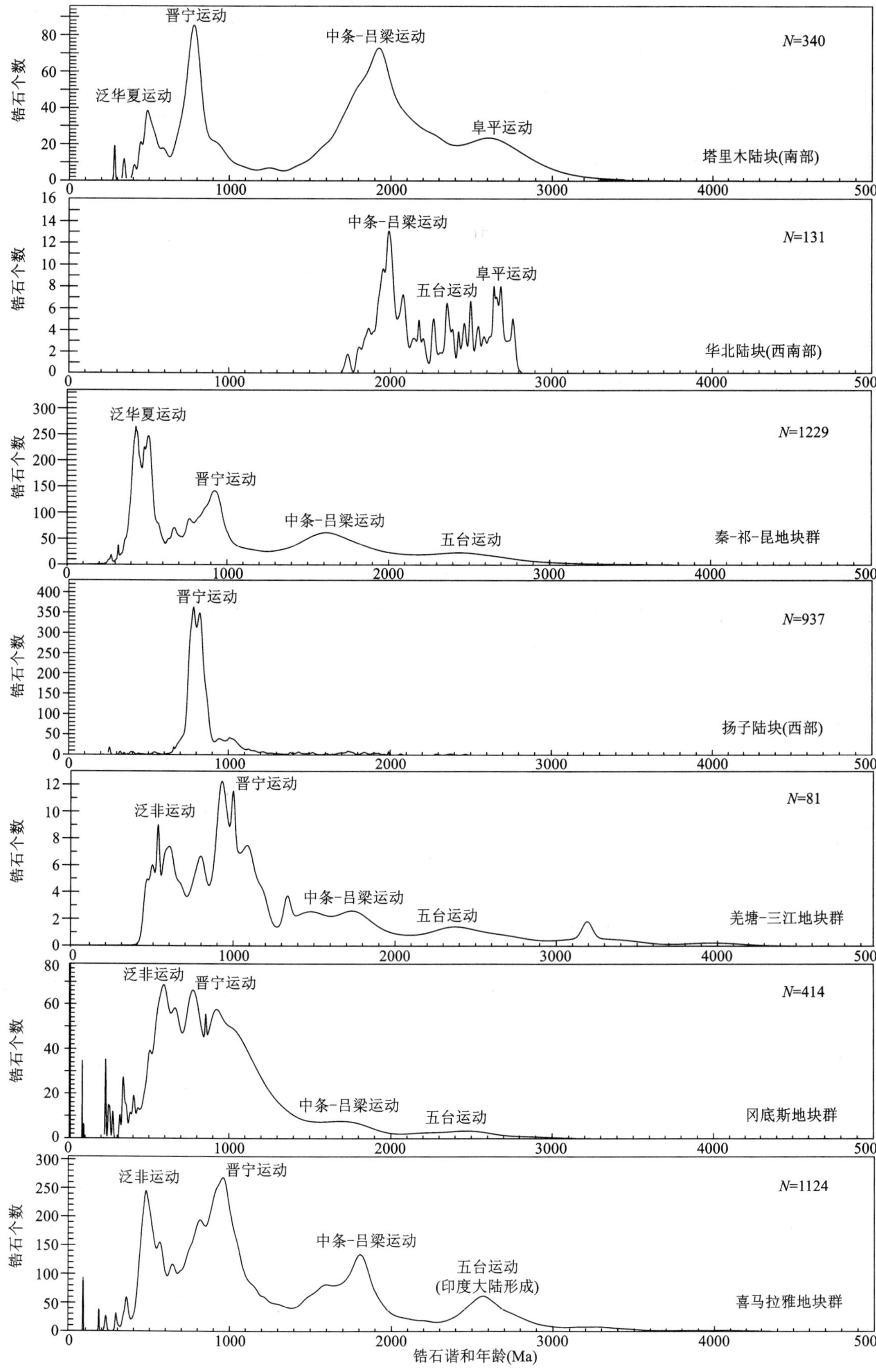

图 7-3　青藏高原及邻区各块体前寒武纪锆石 U-Pb 年龄谱系图

2400Ma、1900～1700Ma、1000～800Ma、520～450Ma 四个峰期，后两个峰值最为明显，这四个峰期分别对应于印度大陆形成期(与华北陆块的五台运动时限相当)、两次中酸性岩浆侵入事件(分别与华北陆块的中条-吕梁运动和扬子陆块的晋宁运动时限相当)和泛非运动；此外，还出现 3500～3000Ma 区间的年龄信息，并出现 500Ma 左右较窄的低峰区间。表明喜马拉雅地块群源区或本身主要曾经历过这四期构造-热事件，泛非运动表现强烈，遭受了喜马拉雅期构造-热事件的改造，反映出其与东冈瓦纳大陆的印度陆块有一定的亲缘关系。

第二节 前寒武纪块体亲缘关系探讨

一、青藏高原周缘块体前寒武纪碎屑锆石年代学特征

青藏高原周缘被塔里木陆块、华北陆块、扬子陆块和印度陆块所围限，而青藏高原内部没有统一基底，分属周缘陆块。利用基底碎屑锆石年代学谱系，建立华北型基底、扬子型基底和印度型基底前寒武纪碎屑锆石标准年代谱系，并与青藏高原不同块体基底进行对比分析对探讨青藏高原前寒武纪块体的亲缘关系至关重要。

本项研究选择华北地块腹地北京十三陵较为典型的沉积盖层，长城系常州沟组碎屑锆石 SHRIMP 年龄谱系(万渝生等，2003)作为华北型基底碎屑锆石标准年代谱系；选择扬子地块北部典型的盖层沉积，下南华统莲沱组砂岩碎屑锆石 SHRIMP 年龄谱系(Zhang et al，2006)作为扬子型基底碎屑锆石标准年代谱系；选择印度地块北部尼泊尔高喜马拉雅地区，Phulchauki 群 Damgad 组 3 件砂-砾岩碎屑锆石 MC-LA-ICP-MS 年龄谱系(G E Gehrels，et al，2006)作为印度型基底(北部)碎屑锆石标准年代谱系。

(1) 华北型基底碎屑锆石标准年代谱系显示(图 7-4)，碎屑锆石谐和年龄介于 3100～1750Ma 之间，出现 2600～2350Ma、2300～2100Ma 和 1900～1800Ma 三个集中区，分别对应于 2500Ma(五台运动)、2200Ma 和 1800Ma(中条-吕梁运动)三个峰值年龄。

(2) 扬子型基底碎屑锆石标准年代谱系显示(图 7-4)，碎屑锆石谐和年龄介于 3300～700Ma 之间，出现 3000～2200Ma、2000～1800Ma、1700～1500Ma 和 900～730Ma 四个集中区，分别对应于 2750Ma、1950Ma、1580Ma 和 800Ma(晋宁运动)四个峰值年龄。

(3) 印度型基底(北部)碎屑锆石标准年代谱系显示(图 7-4)，碎屑锆石谐和年龄跨度大，介于 4000～450Ma 之间，包括少数冥古宙(大于 3850Ma)的碎屑锆石，出现 2700～2080Ma、1620～1400Ma、1100～900Ma、720～620Ma 和 550～450Ma 五个集中区，分别对应于 2500±200Ma(印度大陆早期固结)、1500Ma，1000±100Ma(岩浆侵入事件)、1000±100Ma(岩浆侵入事件)和 600～500Ma(泛非运动叠加)五个峰值年龄。

在利用碎屑锆石标准年代谱系进行块体归属划分、判别冈瓦纳大陆北界时，必须考虑青藏高原内部块体距离所属标准块体的远近，抓住其关键性特征、组合标志和后期叠加改造事件。例如，华北型基底代表五台运动的 2500Ma 左右的峰值年龄和代表华北基底最终固结(中条-吕梁运动)的 1800Ma 左右的峰值年龄；扬子型基底代表基底最终固结(晋宁运动)的 800Ma 左右的峰值年龄，早期的 2750Ma、1950 Ma 和 1580 Ma 峰值年龄由于距离扬子地块代表这些年龄的地质体遥远而不出现在青藏高原前寒武纪块体中，或者信息较弱；印度型基底出现少量冥古宙年龄值、2500±200Ma(印度大陆早期固结)峰值年龄、1000±100Ma(岩浆侵入事件)峰值年龄，1000±100Ma(岩浆侵入事件)峰值年龄为其组合特征，500Ma(泛非运动叠加)峰值年龄为其独有的标志性特征；后期被卷入秦-祁-昆造山系的块体往往出现 520～400Ma 泛华夏运动的信息或低峰值年龄。

因此，只有抓住青藏高原周缘各块体碎屑锆石标准年代学关键性特征、组合标志和后期叠加改造事件，进行综合分析，才能更加有效地进行块体归属划分。

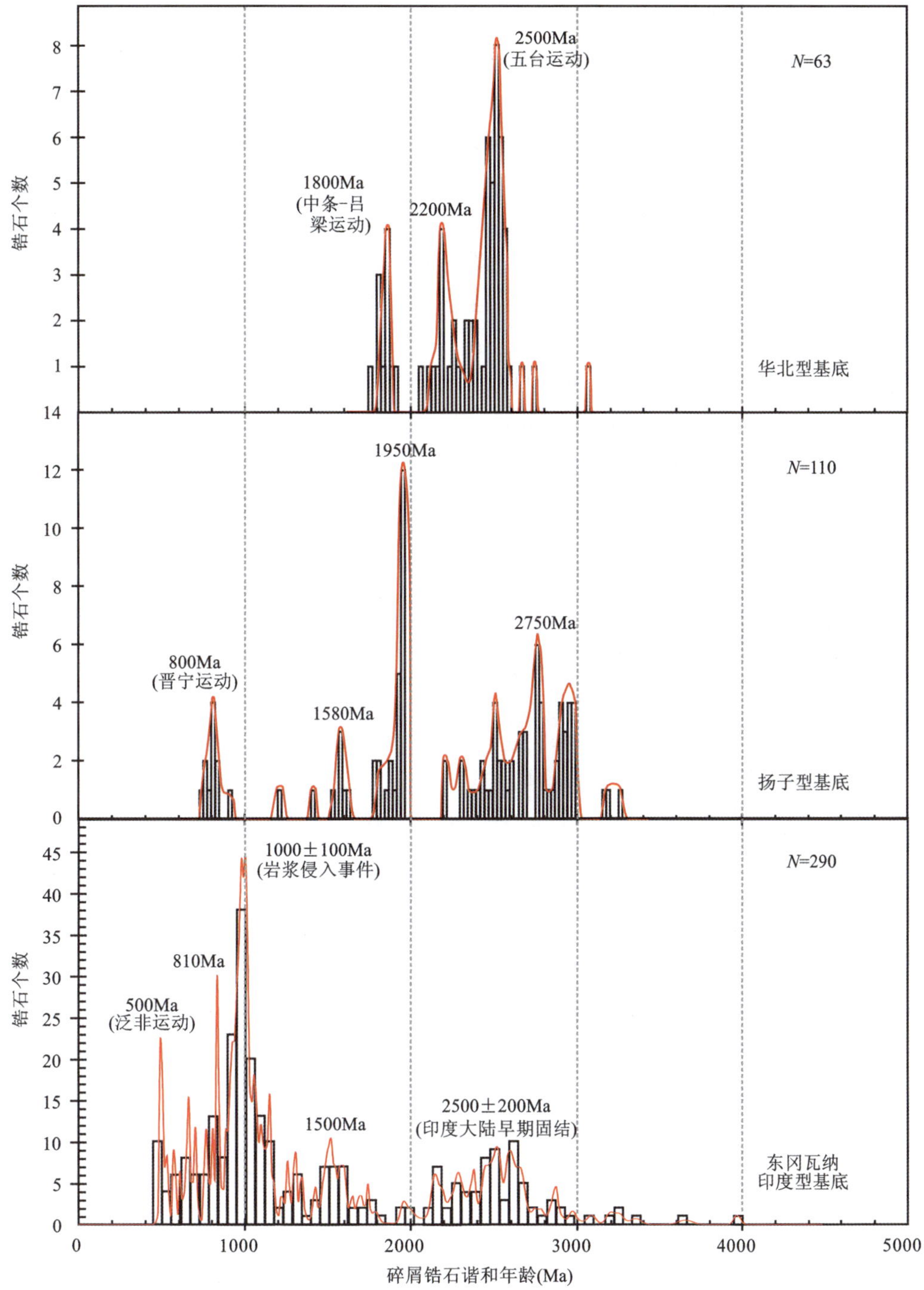

图 7-4　华北型、扬子型、印度型基底前寒武纪碎屑锆石年代谱系对比图

二、青藏高原前寒武纪块体亲缘关系探讨

依据物质组成、基底结构、岩浆作用、变质作用及构造-热事件等，可将青藏高原及邻区划分为南北两个大陆区、四大陆块，而南羌塘所围限的区域相当于"古大洋"的残迹区。亲欧亚古大陆区（北部大陆区）包括华北、扬子和塔里木 3 个基本陆块；亲冈瓦纳古大陆区（南部大陆区）包括印度 1 个基本陆块。

（一）阿拉善地块和贺兰地块属于华北陆块

（1）阿拉善地块和贺兰地块基底具有双重结构。阿拉善地块的墩子沟群（JxD）不整合于龙首山岩群（$Ar_3Pt_1L.$）之上，贺兰地块的黄旗口组（Jx*hq*）不整合覆于中元古代黑云斜长花岗岩上，相当于中条-吕梁运动构造界面。

（2）阿拉善地块的韩母山群（NhZ*H*）和贺兰地块的正目观组（Z*z*）均发育冰碛砾岩，大体可与华北陆块南缘的罗圈组冰碛岩对比。

（3）阿拉善地块碎屑锆石年龄出现2710～2650Ma（阜平运动）、2500～2380Ma（五台运动）和1830～1600Ma（中条-吕梁运动）三个峰值年龄；贺兰地块碎屑锆石年龄也出现2700Ma（阜平运动）、2360Ma（五台运动）和1940～1880Ma（中条-吕梁运动）三个峰值年龄；两者与华北陆块极为相似，未出现中条-吕梁运动之后的碎屑锆石年龄。

因而，阿拉善地块和贺兰地块应属于华北陆块的西南部（图7-5）。

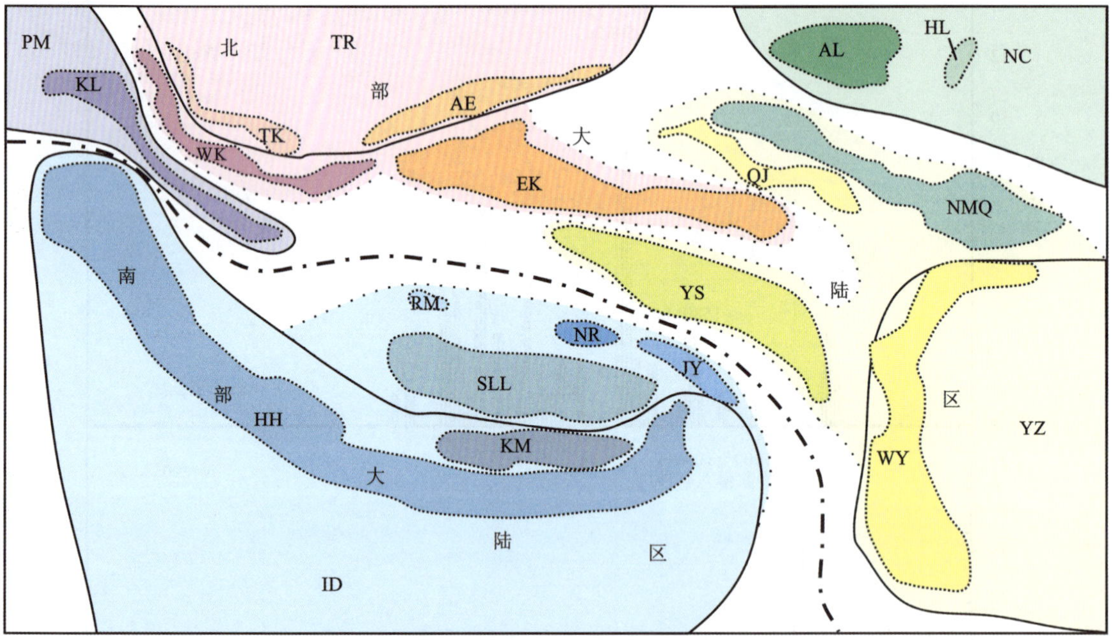

图7-5　青藏高原及邻区前寒武纪块体归属示意图

TR.塔里木陆块；NC.华北陆块；YZ.扬子陆块；ID.印度陆块；PM.帕米尔陆块；TK.铁克里克地块；AE.阿尔金地块；AL.阿拉善地块；HL.贺兰地块；WK.西昆仑地块；EK.东昆仑地块；QJ.全吉地块；NMQ.北中祁连地块；WY.碧口地块＋龙门地块＋康滇地块＋丽江地块；YS.玉树-昌都地块；RM.荣玛地块；SLL.申扎-察隅地块＋拉萨地块＋林芝地块；NR.聂荣地块；JY.嘉玉桥地块；KM.康马-隆子地块；HH.高喜马拉雅地块

（二）喀喇昆仑地块与帕米尔陆块可能具有亲缘关系

（1）喀喇昆仑地块的前寒武系具有双重结构，即下部为古元古界组成的结晶基底，上部为长城系含碳碎屑岩夹硅质碳酸盐岩和蓟县系含大量叠层石碳酸盐岩组成的盖层，既不同于华北型基底也不同于塔里木型基底，与其西北部的帕米尔陆块在基底结构上具有相似性。

（2）岩浆作用和含矿性具有独特性。存在古元古代双峰式岩浆喷发，古元古界结晶基底具有晋宁期中酸性侵入作用；古元古代结晶岩系中产有磁铁石英岩型铁矿。

（3）块体的空间分布倾向于划归帕米尔陆块。喀喇昆仑地块的空间分布特征为向东收敛，向西延伸变宽，并与帕米尔陆块具有相连趋势。

综上所述，喀喇昆仑地块有可能向西北与帕米尔陆块具有亲缘性，在青藏高原及邻区应该作用相对独立的前寒武纪块体(图 7-5、图 7-6)。

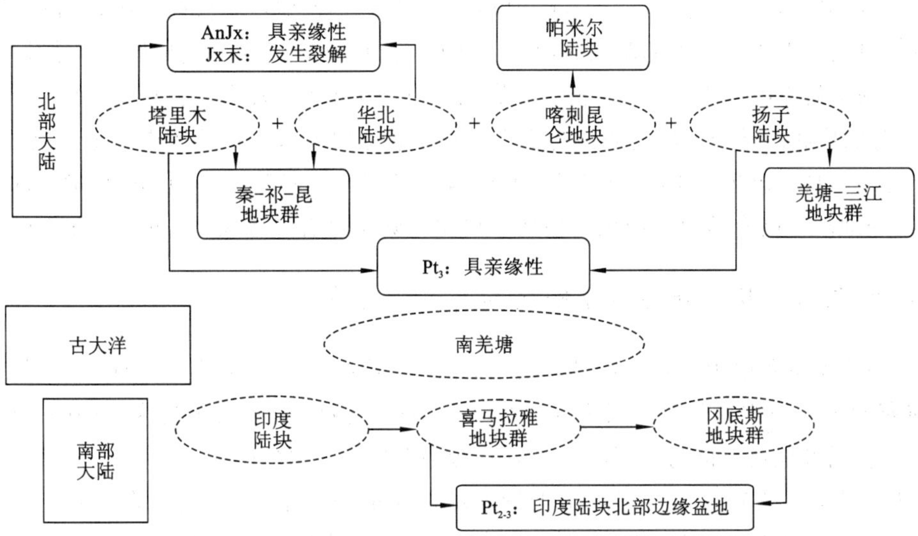

图 7-6　青藏高原及邻区前寒武纪块体的亲缘关系

(三) 塔里木陆块蓟县纪以前与华北陆块具有亲缘性,新元古代与扬子陆块具有亲缘关系

(1) 塔里木陆块具有三重结构,中元古界与下伏新太古界—古元古界部分为不整合接触,构造界面年龄约为 1800Ma,相当于华北型基底的中条-吕梁运动时限;新元古界青白口系或南华系超覆不整合于下伏古元古界或中元古界之上,构造界面年龄为 1000～800Ma,相当于扬子型基底的晋宁运动。

(2) 塔里木陆块(南部)前寒武纪具有五期岩浆活动事件,2600～2400Ma 中酸性岩浆侵入事件、2400～2300Ma 基性岩浆侵入事件和 2200～1800Ma 中酸性岩浆侵入事件分别对应于华北陆块的五台运动、五台运动之后的裂解及中条-吕梁运动,950～800Ma 中酸性岩浆侵入事件、800～700Ma 双峰式岩浆喷发事件分别对应于扬子陆块最为显著的晋宁运动及其之后的裂解。

(3) 塔里木陆块前寒武系碎屑锆石年代谱系出现了 2330～2280Ma、1970～1740Ma 和 850～720Ma 三个集中区,分别对应于华北陆块的中条-吕梁运动、五台运动和扬子陆块的晋宁运动时限。暗示塔里木陆块中条-吕梁运动及其以前与华北地块基底在构造归属的亲缘关系,其后的塔里木陆块又与扬子型基底在成因上的联系。

(4) 塔里木陆块局部发育南华纪[恰克马克力克组(Nh_2q)]冰碛岩,与扬子陆块南华纪冰期基本一致。

从以上特征可以概括出,塔里木陆块(南部)基底蓟县纪以前具有华北型的基底特征,中元古代之后具有扬子型的基底特征。可能在蓟县纪末塔里木陆块远离华北陆块或发生裂解,新元古代与扬子陆块具有亲缘关系或发生拼贴(相当于 Rodinia 超大陆汇聚事件)(图 7-5、图 7-6)。

(四) 秦-祁-昆地块群可能是从扬子陆块和塔里木陆块边缘裂解出来的若干地块的集合体

(1) 全吉地块基底总体具有双重结构,南华纪—寒武纪盖层不整合于古元古界—中元古界结晶基底上;盖层中发育相当于扬子陆块的南华纪冰碛岩;前寒武系碎屑锆石年龄主峰值年龄为 920～780Ma。因而,全吉地块与扬子陆块具有亲缘性(图 7-5、图 7-6)。

(2) 北-中祁连地块与塔里木陆块类似,具有三重结构,局部残留中元古界与下伏新太古界—古元古界部分为不整合接触,构造界面年龄约为 1800Ma,相当于华北型基底的中条-吕梁运动时限;新元古界青白口系或南华系超覆不整合于下伏古元古界或中元古界之上,构造界面年龄为 1000～800Ma,相当于扬子型基底的晋宁运动;北-中祁连地块前寒武系碎屑锆石主峰值年龄为 1800～1720Ma(中条-吕梁运动),普遍出现 3080～3000Ma、2610～2420Ma(五台运动)、1510～1420Ma、1220～1100Ma(Rodinia 汇聚)和 910～810Ma(Rodinia 裂解)5 个次峰值年龄。北-中祁连地块基底蓟县纪以前具有华北型的基底特征,中元古代之后具有扬子型的基底的特征。可能在蓟县纪末北-中祁连地块远离华北陆块或发生裂解,新元古代与扬子陆块具有亲缘关系或发生拼贴(相当于 Rodinia 超大陆汇聚事件)(图 7-5、图 7-6)。

(3) 东昆仑地块和西昆仑地块基底结构不清。东昆仑地块前寒武系碎屑锆石主峰值年龄为 1120～960Ma(晋宁运动),局部出现 2510～2460Ma(五台运动)和 1780～1580Ma(中条-吕梁运动)2 次峰值年龄。推断东昆仑地块东昆仑地块和西昆仑地块与塔里木陆块具有亲缘关系(图 7-5、图 7-6)。

(五) 玉树-昌都地块可能与扬子陆块具有亲缘关系

该地块前寒武系主要由中—新元古界构成,基底结构不清;发育新元古代早期(晋宁期)中酸性岩浆侵入事件;前寒武系碎屑锆石年龄主要介于 3300～530Ma 之间,主峰值年龄为 1040～900Ma(晋宁运动)。因此,玉树-昌都地块可能与扬子陆块具有亲缘关系(图 7-5、图 7-6)。

另外,玉树-昌都地块碎屑锆石出现了少量地球形成早期的年龄,普遍存在 610～530Ma(泛非运动)的构造热扰动次峰值年龄,局部出现 2580～2440Ma(印度大陆早期固结)和 1600～1520Ma 两个次峰值年龄,扬子陆块(西部)未出现这些特征。再者,玉树-昌都地块前寒武系之上,最下部的盖层为下奥陶统青泥洞组(O_1q),其与宁多岩群($Pt_{2-3}Nd.$)之间为断层接触,两者之间的原始接触关系有待进一步考证,即下奥陶统是否作为盖层与宁多岩群为不整合接触,相当于泛非运动的沉积记录有待深入研究。因而,不排除玉树-昌都地块与印度陆块具有亲缘关系的可能性。

(六) 荣玛地块群可能与印度陆块具有亲缘关系

基底结构不清。前寒武系碎屑锆石年龄主要介于 3250～480Ma 之间,主峰值年龄为 1020Ma(晋宁运动),普遍存在 550～480Ma(泛非运动)的构造热扰动次峰值年龄。推断其与印度陆块具有亲缘关系(图 7-5、图 7-6)。

(七) 冈底斯地块群与印度陆块具有亲缘关系

基底具有双重结构,结晶基底之上为下奥陶统以后的沉积盖层。聂荣地块前寒武系碎屑锆石年龄主要介于 2700～500Ma 之间,主峰值年龄为 900～720Ma(晋宁运动),存在 560Ma(泛非运动)的构造热扰动次峰值年龄;申扎-察隅地块前寒武系碎屑锆石年龄主要介于 2800～500Ma 之间,主峰值年龄为 1110～890Ma(晋宁运动),存在 600～540Ma(泛非运动)的构造热扰动次峰值年龄;拉萨地块前寒武系碎屑锆石年龄主要介于 2300～600Ma 之间,主峰值年龄为 1040Ma(晋宁运动),存在 600Ma(泛非运动)的构造热扰动次峰值年龄;林芝地块前寒武系碎屑锆石年龄主要介于 2900～500Ma 之间,主峰值年龄为 1160～1020Ma(晋宁运动)存在 590～500Ma(泛非运动)的构造热扰动次峰值年龄。

综上所述,冈底斯地块群各地块均与印度陆块具有亲缘关系,总体相当于印度陆块中新元古代北部大陆边缘沉积区,泛非运动最终固结(图 7-5、图 7-6)。

(八) 喜马拉雅地块群印度陆块具有亲缘关系

高喜马拉雅地块群基底具有双重结构,结晶基底之上为下奥陶统以后的沉积盖层。康马-隆子地块前寒武系碎屑锆石年龄主要介于 3300～460Ma 之间,主峰值年龄为 1080～760Ma(晋宁运动),存在 590～530Ma(泛非运动)的构造热扰动次峰值年龄;高喜马拉雅地块前寒武系碎屑锆石年龄主要介于 4200～490Ma 之间,保存少量介于 4200～3000Ma 之间的古老碎屑锆石年龄,主峰值年龄为 1050～930Ma(晋宁运动),局部出现 2630～2500Ma(印度大陆早期固结)、1670～1540Ma 和 820～720Ma(晋宁运动)3 个次峰值年龄,普遍存在 590～490Ma(泛非运动)的构造热扰动次峰值年龄。

综上所述,康马-隆子地块和高喜马拉雅地块群均与印度陆块具有亲缘关系,总体相当于印度陆块中新元古代北部大陆边缘沉积区,泛非运动最终固结(图 7-5、图 7-6)。

第三节　小　结

(1) 依据基底物质组成、接触关系、固结时代和变质变形程度等,青藏高原及邻区可划分为华北型、扬子型、塔里木型和印度型(东冈瓦纳型)4 种基底类型。华北型基底(早前寒武系结晶基底+长城纪以来沉积盖层)和扬子型基底(早前寒武系—中元古界结晶基底+新元古界沉积盖层)为双重基底,基底分别固结于中条-吕梁运动和晋宁运动;塔里木型基底(新太古界—古元古界结晶基底+中元古界变质基底+新元古界沉积盖层)和印度型(东冈瓦纳型)基底(早前寒武系结晶基底+中新元古界—寒武系褶皱变质基底+奥陶纪以来的沉积盖层)为三重基底。塔里木型基底为兼顾华北型和扬子型双重特征的基底;印度型早期固结于古元古代末,最终固结于泛非运动。

铁克里克地块和阿尔金地块基底为塔里木型三重结构;阿拉善地块和贺兰地块基底表现为华北型双重结构;秦-祁-昆地块群较为复杂,部分残留为三重结构;碧口地块(西部)、龙门地块、康滇地块基底明显表现为扬子型双重结构;羌塘-三江地块群基底残缺不全,局部保留双重结构;冈底斯地块群和喜马拉雅基底残缺不全,总体表现出印度型基底上部层位。

(2) 锆石 U-Pb 年代学谱系综合分析如下。

a. 塔里木陆块(南部)铁克里克地块、阿尔金地块的前寒武纪构造-热事件具有 2750～2600Ma(阜平运动)、1900～1800Ma(中条-吕梁运动)、850～700Ma(晋宁运动)、500～400Ma(泛华夏运动)4 个峰期,其中,中条-吕梁运动和晋宁运动出现最高峰值。

b. 华北陆块西南部阿拉善地块和贺兰地块的前寒武纪构造-热事件具有 2800～2600Ma(阜平运动)、2400～2300Ma(五台运动)、2000～1900Ma(中条-吕梁运动)3 个较明显的峰值,其中的中条-吕梁运动出现最高峰值。

c. 秦-祁-昆地块群前寒武纪构造-热事件较为复杂,总体表现为 2500～2400Ma(五台运动)、1800～1600Ma(中条-吕梁运动)、1000～800Ma(晋宁运动)、500～400Ma(泛华夏运动),其中晋宁运动和泛华夏运动出现最高峰值。

d. 扬子陆块西缘前寒武纪构造-热事件具有仅出现 900～700Ma(晋宁运动)一个明显的高峰值。

e. 羌塘-三江地块群前寒武纪构造-热事件仅出现 1000～900Ma(晋宁运动)、600～500Ma(泛非运动)2 个明显的峰期,其中晋宁运动出现最高峰值;此外,3200Ma 显现出低峰值。

f. 冈底斯地块群前寒武纪构造-热事件具有 1000～700Ma(晋宁运动)和 620～550Ma(泛非运动)2 个年龄峰值。

g. 喜马拉雅地块群前寒武纪构造-热事件具有 2600～2400Ma(印度大陆早期固结,相当于华北陆块的五台运动时限)、1900～1700Ma(相当于华北陆块的中条-吕梁运动时限)、800～1000Ma(相当于扬子陆块的晋宁运动时限)、520～450Ma(泛非运动)4 个峰期;此外,还出现 3500～3000Ma 区间的年龄信息。

(3) 依据物质组成、基底结构、岩浆作用、变质作用及构造-热事件等综合分析如下。

a. 阿拉善地块和贺兰地块属于华北陆块。

b. 喀喇昆仑地块与帕米尔陆块可能具有亲缘关系。

c. 塔里木陆块蓟县纪以前与华北陆块具有亲缘性,新元古代与扬子陆块具有亲缘关系;可能在蓟县纪末塔里木陆块远离华北陆块或发生裂解，新元古代与扬子陆块具有亲缘关系或发生拼贴。

d. 秦-祁-昆地块群可能是从扬子陆块和塔里木陆块边缘裂解出来的若干地块的集合体。全吉地块可能与扬子陆块具有亲缘性；北-中祁连地块蓟县纪以前具有华北型的基底特征，中元古代之后具有扬子型的基底的特征，可能在蓟县纪末北-中祁连地块远离华北陆块或发生裂解，新元古代与扬子陆块具有亲缘关系或发生拼贴；推断东昆仑地块和西昆仑地块与塔里木陆块具有亲缘关系。

e. 玉树-昌都地块、荣玛地块群可能与印度陆块具有亲缘关系。

f. 冈底斯地块群、康马-隆子地块和高喜马拉雅地块群均与印度陆块具有亲缘关系，总体相当于印度陆块中新元古代北部大陆边缘沉积区，泛非运动最终固结。

第八章　结　论

在诸多相关领导悉心指导下，在许多单位和专家的帮助支持下，通过本项目全体成员5年来艰辛的跋涉和不懈的努力，"青藏高原前寒武纪地质综合研究"工作圆满完成，取得了一些重要的成果和认识，也存在或多或少的不足。

一、主要成果

1. 按照"一个古大洋和两个大陆边缘系统"的主导思路划分了青藏高原前寒武纪构造-地层分区

以"一个古大洋和两个大陆边缘系统"的主导思路，依据物质组成、基底结构、构造-热事件及标志性地层等，将研究区前寒武纪构造-地层区划分为：亲欧亚古大陆（北部大陆区）、亲冈瓦纳古大陆（南部大陆区）和原特提斯洋残迹区3个一级构造-地层大区，8个二级构造-地层区（陆块、地块群），32个三级构造-地层小区（地块）。

2. 建立了青藏高原及邻区前寒武纪地层时空格架

全区共采用79个群（岩群）岩石地层单位、64个组（岩组）岩石地层单位、9个时代地层单位和7个岩性地层单位，共计159个地层单位。对一些关键地层进行了重新厘定。

(1) 经野外调研和同位素测年，重新厘定了"布伦阔勒岩群"的分布范围。于新疆塔什库尔干县达布达尔东南获得布伦阔勒岩群中片理化变流纹岩LA-ICP-MS法锆石U-Pb年龄为2481±14Ma，将其划为古元古代。

(2) 在西藏工布江达县南"原松多岩群"岔萨岗岩组变基性火山岩中获得锆石LA-ICP-MS上交点年龄为2450±10Ma。对"原松多岩群"进行了解体，将其中的"岔萨岗岩组"升级重新厘定为"岔萨岗岩群"，时代划归古元古代。现定义的松多岩群自下而上只包括马布库岩组（AnO*m*.）、雷龙库岩组（AnO*l*.）。

(3) 于青海省湟源县南日月乡一带获得化隆岩群条带状二云斜长片麻岩（副变质岩）LA-ICP-MS锆石U-Pb最新的蚀源区年龄为891±7Ma，条带状黑云斜长角闪岩（原岩为中性火山岩）的形成年龄为884±9Ma。结合新近大量在该岩群中获得的新元古代锆石同位素年龄，将化隆岩群时代厘定为青白口纪。

(4) 在新疆叶城县阿卡孜乡西北获得赫罗斯坦岩群斜长角闪片麻岩的LA-ICP-MS锆石成岩年龄为2257±6Ma，将赫罗斯坦岩群的形成时代划为古元古代。

(5) 获得新疆叶城县库地北库浪那古岩群变（枕状）玄武岩锆石LA-ICP-MS年龄为2025±13Ma，为库浪那古岩群形成于古元古代提供了确凿证据。

(6) 于西藏八宿县浪拉山获得吉塘岩群酉西岩组石英绿泥片岩（原岩为中性火山岩）原岩形成LA-ICP-MS锆石U-Pb年龄为965±55Ma；同时，于西藏察雅县酉西村获得吉塘岩群酉西岩组绿片岩（原岩为中基性火山岩）的原岩形成年龄为1048.2±3.3Ma。据此将该岩群的时代划归中—新元古代。

(7) 于八宿县同卡乡北获得卡穷群条带状斜长角闪岩LA-ICP-MS锆石U-Pb不一致线上交点年龄为1082±18Ma，将其时代置于中—新元古代。

(8) 于冈底斯北缘西藏尼玛县控错南帮勒村一带，从原划前震旦纪念青唐古拉岩群中解体出一套寒武纪（536.4±3.6Ma）浅变质火山岩系，与西藏申扎县扎扛乡一带新发现的寒武纪（500.8±2.1Ma）

火山岩系总体可以对比，属于以变流纹(斑)岩为主、变玄武岩为辅的拉斑系列双峰式火山岩，形成于陆缘裂谷，为冈底斯北缘存在寒武纪裂解作用提供了佐证。

(9) 在玉树县小苏莽一带获得宁多岩群黑云斜长片麻岩(副变质岩)的锆石 LA-ICP-MS 最新蚀源区年龄为 1044±30Ma，侵入该群片麻状黑云花岗岩锆石 LA-ICP-MS 年龄为 990.5±3.7Ma。将宁多岩群的形成时代暂归为中—新元古代。

(10) 西藏那曲县北扎仁镇北西获得聂荣岩群片麻状斜长角闪岩(原岩为辉绿岩或粗玄岩)LA-ICP-MS 锆石U-Pb 年龄为 863±10Ma。将该岩群时代暂归为中—新元古代。

(11) 于西藏八宿县巴兼村南获得该群大理岩中所夹变玄武岩 LA-ICP-MS 锆石 U-Pb 不一致线上交点年龄为 566±27Ma，相当于晚震旦世。由于测试数据有限，暂把嘉玉桥岩群的时代置于前石炭纪。

(12) 于新疆和田县—布亚获得埃连卡特岩群绿泥方解石英片岩 LA-ICP-MS 碎屑锆石的$^{206}Pb/^{238}U$ 峰值年龄为 780Ma，可以作为相应地层沉积时代的下限；获得塞拉加兹塔格岩群中变凝灰岩岩浆成因锆石 U-Pb 年龄为 787±1Ma。将两者形成时代暂置于古元古代和长城纪，但不排除形成于南华纪的可能。

(13) 通过区域对比，将 1:25 万于田县幅区调在于田县阿羌—塔木其以南吐木亚、流水等地新建立的卡羌岩群(Ch*K*.)，即青藏高原北部地质图(1:100 万)所定西昆仑的小庙岩组(Ch*x*.)划归赛图拉岩群(Ch*S*.)。

(14) 根据区域综合，将 1:25 万恰哈幅区调所定赛图拉岩群上部的蓟县系，1:25 万于田幅、伯力克幅区调所定阿拉玛斯岩群(Jx*A*.)，以及 1:25 万于田幅所定流水岩组(Jx*l*.)归并为桑株塔格岩群(Jx*Sz*.)。

3. 在羌北玉树-昌都地块发现 3981±9Ma 古老碎屑锆石，为寻找冥古宙地壳物质提供了新的线索

利用 LA-ICP-MS(激光剥蚀电感耦合等离子质谱)和 MC-ICP-MS(多接收等离子体质谱)锆石微区原位 U-Pb 测年技术，于青海省玉树县西北隆宝镇一带宁多岩群石榴子石二云石英片岩(原岩为碎屑沉积岩)中，获得大量$^{207}Pb/^{206}Pb$ 年龄大于 3100Ma 的古老碎屑锆石；其中，最古老的碎屑锆石$^{207}Pb/^{206}Pb$ 年龄为 3981±9Ma，这是迄今在羌塘地区获得的最古老年龄记录，也是我国境内发现的年龄大于 3.9Ga 的第三颗锆石，为寻找冥古宙地壳物质提供了新的线索。$^{207}Pb/^{206}Pb$ 年龄为 3505～2854Ma 的锆石具有负的 Hf(t)值和 4316～3784Ma 的两阶段 Hf 模式年龄，表明宁多岩群物源区残留有少量古老(冥古宙)的地壳物质。

4. 在喜马拉雅地块群和冈底斯地块群发现大量源自地壳增厚熔融的泛非期 S 型花岗岩

普兰县它亚藏布片麻状含石榴子石二云花岗岩、聂拉木县曲乡眼球状黑云母花岗片麻岩、亚东县下亚东含石榴子石花岗片麻岩、米林县丹娘片麻状闪长岩、定日县长所眼球状黑云母花岗片麻岩和八宿县同卡乡北片麻状二长花岗岩 LA-ICP-MS 锆石 U-Pb 成岩年龄分别为 537±3Ma、454±6Ma、499±4Ma、516±2Ma、515±3Ma 和 549±18Ma。岩石地球化学分析表明，青藏高原南部泛非期花岗岩以过铝质钙碱性系列 S 型花岗岩为主，源自增厚下地壳部分熔融，形成于同碰撞-后碰撞构造环境，为泛非期造山作用的地质记录。

5. 建立了青藏高原前寒武纪构造-热事件序列

青藏高原及邻区构造-热事件序列共 4 期、11 次。即：①五台期(Ⅰ)，包括 2600～2400Ma 中酸性岩浆侵入($Ⅰ_1$)、2500～2000Ma 双峰式火山喷发($Ⅰ_2$)和 2400～1900Ma 基性岩浆侵入($Ⅰ_3$)3 次构造-热事件；②中条-吕梁期(Ⅱ)，包括 2100～1700Ma 中酸性岩浆侵入($Ⅱ_1$)、古(—中)元古代碱性岩浆喷发($Ⅱ_2$)、1600～1300Ma 中酸性岩浆侵入($Ⅱ_3$)和 1400～1000Ma 岩浆喷发($Ⅱ_4$)4 次构造-热事件；③晋宁期(Ⅲ)，包括 1100～800Ma 中酸性岩浆侵入($Ⅲ_1$)和 900～700Ma 基性岩浆侵入和岩浆喷发($Ⅲ_2$)2 次构造-热事件；④泛非期(Ⅳ)，包括 600～500Ma 中酸性岩浆侵入($Ⅳ_1$)和 560～500Ma 双峰式火山喷发

(Ⅳ$_2$)2 次构造-热事件。

其中，最为强烈、具有普遍意义的是分别代表 Rodinia 超大陆汇聚和裂解的晋宁期 1100～800Ma 中酸性岩浆侵入(Ⅲ$_1$)和 900～700Ma 基性岩浆侵入-岩浆喷发(Ⅲ$_2$)构造-热事件。其次为发生于高喜马拉雅和冈底斯地区代表 Gondwana 大陆汇聚的泛非期 600～500Ma 中酸性岩浆侵入(Ⅳ$_1$)构造-热事件。

6. 对青藏高原前寒武纪变质区带和变质作用期次进行了划分

(1) 从变质相、变质压力、变质期等方面对研究区前寒武系变质作用进行了综合研究，将研究区划分为华北型基底变质区、扬子型基底变质区、塔里木型基底变质区、羌南-保山变质区、泛非型基底变质区共 5 个一级变质单元(变质区)，进一步划分为 17 个二级变质单元(变质带)。

(2) 研究区前寒武纪(包括早古生代)变质事件大体可分为：前中条-吕梁期(＞1900Ma)、中条-吕梁期(1800Ma)、晋宁期(1000～800Ma)、泛非期(600～500Ma)和泛华夏期(520～400Ma)共 5 期。其中，晋宁期变质事件波及范围最广，泛非期变质事件的影响范围主要为亲冈瓦纳古大陆，泛华夏期变质事件的影响范围主要为亲欧亚大古大陆的塔里木陆块(南部)、秦-祁-昆地块群，扬子陆块(西部)北缘及羌塘-三江地块群北缘也有少量显示。

(3) 对研究目前发现的 13 处麻粒岩和 11 处榴辉岩进行了归纳总结，认为作为高压—超高压变质的麻粒岩相、榴辉岩相变质岩在空间上主要构成喜马拉雅带、铁克里克-阿尔金-柴北缘(东昆仑)-北祁连带和扬子西缘带 3 个带。

7. 将青藏高原基底结构类型进行了划分

依据基底物质组成、接触关系、固结时代、构造热事件和变质变形程度等，将青藏高原及邻区划分为华北型、扬子型、塔里木型和印度型(东冈瓦纳型)4 种基底类型。

华北型基底(早前寒武系结晶基底＋长城纪以来沉积盖层)和扬子型基底(早前寒武系—中元古界结晶基底＋新元古界沉积盖层)为双重基底，基底分别固结于中条-吕梁运动和晋宁运动；塔里木型基底(新太古界—古元古界结晶基底＋中元古界变质基底＋新元古界沉积盖层)和印度型(东冈瓦纳型)基底(早前寒武系结晶基底＋中新元古界—寒武系褶皱变质基底＋奥陶纪以来的沉积盖层)为三重基底。塔里木型基底为兼顾华北型和扬子型双重特征的基底；印度型早期固结于古元古代末，最终固结于泛非运动。

8. 对青藏高原前寒武纪块体之间的亲缘关系和构造归属进行了探讨

依据物质组成、基底结构、岩浆作用、变质作用及构造-热事件等综合分析如下。

(1) 阿拉善地块和贺兰地块属于华北陆块。

(2) 喀喇昆仑地块与帕米尔陆块可能具有亲缘关系。

(3) 塔里木陆块蓟县纪以前与华北陆块具有亲缘性，新元古代与扬子陆块具有亲缘关系；可能在蓟县纪末塔里木陆块远离华北陆块或发生裂解，新元古代与扬子陆块具有亲缘关系或发生拼贴。

(4) 秦-祁-昆地块群可能是从扬子陆块和塔里木陆块边缘裂解出来的若干地块的集合体。全吉地块可能与扬子陆块具有亲缘性；北-中祁连地块蓟县纪以前具有华北型的基底特征，中元古代之后具有扬子型的基底特征，可能在蓟县纪末北-中祁连地块远离华北陆块或发生裂解，新元古代与扬子陆块具有亲缘关系或发生拼贴；推断东昆仑地块和西昆仑地块与塔里木陆块具有亲缘关系。

(5) 玉树-昌都地块可能与扬子陆块具有亲缘关系。

(6) 荣玛地块群可能与印度陆块具有亲缘关系。

(7) 冈底斯地块群、康马-隆子地块和高喜马拉雅地块群均与印度陆块具有亲缘关系，总体相当于印度陆块中新元古代北部大陆边缘沉积区，泛非运动最终固结。

二、存在问题

1. 泛非运动的动力学机制和波及范围

(1) 尽管本项研究在于冈底斯北缘尼玛县控错南-申扎县扎扛乡发现了泛非期裂谷型双峰式火山岩(536～501Ma);在八宿县北嘉玉桥岩群大理岩中发现晚震旦世变玄武岩(566Ma),认为是裂谷作用的前兆;但是,冈底斯北缘裂解环境下的双峰式火山岩怎样与南部冈底斯-喜马拉雅地区挤压汇聚环境下大规模泛非期花岗岩相匹配,即其动力学机制值得进一步研究。

(2) 本项研究认为泛非运动的北界为冈底斯的北缘。但是,近来科研文献在羌塘地区也发现有少量泛非期花岗岩。因此,泛非运动的波及范围值得进一步研究,该问题与冈瓦纳大陆的北界息息相关。

2. Rodinia 超大陆汇聚和裂解作用的时限划分

本项研究所引用的大量资料和文献中,对 Rodinia 超大陆汇聚事件和裂解事件在时限上大体可分出先后,但两次事件在时间上具有较大程度的重叠,对这两次构造-热事件的作用时间有待进一步限定。

3. 对一些地层的形成时代需要进一步有效限定

(1) 铁克里克地块的埃连卡特岩群和塞拉加兹塔格岩群

本项目获得埃连卡特岩群绿泥方解石英片岩中碎屑锆石最新蚀源区年龄为 780 Ma,获得塞拉加兹塔格岩群中变凝灰岩岩浆成因锆石的 U-Pb 年龄为 787±1Ma。由于没有更多的同位素年龄数据支撑,仍沿用前人的划分方案,暂将埃连卡特岩群时代置于古元古代,暂将塞拉加兹塔格岩群时代置于长城纪。然而,不排除埃连卡特岩群和塞拉加兹塔格岩群形成于南华纪的可能,是否属于 Rodinia 超大陆裂解作用的地质记录值得进一步研究。

此外,铁克里克地层前寒武纪地层序列、接触关系和精确的时代还需要进一步工作。埃连卡特岩群和塞拉加兹塔格岩群蓟县纪—青白口纪的博查特塔格组、苏玛兰组和苏库罗克组序列关系需要重新确定,相应的接触关系需要进一步工作。

(2) 西昆仑地块的赛图拉岩群

赛图拉岩群的变质程度差别较大,为高角闪岩相-低绿片岩相。目前,仅依据库地北侵入其中的片麻状花岗岩锆石 SHRIMP 年龄为 815±57Ma(张传林,2003),来间接限定赛图拉岩群的形成时代,暂划为长城纪。对于区域上的赛图拉岩群需要解体,其形成时代尚未有效限定。

(3) 西昆仑的柳什塔格玄武岩

对于柳什塔格玄武岩仅获得 1 个 563±48Ma 的 Rb-Sr 等时线年龄(李博秦等,2007),侵入其中的花岗岩年龄为 460.8±5.2Ma(许荣华等,2000),暂将该玄武岩时代定为震旦纪。

(4) 东昆仑的金水口岩群

对于金水口岩群的白沙河岩组和小庙岩组时代限定主要为碎屑锆石、侵入体和变质年龄数据,尚未获得确切的年代学依据。

(5) 北中祁连的北大河岩群和湟源岩群

本项目于甘肃省肃北县党河一带获得北大河岩群片麻状斜长角闪岩(原岩为辉长岩)LA-ICP-MS 锆石 U-Pb 年龄为 724.4±3.7Ma。结合北大河岩群变质沉积岩的蚀源区存在 3035～1400Ma 构造热事件(李怀坤等,2007),北大河岩群的形成时代应限定在 1400～724Ma 之间,即中新元古代。本项研究沿用前人的划分方案,将其时代暂置于古元古代。

近来,已获得湟源岩群糜棱岩化云母石英片岩碎屑锆石 LA-MC-ICP-MS U-Pb 同位素最年轻碎屑锆石年龄为 1456Ma(陆松年等,2009b),从一个侧面限定了该岩群的形成下限,即其形成时代不老于

1456Ma。本项研究仍沿用前人的划分方案，暂将湟源群时代归为古元古代。

(6) 扬子陆块(西部)的康定岩群

目前，已从康定岩群中解体出大量新元古代变质中酸性侵入体、变辉长岩及麻粒岩，但尚未获得直接反映其形成时代的同位素年代学数据。本项研究沿用前人的划分方案，暂将康定岩群生成时代置于古元古代。

(7) 南羌塘腹地的戈木日岩群

前人根据不同证据将该套地层置于不同时代，有前寒武纪、前奥陶纪、古生代、晚古生代、泥盆纪。该岩群尚无确切的时代依据，本项研究将其暂划归中—新元古代。

4. 研究区构造-岩浆岩带、变质区带和变质作用期次的划分有待进一步深入

由于资料和工作程度所限，研究区未划分构造岩浆岩带；对于变质区带、变质作用期次划分也较为粗略，缺少变质作用与构造作用的关系研究。

5. 研究区各块体的亲缘关系需要进一步探讨

对于前寒武纪块体之间的对比仅限于部分资料，某些亲缘关系属于推断，缺少翔实的岩浆作用、构造作用和沉积响应等作用印证。如玉树-昌都地块与扬子陆块具有亲缘关系还是与印度陆块具有亲缘关系，阿拉善地块与华北陆块具有亲缘关系还是与塔里木陆块具有亲缘关系。

6. 境内外前寒武纪对比有待加强

境外有关前寒武纪地质的资料缺乏，有待进行境内外前寒武纪地质对比研究。

主要参考文献

阿成业,王毅智,任晋祁,等.东昆仑地区万保沟群的解体及早寒武世地层的新发现[J].中国地质,2003,30(2):119-206.

白云来,邓亚萍,程建生.中祁连山东段史纳村一带湟源岩群表壳岩的变质作用及地化特征[J].甘肃地质学报,1998,7(2):54-62.

柏道远,贾宝华,孟德保,等.且末县一级电站幅、银石山幅地质调查新成果及主要进展[J].地质通报,2004,23(5-6):564-569.

边小卫,朱海平,计文化,等.新疆塔什库尔干县南青白口纪侵入体的发现——来自LA-ICP-MS锆石U-Pb同位素测年的证据[J].西北地质,2013,46(1):22-31.

蔡土赐,等.新疆维吾尔自治区岩石地层(全国地层多重划分对比研究)[M].武汉:中国地质大学出版社,1999.

蔡新平.扬子地台西缘新生代富碱斑岩中的深源包体及其意义[J].地质科学,1992(2):183-189.

常向阳,朱炳泉,邹日,等.金平龙脖河铜矿区变钠质火山岩系地球化学研究:Ⅱ.Nd、Sr、Pb同位素特征与年代学[J].地球化学,1998,27(4):361-366.

车自成,刘良,孙勇.阿尔金铅、钕、锶、氩、氧同位素研究及其早期演化[J].地球学报,1995(3):334-337.

车自成,刘良,孙勇.阿尔金麻粒岩相杂岩的时代及塔里木盆地的基底[J].中国区域地质,1996(1):51-57.

陈丹玲,孙勇,刘良,等.柴北缘鱼卡河榴辉岩围岩的变质时代及其地质意义[J].地学前缘,2007,14(1):108-116.

陈笃宗.龙门山地区(中、北段)前震旦系火山岩成矿系列及矿床成因探讨[J].四川地质学报,1995,15(2):113-122.

陈福坤,许荣华.云南点苍山混合岩中锆石的U-Pb年龄及其地质意义[J].科学通报,1991(7):538-541.

陈能松,朱杰,王国灿,等.东昆仑造山带东段清水泉高级变质岩片的变质岩石学研究[J].地球科学,1999,24(2):116-120.

陈能松,李晓彦,王新宇,等.柴达木地块南缘昆北单元变质新元古代花岗岩锆石SHRIMP U-Pb年龄[J].地质通报,2006a,25(11):1311-1314.

陈能松,李晓彦,张克信,等.东昆仑山香日德南部白沙河岩组的岩石组合特征和形成年代的锆石Pb-Pb定年启示[J].地质科技情报,2006b,25(6):1-7.

陈佑纬,毕献武,胡瑞忠,等.贵东复式岩体印支期产铀和非产铀花岗岩地球化学特征对比研究[J].矿物岩石,2009,29(3):106-114.

陈岳龙,罗照华,赵俊香,等.从锆石SHRIMP年龄及岩石地球化学特征论四川冕宁康定杂岩的成因[J].中国科学(D辑),2004,34(8):687-697.

陈智梁,刘宇平.藏南拆离系[J].特提斯地质,1996(20):32-51.

程立人,张以春,张予杰.藏北申扎地区早奥陶世地层的发现及意义[J].地层学杂志,2005,29(1):38-41.

程裕淇,等.中国区域地质概论[M].北京:地质出版社,1994.

崔军文,朱红,武长得,等.青藏高原岩石圈变形及其动力学[M].北京:地质出版社,1992.

崔军文,唐哲明,邓晋福,等.阿尔金断裂系[M].北京:地质出版社,1999.

褚少雄. 西昆仑及邻区成矿地质背景及成矿规律探讨[D]. 北京:中国地质大学(北京),2008.

邓希光,张进江,张玉泉,等. 藏北羌塘地块中部蓝片岩中捕获锆石 SHRIMP U-Pb 定年及其意义[J]. 地质通报,2007,26(6):698-702.

丁林,钟大赉. 西藏南迦巴瓦峰地区高压麻粒岩相变质作用特征及其构造地质意义[J]. 中国科学(D 辑),1999,29(5):385-397.

董国安,杨宏仪,刘敦一,等. 龙首山岩群碎屑锆石 SHRIMP U-Pb 年代学及其地质意义[J]. 科学通报,2007a,52(6):688-697.

董国安,杨怀仁,杨宏仪,等. 祁连地块前寒武纪基底锆石 SHRIMP U-Pb 年代学及其地质意义[J]. 科学通报,2007b,52(13):1572-1585.

董申保,等. 中国变质作用及其与地壳演化的关系[M]. 北京:地质出版社,1986.

董永观,张传林,赵宇. 西昆仑东段首次发现前寒武纪麻粒岩相变质岩[J]. 地质论评,1999,47(4):397.

董永胜,谢尧武,李才,等. 西藏东部八宿地区发现退变质榴辉岩[J]. 地质通报,2007,26(8):1018-2020.

杜利林,耿元生,杨崇辉,等. 扬子地台西缘盐边群玄武质岩石地球化学特征及 SHRIMP 锆石 U-Pb 年龄[J]. 地质学报,2005,79(6):805-813.

杜远生,韩欣. 滇中地区中元古代昆阳群落雪组叠层石礁的新发现及其意义[J]. 地层学杂志,1999,23(4):294.

冯益民,曹宣铎,张二朋,等. 西秦岭造山带结构造山过程及动力学[M]. 西安:西安地图出版社,2002.

高洪学,李海平,宋子季. 藏南变质核杂岩[J]. 中国区域地质,1996(4):317-322.

高延林,吴向农,左国权,等. 东昆仑山清水泉蛇绿岩特征及其大地构造意义[J]. 中国地质科学院西安地质矿产研究所所刊,1988(21):17-28.

甘肃省地质矿产局. 甘肃省岩石地层[M]. 武汉:中国地质大学出版社,1997.

耿全如,潘桂棠,郑来林,等. 南迦巴瓦峰地区雅鲁藏布构造带中石英(片)岩的岩石化学特征及变质作用条件探讨[J]. 矿物岩石,2004,24(1):76-82.

耿元生,杨崇辉,王新社,等. 扬子地台西缘结晶基底的时代[J]. 高校地质学报,2007,13(3):429-441.

耿元生,周喜文. 阿拉善地区新元古代岩浆事件及其地质意义[J]. 岩石矿物学杂志,2010,29(6):779-795.

辜平阳,李荣社,何世平,等. 西藏那曲县北聂荣微地块聂荣岩群中斜长角闪岩——Rodinia 超大陆裂解的地质纪录[J]. 岩石矿物学杂志,2012,31(2):145-154.

辜平阳,何世平,李荣社,等. 藏南拉轨岗日变质核杂岩核部花岗质片麻岩的地球化学特征及构造意义[J]. 岩石学报,2013,29(3):756-768.

辜学达,李宗凡,黄盛碧,等. 四川西部地层多重划分对比研究新进展[J]. 中国区域地质,1996(2):114-122.

郭进京,赵凤清,李怀坤,等. 中祁连东段湟源群的年代学新证据及其地质意义[J]. 中国区域地质,2000,19(1):26-31.

郭亮,张宏飞,徐旺春. 东喜马拉雅构造结多雄拉混合岩和花岗片麻岩锆石 U-Pb 年龄及其地质意义[J]. 岩石学报,2008,24(3):421-429.

郭坤一,张传林,王爱国,等. 西昆仑首次发现石榴二辉麻粒岩[J]. 资源调查与环境,2003,24(2):79-81.

郭建强，游再平，沈渭洲. 川西石棉地区田湾与扁路岗岩体的锆石 U-Pb 定年[J]. 矿物岩石，1998(1)：91～94.

郭铁鹰，梁定益，张宜智，等. 西藏阿里地质[M]. 武汉：中国地质大学出版社，1991.

郭宪璞，王乃文，丁孝忠. 东昆仑格尔木南部纳赤台群和万宝沟群基质系统与外来系统地球化学差异[J]. 地质通报，2004，23(12)：1188-1196.

郝国杰，陆松年，李怀坤，等. 柴北缘沙柳河榴辉岩岩石学及年代学初步研究[J]. 前寒武纪研究进展，2001，24(3)：154-162.

郝国杰，陆松年，王惠初，等. 柴达木盆地北缘前泥盆纪构造格架及欧龙布鲁克古陆块地质演化[J]. 地学前缘，2004，11(3)：115-122.

郝国杰，陆松年，辛后田，等. 青海都兰地区前泥盆纪古陆块的物质组成和重大地质事件[J]. 吉林大学学报(地球科学版)，2004，34(4)：495-516.

郝杰，刘小汉，桑海清. 新疆东昆仑阿牙克岩体地球化学与^{40}Ar-^{39}Ar 年代学研究及其大地构造意义[J]. 岩石学报，2003，19(3)：517-522.

何世平，李荣社，王超，等. 祁连山西段北大河岩群片麻状斜长角闪岩的形成时代[J]. 地质通报，2010，29(9)：1275-1280.

何世平，李荣社，王超，等. 南祁连东段化隆岩群形成时代的进一步限定[J]. 岩石矿物学杂志，2011a，30(1)：34-44.

何世平，李荣社，王超，等. 青藏高原北羌塘昌都地块发现～4.0Ga 碎屑锆石[J]. 科学通报，2011b，56(8)：573-582.

何世平，李荣社，王超，等. 青藏高原冈底斯北缘嘉玉桥群形成时代的确定[J]. 中国地质，2012a，39(1)：21-28.

何世平，李荣社，于浦生，等. 青藏高原北羌塘他念他翁山吉塘岩群酉西岩组时代的确定[J]. 地质学报，2012b，86(6)：1-9.

何世平，李荣社，王超，等. 青藏高原冈底斯北缘卡穷岩群形成时代的确定[J]. 地球化学，2012c，41(3)：216-226.

何世平，李荣社，王超，等. 昌都地块宁多岩群形成时代研究：北羌塘基底存在的证据[J]. 地学前缘，2013a，20(5)：15-24.

何世平，李荣社，王超，等. 青藏高原拉萨地块发现古元古代地体[J]. 地球科学(中国地质大学学报)，2013b，38(3)：519-528.

何世平. 青藏高原中北部变质基底锆石年代学限定冈瓦纳大陆的北界[D]. 武汉：中国地质大学(武汉)，2009.

胡霭琴，张国新，陈义兵，等. 新疆大陆基底分区模式和主要地质事件的划分[J]. 新疆地质，2001，19(1)：12-19.

胡道功，吴珍汉，叶培盛，等. 西藏念青唐古拉山闪长质片麻岩锆石 U-Pb 年龄[J]. 地质通报，2003，22(11-12)：936-940.

胡道功，吴珍汉，江万，等. 西藏念青唐古拉岩群 SHRIMP 锆石 U-Pb 年龄和 Nd 同位素研究[J]. 中国科学(D辑)，2005，35(1)：29-37.

胡金城. 四川省木里水洛地区青白口纪下喀沙组的建立[J]. 中国区域地质，1994(4)：366-369.

华洪，邱树玉. 贺兰山中元古代三个叠层石组合及其地层意义[J]. 地层学杂志，2001，25(4)：307-311.

计文化，陈守建，赵振明，等. 西藏冈底斯构造带申扎一带寒武系火山岩的发现及其地质意义[J]. 地质通报，2009，28(9)：1350-1354.

贾和义,刘颖王番,张志祥,等.内蒙古中部太古界乌拉山岩群变质作用特征[J].成都理工大学学报,2004,31(5):467-472.

贾建称,鲁艳明,张振利.藏南吉隆地区聂拉木群的研究[J].中国地质,2002,29(2):178-180.

姜春发,等.昆仑开合构造[M].北京:地质出版社,1992.

江明富,沈秉凯,赵风游,等.甘肃省区域地质志[M].北京:地质出版社,1989.

金振民.喜马拉雅造山带西构造结含柯石英榴辉岩的发现及其启示[J].地质科技情报,1999:1-5.

赖绍聪,李永飞,秦江锋.碧口群西段董家河蛇绿岩地球化学及LA-ICP-MS锆石U-Pb定年[J].中国科学(D辑),2007,37(增刊Ⅰ):262-270.

李博秦,姚建新,王炬川,等.西昆仑柳什塔格峰西侧火山岩的特征、时代及地质意义[J].岩石学报,2007,23(11):2801-2810.

李才,翟庆国,董永胜,等.青藏高原羌塘中部榴辉岩的发现及其意义[J].科学通报,2006,51(1):70-74.

李才,谢尧武,沙绍礼,等.藏东八宿地区泛非期花岗岩锆石SHRIMP U-Pb定年[J].地质通报,2008,27(1):64-68.

李才,吴彦旺,王明,等.青藏高原泛非—早古生代造山事件研究重大进展——冈底斯地区寒武系和泛非造山不整合的发现[J].地质通报,2010,29(12):1733-1736.

李德威,刘德民,廖群安,等.藏南萨迦拉轨岗日变质核杂岩的厘定及其成因[J].地质通报,2003,22(5):303-306.

李复汉,覃嘉铭,申玉连,等.康滇地区的前震旦系[M].重庆:重庆出版社,1988.

李惠民,陆松年,郑健康,等.阿尔金山东端花岗片麻岩中3.6Ga锆石的地质意义[J].矿物岩石地球化学通报,2001,20(4):259-262.

李怀坤,陆松年,赵风清,等.柴达木北缘新元古代重大地质事件年代格架[J].现代地质,1999(2):224-225.

李怀坤,陆松年,王惠初,等.青海柴北缘新元古代超大陆裂解的地质记录——全吉群[J].地质调查与研究,2003,26(1):27-37.

李怀坤,陆松年,相振群,等.东昆仑中部缝合带清水泉麻粒岩锆石SHRIMP U-Pb年代学研究[J].地学前缘,2006,13(6):311-321.

李怀坤,陆松年,相振群,等.北祁连山西段北大河岩群碎屑锆石SHRIMP U-Pb年代学研究[J].地质论评,2007,53(1):132-140.

李光岑,麦尔西叶J L.中法喜马拉雅考察成果[M].北京:地质出版社,1984.

李江,覃小锋,陆济璞,等.瓦石峡幅、阿尔金山幅地质调查新成果及主要进展[J].地质通报,2004,23(5-6):579-584.

李璞.西藏东部地质的初步认识[J].科学通报,1955(7):62-71.

李荣社,计文化,杨永成,等.昆仑山及邻区地质[M].北京:地质出版社,2008.

李献华,周汉文,李正祥,等.扬子块体西缘新元古代双峰式火山岩的锆石U-Pb年龄和岩石化学特征[J].地球化学,2001,30(4):315-322.

李献华,李正祥,周汉文,等.川西南关刀山岩体的SHRIMP锆石U-Pb年龄、元素和Nd同位素地球化学——岩石成因与构造意义[J].中国科学(D辑),2002a,32(增刊):60-68.

李献华,李正祥,周汉文,等.川西新元古代玄武质岩浆岩的锆石U-Pb年代学、元素和Nd同位素研究:岩石成因与地球动力学意义[J].地学前缘,2002b,9(4):329-338.

李献华,周汉文,李正祥,等.川西新元古代双峰式火山岩成因的微量元素和Sm-Nd同位素制约及其大地构造意义[J].地质学报,2002c,37(3):264-276.

李献华,苏犁,宋彪,等.金川超镁铁侵入岩 SHRIMP 锆石 U-Pb 年龄及地质意义[J].科学通报,2004,49(4):401-402.

李献华,祁昌实,刘颖,等.扬子块体西缘新元古代双峰式火山岩成因:Hf 同位素和 Fe/Mn 新制约[J].科学通报,2005,50(19):2155-2160.

李永军.西秦岭天水李子园一带变质地层研究的新进展[J].西北地质,1990 (2):53-55.

李志琛.敦煌地块变质岩系时代新认识[J].中国区域地质,1994 (1):131-134.

廖群安,李德威,易顺华.西藏定结高喜马拉雅石榴辉石岩-镁铁质麻粒岩的岩石特征及其地质意义[J].地球科学,2003,28(6):627-633.

廖群安,李德威,袁晏明,等.西藏高喜马拉雅定结和北喜马拉雅拉轨岗日古元古花岗质片麻岩的年代学及其意义[J].中国科学(D 辑),2007,37(12):1579-1587.

林慈銮,孙勇,陈丹玲,等.柴北缘鱼卡河花岗质片麻岩的地球化学特征和锆石 LA-ICP-MS 定年[J].地球化学,2006,35(5):489-505.

林广春,李献华,李武显.川西新元古代基性岩墙群的 SHRIMP 锆石 U-Pb 年龄、元素和 Nd-Hf 同位素地球化学:岩石成因与构造意义[J].中国科学(D 辑),2006,7:630-645.

刘德民.西藏定结地区变质核杂岩研究[J].地质找矿论丛,2003,18(1):1-5.

刘国惠.西藏高喜马拉雅变质带与高喜马拉雅隆起,喜马拉雅地质[M].北京:地质出版社,1983.

刘国惠,金成伟,王富宝.西藏的变质岩和岩浆岩[M].北京:地质出版社,1990.

刘良,车自成,罗金海,等.阿尔金西段榴辉岩的确定及其地质意义[J].科学通报,1996,41(14):1485-1488.

刘良,车自成,王焰,等.阿尔金高压变质岩带的特征及其构造意义[J].岩石学报,1999,15(1):57-64.

刘文灿,王瑜,张祥信,等.西藏南部康马岩体岩石类型及其同位素测年[J].地学前缘,2004a,11(4):491-501.

刘文灿,万晓樵,梁定益,等.江孜县幅、亚东县幅地质调查新成果及主要进展[J].地质通报,2004b,23(5-6):444-450.

刘文中,徐士进,王汝成,等.攀西麻粒岩锆石 U-Pb 年代学:新元古代扬子陆块西缘地质演化新证据[J].地质论评,2005,51(4):470-476.

刘焰,钟大赉.东喜马拉雅地区高压麻粒岩岩石学研究及构造意义[J].地质科学,1998,33(3):267-281.

龙晓平,金巍,葛文春,等.东昆仑金水口花岗岩体锆石 U-Pb 年代学及其地质意义[J].地球化学,2006,35(4):367-376.

陆松年,马国干,高振家,等.中国晚前寒武纪冰成岩系初探[M].北京:地质出版社,1985.

陆松年,等.中国西部前寒武纪重大地质事件及构造演化[M].北京:地质出版社,2000.

陆松年,赵风清,李怀坤,等.青海柴达木盆地北缘"达肯大坂群"的重新厘定及其地质意义初探[C]//第三界全国地层会议论文集,2000b,13-18.

陆松年,王惠初,李怀坤,等.柴达木盆地北缘"达肯大坂群"的再厘定[J].地质通报,2002,21(1):19-23.

陆松年.青藏高原北部前寒武纪地质初探[M].北京:地质出版社,2002.

陆松年,袁桂邦.阿尔金山阿克塔什塔格早前寒武纪岩浆活动的年代学证据[J].地质学报,2003,77(1):61-68.

陆松年.初论"泛华夏造山作用"与加里东和泛非造山作用的对比[J].地质通报,2004,23(9-10):952-958.

陆松年,陈志宏,相振群,等.秦岭岩群副变质岩碎屑锆石年龄谱及其地质意义探讨[J].地学前缘,2006,13(6):303-310.

陆松年,于海峰,李怀坤,等.中央造山带(中-西部)前寒武纪地质[M].北京:地质出版社,2009a.

陆松年,李怀坤,王惠初,等.秦-祁-昆造山带元古宙副变质岩层碎屑锆石年龄谱研究[J].岩石学报,2009b,25(9):2195-2208.

吕世琨,戴恒贵.康滇地区建立昆阳群(会理群)层序的回顾和重要赋矿层位的发现[J].云南地质,2001,20(1):1-24.

茅燕石,卫管一,张伯南,等.中国喜马拉雅地区前寒武纪变质岩系的地质构造特征[J].青藏高原地质文集,1984 (2):43-52.

茅燕石,卫管一,张伯南,等.西藏喜马拉雅前寒武系基底岩系的变质作用特征[J].青藏高原地质文集,1985a (17):47-60.

茅燕石,卫管一,孙似洪.西藏珠穆朗玛变质带混合岩和花岗岩的成因[J].青藏高原地质文集,1985b (9):139-149.

梅华林,于海峰,陆松年,等.甘肃敦煌太古宙英云闪长岩:单颗粒锆石 U-Pb 年龄和 Nd 同位素[J].前寒武纪研究进展,1998,21(2):41-45.

牟传龙,林仕良,余谦.四川会理天宝山组 U-Pb 年龄[J].地层学杂志,2003,27(3):216-219.

穆恩之,尹集祥,文世宣,等.中国西藏南部珠穆朗玛峰地区的地层[J].中国科学,1973(1):13-25.

内蒙古自治区地质矿产局.内蒙古自治区岩石地层[M].武汉:中国地质大学出版社,1996.

潘桂棠,丁俊,王立全,等.1∶150 万青藏高原及邻区地质图(说明书)[M].成都:成都地图出版社,2004.

潘晓萍,李荣社,王超,等.西藏冈底斯北缘尼玛地区帮勒村一带寒武纪火山岩 LA-ICP-MS 锆石 U-Pb年龄及其地球化学特征[J].地质通报,2012,31(1):27-38.

裴先治,李厚民,李国光.东秦岭丹凤岩群的形成时代和构造属性[J].岩石矿物学杂志,2001,20(2):180-188.

裴先治,丁仁平,李佐臣,等.西秦岭北缘关子镇蛇绿岩的形成时代:来自辉长岩中 LA-ICP-MS 锆石 U-Pb 年龄的证据[J].地质学报,2007,81(11):1550-1561.

祁生胜,王秉璋,王瑾,等.晋宁运动在东昆仑东段的表现及其意义[J].青海地质,2001,(增刊):17-21.

戚学祥,许志琴,史仁灯,等.高喜马拉雅普兰地区东西向韧性拆离作用及其构造意义[J].中国地质,2006,33(2):291-298.

秦建业,Mc Evilly T V.西藏岩石圈结构的地震学新证据[J].地球物理学报,1985,28(增刊Ⅰ):135-147.

任留东,陈炳蔚.北喜马拉雅变质作用和花岗岩研究及其与高喜马拉雅结晶岩系的对比[J].地质通报,2002,21(7):397-404.

任留东,陈炳蔚.西昆仑造山带中巴公路段石榴角闪岩形成的变质地质过程[J].地球学报,2003,24(3):219-224.

沙绍礼,包俊跃,金亚昌,等.点苍山变质带同位素年代学研究新进展[J].云南地质,1999,18(1):63-66.

沈渭洲,李惠民,徐士进,等.扬子板块西缘黄草山和下索子花岗岩体锆石 U-Pb 年代学研究[J].高校地质学报,2000,6(3):412-416.

沈渭洲,高剑峰,徐士进,等.四川盐边冷水箐岩体的形成时代和地球化学特征[J].岩石学报,2003,19(1):27-37.

沈其韩，徐惠芬，张宗清，等. 中国早前寒武纪麻粒岩[M]. 北京：地质出版社，1992.

时超，李荣社，何世平，等. 藏南亚东地区片麻状含石榴子石黑云花岗闪长岩 LA-ICP-MS 锆石U-Pb 测年及其地质意义[J]. 地质通报，2010，29(12)：1745-1753.

时超. 羌北东段吉塘岩群构造样式及变质变形期次[D]. 北京：中国地质大学(北京)，2011.

时超，李荣社，何世平，等. 西藏米林县片麻状黑云花岗闪长岩地球化学特征、锆石 U-Pb 定年及 Pb-Sr-Nd 同位素组成[J]. 岩石矿物学杂志，2012，31(6)：818-830.

施彬，朱云海，寇晓虎，等. 甘肃省榆中地区中元古代兴隆山岩群火山岩地球化学特征及构造环境[J]. 地质科技情报，2007，26(2)：45-50.

宋志高，贾群子，张莓，等. 甘肃东部葫芦河群的火山岩系及其与邻区的构造和成矿关系[J]. 地质论评，1991，37(3)：221-234.

宋述光，张立飞，Y Niu，等. 北祁连山榴辉岩锆石 SHRIMP 定年及其构造意义 [J]. 科学通报，2004，49(6)：592-595.

宋述光，季建清，魏春景，等. 滇西北怒江早古生代片麻状花岗岩的确定及其构造意义[J]. 科学通报，2007，52(8)：927-930.

苏建平，胡能高，付国民. 祁连西段龚岔口地区榴闪岩的高压变质作用及其地质意义[J]. 矿物学报，2004，24(4)：391-397.

孙崇仁. 青海省岩石地层[M]. 武汉：中国地质大学出版社，1997.

孙鸿烈. 青藏高原的形成与演化[M]. 上海：上海科学技术出版社，1994.

孙志明，郑来林，耿全如，等. 东喜马拉雅构造结高压麻粒岩特征、形成机制及折返过程[J]. 沉积与特提斯地质，2004，24(3)：22-29.

孙志明，尹福光，关俊雷，等. 云南东川地区昆阳群黑山组凝灰岩锆石 SHRIMP U-Pb 年龄及其地层学意义[J]. 地质通报，2009，28(7)：896-900.

孙志明，耿全如，楼雄英，等. 东喜马拉雅构造结南迦巴瓦岩群的解体[J]. 沉积与特提斯地质，2004，24(2)：8-15.

孙志明，董瀚，廖光宇，等. 东喜马拉雅构造结南迦巴瓦岩群花岗质片麻岩的初步研究[J]. 沉积与特提斯地质，2005，25(4)：1-10.

滕吉文. 西藏高原地区地壳与上地幔地球物理研究概论[J]. 地球物理学报，1985，28(增刊Ⅰ)：1-15.

万渝生，许志琴，杨经绥，等. 祁连造山带及邻区前寒武纪深变质基底的时代和组成[J]. 地球学报，2003，24(4)：319-324.

王秉璋，张森琦，张智勇，等. 东昆仑东端扎那合惹地区元古宙蛇绿岩[J]. 中国区域地质，2001，20(1)：52-57.

王超，刘良，车自成，等. 阿尔金南缘榴辉岩带中花岗片麻岩的时代及构造环境探讨[J]. 高校地质学报，2006，12(1)：74-82.

王超，刘良，车自成，等. 塔里木南缘特克里克构造带东段前寒武纪地层时代的新限定和新元古代地壳再造：锆石定年和 Hf 同位素的约束[J]. 地质学报，2009，83(11)：1647-1656.

王超. 塔里木盆地南缘前寒武纪地质演化[D]. 西安：西北大学，2011.

王根厚，贾建称，李尚林，等. 藏东巴青县以北基底变质岩系的发现[J]. 地质通报，2004，23(5-6)：613-615.

王根厚，周详. 喜马拉雅造山带变质杂岩表露机制[J]. 地质力学学报，1996，2(3)：27-28.

王根厚，周详，曾庆高，等. 西藏康马热伸展变质核杂岩构造研究[J]. 成都理工学院学报，1997，24(2)：62-67.

王国灿，王青海，简平，等. 东昆仑前寒武纪基底变质岩系的锆石 SHRIMP 年龄及其构造意义[J]. 地学前缘，2004，11(4)：481-490.

王国芝，王成善. 西藏羌塘基底变质岩系的解体和时代厘定[J]. 中国科学(D 辑)，2001，31(增刊)：77-82.

王洪亮，何世平，陈隽璐，等. 甘肃马衔山花岗岩杂岩体 LA-ICPMS 锆石 U-Pb 测年及其构造意义[J]. 地质学报，2007，81(1)：72-78.

王惠初，李怀坤，陆松年，等. 柴北缘鱼卡地区达肯大坂岩群的地质特征与构造环境[J]. 地质调查与研究，2006，29(4)：253-262.

王松山，胡世玲，张儒瑗，等. 四川冕宁地区渡口杂岩热史的探讨[M]//张云湘，刘秉光. 中国攀西裂谷文集(2). 北京：地质出版社，1987：61-65.

王天武，马瑞. 西藏东南部南迦巴瓦地区变质作用特征[J]. 长春地质学院学报，1996，26：152-158.

王天武. 南迦巴瓦峰地区变质作用概述[J]. 山地研究，1985，3(4)：196-204.

王焰，钱青，刘良，等. 不同构造环境中双峰式火山岩的主要特征[J]. 岩石学报，2000，16(2)：169-173.

王毅智，梁超云，王桂秀. 柴达木盆地北缘麻粒岩的发现及地质特征[J]. 青海地质，2000(1)：33-38.

王云山，庄庆兴，史从彦，等. 柴达木北缘的全吉群[C]//中国震旦亚界. 天津：天津科学技术出版社，1980：214-229.

王云山，陈基娘. 青海省及毗邻地区变质地带与变质作用[M]//中华人民共和国地质矿产部，地质专报三，岩石矿物地球化学第 6 号. 北京：地质出版社，1987.

王永和，校培喜，潘长利，等. “阿尔金群”的解体与阿尔金杂岩特征[J]. 西北地质，2002，35(4)：21-29.

汪玉珍，方锡廉. 西昆仑山、喀喇昆仑山花岗岩时空分布规律的初步探讨[J]. 新疆地质，1987，5(1)：9-24.

卫管一，孙似洪. 西藏聂拉木地区前寒武系变质岩系的岩石化学[J]. 青藏高原地质文集，1985(9)：151-164.

卫管一，石绍清，茅燕石，等. 喜马拉雅地区前寒武系地质构造与变质作用[M]. 成都：成都科技大学出版社，1989.

吴根耀. 川西列古六组的层位和沉积环境[J]. 地层学杂志，1991，15(2)：135-138.

魏启荣，李德威，王国灿，等. 东昆仑万保沟群火山岩(Pt_2w) 岩石地球化学特征及其构造背景[J]. 矿物岩石，2007，27(1)：97-106.

西藏自治区地质矿产局. 西藏自治区区域地质志[M]. 北京：地质出版社，1993.

新疆维吾尔自治区地质矿产局. 新疆维吾尔自治区区域地质志[M]. 北京：地质出版社，1993.

新疆维吾尔自治区地质矿产局. 新疆岩石地层清理[M]. 武汉：中国地质大学出版社，1997.

辛后田，周世军，王惠初，等. 柴达木盆地北缘“沙柳河岩群”的重新启用[J]. 西北地质，2004，37(1)：26-33.

邢无京. 康定群的地质特征及其在扬子地台基底演化中的意义[J]. 中国区域地质，1989(4)：347-356.

修群业，陆松年，于海峰，等. 龙首山岩群主体划归古元古代的同位素年龄证据[J]. 前寒武纪研究进展，2002，25(2)：93-96.

修群业，于海峰，李铨，等. 龙首山岩群成岩时代探讨[J]. 地质学报，2004，78(3)：366-373.

夏斌，徐力峰，张玉泉，等. 西藏南部康马花岗岩锆石 SHRIMP U-Pb 年龄[J]. 矿物岩石，2008，28(3)：72-76.

夏代祥，刘世坤. 西藏自治区岩石地层[M]. 武汉：中国地质大学出版社，1997.

夏林圻，夏祖春，赵江天，等. 北祁连山西段元古宙大陆溢流玄武岩性质的确定[J]. 中国科学(D辑)，2000，30(1)：1-8.

夏林圻，夏祖春，徐学义，等. 碧口群火山岩岩石成因研究[J]. 地学前缘，2007，14(3)：84-101.

许荣华，成忠礼、桂训唐，等. 西藏聂拉木群住变质时代的讨论[J]. 岩石学报，1986，2(2)：13-21.

许荣华，金成伟. 西藏北喜马拉雅花岗岩中段地质年代的研究[J]. 地质科学，1996 (4)：339-348.

许荣科，郑有业，党引业，等. 西藏札达曲松一带两条蛇绿岩带的初步研究[J]. 地质科技情报，2005，24(4)：21-24.

徐士进，于航波，王汝成，等. 川西沙坝麻粒岩的 Sm-Nd 和 Rb-Sr 同位素年龄及其地质意义[J]. 高校地质学报，2002，8(4)：399-406.

徐士进，刘文中，王汝成，等. 攀西微古陆块的变质演化与地壳抬升史-中基性麻粒岩的 Sm-Nd，$^{40}Ar/^{39}Ar$和 FT 年龄证据[J]. 中国科学(D 辑)，2003，33(11)：1037-1049.

徐旺春，张宏飞，柳小明，等. 锆石 U-Pb 定年限制祁连山高级变质岩系的形成时代及其构造意义[J]. 科学通报，2007，52(10)：1174-1180.

徐晓春，岳书仓，刘因，等. 甘肃走廊南山朱龙关群的时代及其火山岩的岩石化学特征[J]. 安徽地质，1996，6(4)：1-6.

徐学义，王洪亮，陈隽璐，等. 中祁连东段兴隆山群基性火山岩锆石 U-Pb 定年及岩石成因研究[J]. 岩石学报，2008，24(4)：827-840.

徐学义，何世平，王洪亮，等. 中国西北部地质概论——秦岭、祁连天山地区[M]. 北京：科学出版社，2008.

徐学义，李向民，王洪亮，等. 祁连山及邻区成矿地质背景图[M]. 北京：地质出版社，2008.

许志琴，杨经绥，梁凤华，等. 喜马拉雅地体的泛非—早古生代造山事件年龄记录[J]. 岩石学报，2005，21(1)：1-12.

徐仲元，刘正宏，杨振升. 内蒙古大青山地区孔兹岩系的地层结构[J]. 吉林大学学报(地球科学版)，2002，32(4)：313-318.

解玉月. 昆中断裂东段不同时代蛇绿岩特征及形成环境[J]. 青海地质，1998 (1)：27-35.

闫全人，王宗起，闫臻，等. 碧口群火山岩的时代——SHRIMP 锆石 U-Pb 测年结果[J]. 地质通报，2003，22(6)：456-458.

杨德明，和钟铧，黄映聪，等. 西藏墨竹工卡县门巴地区松多岩群变质作用特征及时代讨论[J]. 吉林大学学报(地球科学版)，2005，35(4)：430-435.

杨根生，陈彦文，胡晓隆. 西秦岭丹凤群变质火山岩的地质地球化学特征及其成矿环境初探[J]. 现代地质，2004，18(4)：518-523.

杨经绥，许志琴，李海兵，等. 柴北缘地区榴辉岩的发现及潜在的地质意义[J]. 科学通报，1998，43(14)：1544-1548.

杨经绥，许志琴，宋述光，等. 青海都兰榴辉岩的发现及对中国中央造山带内高压-超高压变质带研究的意义[J]. 地质学报，2000，74(2)：156-168.

杨经绥，许志琴，裴先治，等. 秦岭发现金刚石：横贯中国中部巨型超高压变质带新证据及古生代和中生代两期深俯冲作用的识别[J]. 地质学报，2002，76(4)：484-495.

杨经绥，许志琴，耿全如，等. 中国境内可能存在一条新的高压/超高压(?)变质带——青藏高原拉萨地体中发现榴辉岩带[J]. 地质学报，2006，80(12)：1187-1792.

杨胜洪，陈江峰，屈文俊，等. 金川铜镍硫化物矿床的 Re-Os“年龄”及其意义[J]. 地球化学，2007，36(1)：27-36.

杨晓松,金振民.高喜马拉雅黑云斜长片麻岩脱水熔融实验:对青藏高原地壳深熔的启示[J].科学通报,2001,46(3):246-250.

杨晓松,金振民,马瑾.2004.喜马拉雅造山带地壳深熔作用:来自聂拉木群混合岩的地球化学和年代学证据[J].中国科学(D辑),2004,34(10):926-934.

杨钊,董云鹏,柳小明,等.西秦岭天水地区关子镇蛇绿岩锆石 LA-ICP-MS U-Pb 定年[J].地质通报,2006,25(11):1321-1325.

杨振升,徐仲元,刘正宏.孔兹岩系事件与太古宙地壳构造演化[J].前寒武纪研究进展,2000,23(4):206-212.

杨振升,徐仲元,刘正宏,等.内蒙古中部大青山—乌拉山地区早前寒武系研究的重要进展及对高级变质区开展地层工作的几点建议[J].地质通报,2006,25(4):427-433.

杨子江,李咸阳.藏北若拉岗日结合带中的浅变质地层及其锆石 SHRIMP U-Pb 年龄测定[J].地质通报,2006,25(1-2):119-123.

尹光候,包钢,杨淑胜,等.西藏林芝地区林芝岩群麻粒岩及时代讨论[J].沉积与特提斯地质,2006,26(3):8-15.

殷继成.四川盆地周边及邻区震旦亚代地质演化及成矿作用[M].成都:成都科技大学出版社,1993.

应思淮.西藏南部穆朗玛峰地区的岩浆岩、变质岩和混合岩[J].地质科学,1973,(2):103-132.

于海峰,陆松年,梅华林,等.中国西部新元古代榴辉岩-花岗岩带和深层次韧性剪切带特征及其大陆再造意义[J].岩石学报,1999,15(4):532-538.

于海峰,陆松年,刘永顺,等."阿尔金山岩群"的组成及其构造意义[J].地质通报,2002,21(12):834-840.

袁海华,张树发,张平.康滇地轴结晶基底的时代归属[J].成都地质学院学报,1986,13(4):64-70.

袁晏明,李德威,张雄华,等.西藏拉轨岗日核杂岩盖层变质分带特征及其地质意义[J].地球科学,2003,28(6):690-694.

翟明国,从柏林,乔广生,等.中国滇西南造山带变质岩的 Sm-Nd 和 Rb-Sr 同位素年代学[J].岩石学报,1990 (4):1-11.

翟明国,从柏林.对于点苍山-石鼓变质带区域划分的意见[J].岩石学报,1993,9(3):227-239.

张传林,杨淳,沈加林,等.西昆仑北缘新元古代片麻状花岗岩锆石 SHRIMP 年龄及其意义[J].地质论评,2003,49(3):239-244.

张传林,赵宇,郭坤一,等.青藏高原北缘首次获得格林威尔期造山事件同位素年龄值[J].地质科学,2003,38(4):535-538.

张传林,陆松年,于海锋,等.青藏高原北缘西昆仑造山带构造演化:来自锆石 SHRIMP 及 LA-ICP-MS 测年的证据[J].中国科学(D辑),2007,37(2):145-154.

张传林,王中刚,沈加林,等.西昆仑山阿卡孜岩体锆石 SHRIMP 定年及其地球化学特征[J].岩石学报,2003,19(3):523-529.

张传恒,高林志,武振杰,等.滇中昆阳群凝灰岩锆石 SHRIMP U-Pb 年龄:华南格林威尔期造山的证据[J].科学通报,2007,52(7):818-824.

张建新,张泽明,许志琴,等.阿尔金西段孔兹岩系的发现及岩石学、同位素代学初步研究[J].中国科学(D辑),1999,29(4):298-305.

张建新,杨经绥,许志琴,等.柴北缘榴辉岩的峰期和退变质年龄:来自 U-Pb 及 Ar-Ar 同位素测定的证据[J].地球化学,2000,29(3):217-222.

张建新,万渝生,许志琴,等.柴达木北缘德令哈地区基性麻粒岩的发现及其形成时代[J].岩石学报,2001,17(3):453-458.

张建新,万渝生,孟繁聪,等.柴北缘夹榴辉岩的片麻岩(片岩)地球化学、Sm-Nd 和 U-Pb 同位素研究—深俯冲的前寒武纪变质基底? [J].岩石学报,2003,19(3):443-451.

张建新,孟繁聪,万渝生,等.柴达木盆地南缘金水口群的早古生代构造热事件:锆石 U-Pb SHRIMP 年龄证据[J].地质通报,2003,22(6):397-404.

张建新,孟繁聪,董国安.柴达木盆地北缘锡铁山副片麻岩所记录的多期构造热事件[J].地质通报,2007,26(6):631-638.

张进江,季建清,钟大赉,等.东喜马拉雅南迦巴瓦构造结的构造格局及形成过程探讨[J].中国科学(D 辑),2003,33(4):373-383.

张金阳,廖群安,李德威,等.藏南萨迦拉轨岗日淡色花岗岩特征及与变质核杂岩的关系[J].地球科学,2003,28(6):695-701.

张旗,李绍华.西藏岩浆活动和变质作用[M].北京:科学出版社,1981.

张旗,周云生,李达周,等.西藏康马片麻岩穹隆及其周围变质岩的主要特征[J].地质学报,1986(2):125-133.

张森琦,王秉璋,王瑾,等.西藏冈底斯 B 型山链南缘松多群的构成及其变质变形特征[J].西安工程学院学报,2000,22(3):5-10.

张祥信,刘文灿,周志广,等.藏南亚东地区前寒武纪亚东岩群的建立及其特征[J].现代地质,2005,19(3):341-347.

张雪亭,吕惠庆,陈正兴,等.柴北缘造山带沙柳河地区榴辉岩相高压变质岩石的发现及初步研究[J].青海地质,1999 (2):1-13.

章振根,成忠礼,赵劲松.西藏南迦巴瓦峰地区的变质岩年代学研究[J].科学通报,1987 (2):133-137.

章振根,刘玉海,王天武,等.南迦巴瓦峰地区地质[M].北京:科学出版社,1992.

章振根.西藏南迦巴瓦峰地区的变质岩年代学研究[J].科学通报,1987,32(2):133-137.

赵俊香,陈岳龙,李志红.康定杂岩锆石 SHRIMP U-Pb 定年及其地质意义[J].现代地质,2006,20(3):378-385.

郑来林,金振民,潘桂棠,等.喜马拉雅造山带东、西构造结的地质特征与对比[J].地球科学,2004,29(3):269-277.

郑锡澜,常承法.雅鲁藏布江下游地区地质构造特征[J].地质科学,1979 (2):116-126.

钟大赉,丁林.西藏南迦巴瓦峰地区高压麻粒岩[J].科学通报,1995,40(14): 1343.

中国地质调查局科技外事部,全国地层委员会.扬子地台西缘前寒武纪地层野外现场研讨会纪要[J].地质通报,2010 (08):1263.

中国科学院西藏综合科学考察队.西藏地层[M].北京:科学出版社,1984.

周兵,朱介寿,秦建业.青藏高原及邻近区域 S 波三维速度结构[J].地球物理学报,1991,34(4):426-441.

周志广,刘文灿,梁定益.藏南康马奥陶系及其底砾岩的发现并初论喜马拉雅沉积盖层与统一变质基底的关系[J].地质通报,2004,23(7):655-663.

周志广,赵兴国,王克友,等.西藏亚东地区前寒武纪结晶岩系岩石构造地层划分的岩石地球化学证据[J].现代地质,2003,17(3):237-242.

朱炳泉,常向阳,邱华宁,等.云南前寒武纪基底形成与变质时代及其成矿作用年代学研究[J].前寒武纪研究进展,2001,24(2):75-82.

邹光富,朱同兴,贾保江,等.西藏南部聂拉木地区前寒武纪结晶基底的组成及其特征[J].沉积与特提斯地质,2006,26(1):13-21.

朱维光,邓海琳,刘秉光,等. 四川盐边高家村镁铁-超镁铁质杂岩体的形成时代:单颗粒锆石 U-Pb 和角闪石$^{40}Ar/^{39}Ar$ 年代学制约[J]. 科学通报,2004,49(10):985-992.

朱同兴,王安华,邹光富,等. 喜马拉雅地区沉积盖层底砾岩的新发现[J]. 地质通报,2003,22(5):367-368.

朱云海,张克信,王国灿,等. 东昆仑复合造山带蛇绿岩、岩浆岩及构造岩浆演化[M]. 武汉:中国地质大学出版社,2002.

朱志勇,王天武,李才. 西藏班戈节浪垭地区念青唐古拉群变质作用特征[J]. 世界地质,2004,23(2):128-133.

朱志直,赵民,郑健康. 东昆仑中段“纳赤台群”的解体与万宝沟群的建立[J]. 青藏高原地质文集,1985 (16):1-13.

Bhanot V B, Kwatra S K, Kansal A K. Rb-Sr geochronological studies of granitic rocks of Galhar-Shasho area, Kishtwar, India[C]. Fourth National Symposium on Mass Spectrometry. Bangalore: Indian Institute of Science,1993:1-4.

Dikshitulu G R, Pandey B K, Krishna V, et al. Rb-Sr systematics of granitoids of central Gneissic complex, Arunachal Himalaya: implications on tectonism, stratigraphy and source [J]. J Geol Soc India, 1995, 45: 51-56.

Foster G L. The Pre-neogene United Kingdom thermal history of the Nanga Parbat Haramosh Massif and the NW Himalaya[D]. United Kingdom: the Open University, 2000.

Frank W, Thoni M, Purtscheller F. Geology and petrography of Kulu-south Lahul area, Himalayas[C]//Science de la Terre, 268. Paris:C. N. R. S, 1977:147-172.

Gansser. A. Geology of theHimalayas[M]. London: Interscience Publ. ,1964.

Gehrels G E,DeCelles P G,Martin A,et al. Initiation of the Himalayan Orogen as an Early Paleozoic Thin-skinned Thrust Belt [J]. GAS Today,2003,13(9):4-9.

Gehrels G E,DeCelles P G ,Ojha T P,et al. Geologic and U-Pb geochronologic evidence for early Paleozoic tectonism in the Dadeldhura thrust sheet, far-west Nepal Himalaya[J]. Journal of Asian Earth Sciences,2006,(28):385-408.

Guillot S,Lardeaux J M,Mascle G. Unnouvead temoin dumetamorphisme de haute-pression dane la chaine Himalayenne:Les eclogites retromorphosees du dome du Tso Morari(East Ladakh,Himalaya)[J]. C. R. Acad. Sci. Paris,1995,32:931-936.

Heim A, Gansser A. Central Himalaya: Geological obsevations of the Swiss expedition. 1936. [J]. Mem. Soc. Helv. Sci. Nat. , 1939, 73 (1): 1-245.

Ji Wenhua,Li Rongshe,Chen Shoujian,et al. The discovery of Palaeoproterozoic volcanic rocks in the Bulunkuoler Group from the Tianshuihai Massif in Xinjiang of Northwest China and its geological significance [J]. Sci. China Earth Sci. ,2011,54(1):61-72.

Le Fort P,Gullot S,Pecher A. HP metamaorphic belt along the Indus suture zone of NW Himalaya:new discoveries and significane[J]. C. R. Acad. Sci. Paris,1997,325:773-778.

Li X H, Li Z X, Ge W C, et al. Neoproterozoic granitoids in South China: crustal melting above a mantle plume at ca. 825 Ma? [J]. Precambrian Research, 2003 (122):45-83.

Li Z X,Li X H,Zhou H W,et al. Grenvillian continental collision in south China: New SHRIMP U-Pb zircon results and implications for the configuration of Rodinia[J]. Geology, 2002, 30 (2): 163-166.

Lu Songnian. Major Precambrian Events in Northwestern China[J]. Gondwana Research, 2001, 4: 692.

Maniar P D, Piccoli P M. Tectonic discrimination of granitoids[J]. GSA Bull., 1989, 101(5): 635-643.

Miller C, Klö tzli U, Frank W, et al. Proterozoic crustal evolution in the NW Himalaya (India) as recorded by circa 1.80 Ga mafic and 1.84 Ga granitic magmatism[J]. Precambrian Research, 2000 (103): 191-206.

Miyashiro A. Classification, characteristics and origin of ophiolites [J]. Journal of Geology, 1975, 83: 249-281.

Pearce J A and Cann J R. Tectonic setting of basic volcanic rocks determined using trace elements analyses[J]. Earth Planet. Sci. Lett. 1973, 19: 290-300.

Pearce J A. Trace element characteristics of lavas from destructive plate boundaries [M]// Thorps R S, Andesites. New York: John Wiley and Sons, 1982. 525-548.

Pearce J A, Harris N B W, Tindle A G. Trace element discrimination diagrams for the tectonic interpretation of granitic rocks [J]. Journal of Petrology, 1984, 25: 956-983.

Pearce J A. Sources and setting of granitic rocks[J]. Episodes, 1996, 19(4): 120-125.

Pêcher A. The metamorphism in the central Himalaya[J]. Journal of Metamorphic Geology, 1989, 7: 31-41.

Pognante U, Spencer D A. First record of eclogites from the Himalayan belt, Kaghan valley, northern Pakistan[J]. Eur J Mineral, 1991, 3: 613-618.

Puchel I S, Hofmann A W, Amelin Y V, et al. Combined mantle plume-island arc model for the formation of the 2.9 Ga Sumozero—Kenozero greenstone belt, SE Baltic Shield: Isotope and trace element constraints[J]. Geochimica et Cosmochimica Acta, 1999, 63(21): 3579-3595.

Raju B N V, Chhabria T, Prasad R N, et al. Early proterozioc Rb-Sr isochron age for Central Crystalline rocks, Bhilangana valley, Garhwal Himalaya[J]. Himalaya Geology, 1982, 12: 196-205.

Richards A, Parrish R, Harris N, et al. Correlation of lithotectonic units across the eastern Himalaya, Bhutan[J]. Geology, 2006, 34(5): 341-344.

Richwood P C. Boundary lines within petrologic diagrams which use oxides of major and minor elements[J]. Lithos, 1989, 22(4): 247-263.

Scharer U, Xu R, Allegre C. U-(Th)-Pb systematics and ages of Himalayan leucogranites, south Tibet[J]. Earth Planet Sci Lett, 1986, 77: 35-48.

Sharma K K, Rashid S A. Geochemical evolution of peraluminous Paleoproterozoic Bandal orthogenesis NW, Himalaya, Himachal Pradesh, India: implications for the ancient crustal growth in the Himalaya[J]. J. Asian Earth Sci., 2001, 19: 413-428.

Sinclair J A. A re-examination of the "Yanbian ophiolite suite": Evidence for western extension of the Mesoproterozoic Sibal orogen in South China[J]. Geol. Soc. Aust. Abst., 2001, 65: 99-100.

Singh S, Sjoberg H, Classon S, et al. New U-Pb Proterozoic data from Chor-Wangtu granitoids of Himalayan crystalline belt from Himachal, India[C]//Seminar on Himalayan Geology and Geophysics, (Abstract Volume). Dehradun, India: Wadia Institute of Himalayan Geology, 1993, 55-66.

Singh S, Barley M E, Brown S J, et al. SHRIMP U-Pb in zircon geochronology of the Chor granitoid: evidence for Neoproterozoic magmatism in the Lesser Himalayan granite belt of NW India[J]. Precambrian Res, 2002, 18: 285-292.

Sun S S, McDonoungh W F. Chemical and isotopic systematics of oceanic basalt: implication for mantle composition and processes [M]. Saunders A D and Norry M J. Magmatism in the Ocean basins. Geol. Soc. London Spec. Pub. ,1989,42:313-345.

Thimm K A, Parrish R R, Hollister L S , et al. New U-Pb data from the MCT and Lesser and Greater Himalayan Sequences in Bhutan[J]. Terra Nosira,1999,2:155.

Tonarini S, Villa I, Oberli F. Eocence age of eclogite metamorphism in Pakistan Himalaya: implication for India-Eurasian collision[J]. Tevra Nova. ,1993,5:13-27.

Treloar P J, Rex D C. Cooling and uplift histories of the crystalline thrust stack of the Indian plate internal zones west of Nanga Parbat, Pakistan Himalaya[J]. Tectonophysics,1990,180:323-349.

Trivedi J R, Gopalan K, Valdiya K S. Rb-Sr ages of granitic rocks within the Lesser Himalayan nappes, Kumaun, India[J]. Journal Geological Society of India,1984,25:641-654.

Wan Yusheng, Yang Jingsui, Xu Zhiqin, et al. Geochemical characteristics of the Maxianshan Complex and Xinglongshan Group in the eastern segment of the Qilian Orogenic Belt[J]. Geol. Rev. , 2000,43(1):52-68.

Wang Q, Wyman D A, Xu J F, et al. Petrogenesis of Cretaceous adakitic and shoshonitic igneous rocks in the Luzong area, Anhui Province(eastern China): Implications for geodynamics and Cu-Au mineralization[J]. Lithos. ,2006,89(3-4):424-446.

Wang Q, Wyman D A, Xu J F, et al. Partial melting of thickened or delaminated lower crust in the middle of eastern China: Implications for Cu-Au mineralization[J]. The Journal of Geology,2007, 115(2):149-161.

Winchester J A, Floyd P A. Geochemical discrimination of different magma series and their differentiation of products using immobile elements [J]. Chemical Geology,1977,20:325-343.

Wood D A. The application of a Th-Hf-Ta diagram to problems of tectonomagmatic classification and to establishing the nature of crustal contamination of basaltic lavas of the British Tertiary volcanic province[J]. Earth Planet. Sci. Lett. ,1980,50:11-30.

Wang Chao, Wang Yonghe, Liu Liang, et al. The Paleoproterozoic magmatic—metamorphic events and cover sediments of the Tiekelik Belt and their tectonic implications for the southern margin of the Tarim Craton, northwestern China[J]. Precambrian Research,2014,254 :210—225. Xu Ronghua, Zhang Yuquan. Isotopic geochemistry of plutonic rocks[M]//Pan Yusheng(ed.). Geological evolution of the Karakorum and Kunlun Mountains. Beijing: Seismological Press,1996:138-186.

Yan Q R, Hanson A D, Wang Z Q, et al. Neoproterozoic subduction and rifting on the northern margin of the Yangtze Plate, China, Implications for Rodinia reconstruction[J]. International Geology Review,2004,46:817-832.

Yang Wenqiang, Liu Liang, Cao Yuting, et al. Geochronological evidence of Indosinian (high-pressure) metamorphic event and its tectonic significance in Taxkorgan area of the Western Kunlun Mountains, NW China[J]. Science China Earth Sciences,2010,53(10):1445-1459.

Zeitler P K, Sutter J F, Williams I S, et al. Geochronology and temperature history of the Nanga Parbat-Haramosh Massif, Pakistan[J]. Geological Society of America Special paper, 1989,232:1-22.

Zhang H F, Xu W C, Zong K Q, et al. Tectonic evolution of metasediments from the Gangdise Terrane, Asian plate, eastern Himalayan syntaxis, Tibet[J]. International Geology Review,2008,50: 1-17.

Zhou M F, Yan D P, Kennedy A K, et al. SHRIMP U-Pb zircon geochronological and geochemical evidence for Neoproterozoic arc-magmatism along the western margin of the Yangtze Block, South China[J]. Earth and Planetary Science Letters, 2002(196): 51-67.

Zhou M F, Ma Y X, Yan D P, et al. The Yanbian Terrane Southern Sichuan Province, SW China: A Neoproterozoic arc assemblage in the western margin of the Yangtze Block[J]. Precambrian Research, 2006, 144: 19-38.

附表 青藏高原及邻区前寒武纪综合研究锆石 U-Pb 同位素年龄一览表

序号	样号	样品采集层位	岩性	产地	坐标	年龄结果	资料来源
1	07HL-51	赫罗斯坦岩群	斜长角闪片麻岩	新疆叶城县阿卡孜乡西北	N 37°7′12.3″, E 76°49′57.1″	成岩年龄为 2257±6Ma，变质年龄为 1832±14Ma	Wang et al, 2014
2*	07HT-41	埃连卡特岩群	绿泥方解石英片岩	新疆和田县-布亚煤矿玉龙喀什河	N 36°29′25.0″, E 79°54′40.2″	碎屑锆石的 $^{206}Pb/^{238}U$ 年龄值主体集中于 810～736Ma，780 Ma 年龄数据构成峰值	王超等，2009
3	07HT-42	塞拉加兹塔格岩群	变凝灰岩	新疆和田县-布亚煤矿玉龙喀什河	N 36°40′13.3″, E 79°51′56.6″	成岩年龄 787±1Ma	王超等，2009
4	07KD-64	库浪那古岩群	变(枕状)玄武岩	新疆叶城县库地北	N 36°52′48.7″, E 76°59′12.8″	成岩年龄 2025±13Ma	刘良等，2013
5	07BD-1	北大河岩群	片麻状斜长角闪岩	甘肃省肃北县党河一带	N 39°26′12.2″, E 94°59′58.5″	成岩年龄 724.4±3.7Ma	何世平等，2010
6*	07HY-1	化隆岩群	条带状二云斜长片麻岩	青海省湟源县日月乡西北	N 36°31′48.9″, E 101°7′44.5″	碎屑锆石最新蚀源区年龄为 891±7Ma	何世平等，2011a
7	07HY-2	化隆岩群	条带状黑云斜长角闪岩	青海省湟源县日月乡西北	N 36°31′58.3″, E 101°7′40.3″	成岩年龄 884±9Ma	何世平等，2011a
8	THD/01-1	布伦阔勒岩群	片理化变流纹岩	新疆塔什库尔干县达布达尔东南	N 37°09′40.4″, E 75°31′05.9″	成岩年龄 2481±14Ma	Ji et al, 2011
9	07JT-1	吉塘岩群西西岩组	石英绿片岩	西藏八宿县浪拉	N 30°40′6.7″, E 97°15′42.8″	成岩年龄 965±55Ma	何世平等，2012b
10	07JT-2	吉塘岩群西西岩组	绿片岩	西藏察雅县西西村	N 30°40′29.2″, E 97°16′37.1″	成岩年龄 1048.2±3.3Ma	何世平等，2012b
11	09J-09	吉塘岩群西西岩组	变玄武岩	西藏丁青县干岩乡	N 31°42′18.6″, E 95°2′30.2″	成岩年龄 1046±10Ma	时超硕士论文，2011
12*	07ND-1	宁多岩群	石榴子石二云石英片岩	青海省玉树县隆宝镇(杂涅)	N 33°14′27.5″, E 96°35′24.0″	碎屑锆石最古老年龄 3981±9Ma	何世平等，2011b

续附表

序号	样号	样品采集层位	岩性	产地	坐标	年龄结果	资料来源
13*	09N-3	宁多岩群	黑云斜长片麻岩	青海省玉树县小苏莽宁多村南	N 32°26′6″，E 97°15′16″	碎屑锆石最新蚀源区年龄为1044±30Ma	何世平等，2013a
14	09N-1	侵入宁多岩群	片麻状黑云母花岗岩	青海省玉树县小苏莽-宁多村	N 32°23′6.6″，E 97°14′13.9″	成岩年龄 990.5±3.7Ma	何世平等，2013a
15	07NR-2	聂荣岩群	片麻状黑云母花岗岩	西藏那曲县扎仁镇北	N 31°59′13.5″，E 91°42′26.9″	成岩年龄 863±10Ma	辜平阳等，2012
16	09JY-6	嘉玉桥岩群	含石榴子石绿片岩	西藏八宿县巴兼村南	N 30°08′57.0″，E 96°58′12.0″	成岩年龄 566±27Ma	何世平等，2012a
17	09K-1	卡穷岩群	条带状斜长角闪岩	西藏八宿县同卡乡北	N 30°36′5.3″，E 96°36′39.6″	成岩年龄 1082±18Ma	何世平等，2012c
18	09K-2	卡穷岩群	片麻状二长花岗岩	西藏八宿县同卡乡北	N 30°37′12.2″，E 96°37′33.5″	成岩年龄 549±18Ma	何世平等，2012c
19	07SD-1	岔萨岗岩群	变基性火山岩	西藏工布江达县南	N 29°52′32.1″，E 93°14′12.7″	成岩年龄 2450±10Ma	何世平等，2013b
20	06A-16	侵入阿尔金岩群	淡水泉含榴花岗质片麻岩	新疆且末县南阿尔金		成岩年龄 890±5.6Ma	王超博士论文，2011
21	08A-25	侵入阿尔金岩群	英格利萨依黑云母花岗岩	新疆且末县南阿尔金		成岩年龄 900Ma	王超博士论文，2011
22	07NL-2	侵入聂拉木岩群	片麻状含石榴子石二云花岗岩	西藏普兰县南它亚藏布	N 30°16′26.2″，E 81°12′52.8″	成岩年龄 537±3Ma	辜平阳等，2013
23	07NL-5	侵入聂拉木岩群	眼球状黑云母花岗片麻岩	西藏聂拉木县曲乡	N 28°4′44.5″，E 86°0′3.7″	成岩年龄 454±6Ma	何世平博士论文，2009
24	07NL-6	侵入聂拉木岩群	含石榴子石花岗片麻岩	西藏亚东县下亚东	N 27°25′51.6″，E 88°54′44.9″	成岩年龄 499±4Ma	时超等，2010
25	07NJ-1	侵入聂拉木岩群	片麻状闪长岩	米林县丹娘乡兰嘎村南	N 29°26′14.2″，E 94°41′1.6″	成岩年龄 516±2Ma	时超等，2012

续附表

序号	样号	样品采集层位	岩性	产地	坐标	年龄结果	资料来源
26	07LG-1	侵入拉轨岗日岩群	眼球状黑云母花岗片麻岩	西藏定日县长所乡北	N 28°40′13.2″，E 87°32′4.2″	成岩年龄 515±3Ma	辜平阳等，2013
27	07NQ-10	从原念青唐古拉岩群解体出的寒武纪双峰式火山岩	变流纹岩	西藏尼玛县控错南帮勒村一带	N 31°25′6.8″，E 87°32′50″	成岩年龄 536.4±3.6Ma	潘晓萍等，2012
28	Sz05	新发现寒武纪双峰式火山岩	变流纹岩	西藏申扎县扎扛乡一带	N 30°50′57.6″，E 89°17′54.1″	成岩年龄 500.8±2.1Ma	计文化等，2009
29*	89-2405B	龙首山岩群	二云母片岩	甘肃省高台县北合黎山	N 39°35.2′，E 99°57.8′		董国安等，2007a
30*	SD2-14	龙首山岩群	白云母石英片岩	甘肃省山丹县龙首山	N 38°56.5′，E 101°11.6′		董国安等，2007a
31*	87-1001H	龙首山岩群	二云母片岩	甘肃省金昌市龙首山	N 38°33.4′，E 102°02.5′		董国安等，2007a
32*	01ZSPt	黄旗口组	杂砂岩	宁夏贺兰山西缘桌子山	N 39°40.184′，E 106°53.951′		Brian J et al，2006
33*	KL019	埃连卡特岩群	绢云绿泥石英片岩	新疆和田南部	N 36°31′49.5″，E 79°55′1.6″		张传林等，2007
34*	GA33	金雁山组	石英岩	塔里木东缘阿尔金山	N 38°47.067′，E 91°01.383′		George E et al，2003
35*	AY6-6-02-2	索尔库里群	杂砂岩	塔里木东缘阿尔金山	N 39°17.219′，E 92°41.542′		George E et al，2003
36*	GA220	索尔库里群	杂砂岩	塔里木东缘阿尔金山	N 39°17.256′，E 93°00.140′		George E et al，2003
37*	GA221	北大河岩群	变浊积岩	祁连山西北当金山	N 39°13.421′，E 94°17.670′		George E et al，2003
38*	04QD21-01	北大河岩群	白云母石英片岩	北祁连镜铁山	N 39°24.540′，E 97°37.877′		李怀坤等，2007

续附表

序号	样号	样品采集层位	岩性	产地	坐标	年龄结果	资料来源
39*	GA209	托莱岩群	变砂岩	祁连山西北	N 39°36.999′, E 96°12.075′		George E et al,2003
40*	GA206	朱龙关岩群	变砂岩	祁连山	N 38°49.095′, E 97°56.647′		George E et al,2003
41*	89-2105	野马南山群	石榴二云母片岩	托勒牧场南	N 38°44.8′, E 98°27.6′		董国安等,2007b
42*	89-2609	湟源群	石榴白云母片岩	青海省大通山	N 37°18.0′, E 101°25.2′		董国安等,2007b
43*	HL-13	化隆岩群	黑云斜长片麻岩	青海省化隆县-循化县			徐旺春等,2007
44*	QL116TW01	秦岭岩群	矽线黑云石英片岩	陕西省洛南县寨根乡	N 33°38.641′, E 111°10.830′		陆松年等,2006
45*	00Y-17	秦岭岩群	石榴云母石英片岩	陕西省丹凤县狮子坪乡			杨经绥等,2002
46*	02QH	沙柳河岩群	片麻岩	柴北缘鱼卡河地区			林慈銮等,2006
47*	04QH12	沙柳河岩群	含蓝晶石石榴云母片岩	柴北缘鱼卡河地区			陈丹玲等,2007
48*	XTS-1	达肯大坂岩群	含石榴子石矽 线黑云片麻岩	青海省锡铁山			张建新等,2007
49*	AP5-47-1	小庙岩组	片麻岩	东昆仑诺木洪-香日德			王国灿等,2004
50*	2570-1	小庙岩组	片麻岩	东昆仑诺木洪-香日德			王国灿等,2004
51*	N J02096	金水口岩群	石榴堇青片麻岩	东昆仑金水口	N 36°12′36″, E 96°23′6″		龙晓平等,2006
52 *	ZJ01-4-4	金水口岩群	矽线黑云二长片麻岩	东昆仑金水口南			张建新等,2003
53 *	07XM-1	小庙岩组	片岩	青海格尔木市大格勒乡	N 36°9′32.7″, E 95°54′45.1″		何世平博士论文,2009
54 *	07BS-7	白沙河岩组	黑云斜长片麻岩	青海格尔木市诺木洪乡	N 36°13′9.8″, E 96°28′40.1″		何世平博士论文,2009

续附表

序号	样号	样品采集层位	岩性	产地	坐标	年龄结果	资料来源
55*	CD	宁多岩群	白云母长石石英片岩	羌塘中北部玛尔盖茶卡东车道山			杨子江等,2006
56*	TB63-TB115	戈木日群	蓝片岩	羌塘中部依布茶卡	N 33°6.21′, E 86°44.58′		邓希光等,2007
57*	GP12-5t-GP14t	果干加年日群	绢云石英糜棱片岩	羌塘中部果干加年日-戈木日			王国芝等,2001
58*	07NR-1	聂荣岩群	石榴黑云斜长片麻岩	西藏那曲县北扎仁镇	N 31°59′13.5″, E 91°42′26.9″		何世平博士论文,2009
59*	07NQ-3	念青唐古拉岩群	绢云石英片岩	西藏尼玛县控错南	N 31°24′47.8″, E 87°32′40.6″		何世平博士论文,2009
60*	07NQ-2	念青唐古拉岩群	石榴子石白云母斜长石英片岩	西藏申扎县东仁错北西	N 30°58′43.3″, E 89°30′24.4″		何世平博士论文,2009
61*	07NQ-11	念青唐古拉岩群	二云石英片岩	西藏当雄县桑木喀村	N 30°43′53.2″, E 91°30′40″		何世平博士论文,2009
62*	07SD-2	松多岩群	二云石英片岩	西藏工布江达县仲莎乡	N 29°52′37.4″, E 93°20′58.2″		何世平博士论文,2009
63*	07LZ-1	林芝岩群	二云斜长片麻岩	西藏林芝县布久乡	N 29°32′3.5″, E 94°26′1.2″		何世平博士论文,2009
64*	T527	林芝岩群	石榴子石副片麻岩	西藏米林县北	N 29°28′03.9″, E 94°25′10.7″		Zhang et al,2008
65*	07LG-2	拉轨岗日岩群	黑云石英片岩	西藏定日县长所乡北	N 28°40′14.3″, E 87°32′4.3″		何世平博士论文,2009
66*	07LG-3	拉轨岗日岩群	黑云母硅质大理岩	西藏定日县长所乡	N 28°40′10.6″, E 87°31′57″		何世平博士论文,2009
67*	07LG-4	拉轨岗日岩群	石榴二云石英片岩	西藏康马县查纳村	N 28°36′58.5″, E 89°40′33.6″		何世平博士论文,2009

续附表

序号	样号	样品采集层位	岩性	产地	坐标	年龄结果	资料来源
68*	07NL-1	聂拉木岩群	黑云斜长石英片岩	西藏普兰县城南它亚村	N 30°16′24.6″, E 81°12′59.1″		何世平博士论文,2009
69*	Ra	Raduwa-gad 组	石英岩	尼泊尔西部 Silgardi 附近	N 29°17′56.2″, E 80°44′07.8″		Gehrels G E,et al, 2006
70*	Da-1	Damgad 组	变砂砾岩	尼泊尔西部	N 29°17′59.8″, E 80°44′14.7″		Gehrels G E,et al, 2006
71*	Da-2	Damgad 组下部	变砂岩	尼泊尔西部	N 29°14′22.3″, E 80°53′23.6″		Gehrels G E,et al, 2006
72*	Da-3	Damgad 组上部	变砂岩	尼泊尔西部	N 29°18′17.7″, E 80°44′15.7″		Gehrels G E,et al, 2006
73*	Ga	Gaira 组	石英岩	尼泊尔西部	N 29°16′46.7″, E 81°00′44.5″		Gehrels G E,et al, 2006
74*	07NL-4	聂拉木岩群	石榴二长石英片岩	西藏聂拉木县曲乡	N 28°2′8.6″, E 85°59′15.5″		何世平博士论文,2009
75*	07NL-7	聂拉木岩群	石榴黑云斜长片麻岩	西藏亚东县下亚东	N 27°26′55.5″, E 88°55′23.4″		何世平博士论文,2009
76*	07NJ-2	南迦巴瓦岩群	黑云斜长片麻岩	西藏米林县丹娘乡	N 29°26′35.6″, E 94°42′12.1″		何世平博士论文,2009
77*	98922-4-1	康定岩群	灰黑色细粒麻粒岩	川西冕宁沙坝	N 28.2355°, E 102.0402°		陈岳龙等,2004
78*	CX62-1	康定岩群	黑云斜长片麻岩	扬子西缘茨达到大六槽	N 27°11.825′, E 102°00.489′		耿元生等,2007
79*	99KD52	康定岩群	变质石英砂岩	四川省攀枝花市东南			Li,et al, 2002
80*	PZH7	盐边群	砂岩	四川省攀枝花市北	N 26°53′32″, E 101°30′51″		Zhou,et al, 2006

续附表

序号	样号	样品采集层位	岩性	产地	坐标	年龄结果	资料来源
81*	PZH64-1	盐边群	砂岩	四川省攀枝花市北	N 26°48′14″, E 101°31′37″		Zhou,et al, 2006
82*	PZH64-2	盐边群	砂岩	四川省攀枝花市北	N 26°48′14″, E 101°31′37″		Zhou,et al, 2006
83*	PZH65	盐边群	砂岩	四川省攀枝花市北	N 26°49′03″, E 101°31′19″		Zhou,et al, 2006
84*	PZH68	盐边群	砂岩	四川省攀枝花市北	N 26°47′33″, E 101°31′37″		Zhou,et al, 2006
85*	G3-29-2	昆阳群	凝灰岩	滇中塔甸村东	N 24°15′02.8″, E 102°09′37.8″		张传恒等,2007
86*	G3-29-3	昆阳群	层凝灰岩	滇中塔甸村西	N 24°15′38.1″, E 102°09′0.60″		张传恒等,2007

注:本项研究自测样品锆石阴极发光(CL)照相和 LA-ICP-MS U-Pb 同位素测试在西北大学大陆动力学国家重点实验室完成,表中序号同附图;序号加*的样品为碎屑锆石年代学样品。

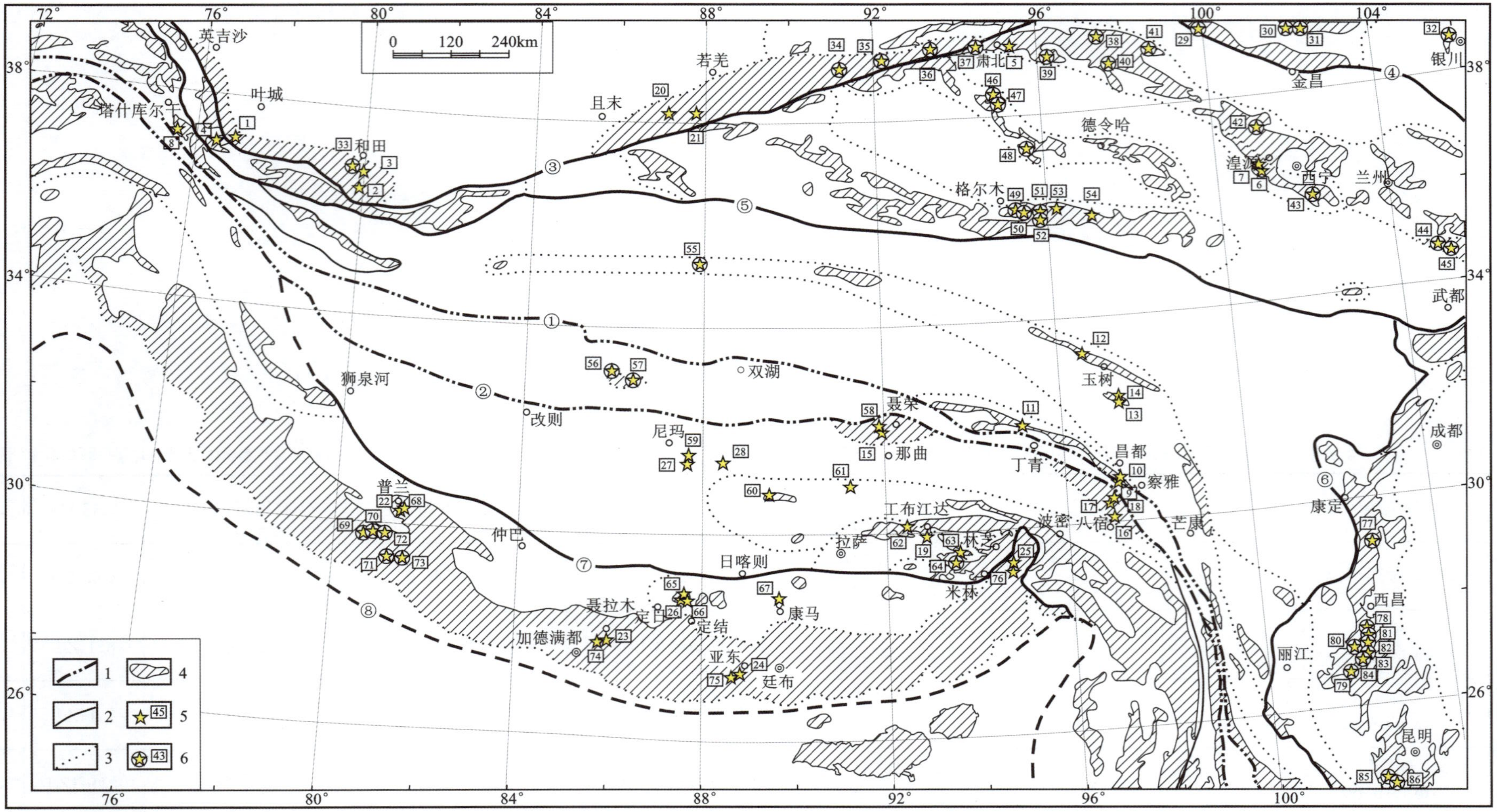

附图　青藏高原及邻区前寒武纪综合研究锆石年代学样品分布图

1.一级构造-地层区界线；2.二级构造-地层区界线；3.三级构造-地层区界线；4.前寒武系出露区；5.本项目锆石年代学采样点及编号；6.前人锆石年代学采样点及编号
①龙木错-双湖断裂；②班公湖-怒江断裂；③塔里木南缘-阿尔金南缘断裂；④金昌-中卫断裂；⑤康西瓦-木孜塔格-玛沁-勉县-略阳断裂；⑥理县-康定-丽江断裂；⑦狮泉河-日喀则断裂；⑧主边界断裂